《现代物理基础丛书》编委会

现代物理基础丛书　98

量子物理新进展
(第三版)

梁九卿　韦联福　著

科学出版社

北　京

内 容 简 介

第 1 章介绍规范变换、正则量子化和经典量子对应。第 2~5 章从规范场的观点统一论述 Aharonov-Bohm 效应，自旋–轨道耦合动力学，Berry 相因子及其应用；揭示 Dirac 磁单极，超导体 Josephson 效应和量子态拓扑相因子的关系；动力学旋转对称和分数量子化角动量。第 6~7 章介绍路径积分。量子隧穿的瞬子方法及在分子磁体宏观量子效应中的应用；超对称量子力学、孤子(瞬子)稳定性和涨落方程。第 8 章是光腔中冷原子宏观量子态和 Dicke 模型量子相变。第 9~10 章给出 Bell 不等式及其破坏的量子概率统计理论和实验分析，用超导电路验证非局域关联的方法。第 11~13 章阐述逻辑门量子计算，Shor 量子算法，绝热操控和纠错；超导量子比特的相干调控和退相干，量子计算的囚禁离子方案。第 14 章是液氦表面上的单电子量子调控理论及量子逻辑门的实现，第 15 章系统介绍实空间一维波导中光量子散射现象，可为研制单光子输运器件、构建光量子网络等提供理论依据。

本书适用于物理等相关专业的研究人员、教师、研究生和本科高年级学生。

图书在版编目 (CIP) 数据

量子物理新进展/梁九卿，韦联福著. —3 版. —北京: 科学出版社，2023.6

(现代物理基础丛书；98)

ISBN 978-7-03-075470-7

I. ①量… Ⅱ. ①梁… ②韦… Ⅲ. ①量子论 Ⅳ. ①O413

中国国家版本馆 CIP 数据核字 (2023) 第 074838 号

责任编辑: 刘凤娟 / 责任校对: 彭珍珍
责任印制: 赵 博 / 封面设计: 陈 敬

科 学 出 版 社 出版
北京东黄城根北街 16 号
邮政编码: 100717
http://www.sciencep.com

北京科印技术咨询服务有限公司数码印刷分部印刷
科学出版社发行 各地新华书店经销

*

2011 年 8 月第 一 版 开本: 720×1000 1/16
2020 年 9 月第 二 版 印张: 29 3/4
2023 年 6 月第 三 版 字数: 576 000
2024 年 1 月第九次印刷
定价: 169.00 元
(如有印装质量问题，我社负责调换)

第三版前言

物理观测量对应厄米算符，给出实数本征值，这是量子力学的基本认知。近年的研究发现，厄米性是实数本征值的充分但非必要条件，时空反演对称 (PT 对称) 的 Hamilton 也可有实本征值。具有实本征值的非厄米 Hamilton 被称为赝厄米 (Pseudo-Hermitian)，第 5 章新增了赝厄米 Hamilton 必要条件的理论和含时系统推广，用广义规范变换可把赝厄米 Hamilton 转化为相应的厄米 Hamilton，和通常的量子力学不同，广义规范变换算符非幺正但须是厄米的。

第 9 章中把两体高自旋 Bell 猫态 (纠缠的 Schrödinger 猫态) 的普适不等式推广到任意多粒子态，不等式最大破坏的自旋宇称效应仍成立，此外还发现粒子数宇称效应，最大破坏完全由量子非局域关联产生，也许可发展成验证量子非局域关联的器件。

新增的第 14 章系统介绍囚禁电子体系的量子调控理论，量子比特及量子逻辑门的实现方案，单电子态的量子信息处理是量子计算的一新途径。单光子态在量子信息和计算中起着关键作用，例如基于光子纠缠态 Bell 不等式违反的实验和量子态隐形传输，开启了量子信息和计算的新纪元。第 15 章新增了实空间一维波导中光量子散射理论，为研制单光子输运器件，构建光量子网络等提供理论依据。

作　者

第二版前言

20 世纪物理学的三个主旋律是量子化、对称性、相位因子 (杨振宁)，奠定了量子物理建立的基调。不可积相位因子最早由 Dirac 提出，以此为出发点的吴–杨无奇异磁单极理论则开创了拓扑流形和纤维丛在理论物理研究中应用的先河，引领着新的研究方向，例如，凝聚态中的拓扑量子数 (topological quantum number)、拓扑序 (topological order)、拓扑相变 (topological phase transformation)。Wilczek 的磁通规范场任意子模型就是相位因子效应，第二版中我们把这一纯规范场组态加到分数幂次中心力场中，构建了一经典和量子均精确 (零模) 可解模型，提出动力学旋转对称决定二维多连通空间 (拓扑流形) 角动量的量子化原则，有精确的经典–量子对应，这是从量子化和对称性的观点都有重要意义的概念，在二维系统中或许有可观测的分数角动量态。

多体系统量子相变是近年来新发展的研究课题，由于实验的成功实现，量子化光场中的冷原子 Dicke 模型超辐射相变，受到广泛关注。本版新增了一章介绍我们发展的自旋相干态变分法，用于研究任意原子数宏观量子态和超辐射相变，是腔量子电动力学的有效方法之一。

量子力学的非定域关联和 Bell 不等式是量子物理不可或缺的课题，第二版第 9 章阐述 Bell 不等式及其破坏的统一量子概率统计方法。纠缠态密度算符可分为局域和非局域两部分，前者等价于经典隐参数统计模型，给出 Bell 不等式，后者描述量子相干，导致不等式破坏，这一方法有利于对非定域关联的理解，不等式的破坏是量子态相干性的必然结果，无需神秘的超距相互作用。用纠缠光子检测 Bell 不等式破坏的实验及详细的理论分析是新的内容。

退相干是量子信息和量子计算的重要课题，第二版增加了一章详细论述超导量子比特的相干操控和退相干。

另外，第二版中还新增了周期驱动谐振子精确解，Berry 相位的经典对应 Hannay 角，量子算法中动力学相位错误的校正方法，量子计算中的囚禁离子方案及理论分析。

作　者

第一版前言

从 1999 年开始, 梁九卿教授就在山西大学给物理国家基地班本科四年级和研究生讲授"量子物理新进展"和"凝聚态场论方法"两门课程。开设此课程的初衷是帮助学生由课堂学习向研究工作过渡, 因为从教科书学习到阅读文献进入研究课题, 学生的知识和能力一般都会存在一个断档, 常常要有一段较长时间的摸索和训练过程。书稿的前六章基本上是根据这些年授课的讲义整理而成, 后两章则基于西南交通大学韦联福教授的研究。本书的写作深受张礼和葛墨林两位先生合著的《量子力学的前沿问题》(清华大学出版社) 的启迪, 该书全面地介绍了近年来量子力学的研究进展, 是对研究人员和高校师生都十分有用的参考书。

量子力学是支配物质世界运动和变化规律的基本法则, 而描述宏观现象的经典力学一般来说只是量子力学在宏观尺度下的近似。通常宏观系统的量子效应并不显著, 但在特定的系统中量子现象也可在宏观尺度下表现出来, 称为宏观量子效应。例如, 超导体中的 Josephson 隧穿、液氦中的超流动性, 以及 Bose-Einstein 凝聚等都是众所周知的宏观量子效应例子。随着半导体微电子技术和测量技术的发展, 磁性材料的制备和研究已进入纳米尺度。低温下纳米磁体已表现出明显的量子特性, 纳米磁体磁化矢量的隧穿就是一种宏观量子现象, 它的研究可直接影响磁存储技术和量子计算。

Aharonov-Bohm 效应被认为是量子力学特有的现象, 通常只在量子力学框架内讨论和介绍。本书则从经典力学正则方程出发揭示出量子与经典之间的一一对应, 指出存在动力学和拓扑两类效应。Aharonov-Bohm 效应、Dirac 磁单极和超导体 Josephson 效应看起来互不相关, 其实它们有共同的物理本质, 即拓扑量子相位。本书把三者放在同一章中, 作为拓扑相因子的应用实例来讨论, 从而揭示出它们之间的内在联系。自旋和自旋–轨道耦合的动力学研究不仅有助于正确理解中子干涉实验和 Aharonov-Casher 效应, 而且还提供了一个非 Abel 规范场量子力学模型。此外, 书中还给出了半导体中自旋–轨道耦合的基本公式, 是理解介观系统自旋极化输运模型的有用知识。

量子隧穿周期瞬子方法在凝聚态、高能物理和量子引力中有广泛的应用, 本书在路径积分的基础上详细介绍了这一方法及其在分子磁体宏观量子效应研究中的应用。孤子 (瞬子) 解的小振动模是为了研究经典解的稳定性和路径积分的微扰计算而引入的, 把它们纳入超对称量子力学框架, 使其形成一个精确可解势模型家族，从而提供了一个构造一维 Schrödinger 方程新解的系统方法。

　　量子计算是最近十多年来物理学和信息科学共同关注的热点研究领域，其主要动力来自著名的 Shor 大数因子分解算法的提出。虽然国内从事量子信息科学研究的学者很多，但直接在量子算法的构造和理解等方面开展的工作却相对较少。通过本书第 7 章的实例，读者将能更具体地理解 Shor 量子算法的基本思想及其运行过程的概貌。另外，绝热逻辑门量子计算方案的提出为量子计算的物理实现提供了另一个可供选择的途径。

　　从量子力学诞生之日起，伴随着它的基本原理及解释的争论一直都没有中断过。量子力学作为一种成功的理论，已经被广泛地应用到了各个学科领域，也催生了各种新技术的发展和应用，然而其基本原理的实验检验仍是极具挑战性的研究课题。例如，关于量子理论本身的完备性以及非定域性关联问题，虽然已经在很多微观系统中 (如光子、中子及囚禁离子等) 得到了证实，但在宏观尺度上的实验例子还不多。鉴于超导电子学系统中宏观量子相干效应已经被实验证实，利用超导电路的量子调控来实现量子非局域关联的验证就有了现实意义。

　　值得指出的是，量子物理已成为近代科学的基础，其研究工作不仅有重要的基础理论意义，而且直接影响到相关新技术的发展。例如，物质波干涉和基于 Josephson 效应的宏观量子调控等都已发展成相应的技术。因此，本书的某些研究专题与当今及未来的量子技术发展有着密切联系。

　　本书的题材全选自作者自己做过的研究课题，并且对每个专题都进行了较深入的讨论，因此兼有研究专著的性质。全书的内容主要由七个相对独立但又彼此关联的专题组成，基本反映了作者多年来从事量子物理研究的历程和心得。每个专题都力求从原始模型的建立开始，自成体系，既方便读者选取自己感兴趣的题目阅读，也可单独用作研究生或本科生的教材。前五个专题主要论述量子态几何相因子和宏观量子效应，由梁九卿教授执笔；后两个专题涉及量子算法，宏观量子计算和量子力学基本原理的验证等，由韦联福教授撰写。

　　书中前 6 章的插图是由山西大学理论物理研究所的在读博士生常博和连进铃完成的，西南交通大学量子光电实验室的研究生们也为本书的部分文字录入工作提供了帮助，在此一并感谢。

　　作者还要特别感谢他们的合作者在各专题研究中所给予的帮助。

　　由于各个课题本身仍是不断发展的前沿问题，内容在不断更新和发展，书中难免有疏漏及不妥之处，恳请读者批评指正。

作 者

目　　录

第 1 章　规范变换、正则量子化和经典量子对应

本章是基础知识的简要回顾和总结, 旨在用最简单的系统 (一个自由度的点粒子和真空中的自由电磁场) 为例来阐述经典动力学和量子力学的正则化公理体系和一些重要的基本概念, 如规范变换、经典–量子对应等。文献中经典–量子对应大多只讨论在大量子数极限下 (或者 $\hbar \to 0$) 量子力学趋于经典理论。其实, 在相干态 (包括自旋相干态) 中, 力学量期待值的时间演化和经典动力学方程完全一致, 这种意义下的经典–量子对应在宏观量子效应中起更为重要的作用。Aharonov-Bohm 和 Berry 相位、磁单极和任意子的讨论必然涉及拓扑流形和微分几何, 为方便读者阅读, 我们以 $U(1)$ 规范场为例给出了微分形式和外微分的基本公式。

1.1　物质世界的经典图像及质点动力学

物理学研究物质世界的演变规律及其所以如此演化的道理。有物质有道理, 即所谓物理。物理学试图穷究一切事物的道理, 没有固定的研究对象, 物质系统有广泛的含义, 例如, 它也可以是社会系统。物理学研究的系统都有可供实验测量的量, 称为物理观察量, 它们一般是空间坐标和时间的函数, 泛称为场变量。在这种广义的场变量概念下一切物理量都可称为场变量。例如, 点粒子的坐标 $r(t)$ 只是时间的函数, 空间缩为一几何点, 是零维的, 称为 0 + 1 维矢量场; 电场强度 $E(r, t)$ 是 3 + 1 维矢量场。描述各种系统的不同物理量, 也可能是旋量、张量场等。运动定律描述物理观察量之间关系和演化的规律性, 并用数学公式表示, 是系统的本质属性, 原则上它应当被实验检测, 而且, 实验可无限重复。当然, 运动定律常常是理想条件下的规律, 它们的建立包含了合理的简化和逻辑推理。物理学的任务不仅是发现并总结出系统的运动和变化规律, 而且要抽象上升到和具体系统无关的原理, 原理具有普适性, 即所谓的道理。例如, 点粒子运动遵从 Newton 定律, 而电磁场满足 Maxwell 方程等, 它们都是运动规律, 都可统一到 Hamilton 原理, 或者最小作用量原理中。物理其实是以数学为手段, 研究任何未知事物存在和演化道理的方法, 物理学的方法可用到有固定研究对象的学科中, 如化学物理、生物物理等 [1-5]。

1.1.1　质点运动方程和最小作用量原理

我们用一个最简单的系统, 即单个粒子在一维空间中的运动为例, 来解释其运动规律并揭示产生这种规律的道理。这一简单系统的物理观察量是 $q(t)$(0 + 1 维实

标量场), 如它可以是粒子空间运动的坐标——广义坐标, 相应的广义速度是 $\dot{q}(t) =$
$\dfrac{\mathrm{d}q}{\mathrm{d}t}$。质点运动规律由 Newton 方程描述, 它是实验观测的总结, 人们可以认识和
发现规律但不能创造规律。我们假定粒子在一保守力场中运动, 即存在一个相应的
不显含时间的势函数 $V(q)$, 则物理观测量 $q(t)$ 时间演化遵从的运动方程是

$$m\ddot{q} = -\frac{\partial V(q)}{\partial q} \tag{1.1.1}$$

由于势函数不显含时间, 运动方程满足时间平移不变, 积分一次后变为

$$\frac{1}{2}m\frac{\mathrm{d}}{\mathrm{d}t}(\dot{q})^2 = -\frac{\mathrm{d}V}{\mathrm{d}t} \tag{1.1.2}$$

由此得到一个守恒量——机械能, 记为 E, 积分一次后的运动方程则是

$$E = \frac{1}{2}m\dot{q}^2 + V \tag{1.1.3}$$

守恒量总是对应于运动规律的某种时空变化对称性, 特别是当 $V(q) = 0$ 时, 方程
(1.1.1) 还具有空间平移不变性, 由此又导致动量守恒

$$m\dot{q} = p$$

动量 p 是常数。物理学并不满足于仅给出系统的运动方程, 这里一个要回答的问
题是, 得出 Newton 方程的道理或者原理是什么? 这一原理应具有普遍性, 不依
赖系统的具体特性。我们用上述的简单系统给出力学原理的引导, 为此, 定义一
个 Lagrange 函数 (以下简称拉氏量)

$$L(q,\dot{q}) = \frac{1}{2}m\dot{q}^2 - V(q) \tag{1.1.4}$$

它是组态空间的函数, 对这一简单系统来说, 就是动能减势能。再定义一称为作
用量的泛函

$$S = \int_{q(t_\mathrm{i})}^{q(t_\mathrm{f})} L(q,\dot{q})\mathrm{d}t \tag{1.1.5}$$

作用量依赖于拉氏量。对于固定的空间两点 $q(t_\mathrm{i})$ 和 $q(t_\mathrm{f})$, 经典粒子总是走使作用量
最小的路径, 称为最小作用量原理或者 Hamilton 原理。对 S 变分取极值, 可得

$$\delta S = \int_{t_\mathrm{i}}^{t_\mathrm{f}} \left(\frac{\partial L}{\partial q}\delta q + \frac{\partial L}{\partial \dot{q}}\delta\dot{q}\right)\mathrm{d}t = \int_{t_\mathrm{i}}^{t_\mathrm{f}} \left(\frac{\partial L}{\partial q} - \frac{\mathrm{d}}{\mathrm{d}t}\frac{\partial L}{\partial \dot{q}}\right)\delta q\,\mathrm{d}t = 0 \tag{1.1.6}$$

第二等式中用了分部积分, 并注意到固定端点的变分为零。由于 δq 是任意路径变
分 (图 1.1.1), 所以

$$\frac{\partial L}{\partial q} - \frac{\mathrm{d}}{\mathrm{d}t}\frac{\partial L}{\partial \dot{q}} = 0 \tag{1.1.7}$$

即 Lagrange 方程 (以下简称拉氏方程)。

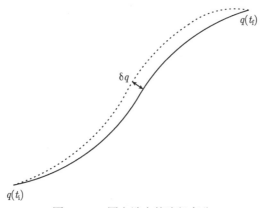

图 1.1.1 固定端点的路径变分

例如，一维谐振子的拉氏量是

$$L = \frac{1}{2}m\dot{q}^2 - \frac{1}{2}m\omega^2 q^2 \tag{1.1.8}$$

代入上面的拉氏方程，就得到熟悉的谐振子运动方程

$$\ddot{q} + \omega^2 q = 0 \tag{1.1.9}$$

我们用点粒子解释了力学原理的引导，其实，该原理具有普适意义，从最小作用量原理出发，各种物理系统的时间演化规律都可以从同一原理演绎得到。例如，电磁场的场变量运动规律由 Maxwell 方程描述，它遵从同样的最小作用量原理。

1.1.2 规范变换

规范变换 (gauge transformation) 是描述基本粒子间相互作用的规范场理论中的一个重要概念，它其实有更广泛的意义。对于给定系统的运动方程 (实验规律)，拉氏函数 L 并不是唯一的，我们可以加任意一个时空函数 $f(q,t)$ 的全导数。新的拉氏函数为

$$L' = L + \frac{\mathrm{d}f(q,t)}{\mathrm{d}t} = L + \frac{\partial f}{\partial t} + \dot{q}\frac{\partial f}{\partial q} \tag{1.1.10}$$

从它导出的拉氏方程为

$$\frac{\partial L'}{\partial q} - \frac{\mathrm{d}}{\mathrm{d}t}\left(\frac{\partial L'}{\partial \dot{q}}\right) = \frac{\partial L}{\partial q} - \frac{\mathrm{d}}{\mathrm{d}t}\left(\frac{\partial L}{\partial \dot{q}}\right) = 0 \tag{1.1.11}$$

与原来的拉氏函数 L 给出的拉氏方程完全相同。这一事实很容易验证，因为

$$\frac{\partial L'}{\partial q} = \frac{\partial L}{\partial q} + \frac{\partial^2 f}{\partial t \partial q} + \dot{q}\frac{\partial^2 f}{\partial q^2} \tag{1.1.12}$$

和

$$\frac{\mathrm{d}}{\mathrm{d}t}\left(\frac{\partial L'}{\partial \dot{q}}\right) = \frac{\mathrm{d}}{\mathrm{d}t}\left(\frac{\partial L}{\partial \dot{q}}\right) + \frac{\mathrm{d}}{\mathrm{d}t}\left(\frac{\partial f}{\partial q}\right) = \frac{\mathrm{d}}{\mathrm{d}t}\left(\frac{\partial L}{\partial \dot{q}}\right) + \frac{\partial^2 f}{\partial q \partial t} + \dot{q}\frac{\partial^2 f}{\partial q^2} \qquad (1.1.13)$$

我们称这种变换为规范变换, 或者广义规范变换。电磁场 ($U(1)$ 规范场) 理论中的规范变换是大家熟知的, 下面 2.1.2 小节中我们会看到它实际上只是现在这种普遍表述的一个具体形式。

1.1.3　Hamilton 量和正则方程

拉氏方程中时间导数是二阶的, 我们可以把方程降为一阶, 代价是独立变量加倍。定义正则动量 (canonical momentum)

$$p = \frac{\partial L}{\partial \dot{q}} \qquad (1.1.14)$$

坐标和动量为独立变量的空间称为相空间, 系统的 Hamilton 量 (Hamiltonian) 定义为

$$H(q, p) = p\dot{q} - L \qquad (1.1.15)$$

它是相空间 (q, p) 的函数。我们可定义相空间拉氏量

$$L(q, p) = p\dot{q} - H(q, p) \qquad (1.1.16)$$

再对作用量

$$S = \int [\dot{q}p - H(q, p)]\mathrm{d}t$$

变分取极值 (最小作用量原理)

$$\begin{aligned} \delta S &= \int \left[p\delta\dot{q} + \dot{q}\delta p - \frac{\partial H}{\partial q}\delta q - \frac{\partial H}{\partial p}\delta p \right] \mathrm{d}t \\ &= \int \left[-\dot{p}\delta q + \dot{q}\delta p - \frac{\partial H}{\partial q}\delta q - \frac{\partial H}{\partial p}\delta p \right] \mathrm{d}t = 0 \end{aligned} \qquad (1.1.17)$$

独立变量变分 $\delta q, \delta p$ 前系数为零, 我们就能得到下面的正则方程 (canonical equation), 也称 Hamilton 方程：

$$\dot{q} = \frac{\partial H}{\partial p} \qquad (1.1.18)$$

$$\dot{p} = -\frac{\partial H}{\partial q} \qquad (1.1.19)$$

增加了独立变量, 不仅使方程变为对称的一阶方程组, 而且正则动量的引入有更重要的意义。和拉氏方程不同, 正则方程中的 Hamilton 量只有势函数, 和量子力学的 Schrödinger 方程一致。当有规范场存在时正则动量不等于力学动量, 特别是在场为零而势不为零的空间可导致拓扑量子效应 (topological quantum effect), 即

Aharonov-Bohm(AB) 效应。从正则方程的观点，AB 效应有明显的量子–经典对应 (见本书第 2 章)，只不过是量子力学中波函数的相位干涉使这一拓扑效应可被实验观测到而已。

作业 1.1 证明 Hamilton 方程在规范变换下不变。提示：正则动量和 Hamilton 量的规范变换分别表示为

$$p' = \frac{\partial L'}{\partial \dot{q}}$$
$$H' = p'\dot{q} - L'$$

1.1.4 物理量的时间演化——Poisson 括号

相空间任意力学量 $A(q, p)$ 的时间演化可表示为

$$\frac{\mathrm{d}A(q, p)}{\mathrm{d}t} = \dot{q}\frac{\partial A}{\partial q} + \dot{p}\frac{\partial A}{\partial p} = \frac{\partial A}{\partial q}\frac{\partial H}{\partial p} - \frac{\partial A}{\partial p}\frac{\partial H}{\partial q} = \{A, H\} \tag{1.1.20}$$

最后一个等式中我们引入了一个重要的记号——Poisson 括号。若 $A(q, p), B(q, p)$ 是两个力学量, 其 Poisson 括号的一般定义式为

$$\{A, B\} = \frac{\partial A}{\partial q}\frac{\partial B}{\partial p} - \frac{\partial A}{\partial p}\frac{\partial B}{\partial q} \tag{1.1.21}$$

显然

$$\{q, p\} = 1$$

作业 1.2 证明角动量 Poisson 括号，即角动量

$$\boldsymbol{L} = \boldsymbol{r} \times \boldsymbol{p}$$

各分量满足关系

$$\{L_i, L_j\} = \sum_k \epsilon_{ijk} L_k \tag{1.1.22}$$

其中, ϵ_{ijk} 是通常的反对称张量, $i = x, y, z$。

1.2 经典场、电磁场动力学正则形式

1.2.1 Maxwell 方程

真空中电磁场物理观测量是实矢量场 $\boldsymbol{E}$ 和 $\boldsymbol{B}$, 其微分形式的运动方程为

$$\nabla \cdot \boldsymbol{E} = 4\pi\rho \tag{1.2.1}$$

$$\nabla \times \boldsymbol{B} - \frac{\partial \boldsymbol{E}}{c\partial t} = \frac{4\pi\boldsymbol{j}}{c} \tag{1.2.2}$$

$$\nabla \cdot \boldsymbol{B} = 0 \tag{1.2.3}$$

$$\nabla \times \boldsymbol{E} = -\frac{\partial \boldsymbol{B}}{c\partial t} \tag{1.2.4}$$

称为 Maxwell 方程, 这里我们使用了 Gauss 单位制.

1.2.2 规范势场和规范变换

由 Maxwell 方程 (1.2.3) 和方程 (1.2.4) 可引入矢量势 $\boldsymbol{A}$ 和标量势 V，称其为规范势

$$\boldsymbol{B} = \nabla \times \boldsymbol{A} \tag{1.2.5}$$

$$\boldsymbol{E} = -\nabla V - \frac{\partial \boldsymbol{A}}{c \partial t} \tag{1.2.6}$$

当然规范势 $\boldsymbol{A}$ 和 V 不是唯一的，我们可用规范变换引入新的规范势

$$\boldsymbol{A}' = \boldsymbol{A} + \nabla f \tag{1.2.7}$$

$$V' = V - \frac{\partial f}{c \partial t} \tag{1.2.8}$$

f 是一任意时空标量函数，显然电场强度和磁感应强度在规范变换下不变. 我们总可以选适当规范使规范势满足 Lorentz 条件

$$\nabla \cdot \boldsymbol{A} + \frac{\partial V}{c \partial t} = 0 \tag{1.2.9}$$

则场运动方程变为简单的形式

$$\frac{\partial^2 \boldsymbol{A}}{c^2 \partial t^2} - \nabla^2 \boldsymbol{A} = \frac{4\pi \boldsymbol{j}}{c} \tag{1.2.10}$$

$$\frac{\partial^2 V}{c^2 \partial t^2} - \nabla^2 V = 4\pi \rho \tag{1.2.11}$$

引入四维协变坐标

$$\boldsymbol{x} = (x_1, x_2, x_3, x_4 = \mathrm{i}ct)$$

四维规范场矢量

$$\boldsymbol{A} = (A_1, A_2, A_3, A_4 = \mathrm{i}V)$$

和四维流矢量

$$\boldsymbol{j} = (j_1, j_2, j_3, j_4 = \mathrm{i}c\rho)$$

运动方程 (1.2.9)∼ 方程 (1.2.11) 则变为

$$\Box A_\mu = -\frac{4\pi j_\mu}{c}, \quad \mu = 1, 2, 3, 4 \tag{1.2.12}$$

$$\sum_{\mu=1}^{4} \frac{\partial A_\mu}{\partial x_\mu} = 0 \tag{1.2.13}$$

其中

$$\square = \sum_{\nu=1}^{4} \frac{\partial^2}{\partial x_\nu^2}$$

是 d'Alembert 算符, 方程 (1.2.13) 称为 Lorentz 条件或者 Lorentz 规范。电磁场 (1.2.5) 和 (1.2.6) 的协变形式可统一成为一反对称张量

$$F_{\mu\nu} = \frac{\partial A_\nu}{\partial x_\mu} - \frac{\partial A_\mu}{\partial x_\nu} \tag{1.2.14}$$

其明显的矩阵形式是

$$F = \begin{pmatrix} 0 & B_3 & -B_2 & -\mathrm{i}E_1 \\ -B_3 & 0 & B_1 & -\mathrm{i}E_2 \\ B_2 & -B_1 & 0 & -\mathrm{i}E_3 \\ \mathrm{i}E_1 & \mathrm{i}E_2 & \mathrm{i}E_3 & 0 \end{pmatrix} \tag{1.2.15}$$

1.2.3 电磁场动力学正则形式

为简单起见，考虑自由场方程，即电荷、电流及标势皆为零，场方程简化为

$$\nabla^2 \boldsymbol{A} - \frac{\partial^2 \boldsymbol{A}}{c^2 \partial t^2} = 0 \tag{1.2.16}$$

$$\nabla \cdot \boldsymbol{A} = 0 \tag{1.2.17}$$

第二个方程即通常所说的横波条件，也称 Coulomb 规范，由 Lorentz 条件退化而来。可把两方程合并成一个方程

$$\sum_{j \neq i} \left(\frac{\partial^2 A_i}{\partial x_j^2} - \frac{\partial^2 A_j}{\partial x_i \partial x_j} \right) - \frac{\partial^2 A_i}{c^2 \partial t^2} = 0, \quad i = 1, 2, 3 \tag{1.2.18}$$

相应的拉氏密度可构造为

$$\mathcal{L} = \frac{1}{2} \sum_{i=1}^{3} \left[\left(\frac{\partial A_i}{c \partial t} \right)^2 - \left(\sum_{j,k=1}^{3} \epsilon_{i,j,k} \frac{\partial A_k}{\partial x_j} \right)^2 \right] \tag{1.2.19}$$

把该拉氏密度代入场变量是 A_i 的作用量

$$S = \int \mathcal{L} \mathrm{d}\boldsymbol{x} \mathrm{d}t$$

由最小作用量原理

$$\delta S = 0$$

可得到如下的拉氏方程

$$\frac{\partial}{\partial t}\frac{\partial \mathcal{L}}{\partial(\partial A_i/\partial t)} + \sum_{j=1}^{3}\frac{\partial}{\partial x_j}\frac{\partial \mathcal{L}}{\partial(\partial A_i/\partial x_j)} = 0, \quad i = 1,2,3 \tag{1.2.20}$$

此即上面的自由电磁场方程 (1.2.18)。场的正则动量密度根据定义是

$$\pi_{A_i} = \frac{\partial \mathcal{L}}{\partial(\partial A_i/\partial t)} = \frac{\partial A_i}{c^2 \partial t} \tag{1.2.21}$$

Hamilton 密度则是熟悉的形式

$$\mathcal{H} = \sum_{i=1}^{3}\frac{\partial A_i}{\partial t}\pi_{A_i} - \mathcal{L} = \frac{1}{2}\sum_{i=1}^{3}\left[c^2\pi_{A_i}{}^2 + \left(\sum_{j,k=1}^{3}\epsilon_{i,j,k}\frac{\partial A_j}{\partial x_k}\right)^2\right] = \frac{1}{2}(\boldsymbol{E}^2 + \boldsymbol{B}^2) \tag{1.2.22}$$

1.2.4　微分形式、Wedge 乘积和外微分

本书中讨论的 Aharonov-Bohm 效应、任意子和 Dirac 磁单极等必然涉及拓扑流形及微分形式的概念和运算, 虽然并不要求读者具备微分几何知识, 但有关微分形式和外微分的定义及简单公式对阅读本书的相关内容是很有用的。我们已经把电磁场写成四维协变形式, 以此为例给出本书中用到的微分形式和外微分的简单公式。

1. 微分一次式

四维势场是个矢量, 记为

$$\boldsymbol{A} = (A_1, A_2, A_3, A_4)$$

四微分基矢则分别是

$$\mathrm{d}\boldsymbol{x} = (\mathrm{d}x_1, \mathrm{d}x_2, \mathrm{d}x_3, \mathrm{d}x_4)$$

和

$$\frac{\partial}{\partial \boldsymbol{x}} = \left(\frac{\partial}{\partial x_1}, \frac{\partial}{\partial x_2}, \frac{\partial}{\partial x_3}, \frac{\partial}{\partial x_4}\right)$$

联络微分一次式 (connection one-form) 是一标量, 定义为

$$\omega = A\mathrm{d}x = \sum_{\mu=1}^{4} A_\mu \mathrm{d}x_\mu \tag{1.2.23}$$

本书中我们不引入场论中的协变和抗变指标, 以及求和惯例。微分算符

$$\mathrm{d} = \mathrm{d}x\frac{\partial}{\partial x} = \sum_\mu \mathrm{d}x_\mu \frac{\partial}{\partial x_\mu} \tag{1.2.24}$$

是一标量, 而一个标量函数 f 的微分一次式显然是

$$\mathrm{d}f = \sum_\mu \frac{\partial f}{\partial x_\mu}\mathrm{d}x_\mu \tag{1.2.25}$$

2. Wedge 乘积, 外微分和微分二次式

两个微分一次式的 Wedge 乘积是微分二次式, 定义为

$$\mathrm{d}f \wedge \mathrm{d}g = \sum_{\mu,\nu} \frac{\partial f}{\partial x_\mu} \frac{\partial g}{\partial x_\nu} \mathrm{d}x_\mu \wedge \mathrm{d}x_\nu \tag{1.2.26}$$

基矢的 Wedge 积和矢量的向量积一样

$$\mathrm{d}x_\mu \wedge \mathrm{d}x_\nu = -\mathrm{d}x_\nu \wedge \mathrm{d}x_\mu$$

不难证明

$$\mathrm{d}f \wedge \mathrm{d}g = \frac{1}{2} \sum_{\mu,\nu} \left[\frac{\partial f}{\partial x_\mu} \frac{\partial g}{\partial x_\nu} - \frac{\partial f}{\partial x_\nu} \frac{\partial g}{\partial x_\mu} \right] \mathrm{d}x_\mu \wedge \mathrm{d}x_\nu \tag{1.2.27}$$

微分算符 d 作用在联络微分一次式 ω 上的运算称为外微分, 定义是

$$\mathrm{d}\omega = \sum_{\mu,\nu} \frac{\partial A_\nu}{\partial x_\mu} \mathrm{d}x_\mu \wedge \mathrm{d}x_\nu = \frac{1}{2} \sum_{\mu,\nu} F_{\mu\nu} \mathrm{d}x_\mu \wedge \mathrm{d}x_\nu \tag{1.2.28}$$

称其为微分二次式 (two-form), 其中, $F_{\mu\nu}$ 即电磁场反对称张量。根据外微分定义显然有

$$\mathrm{d}\mathrm{d} = 0 \tag{1.2.29}$$

和

$$\mathrm{d}(f\mathrm{d}g) = \mathrm{d}f \wedge \mathrm{d}g \tag{1.2.30}$$

1.2.5　时空变换和相对论

显然 Newton 点粒子方程在不同惯性系间的 Galilean 变换 (时空变换) 下不变, 即所有惯性系对动力学方程都是等价的, 这是旧相对论, 而时空间隔在不同惯性系中不变, 也就是说时空是绝对的, 和运动无关。但电磁场 Maxwell 方程在光速不变条件下满足的是 Lorentz 变换, 不同惯性系时时空间隔则不是必然相等的。Einstein 把相对论推广到包括电磁场在内的所有物理运动方程中, 给出了满足 Lorentz 变换的点粒子动力学, 使整个物理学纳入相对论框架。Newton 方程则变为相对论方程的低速近似。而广义相对论则是相对论在非惯性系中的推广, 由于非惯性系中各点的速度不等, 时空间隔也不一样, 自然出现时空弯曲, 引力场中的弯曲时空是广义相对论的重要结论。相对论分别统一了时空和质能, 而广义相对论则实现了四者的统一, 天体事件中消失的质量产生了时空涟漪——引力波。

1.3　多体系统——物理观测量的统计规律

宏观体系可还原成大量粒子组成的力学系统 (还原法, 实际上相互作用多体系统并不可能被简单地还原), 并用概率分析研究其运动状态, 从而用统计规律得

到宏观状态和相应的物理观测量。我们简单回顾平衡态统计的理论核心，统计物理也是在 Lagrange 和 Hamilton 形式下建立的。考虑 N 个无相互作用全同粒子系统，为简单起见，每个粒子只有一个广义坐标。其 Hamilton 量可表示为

$$H = \sum_{i=1}^{N} H_i, \quad H_i = \frac{p_i^2}{2m} + V_i \tag{1.3.1}$$

显然，系统的状态可用 $2N$ 维相空间的一个点来描述。在相空间体积元

$$\mathrm{d}\Gamma = \prod_{i=1}^{N} \mathrm{d}q_i \mathrm{d}p_i$$

中系统状态数为

$$\mathrm{d}\Lambda = \varrho \mathrm{d}\Gamma \tag{1.3.2}$$

其中，ϱ 是相空间中的状态密度分布函数。一力学量 A 的统计平均值显然为

$$\bar{A} = \frac{1}{Z} \int A\varrho \mathrm{d}\Gamma \tag{1.3.3}$$

而

$$Z = \int \varrho \mathrm{d}\Gamma$$

表示总态数，也称为配分函数。对通常熟悉的平衡态统计而言，态密度是个守衡量，即

$$\frac{\mathrm{d}\varrho}{\mathrm{d}t} = \frac{\partial \varrho}{\partial t} + \sum \frac{\partial \varrho}{\partial q_i} \dot{q}_i + \sum \frac{\partial \varrho}{\partial p_i} \dot{p}_i = \frac{\partial \varrho}{\partial t} + \{\varrho, H\} = 0 \tag{1.3.4}$$

称为 Liouville 方程。定义概率流密度为

$$\boldsymbol{J} = \varrho \boldsymbol{v} \tag{1.3.5}$$

其中

$$\boldsymbol{v} = \sum_{i}^{N} [\dot{q}_i \boldsymbol{e}_{q_i} + \dot{p}_i \boldsymbol{e}_{p_i}]$$

表示相空间"速度"，而 $\boldsymbol{e}_{q_i}$ 和 $\boldsymbol{e}_{p_i}$ 分别表示 q_i，p_i 轴方向的单位矢量，上述概率守恒式等价于概率连续方程

$$\frac{\partial \varrho}{\partial t} + \nabla \cdot \boldsymbol{J} = 0 \tag{1.3.6}$$

$$\nabla = \sum_{i}^{N} \left[\boldsymbol{e}_{q_i} \frac{\partial}{\partial q_i} + \boldsymbol{e}_{p_i} \frac{\partial}{\partial p_i} \right]$$

对于典型的热力学统计分布，即温度为 T 的 Boltzmann 分布，我们有

$$\varrho = \prod_{i=1}^{N} \mathrm{e}^{-\beta H_i} = \mathrm{e}^{-\beta H}, \quad \beta = \frac{1}{kT} \tag{1.3.7}$$

其中

$$Z = \int \mathrm{d}\Gamma \mathrm{e}^{-\beta H}$$

称为 Boltzmann 配分函数, k 是 Boltzmann 常量。力学量 A 在给定温度 T 下的统计平均值用方程 (1.3.3) 计算。

作业 1.3 求 N 个无相互作用谐振子在给定温度 T 的能量平均值

$$H = \sum_{i=1}^{N} \left(\frac{p_i^2}{2m} + \frac{1}{2} m\omega^2 q_i^2 \right) \tag{1.3.8}$$

1.4 量子力学的逻辑体系

点粒子和场是经典世界的两个基本图像，经典理论虽然取得了巨大的成功，但在解释 19 世纪末发现的某些物理现象时，点粒子和场理论都遇到了根本性的困难。场理论的困难是无法解释黑体辐射实验规律，而点粒子系统的困难则是不能给出原子的定态结构。Planck 能量子的提出为解决前一个困难迈出了重要的一步，而 Einstein 的光子概念则导致场量子化理论。后一个困难的完全解决产生了量子力学，它是建立在三个基本假设或者原理上的自洽理论 (至少在正则量子化公理体系内) [6-14]。

1.4.1 量子力学原理一 (态矢、算符及其表示)

力学观察量对应于作用在 Hilbert 空间 (有限或无限维) 态矢量上的算符，系统的状态则用该空间的态矢量描述。物理观察量由经典理论中的数或函数 (称为 C 数) 变为算符 (相应地称为 Q 数)，C 数满足交换率，而 Q 数则一般不可对易。共轭变量算符之间满足确定的对易关系，如粒子的广义坐标算符 $\hat{q}$ 和正则动量算符 $\hat{p}$ 满足对易关系

$$[\hat{q}, \hat{p}] = \mathrm{i}\hbar \tag{1.4.1}$$

而 Bose 场的场算符 $\hat{\phi}(x,t)$ 和其对应的正则动量密度算符 $\hat{\pi}(x',t)$ 则满足对易关系

$$[\hat{\phi}(x,t), \hat{\pi}(x',t)] = \mathrm{i}\hbar\delta(x - x') \tag{1.4.2}$$

算符的表示可以是矩阵, 沿此思路, Heisenberg 发展了矩阵力学。当然，算符也可以是作用在函数 (波函数 $\psi(x)$) 上的具体运算，如微分。沿此方向，Schrödinger 发展了波动力学。Dirac 集两者之大成，引入了 Dirac 符号，从而建立了形式化的量子力学理论体系。而所谓的矩阵力学和波动力学则分别成为在 Hamilton 算

符和坐标算符表象中的表示。算符不是观察量,观察量对应该算符的本征值。例如,定义 $\hat{Q}$ 算符本征方程为

$$\hat{Q}|n\rangle = q_n|n\rangle \tag{1.4.3}$$

q_n 是 $\hat{Q}$ 算符的第 n 个本征值,本征矢为 $|n\rangle$,满足正交归一关系

$$\langle m|n\rangle = \delta_{m,n} \tag{1.4.4}$$

所有的本征矢构成一个完备集合 (定义了一个表象),即

$$\sum_n |n\rangle\langle n| = 1 \tag{1.4.5}$$

若本征值是连续谱,则完备性变为

$$\int |x\rangle\langle x|\mathrm{d}x = 1 \tag{1.4.6}$$

1. 态矢量的表示

本征矢的完备性意味着任意态矢都可以用此本征矢来展开,即

$$|\psi\rangle = \sum_n |n\rangle\langle n|\psi\rangle \tag{1.4.7}$$

其中, $\langle n|\psi\rangle = c_n$ 为展开系数,而列矩阵

$$\psi = \begin{pmatrix} c_1 \\ c_2 \\ \vdots \\ c_n \\ \vdots \end{pmatrix} \tag{1.4.8}$$

则是 $|\psi\rangle$ 态在 $\hat{Q}$ 表象中的矩阵表示。

2. 算符的表示

若 $|\psi\rangle$ 是 $\hat{A}$ 算符的本征态,其本征值为 a,则

$$\hat{A}|\psi\rangle = a|\psi\rangle \tag{1.4.9}$$

利用完备性关系 $\sum_n |n\rangle\langle n| = 1$,左乘 $\langle m|$(作内积) 算符本征值方程变为代数方程组

$$\sum_n \langle m|\hat{A}|n\rangle\langle n|\psi\rangle = a\langle m|\psi\rangle \tag{1.4.10}$$

其中

$$\langle m|\hat{A}|n\rangle = A_{mn}$$

是 $\hat{A}$ 的矩阵元，$\langle n|\psi\rangle = c_n$ 是态 $|\psi\rangle$ 的展开系数。该代数方程组可写成如下的矩阵形式：

$$A\psi = a\psi \tag{1.4.11}$$

其中，矩阵 A 是 $\hat{A}$ 算符在 $\hat{Q}$ 表象中的表示。

3. 坐标表象

我们熟悉的坐标表象基矢是坐标算符的本征态 $|q\rangle$

$$\hat{q}|q\rangle = q|q\rangle$$

本征态是正交的，因为

$$\langle q'|\hat{q}|q\rangle = q'\langle q'|q\rangle = q\langle q'|q\rangle$$

若 $q' \neq q$ 时则必须有

$$\langle q'|q\rangle = 0$$

但不能归一化为 1，因为由完备性关系

$$\int |q'\rangle\langle q'|\mathrm{d}q' = 1$$

可得

$$\langle q|q\rangle = \int\langle q|q'\rangle\langle q'|q\rangle\mathrm{d}q' = \langle q|q\rangle\langle q|q\rangle\mathrm{d}q \tag{1.4.12}$$

如果

$$\langle q|q\rangle = 1$$

显然导致矛盾，因为 $\mathrm{d}q$ 是无限小，只能有

$$\langle q|q'\rangle = \delta(q - q') \tag{1.4.13}$$

$\delta(q - q')$ 是 Dirac δ 函数。下面我们来推导坐标表象中动量的算符形式及其本征波函数：由对易关系

$$[\hat{x}, \hat{p}] = \mathrm{i}\hbar$$

可得

$$\langle x|\hat{x}\hat{p} - \hat{p}\hat{x}|x'\rangle = (x - x')\langle x|\hat{p}|x'\rangle = \mathrm{i}\hbar\delta(x - x') \tag{1.4.14}$$

再由 δ 函数的特性，不难得到坐标表象中的动量算符矩阵元是

$$\langle x|\hat{p}|x'\rangle = -\mathrm{i}\hbar\frac{\mathrm{d}}{\mathrm{d}x}\delta(x - x') \tag{1.4.15}$$

假定 $|p\rangle$ 是动量算符的本征态, 对应的本征值为 p, 即

$$\hat{p}|p\rangle = p|p\rangle$$

投影到坐标表象

$$\langle x|\hat{p}|p\rangle = p\langle x|p\rangle$$

再插入坐标表象的完备性关系得到坐标表象中动量本征方程为

$$\int \langle x|\hat{p}|x'\rangle\langle x'|p\rangle \mathrm{d}x' = -\mathrm{i}\hbar \int \frac{\mathrm{d}}{\mathrm{d}x}\delta(x-x')\psi_p(x')\mathrm{d}x' = -\mathrm{i}\hbar\frac{\mathrm{d}}{\mathrm{d}x}\psi_p(x) = p\psi_p(x)$$

$$(1.4.16)$$

因而动量算符在坐标表象中的算符形式是

$$\hat{p} = -\mathrm{i}\hbar\frac{\mathrm{d}}{\mathrm{d}x} \tag{1.4.17}$$

动量本征方程的解, 即动量本征态波函数为

$$\psi_p(x) = \frac{1}{\sqrt{2\pi\hbar}}\exp(\mathrm{i}px/\hbar) \tag{1.4.18}$$

其实动量表象和坐标表象完全等价, 从坐标和动量对易关系出发, 和上述推导一样可得到动量表象中坐标算符的本征方程

$$\mathrm{i}\hbar\frac{\mathrm{d}\psi_x(p)}{\mathrm{d}p} = x\psi_x(p) \tag{1.4.19}$$

1.4.2　量子力学原理二 (动力学)

量子力学公理化体系始于物理量的算符化, 动力学当然从算符的时间演化开始, 算符时间演化遵从 Heisenberg 方程, 是作为基本原理引入的

$$\frac{\mathrm{d}\hat{A}}{\mathrm{d}t} = \frac{\partial \hat{A}}{\partial t} - \frac{\mathrm{i}}{\hbar}[\hat{A}, \hat{H}] \tag{1.4.20}$$

时间演化算符, Heisenberg 和 Schrödinger 绘景

假定力学量算符 $\hat{A}$ 不显含时间, 则其 Heisenberg 方程的形式解显然是

$$\hat{A}(t) = \hat{U}^\dagger(t)\hat{A}(0)\hat{U}(t) \tag{1.4.21}$$

其中

$$\hat{U}(t) = \mathrm{e}^{-\frac{\mathrm{i}}{\hbar}\hat{H}t} \tag{1.4.22}$$

称为时间演化幺正算符。任意时刻力学量算符在一个确定的量子态 $|\psi\rangle$(不随时间演化) 上的期待值为

$$\bar{A}(t) = \langle\psi|\hat{A}(t)|\psi\rangle = \langle\psi|\hat{U}^\dagger(t)\hat{A}(0)\hat{U}(t)|\psi\rangle \tag{1.4.23}$$

算符随时间演化而态不变的描述称为 Heisenberg 绘景。当然也可定义时间演化态

$$|\psi(t)\rangle = \hat{U}(t)|\psi\rangle \tag{1.4.24}$$

则期待值随时间演化的描述变为态随时间变化，而算符不变，称为 Schrödinger 绘景

$$\bar{A}(t) = \langle\psi(t)|\hat{A}(0)|\psi(t)\rangle \tag{1.4.25}$$

显然，含时态 $|\psi(t)\rangle$ 满足 Schrödinger 方程，即

$$i\hbar\frac{\partial}{\partial t}|\psi(t)\rangle = \hat{H}|\psi(t)\rangle \tag{1.4.26}$$

投影到坐标表象中 (方程 (1.4.26) 两边作内积 $\langle x|$)，则得到坐标表象中的 Schrödinger 方程

$$i\hbar\frac{\partial}{\partial t}\psi(x,t) = \left(-\frac{\hbar^2}{2m}\nabla^2 + V(x)\right)\psi(x,t) \tag{1.4.27}$$

1.4.3　量子力学原理三 (测量假设)

在某算符的本征态上测相应的物理量，可得到确定值，即该本征态的本征值。在态 $|\psi\rangle$ 上测量某算符 $\hat{Q}$ 对应的物理量值，而 $|\psi\rangle$ 不是 $\hat{Q}$ 的本征态时，则每次测量得到的值只能是 $\hat{Q}$ 的本征值中的一个，但不能确定是哪一个。多次测量后可得到该力学量的平均值

$$\bar{Q} = \langle\psi|\hat{Q}|\psi\rangle = \sum_n |c_n|^2 q_n \tag{1.4.28}$$

这里 $|n\rangle$ 是 $\hat{Q}$ 的本征态，相应的本征值是 q_n

$$|\psi\rangle = \sum_n c_n|n\rangle \tag{1.4.29}$$

假定 $|\psi\rangle$ 态规一

$$\sum_n |c_n|^2 = \langle\psi|\psi\rangle = 1 \tag{1.4.30}$$

$|c_n|^2$ 是多次测量后得到本征值 q_n 的概率。

1.4.4　量子力学原理的三个重要推论 (测不准关系、非定域性、宏观量子态的相干叠加 —— Schrödinger 猫态)

1. 测不准关系

不对易的算符一般不可能有共同本征态，因而不能同时得到确定的测量值。需要指出的是，所谓的"测不准原理"其实并不是一条"原理"，它仅是量子力学

原理的一个推论。从两算符的对易关系，容易求得其偏差满足的公式称为测不准关系，例如，坐标和动量 $[\hat{x}, \hat{p}] = \mathrm{i}\hbar$ 的测不准关系是

$$\Delta x \Delta p \geqslant \frac{\hbar}{2}$$

其中, Δ 表示方均根偏差。

　　2. 非定域性——纠缠态和 Bell 不等式

　　量子态的相干叠加和测量原理共同产生了量子力学最奇异的非定域特性，没有经典对应。假定测量前系统处于多个本征态的叠加态，根据测量理论，测量操作会使系统塌缩到其中一个本征态。例如, 可制备两粒子自旋叠加态——自旋单态

$$|\psi\rangle = \frac{1}{\sqrt{2}}(|+, -\rangle - |-, +\rangle) \tag{1.4.31}$$

其中 $|\pm\rangle$ 是自旋本征态

$$\hat{\sigma}_z|\pm\rangle = \pm|\pm\rangle$$

而

$$|+, -\rangle = |+\rangle_1|-\rangle_2$$

是两粒子自旋态直积。$|\psi\rangle$ 称为两自旋纠缠态。显然在 $|\psi\rangle$ 态上的两粒子自旋既可能向"上"也可能向"下"，完全不确定，若该量子态制备好后把两两粒子分开为类空间隔 (在测量的时间内光也无法到达)，并保持其纠缠性。当在同一方向上对其中一粒子进行自旋测量并得到确定值时，空向分离的另一粒子的自旋则完全确定。这就是著名的 EPR(Einstein-Podolsky-Rosen) 佯谬，由 Einstein 等三人提出，用于质疑量子力学的完备性 (他们原来的文章用的是连续变量纠缠态)。方程 (1.4.31) 表示的自旋系统最早由 Bohm 提出，现称为 EPRB 模型。基于经典概率理论和定域确定性 (见注解)两个基本假设，Bell 证明了 EPRB 模型中空间分离的两粒子自旋测量结果的关联满足一个不等式，即著名的 Bell 不等式。其重要意义是，首次把哲学意义上的量子力学完备性讨论变成一实际的物理问题，即有观察量及满足的方程，并可被实验检验。目前，已存在量子力学违反 Bell 不等式的实验事例，这种违反的物理意义仍是值得研究的问题。能确定的是，迄今还未有任何实验结果违反了量子力学预言，而纠缠态概念则日益显示其重要性，它已成为量子密码、保密通信和量子计算中并行运算的理论基础。

　　注解: 确定性指系统具有内在的确定测量结果 (conter-factual definiteness), 已经证明, 定域确定性理论即定域隐参数理论。

3. 宏观量子态的相干叠加——Schrödinger 猫态

量子力学的创始人之一 Schrödinger 同样质疑量子力学的测量原理，他提出的死猫和活猫态的相干叠加态已成为宏观量子相干态的代名词。当然无法制备相干的活猫、死猫态，但现在的技术已可制备出宏观态的相干叠加，如光学中的相干态叠加和分子磁体中两简并宏观磁矩态的相干叠加。过去，这些争论只具有哲学的意义，现在的量子技术已使实验检验成为可能。由于近年来在量子光学和纳米技术方面的进步，允许人们对宏观量子效应、量子效应的宏观极限以及量子–宏观渡越进行更深入的研究，这些基础研究又反过来促进了量子技术和器件的发展，未来应是量子技术时代。

1.4.5 态密度算符

1. 态密度算符, 纯态和混合态

量子系统的状态也可用算符来表示，且更具有普遍性。量子态 $|\psi\rangle$ 的态密度算符定义为

$$\hat{\rho} = |\psi\rangle\langle\psi| \tag{1.4.32}$$

而力学量在该态上的期望值是

$$\bar{A} = \mathrm{tr}\hat{\rho}\hat{A} = \sum_n \langle n|\hat{\rho}\hat{A}|n\rangle = \sum_n \langle n|\psi\rangle\langle\psi|\hat{A}|n\rangle = \sum_n \langle\psi|\hat{A}|n\rangle\langle n|\psi\rangle = \langle\psi|\hat{A}|\psi\rangle \tag{1.4.33}$$

其中 $|n\rangle$ 是任意完备基矢。量子纯态可以用任意正交归一基矢展开

$$|\psi\rangle = \sum_i \lambda_i|\psi_i\rangle$$

密度算符则可表示为

$$\hat{\rho} = \sum_i |\lambda_i|^2|\psi_i\rangle\langle\psi_i| + \frac{1}{2}\sum_{i\neq j}(\lambda_i\lambda_j^*|\psi_i\rangle\langle\psi_j| + \lambda_i^*\lambda_j|\psi_j\rangle\langle\psi_i|) \tag{1.4.34}$$

相应地, 力学量的期望值可表示为

$$\bar{A} = \mathrm{tr}\hat{\rho}\hat{A} = \sum_i |\lambda_i|^2\langle\psi_i|\hat{A}|\psi_i\rangle + \frac{1}{2}\sum_{i\neq j}(\lambda_i\lambda_j^*\langle\psi_j|\hat{A}|\psi_i\rangle + \lambda_i^*\lambda_j\langle\psi_i|\hat{A}|\psi_j\rangle) \tag{1.4.35}$$

纯态密度算符显然有下面的特性：

$$\hat{\rho}^2 = \hat{\rho} \tag{1.4.36}$$

$$\mathrm{tr}(\hat{\rho})^2 = \mathrm{tr}\hat{\rho} = 1 \tag{1.4.37}$$

对于经典概率混合态，则不存在量子相干性，对应于方程 (1.4.34) 和方程 (1.4.35) 中，所有的交叉项都为零，而只有对角元部分。所以，经典概率态的密度算符是

$$\hat{\rho}_m = \sum_i |\lambda_i|^2 |\psi_i\rangle\langle\psi_i| \tag{1.4.38}$$

显然,

$$\hat{\rho}_m^2 = \sum_i |\lambda_i|^4 |\psi_i\rangle\langle\psi_i| \neq \hat{\rho}_m \tag{1.4.39}$$

一般情况,

$$\mathrm{tr}\hat{\rho}^2 \leqslant 1 \tag{1.4.40}$$

等号是纯态, 其他则为混合态。态密度算符的动力学演化满足方程

$$\mathrm{i}\hbar\frac{\partial}{\partial t}\hat{\rho} = -[\hat{\rho}, \hat{H}] \tag{1.4.41}$$

其经典对应是本章第三节中的 Liouville 方程 (1.3.4)。因为态密度算符是一厄米不变量, 时间全导数为零, 即

$$\frac{\mathrm{d}\hat{\rho}}{\mathrm{d}t} = 0$$

从 Heisenberg 方程可直接得到态密度算符的动力学演化方程 (1.4.41)。

作业 1.4　证明态密度算符的动力学演化方程 (1.4.41) 和态 $|\psi\rangle$ 满足的 Schrödinger 方程一致。

作业 1.5　(1) 证明纯量子态密度算符的本征为 0 和 1。

(2) $\hat{\sigma}_z|\pm\rangle = \pm|\pm\rangle$, 求态密度算符 $\hat{\rho} = |\psi\rangle\langle\psi|$ 的本征态, 其中, $|\psi\rangle = \dfrac{1}{\sqrt{2}}(|+\rangle + |-\rangle)$。

2. 力学量的热力学平均值

用态密度算符, 物理量在量子态上的期待值和热力学的平均值形式一样, 例如, 前面讨论过的 Boltzmann 态密度量子化后变为算符

$$\hat{\rho} = \frac{\mathrm{e}^{-\beta\hat{H}}}{Z} \tag{1.4.42}$$

$Z = \mathrm{tr}\mathrm{e}^{-\beta\hat{H}}$ 是配分函数, 物理量的热力学平均值和方程 (1.4.33) 有同样形式, 即 $\bar{A} = \mathrm{tr}\hat{\rho}\hat{A}$。

作业 1.6　求温度为 T 时谐振子能量的平均值, 谐振子 Hamilton 算符

$$\hat{H} = \omega\hbar\left(\hat{a}^\dagger\hat{a} + \frac{1}{2}\right)$$

对易关系

$$[\hat{a}, \hat{a}^\dagger] = 1$$

本征态

$$\hat{a}^\dagger\hat{a}|n\rangle = n|n\rangle$$

1.4.6 量子力学中的规范变换

我们先给出规范变换的一般性表述: 假定一普遍的含时幺正算符 $\hat{U}(t)$ 作用在含时 Schrödinger 方程上, 立即得到在新规范下形式不变的 Schrödinger 方程

$$i\hbar\frac{\partial|\psi'\rangle}{\partial t} = \hat{H}'(t)|\psi'\rangle \tag{1.4.43}$$

其中

$$|\psi'\rangle = \hat{U}(t)|\psi\rangle$$

和

$$\hat{H}'(t) = \hat{U}\hat{H}\hat{U}^\dagger - i\hbar\hat{U}\frac{\partial\hat{U}^\dagger}{\partial t} \tag{1.4.44}$$

则分别是新规范中的态矢和 Hamilton 算符。对于 $U(1)$ 规范变换 (见本书第 2 章), 把幺正算符的具体形式代入 $\hat{H}'(t)$ 的普遍表达式, 则可证明, Hamilton 算符的变换和电磁场理论中的规范变换完全一致。

1.4.7 量子–经典对应和经典极限、Bohm 隐参数理论

1. 量子–经典对应

量子–经典对应 (quantum-classical correspondence) 和量子力学的经典极限是从量子力学建立时起就引起极大关注的问题, 现在, 这一问题的研究已不仅仅具有理论意义, 且可产生技术应用。量子–经典对应有两种描述:

(1) 大量子数极限下, 量子理论和经典理论趋于一致, 在这种情况下 Planck 常量和量子数的取值相比较可忽略不计, 若对量子力学方程取极限 $\hbar \to 0$, 则退化为经典方程。

(2) 在宏观量子态上, 力学量算符期待值的时间演化和经典动力学方程完全一致, 如力学量算符 $\hat{A}$ 的 Heisenberg 方程为

$$i\hbar\frac{d}{dt}\hat{A} = [\hat{A}, \hat{H}] \tag{1.4.45}$$

在宏观量子态 (满足测不准关系的最小偏差) 上的期待值和经典方程形式一样。谐振子相干态和自旋相干态都是宏观量子态的例子。自旋-$\frac{1}{2}$ 相干态及量子-经典对应在本书第 3 章中论述, 而高自旋相干态则在第 6 章讨论。

作业 1.7 证明谐振子相干态上坐标和动量算符的期待值时间演化方程和经典方程形式完全相同。

提示: 已知谐振子相干态为

$$\hat{a}|\alpha\rangle = \alpha|\alpha\rangle$$

$$|\alpha\rangle = \sum_n \frac{\alpha^n}{\sqrt{n!}} \mathrm{e}^{-\frac{|\alpha|^2}{2}}|n\rangle$$

Hamilton 算符可用无量纲的坐标和动量表示为

$$\hat{H} = \frac{\omega\hbar}{2}[\hat{x}^2 + \hat{p}^2]$$

对易关系是 $[\hat{x}, \hat{p}] = \mathrm{i}$

$$\hat{x} = \frac{1}{\sqrt{2}}(\hat{a} + \hat{a}^\dagger), \quad \hat{p} = \frac{1}{\sqrt{2}\mathrm{i}}(\hat{a} - \hat{a}^\dagger)$$

相应的经典 Hamilton 量是

$$H = \frac{\omega\hbar}{2}(x^2 + p^2)$$

Hamilton 方程为

$$\dot{x} = \frac{1}{\hbar}\frac{\partial H}{\partial p} = \omega p$$

$$\dot{p} = -\frac{1}{\hbar}\frac{\partial H}{\partial x} = -\omega x$$

经典 Hamilton 量中的 $\hbar$ 只是一表示量纲的常数, 和量子化无关。

2. Schrödinger 方程的经典极限和流体力学方程——Bohm 隐参数理论

把波函数看作隐参数 (hidden variable), 其满足的是 Schrödinger 方程, 波函数可被因式化成振幅和相位

$$\psi(\boldsymbol{x}) = A(\boldsymbol{x})\mathrm{e}^{\frac{\mathrm{i}}{\hbar}S(\boldsymbol{x},t)} \tag{1.4.46}$$

代入 Hamilton 算符是

$$\hat{H} = \frac{-\hbar^2}{2m}\nabla^2 + V(\boldsymbol{x})$$

的含时 Schrödinger 方程, 得到实部和虚部分别满足的方程为

$$\frac{\partial S}{\partial t} + \frac{(\nabla S)^2}{2m} + V = \frac{\hbar^2}{2m}\frac{\nabla^2 A}{A} \tag{1.4.47}$$

$$m\frac{\partial A}{\partial t} + \nabla A \cdot \nabla S + \frac{A}{2}\nabla^2 S = 0 \tag{1.4.48}$$

V 表示势函数。概率密度和概率流密度分别是

$$\rho = |\psi|^2 = A^2$$

$$J = \rho \frac{\nabla S}{m}$$

方程 (1.4.48) 则变为连续性方程

$$\frac{\partial \rho}{\partial t} + \nabla \cdot J = 0 \tag{1.4.49}$$

再定义流速度

$$v = \frac{J}{\rho}$$

对方程 (1.4.47) 求梯度则得到熟悉的动力学方程

$$m \frac{\mathrm{d}v}{\mathrm{d}t} = -\nabla(V + Q) \tag{1.4.50}$$

其中

$$Q = -\hbar^2 \frac{\nabla^2 A}{2mA}$$

称为量子势，方程 (1.4.49) 和方程 (1.4.50) 又称为 Schrödinger 方程的流体力学形式。

经典近似：$\hbar = 0$，即 $Q = 0$，方程 (1.4.50) 则变为和 Newton 方程的形式完全相同。

量子势的出现被解释为量子力学的非定域性，因为流速度不仅由局域势场 V 确定而且依赖存在于整个空间的波函数。

3. WKB 近似

Wenzel, Kramers 和 Brillonin 提出了一个解 Schrödinger 方程的准经典近似方法，称为 WKB 近似。考虑一维空间情况，能量为 E 的定态解记为

$$S(x) = W(x, E) - Et$$

则流体力学方程 (1.4.47) 和方程 (1.4.48) 可约化为

$$W'^2 - 2m(E - V) = \hbar^2 \frac{A''}{A} \tag{1.4.51}$$

$$2A'W' + AW'' = 0 \tag{1.4.52}$$

其中 "′" 表示空间导数，例如 $W' = \dfrac{\mathrm{d}W(x)}{\mathrm{d}x}$。从方程 (1.4.52) 可得到关系式

$$A = W'^{-\frac{1}{2}}$$

代入方程 (1.4.51) 则有

$$W'^2 = 2m(E - V) + \hbar^2 \left[\frac{3}{4} \left(\frac{W''}{W'} \right)^2 - \frac{1}{2} \frac{W'''}{W'} \right] \tag{1.4.53}$$

W 按 $\hbar$ 的幂级数展开

$$W = W_0 + \hbar W_1 + \cdots$$

代入上式, 只取零阶即 WKB 近似

$$W_0' = \sqrt{2m[E - V(x)]}$$

代入方程 (1.4.46), 得到 WKB 近似波函数是

$$\psi = \frac{c}{(2m[E - V(x)])^{\frac{1}{4}}} e^{\frac{1}{\hbar} \int \sqrt{2m[E - V(x)]} dx} \tag{1.4.54}$$

其中 c 是适当的归一化常数。如果在势垒区域中, $E < V(x)$, 量子隧穿率的 WKB 因子 (图 1.4.1) 则为

$$F = e^{-\frac{1}{\hbar} \int_{x_1}^{x_2} \sqrt{2m[V(x) - E]} dx} \tag{1.4.55}$$

需要说明的是, 方程 (1.4.55) 是两简并态之间的共振隧穿率 WKB 因子, 如第 6 章中的双势阱情况。若是亚稳态的隧穿衰变, 即图 1.4.1 势垒左边是个亚稳态 (参看第 6 章), 隧穿率公式 (1.4.55)e 指数上有一因子 "2"。

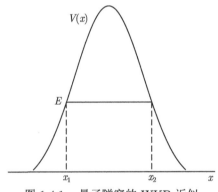

图 1.4.1　量子隧穿的 WKB 近似

　　量子力学兼有点粒子动力学、经典场、经典统计的核心概念, 但区别于经典理论。它有点粒子的位置和动量, 但二者原则上不能同时确定; 有经典场的相干叠加特性, 但有别于经典场, 是概率波; 有经典统计的概率特性, 但经典统计的概率是由多体系统的复杂性引入的, 基于确定性理论, 而量子力学的概率是本质性的。

参 考 文 献

[1] Herbert Goldstein. Classical Mechanics. Second Edition. Hoboken, NJ: Addison-Wesley Publishing Company. 1981.

[2] Jacson J D. Classical Electrodynamics. Second Edition. New York: John Wiley and Sons, Inc., 1975.

[3] Kittel C. Elementary Statistical Physics. New York: John Wiley and Sons, Inc. 1958.

[4] Müller-Kirsten H J W. Electrodynamics: an Introduction Including Quantum Effects. Singapore: World Scientific. 2004.

[5] Müller-Kirsten H J W. Classical Mechanics and Relativity. Singapore: World Scientific. 2008.

[6] Schiff L L. Quantum Mechanics. NewYork: McGraw-Hill Company. 1968.

[7] Takabayasi T. On the formulation of quantum mechanics associated with classical pictures. Prog. Theor. Phys., 1952, 8: 143.

[8] Landau L D. Quantum Mechanics. Vol.3 of Course of Theoretical Physics, third revised edition. Oxford: Pergamon. 1977.

[9] Bertlmann R A, Zeilinger A. Quantum (Un)Speakables. Berlin: Springer Verlag; Peres A. 1993. Quantum Theory: Concepts and Methods. Dordrecht: Kluwer. 2002.

[10] Bohm D. A Suggested interpretation of the quantum theory in terms of "hidden" variables. II Phys. Rev., 1952, 85: 180.

[11] Bohm D. Quantum Theory. Prentice Hall Inc. 1954.

[12] Dirac P A M. Principles of Quantum Mechanics. Oxford: Oxford University Press, 1958.

[13] Einstein A, Podolsky B, Rosen N. Can quantum-mechanical description of physical reality be considered complete? Phys. Rev., 1935, 47: 777.

[14] Bell J S. On the problem of hidden variables in quantum mechanics. Rev. Mod. Phys., 1966, 38: 447.

第 2 章　Aharonov-Bohm 效应、奇异规范变换和 Dirac 磁单极

2.1　电磁场中带电粒子的经典动力学

众所周知, 在经典力学中只有磁场和电场是基本物理量, 而矢量势和标量势只是理论计算中引出的辅助场变量, 无直接的观察效应, 并且, 势函数并不是唯一确定的, 可用规范变换改变。但在量子力学 Schrödinger 方程中却只有势而无场变量, 1959 年 Aharonov 和 Bohm 提出一个非常基本的问题, 即在量子力学中势是比场更基本的物理量, 且在力场为零但势不为零的空间可有观察效应, 换句话说, 力场为零的纯规范势有可观察的效应, 这就是著名的 Aharonov-Bohm 效应, 简称 AB 效应。更具体地说, 又可分为矢势和标势 AB 效应。AB 效应有极重要的基础理论意义和技术应用价值, 它是 Dirac 磁单极的理论基础, 超导体 Josephson 隧道结宏观量子隧穿的核心, 并产生了超导量子干涉仪。20 世纪 80 年代发展的介观物理起源于介观环中的电流振荡, 是 AB 效应的直接应用。直到今天, 介观输运和 AB 振荡都是重要的研究题目。我们从带电粒子在电磁场中的经典运动方程着手, 指出局域磁通的矢势在带电粒子拉氏量中产生一 Wess-Zumino 拓扑相互作用项, 在量子力学层面它既可产生和经典力学对应的动力学效应, 也可有纯拓扑相位效应, 后者正是 Wilczek 任意子的量子力学模型 [1-13]。

我们从经典力学正则方程出发, 强调经典–量子对应, 为此, 考虑质量为 m、电荷为 q 的带电粒子在电场强度为 $\boldsymbol{E}$、磁感应强度为 $\boldsymbol{B}$ 的电磁场中运动。其经典运动方程是

$$m\frac{\mathrm{d}^2\boldsymbol{r}}{\mathrm{d}t^2} = q\boldsymbol{E} + \frac{q}{c}\frac{\mathrm{d}\boldsymbol{r}}{\mathrm{d}t} \times \boldsymbol{B} \tag{2.1.1}$$

显然方程中只有场变量, 没有势。为得出量子–经典对应, 我们给出相应的正则变量和正则方程。容易验证, 系统的拉氏量是

$$L(\boldsymbol{r}, \dot{\boldsymbol{r}}, t) = \frac{1}{2}m\left(\frac{\mathrm{d}\boldsymbol{r}}{\mathrm{d}t}\right)^2 - qA_0 + \frac{q}{c}\boldsymbol{A} \cdot \frac{\mathrm{d}\boldsymbol{r}}{\mathrm{d}t} \tag{2.1.2}$$

其中, 时空函数 $\boldsymbol{A}$, A_0 分别是电磁场的矢量势和标量势

$$\boldsymbol{B} = \nabla \times \boldsymbol{A}, \quad \boldsymbol{E} = -\nabla A_0 - \frac{1}{c}\frac{\partial \boldsymbol{A}}{\partial t} \tag{2.1.3}$$

作业 2.1 验证拉氏量 (2.1.2) 的正确性, 把拉氏量代入拉氏方程 (1.1.7)(相应的空间三维形式), 应得到运动方程 (2.1.1)。

2.1.1 正则动量和力学动量

正则动量根据定义是

$$\boldsymbol{p} = \nabla_{\boldsymbol{v}} L = m\boldsymbol{v} + \frac{q}{c}\boldsymbol{A} \tag{2.1.4}$$

从而得到这一系统的 Hamilton 量

$$H = \boldsymbol{p} \cdot \boldsymbol{v} - L = \frac{1}{2m}\left(\boldsymbol{p} - \frac{q}{c}\boldsymbol{A}\right)^2 + qA_0 \tag{2.1.5}$$

这里 $\boldsymbol{v} = \mathrm{d}\boldsymbol{r}/\mathrm{d}t$ 是粒子速度

$$\nabla_{\boldsymbol{v}} = \boldsymbol{e}_x \frac{\partial}{\partial v_x} + \boldsymbol{e}_y \frac{\partial}{\partial v_y} + \boldsymbol{e}_z \frac{\partial}{\partial v_z}$$

力学动量是

$$m\boldsymbol{v} = m\frac{\mathrm{d}\boldsymbol{r}}{\mathrm{d}t}$$

我们看到, 有和速度相关的力存在时, 力学动量和正则动量不相等。正则运动方程是

$$\begin{cases} \dfrac{\mathrm{d}\boldsymbol{r}}{\mathrm{d}t} = \nabla_{\boldsymbol{p}} H = \dfrac{1}{m}\left(\boldsymbol{p} - \dfrac{q}{c}\boldsymbol{A}\right) \\ \dfrac{\mathrm{d}\boldsymbol{p}}{\mathrm{d}t} = -\nabla H = \dfrac{q}{c}\boldsymbol{v} \cdot \nabla \boldsymbol{A} + \dfrac{q}{c}\boldsymbol{v} \times \nabla \times \boldsymbol{A} - q\nabla A_0 \end{cases} \tag{2.1.6}$$

其中符号

$$\nabla_{\boldsymbol{p}} = \boldsymbol{e}_x \frac{\partial}{\partial p_x} + \boldsymbol{e}_y \frac{\partial}{\partial p_y} + \boldsymbol{e}_z \frac{\partial}{\partial p_z}$$

显然, 拉氏量、Hamilton 量和正则运动方程中, 原则上只显含矢量势 $\boldsymbol{A}$ 和标量势 A_0, 研究量子-经典对应, 应从正则方程着手。强调这一点至关重要, 从正则方程出发, 我们才可以看到量子与经典之间的一一对应。

2.1.2 规范变换

当然, 在经典力学中, 电磁场的矢量势 $\boldsymbol{A}$ 和标量势 A_0 仅是辅助变量而非直接的物理观测量, 且它们不是唯一确定的, 我们总可以通过某种变换找到一组新的矢量势 $\boldsymbol{A}$ 和标量势 A_0, 并保证电场和磁场强度不变。这种最早在电磁场理论中引入的变换称之为规范变换。在本书的第 1 章中我们已引入一个广义规范变换, 即在拉氏量中加一任意时空函数的时间全导数, Newton 运动方程不变。我们来证

明，该广义规范变换在电磁场情况下就是通常定义的规范变换。为此，我们在方程 (2.1.2) 的拉氏量中加一任意时空函数的时间全导数，在新规范中拉氏量变为

$$L \longrightarrow L' = L + \frac{q}{c}\frac{\mathrm{d}f}{\mathrm{d}t} = L + \frac{q}{c}\frac{\partial f}{\partial t} + \frac{q}{c}\frac{\mathrm{d}\boldsymbol{r}}{\mathrm{d}t}\cdot\nabla f$$

$$= \frac{1}{2}m\left(\frac{\mathrm{d}\boldsymbol{r}}{\mathrm{d}t}\right)^2 - qA_0' + \frac{q}{c}\boldsymbol{A}'\cdot\frac{\mathrm{d}\boldsymbol{r}}{\mathrm{d}t} \tag{2.1.7}$$

运动方程当然是规范变换不变的。这里

$$\boldsymbol{A}' = \boldsymbol{A} + \nabla f \tag{2.1.8}$$

和

$$A_0' = A_0 - \frac{1}{c}\frac{\partial f}{\partial t} \tag{2.1.9}$$

分别是新规范下电磁场的矢量和标量势，这正是通常电磁场理论中的规范变换，电场强度 $\boldsymbol{E}$ 和磁感应强度 $\boldsymbol{B}$ 在规范变换下不变。在新规范下正则动量变为

$$\boldsymbol{p}' = \nabla_v L' = m\boldsymbol{v} + \frac{q\boldsymbol{A}'}{c} \tag{2.1.10}$$

而粒子的力学动量 $m\boldsymbol{v}$ 是规范不变的。容易验证

$$\boldsymbol{E} = -\nabla A_0' - \frac{1}{c}\frac{\partial \boldsymbol{A}'}{\partial t} = -\nabla A_0 - \frac{1}{c}\frac{\partial \boldsymbol{A}}{\partial t} \tag{2.1.11}$$

$$\boldsymbol{B} = \nabla \times \boldsymbol{A}' = \nabla \times \boldsymbol{A} \tag{2.1.12}$$

$$m\boldsymbol{v} = \boldsymbol{p} - \frac{q}{c}\boldsymbol{A} = \boldsymbol{p}' - \frac{q}{c}\boldsymbol{A}' \tag{2.1.13}$$

2.2　带电粒子在局域磁通矢势场中的经典动力学

Aharonov 和 Bohm 在他们论述 AB 效应的著名文章中考虑带电粒子在一无限长通电螺线管外运动，在这一区域磁场为零，但有非零的矢势，因而，任何依赖于螺线管内总磁通的观测效应都可看成是由矢量势引起的，这当然是矢势 AB 效应。因为系统有沿螺线管轴向的平移不变性，所以我们只需考虑粒子在垂直于螺线管轴线的平面内的运动。

2.2.1　局域磁通的矢势和多连通空间 —— 拓扑流形

我们考虑的组态空间是一个有孔的二维平面，它和圆环 (S^1) 是拓扑等价的 (homoeomorphic)，称为拓扑流形 (topological manifold)，因为它没有原点，不能定义零矢量，也不存在一常数矢量场，因而不具备线性空间结构，类似的流形例子是球面 (S^2)，它是 Dirac 磁单极理论的空间。流形

$$M = R^2 - \Delta \tag{2.2.1}$$

是路径连通，且是多连通空间。有公共端点的任意两路径可经连续变化重合在一起的，称为单连通空间，否则为多连通空间。如图 2.2.1 所示，分别绕过孔 Δ 两边的路径 1 和 2 就不可能重合。我们将会看到，正是多连通空间提供了存在分数角动量和任意子统计的可能性。

局域于 Δ 内和平面垂直的线磁通 Φ 在流形 M 内的磁场强度为零，但势不为零。在以线磁通位置为原点的直角坐标系内，矢势 $\boldsymbol{A}$ 的表达式为

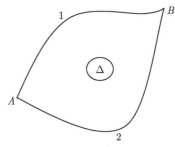

图 2.2.1 多连通空间

$$\boldsymbol{A} = \frac{\Phi}{2\pi(x^2 + y^2)}(x\boldsymbol{e}_y - y\boldsymbol{e}_x) \qquad (2.2.2)$$

其中，$\boldsymbol{e}_x$，$\boldsymbol{e}_y$ 分别是 x，y 方向的单位矢量。在平面极坐标内

$$\boldsymbol{A} = \frac{\Phi}{2\pi r}\boldsymbol{e}_\varphi \qquad (2.2.3)$$
$$r = \sqrt{x^2 + y^2}$$

$\boldsymbol{e}_\varphi$ 是极角方向的单位矢量。很容易证明，除原点外磁场为零

$$\nabla \times \boldsymbol{A} = 0, \quad r > 0$$

原点是奇点。

2.2.2 局域磁通引出的拓扑相互作用项：Wess-Zumino 项

电荷为 e 的带电粒子在磁通线矢势场中的拉氏量可表示为

$$L = L_0 + L_{\mathrm{WZ}} \qquad (2.2.4)$$

其中

$$L_0 = \frac{1}{2}m\left(\frac{\mathrm{d}\boldsymbol{r}}{\mathrm{d}t}\right)^2$$

是自由粒子拉氏量。而磁通引起的相互作用项 L_{WZ} 具有规范变换的形式，但不是规范变换，称为 Wess-Zumino 项，可表示为

$$L_{\mathrm{WZ}} = \frac{e\boldsymbol{A}}{c} \cdot \frac{\mathrm{d}\boldsymbol{r}}{\mathrm{d}t} = \frac{e}{c}\frac{\Phi}{2\pi}\frac{\mathrm{d}\varphi}{\mathrm{d}t} \qquad (2.2.5)$$

其中，φ 是角度，不是一个正规函数，因此 L_{WZ} 不是一个正规函数的时间全导数，作用量

$$S_{\mathrm{WZ}} \sim \int \mathrm{d}\varphi$$

不可积, 称其为 Wess-Zumino 拓扑相互作用项。用微分几何的语言, 在流形 M 上的微分一次式 (one form)$\mathrm{d}\varphi$ 是封闭的 (closed), 因为微分二次式 (two-form) 为零

$$\mathrm{dd}\varphi = 0$$

即磁场是零, 但 $\mathrm{d}\varphi$ 不是一个函数的全微分 (φ 本身不是个函数), 因而不可积, 是非确定的 (not exact)。量子力学中, Wess-Zumino 拓扑相互作用项仍可产生观测效应, 即 AB 效应, 或者拓扑效应, 这已是众所周知的事实。我们的问题是, 从经典力学的观点来看, 局域在 Δ 内的磁通能否对 M 区域的带电粒子产生影响? M 内磁场为零, 虽不可能对带电粒子产生作用力, 但

$$\Phi = \oint \boldsymbol{A} \cdot \mathrm{d}\boldsymbol{l} \tag{2.2.6}$$

是规范变换不变量, 应有物理效应, 例如可影响经典解的初条件。而粒子的运动状态是由运动方程和初条件共同决定的。

2.2.3　Wess-Zumino 项的经典效应

为论述拓扑相互作用项的经典效应, 我们考虑一个理想模型, 即带电粒子被约束到一半径为 R 的光滑环上。拉氏量则变为

$$L = \frac{1}{2} I \left(\frac{\mathrm{d}\varphi}{\mathrm{d}t} \right)^2 + L_{\mathrm{WZ}} \tag{2.2.7}$$

我们选角度 φ 为广义坐标, 和其共轭的是正则角动量 (定轴转动角动量, 下标表示转轴是 z 轴)

$$L_z = \frac{\partial L}{\partial(\mathrm{d}\varphi/\mathrm{d}t)} = I \frac{\mathrm{d}\varphi}{\mathrm{d}t} + \eta \tag{2.2.8}$$

其中

$$\eta = \frac{e\Phi}{2\pi c} \tag{2.2.9}$$

是具有角动量量纲的数;

$$I = mR^2$$

是转动惯量。Hamilton 量是

$$H = \frac{1}{2I}(L_z - \eta)^2 \tag{2.2.10}$$

正则方程为

$$\frac{\mathrm{d}\varphi}{\mathrm{d}t} = \frac{\partial H}{\partial L_z} = \frac{L_z - \eta}{I} \tag{2.2.11}$$

$$\frac{\mathrm{d}L_z}{\mathrm{d}t} = -\frac{\partial H}{\partial \varphi} = 0 \tag{2.2.12}$$

角动量是守恒量。我们由初条件的选取可得到两类解。

1. 解一: 磁通引起的力学角动量改变

正则方程 (2.2.12) 表示正则角动量守恒,我们可选正则角动量为零,即 $L_z = 0$, 而力学角动量可由正则方程 (2.2.11) 得到

$$L_z^k = I\frac{\mathrm{d}\varphi}{\mathrm{d}t} = -\eta \tag{2.2.13}$$

该解从经典力学的观点很容易理解,固定磁通的矢势虽然对粒子没有作用力,但当磁通建立时,感生的电场对带电粒子有一力矩作用,从而改变初始条件。因为力学角动量的变化等于力矩冲量,假定磁通在 T 时间内由零变为 Φ, 即 $\Phi(0) = 0$, $\Phi(T) = \Phi$, 很容易计算力学角动量的变化,结果是

$$L_z^k = R\int_0^T e\boldsymbol{E}\mathrm{d}t = -eR\int_0^T \frac{1}{c}\frac{\partial \boldsymbol{A}}{\partial t}\mathrm{d}t = -\frac{e}{c2\pi}\int_0^T \frac{\mathrm{d}\Phi(t)}{\mathrm{d}t}\mathrm{d}t = \frac{-e\Phi}{c2\pi} = -\eta \tag{2.2.14}$$

引入磁通量子单位

$$\Phi_0 = \frac{ch}{e} \tag{2.2.15}$$

则力学角动量可表示为

$$L_z^k = -\hbar\alpha \tag{2.2.16}$$

其中

$$\alpha = \frac{\Phi}{\Phi_0}$$

是一无量纲常数, 表示以磁通量子单位计量的磁通量。依赖于磁通的力学角动量有完全明确的物理意义, 是纯力学效应。当然, 带电粒子的固定力学角动量解在经典力学中是不稳定的, 由于向心加速度存在, 会产生辐射场, 带电粒子的匀速圆周运动会被辐射阻尼。

2. 解二: 磁通引起的正则角动量变化

我们当然也可选

$$\frac{\mathrm{d}\varphi}{\mathrm{d}t} = 0$$

即力学角动量为零, 由正则方程 (2.2.11) 得到正则角动量为

$$L_z = \eta = \alpha\hbar \tag{2.2.17}$$

这一解的物理意义也很清楚, 带电粒子是在磁通建立后才放置在光滑环上, 未受到感生电场的作用。因正则角动量在经典力学中并不对应力学观察量, 单从裸粒子观点, 非零的正则角动量在经典力学中的意义并不清楚, 但从场论的角度, 作业 2.2 的结果显示, 在这种情况下, 正则角动量事实上等于磁通在运动的带电粒子电

场中的内禀角动量。我们会看到, 在量子力学中两种经典解都有其对应物, 而且都有明确的物理意义及观察效应。

作业 2.2　考虑在光滑圆环上运动的带电粒子, 磁通不随时间变化。

(1) 求磁通的内禀角动量;

(2) 求粒子旋转一周后, 磁通的标量势 AB 相位, 和内禀角动量的值及粒子的矢量势 AB 相位比较。

提示: 把磁通看成小磁矩的叠加延展, 在相对粒子运动的坐标系中, 磁矩感受到一磁场。

2.3　拓扑相互作用项的量子力学效应: Aharonov-Bohm 效应

2.3.1　量子力学中的规范变换——$U(1)$ 规范变换

我们已经论证, 局域磁通虽然对带电粒子无力的作用, 但拉氏量中出现一个拓扑相互作用项, 正则方程可有两类解, 分别是非零的力学和正则角动量。我们来看量子力学中的对应解及其观测效应, 为此, 先给出带电粒子在电磁场中的 Schrödinger 方程和规范变换, 用第 1 章中的记号, 含时 Schrödinger 方程

$$i\hbar\frac{\partial\psi}{\partial t} = \hat{H}\psi$$

中 Hamilton 算符的一般形式是

$$\hat{H} = \frac{1}{2m}\left(\frac{\hbar}{i}\nabla - \frac{e}{c}\boldsymbol{A}\right)^2 + eA_0 \tag{2.3.1}$$

量子力学中, 带电粒子和电磁场相互作用规范变换幺正算符的形式是

$$\hat{U}(t) = e^{\frac{ie}{c\hbar}f(\boldsymbol{r},t)} \tag{2.3.2}$$

其中, $f(\boldsymbol{r},t)$ 是一时空函数, 这一形式的规范变换称为 $U(1)$ 变换, 第 1 章方程 (1.4.43) 在坐标表象中是

$$i\hbar\frac{\partial\psi'}{\partial t} = \hat{H}'\psi'$$

新规范中 Hamilton 算符 (第 1 章方程 (1.4.44)) 则变为

$$\hat{H}' = \frac{1}{2m}\left(\frac{\hbar}{i}\nabla - \frac{e}{c}\boldsymbol{A}'\right)^2 + eA_0' \tag{2.3.3}$$

我们得到在新规范中的矢势

$$\boldsymbol{A}' = \boldsymbol{A} + \nabla f \tag{2.3.4}$$

和标量势

$$A_0' = A_0 - \frac{\partial f}{c\partial t} \tag{2.3.5}$$

这正是电磁场的规范变换。

波函数的变换是

$$\psi' = e^{\frac{ie}{c\hbar}f(\boldsymbol{r},t)}\psi \qquad (2.3.6)$$

能量本征方程 $\hat{H}\psi = E\psi$ 和本征值 E 只在不含时的规范变换下不变

$$\hat{H}'\psi' = E\psi' \qquad (2.3.7)$$

其中 $U(1)$ 幺正变换算符

$$\hat{U} = e^{\frac{ie}{c\hbar}f(\boldsymbol{r})}$$

中的规范函数不显含时间

$$\frac{\partial f}{\partial t} = 0$$

因而

$$\hat{H}' = \frac{1}{2m}\left(\frac{\hbar}{i}\nabla - \frac{e}{c}\boldsymbol{A}'\right)^2 + eA_0 \qquad (2.3.8)$$

2.3.2　束缚态 AB 效应：一个最简单的拓扑场论模型

有局域磁通 $\varPhi$ 穿过圆心，半径为 R 的光滑圆环上带电粒子 (即 2.2.3 小节中讨论的 "toy" 模型) 的定态 Schrödinger 方程

$$\frac{-\hbar^2}{2I}\left(\frac{\partial}{\partial\varphi} - i\alpha\right)^2\psi = E\psi \qquad (2.3.9)$$

的解，根据波函数单值性要求，显然是

$$\psi_n = \frac{1}{\sqrt{2\pi}}e^{in\varphi} \qquad (2.3.10)$$

对应的正则角动量本征值

$$l_c = n\hbar \qquad (2.3.11)$$

是整数量子化的,n 是整数。能量本征值为

$$E_n = \frac{\hbar^2(n-\alpha)^2}{2I} \qquad (2.3.12)$$

力学角动量为

$$l_k = (n-\alpha)\hbar \qquad (2.3.13)$$

图 2.3.1　拓扑量子数不同的简并基态

该解显然是经典解一的量子力学对应，力学角动量依赖磁通 α，原因和经典解释完全一样，是磁通建立时感生电场作用的结果。然而，无经典对应的新奇结果是当 α 为整数时，即磁通是量子单位的整数倍时，能谱和自由转子完全一样。整数磁通不引起任何量子观察效应，这种现象早已被 Dirac 注意到，并据此推出了磁单极概念。能谱随磁通的变化如图 2.3.1 所示，该系统存在无穷多的简并基态，不同基态动力学上完全等价，区别仅仅是拓扑量子数不同，这是一个最简单的拓扑量子场论模型。

2.3.3　Dirac 不可积相因子 —— AB 相位

一个十分有趣而且具有根本性的问题是，何为经典解二的量子力学对应？为此，我们采用 Dirac 在他著名的论证磁单极的论文中首次引入的不可积相因子概念。有矢势的 Schrödinger 方程

$$\frac{1}{2m}\left(\hat{p} - \frac{e}{c}\boldsymbol{A}\right)^2 \psi = E\psi \tag{2.3.14}$$

的形式解可写为

$$\psi = \mathrm{e}^{\frac{\mathrm{i}e}{\hbar c}\int \boldsymbol{A}\cdot\mathrm{d}\boldsymbol{l}}\psi_0 \tag{2.3.15}$$

其中，ψ_0 满足自由粒子 Schrödinger 方程

$$\frac{\hat{p}^2}{2m}\psi_0 = E\psi_0 \tag{2.3.16}$$

ψ_0 前的 "e" 指数相因子是依赖路径的不定积分，称为 Dirac 不可积相因子。应该特别强调的是 ψ_0 和 ψ 之间绝非一规范变换，因为相因子依赖积分路径，而不是一正规函数，换句话说

$$\boldsymbol{A} \neq \nabla f$$

其中，f 是空间坐标的函数。对于我们的局域磁通情况，在流形 M 上，矢量势在平面极坐标中是

$$\boldsymbol{A} = \frac{\varPhi}{2\pi\rho}\boldsymbol{e}_\varphi \tag{2.3.17}$$

形式解变为

$$\psi = \psi_0 \mathrm{e}^{\mathrm{i}\alpha\int\mathrm{d}\varphi} \tag{2.3.18}$$

该相因子只有限制在固定的路径同伦类 (homotopy class) 内才有确定的值 (见 2.4 节)。我们再次看到，相因子是一个封闭的但非确定的微分一次式的积分，源于 Wess-Zumino 拓扑相互作用项，称为拓扑相因子。

2.3.4　AB 相位干涉：拓扑效应

我们用一理想实验来解释 AB 相位干涉，假设电子枪出来的电子可经路径 ψ_1 和 ψ_2 到达屏上的某点 (图 2.3.2)。

到达屏上的波函数是 ψ_1 和 ψ_2 的线性叠加

$$\psi \sim \psi_1 + \psi_2 = \mathrm{e}^{\frac{\mathrm{i}e}{\hbar c}\int_1 \boldsymbol{A}\cdot\mathrm{d}\boldsymbol{l}}\psi_1^0 + \mathrm{e}^{\frac{\mathrm{i}e}{\hbar c}\int_2 \boldsymbol{A}\cdot\mathrm{d}\boldsymbol{l}}\psi_2^0 = \mathrm{e}^{\frac{\mathrm{i}e}{\hbar c}\int_1 \boldsymbol{A}\cdot\mathrm{d}\boldsymbol{l}}(\psi_1^0 + \mathrm{e}^{\mathrm{i}2\pi\alpha}\psi_2^0) \tag{2.3.19}$$

其中，$\psi_{1,2}^0$ 表示无磁通时的波函数。到达屏上的电子概率是

$$|\psi|^2 = |\psi_1^0|^2 + |\psi_2^0|^2 + \psi_1^{0*}\psi_2^0 \mathrm{e}^{\mathrm{i}2\pi\alpha} + \psi_1^0\psi_2^{0*}\mathrm{e}^{-\mathrm{i}2\pi\alpha} \tag{2.3.20}$$

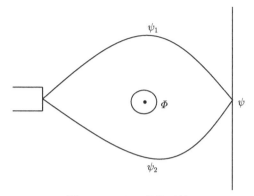

图 2.3.2   AB 相位干涉

AB 相位干涉的第一个实验发表于 20 世纪 60 年代，但有漏磁场存在的争议。日本日立公司 Tonomura 发展了电子波干涉技术，用超导体屏蔽了磁通，无争议地实现了 AB 相位干涉实验。图 2.3.3 是其实验装置原理图和干涉条纹的激光全息照片，电子枪射出的电子被分成相干的两束，分别从包含磁通的超导环的内和外两边通过，并使其干涉。由于超导体内磁通是量子化的，磁通量子单位是

$$\Phi_0^* = \frac{ch}{e^*}$$

图 2.3.3   Tonomura 实验

其中，超导粒子电荷是二倍电子电荷 $e^* = 2e$。通过磁环内外的电子波干涉条纹有半个位移，说明环内的磁通是奇数个 Φ_0^*，相当于 $\alpha = 1/2$。

2.3.5   标量势 AB 相位

如果带电粒子的标量势为一常数，其空间梯度恒为零，只有势，无电场存在，Hamilton 算符可表示为

$$\hat{H} = \hat{H}_0 + eA_0 \tag{2.3.21}$$

其中，A_0 表示常数标量势。含时 Schrödinger 方程

$$i\hbar\frac{\partial\psi}{\partial t} = \hat{H}\psi$$

的解可简单写为

$$\psi = \psi_0 e^{-\frac{ie}{\hbar} A_0 t} \tag{2.3.22}$$

其中，ψ_0 是无标量势的方程解

$$i\hbar \frac{\partial \psi_0}{\partial t} = \hat{H}_0 \psi_0$$

常数标量势只产生一平庸的动力学相位，称其为标量势 AB 相位。从经典力学的观点，这一梯度恒为零 $\nabla A_0 = 0$ 的标量势，电场为零，无动力学效应，但量子力学中标量势 AB 相位导致可观测结果，称为标量势 AB 效应。下一小节中我们用该相位解释交流 Josephson 效应，在超导体中电场为零，有外加电压时，电势不为零，交流 Josephson 效应正是源于标量势 AB 相位。

2.3.6　Josephson 效应 —— 标量势 AB 相位效应

在超导环路中加一绝缘薄层称为 Josephson 隧道结，即使外加直流电压远低于绝缘薄层的击穿阈值，仍可有电流通过且电流随时间往复振荡，称为 Josephson 效应。我们给出一简单的理论分析，旨在说明，Josephson 效应实质上是标量势 AB 相位产生的宏观量子效应。假设隧道结是一厚度为 $2a$ 的势垒，如图 2.3.4 所示，其两边的超导态序参数 (宏观波函数) 是复标量场，其一般形式可写为

$$\psi_1' = |\psi_1'| e^{i\theta_1}, \quad \psi_2' = |\psi_2'| e^{i\theta_2} \tag{2.3.23}$$

隧道结内是如图 2.3.4 所示的衰减波

$$\psi_1 \sim c_1 e^{-k(x+a)}, \quad \psi_2 \sim c_2 e^{k(x-a)} \tag{2.3.24}$$

在 $\pm a$ 处连续性边界条件要求

$$c_1 = e^{i\theta_1}, \quad c_2 = e^{i\theta_2} \tag{2.3.25}$$

其中，$\theta_{1,2}$ 完全是由超导的复序参数 ψ' 引出的常数相位。结内的总波函数是

$$\psi = \psi_1 + \psi_2 \tag{2.3.26}$$

通过结的电流密度，根据定义是

$$J = \frac{ie^*\hbar}{2\mu^*}[\psi^*\nabla\psi - \psi\nabla\psi^*] = J_0 \sin\theta \tag{2.3.27}$$

其中

$$\theta = \theta_1 - \theta_2 \tag{2.3.28}$$

电流随相位差变化，称为直流 Josephson 效应。

图 2.3.4 Josephson 效应

当加上直流电源时，超导粒子感受到一标量势，而电场为零，解含时 Schrö-dinger 方程，隧道结两边的序参数分别增加一标量势引起的含时相因子

$$e^{-ie^* \frac{V_{1,2}}{\hbar} t} \tag{2.3.29}$$

$V_{1,2}$ 是隧道结两边超导粒子感受到的标量势，同样由 $\pm a$ 处连续性边界条件要求，隧道结中的衰减波附加一含时相位

$$\theta_1(t) = \theta_1 + \frac{e^* V_1}{\hbar} t$$
$$\theta_2(t) = \theta_2 + \frac{e^* V_2}{\hbar} t \tag{2.3.30}$$

是标量势产生的相因子，即标量势 AB 相因子，而

$$V = V_1 - V_2$$

是环路中的直流偏压。通过结的电流密度则变为

$$J = J_0 \sin \theta(t) \tag{2.3.31}$$

由标量势产生的相位差是

$$\theta(t) = \theta_1(t) - \theta_2(t) = \theta + \frac{e^* V}{\hbar} t \tag{2.3.32}$$

电流振荡频率是

$$\omega = \frac{e^* V}{\hbar} \tag{2.3.33}$$

称为交流 Josephson 效应。

2.3.7　超导量子干涉仪原理 —— AB 拓扑相位干涉

利用 Josephson 效应可以做成超导量子干涉仪，用以测量微弱磁场，图 2.3.5 为其示意图。

图 2.3.5　超导量子干涉仪原理图

环路上有两个 Josephson 结 a 和 b，有磁通穿过环路包围的空间时，a 和 b 隧道结的波函数相因子差分别变为

$$\theta \pm \pi\alpha$$

其中，$\alpha = \dfrac{\Phi}{\Phi_0}$，而 $\Phi_0 = \dfrac{ch}{e^*}$ 是超导磁通量子单位，由于磁通存在，波函数多了一个 AB 相因子。通过仪器的总电流为通过 a,b 结的两电流之和：

$$J = J_a + J_b = J_0[\sin(\theta + \pi\alpha) + \sin(\theta - \pi\alpha)] = 2J_0 \sin\theta \cos(\pi\alpha) \qquad (2.3.34)$$

超导量子干涉仪的原理是基于矢量势 AB 相位。因为电流是宏观观测量，这是一个宏观量子相干效应。

2.3.8　分数 (正则) 角动量和任意子

20 世纪 80 年代初，Wilczek 提出了一个极具创新意义的概念，即除整数自旋 Bose 子、半整数自旋 Fermi 子外，还可存在任意自旋粒子，称之为任意子。任意子角动量是介于整数和半整数之间的任意分数。三维以上空间，角动量本征值只能取整数或半整数，这完全由角动量算符的对易关系，或者 $SU(2)$ 群不可约表示确定，但二维空间角动量算符只有一个分量，不能对本征值有任何限制，量子化的角动量本征值谱可平移一任意常数。事实上，只有在二维多连通空间，分数角动量才有可能。我们已看到，带电粒子和磁通复合系统的角动量依赖磁通，可以是任意值。但非整数角动量谱可以是正则和力学角动量两种情况。磁通依赖的力学角动量

$$l_z^k = (m - \alpha)\hbar$$

没任何奇异之处，如前所述，其力学原因有明确的经典解释。波函数是周期的，在 2π 旋转下不变，而正则角动量谱是整数

$$l_z^c = m\hbar \qquad (2.3.35)$$

1. 定轴转动幺正算符

在量子力学中，正则角动量算符才是空间旋转生成算符。考虑绕 $\boldsymbol{n}$ 轴的转动

$$\psi(\boldsymbol{x}+\Delta\boldsymbol{x})=\psi(\boldsymbol{x})+\Delta\boldsymbol{x}\cdot\nabla\psi(\boldsymbol{x})=(1+\Delta\boldsymbol{x}\cdot\nabla)\psi(\boldsymbol{x})=\left(1+\frac{\mathrm{i}}{\hbar}\Delta\boldsymbol{x}\cdot\hat{\boldsymbol{p}}\right)\psi(\boldsymbol{x})$$

$$=\left(1+\frac{\mathrm{i}}{\hbar}\Delta\varphi(\boldsymbol{n}\times\boldsymbol{x})\cdot\hat{\boldsymbol{p}}\right)\psi(\boldsymbol{x})=\left(1+\frac{\mathrm{i}}{\hbar}\Delta\varphi\boldsymbol{n}\cdot(\boldsymbol{x}\times\hat{\boldsymbol{p}})\right)\psi(\boldsymbol{x})$$

$$=\left(1+\frac{\mathrm{i}}{\hbar}\Delta\varphi\boldsymbol{n}\cdot\hat{L}\right)\psi(\boldsymbol{x}) \tag{2.3.36}$$

其中使用了等式 (图 2.3.6)

$$\Delta\boldsymbol{x}=\Delta\varphi\boldsymbol{n}\times\boldsymbol{x}$$

有限转动

$$\varphi=\lim_{\substack{N\to\infty\\ \Delta\varphi\to0}}N\Delta\varphi$$

幺正算符是

$$\hat{U}(\varphi)=\lim_{\substack{N\to\infty\\ \Delta\varphi\to0}}\prod_{i=1}^{N}\left(1+\frac{\mathrm{i}}{\hbar}\Delta\varphi\boldsymbol{n}\cdot\hat{L}\right)=\mathrm{e}^{\frac{\mathrm{i}}{\hbar}\varphi\boldsymbol{n}\cdot\hat{L}} \tag{2.3.37}$$

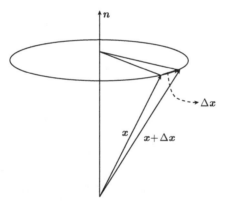

图 2.3.6　绕 $\boldsymbol{n}$ 轴的转动

2. 任意子波函数及空间旋转特性

在平面极坐标中，ψ_0 满足的 Schrödinger 方程

$$-\frac{\hbar^2}{2m}\nabla^2\psi_0=E\psi_0 \tag{2.3.38}$$

变为

$$-\frac{\hbar^2}{2m}\left(\frac{\partial^2}{\partial r^2}+\frac{1}{r}\frac{\partial}{\partial r}+\frac{1}{r^2}\frac{\partial^2}{\partial\varphi^2}\right)\psi_0=E\psi_0 \tag{2.3.39}$$

角动量本征态是

$$\psi_0^{(m)}=\frac{1}{\sqrt{2\pi}}R_m(r)\mathrm{e}^{\mathrm{i}m\varphi} \tag{2.3.40}$$

分数角动量只能针对于正则角动量而言, 为此, 我们考查前面讨论过的 AB 相位态

$$\psi_{AB}^{(m)} = \frac{1}{\sqrt{2\pi}} R_m(r) e^{im\varphi} e^{i\alpha \int d\varphi} \tag{2.3.41}$$

其角度部分不是函数, 因为相因子不可积, 但它是正则角动量算符的本征态, 因为联络微分一次式 (参看第 1 章的定义)

$$\omega = \boldsymbol{A} \cdot d\boldsymbol{l} = \frac{\alpha \Phi_0}{2\pi} d\varphi$$

是封闭的, 即微分二次式为零 (无电磁场)

$$d\omega = 0$$

但不是确定的, 即它不能表示为一函数的微分

$$\omega \neq df$$

其中 f 表示一正规函数, 换句话说, 联络微分一次式没有确定的积分。事实上

$$\hat{L}_z \psi_{AB}^{(m)} = (m + \alpha)\hbar \psi_{AB}^{(m)} \tag{2.3.42}$$

正则角动量谱是

$$l_z^c = (m + \alpha)\hbar \tag{2.3.43}$$

AB 相位态在空间旋转 2π 时变为

$$\hat{U}(2\pi)\psi_{AB}^{(m)} = \psi_{AB}^{(m)}(\varphi + 2\pi) = \psi_{AB}^{(m)}(\varphi) e^{i2\pi\alpha} \tag{2.3.44}$$

若 $\alpha =$ 整数, AB 相位态在 2π 转动下不变号, 是 Bose 子; 若 $\alpha =$ 半整数, AB 相位态在 2π 转动下变号, 是 Fermi 子; 其他任意值情况, 即 Wilczek 任意子。

关于 AB 相位态的说明:

AB 相位态只在二维多连通空间——拓扑流形上有意义, 因为 Hilbert 空间的所有态有共同的拓扑相因子, 虽然它不是 2π 旋转不变的, 但不会影响本征态的正交规一, 而任意态的概率密度仍然是 2π 周期函数。

2.4　多连通空间量子力学、纤维丛、AB 相位的几何意义

2.4.1　多连通空间的基本群、纤维丛

我们已指出 AB 相位态不是定义在通常实空间 $\mathbf{R}^2$ 的函数, 而只在称为纤维丛的空间才有定义。和单连通空间不同, 多连通空间 M 中的路径不是全部等价的, 而存在路径同伦类 (homotopy class), 在同一类中的路径才是等价的。例如

图 2.4.1 所示的对于参考点为 O 的闭合路径，可用 {0} 表示所有不环绕 Δ 的路径集合，用 {1} 表示所有逆时针环绕 Δ 一次的路径，{−1} 代表所有顺时针环绕 Δ 一次的路径，以此类推，$\{n\}$ 表示所有逆时针环绕 n 次的路径，而 $\{-n\}$ 表示所有顺时针环绕 n 次的路径。{0}, {1}, {−1}, ⋯ 表示路径的同伦类，不属于同一类的路径不等价。显然，同伦类有群结构，称为多连通空间的基本群 $\pi_1(M)$。{0}, {1}, {−1}, ⋯ 是这个基本群 $\pi_1(M)$ 的元素，群表示是整数集合 $\mathbf{Z}$。

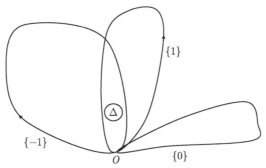

图 2.4.1　多连通空间路径同伦类

流形 M 称为基空间 (是一个拓扑流形)，而基本群 $\pi_1(M)$(也是一个拓扑空间) 则是定义在 M 上每点的丛空间，存在由 $\pi_1(M)$ 到 M 的映射，M 和 $\pi_1(M)$ 组成的复合空间称为纤维丛，记为 $\tilde{M}$，它是 M 的全覆盖空间 (universal covering space)，是一单连通空间。我们已经看到，在多连通空间 M 上可存在一非通常函数的态即 AB 相位态 (或者 Dirac 不可积相因子态)，它不是 M 上的函数，但在纤维丛 $\tilde{M}$ (坐标为 $[q,n]$，其中 q 是基空间点，而 n 是丛上的坐标) 上有确定的值，即只有给出积分的端点和路径同伦类数，相因子才能完全确定，换句话说，它是纤维丛上的函数。AB 相位干涉则是不同伦类上的路径相位干涉。

2.4.2　拓扑相因子的几何意义

我们来解释拓扑相因子的几何意义，为此，假设在多连通空间 M 每一点 q 上都连接一个定轴转动群

$$S^1 = \{Z \in \mathbf{C} : |\mathbf{Z}| = 1\}$$

$\mathbf{C}$ 表示复数平面。其生成元是 $\mathrm{e}^{\mathrm{i}\theta} \in S^1 (0 \leqslant \theta < 2\pi)$，则复合空间 $\bar{M} = M \times S^1$ 是 M 上的 $U(1)$ 纤维丛。如果定义在 $\bar{M}$ 上的波函数满足

$$\Psi(q\mathrm{e}^{\mathrm{i}\theta}) = \Psi(q)\mathrm{e}^{\mathrm{i}n\theta}$$

(n 是整数) 则 Ψ 是 M 上的函数。不满足上述条件的话，多连通空间就是扭曲的 (twisted)。局域磁引出的荷电粒子 Wess-Zumino 项使多连通空间扭曲，是 AB 相

位态的几何意义。从作业 2.2 的结果可看出, 空间扭曲是由运动的荷电粒子电场和磁通相互作用产生的。

二维平面 $\mathbf{R}^2$ 上若有 N 个粒子,不允许任何两个粒子占据同一空间位置。组态空间为有 N 个洞的二维平面记为

$$M = \mathbf{R}^2/X_1 \cdots X_N$$

其中, X_1 是第 i 个粒子的位置。有 N 个洞的二维多连通空间基本群是辫子群

$$\pi_1(M) = B_N$$

它给出任意子统计。

2.5　奇异规范变换和 Dirac 磁单极

2.5.1　Dirac 磁单极

当磁通量为整数个量子单位时, $\alpha = n$, 多连通空间扭曲消除,AB 相位态变成 M 上的函数

$$\Psi_{\mathrm{AB}} = \Psi_0 \mathrm{e}^{\mathrm{i}n\varphi} \tag{2.5.1}$$

这时,量子化磁通不引起任何量子观察效应。而 Ψ_{AB} 和 Ψ_0 之间可看作是一规范变换,但是规范函数存在奇点,故称为奇异规范变换。如果把两磁极拉开无限远,而连接两磁极的奇异磁通线是量子化的, Dirac 认为可实现磁单极,因为奇异线无观测效应。设磁单极的磁荷为 g,在以磁单极 (我们这里选为磁北极) 为坐标原点的球坐标系中,单极的磁场是

$$\boldsymbol{B} = \frac{g\boldsymbol{e}_r}{r^2} \tag{2.5.2}$$

其中, $\boldsymbol{e}_r$ 是径向单位矢量, r 是单级到空间观测点的距离, θ 和 φ 分别是极角和纬度角, $\boldsymbol{e}_\theta$ 和 $\boldsymbol{e}_\varphi$ 是相应的单位矢量。磁荷的 Gauss 定理为

$$\oiint \boldsymbol{B} \cdot \mathrm{d}\boldsymbol{s} = 4\pi g$$

矢量势是

$$\boldsymbol{A} = g\frac{\sin\theta}{r(1+\cos\theta)}\boldsymbol{e}_\varphi \tag{2.5.3}$$

显然, "$-z$" 轴是奇异线,即磁通线的位置。总磁通

$$\Phi = n\Phi_0 = 4\pi g$$

因而有

$$eg = n\frac{\hbar c}{2} \tag{2.5.4}$$

这正是 Dirac 量子化条件。只要有一个磁单极存在, 电荷就必然是量子化的, Dirac 引入磁单极的目的是为理解和解释电荷量子化。磁通线的位置可通过奇异规范变换随意改动, 如用奇异规范变换

$$\boldsymbol{A}' = \boldsymbol{A} - \frac{2g}{r\sin\theta}\boldsymbol{e}_\varphi = -\frac{g(1+\cos\theta)}{r\sin\theta}\boldsymbol{e}_\varphi \qquad (2.5.5)$$

可把奇异线从 "$-z$" 轴变到 "$+z$" 轴, 如图 2.5.1 所示。

(a) "$-z$"轴是奇异线   (b) 奇异线变到"$+z$"轴

图 2.5.1 磁单极, 奇异线分别是 "$\pm z$" 轴

2.5.2 吴—杨无奇异的磁单极理论

我们看到, Dirac 磁单极理论中存在奇异线, 为克服此缺点, 吴大峻和杨振宁发展了一无奇点的单极理论。带电粒子不允许占据磁单极位置, 因而组态空间是一拓扑流形 (topological manifold)

$$M = R^3 - \{0\} \sim S^2$$

它和拓扑流形 S^2 拓扑等价, 存在两个开区域

$$M_+ = S^2 - \{S_p\} \sim R^2$$

和

$$M_- = S^2 - \{N_p\} \sim R^2$$

分别是除去南北极的球面 (这里 S_p 和 N_p 分别表示南北极点), 它们都和 R^2 拓扑等价。考虑切点分别位于南北极的切平面, 如图 2.5.2 所示, 连接北极和球面上一点 a 的直线和南极切平面的交点 a', 是球面上的点 a 在该切平面上的投影, 显然投影是一一对应的, 除北极外, 所有球面上的点都可投影到南极切平面上, 类似地, 除南极外球面上的点也都可投影到北极切平面上。所以, 拓扑流形 S^2 至少需要两个平庸拓扑空间 M_+ 和 M_- 覆盖。

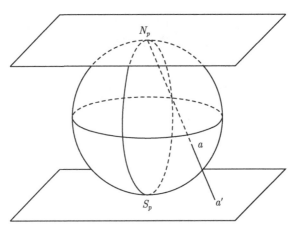

图 2.5.2　拓扑流形 S^2 到 R^2 的球极平面投影 (stereographic projection)

在空间 M_+ 我们可用矢势

$$\boldsymbol{A}_+ = g\frac{\sin\theta}{r(1+\cos\theta)}\boldsymbol{e}_\varphi \tag{2.5.6}$$

它在 M_+ 上无奇异线。而在空间 M_- 矢势为

$$\boldsymbol{A}_- = -g\frac{1+\cos\theta}{r\sin\theta}\boldsymbol{e}_\varphi \tag{2.5.7}$$

它在 M_- 上无奇异线。

我们可分别在 M_+ 和 M_- 空间做量子力学计算, Schrödinger 方程是

$$i\hbar\frac{\partial\psi_\pm}{\partial t} = \hat{H}_\pm\psi_\pm \tag{2.5.8}$$

其中

$$\hat{H}_\pm = \frac{1}{2m}\left(\hat{p} - \frac{e}{c}\boldsymbol{A}_\pm\right)^2 \tag{2.5.9}$$

两规范势之间存在变换

$$\boldsymbol{A}_+ = \boldsymbol{A}_- + \frac{2g}{r\sin\theta}\boldsymbol{e}_\varphi \tag{2.5.10}$$

波函数间的变换是

$$\psi_+ = e^{i\frac{4\pi g}{\Phi_0}\varphi}\psi_- \tag{2.5.11}$$

由 Dirac 量子化条件

$$\frac{4\pi g}{\Phi_0} = n \tag{2.5.12}$$

因而 ψ_+, ψ_- 之间只差一奇异规范变换。

2.5.3 Dirac 量子化条件的几何意义

两区域 M_+ 和 M_- 波函数间的规范变换定义了由交叠区域

$$S^1 = M_+ \cap M_-$$

到规范群 $U(1)$ 间的映射, 因为

$$U(1) \sim S^1$$

也即由 S^1 到 S^1 的映射, 它可按空间 S^1 的第一同伦群 (first homotopy group) 即基本群

$$\pi_1(U(1)) \sim Z \tag{2.5.13}$$

分类, 称为 $U(1)$ 丛的第一陈类 (first Chern class), 记为 c_1。Dirac 量子化条件方程 (2.5.12) 中的整数

$$n \in Z$$

可被解释为 $\pi(U(1))$ 的群元, 即绕数 (winding number), 或者陈数, 是一拓扑不变量 (topological invariant) 也称为拓扑荷。

吴–杨磁单极理论开启了拓扑流形、纤维丛在理论物理中应用的先河, 引导着物理研究新方向, 例如凝聚态中的拓扑材料。

2.6 带电粒子被磁通线的散射

在 Aharonov 和 Bohm(1959) 的著名文章中, 大半的篇幅是用以计算带电粒子被无限长磁通线的散射, 这篇文章是二维长程势散射的经典文献, 给出了该问题的正确理论分析和计算。微分散射截面的推导并不困难, 关键是得到正确的散射边条件。

2.6.1 精确解和微分散射截面

在以磁通线位置为坐标原点的平面极坐标系中, 定态 Schrödinger 方程是

$$\left[\frac{\partial^2}{\partial r^2} + \frac{\partial}{r \partial r} + \frac{1}{r^2} \left(\frac{\partial}{\partial \varphi} - i\alpha \right)^2 + k^2 \right] \psi = 0 \tag{2.6.1}$$

其中

$$k = \frac{\sqrt{2mE}}{\hbar}$$

表示入射粒子的波矢, E 是动能。

1. 精确解

极限情况下，线磁通半径为零，在坐标原点和 $r \to \infty$ 波函数均有限的通解是

$$\psi = \sum_{m=-\infty}^{\infty} a_m \mathrm{J}_{|m-\alpha|}(kr)\mathrm{e}^{\mathrm{i}m\varphi} \tag{2.6.2}$$

其中

$$\mathrm{J}_{|m-\alpha|}(kr)$$

是 Bessel 函数, 系数 a_m 由散射边条件确定。

2. 入射边条件和微分散射截面

假定入射粒子沿 x 轴反方向入射, 因而入射波函数 ψ_i 的概率流密度

$$\boldsymbol{j} = \frac{\mathrm{i}\hbar(\psi_\mathrm{i}\nabla\psi_\mathrm{i}^* - \psi_\mathrm{i}^*\nabla\psi_\mathrm{i})}{2m} - \frac{e}{mc}\boldsymbol{A}\psi_\mathrm{i}\psi_\mathrm{i}^* \tag{2.6.3}$$

必须沿 $-x$ 方向。满足这一条件的入射波只能是

$$\psi_\mathrm{i} = \mathrm{e}^{-\mathrm{i}(kx-\alpha\varphi)} \tag{2.6.4}$$

这正是前面提到的 AB 相位态, 在该态上, 入射粒子力学角动量的期待值为零, 不受磁通影响, 物理意义非常明确。因而通解中的常系数可确定为

$$a_m = (-\mathrm{i})^{|m+\alpha|} \tag{2.6.5}$$

把波函数分为三部分

$$\psi = \psi_1 + \psi_2 + \psi_3 \tag{2.6.6}$$

$$\psi_1 = \sum_{m=1}^{\infty} (-\mathrm{i})^{m+\alpha}\mathrm{J}_{m+\alpha}\mathrm{e}^{\mathrm{i}m\varphi}$$

$$\psi_2 = \sum_{m=-\infty}^{-1} (-\mathrm{i})^{m+\alpha}\mathrm{J}_{m+\alpha}\mathrm{e}^{\mathrm{i}m\varphi} = \sum_{m=1}^{\infty} (-\mathrm{i})^{m-\alpha}\mathrm{J}_{m-\alpha}\mathrm{e}^{-\mathrm{i}m\varphi}$$

$$\psi_3 = (-\mathrm{i})^{|\alpha|}\mathrm{J}_{|\alpha|}$$

分别计算三部分波函数的求和, 利用 Bessel 函数在 $r \to \infty$ 的渐近形式, 则可得到精确解的渐近表达式为

$$\psi \to \mathrm{e}^{\mathrm{i}(\alpha\varphi - kr\cos\varphi)} - \frac{\mathrm{e}^{\mathrm{i}kr}}{\sqrt{2\pi\mathrm{i}kr}}\sin\pi\alpha\frac{\mathrm{e}^{-\frac{\mathrm{i}\varphi}{2}}}{\cos\frac{\varphi}{2}} \tag{2.6.7}$$

微分散射截面因而是

$$\frac{\mathrm{d}\sigma}{\mathrm{d}\varphi} = \frac{\sin^2 \pi\alpha}{2\pi \cos^2 \left(\frac{\varphi}{2}\right)} \tag{2.6.8}$$

本节的计算基本摘录自 Aharonov 和 Bohm 的文章 (*Phys. Rev.*, 115: 485 (1959)), 其推导严谨优美, 令人叹为观止。显然, 散射是动力学效应, 入射波力学角动量期待值为零, 散射波则和磁通有关, 力学角动量的变化是磁通作用的结果。

2.6.2 分波相移和长程势的散射边条件

精确解 (2.6.2) 中, m 次分波在 $r \to \infty$ 的散射边条件是

$$\lim_{r\to\infty} a_m \mathrm{J}_{|m-\alpha|}(kr) \sim (-\mathrm{i})^m \mathrm{J}_m(kr) + f_m \frac{\mathrm{e}^{\mathrm{i}kr}}{\sqrt{r}} \tag{2.6.9}$$

其中 f_m 是分波散射振幅。用 Bessel 函数的渐进表达式不难得到

$$a_m = (-\mathrm{i})^{|m+\alpha|-1} \tag{2.6.10}$$

分波散射振幅是

$$f_m(k,\alpha) = \frac{(-1)^m}{\sqrt{2\pi k}} \mathrm{e}^{-\frac{\mathrm{i}\pi}{4}} [\mathrm{e}^{2\mathrm{i}\delta_m(\alpha)} - 1] \tag{2.6.11}$$

计算得到的分波相移为

$$\delta_m(\alpha) = \frac{\pi}{2}(|m| - |m+\alpha|) = \begin{cases} \dfrac{-\pi\alpha}{2}, & m \geqslant 0 \\[2mm] \dfrac{\pi\alpha}{2}, & m < 0 \end{cases} \tag{2.6.12}$$

总散射振幅是分波振幅之和

$$f(k,\alpha,\varphi) = \sum_{m=-\infty}^{\infty} f_m \mathrm{e}^{\mathrm{i}m\varphi} = \frac{\mathrm{e}^{-\mathrm{i}\frac{\pi}{4}}\sin\pi\alpha}{\sqrt{2\pi k}\cos\frac{\varphi}{2}} \tag{2.6.13}$$

总微分散射截面

$$\frac{\mathrm{d}\sigma}{\mathrm{d}\varphi} = |f|^2 \tag{2.6.14}$$

与 Aharonov 和 Bohm 文章中得到的结果完全一样。不同点是入射波, Aharonov 和 Bohm 文章中的入射波方程 (2.6.4) 不是平面波, 但概率流沿 x 轴方向。从分波的渐近表达式方程 (2.6.9) 和平面波的 Bessel 函数展开式, 不难得到分波相移方法中的入射波就是平面波

$$\sum_{-\infty}^{\infty} (-\mathrm{i})^m \mathrm{J}_m(kr) = \mathrm{e}^{-\mathrm{i}kr\cos\varphi} \tag{2.6.15}$$

因为存在磁通规范场, 该入射平面波对应的入射概率流或者入射粒子速度则不可能再沿 x 轴方向。另外, 由于磁通规范场是长程势, 在 $r \to \infty$ 区域, 平面波不是

方程的渐近解，但 Aharonov 和 Bohm 文章中的入射波是方程的渐近解，因而才是正确的散射边条件。为克服入射平面波的困难，下面一小节的计算中采取了人为的长程势截断。

作业 2.3　求有长程势 **A** 存在时入射平面波 (2.6.15) 的概率流密度和粒子力学角动量期待值。

作业 2.4　验证平面波 (2.6.15) 不可能是 Schrödinger 方程 (2.6.1) 的渐近 $(r \to \infty)$ 解，但 AB 入射波 (2.6.4) 是解。

2.6.3　长程势的截断和返回磁通

为克服长程势入射平面波不适用的困难，可人为在半径 $r = R$ 处截断矢量势，令

$$
\begin{aligned}
&\boldsymbol{A} = \frac{\Phi}{2\pi r}\boldsymbol{e}_\varphi, \quad 0 < r \leqslant R \\
&\boldsymbol{A} = 0, \quad r > R
\end{aligned}
\tag{2.6.16}
$$

这一截断的物理意义是，存在一个和原磁通大小相等方向相反而均匀分布在半径为 R 的圆柱面上的返回磁通。在 $r > R$ 的区域，长程势被屏蔽 ($\boldsymbol{A} = 0$) 是自由粒子方程，当然可用入射波是平面波的散射边条件，分别得到 $r > R$ 和 $r < R$ 两区域 Schrödinger 方程的解，注意到 $r = R$ 的连续性边条件，用和上小节中同样的分波相移方法，可得到以 R 为参数的分波散射振幅和微分散射截面。有兴趣的读者可参阅本章的文献，推导细节不在此赘述。十分有趣的是，当取 $R \to \infty$ 极限时，分波散射振幅和微分散射截面都退化到与 Aharonov 和 Bohm 文章完全一样的结果。由于返回磁通的存在，在这种情况下，粒子受到了返回磁场 Lorentz 力作用。

2.7　介观环输运电流的相干振荡

当系统 (电子系统) 的尺度比退相干长度还小时，可发现与载流子量子相位相干性有关的新奇现象，从而使物理观测量 (宏观量) 呈现出显著的量子力学效应，现称其为介观系统，指尺度介于微观和宏观之间，量子效应显著，但仍有确定的宏观观测量的系统。这一微小系统的特性和应用研究已发展成一个学科分支：介观物理。其中量子态相位干涉起着关键作用，而通过介观金属环输运电流的 AB 振荡研究开启了介观物理研究的先河 [14-25]。

2.7.1　一维量子波导理论

量子力学中，导线是一理想化的极限情况，当其纵向长度远大于横向尺度，以至于在低温下电子的横向运动被忽略时，电子纵向运动满足自由粒子Schrödinger 方程。在任一标记为 "j" 的分支电路中波函数是两反向传播平面波的线性叠加

$$\psi_j(x) = a_j \mathrm{e}^{\mathrm{i}kx} + b_j \mathrm{e}^{-\mathrm{i}kx} \tag{2.7.1}$$

其中，x 表示沿导线方向的坐标；k 是波矢。在电路的节点处存在几何散射，各分支电路波函数满足边条件

$$\psi_1 = \psi_2 = \cdots = \psi_N \tag{2.7.2}$$

和

$$\sum_j \frac{\mathrm{d}\psi_j(x_{c_j})}{\mathrm{d}x} = 0 \tag{2.7.3}$$

x_{c_j} 是节点坐标，第二个节点边条件保证了流守恒。

2.7.2 AB 介观环电荷输运传输矩阵

考虑周长为 L 的 AB 介观环，一磁通

$$\Phi = \alpha \Phi_0$$

穿过介观环的中心，Φ_0 是磁通的量子单位。入射和出射导线把环分为上下对称的两半，如图 2.7.1 所示。

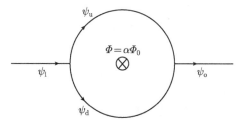

图 2.7.1　AB 介观环输运示意图

$$\psi_{\mathrm{i}} = a_{\mathrm{i}} \mathrm{e}^{\mathrm{i}kx} + b_{\mathrm{i}} \mathrm{e}^{-\mathrm{i}kx}$$
$$\psi_{\mathrm{o}} = a_{\mathrm{o}} \mathrm{e}^{\mathrm{i}kx} + b_{\mathrm{o}} \mathrm{e}^{-\mathrm{i}kx}$$

分别表示入射和出射导线上的波函数。用同样的标记，上下半环上的波函数表示为 ψ_{u} 和 ψ_{d}。把入射导线和环的节点选为局域坐标原点，边条件是

$$a_{\mathrm{i}} + b_{\mathrm{i}} = a_{\mathrm{u}} + b_{\mathrm{u}} = a_{\mathrm{d}} + b_{\mathrm{d}} \tag{2.7.4}$$

$$k(a_{\mathrm{i}} - b_{\mathrm{i}}) + k_{\mathrm{u}}(a_{\mathrm{u}} - b_{\mathrm{u}}) + k_{\mathrm{d}}(a_{\mathrm{d}} - b_{\mathrm{d}}) = 0 \tag{2.7.5}$$

由于磁通存在，圆环上波函数的相位增加一个不可积相因子，即正则角动量有一个平移，假定磁场方向指向纸面由外向内 (图 2.7.1)，则上下半环的波矢变为

$$k_{\mathrm{u}} = k + \frac{2\pi}{L}\alpha$$

$$k_{\mathrm{d}} = k - \frac{2\pi}{L}\alpha$$

在出射导线和环的节点 $\left(\text{局域坐标}\ \dfrac{L}{2}\right)$ 处边条件是

$$a_{\mathrm{u}}\mathrm{e}^{\mathrm{i}\frac{k_{\mathrm{u}}L}{2}} + b_{\mathrm{u}}\mathrm{e}^{-\mathrm{i}\frac{k_{\mathrm{u}}L}{2}} = a_{\mathrm{d}}\mathrm{e}^{\mathrm{i}\frac{k_{\mathrm{d}}L}{2}} + b_{\mathrm{d}}\mathrm{e}^{-\mathrm{i}\frac{k_{\mathrm{d}}L}{2}} = a_{\mathrm{o}}\mathrm{e}^{\mathrm{i}\frac{kL}{2}} + b_{\mathrm{o}}\mathrm{e}^{-\mathrm{i}\frac{kL}{2}} \qquad (2.7.6)$$

和

$$k_{\mathrm{u}}(a_{\mathrm{u}}\mathrm{e}^{\mathrm{i}\frac{k_{\mathrm{u}}L}{2}} - b_{\mathrm{u}}\mathrm{e}^{\mathrm{i}\frac{k_{\mathrm{u}}L}{2}}) + k_{\mathrm{d}}(a_{\mathrm{d}}\mathrm{e}^{\mathrm{i}\frac{k_{\mathrm{d}}L}{2}} - b_{\mathrm{d}}\mathrm{e}^{\mathrm{i}\frac{k_{\mathrm{d}}L}{2}}) + k_{\mathrm{o}}(a_{\mathrm{o}}\mathrm{e}^{\mathrm{i}\frac{kL}{2}} - b_{\mathrm{o}}\mathrm{e}^{\mathrm{i}\frac{kL}{2}}) = 0 \quad (2.7.7)$$

由节点边条件方程解出波函数振幅 $a_{\mathrm{u}}, b_{\mathrm{u}}, a_{\mathrm{d}}, b_{\mathrm{d}}$，则可得到连接出入波振幅的传输矩阵 $\boldsymbol{T}$

$$\begin{pmatrix} a_{\mathrm{i}} \\ b_{\mathrm{i}} \end{pmatrix} = \boldsymbol{T} \begin{pmatrix} a_{\mathrm{o}} \\ b_{\mathrm{o}} \end{pmatrix} \qquad (2.7.8)$$

物理观测量，如传输电导，则可用 Landauer-Büttiker 公式由传输矩阵求得。介观物理不同于微观系统的是可直接得到宏观观测量，也不同于大尺度宏观体系，这里波函数相位相干有明显效应。

参 考 文 献

[1] Aharonov Y, Bohm D. Significance of electromagnetic potentials in the quantum theory. Phys. Rev., 1959, 115: 485.

[2] Balachandran A P, Marmo G, Skagerstam B S. et al. Gauge Symmetries and Fibre Bundles. Berlin: Springer. 1983.

[3] Aharonov Y, Au C K, Lerner E C, et al. Aharonov-Bohm effect as a scattering event. Phys. Rev., 1984, D29: 2396.

[4] Aharonov Y, Au C K, Lerner E C, et al. Consistency of the Aharonov-Bohm effect with quantum theory. Lett. Nuovo Cimento, 1984, 39: 145.

[5] Chambers R G. Shift of an electron interference pattern by enclosed magnetic flux. Phys. Rev. Lett., 1960, 5: 3.

[6] Dirac P A M. Quantised singularities in the electromagnetic field. Proc. R. Soc., 1931, A133: 60.

[7] Jackiw R, Redilch A N. Two-dimensional angular momentum in the presence of long-range magnetic flux. Phys. Rev. Lett., 1982, 50: 555.

[8] Liang J Q. Analysis of the experiment to determine the spectrum of the angular momentum of a charged-boson, magnetic-flux-tube composite and the aharonov-bohm effect. Phys. Rev. Lett., 1984, 53: 859; 53: 1509.

[9] Liang J Q, Ding X X. Path integrals in multiply connected spaces and the fractional angular momentum quantization. Phys. Rev., 1987, A36: 4149.

[10] Tonomura A, Osakabe N, Matsuda T, et al. Evidence for aharonov-bohm effect with magnetic field completely shielded from electron wave. Phys. Rev. Lett., 1986, 56: 792.

[11] Wilczek F. Magnetic flux, angular momentum, and statistics. Phys. Rev. Lett. 48: 1144; 1982. Quantum Mechanics of Fractional-Spin Particles, 1982, 49: 937.

[12] Wu T T, Yang C N. Concept of nonintegrable phase factors and global formulation of gauge fields. Phys. Rev., 1975, D12: 2843.

[13] Liang J Q, Kulshreshtha D S. A charged particle in the magnetic field of a Dirac monopoleline. Phys. Lett., 1990, A149: 1.

[14] Kobe D H, Liang J Q. Noconservation of angular momentum in Aharonov-Bohm scattering. Phys. Lett., 1986, A118: 475.

[15] Kobe D H, Liang J Q. Scattering from a magnetic flux line due to the Lorentz force of the return flux. Phys. Rev., 1988, A37: 1133.

[16] Liang J Q. Does the return flux result in the Aharonov-Bohm scattering amplitude? Phys. Rev., 1985, D32: 1014.

[17] Liang J Q, Ding X X. Aharonov-Bohm scattering from the hydrodynamical viewpoint. Phys. Lett., 1987, A119: 325.

[18] Buttiker M. Four-terminal phase-coherent conductance. Phys. Rev. Lett., 1986, 57: 1761; IBM J. Res, Dev., 1988, 32: 317.

[19] Chen G, Xue Z Y, Wei L F, et al. Interaction-induced topological quantum interference in an extended Dicke model. Europhysics Letters, 2009, 86: 44002.

[20] Laudauer R. Spatial variation of currents and fields, due to localized scatterers in metallic conduction. IBM J. Res. Dev., 1957, 1: 223.

[21] Liang J Q, Peng F, Ding X X. Persistent current induced by magnetic flux in a polyacetylene ring and Fröhlich superconductivity. Phys. Lett., 1995, A201: 369.

[22] Wang J M, Wang R, Liang J Q. Quantum transport through two series Aharonov-Bohm interferometers with zero total magnetic flux. Chin. Phys., 2007, 16, No. 7.

[23] Yoseph Imry. Introduction to Mesoscopic Physics. Oxford: Oxford University Press, 2002.

[24] Zhang Y P, Gao Y F, Liang J Q. Measurement induced dephasing and suppression of persistent current in a lattice ring. Phys. Lett., 2005, A346: 115.

[25] Zhang Y P, Yu H, Gao Y F, et al. Quantum transport through a double Aharonov-Bohm interferometer in a presence of Andreev reflection. Phys.Rev., 2005, B72: 205310.

第 3 章 自旋-轨道耦合动力学、Aharonov-Casher 相位和非 Abel 规范场量子力学模型

非相对论量子力学中，自旋自由度是作为二分量矩阵直接引入的，没有经典力学对应。在外磁场中自旋的 Zeeman 能可引起能级劈裂，自旋-轨道相互作用产生能级超精细结构，是早已熟知的自旋效应。20 世纪 80 年代的一个新发现是自旋在外场中的拓扑相位，从对称性考虑，Aharonov 和 Casher 把 AB(Aharonov-Bohm) 效应中的无限长通电流螺线管压缩成一个点粒子磁矩，而把点电荷拉成一无限长电荷线，中性点粒子磁矩相对电荷线运动，也应有和矢势 AB 效应类似的效应，现称为 AC(Aharonov-Casher) 效应。Aharonov 和 Casher 的论述中，磁矩是被限制在固定方向，因而得到类似于 AB 效应中的等效 $U(1)$ 规范势。后来发展了中子物质波干涉技术，并用中子自旋在磁场中的 Zeeman 能实现标量势 AB 效应，而用自旋在电场中的等效矢势实现 AC 效应的实验观测。本书的理论分析中，解除了对自旋方向的约束，考虑有普遍意义的自旋-轨道耦合动力学模型，这样做的目的，一方面是为了从理论上更正确地解释和理解用热中子做的 AC 和标势 AB 效应实验，更为有意义的是，在非相对量子力学中实现非 Abel 规范场 (non-Abelian gauge field) 和任意子物理模型，而 AC 效应只是自旋-轨道耦合动力学模型的一种特殊情况。非相对论量子力学中的非 Abel 规范场概念，最初是由 Welczek 在把非简并态几何相位推广到简并态时引入的，之后，如何在凝聚态或光学系统中实现非 Abel 规范场，受到了广泛关注。作为自旋电子学基础的自旋轨道耦合已成为近年来的研究热点，因为是相对论效应，通常很弱，在电子器件中无任何作用，但在重离子内电子速度显著增大，耦合变强，特别是在某些半导体材料中，自旋轨道耦合引起的效应受到了重视。本章中从自旋的经典动力学开始，解释轨道耦合的起源。为简化起见，我们从中性自旋粒子 (中子) 在电磁场中的经典动力学出发来研究这一有趣问题。荷电自旋粒子动力学只需把第 2 章的带电粒子在电磁场中的相互作用项加入即可 [1-12]。

3.1 中性自旋粒子在电磁场中的经典动力学

3.1.1 拉氏量和运动方程

在非相对论量子力学中，自旋算符是直接在 Hamilton 算符中加入的，没有经典对应，当然更自然的作法是取 Dirac 相对论方程的非相对论极限，得到 Pauli

方程。我们为保持理论的一致性，先构造自旋的经典对应物理量和系统的拉氏量。本书关于自旋经典变量的引入虽然仅有形式逻辑意义，但可适用于任意自旋，更具普遍性，并给出明显的经典–量子对应。特别是非 Abel 规范场在这一理论框架下变成极其自然的结果。

假设一质量为 m 的自旋粒子，其经典自旋遵从约束关系 (见注解)

$$\lambda^2 = S_1^2 + S_2^2 + S_3^2 \tag{3.1.1}$$

其中，λ^2 是常数，表示总自旋的平方，是一守恒量，因而独立自旋自由度数是 2。一个很自然的假设是自旋分量满足和轨道角动量相同的 Poisson 括号，即

$$\{S_i, S_j\} = \sum_{k=1}^{3} \varepsilon_{ijk} S_k \tag{3.1.2}$$

其中，ε_{ijk} 为反对称张量。点粒子三维空间运动加上自旋, 总相空间是八维，而组态空间是

$$\mathbf{R}^3 \times \Gamma$$

其中

$$\Gamma = \{g\}$$

是转动群自旋 $\frac{1}{2}$ 表示，其生成元 g 是 $SU(2)$ 矩阵，可看作自旋组态空间 $\Gamma = \{g\}$ 中的 "坐标点", 而点粒子空间位置张成三维实空间 $\mathbf{R}^3$。

$$g^\dagger g = g g^\dagger = 1, \quad \det g = 1 \tag{3.1.3}$$

g 和经典自旋变量 $\boldsymbol{S}$ 满足下面的关系式：

$$\boldsymbol{S} \cdot \boldsymbol{\sigma} = \lambda g \sigma_3 g^{-1} \tag{3.1.4}$$

其中

$$\sigma_i, \quad i = 1, 2, 3$$

是 Pauli 矩阵。非相对论中性自旋粒子在电磁场 $\boldsymbol{E}$ 和 $\boldsymbol{B}$ 中的拉氏量可写为

$$L = L_0 + L_{\mathrm{i}}$$

自旋和电磁场相互作用部分是

$$L_{\mathrm{i}} = \frac{\mu\lambda}{2c} \mathrm{tr}[g\sigma_3 g^{-1} (\boldsymbol{E} \times \dot{\boldsymbol{r}}) \cdot \boldsymbol{\sigma}] + \frac{\mu\lambda}{2} \mathrm{tr}[g\sigma_3 g^{-1} (\boldsymbol{B} \cdot \boldsymbol{\sigma})] \tag{3.1.5}$$

注解：本节的经典自旋动力学变量定义和拉氏量主要取材于文献 [2]。

其中

$$L_0 = \frac{1}{2}m[\dot{\boldsymbol{r}}^2 + \mathrm{i}\lambda\mathrm{tr}(\sigma_3 g^{-1}\dot{g})] \tag{3.1.6}$$

是自由粒子拉氏量; μ 是自旋粒子的磁矩; tr 表示求迹运算。方程 (3.1.5) 的两项事实上都是 Zeeman 能, 第二项很显然, 第一项中的 $\frac{1}{c}\boldsymbol{E} \times \dot{\boldsymbol{x}}$ 则是运动坐标系中粒子感受到的等效磁场, 是相对论效应, 这是由外场引起的自旋–轨道耦合。很容易证明, 该拉氏量能给出正确的运动方程。对作用量

$$\mathcal{S} = \int L\mathrm{d}t$$

变分取极值 (最小作用量原理)

$$\delta\mathcal{S} = 0$$

得到运动方程 (推导见 3.7 节)

$$m\ddot{\boldsymbol{r}} + \dot{\boldsymbol{p}}_i = \frac{\mu}{c}\nabla[\boldsymbol{S} \cdot (\boldsymbol{E} \times \dot{\boldsymbol{r}})] + \mu\nabla(\boldsymbol{S} \cdot \boldsymbol{B}) \tag{3.1.7}$$

其中

$$\boldsymbol{p}_i = \frac{\mu}{c}\boldsymbol{S} \times \boldsymbol{E}$$

被称为自旋粒子的内禀动量, 自旋运动方程是

$$\dot{\boldsymbol{S}} = \frac{\mu}{c}(\dot{\boldsymbol{r}} \times \boldsymbol{E}) \times \boldsymbol{S} - \mu\boldsymbol{B} \times \boldsymbol{S} \tag{3.1.8}$$

当无外场存在时, 空间是自由运动, 自旋是守恒量, 正是我们期待的结果

$$\ddot{\boldsymbol{r}} = 0$$

$$\dot{\boldsymbol{S}} = 0$$

把关系式方程 (3.1.4) 代入拉氏量方程 (3.1.5), 电磁场中的中性自旋粒子拉氏量变为

$$L = L_0 + \frac{\mu}{c}\boldsymbol{S} \cdot (\boldsymbol{E} \times \dot{\boldsymbol{r}}) + \mu\boldsymbol{B} \cdot \boldsymbol{S} \tag{3.1.9}$$

形式上我们用了自旋的相空间变量, 这里自旋变量应看作是组态空间 "坐标" g 的函数。第二项可改写为

$$\frac{\mu}{c}\boldsymbol{S} \cdot (\boldsymbol{E} \times \dot{\boldsymbol{r}}) = \frac{\mu}{c}\dot{\boldsymbol{r}} \cdot (\boldsymbol{S} \times \boldsymbol{E}) \tag{3.1.10}$$

等式右边变为和速度相关的等效矢量势相互作用能, 方程 (3.1.9) 的第三项则为等效标量势。

3.1.2 正则动量和 Hamilton 量

正则动量按定义是

$$\boldsymbol{p} = \frac{\partial L}{\partial \dot{\boldsymbol{r}}} = m\dot{\boldsymbol{r}} + \frac{\mu}{c}(\boldsymbol{S} \times \boldsymbol{E}) \tag{3.1.11}$$

上式中, 第二项是等效矢量势引起的动量变化, 从正则动量的定义式可以解出速度

$$\dot{\boldsymbol{r}} = \frac{\boldsymbol{p} - \dfrac{\mu}{c}(\boldsymbol{S} \times \boldsymbol{E})}{m} \tag{3.1.12}$$

从而得到 Hamilton 量

$$H = \frac{\left[\boldsymbol{p} - \dfrac{\mu}{c}(\boldsymbol{S} \times \boldsymbol{E})\right]^2}{2m} - \mu\boldsymbol{B} \cdot \boldsymbol{S} \tag{3.1.13}$$

显然, 中性自旋粒子在电磁场中有等效矢势

$$\boldsymbol{A} = \boldsymbol{S} \times \boldsymbol{E}$$

和标量势

$$A_0 = \boldsymbol{S} \cdot \boldsymbol{B}$$

只要把 μ 看成 e, Hamilton 量形式上和带电粒子在电磁场中的运动一样, 证实了 Aharonov 和 Casher 的对称性论述。量子化后, 自旋变量成为矩阵, 我们得到等效的非 Abel 规范场。

3.2 非 Abel 规范场

3.1 节中的自旋是经典矢量, 我们现在考虑自旋 $\dfrac{1}{2}$ 粒子, 量子化的自旋算符 (见注解) 是

$$\boldsymbol{S} = \frac{\hbar}{2}\boldsymbol{\sigma}$$

无外磁场的 Hamilton 算符则为

$$\hat{H} = \frac{-\hbar^2}{2m} \sum_{i=1}^{3} D_i^2 \tag{3.2.1}$$

协变微商定义为

$$D_i = \frac{\partial}{\partial x_i} - \mathrm{i}qA_i \tag{3.2.2}$$

其中, $q = \dfrac{\mu}{2c}$。而

$$A_i = \sum_{j,k} \epsilon_{ijk}\sigma_j E_k \tag{3.2.3}$$

注解: 本节中的符号 $\boldsymbol{S}$ 表示量子化自旋算符, 区别于前面的经典矢量。

则为矩阵矢势场, 即非 Abel 规范场, 其等效 "磁场" 可由反对称张量计算

$$F_{i,j} = \frac{i}{q}[D_i, D_j] = \left(\frac{\partial A_j}{\partial x_i} - \frac{\partial A_i}{\partial x_j}\right) - iq[A_i, A_j] \tag{3.2.4}$$

$i, j = 1, 2, 3$, 规范变换幺正算符可定义为

$$U = e^{iq\sum_i f_i \sigma_i} \tag{3.2.5}$$

f 是空间坐标的函数, 在规范变换下, 协变微商算符变换是

$$D_i' = UD_iU^\dagger = \frac{\partial}{\partial x_i} - iqA_i'$$

规范场变为

$$A_i' = UA_iU^\dagger - \frac{i}{q}\left(\frac{\partial U}{\partial x_i}\right)U^\dagger \tag{3.2.6}$$

旋量波函数的变换是

$$\psi' = U\psi \tag{3.2.7}$$

定态 Schrödinger 方程是规范变换不变的。

选择电场可得到非 Abel 规范场的具体形式, 如在下面 3.4 节考虑的 AC 效应模型中, 无限长电荷线的电场在以电荷线为坐标原点的平面坐标系中是

$$\boldsymbol{E} = \frac{\rho(x_1\boldsymbol{e}_1 + x_2\boldsymbol{e}_2)}{x_1^2 + x_2^2} \tag{3.2.8}$$

其中, ρ 表示电荷线密度。非 Abel 规范场的明显表达式则为

$$A_1 = -\frac{\rho\sin\varphi}{r}\sigma_3 \tag{3.2.9}$$

$$A_2 = \frac{\rho\cos\varphi}{r}\sigma_3 \tag{3.2.10}$$

$$A_3 = \frac{\rho}{r}(\sin\varphi\sigma_1 + \cos\varphi\sigma_2) \tag{3.2.11}$$

$$r = \sqrt{x_1^2 + x_2^2}$$

$$x_1 = r\cos\varphi, \quad x_2 = r\sin\varphi$$

当粒子自旋被约束于 "z" 方向时, $S_1 = S_2 = 0$, 因而, $A_3 = 0$, 矩阵规范势变为对角的, 和 AB 磁通规范势场事实上相等。但对非受限的自旋动力学模型, 当 $r > 0$ 时, 非 Abel 规范场的等效 "磁场" 由方程 (3.2.4) 计算, 结果是

$$B_3 = 0 \tag{3.2.12}$$

$$B_2 = \frac{\rho}{r^2}\{(1-q\rho)\sin 2\varphi\sigma_1 + [(1-q\rho)\cos 2\varphi + q\rho]\sigma_2\} \tag{3.2.13}$$

$$B_1 = \frac{\rho}{r^2}\{[(1-q\rho)\cos 2\varphi - q\rho]\sigma_1 - (1-q\rho)\sin 2\varphi\sigma_2\} \tag{3.2.14}$$

3.3　脉冲磁场中的热中子经典动力学和标量势 AB 效应

20 世纪 80 年代末, 发展了中子物质波干涉技术, 并用来验证 AC 效应和标量势 AB 效应, 作为自旋动力学方程的应用例, 我们对实验作动力学分析。

3.3.1　经典动力学方程和 Larmor 进动

标量势 AB 干涉实验是把热中子束分成相干的两束, 如图 3.3.1 所示, 一个脉冲磁场作用在其中一束中子上, 然后使两束中子干涉, 中子计数器读出干涉结果。实验的目的是验证没有动力学效应的拓扑相位干涉, 即只有标量势引起的中子波函数相位改变, 是一个纯量子效应, 无经典对应。

$$\boldsymbol{B} = B\boldsymbol{e}_z$$

图 3.3.1　标量势中子干涉实验示意图

我们先从自旋的经典运动方程着手来分析这一有趣的问题, 为确定起见, 假定空间均匀的脉冲磁场方向沿 z 轴, 忽略磁场变化引起的感生电场作用, 因为电场和自旋相互作用

$$\frac{\mu}{c}\dot{\boldsymbol{r}} \cdot (\boldsymbol{S} \times \boldsymbol{E})$$

是相对论效应, 相对于

$$\mu\boldsymbol{B} \cdot \boldsymbol{S}$$

是一小量。方程 (3.1.7) 和方程 (3.1.8) 表示的自旋粒子经典运动方程则变为

$$\ddot{\boldsymbol{r}} = 0 \tag{3.3.1}$$

和

$$\dot{S}_1 = \mu B S_2 \tag{3.3.2}$$

$$\dot{S}_2 = -\mu B S_1 \tag{3.3.3}$$

$$\dot{S}_3 = 0 \tag{3.3.4}$$

显然, 空间是自由运动, 自旋的 z 分量是守恒量。经典自旋方程的一般解是

$$S_1(t) = S_1(0) \cos \Omega(t) + S_2(0) \sin \Omega(t) \tag{3.3.5}$$

$$S_2(t) = S_2(0) \cos \Omega(t) - S_1(0) \sin \Omega(t) \tag{3.3.6}$$

$$S_3(t) = S_3(0) \tag{3.3.7}$$

自旋磁矩在外磁场中做 Larmor 进动，t 时刻的进动角是

$$\Omega(t) = \int_0^t \omega_{\mathrm{L}}(t')\mathrm{d}t' \tag{3.3.8}$$

其中

$$\omega_{\mathrm{L}} = \mu B$$

是 Larmor 进动频率。

3.3.2　标量势 AB 效应

我们讨论标量势 AB 干涉实验这一系统的量子力学解, 并用量子–经典对应原理分析解的物理意义。把外磁场方向选为 z 轴, 该系统的 Hamilton 算符是

$$\hat{H} = -\frac{\hbar^2}{2m}\nabla^2 - \frac{\hbar}{2}\omega_{\mathrm{L}}(t)\hat{\sigma}_3 \tag{3.3.9}$$

求解含时 Schrödinger 方程

$$\mathrm{i}\hbar\frac{\partial}{\partial t}\Psi = \hat{H}\Psi \tag{3.3.10}$$

选 $\hat{\sigma}_3$ 的本征态为基矢

$$\hat{\sigma}_z|\pm\rangle = \pm|\pm\rangle \tag{3.3.11}$$

显然, 含时 Schrödinger 方程的通解是

$$\Psi(t) = \psi_0(\boldsymbol{r},t)[c_+|+\rangle\mathrm{e}^{\mathrm{i}\frac{1}{2}\int_0^t \omega_{\mathrm{L}}(t')\mathrm{d}t'} + c_-|-\rangle\mathrm{e}^{-\mathrm{i}\frac{1}{2}\int_0^t \omega_{\mathrm{L}}(t')\mathrm{d}t'}] \tag{3.3.12}$$

展开系数 $c_\pm$ 由中子的初始自旋极化确定。实验用的是热中子, 自旋无极化，对于热中子干涉, 文献中有三种理论分析方法。

方法一　中子极化沿磁场方向

相应的初条件是

$$c_+ = 1, \quad c_- = 0$$

假定脉冲时间为 T，有

$$\Omega = \int_0^T \omega_{\mathrm{L}}(t)\mathrm{d}t \tag{3.3.13}$$

通过磁场的中子波函数是

$$\Psi_1 = \psi_0|+\rangle\mathrm{e}^{\mathrm{i}\frac{\Omega}{2}}$$

而无磁场作用的中子波函数为

$$\Psi_2 = \psi_0 |+\rangle$$

到达计数器上的中子波函数是

$$\Psi = \frac{1}{\sqrt{2}}(\Psi_1 + \Psi_2) \tag{3.3.14}$$

计数器上的粒子数概率为

$$|\Psi|^2 = |\psi_0|^2 \left(1 + \cos\frac{\Omega}{2}\right) \tag{3.3.15}$$

显而易见, 极化态 $|-\rangle$ 给出相同的干涉结果。热中子干涉结果是两个自旋极化方向的统计平均, 结果不变, 因为沿磁场方向的中子自旋只有势能变化 (Zeeman 能) 而无动力学效应, 基于这一理论分析, 热中子干涉实验曾经被认为是无争议地验证了标量势 AB 效应, 即纯粹由势能产生的拓扑相位干涉。

方法二 中子极化方向和磁场垂直

上述的理论分析和对实验的解释, 立即受到质疑, 因为完全等价地也可选中子初始极化和磁场垂直, 如 σ_1 的本征态, 初条件则是

$$c_+ = c_- = \frac{1}{\sqrt{2}}$$

通过脉冲磁场和无磁场作用的中子波函数分别变为

$$\Psi_1 = \psi_0 \frac{1}{\sqrt{2}}[|+\rangle e^{i\frac{\Omega}{2}} + |-\rangle e^{-i\frac{\Omega}{2}}]$$

和

$$\Psi_2 = \psi_0 \frac{1}{\sqrt{2}}[|+\rangle + |-\rangle]$$

虽然计数器上的粒子数概率仍然不变, 和方程 (3.3.15) 一样, 但物理解释却大相径庭。直接计算自旋在 Ψ_1 上的期待值, 不难验证, 在这一初态选取下自旋绕磁场进动, 即熟知的 Larmor 进动, Ω 是进动角。热中子干涉只不过是验证了 Larmor 进动, 是一动力学效应, 有经典对应。更为普遍的是下面的第三种自旋相干态的选取, 采用自旋相干态, 可得到明显的经典–量子对应。

3.3.3 自旋相干态、热中子干涉的动力学解释

热中子无极化, 应该对各自旋极化方向求平均, 自旋沿 z 方向两个态求平均绝非唯一的选择, 如前面方法二中的论述就选了 x 或 y 方向的自旋本征态, 这样一来, 就会发现自旋绕磁场方向进动, 而不仅仅是只由标量势引起的效应。更一般性的选择, 应是自旋相干态, 它是一宏观量子态, 有确定的经典–量子对应。自

旋相干态的定义为自旋在空间任意给定方向的最大自旋本征值态 (更严格的定义及其特性的论述见本书第 5 章), 对于自旋 $\frac{1}{2}$ 系统

$$\hat{\sigma} \cdot \boldsymbol{n}|\boldsymbol{n}_\pm\rangle = \pm|\boldsymbol{n}_\pm\rangle \tag{3.3.16}$$

$|\boldsymbol{n}_\pm\rangle$ 分别表示北、南极规范的自旋相干态, 其中

$$\boldsymbol{n} = (\sin\theta\cos\phi, \sin\theta\sin\phi, \cos\theta) \tag{3.3.17}$$

是用方向角描述的单位矢量。北极规范的自旋相干态可由 $\hat{\sigma}_z$ 的本征态 $|+\rangle$ 通过空间旋转生成

$$|\boldsymbol{n}_+\rangle = \cos\frac{\theta}{2}e^{-i\phi/2}|+\rangle + \sin\frac{\theta}{2}e^{i\phi/2}|-\rangle \tag{3.3.18}$$

式 (3.3.18) 当然也可直接由求解本征方程 (3.3.16) 得到。

作业 3.1　解自旋相干态本征方程

$$\hat{\sigma} \cdot \boldsymbol{n}|\boldsymbol{n}_\pm\rangle = \pm|\boldsymbol{n}_\pm\rangle$$

求自旋相干态 $|\boldsymbol{n}_\pm\rangle$, 其中 $|n_+\rangle$ 由方程 (3.3.18) 表示, 而

$$|n_-\rangle = \sin\frac{\theta}{2}e^{-i\frac{\phi}{2}}|+\rangle - \cos\frac{\theta}{2}e^{i\frac{\phi}{2}}|-\rangle$$

通过脉冲磁场的自旋态显然是

$$|\boldsymbol{n}_+(\boldsymbol{B})\rangle = \cos\frac{\theta}{2}e^{-i\frac{\phi}{2}}e^{i\frac{\Omega}{2}}|+\rangle + \sin\frac{\theta}{2}e^{i\frac{\phi}{2}}e^{-i\frac{\Omega}{2}}|-\rangle \tag{3.3.19}$$

到达计数器上的中子自旋态是

$$|\Psi\rangle = \frac{1}{\sqrt{2}}(|\boldsymbol{n}_+\rangle + |\boldsymbol{n}_+(\boldsymbol{B})\rangle) \tag{3.3.20}$$

中子数概率为

$$I_n = \langle\Psi|\Psi\rangle = 1 + \cos\left(\frac{\Omega}{2}\right) \tag{3.3.21}$$

热中子总概率是 I_n 的空间平均值

$$I = \frac{1}{4\pi}\int I_n \sin\theta\mathrm{d}\theta\mathrm{d}\phi = 1 + \cos\frac{\Omega}{2} \tag{3.3.22}$$

结果和在 $\hat{\sigma}_z$ 的两本征态上求平均一样。但用自旋相干态得到的结论是 Larmor 进动角引起的干涉, 完全是动力学效应, 而且有经典对应。下面我们证明在量子态 $|\boldsymbol{n}_+(\boldsymbol{B})\rangle$ 上的 Larmor 进动和经典方程完全一致。

作业 3.2　若两路径 (图 3.3.1) 上分别加大小相等、方向相反的脉冲磁场, 重复本节的讨论。

3.3.4 经典–量子对应、量子 Larmor 进动

根据经典–量子对应原理, 在自旋相干态上 (宏观量子态) 力学量期待值的时间演化和经典动力学一致, 为此, 我们计算 Schrödinger 绘景中, 自旋算符在磁场驱动的含时自旋相干态上的期待值

$$\bar{\sigma} = \langle \boldsymbol{n}_+(\boldsymbol{B}) | \hat{\sigma} | \boldsymbol{n}_+(\boldsymbol{B}) \rangle$$

结果是

$$\bar{\sigma}_1 = \bar{\sigma}_1(0) \cos \Omega(t) + \bar{\sigma}_2(0) \sin \Omega(t) \tag{3.3.23}$$

$$\bar{\sigma}_2 = \bar{\sigma}_2(0) \cos \Omega(t) - \bar{\sigma}_1(0) \sin \Omega(t) \tag{3.3.24}$$

$$\bar{\sigma}_3 = \bar{\sigma}_3(0) \tag{3.3.25}$$

其中

$$\bar{\sigma}(0) = \langle \boldsymbol{n}_+ | \hat{\sigma} | \boldsymbol{n}_+ \rangle$$

表示在加磁场前自旋的初始值, 各分量的期待值分别是

$$\bar{\sigma}_1(0) = \sin \theta \cos \phi \tag{3.3.26}$$

$$\bar{\sigma}_2(0) = \sin \theta \sin \phi \tag{3.3.27}$$

$$\bar{\sigma}_3(0) = \cos \theta \tag{3.3.28}$$

自旋期待值的时间演化和经典方程完全一致, 用自旋相干态我们验证了量子和经典之间的对应关系。所以, 观察到的热中子干涉是由 Larmor 进动相位引起的, 是动力学效应。只有在使用自旋沿磁场方向极化的中子束, 并在不论及自旋的内禀结构的条件下, 才可以看作是纯标量势引起的拓扑相位干涉效应。

3.4 轴对称静电场中的中子动力学和 AC 效应

3.4.1 经典动力学

根据 Aharonov 和 Casher 的理论模型, 考虑沿 z 轴的无限长电荷线, 因为自旋存在, 沿 z 轴的动力学平移对称被破坏, 动力学空间不再是 $M = \mathbf{R}^2 - \{0\}$, 而变为 $M = \mathbf{R}^3 - \{z\}$, 三维空间去掉 "z" 轴, 但二者是拓扑等价的。电荷线的轴对称电场是

$$\boldsymbol{E} = \frac{2\eta}{r^2}(x\boldsymbol{e}_x + y\boldsymbol{e}_y) \tag{3.4.1}$$

其中, $r^2 = x^2 + y^2$。代入前面的动力学方程, 引入参数

$$q = \frac{2\mu\eta}{c}$$

则有

$$m\ddot{x} = q\dot{z}\left[S_x\frac{\partial}{\partial y} - S_y\frac{\partial}{\partial x}\right]\frac{x}{r^2} + q\frac{y}{r^2}\dot{S}_z \qquad (3.4.2)$$

$$m\ddot{y} = q\dot{z}\left[S_x\frac{\partial}{\partial y} - S_y\frac{\partial}{\partial x}\right]\frac{y}{r^2} - q\frac{x}{r^2}\dot{S}_z \qquad (3.4.3)$$

$$m\ddot{z} = -q\frac{\mathrm{d}}{\mathrm{d}t}\left[S_x\frac{y}{r^2} - S_y\frac{x}{r^2}\right] \qquad (3.4.4)$$

自旋运动方程

$$\dot{S}_x = -q\left[\dot{x}\frac{y}{r^2} - \dot{y}\frac{x}{r^2}\right]S_y + q\dot{z}\frac{x}{r^2}S_z \qquad (3.4.5)$$

$$\dot{S}_y = q\left[\dot{x}\frac{y}{r^2} - \dot{y}\frac{x}{r^2}\right]S_x + q\dot{z}\frac{y}{r^2}S_z \qquad (3.4.6)$$

$$\dot{S}_z = -q\dot{z}\left[\frac{x}{r^2}S_x + \frac{y}{r^2}S_y\right] \qquad (3.4.7)$$

当 $q \ll 1$ 及初条件 $\dot{z}(0) = 0$ 时，计算到 q 的线性项，可得近似解

$$\ddot{x} = 0 \qquad (3.4.8)$$

$$\ddot{y} = 0 \qquad (3.4.9)$$

$$\dot{z} = -\frac{q}{m}\left[S_x\frac{y}{r^2} - S_y\frac{x}{r^2}\right] + \frac{q}{m}a \qquad (3.4.10)$$

其中

$$a = \frac{S_x(0)y(0) - S_y(0)x(0)}{r^2(0)} \qquad (3.4.11)$$

是由初位置和自旋初始值确定的常数, 中子沿 z 方向不是自由运动。忽略 z 方向的运动 $\dot{z} = 0$, 自旋运动方程的解是

$$S_x(t) = S_x(0)\cos(q\varphi(t)) + S_y(0)\sin(q\varphi(t)) \qquad (3.4.12)$$

$$S_y(t) = -S_x(0)\sin(q\varphi(t)) + S_y(0)\cos(q\varphi(t)) \qquad (3.4.13)$$

$$S_z(t) = S_z(0) \qquad (3.4.14)$$

自旋绕 z 轴进动, 其中

$$\varphi(t) = \arctan\frac{y(t)}{x(t)} \qquad (3.4.15)$$

图 3.4.1 是中子坐标空间轨道运动和自旋进动的示意图。

作业 3.3　如图 3.4.1 所示, 但中子自旋极化和轴对称电场垂直 (z 轴), 证明中子沿圆周轨道绕电荷线一周后相互作用部分作用量的变化就是内禀角动量 (差 -2π), 证明它是一拓扑不变量, 和运动速度和圆周半径均无关。

图 3.4.1 轨道运动和自旋进动

3.4.2 非 Abel 规范场和微分联络

忽略沿 z 方向的运动, 得到近似拉氏量为

$$L \approx L_0 + L_\mathrm{i}$$

自旋–轨道相互作用部分是

$$L_\mathrm{i} = qS_z \frac{x\dot{y} - y\dot{x}}{r^2} \tag{3.4.16}$$

可写为

$$L_\mathrm{i} = \boldsymbol{A} \cdot \dot{\boldsymbol{r}}$$

其中, 等效矢势即非 Abel 规范场在平面极坐标中可写为

$$\boldsymbol{A} = \frac{q}{r} S_z \boldsymbol{e}_\varphi \tag{3.4.17}$$

$\boldsymbol{e}_\varphi$ 为角方向单位矢量。规范场在坐标原点 (线电荷的位置) 有奇异性, 除去坐标原点, 拉氏量定义的空间是

$$\Gamma = M \times S^1$$

$M = \mathbf{R}^2 - 0$ 是除去坐标原点的二维平面, 而 S^1 表示一维环, 因为自旋 S_z 是守恒量, 自旋空间退化成 S^1。

$$L_\mathrm{i} = qS_z \frac{\mathrm{d}\varphi}{\mathrm{d}t} \tag{3.4.18}$$

是一个 Wess-Zumino 相互作用项。微分联络一次式 (connection one-form)

$$\omega = \boldsymbol{A} \cdot \mathrm{d}\boldsymbol{r} = qS_z \mathrm{d}\varphi \tag{3.4.19}$$

是封闭的 (closed), 也即微分二次式 (two-form) 为零

$$\mathrm{d}\omega = 0 \tag{3.4.20}$$

但不是确定的 (not exact), 因为微分联络一次式没有确定的积分。我们看到, 自旋模型的非 Abel 规范场和点电荷 AB 模型的规范势类似, 但自旋模型多一个自由度 S^1, 自旋可绕 z 轴进动, 如果选沿电荷线轴 (z 轴) 极化的自旋, S^1 收缩成一个点, 自旋模型则退化为 AC 模型, 在不考虑自旋内禀结构情况下, 和 AB 组态等价。

3.4.3　非 Abel 几何相位和分数自旋

平面极坐标中和变量 r,φ 共轭的正则动量是

$$p_r = \frac{\partial L}{\partial \dot{r}} = m\dot{r}$$

和

$$L_z^c = \frac{\partial L}{\partial \dot{\varphi}} = mr^2\dot{\varphi} + qS_z$$

显然 L_z^c 是绕 z 轴的总角动量, 包含粒子空间运动角动量 $mr^2\dot{\varphi}$ 和来自自旋轨道耦合的内禀角动量部分 qS_z, 量子化的自旋角动量是

$$\hat{S}_z = \hbar\frac{\hat{\sigma}_z}{2} \tag{3.4.21}$$

Hamilton 算符为

$$\hat{H} = \frac{-\hbar^2}{2m}\left[\boldsymbol{e}_r\frac{\partial}{\partial r} + \boldsymbol{e}_\varphi\frac{1}{r}\left(\frac{\partial}{\partial\varphi} - \mathrm{i}\frac{q}{2}\hat{\sigma}_z\right)\right]^2 \tag{3.4.22}$$

波函数有和 AB 态类似的不可积相同因子——非 Abel 几何相位

$$\Psi = \psi_0(\boldsymbol{r})\mathrm{e}^{\mathrm{i}\frac{q}{2}\hat{\sigma}_z\int^\varphi \mathrm{d}\varphi'}|\sigma\rangle \tag{3.4.23}$$

可导致相位干涉效应。

$$|\sigma\rangle = c_+|+\rangle + c_-|-\rangle$$

是任意自旋态, $\psi_0(\boldsymbol{r})$ 表示自由粒子空间波函数。

正则角动量和力学角动量算符分别是

$$\hat{L}_z^c = \frac{\hbar}{\mathrm{i}}\frac{\partial}{\partial\varphi}$$

$$\hat{L}_z^k = \frac{\hbar}{\mathrm{i}}\left[\frac{\partial}{\partial\varphi} - \frac{q}{2}\hat{\sigma}_z\right] \tag{3.4.24}$$

自旋–轨道耦合提供了一个非常自然和直观的分数自旋 (任意子) 量子力学模型, 总角动量本征态应该是

$$\Psi_m(\pm) = \frac{1}{\sqrt{2\pi}} e^{im\varphi} e^{\pm i\frac{q}{2}\varphi} |\pm\rangle \tag{3.4.25}$$

对应的正则角动量和力学角动量量子数分别为

$$l_c = m \pm \frac{q}{2}$$

$$l_k = m$$

力学角动量 (在我们的模型中是轨道角动量) 本征值是整数, 而正则角动量 (轨道加内禀角动量) 本征值依赖于参数 q。当 q 为整数时, 该模型覆盖了 Bose 和 Fermi 子自旋: 奇数 q 是 Fermi 子, 偶数 q 是 Bose 子。非整数 q 则是任意子。

3.4.4 AC 效应和中子干涉实验

对于自旋极化粒子, 假定自旋极化方向沿 z 轴, 因而方程 (3.4.23) 中自旋态 $|\sigma\rangle$ 是 $\hat{\sigma}_z$ 的本征态

$$|\sigma\rangle = |\pm\rangle$$

非 Abel 几何相位退化为通常的 $U(1)$ 规范场几何相——AC 相位

$$\Psi = \psi_0(\boldsymbol{r}) e^{\pm i\frac{q}{2} \int^\varphi d\varphi'} |\pm\rangle \tag{3.4.26}$$

1. 中子干涉实验

图 3.4.2 是为验证 AC 效应的中子干涉实验示意图, 分为两路径 "1" 和 "2" 的中子束分别经过和运动方向垂直、相互反向的电场, 例如平行板电容器内的匀强电场, 假定电场强度为 $\boldsymbol{E}$。

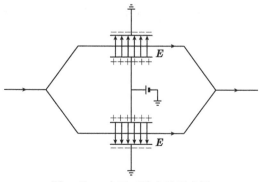

图 3.4.2 中子干涉实验示意图

2. 经典动力学方程和 Larmor 进动角

忽略掉电场不均匀性引起的力作用, 中子的质心运动方程近似为自由运动

$$m\ddot{\boldsymbol{r}} = 0$$

假定路径 "1" 的中子运动沿 y 方向, 电场沿 x 方向 (图 3.4.2)。经典自旋在外电场中的运动方程是

$$\dot{S}_x = -\frac{\mu E}{c} S_y \dot{y} \tag{3.4.27}$$

$$\dot{S}_y = \frac{\mu E}{c} S_x \dot{y} \tag{3.4.28}$$

$$\dot{S}_z = 0 \tag{3.4.29}$$

其中, $\dot{y}$ 是中子运动速度, 路径 "2" 中的电场反向。自旋绕 z 轴进动, Larmor 进动频率是

$$\omega = \frac{\mu E \dot{y}}{c} \equiv q\dot{y}$$

若中子在电场中的运动时间为 T, 则 Larmor 进动角可求得为

$$\Omega = \omega T = ql \equiv 2\pi\alpha \tag{3.4.30}$$

其中, l 是粒子在电场中运动的路程。

3. 中子物质波干涉及理论解释

很容易得到在 $\pm x$ 方向的电场中 (路径 1, 2) 的 Hamilton 算符是

$$\hat{H}_{\pm} = \frac{-\hbar^2}{2m} \left[\frac{\mathrm{d}}{\mathrm{d}y} \mp \frac{\mathrm{i}q}{2} \hat{\sigma}_z \right]^2 \tag{3.4.31}$$

波函数有非 Abel 几何相位

$$\Psi = \psi_0(y) \mathrm{e}^{\mathrm{i}\frac{q}{2}\hat{\sigma}_z y} |\sigma\rangle \tag{3.4.32}$$

当中子自旋沿和外场及运动方向垂直的方向 (z 轴方向) 极化时, 非 Abel 几何相位退化为 $U(1)$ 规范场相位 (AB 相), 我们可得到 AC 相位干涉, 它和 AB 效应对等 (再次强调, 不涉及自旋内禀结构)。因为实验中用的是热中子, 自旋无极化, 如前所述, 应选自旋相干态。沿空间任意方向 $\boldsymbol{n}$ 极化的中子在路径 "1" 和 "2" 的自旋相干态分别是

$$|\boldsymbol{n}_+\rangle_1 = \cos\frac{\theta}{2} \mathrm{e}^{-\mathrm{i}\frac{\varphi}{2}} \mathrm{e}^{\mathrm{i}\pi q} |+\rangle + \sin\frac{\theta}{2} \mathrm{e}^{\mathrm{i}\frac{\varphi}{2}} \mathrm{e}^{-\mathrm{i}\pi q} |-\rangle \tag{3.4.33}$$

$$|\boldsymbol{n}_+\rangle_2 = \cos\frac{\theta}{2} \mathrm{e}^{-\mathrm{i}\frac{\varphi}{2}} \mathrm{e}^{-\mathrm{i}\pi q} |+\rangle + \sin\frac{\theta}{2} \mathrm{e}^{\mathrm{i}\frac{\varphi}{2}} \mathrm{e}^{\mathrm{i}\pi q} |-\rangle \tag{3.4.34}$$

到达计数器的自旋态为

$$|\chi\rangle = \frac{1}{\sqrt{2}}(|\boldsymbol{n}_+\rangle_1 + |\boldsymbol{n}_+\rangle_2) \tag{3.4.35}$$

粒子数概率为

$$I_{\boldsymbol{n}} = (1 + \cos\pi q) \tag{3.4.36}$$

对于热中子，粒子数概率应对所有极化方向求平均

$$I = \frac{1}{4\pi}\int I_{\boldsymbol{n}}\sin\theta\mathrm{d}\theta\mathrm{d}\varphi = (1 + \cos\pi q) \tag{3.4.37}$$

自旋相干态上自旋算符期待值的时间演化和经典自旋满足相同的方程。结论：热中子实验结果应被解释为 Larmor 进动角引起的干涉。AC 效应的实验验证，应采用沿 z 轴极化的中子。区别在于前者有动力学解释，而后者是拓扑相位干涉，无动力学对应 (裸粒子角度)。AC 效应仅是自旋–轨道耦合动力学模型的一特殊或者极限情况。

3.5 原子中的自旋–轨道耦合

原子中电子在中心力场中的 Hamilton 量可写为

$$H = H_0 + H_{\mathrm{sp}} \tag{3.5.1}$$

$$H_0 = \frac{\boldsymbol{p}^2}{2m} + V(r)$$

其中，$V(r)$ 表示 Coulomb 势，自旋–轨道耦合项，用本章中给出的公式表示为

$$H_{\mathrm{sp}} = -\frac{\mu}{c}(\boldsymbol{E}\times\dot{\boldsymbol{r}})\cdot\boldsymbol{S} \tag{3.5.2}$$

若 $\boldsymbol{S} = \frac{\boldsymbol{\sigma}}{2}\hbar$ 表示自旋算符，则自旋磁矩常数是

$$\mu = \frac{e\hbar}{mc}$$

中心力场电场强度可表示为

$$\boldsymbol{E} = -\frac{1}{er}\frac{\mathrm{d}V(r)}{\mathrm{d}r}\boldsymbol{r} \tag{3.5.3}$$

因为

$$\dot{\boldsymbol{r}} = \frac{\boldsymbol{p}}{m}$$

和轨道角动量定义

$$L = r \times p$$

因而自旋轨道 Hamilton 变为

$$H_{\mathrm{sp}} = \frac{\hbar^2}{2m^2c^2} \frac{\mathrm{d}V(r)}{r\mathrm{d}r} l \cdot \sigma \tag{3.5.4}$$

公式中的 l 代表无量纲的轨道角动量算符, 而 σ 则是 Pauli 算符。自旋–轨道耦合导致原子光谱的精细结构。

3.6　半导体中的自旋–轨道耦合

半导体介观体系中的自旋–轨道耦合和二维系统中基于自旋–轨道耦合的自旋 Hall 效应研究, 近年来引起广泛的注意, 因为人们寄希望于开发出自旋量子器件。我们仍然从自旋粒子的经典拉氏量出发, 只考虑自旋轨道耦合 Hamilton 量, 方程 (3.1.13) 的 Hamilton 量中

$$E = -\nabla V \tag{3.6.1}$$

和

$$p = \hbar k$$

以及

$$S = \frac{\hbar}{2}\sigma$$

自旋轨道耦合 Hamilton 量则为

$$H_{\mathrm{so}} = \frac{\mu\hbar^2}{2mc}\sigma \cdot (\nabla V \times k) = -\frac{\mu\hbar^2}{2mc}(\sigma \times k) \cdot \nabla V \tag{3.6.2}$$

3.6.1　Rashba 耦合

自旋轨道耦合是相对论效应, 通常很小, 但在半导体中当能隙和自旋轨道耦合劈裂在同一量级时, 由外场引出的自旋轨道耦合不能忽略, 方程 (3.6.2) 在文献中的形式为

$$H_{\mathrm{R}} = \alpha(\sigma \times k) \cdot z \tag{3.6.3}$$

称为 Rashba 自旋轨道耦合, 和波矢 k 是线性关系, z 是外场方向单位矢量, α 是耦合系数。

3.6.2　Dresselhaus 耦合

另一种被称为 Dresselhaus 耦合的 Hamilton 算符可写为

$$H_{\mathrm{D}} = \beta(k) \cdot \sigma \tag{3.6.4}$$

其中

$$\boldsymbol{\beta}(\boldsymbol{k}) = \beta[k_z(k_x^2 - k_y^2)\boldsymbol{e}_z + k_y(k_z^2 - k_x^2)\boldsymbol{e}_y + k_x(k_y^2 - k_z^2)\boldsymbol{e}_x] \tag{3.6.5}$$

是晶体内禀等效磁场, 对波矢 $\boldsymbol{k}$ 的依赖是非线性的 [13-37]。

3.7 附录: 自旋运动方程的推导

作用量对空间坐标变分很容易得到运动方程 (3.1.7), 可使用方程 (3.1.9) 中的拉氏量计算。自旋运动方程则可由对 g 变分求得, 自旋 $-\frac{1}{2}$ 表示的微小变分的一般形式是

$$\delta g = i\boldsymbol{\epsilon} \cdot \boldsymbol{\sigma} g$$

$$\delta g^{-1} = -i g^{-1}\boldsymbol{\epsilon} \cdot \boldsymbol{\sigma}$$

其中, $\boldsymbol{\epsilon}$ 是无穷小量。

最小作用量原理为

$$\delta S = \int [\delta L_0 + \delta L_i] \mathrm{d}t = 0 \tag{3.7.1}$$

代入 g 和 g^{-1} 的微小变分定义式并用方程 (3.1.4), 则可分别得到

$$\delta L_0 = i\lambda \mathrm{tr}[\sigma_3 \delta g^{-1}\dot{g} + \sigma_3 g^{-1}\delta\dot{g}] = -\mathrm{tr}[\boldsymbol{S} \cdot \boldsymbol{\sigma}\dot{\boldsymbol{\epsilon}} \cdot \boldsymbol{\sigma}] = -2\boldsymbol{S} \cdot \dot{\boldsymbol{\epsilon}} \tag{3.7.2}$$

和

$$\delta L_i = \frac{\mu\lambda}{c}\mathrm{tr}\left[(\delta g\sigma_3 g^{-1} + g\sigma_3\delta g^{-1})\left(\frac{\boldsymbol{E} \times \dot{\boldsymbol{r}}}{c} + \boldsymbol{B}\right) \cdot \boldsymbol{\sigma}\right]$$

$$= -2\mu\left[\boldsymbol{S} \times \frac{\boldsymbol{E} \times \dot{\boldsymbol{r}}}{c} + \boldsymbol{S} \times \boldsymbol{B}\right]\dot{\boldsymbol{\epsilon}} \tag{3.7.3}$$

因子 "2" 来自对 2×2 单位矩阵求迹。把方程 (3.7.2) 和方程 (3.7.3) 代入最小作用量原理方程 (3.7.1), 并用分部积分, 则得自旋运动方程 (3.1.8)。

参 考 文 献

[1] Aharonov Y, Casher A. Topological quantum effects for neutral particles. Phys. Rev. Lett., 1984, 53: 319.

[2] Balachandran A P, Marmo G, Skagerstam B S, et al. Gauge Symmetries and Fibre Bundels. Berlin: Springer-Verlag, 1983.

[3] Cimmino A, Opat G I, Klein A G, et al. Observation of the topological Aharonov-Casher phase shift by neutron interferometry. Phys. Rev. Lett., 1989, 63: 380.

[4] Cimmino A, Opat G I, Klein A G. Scalar Aharonov-Bohm experiment with neutrons. Phys. Rev. Lett., 1992, 68: 2409.

[5] Ding X X, Liang J Q. Neutral spinning particles in electromagnetic field and neutron interference. Science in China, 1994, A37: 1200.

[6] Liang J Q, Ding X X. New model of fractional spin. Phys. Rev. Lett., 1989, 63: 831.

[7] Liang J Q, Ding X X. Dynamics of a neutron in electromagnetic fields and quantum phase interference. Phys. Lett., 1993, A176: 165.

[8] Liang J Q, Ding X X. Larmor precession and the barrier interaction time. Acta Physica Sinica-Overseas, 1999, 8(6): 409-415.

[9] Liang J Q, Marmo G, Simoni A, et al. Dynamics in two dimensional space for a neutron in electromagnetic fields. Mod. Phys. lett., 1992, A5: 2361.

[10] Peshkin M. Comment on scalar Aharonov-Bohm experiment with neutrons. Phys. Rev. Lett., 1992, 69: 2017.

[11] Reznik B, Aharonov Y. Question of the nonlocality of the Aharonov-Casher effect. Phys. Rev., 1989, D40: 4178.

[12] Fei H M, Li Z J, Nie Y H, et al. Spin rotation and polarization of transport electrons through a three-electrode Ahanronov-Bohm ring with spin-orbit coupling. Mod. Phys. Letts., 2008, B22: 1661-1672.

[13] Gao Y F, Zhang Y P, Liang J Q. Transport of spin-polarized current through a mesoscopic ring with two leads induced by Aharonov-Bohm and Aharonov-Casher phases. Chin. Phys. Lett., 2004, 21: 2093-2096.

[14] Gao Y F, Zhang Y P, Liang J Q. Transport of spin-polarized current through a double Aharonov-Bohm rings in the presence of magnetic impurity. Chin. Phys., 2005, 14: 196-200.

[15] Li Z J, Jin Y H, Nie Y H, et al. Electron transport through double quantum dots with spin-polarization dependent interdot coupling. Phys. —Condensed Matter, 2008, 20: 085214.

[16] Li Z J, Liang J Q, Kobe D H. Larmor Precession and barrier tunneling time of a neutral spining particle. Phys. Rev., 2001, A64: 042112.

[17] Li Z J, Liang J Q, Kobe D H. Lamor precession and tunneling time of a relativistic neutral spinning particle through an arbitrary potential barrier. Phys. Rev., 2002, A65: 024101.

[18] Li Z J, Liang J Q, Pu F C. The Aharonov-Casher phase and persistent current in a polyactylene ring. Phys.: Condens. Mat., 2001, 13: 617.

[19] Li Z J, Nie Y H, Liang J Q. Larmor precession and dwell time of a relativistic particle scattered by a rectangular quantum well. Phys. A: Math. Gen., 2003, 36: 6563.

[20] Li Z J, Nie Y H, Liang J Q, et al. Larmor Procession and tunneling time of nonrelativistic neutral spin-1/2 particle trough an arbitrary potential barrier. Phys. Lett., 2002, 19: 10.

[21] Rashba I. Spin-orbit coupling and spin transport. Physica E, 2006, 34: 31.

[22] Wang R, Liang J Q. Spin-polarized quantum transport through a T-shape quantum dor-array: Model of spin splitter. Phys. Rev., 2006, B74: 144302.

[23] Wang R, Wang J M, Liang J Q. Spin-polarization-dependent quantum transport through a quantom-dot array. Physica B, 2007, 387: 172-178.

[24] Wang R, Zhang C X, Wang J M, et al. Spin-dependent tunneling through an indirect double-barrier structure. Chin. Phys., 2008, B17: 3438-3443.

[25] Wu M W, Jiang J H, Weng M Q. Spin dynamics in semiconductors. Phys. Rept., 2010, 493: 62.

[26] Ye C Z, Li Z J, Nie Y H, et al. Rashba spin-orbi interaction induced spin-polarized Andreev-reflection current through a double Aharonov-Bohm interferometer. Appl J. Phys., 2008, 104: 053721.

[27] Ye C Z, Xue R, Nie Y H, et al. Dresselhaus spin-orbit coupling induced spin-polarization and resonance-split in n-well semiconductor superlattices. Physics Letters A, 2009, 373: 1290.

[28] Ye C Z, Xue R, Nie Y H, et al. Dresselhaus spin-orbit coupling induced spin-polarization and resonancesplit in n-well semiconductor superlattices. Physics Letters A, Volume, 2009, 373: 1290-1293.

[29] Ye C Z, Zhang C X, Nie Y H, et al. Field-assisted resonance tunneling through a symmetric double-barrier structure with spin-orbit coupling. Phys. Rev., 2007, B76: 035345.

[30] Yu H, Liang J Q. Spin current and shot noise in singlemolecule quantum dots with a phonon mode. Phys. Rev., 2005, B72: 075351.

[31] Yu H, Liang J Q. Spin-polarized transport through a coupled double-dot. Eur. Phys. J., 2005, B43: 421-427.

[32] Yu H, Liang J Q. Spin-polarized transport through a coupled double-quantum-dot. Phys. Lett., 2006, A358: 39-46.

[33] Zhang C X, Nie Y H, Liang J Q. Photon-assisted electron transmission resonance through a quantum w ell with spin-orbit coupling. Phys. Rev., 2006, B73: 085307.

[34] Zhang G F, Gao Y F, Yin W, et al. Spin dynamics of supramolecular dimer[Mn4]2 interacting with a spin-polarized electron. Chin. Phys. Lett., 2004, 21: No.4, 598.

[35] Zhang G, Yin W, Gao Y F, et al. Dynamics of molecular magnet Fe8 interacting with an injecting spinpolarized electron. Mod. Phys. Lett., 2004, B18: 479.

[36] Zhang Y P, Liang J Q. Spin-Polarized quantum transport through a quantum dot in time-varying magnetic field. Phys. Lett., 2004, A329: 55.

[37] Zhao H, Zhang G F, Wen Y, et al. Spin current in double quantum dot. Chinese Physics, 2004, 13(6): 938-941.

第 4 章　角动量分数量子化、动力学旋转对称和经典量子对应

第 2,3 章中, 我们分别讨论了 AB, AC 模型中由规范势产生的波函数相位及其效应, 新奇之处是出现非整数的正则角动量本征值, 因为人们常常忽视了正则角动量和力学角动量的区别, 造成一些人为分歧。三维空间自旋和角动量量子化完全由算符的对易关系决定, 另外从拓扑的观点, $SO(3)$ 群流形是双连通的, 给出了整数或半整数自旋。$SO(3)$ 的覆盖空间 $SU(2)$ 是旋量波函数定义的空间。二维空间角动量算符只有一个, 不可能给出角动量量子化条件, 而多连通拓扑流形 $M = \mathbf{R}^2 - \{0\}$ 没有波函数 2π 周期性强制要求, 从而给出唯一的角动量整数量子化。其实波函数的非平庸相位 (非整数的正则角动量本征值) 正是 Wilczek 任意子的本征属性, 以及 AB 相位干涉效应的根源。应该强调的是, 角动量本征值虽然被磁通规范势平移了一非整数值, 角动量谱间隔仍然是 $\hbar$, 一个有趣的问题是, 是否可实现二维多连通空间的角动量分数量子化。我们采用文献中的精确可解二维中心势场模型, 并附加一 AB 规范势, 论述角动量分数量子化。本系统的 Hamilton 量虽然有旋旋转对称, 但经典零能轨道未必是 2π 周期的, 其动力学旋转对称取决于中心力场的幂次指数, 定态 Schrödinger 方程的零能 (零模) 角动量本征波函数的线性叠加, 使概率云密度的最大值与经典轨道重合, 由经典–量子对应的动力学旋转对称确定量子化 [1-5]。

4.1　二维中心力场和 AB 磁通规范势中的带电粒子经典动力学——零能精确解

考虑精确求解的理论模型, 把 AB 的带电粒子–磁通组态置于二维中心势场中。粒子电荷为 e, 质量为 m, 线磁通 Φ 位于坐标原点, 垂直于二维平面, 二维中心势场标量势 $A_0(r)$ 在极坐标系 (r, φ) 中表示为 [6-9]

$$A_0(r) = -\frac{\gamma_\nu}{r^\nu} \tag{4.1.1}$$

其中, $r = \sqrt{x^2 + y^2}$; $\nu = 2(\mu + 1)$, 势指标参数 μ 为任意实数; $\gamma_\nu > 0$ 是依赖幂次 ν 的参数。磁通线外 $(r > 0)$ 的区域, 磁场为零 $\boldsymbol{B} = 0$, 没有 Lorentz 力对带电粒子作用, 但矢势并不为零, 在极坐标系中, 第 2 章中给出的矢势是

$$A = \frac{\Phi}{2\pi r} e_\varphi$$

其中，e_φ 是角度方向的单位矢量。为论述磁通规范势的效应，我们假想这一带电粒子模型，不考虑加速运动的辐射能量损失，是保守系统，可得到粒子经典轨道。

4.1.1 零能经典轨道

正如前面提到的，为了建立量子–经典对应，应该用经典力学的正则形式。在极坐标系 (r, φ) 中，系统的拉氏量是第 2 章中 AB 组态再加一标量势 $A_0(r)$。

$$L = \frac{1}{2}m[\dot{r}^2 + (r\dot{\varphi})^2] - eA_0(r) + L_{\mathrm{WZ}} \tag{4.1.2}$$

其中，$L_{\mathrm{WZ}} = \alpha\hbar\dot{\varphi}$ 是 Wess-Zumino 拓扑相互作用项；$\alpha = \Phi/\Phi_0$ 是无量纲磁通量子数，$\Phi_0 = ch/e$ 是磁通量子单位。Wess-Zumino 拓扑相互作用项对粒子没有力的作用，但可影响角动量的初始条件。

径向和角变量的正则动量按定义是

$$p_r = \frac{\partial L}{\partial \dot{r}} = m\dot{r} \tag{4.1.3}$$

$$\mathcal{L}^c = \frac{\partial L}{\partial \dot{\varphi}} = mr^2\dot{\varphi} + \alpha\hbar \tag{4.1.4}$$

应该强调，$\mathcal{L}^c$ 是正则角动量，而 $\mathcal{L}^k = mr^2\dot{\varphi}$ 则是力学角动量，规范势存在使正则角动量和力学角动量不相等。系统的 Hamilton 量为

$$H = \frac{p_r^2}{2m} + \frac{(\mathcal{L}^c - \alpha\hbar)^2}{2mr^2} + eA_0(r) \tag{4.1.5}$$

正则角动量和力学角动量都是守恒量，因为中心力场和磁通规范势都不产生作用于粒子的力矩

$$\frac{\mathrm{d}\mathcal{L}^c}{\mathrm{d}t} = -\frac{\partial H}{\partial \varphi} = 0, \quad \mathcal{L}^k = \mathcal{L}^c - \alpha\hbar$$

我们仅考虑零能解 (对应量子力学的零模)，即

$$H = 0$$

零能态在冷原子碰撞，涡旋晶格的构造和量子宇宙学等领域有广泛应用。

4.1.2 动力学旋转对称

初始力学角动量不为零，$\mathcal{L}^k = \mathcal{L}^c - \alpha\hbar \neq 0$，注意到正则和力学角动量都是运动积分，零能方程变为

$$\frac{1}{2}m\left(\mathcal{L}^c - \alpha\hbar\right)^2 \left(\frac{1}{mr^2}\right)^2 \left[\left(\frac{\mathrm{d}r}{\mathrm{d}\varphi}\right)^2 + r^2\right] - e\frac{\gamma_\nu}{r^\nu} = 0 \tag{4.1.6}$$

假设力学角动量初始值为

$$\mathcal{L}^k = \xi_k \hbar \tag{4.1.7}$$

其中，ξ_k 是任意无量纲量，和正则角动量相差一磁通量子数。

引进一无量纲变量

$$u = r/\tilde{a}_c, \quad \tilde{a}_c = \frac{(2me\gamma_\nu)^{1/2\mu}}{(\xi_k \hbar)^{1/\mu}} \tag{4.1.8}$$

方程 (4.1.6) 则变为

$$\left(\frac{\mathrm{d}u}{\mathrm{d}\varphi}\right)^2 + u^2 = u^{4-\nu} = u^{2(1-\mu)} \tag{4.1.9}$$

方程 (4.1.9) 可直接积分得到一般解：

$$r^\mu = \tilde{a}_c^\mu \cos[\mu(\varphi - \varphi_0)] \tag{4.1.10}$$

对于给定的势能，经典轨道仅与初始角动量 ξ_k 有关。图 4.1.1 和图 4.1.2 的亮实线给出了 $\mu > 0(\nu > 2)$ 的封闭轨道，图 4.1.3 的亮实线是 $\mu < -2$ 的开轨道。经典轨道的旋转对称与势指数 μ 有关，旋转 $2\pi/|\mu|$ 角度时经典轨道不变，即经典轨道的旋转周期为 $2\pi/|\mu|$；只有当 $|\mu| = 1$ 时，经典轨道才是 2π 旋转不变的。依据量子–经典对应，我们证明角动量量子化能被经典轨道的旋转对称性唯一确定。图 4.1.1 和图 4.1.2 的封闭经典轨道旋转周期分别是 $4\pi/5$ 和 $2\pi/5$。

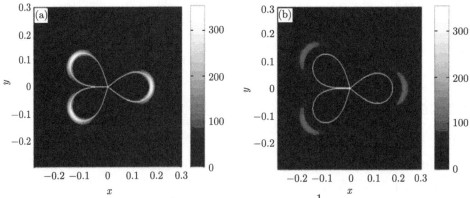

图 4.1.1　概率密度 $|\Psi_{\mu,N}(r,\varphi)|^2$ 和 $\mu = 5/2(\nu = 7), \alpha = 31\frac{1}{3}, \xi_k = 72.5$ 的封闭经典轨道（亮实线）

(a) 磁通规范势产生的正则角动量平移；(b) 力学角动量平移

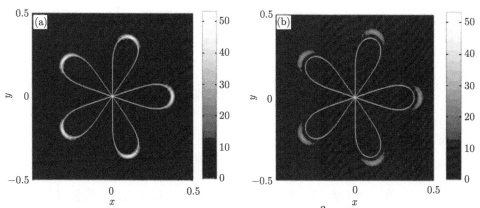

图 4.1.2 概率密度 $|\Psi_{\mu,N}(r,\varphi)|^2$ 和 $\mu=5(\nu=12), \alpha=55\frac{3}{5}, \xi_k=135$ 的封闭经典轨道 (亮实线)

(a) 磁通规范势产生的正则角动量平移; (b) 力学角动量平移

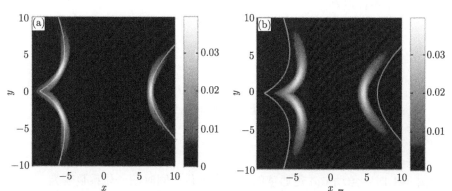

图 4.1.3 概率密度 $|\Psi_{\mu,N}(r,\varphi)|^2$ 和 $\mu=-7/3(\nu=-8/3), \alpha=42\frac{7}{10}, \xi_k=238/3$ 的开放经典轨道 (亮实线)

(a) 正则角动量平移; (b) 力学角动量平移

4.2 Schrödinger 方程零模解和角动量分数量子化

4.2.1 Schrödinger 方程零能精确解和角动量本征态

我们求该系统的量子力学解和相应的角动量量子化, 在极坐标系 (r,φ) 中, 零能 Schrödinger 方程是

$$-\frac{\hbar^2}{2m}\left[\frac{\partial^2}{\partial r^2}+\frac{1}{r}\frac{\partial}{\partial r}+\frac{1}{r^2}\left(\frac{\partial}{\partial \varphi}-\mathrm{i}\alpha\right)^2\right]\psi+eA_0\psi=0 \qquad (4.2.1)$$

分离变量 $\psi = R(r)\Theta(\varphi)$，方程 (4.2.1) 分为径向和角部分方程

$$\left(\frac{\partial^2}{\partial r^2} + \frac{1}{r}\frac{\partial}{\partial r} - \frac{\lambda^2}{r^2}\right) R(r) + \frac{2me}{\hbar^2}\frac{\gamma_\nu}{r^\nu} R(r) = 0$$

$$\left(\frac{\partial}{\partial \varphi} - \mathrm{i}\alpha\right)^2 \Theta(\varphi) = -\lambda^2 \Theta(\varphi)$$

角度部分的本征函数为

$$\Theta_{l^c}(\varphi) = N_\varphi \mathrm{e}^{\mathrm{i}l^c \varphi} \tag{4.2.2}$$

其中，N_φ 是归一化系数；l^c 是正则角动量本征值。如果人为选取波函数的周期边界条件 $\Theta(\varphi) = \Theta(\varphi + 2\pi)$，角动量可以是整数量子化的，归一化系数则是 $N_\varphi = 1/\sqrt{2\pi}$。但和经典轨道的旋转对称矛盾。为与经典动力学旋转对称一致，则要求角动量本征波函数必须有经典轨道相同的旋转周期 $\Theta(\varphi) = \Theta(\varphi + 2\pi/|\mu|)$，因此，角动量本征值是

$$l_n^c = n|\mu| \tag{4.2.3}$$

或者平移一磁通数

$$l_n^c = n|\mu| + \alpha \tag{4.2.4}$$

其中，n 是整数。两种情况下角动量本征谱间隔为

$$\Delta l = |\mu| \tag{4.2.5}$$

只有 $|\mu| = 1$ 时，角动量才是通常的整数量子化。同时归一化系数变为

$$N_\varphi = \sqrt{\frac{|\mu|}{2\pi}} \tag{4.2.6}$$

与第 2 章的 AB 模型一样，正则角动量的选取有两种可能，方程 (4.2.3) 的选取导致力学角动量本征值谱被整体平移一磁通量子数

$$l_n^k = l_n^c - \alpha = n|\mu| - \alpha \tag{4.2.7}$$

而方程 (4.2.4) 则给出与磁通无关的力学角动量

$$l_n^k = n|\mu| \tag{4.2.8}$$

因为磁通规范势对带电粒子不产生力矩作用，正则角动量方程 (4.2.4) 和力学角动量方程 (4.2.8) 才与经典力学对应。下面我们会看到，方程 (4.2.4) 的正则角

动量谱有精确的经典–量子对应, 不仅有相同的旋转对称, 而且波函数概率云密度的最大值与经典轨道精确重合, 这才是无力场作用的规范势效应[10-13]。

把角动量本征值代入, 径向方程变为

$$\left(\frac{\partial^2}{\partial r^2} + \frac{1}{r}\frac{\partial}{\partial r} - \frac{(l_n^c - \alpha)^2}{r^2} \right) R(r) + \frac{2me}{\hbar^2}\frac{\gamma_\nu}{r^\nu} R(r) = 0 \tag{4.2.9}$$

4.2.2 零模简并态

引入无量纲量 $\chi = r/\tilde{a}_q$ 和 $y = 1/\chi (\tilde{a}_q$ 是长度量纲), 代入径向方程 (4.2.9), 得到

$$\left(y^2 \frac{\mathrm{d}^2}{\mathrm{d}y^2} + y\frac{\mathrm{d}}{\mathrm{d}y} - \left(l_n^k\right)^2 + B^2 y^{\nu-2} \right) R_\tau(y) = 0 \tag{4.2.10}$$

其中

$$B^2 = \frac{2me\gamma_\nu}{\hbar^2 \tilde{a}_q^{\nu-2}}$$

为一无量纲常数, 方程 (4.2.10) 平方可积, 是众所周知的 Bessel 方程, 坐标原点波函数值有限的边条件解是第一类 Bessel 函数

$$R_{l_n^k}(y) = N_{l_n^k} \mathrm{J}_{l_n^k/|\mu|} \left(\frac{1}{|\mu| r^\mu} \right) \tag{4.2.11}$$

其中, $N_{l_n^k}$ 是径向归一化系数

$$N_{l_n^k} = \sqrt{2\sqrt{\pi}|\mu|^{\frac{2}{\mu}+1} \frac{\Gamma(1+1/\mu)\Gamma(1+l_n^k/|\mu|+1/\mu)}{\Gamma(1/2+1/\mu)\Gamma(l_n^k/|\mu|-1/\mu)}} \tag{4.2.12}$$

它给出力学角动量和势指标参数 μ 满足的条件

$$\mathrm{Re}\left(\frac{2l_n^k}{|\mu|} + 1 \right) > \mathrm{Re}\left(\frac{2}{\mu} + 1 \right) > 0 \tag{4.2.13}$$

从而得到与经典封闭轨道对应的束缚本征态。当 $\nu > 2$, 且角动量不等于零时, 存在封闭轨道经典解, 同时量子力学中束缚态的条件是 $l_n^k > 1$。归一化波函数可分为两类: $\mu > 0 (\nu > 2)$, 束缚态 $(l_n^k > 1)$ 对应于经典封闭轨道 (图 4.1.1、图 4.1.2、亮实线); $\mu < -2(\nu < -2)$, 散射态 $(l_n^k \geqslant 0)$ 对应于经典开放轨道 (图 4.1.3、亮实线)。在 $-2 \leqslant \nu \leqslant 2$ 的区域, 波函数不是平方可积的。

Schrödinger 方程的零能 (零模) 本征波函数表示为

$$\psi_{\mu,l_n^k}(r,\varphi) = N_\varphi e^{i(l_n^k+\alpha)\varphi} N_{l_n^k} J_{l_n^k/|\mu|}\left(\frac{1}{|\mu|\,r^\mu}\right) \tag{4.2.14}$$

它是无穷维简并的。可用简并态的线性叠加，实现量子-经典对应，使波函数概率密度最大值与经典轨道完全重合。

4.3　自旋相干态、零模简并态的线性叠加和经典–量子对应

相干态的研究最早可追溯到 Schrödinger 1926 年的发现：谐振子存在一量子态，它的动力学性质与经典振子一样。30 多年后，Glauber 等首次提出谐振子相干态的概念，即湮灭算符的本征态，并推广到任意 Lie 群表示的相干态，广泛应用于不同的物理系统。

本书第 3 章中简要介绍了 $SU(2)$ 自旋相干态 (又称之为原子相干态或 Bloch 相干态)，是一种宏观量子态，在该态上有精确的动力学量子-经典对应。我们用零模简并角动量本征态叠加，实现与经典轨道对应的波函数概率云。这一叠加态当然应该是自旋相干态。

4.3.1　自旋相干态

自旋量子数 s 的自旋相干态可定义为自旋投影算符 $\boldsymbol{n}\cdot\hat{S}$ 的最大自旋本征值态

$$\hat{S}\cdot\boldsymbol{n}\,|\pm n\rangle = \pm s\,|\pm n\rangle \tag{4.3.1}$$

其中，$\boldsymbol{n} = (\sin\theta\cos\phi,\sin\theta\sin\phi,\cos\theta)$ 是单位矢量；$\hat{S}$ 是自旋算符 ($\hbar=1$)；$|\pm n\rangle$ 分别表示北、南极规范的自旋相干态, 可分别从 $\hat{S}_z$ 的最大磁量子数本征态 $|\pm s\rangle$ 经空间旋转生成。很容易证明，$|\pm s\rangle$ 和 $|\pm n\rangle$ 都满足角动量算符的最小测不准关系，因而称其为宏观量子态。要实现动力学轨道的经典–量子对应，应该也必须把零模简并角动量本征态叠加成自旋相干态。

若规定 "极值" 态 $|s,s\rangle$ 的量子化方向为 $\boldsymbol{e}_z$ 轴，任意方向 $\boldsymbol{n}$ 的 $SU(2)$ 相干态可由旋转产生

$$|n\rangle = \hat{\Omega}\,|s,s\rangle \tag{4.3.2}$$

旋转算符是

$$\hat{\Omega} = e^{\frac{\theta}{2}(\hat{S}_- e^{i\varphi} - \hat{S}_+ e^{-i\varphi})} \tag{4.3.3}$$

用 BCH 公式

$$e^{A+B} = e^A e^B e^{-[A,B]/2}$$

方程 (4.3.3) 可表示为

$$\hat{\Omega} = e^{\frac{\theta}{2}(\hat{S}_- e^{i\varphi} - \hat{S}_+ e^{-i\varphi})}$$

$$= \exp\left(-\tau^* \hat{S}_-\right) \exp\left[-\ln\left(1 + \tau\tau^*\right)\hat{S}_z\right] \exp\left(\tau\hat{S}_+\right) \exp\left(\tau\hat{S}_+\right) \qquad (4.3.4)$$

其中

$$\tau = \tan\frac{\theta}{2} e^{-i\varphi}$$

是复角参数。

4.3.2 自旋相干态的 Dicke 态表示

选 $SU(2)$ 群的 Casimir 算符 $\hat{S}^2$ 和 $\hat{S}_z$ 的共同本征态 $|s, m\rangle$ 为基矢 $\{|s, m\rangle,$ $m = -s, -s+1, \cdots, s-1, s; s = $ 整数或半整数$\}$，$|s, m\rangle$ 称为 Dicke 态。

$$\hat{S}^2 |s, m\rangle = s(s+1)|s, m\rangle \qquad \hat{S}_z |s, m\rangle = m|s, m\rangle$$

由角动量算符的对易关系可得熟悉的关系式

$$\hat{S}_+ |s, m\rangle = \sqrt{(s-m)(s+m+1)}|s, m+1\rangle$$

$$\hat{S}_- |s, m\rangle = \sqrt{(s+m)(s-m+1)}|s, m-1\rangle$$

$$\hat{S}_+ |s, s\rangle = 0, \quad \hat{S}_- |s, -s\rangle = 0$$

其中，$|s, s\rangle$ 和 $|s, -s\rangle$ 是两个 "极值" 态。所有本征态 $|s, m\rangle$ 都可以通过升降算符作用于 "极值" 态上得到

$$|s, m\rangle = \sqrt{\frac{(s-m)!}{(s+m)!2s!}}(\hat{S}_+)^{s+m}|s, -s\rangle = \sqrt{\frac{(s+m)!}{(s-m)!2s!}}(\hat{S}_-)^{s-m}|s, s\rangle$$

用方程 (4.3.4) 的旋转算符 $\hat{\Omega}$ 可直接得到自旋相干态的 Dicke 态表示

$$|n\rangle = \left(\frac{1}{1+|\tau|^2}\right)^s \sum_n \frac{1}{n!}(-\tau^*)^n \hat{S}_-^n |s, s\rangle$$

$$= \left(\frac{1}{1+|\tau|^2}\right)^s \sum_n \frac{1}{n!}(-\tau^*)^n \sqrt{\frac{(s-n)!2s!}{(s+n)!}}|s, s-n\rangle$$

$$= \left(\frac{1}{1+|\tau|^2}\right)^s \sum_m \frac{1}{(s-m)!}(-\tau^*)^{s-m} \sqrt{\frac{m!2s!}{(2s-m)!}}|s, m\rangle$$

$$= \sum_{m=-s}^s \binom{2s}{s+m}\left(\cos\frac{\theta}{2}\right)^{s+m}\left(\sin\frac{\theta}{2}\right)^{s-m} e^{i(s-m)\varphi}|s, m\rangle \qquad (4.3.5)$$

4.3.3　自旋相干态波函数概率云与经典轨道的精确对应

我们的二维模型极角有固定值 $\theta = \pi/2$,选 $s = N/2, N+1$ 个角动量本征态 (4.2.14) 叠加的自旋相干态波函数是

$$\Psi_{\mu,N}\left(r,\varphi\right) = \frac{1}{2^{N/2}} \sum_{n=0}^{N} \left(\begin{array}{c} N \\ n \end{array}\right)^{1/2} N_{\varphi} \mathrm{e}^{\mathrm{i}\left(l_n^k+\alpha\right)\varphi} N_{l_n^k} \mathrm{J}_{l_n^k/|\mu|} \left(\frac{1}{|\mu|\, r^{\mu}}\right) \tag{4.3.6}$$

波函数的归一化区间从 $-\pi$ 到 π。磁通规范势产生的整体拓扑相位并不影响波函数的概率密度,与带电粒子不受力矩作用的经典假设完全一致。在力学角动量的平均值和经典值相等的条件下我们得到波函数的概率密度最大值与经典轨道完全重合。图 4.1.1 和图 4.1.2 的封闭轨道所用的参数值分别是 $\mu = 2.5$,$\alpha = 55.5$,$\xi_k = 135$ 和 $\mu = 5$,$\alpha = 55.5$,$\xi_k = 135$。而图 4.1.3 开轨道参数值为 $\mu = -\dfrac{7}{3}, \alpha = 42\dfrac{7}{10}$,$\xi_k = \dfrac{238}{3}$,叠加的本征态数为 $N+1 = 31$。相干态波函数概率密度 $|\Psi_{\mu,N}\left(r,\varphi\right)|^2$ 的空间分布与经典轨道有相同的旋转对称性。在图 4.1.1(a)∼图 4.1.3(a) 中,波函数的概率密度都精确局域于经典轨道上,展示了完全的量子–经典对应。

当然,我们可以选择方程 (4.2.3) 的正则角动量本征值,其代价是力学角动量谱变为方程 (4.2.7),它被整体平移一磁通量子数。相应的波函数没有拓扑相因子,力学角动量本征值含有磁通量子数。Bessel 函数变为磁通相关的

$$\Psi'_{\mu,N}\left(r,\varphi\right) = \frac{1}{2^{N/2}} \sum_{n=0}^{N} \left(\begin{array}{c} N \\ n \end{array}\right)^{1/2} N_{\varphi} \mathrm{e}^{\mathrm{i}l_n^c\varphi} N_{(l_n^c-\alpha)} \mathrm{J}_{(l_n^c-\alpha)/|\mu|} \left(\frac{1}{|\mu|\, r^{\mu}}\right) \tag{4.3.7}$$

它与第 2 章中的 AB 散射波函数类似。相应的相干态概率密度分布显示在图 4.1.1(b),图 4.1.2(b) 和图 4.1.3(b) 中,从图中我们可以看到概率密度不再局域于经典轨道上,表明带电粒子受到附加力矩的作用,是动力学效应,和经典对应矛盾。

4.3.4　角动量期待值

力学角动量算符 $\hat{L}^k$

$$\hat{L}^k = \hbar[-\mathrm{i}\frac{\partial}{\partial\varphi} - \alpha] \tag{4.3.8}$$

在 $SU(2)$ 自旋相干态 (4.3.6) 上的平均值是

$$\bar{L}^k = \left\langle \Psi_{\mu,N} \left| \hat{L}^k \right| \Psi_{\mu,N} \right\rangle = \hbar\,|\mu|\,\frac{N}{2} \tag{4.3.9}$$

把 μ 和 N 的参数值代入方程 (4.3.9) 中,我们发现力学角动量的平均值与初始值完全一致,即

$$\bar{L}^k = \xi_k \hbar \tag{4.3.10}$$

如果正则角动量的本征值选为方程 (4.2.3)，用相应的波函数 (4.3.7) 计算力学角动量期待值，结果是

$$\langle \Psi'_{\mu,N} | \hat{L}^k | \Psi'_{\mu,N} \rangle = \hbar \left(\frac{N}{2} |\mu| - \alpha \right) = \hbar(\xi_k - \alpha) \tag{4.3.11}$$

与经典力学角动量的初始值不一致，附加的角动量由磁通产生，是动力学效应。通过这一精确可解模型，我们证明了如果角动量本征波函数满足与经典轨道相同的旋转周期 $\Theta(\varphi) = \Theta(\varphi + 2\pi/|\mu|)$ 边界条件，或者说有相同的动力学旋转对称性，那么旋转周期仅与中心势指标 μ 有关，可小于 2π，因此，角动量谱间隔可以是大于 $\hbar$ 的分数，只有当 $\mu = 1$ 时，才是通常的整数量子化。磁通规范势不影响角动量的量子化，而只引起正则角动量谱平移–磁通量子数 (4.2.3)，这种情况下宏观量子态概率云则可精确局域于经典轨道上，实现量子–经典完全对应。AB 磁通规范势导致本征函数一共同的相位，有干涉效应。

参 考 文 献

[1] Wilczek F. Quantum mechanics of fractional-spin particles. Phys. Rev. Lett., 1982, 49: 957-959.

[2] Jackiw R, Redlich A N. Two-dimensional angular momentum in the presence of long-range magnetic flux. Phys. Rev. Lett., 1983, 50: 555.

[3] Liang J Q. Analysis of the experiment to determine the spectrum of the angular momentm of a charged-Boson, magnetic-flux-tube composite and the Aharonov-Bohm effect. Phys. Rev. Lett., 1984, 53: 859.

[4] Schulman L S. A path integral for spin. Phys. Rev., 1968, 176: 1558.

[5] Liang J Q, Ding X X. Paht integrals in multiply connected spaces and the fractional angular momentum quantization. Phys. Rev. A, 1987, 36: 4149.

[6] Makowski A J, Górska K J. Fractional and integer angular momentum wavefunctions localized on classical orbits: the case of E=0. J. Phys. A: Math. Theor., 2007, 40: 11373.

[7] Makowski A J, Górska K J. Unusual properties of some E=0 localized states and quantum-classical correspondence. Phys. Lett. A, 2007, 362: 26-30.

[8] Daboul J, Nieto M M. Exact, E=0, classical solutions for general power-law potentials. Phys. Rev. E, 1995, 52: 4430.

[9] Daboul J, Nieto M M. Exact, E=0, quantum solutions for general power-law potentials. Int. J. Mod. Phys. A, 1996, 11: 3801.

[10] Watson G N. Theory of Bessel function. London: Cambrige University Press, 1952.

[11] Klauder J R, Skagerstam B S. Coherehent States Applications in Physics and Mathe-matical Physics. Singapore: World Scientific, 1986.

[12] Xin J L, Liang J Q. Rotational symmetry of classical orbits,arbitrary quantization of angular momentum and the role of the gauge field in two-dimensional space. Chin. Phys. B, 2012, 21(4): 040303.

[13] Xin J L, Liang J Q. Exact solutions of a spin-orbit coupling model in two-dimensional central-potentials and quantum-classical correspondence. Science China-Physics Mechanics & Astronomy, 2014, 57: 1504-1510.

第 5 章　量子态的时间演化和几何相位

5.1　引　　言

当一个量子系统的多重参数随时间绝热演化时，系统会保持在其初始本征态，Berry 首次提出，除通常的动力学相因子外, 还附加一个依赖参数空间路径的相因子，即便参数演化回到其初始值，附加相因子也不为零，而仅取决于参数空间闭合路径的几何特性，现称为 Berry 相位或几何相位。Simon 指出, Berry 相位其实是 $U(1)$ 厄米丛 (Hermitian bundle) 由 Bott-Chern 联络产生的反常和乐 (anholonomy), 接着 Aharonov 和 Annada 把绝热近似的条件去掉，得到周期演化系统的几何相，也称为 AA 相因子，它等同于时间周期变化的 Flouque 波函数相位。Wilczek 和 Zee 讨论简并态的几何相因子，把 $U(1)$ 厄米丛推广到 $U(N)$ 情况，并第一次在非相对论量子力学中提出了非 Abel 规范场概念。几何相因子理论的重要应用是解释了整数量子 Hall 效应和反常 Hall 效应等。另外，几何相位只依赖演化路径的几何特性，具备内在的抗错能力，因而提供了一抗错量子计算的途径。最近的研究是把量子多体系统的几何相因子和量子相变连在一起，讨论临界点邻域的几何相因子临界行为。本章中，我们介绍量子态时间演化的一般理论和几何相因子的引入及其几何解释、$U(1)$ 厄米丛、平行移动和反常和乐的基本概念。提出了用含时规范变换求量子态时间演化精确解和几何相的普遍方法及其应用例，特别是在量子化光场系统中的应用。基于分子磁体系统的非 Abel 规范场物理模型则是在非相对论量子力学中实现场理论概念的尝试 [1-20]。

5.2　非简并瞬时本征态和绝热 Berry 相位

若 Hamilton 量显含时间，它就不是守恒量

$$\frac{\mathrm{d}\hat{H}}{\mathrm{d}t} = \frac{\partial\hat{H}}{\partial t} \neq 0$$

换句话说，不是好量子数。若 $\hat{H}$ 有非简并瞬时本征态

$$\hat{H}(t)|n(t)\rangle = E_n(t)|n(t)\rangle \tag{5.2.1}$$

含时 Schrödinger 方程的通解为

$$|\psi(t)\rangle = \sum_n c_n(t)|n(t)\rangle \tag{5.2.2}$$

代入含时 Schrödinger 方程

$$i\hbar \sum_n \dot{c}_n |n(t)\rangle + i\hbar \sum_n c_n \frac{\partial}{\partial t}|n(t)\rangle = \sum_n c_n(t)E_n(t)|n(t)\rangle \tag{5.2.3}$$

得到展开系数的微分方程为

$$i\hbar \dot{c}_n + i\hbar \sum_n c_n \langle m(t)|\frac{\partial}{\partial t}|n(t)\rangle = c_m(t)E_m(t) \tag{5.2.4}$$

利用绝热近似条件

$$\langle m(t)|\frac{\partial}{\partial t}|n(t)\rangle = 0, \quad m \neq n \tag{5.2.5}$$

得到

$$c_m(t) = \mathrm{e}^{-\frac{\mathrm{i}}{\hbar}\int_0^t E_m(t')\mathrm{d}t'}\mathrm{e}^{\mathrm{i}\gamma_m(t)}c_m(0) \tag{5.2.6}$$

其中多出的相因子为

$$\gamma_m(t) = \mathrm{i}\int_0^t \langle m(t')|\frac{\partial}{\partial t'}|m(t')\rangle \mathrm{d}t' \tag{5.2.7}$$

若系统通过多重参数含时，例如

$$\boldsymbol{R}(t) = (R_1(t), R_2(t), R_3(t), \cdots) \tag{5.2.8}$$

且经过时间 T 后回到初始值

$$\boldsymbol{R}(0) = \boldsymbol{R}(T), \quad \hat{H}(0) = \hat{H}(T) \tag{5.2.9}$$

这时附加相位变为

$$\begin{aligned}
\gamma_m(T) &= \mathrm{i}\int_0^T \langle \psi_m(\boldsymbol{R}(t))|\dot{\boldsymbol{R}}\cdot\frac{\partial}{\partial \boldsymbol{R}}|\psi_m(\boldsymbol{R}(t))\rangle \mathrm{d}t \\
&= \mathrm{i}\oint \boldsymbol{A}(\boldsymbol{R})\cdot\mathrm{d}\boldsymbol{R}
\end{aligned} \tag{5.2.10}$$

Berry 引入等效矢势的概念

$$\boldsymbol{A}(\boldsymbol{R}) = \langle \psi_m(\boldsymbol{R})|\frac{\partial}{\partial \boldsymbol{R}}|\psi_m(\boldsymbol{R})\rangle \tag{5.2.11}$$

通过环路所围面积的通量为

$$\gamma_m(T) = \mathrm{i}\iint_s \left[\frac{\partial}{\partial \boldsymbol{R}}\times\boldsymbol{A}(\boldsymbol{R})\right]\cdot\mathrm{d}\boldsymbol{S} \tag{5.2.12}$$

用更时髦的语言

$$\omega \equiv \boldsymbol{A}\cdot\mathrm{d}\boldsymbol{R}$$

称为联络一次式 (connection one-form)，即厄米丛的 Bott-Chern 联络，而

$$\boldsymbol{\varOmega} \equiv \frac{\partial}{\partial \boldsymbol{R}}\times\boldsymbol{A}(\boldsymbol{R})$$

是 Berry 曲率 (Berry curveture)。

5.3 周期演化和 AA 相位

Aharonov 和 Annada 把绝热近似条件去掉, 得到周期演化系统的几何相, 也称为 AA 相位。如果 Hamilton 依赖的含时参数是周期演化的, 周期是 T, 例如

$$\boldsymbol{R}(t+T) = \boldsymbol{R}(T)$$

则 Hamilton 算符也具有周期性

$$\hat{H}(t+T\} = \hat{H}(t)$$

定义一时间平移算符 $\hat{T}$

$$\hat{T}|\psi(t)\rangle = |\psi(t+T)\rangle$$
$$\hat{T}^{-1}|\psi(t)\rangle = |\psi(t-T)\rangle \tag{5.3.1}$$

因为 Hamilton 算符的周期性

$$\hat{T}\hat{H}(t)\hat{T}^{-1} = \hat{H}(t+T) = \hat{H}(t) \tag{5.3.2}$$

它和时间平移算符对易

$$[\hat{H},\hat{T}] = 0$$

因而有共同的本征态, 假定

$$\hat{T}|\psi(t)\rangle = \lambda|\psi(t)\rangle$$

用时间平移算符的特性, 不难得到时间平移算符的本征值是

$$\lambda = \mathrm{e}^{\mathrm{i}k(t)}$$

$k(t)$ 是时间的实线性函数, Hamilton 算符和时间平移算符的共同本征态是 Flouque 态

$$\psi(t)\rangle = \mathrm{e}^{\mathrm{i}k(t)}|u(t)\rangle \tag{5.3.3}$$

其中

$$|u(t+T)\rangle = |u(t)\rangle$$

是时间周期函数。代入含时 Schrödinger 方程, 不难证明经过一个周期演化, 总相位 $k(T)$ 中除去通常的动力学相位, $-\dfrac{1}{\hbar}\displaystyle\int_0^T \langle u(t)|\hat{H}(t)|u(t)\rangle\mathrm{d}t$ 外还有一个几何相

$$\gamma(T) = \mathrm{i}\oint \langle u(\boldsymbol{R})|\frac{\partial}{\partial \boldsymbol{R}}|u(\boldsymbol{R})\rangle \cdot \mathrm{d}\boldsymbol{R} \tag{5.3.4}$$

和前面一样, 这里我们仍然假定了系统通过多重参数 $\boldsymbol{R}$ 含时。

5.4　含时规范变换和规范固定

Schrödinger 方程中

$$i\hbar\frac{\partial}{\partial t}|\psi\rangle = \hat{H}(t)|\psi\rangle \tag{5.4.1}$$

Hamilton 算符显含时间，作一含时规范变换

$$|\psi'\rangle = \hat{U}(t)|\psi\rangle \tag{5.4.2}$$

其中，$\hat{U}$ 是一含时幺正算符，代入原 Schrödinger 方程，得到形式不变的 Schrödinger 方程

$$i\hbar\frac{\partial}{\partial t}|\psi'\rangle = \hat{H}'|\psi'\rangle \tag{5.4.3}$$

其中

$$\hat{H}' = \hat{U}\hat{H}\hat{U}^\dagger - i\hbar\hat{U}\frac{\partial}{\partial t}\hat{U}^\dagger \tag{5.4.4}$$

是新规范中的 Hamilton 算符。若使用原规范中的 Hamilton 算符瞬时本征态

$$\hat{H}|n(t)\rangle = E_n(t)|n(t)\rangle \tag{5.4.5}$$

而且

$$|\psi\rangle = \sum_n c_n|n(t)\rangle$$

则

$$|\psi'\rangle = \sum_n c_n(t)\hat{U}|n(t)\rangle \tag{5.4.6}$$

代入方程 (5.4.3) 得到的 Berry 相位不变。应当强调的是只当在固定规范,即选原规范的定态 Schrödinger 方程 (5.4.5) 条件下,才有不变性,但瞬时定态 Schrödinger 方程不是规范变换不变的, 即

$$|n'(t)\rangle = \hat{U}|n(t)\rangle$$

不是新规范中 Hamilton 算符 $\hat{H}'$ 的本征态。很容易验证

$$\hat{H}'|n'(t)\rangle = \left(E_n - i\hbar\hat{U}\frac{\partial}{\partial t}\hat{U}^\dagger\right)|n'(t)\rangle \tag{5.4.7}$$

换句话说，如果选 $\hat{H}'$ 的瞬时本征态，则得到不同的动力学相位和 Berry 相，特别是，当 $\hat{H}'$ 的本征态不含时间时，则只有动力学相位，因而，计算 Berry 相必须固定规范。这里我们强调，固定规范指选定 Hamilton 算符及相应的瞬时本征态。

5.5 坐标和动量空间的几何相

以上, Berry 相位的论述是基于多重参数含时 Hamilton 系统, 参数空间也可是坐标或动量, 我们分别给出坐标和动量空间演化的几何相位。

5.5.1 带电粒子环绕磁通运动的几何相位 —— AB 相位

考虑与一无限长磁通线 $\Phi = \alpha\Phi_0$ (如前定义 Φ_0 是磁通的量子单位) 垂直的二维平面内有一受限带电粒子, 电荷为 e, 例如, 带电粒子被约束在一个介观球形腔内, 小球可在除去磁通位置 (选为坐标原点) 外的平面内运动, 假定小球中心坐标为 $\boldsymbol{R}(t)$, 根据第 2 章中的讨论, 带电粒子的波函数显然可写为 Dirac 不可积相因子形式

$$|\psi(\boldsymbol{R}(t))\rangle = \mathrm{e}^{\frac{\mathrm{i}e}{\hbar c}\int^{\boldsymbol{R}}\boldsymbol{A}(\boldsymbol{R}')\cdot\mathrm{d}\boldsymbol{R}'}|u\rangle \tag{5.5.1}$$

其中

$$\boldsymbol{A} = \frac{\Phi}{2\pi R}\boldsymbol{e}_\varphi \tag{5.5.2}$$

表示在磁通位置为原点的平面极坐标内小球中心位置的磁通规范场, $\boldsymbol{e}_\varphi$ 是角方向单位矢量。$|u\rangle$ 表示带电粒子在球形腔内的态 (束缚态), 因为磁通规范场不可能对局域在球形腔内的带电粒子的运动产生任何作用, 因而, 内态 $|u\rangle$ 与磁通无关也和小球的位置无关。当小球在空间沿一闭合路径绝热移动 (保持内部态不变) 回到起始位置时, 几何相位可由前面推导的公式 (5.2.10) (小球位置 $\boldsymbol{R}$ 看作参数) 直接计算

$$\begin{aligned}\gamma &= \mathrm{i}\oint\langle\psi(\boldsymbol{R})|\frac{\partial}{\partial\boldsymbol{R}}|\psi(\boldsymbol{R})\rangle\cdot\mathrm{d}\boldsymbol{R} \\ &= \frac{e}{\hbar c}\oint\boldsymbol{A}\cdot\mathrm{d}\boldsymbol{R}\end{aligned} \tag{5.5.3}$$

这正是 AB 相位, 当闭合路径环绕磁通时

$$\gamma = \pm 2\pi\alpha$$

± 分别表示顺时针和逆时针方向旋转一周, 当闭合路径不环绕磁通时, 则几何相为零

$$\gamma = 0$$

我们完全用物理的图像和语言, 解释了坐标空间的几何相位, 证明它和 AB 相一致, 更数学的语言是, 沿给定路径平行移动 (parallel transport) 定态波包。

5.5.2 $U(1)$ 厄米丛、平行移动和反常和乐

方程 (4.5.1) 定义的态矢 $|\psi(\boldsymbol{R})\rangle$ 实际上是定义在参数空间 (坐标为 $\boldsymbol{R}$) 的 $U(1)$ 厄米丛截面, 存在一自然的微分联络一次式

$$\omega = \boldsymbol{A} \cdot \mathrm{d}\boldsymbol{R} = \alpha \mathrm{d}\varphi \tag{5.5.4}$$

考虑参数空间一闭合路径 c, 其上的坐标 $\boldsymbol{R}(t)$ 可用 t 参数化, t 可看作时间, 从 $t = 0$ 开始, $t = T$ 回到起始点, 在路径 c 上的态矢为

$$|\psi_c(\boldsymbol{R}(t))\rangle = \mathrm{e}^{\mathrm{i}\gamma_c(t)} |\psi(\boldsymbol{R}(t))\rangle \tag{5.5.5}$$

$$|\psi_c(\boldsymbol{R}(0))\rangle = |\psi(\boldsymbol{R})\rangle$$

相因子 $\gamma_c(t)$ 只依赖路径 c 的参数 t, 该态矢则是一和乐群元 (holonomy group element), 平行移动要求 Lie 导数为零, 即

$$L_{\frac{\mathrm{d}}{\mathrm{d}t}} |\psi_c(\boldsymbol{R}(t))\rangle = \left[\frac{\partial}{\partial t} + \dot{\boldsymbol{R}} \cdot \frac{\partial}{\partial \boldsymbol{R}} \right] |\psi_c(\boldsymbol{R}(t))\rangle = 0 \tag{5.5.6}$$

把态矢方程 (5.5.5) 代入式 (5.5.6), 演化一周的几何相位 $\gamma_c(T)$ 就是方程 (5.5.3)。非零和整数 2π 的几何相是由非整数磁通和多连通空间共同导致的反常和乐 (quantum anholonomy)。称其为反常是相对正常而言, 通常的量子和乐对应的几何相位只能是零或 2π 的整数倍, 这也正是磁通量子化和整数量子 Hall 效应的几何原因。

5.5.3　动量空间、能带中 Bloch 电子动力学和整数量子 Hall 效应

周期势场中的波函数是空间周期调制的平面波, 即 Bloch 波, 作 Fourier 变换, 把格点波矢换到动量空间 (或者波矢空间) 中, 几何相位是

$$\begin{aligned} \gamma_m &= \mathrm{i} \oint \langle u_m(\boldsymbol{k}) | \frac{\partial}{\partial \boldsymbol{k}} | u_m(\boldsymbol{k}) \rangle \cdot \mathrm{d}\boldsymbol{k} \\ &= \mathrm{i} \iint_s \boldsymbol{\Omega}_m \cdot \mathrm{d}\boldsymbol{s} \end{aligned} \tag{5.5.7}$$

$|u_m(\boldsymbol{k})\rangle$ 是能带波函数, m 是能带指标, 其中

$$\boldsymbol{\Omega}_m = \frac{\partial}{\partial \boldsymbol{k}} \times \langle u_m(\boldsymbol{k}) | \frac{\partial}{\partial \boldsymbol{k}} | u_m(\boldsymbol{k}) \rangle \tag{5.5.8}$$

是 Berry 曲率。动量空间几何相已被广泛应用于凝聚态理论中。

对于空间二维平面格点, Berry 曲率和 k 空间平面垂直

$$\Omega_m = \left[\left\langle \frac{\partial}{\partial k_1} u_m \bigg| \frac{\partial}{\partial k_2} u_m \right\rangle - \left\langle \frac{\partial}{\partial k_2} u_m \bigg| \frac{\partial}{\partial k_1} u_m \right\rangle \right] \tag{5.5.9}$$

几何相是

$$\gamma_m = \mathrm{i} \iint_s \Omega_m \mathrm{d}k_1 \mathrm{d}k_2 \tag{5.5.10}$$

用均匀磁场中的二维格点模型, Thouless 推导出用几何相位表示的 Hall 电导

$$\sigma_{\mathrm{H}} = \frac{\mathrm{e}^2}{h} \frac{\gamma_m}{2\pi} \tag{5.5.11}$$

对于单连通二维平面, 只能有正常量子和乐, 几何相位必须是

$$\gamma_m = 2n\pi \tag{5.5.12}$$

n 是整数, 即陈数, 从而给出了整数量子 Hall 效应的几何解释。

如果能带中 Bloch 电子波包质心坐标和波矢 (动量) 表示为 $\boldsymbol{r}_\mathrm{c}$ 和 $\boldsymbol{k}_\mathrm{c}$, 质心速度方程是

$$\dot{\boldsymbol{r}}_\mathrm{c} = \frac{\partial E_m}{\hbar \partial \boldsymbol{k}_\mathrm{c}} - \dot{\boldsymbol{k}}_\mathrm{c} \times \boldsymbol{\Omega}_m \tag{5.5.13}$$

第一项的意义很明显, 第二项则是新发现 (有兴趣的读者可参看相关文献)。几何相位在凝聚态的有关问题中起极其重要的作用。

5.6 不变量和规范不变的相位

Hamilton 量显含时间的系统中, Hamilton 量不是守恒量, 能量也不是好量子数, 因和 "外界" 有能量交换, 较合理的作法是选一厄米不变量 (守恒量), 以它的本征态作基矢。用厄米不变量处理含时系统量子化, 最早由 Lewis 提出。假定 $\hat{I}$ 是厄米算符, 守恒量的条件是其时间全导数为零

$$\frac{\mathrm{d}\hat{I}}{\mathrm{d}t} = \frac{\partial \hat{I}}{\partial t} + \frac{\mathrm{i}}{\hbar}[\hat{H}, \hat{I}] = 0 \tag{5.6.1}$$

则 $\hat{I}$ 是不变量, 不变量的本征值是好量子数, 不随时间变化。假定 $\hat{I}$ 有瞬时本征态

$$\hat{I}|n(t)\rangle = \lambda_n |n(t)\rangle, \quad \langle m(t)|n(t)\rangle = \delta_{m,n} \tag{5.6.2}$$

很容易证明, 其本征值是常数

$$\frac{\mathrm{d}\lambda_n}{\mathrm{d}t} = 0 \tag{5.6.3}$$

$|\psi(t)\rangle$ 用厄米不变量本征态展开

$$|\psi(t)\rangle = \sum_n c_n(t)|n(t)\rangle \tag{5.6.4}$$

代入含时 Schrödinger 方程

$$\mathrm{i}\hbar \sum_n \dot{c}_n(t)|n(t)\rangle + \mathrm{i}\hbar \sum_n c_n \frac{\partial}{\partial t}|n(t)\rangle = \sum_n c_n \hat{H}|n(t)\rangle \tag{5.6.5}$$

左乘 $\langle m(t)|$

$$i\hbar\dot{c}_m(t) = \sum_n c_n\langle m(t)| - i\hbar\frac{\partial}{\partial t} + \hat{H}|n(t)\rangle \tag{5.6.6}$$

利用不变量的定义很容易证明下面矩阵是对角的，即

$$\langle m(t)| - i\hbar\frac{\partial}{\partial t} + \hat{H}|n(t)\rangle = 0, \quad m \neq n \tag{5.6.7}$$

系数方程 (5.6.6) 的解是

$$c_m(t) = e^{i\gamma_m(t)}c_m(0) \tag{5.6.8}$$

其中

$$\gamma_m(t) = \frac{1}{\hbar}\int_0^t \langle m(t')|i\hbar\frac{\partial}{\partial t'} - \hat{H}|m(t')\rangle dt' \tag{5.6.9}$$

是规范不变的相位，由 Lewis 和 Riesefeld 首次得到。如果引入参数空间闭合路径，第一项即给出 Berry 几何相因子。

作业 5.1　证明

(1)

$$\frac{d\lambda_n}{dt} = 0 \tag{5.6.10}$$

(2)

$$\langle m(t)|i\hbar\frac{\partial}{\partial t} - \hat{H}|n(t)\rangle = 0, \quad m \neq n \tag{5.6.11}$$

容易证明 γ_m 是规范不变的相位，若

$$|m'(t)\rangle = \hat{U}(t)|m(t)\rangle \tag{5.6.12}$$

$\hat{U}(t)$ 是含时幺正变换算符，即

$$\gamma_m'(T) = \frac{1}{\hbar}\int_0^T \langle m'(t)|i\hbar\frac{\partial}{\partial t} - \hat{H}'|m'(t)\rangle dt = \gamma_m(T) \tag{5.6.13}$$

其中

$$\hat{H}' = -i\hbar\hat{U}\frac{\partial}{\partial t}\hat{U}^\dagger + \hat{U}\hat{H}\hat{U}^\dagger \tag{5.6.14}$$

是新规范中的 Hamilton 算符。

5.7　含时系统精确解的规范变换方法

含时规范变换可作为一种精确求解含时系统 Schrödinger 方程的方法，该方法的基本思路是构造一个适当的幺正算符 $\hat{U}(t)$，使在新规范中的 Hamilton 算

符 $\hat{H}'$ 的瞬时本征态或本征值不随时间变化，直接得到精确解。我们下面先给出基本方法，然后举例解释其应用。新规范中的态矢

$$|\psi'(t)\rangle = \hat{U}(t)|\psi(t)\rangle \tag{5.7.1}$$

满足的 Schrödinger 方程是

$$i\hbar\frac{\partial}{\partial t}|\psi'(t)\rangle = \hat{H}'\psi'(t)\rangle \tag{5.7.2}$$

Hamilton 算符变为

$$\hat{H}' = -i\hbar\hat{U}\frac{\partial}{\partial t}\hat{U}^{\dagger} + \hat{U}\hat{H}\hat{U}^{\dagger} \tag{5.7.3}$$

我们可构造幺正变换算符 $\hat{U}$ 使 $\hat{H}'$ 的本征态不显含时间或者本征值是好量子数，即 $\hat{H}'$ 是不变量。在两种情况下，都可以 $\hat{H}'$ 的本征态作基矢展开得到精确解，无须引入绝热近似。退回原规范，则得到无绝热近似的 Berry 相和时间演化算符。

不失一般性，我们这里只考虑 $\hat{H}'$ 的本征态不显含时间，第二种情况 ($\hat{H}'$ 是不变量) 的推导和上节不变量一样，无须在此重复。

5.7.1 特解和几何相位

若 $\hat{H}'$ 的本征态是 $|E'\rangle$，它不显含时间

$$\hat{H}'|E'\rangle = E'(t)|E'\rangle \tag{5.7.4}$$

当然一般情况下本征值 $E'(t)$ 是含时的。因为 $|E'\rangle$ 不显含时间，故有特解

$$|\psi'_E(t)\rangle = e^{-\frac{i}{\hbar}\int_0^t E'(\tau)d\tau}|E'\rangle \tag{5.7.5}$$

两边乘以 $\hat{U}^{\dagger}(t)$，回到原来规范

$$
\begin{aligned}
|\psi_E(t)\rangle = \hat{U}^{\dagger}(t)|\psi'_E(t)\rangle &= e^{-\frac{i}{\hbar}\int_0^t E'(\tau)d\tau}\hat{U}^{\dagger}(t)|E'\rangle \\
&= e^{-\frac{i}{\hbar}\int_0^t \langle E'|\hat{H}'|E'\rangle d\tau}|E(t)\rangle \\
&= e^{-\frac{i}{\hbar}\int_0^t \langle E'|-i\hbar\hat{U}\frac{\partial}{\partial\tau}\hat{U}^{\dagger}+\hat{U}\hat{H}\hat{R}^{\dagger}|E'\rangle d\tau}|E(t)\rangle \\
&= e^{i\gamma_E}e^{-\frac{i}{\hbar}\int_0^t \langle E(\tau)|\hat{H}|E(\tau)\rangle d\tau}|E(t)\rangle
\end{aligned}
\tag{5.7.6}
$$

若系统随多重参数 $\boldsymbol{R}(t)$ 含时，且经时间 T 后参数演化回起始值 $\boldsymbol{R}(t+T) = \boldsymbol{R}(t)$，几何相位是

$$
\begin{aligned}
\gamma_E &= i\int_0^T \langle E(t)|\frac{\partial}{\partial t}|E(t)\rangle dt \\
&= i\oint \langle E(\boldsymbol{R})|\frac{\partial}{\partial\boldsymbol{R}}|E(\boldsymbol{R})\rangle \cdot d\boldsymbol{R}
\end{aligned}
\tag{5.7.7}
$$

应该说明，我们得到的是含时精确解，无须绝热近似。同时也应注意，$|E(t)\rangle$ 一般情况不是 $\hat{H}$ 的瞬时本征态。

5.7.2　通解和时间演化幺正算符

若本征态矢 $|E'_n\rangle$ 不显含时间

$$\hat{H}'|E'_n\rangle = E'_n(t)|E'_n\rangle \tag{5.7.8}$$

Schrödinger 方程

$$\mathrm{i}\hbar\frac{\partial|\psi'(t)\rangle}{\partial t} = \hat{H}'|\psi'(t)\rangle \tag{5.7.9}$$

的通解可简单地表示为

$$\begin{aligned}|\psi'(t)\rangle &= \sum_n \mathrm{e}^{-\frac{\mathrm{i}}{\hbar}\int_0^t E'_n(\tau)\mathrm{d}\tau}c'_n|E'_n\rangle\\ &= \mathrm{e}^{-\frac{\mathrm{i}}{\hbar}\int_0^t \hat{H}'(\tau)\mathrm{d}\tau}|\psi'(0)\rangle\end{aligned} \tag{5.7.10}$$

其中

$$|\psi'(0)\rangle = \sum_n c'_n|E'_n\rangle = \hat{U}(0)|\psi(0)\rangle \tag{5.7.11}$$

表示初态。

方程 (5.7.10) 两边作用 $\hat{U}^\dagger(t)$ 返回到原规范, 可得到任意态从 $|\psi(0)\rangle$ 到 $|\psi(t)\rangle$ 的时间演化算符

$$|\psi(t)\rangle == \hat{\mathcal{U}}(t,0)|\psi(0)\rangle \tag{5.7.12}$$

时间演化幺正算符是

$$\hat{\mathcal{U}}(t,0) = \hat{U}^\dagger(t)\mathrm{e}^{-\frac{\mathrm{i}}{\hbar}\int_0^t [\mathrm{i}\hbar\frac{\partial\hat{U}}{\partial\tau}\hat{U}^\dagger + \hat{U}\hat{H}\hat{U}^\dagger]\mathrm{d}\tau}\hat{U}(0) \tag{5.7.13}$$

5.7.3　$SU(2)$ 和 $SU(1,1)$ 含时系统精确解和几何相位

考虑含时系统的 Hamilton 算符是 $SU(2)$ 或者 $SU(1,1)$ Lie 代数生成元 (basis elements) 线性组合，形式为

$$\hat{H} = E\hat{K}_0 + G[\hat{K}_+\mathrm{e}^{\mathrm{i}\varphi(t)} + \hat{K}_-\mathrm{e}^{-\mathrm{i}\varphi(t)}] \tag{5.7.14}$$

生成元算符对易关系是

$$[\hat{K}_0, \hat{K}_\pm] = \pm\hat{K}_\pm, \quad [\hat{K}_+, \hat{K}_-] = D\hat{K}_0 \tag{5.7.15}$$

其中

$$D = \pm 2$$

分别表示 $SU(2)$ 和 $SU(1,1)$ Lie 代数生成元对易关系。该 Hamilton 算符有实际意义：对于 $SU(2)$ 系统，把生成元看成相应的自旋算符，而 $E = \mu B\cos\theta$, $G = \mu B\sin\theta$, μ 是耦合系数 (这里是自旋磁矩)，则 Hamilton 算符描述绕 z 轴旋转的磁场 (图 5.7.1)。

$$\boldsymbol{B} = B(\sin\theta\cos\varphi(t), \sin\theta\sin\varphi(t), \cos\varphi(t)) \tag{5.7.16}$$

中的自旋，需要强调的是，用含时规范方法可以处理任意高自旋系统。

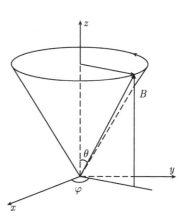

图 5.7.1　绕 z 轴的旋转磁场

$SU(1,1)$ 对易关系的 Hamilton 则可描述一个含时谐振子。引入 Bose 产生、湮灭算符，并令

$$\hat{K}_0 = \frac{1}{2}\left(\hat{a}^\dagger\hat{a} + \frac{1}{2}\right)$$

$$\hat{K}_+ = \frac{1}{2}(\hat{a}^\dagger)^2, \quad \hat{K}_- = \frac{1}{2}(\hat{a})^2 \tag{5.7.17}$$

该 Hamilton 算符可用来研究 $SU(1,1)$ 相干态及其压缩特性。

我们构造如下的含时幺正算符：

$$\hat{U} = \mathrm{e}^{\frac{-\eta}{2}(\hat{K}_+\mathrm{e}^{\mathrm{i}\varphi(t)} - \hat{K}_-\mathrm{e}^{-\mathrm{i}\varphi(t)})} \tag{5.7.18}$$

其中，η 是待定系数。用对易关系

$$\begin{aligned}
\hat{U}\hat{K}_+\hat{U}^\dagger = {} & \hat{K}_+\cos^2\frac{\lambda}{4}\eta - \hat{K}_-\mathrm{e}^{-2\mathrm{i}\varphi(t)}\sin^2\frac{\lambda}{4}\eta \\
& - \frac{D}{\lambda}\hat{K}_0\mathrm{e}^{-\mathrm{i}\varphi(t)}\sin\frac{\lambda}{2}\eta
\end{aligned} \tag{5.7.19}$$

$$\begin{aligned}
\hat{U}\hat{K}_-\hat{U}^\dagger = {} & \hat{K}_-\cos^2\frac{\lambda}{4}\eta - \hat{K}_+\mathrm{e}^{2\mathrm{i}\varphi(t)}\sin^2\frac{\lambda}{4}\eta \\
& - \frac{D}{\lambda}\hat{K}_0\mathrm{e}^{\mathrm{i}\varphi(t)}\sin\frac{\lambda}{2}\eta
\end{aligned} \tag{5.7.20}$$

$$\begin{aligned}
\hat{U}\hat{K}_0\hat{U}^\dagger = {} & \hat{K}_0\cos\frac{\lambda}{2}\eta \\
& + \frac{1}{\lambda}(\hat{K}_+\mathrm{e}^{\mathrm{i}\varphi(t)} + \hat{K}_-\mathrm{e}^{-\mathrm{i}\varphi(t)})\sin\frac{\lambda}{2}\eta
\end{aligned} \tag{5.7.21}$$

$$\begin{aligned}
\mathrm{i}\hat{U}\frac{\partial}{\partial t}\hat{U}^\dagger = {} & 2\frac{\mathrm{d}\varphi}{\mathrm{d}t}\hat{K}_0\sin^2\frac{\lambda}{4}\eta \\
& - \frac{\mathrm{d}\varphi}{\lambda\mathrm{d}t}\sin\frac{\lambda}{2}\eta(\hat{K}_+\mathrm{e}^{\mathrm{i}\varphi} + \hat{K}_-\mathrm{e}^{-\mathrm{i}\varphi})
\end{aligned} \tag{5.7.22}$$

定义 $\lambda = \sqrt{2D}$ 并考虑周期含时系统，$\dfrac{\mathrm{d}\varphi}{\mathrm{d}t} = \omega$ 是常数，只要待定参数满足以下方程：

$$G\cos\frac{\lambda\eta}{2} = -\frac{E + \hbar\omega}{\lambda}\sin\frac{\lambda\eta}{2} \tag{5.7.23}$$

即

$$\cos \frac{\lambda \eta}{2} = \pm \frac{E + \hbar\omega}{\sqrt{2DG^2 + (E + \hbar\omega)^2}} \tag{5.7.24}$$

新规范中的 Hamilton 算符则变为

$$\hat{H}' = 2\Omega \hat{K}_0 \tag{5.7.25}$$

其中

$$\Omega = \frac{1}{2}\left[\pm \frac{(E + \hbar\omega)^2 - 2DG^2}{\sqrt{2DG^2 + (E + \hbar\omega)^2}} - \hbar\omega\right] \tag{5.7.26}$$

是常数。

我们来求几何相位, 假定 $|n\rangle$ 是 $\hat{K}_0$ 的本征态

$$\hat{K}_0|n\rangle = k_n|n\rangle \tag{5.7.27}$$

由于在新规范中, Hamilton 算符不显含时间, 含时 Schrödinger 方程的通解显然是

$$|\psi'(t)\rangle = \sum_n c_n \mathrm{e}^{-\frac{\mathrm{i}}{\hbar} k_n \Omega t}|n\rangle \tag{5.7.28}$$

回到原规范

$$|\psi(t)\rangle = \sum_n c_n \mathrm{e}^{-\frac{\mathrm{i}}{\hbar} \int_0^t \langle n|\hat{U}\hat{H}\hat{U}^\dagger - \mathrm{i}\hbar\hat{U}\frac{\partial}{\partial \tau}\hat{U}^\dagger|n\rangle \mathrm{d}\tau} \hat{U}^\dagger|n\rangle \tag{5.7.29}$$

演化一个周期后的几何相位可用前面的对易关系 (5.7.22) 求得为

$$\begin{aligned}
\gamma_n &= \mathrm{i}\int_0^T \left\langle n\left|\hat{U}\frac{\partial}{\partial t}\hat{U}^\dagger\right|n\right\rangle \mathrm{d}t \\
&= 2\pi k_n \left(1 \mp \frac{E + \hbar\omega}{\sqrt{2DG^2 + (E + \hbar\omega)^2}}\right)
\end{aligned} \tag{5.7.30}$$

对于 $SU(2)$ 自旋系统 $(D = 2)$, 在绝热近似下 $(\omega = 0)$, 我们的精确结果和文献中的完全一致。

作业 5.2 用方程 (5.7.18) 的幺正算符构造一个厄米不变量

$$\hat{I}(t) = \hat{U}\hat{K}_0\hat{U}^\dagger$$

5.8　周期驱动谐振子 Berry 相位的经典对应——Hannay 角

与 AB 相位一样 Berry 相也存在经典对应, 称其为 Hannay 角, 为此考虑前一节中的 $SU(1,1)$ 含时 Hamilton 算符

$$\hat{H} = E\hat{K}_0 + G\left[\hat{K}_+\mathrm{e}^{\mathrm{i}\varphi} + \hat{K}_-\mathrm{e}^{-\mathrm{i}\varphi}\right] \tag{5.8.1}$$

我们已经用含时规范变换方法精确求解了 $SU(2)$ 系统的量子态和 Berry 相位, 本节用同样的方法求 $SU(1,1)$ 系统的经典和量子解, 并给出波函数 Berry 相位的经典对应 Hannay 角。

满足 $SU(1,1)$ 对易关系的 Bose 算符表示是

$$\hat{K}_0 = \frac{1}{2}\left(\hat{a}^\dagger \hat{a} + \frac{1}{2}\right), \quad \hat{K}_+ = \frac{1}{2}\left(\hat{a}^\dagger\right)^2, \quad \hat{K}_- = \frac{1}{2}\left(\hat{a}\right)^2$$

用通常的 Bose 算符和谐振子动量,坐标的关系 $\left[\hat{x} = \frac{1}{\sqrt{2}}(\hat{a} + \hat{a}^\dagger); \hat{p} = \frac{1}{\sqrt{2}\mathrm{i}}(\hat{a} - \hat{a}^\dagger)\right]$

可把方程 (5.8.1) 还原成一动量–坐标表示的含时谐振子 Hamilton 量

$$\hat{H}\left(\hat{x}, \hat{p}, t\right) = \left(\frac{E}{4} + \frac{G}{2}\cos\varphi\right)\hat{x}^2 + \left(\frac{E}{4} - \frac{G}{2}\cos\varphi\right)\hat{p}^2 + \frac{G}{2}\sin\varphi\left(\hat{x}\hat{p} + \hat{p}\hat{x}\right) \quad (5.8.2)$$

其中, E 和 G 是两个能量量纲参数; $\varphi(t) = \omega t$, ω 是驱动频率。

为得到几何相位的经典对应,我们退回到式 (5.8.2) 的经典 Hamilton 量,其正则坐标和动量是 x, p。我们据此推导 Berry 相位的经典对应——Hannay 角。

5.8.1 含时规范变换和精确解

Hamilton 量 (5.8.2) 的经典相空间拉氏量是

$$L(x, p, t) = \dot{x}p - H(x, p, t)$$

引入新的共轭正则变量 X, P 以使

$$x = \left(\cosh\frac{\eta}{2} - \cos\varphi\sinh\frac{\eta}{2}\right)X - P\sin\varphi\sinh\frac{\eta}{2}$$
$$p = -X\sin\varphi\sinh\frac{\eta}{2} + \left(\cosh\frac{\eta}{2} + \cos\varphi\sinh\frac{\eta}{2}\right)P \quad (5.8.3)$$

其中, η 是 5.7.3 小节中引入的待定参数。新变量的相空间拉氏量记为

$$L'(X, P, t) = \dot{X}P - H'(X, P, t)$$

它与旧变量 x, p 的相空间拉氏量差一相空间变量函数的全导数

$$L'(X, P, t) = L(x, p) + \frac{\mathrm{d}F(X, P, t)}{\mathrm{d}t}$$

其中, 生成函数求得为

$$F(X, P, t) = \left(\frac{\sin\varphi}{2}\sinh\eta - \sin\varphi\cos\varphi\sinh^2\frac{\eta}{2}\right)\frac{X^2}{2} - \sin^2\varphi\sinh^2\frac{\eta}{2}XP$$
$$+ \left(\frac{\sin\varphi}{2}\sinh\eta + \sin\varphi\cos\varphi\sinh^2\frac{\eta}{2}\right)\frac{P^2}{2}$$

新旧变量相空间拉氏量 $L'(X, P, t)$ 和 $L(x, p, t)$ 是一含时规范变换,因而给出等同的正则方程。

如果待定参数选为

$$\sinh \eta = -\frac{2G}{\Delta}$$

其中

$$\Delta = \sqrt{(E + \omega)^2 - 4G^2}$$

则新变量 Hamilton 量变为不显含时间的标准谐振子形式

$$H'(X, P) = \frac{\Omega}{2}\left(X^2 + P^2\right) \tag{5.8.4}$$

其中, 等效频率为

$$\Omega = \frac{1}{2}\left[\frac{(E + \omega)^2 + 4G^2}{\Delta} - \omega\right] \tag{5.8.5}$$

与前面的量子谐振子 $(D = -2)$ 频率方程 (5.7.26) 一致。

5.8.2　正则变换、作用量-角变量和 Hannay 角

现在, 我们推导经典谐振子的 Hannay 角, 为此作从变量 (X, P) 到作用量–角变量 (I, Θ) 的正则变换

$$X(I, \Theta) = \sqrt{2I}\sin\Theta, \quad P(I, \Theta) = \sqrt{2I}\cos\Theta \tag{5.8.6}$$

Hamilton 量 $H'(X, P)$ 变成了以作用量–角变量为变量的函数, 即

$$H'(I, \Theta) = I\Omega \tag{5.8.7}$$

正则方程是

$$\dot{\Theta} = \frac{\partial H'(I, \Theta)}{\partial I} = \Omega \tag{5.8.8}$$
$$\dot{I} = 0$$

作用量是一守恒量。把方程 (5.8.6) 的 $X(I, \Theta)$, $P(I, \Theta)$ 代入方程 (5.8.3), 我们可以得到从原始变量 (x, p) 到作用量–角变量 (I, Θ) 的正则变换

$$x(I, \Theta) = \sqrt{2I}\left[\left(\cosh\frac{\eta}{2} - \cos\varphi\sinh\frac{\eta}{2}\right)\sin\Theta - \sin\varphi\sinh\frac{\eta}{2}\cos\Theta\right]$$

$$p(I, \Theta) = \sqrt{2I}\left[-\sin\varphi\sinh\frac{\eta}{2}\sin\Theta + \left(\cosh\frac{\eta}{2} + \cos\varphi\sinh\frac{\eta}{2}\right)\cos\Theta\right]$$

根据 Hannay 角的定义

$$\theta_h(I, C) = -\frac{\partial}{\partial I}\oint_C \langle p[I, \Theta, \varphi(t)] \, \mathrm{d}_\varphi x[I, \Theta, \varphi(t)]\rangle_\Theta$$

其中

$$\oint_c \langle p\left(\Theta, I\right) \mathrm{d}_\varphi x\left(\Theta, I\right)\rangle_\Theta = \frac{1}{2\pi} \int_0^{2\pi} \mathrm{d}\Theta \int_0^{2\pi} p\left(\Theta, I\right) \frac{\partial}{\partial \varphi} x\left(\Theta, I\right) \mathrm{d}\varphi$$

含时参数演化一个周期，$\varphi\left(t\right)$ 从 $0 \to 2\pi$。

把 $x\left(\Theta, I\right)$ 和 $p\left(\Theta, I\right)$ 的表达式代入，得到 Hannay 角是

$$\theta_h = -\pi \left(1 \mp \frac{E + \hbar\omega}{\Delta}\right) \tag{5.8.9}$$

5.8.3 Berry 相位和 Hannay 角的对应关系

对于 $SU(1,1)$ 系统，5.7.3 小节中的 $D = -2, \lambda = 2\mathrm{i}$ 待定参数满足的方程 (5.7.23) 变为

$$\cosh\eta = \pm\frac{E + \hbar\omega}{\Delta}$$

我们得到新规范下的 Hamilton 量是一不含时、等效频率为 Ω 的谐振子，这与经典情况完全相同，即

$$\hat{H}' = 2\Omega\hat{K}_0$$

Berry 相位可用方程 (5.7.30) 求得，其中 $\hat{K}_0$ 的本征值在我们的 $SU(1,1)$ 系统是

$$k_n = \frac{1}{2}\left(n + \frac{1}{2}\right)$$

注意到方程 (5.7.22)，可得到 Berry 相位

$$\gamma_n = \pi\left(n + \frac{1}{2}\right)\left(1 \mp \frac{E + \hbar\omega}{\Delta}\right) \tag{5.8.10}$$

Berry 相位和 Hannay 角的关系为

$$\gamma_n = -\left(n + \frac{1}{2}\right)\theta_h \tag{5.8.11}$$

5.9 量子化光场中二能级原子的几何相位 —— 含时规范变换的应用

单模光场中的二能级原子在旋波近似下的 Hamilton 量是

$$\hat{H}' = \sum_{i=1}^{2} \omega_i \hat{a}_i^\dagger \hat{a}_i + \Omega\left(\hat{a}_2^\dagger \hat{a}_1 \hat{b} \mathrm{e}^{-\mathrm{i}\omega t} + \hat{a}_1^\dagger \hat{a}_2 \hat{b}^\dagger \mathrm{e}^{\mathrm{i}\omega t}\right) \tag{5.9.1}$$

我们取自然单位 $\hbar = 1$, 应该说明, 此二次量子化的 Hamilton 算符描述的是外场中的原子, 把原子看成一孤立系统, 和光场 (外场) 有能量交换, 因而 Hamilton 含时, 不是守恒量, 二次量子化 Hamilton 算符的推导见 5.11 节。$\hat{a}, \hat{a}^\dagger$ 和 $\hat{b}, \hat{b}^\dagger$ 分别是原子和光子的产生、湮灭算符, 满足通常的 Bose 子对易关系。

引入赝自旋算符表示原子能级的产生和湮灭算符

$$\hat{a}_2^\dagger \hat{a}_1 = \hat{\sigma}_+$$
$$\hat{a}_1^\dagger \hat{a}_2 = \hat{\sigma}_-$$
$$\hat{\sigma}_z = \hat{a}_2^\dagger \hat{a}_2 - \hat{a}_1^\dagger \hat{a}_1 \tag{5.9.2}$$

Hamilton 算符变为

$$\hat{H}' = \frac{\omega_0}{2}\hat{\sigma}_z + \Omega\left(\hat{\sigma}_+ \hat{b}\mathrm{e}^{-\mathrm{i}\omega t} + \hat{\sigma}_- \hat{b}^\dagger \mathrm{e}^{\mathrm{i}\omega t}\right) \tag{5.9.3}$$

其中

$$\omega_0 = \omega_2 - \omega_1$$

含时 Schrödinger 方程记为

$$\mathrm{i}\frac{\partial}{\partial t}\left|\psi'\right\rangle = \hat{H}'\left|\psi'\right\rangle \tag{5.9.4}$$

5.9.1　含时规范变换和规范选取的意义

作含时规范变换

$$\left|\psi'\right\rangle = \hat{U}^\dagger(t)\left|\psi\right\rangle$$

含时幺正算符选为

$$\hat{U}(t) = \mathrm{e}^{-\mathrm{i}\omega \hat{b}^\dagger \hat{b}t} \tag{5.9.5}$$

代入 Schrödinger 方程 (5.9.4) 得

$$\mathrm{i}\left(\frac{\partial}{\partial t}\hat{U}^\dagger\right)\left|\psi\right\rangle + \mathrm{i}\hat{U}^\dagger \frac{\partial}{\partial t}\left|\psi\right\rangle = \hat{H}'\hat{U}^\dagger\left|\psi\right\rangle$$

两边同乘 $\hat{U}$, Schrödinger 方程变为

$$\mathrm{i}\hat{U}\left(\frac{\partial}{\partial t}\hat{U}^\dagger\right)\left|\psi\right\rangle + \mathrm{i}\frac{\partial}{\partial t}\left|\psi\right\rangle = \hat{U}\hat{H}'\hat{U}^\dagger\left|\psi\right\rangle$$

在新规范中 Hamilton 算符变为

$$\hat{H} = \hat{U}\hat{H}'\hat{U}^\dagger - \mathrm{i}\hat{U}\frac{\partial}{\partial t}\hat{U}^\dagger$$

作业 5.3　证明

$$\hat{U}\hat{b}\hat{U}^\dagger = \hat{b}\mathrm{e}^{\mathrm{i}\omega t}, \quad \hat{U}\hat{b}^\dagger \hat{U}^\dagger = \hat{b}^\dagger \mathrm{e}^{-\mathrm{i}\omega t}$$

我们得到了在文献中的 J-C 模型 Hamilton 算符

$$\hat{H} = \hat{H}_0 + \Omega \left(\hat{\sigma}_+ \hat{b} + \hat{\sigma}_- \hat{b}^\dagger \right) \tag{5.9.6}$$

$$\hat{H}_0 = \omega \hat{b}^\dagger \hat{b} + \frac{\omega_0}{2} \hat{\sigma}_z$$

新规范的物理意义很明确，是把原子和光场一起看成一个孤立系统，在这一系统中能量守恒的 Hamilton 量是好量子数。另外，作一幺正算符是

$$\hat{U}_I = \mathrm{e}^{\mathrm{i}\hat{H}_0 t}$$

的含时规范变换，我们也可得到相互作用绘景中的 Hamilton 算符

$$\hat{H}_I = \Omega \left(\hat{\sigma}_+ \hat{b} \mathrm{e}^{\mathrm{i}(\omega_0 - \omega)t} + \hat{\sigma}_- \hat{b}^\dagger \mathrm{e}^{-\mathrm{i}(\omega_0 - \omega)t} \right) \tag{5.9.7}$$

5.9.2 J-C 模型的 Berry 相

若 $|E_0\rangle$ 是系统的能量本征态，不失一般性，假设是基态

$$\hat{H}|E_0\rangle = E_0|E_0\rangle \tag{5.9.8}$$

含时 Schrödinger 方程的特解是

$$\begin{aligned}
|\psi_0(t)\rangle &= \mathrm{e}^{-\mathrm{i}E_0 t}|E_0\rangle \\
&= \mathrm{e}^{-\mathrm{i}\int_0^t \langle E_0|\hat{U}\hat{H}'\hat{U}^\dagger|E_0\rangle \mathrm{d}\tau + \mathrm{i}\gamma(t)}|E_0\rangle
\end{aligned} \tag{5.9.9}$$

其中

$$\gamma(t) = -\mathrm{i} \int_0^t \left\langle E_0 \left| \hat{U} \frac{\partial}{\partial \tau} \hat{U}^\dagger \right| E_0 \right\rangle \mathrm{d}\tau \tag{5.9.10}$$

演化一个周期

$$T = \frac{2\pi}{\omega}$$

后几何相位是

$$\begin{aligned}
\gamma(T) &= \int_0^T \omega \langle E_0|\hat{b}^\dagger \hat{b}|E_0\rangle \mathrm{d}t \\
&= 2\pi \langle E_0|\hat{b}^+ \hat{b}|E_0\rangle
\end{aligned} \tag{5.9.11}$$

该相位有明确的拓扑意义，因为

$$\omega = \frac{\mathrm{d}\varphi}{\mathrm{d}t}$$

则

$$\int_0^T \omega \mathrm{d}t = \oint \mathrm{d}\varphi = 2\pi \tag{5.9.12}$$

我们再次见到了这一封闭的但不确定的联络一次式，它是导致反常和乐的原因，如果前面的系数，这儿是 $\langle E_0|\hat{b}^+\hat{b}|E_0\rangle$，是非整数的话 [21-36]。

5.10　简并态几何相位和非 Abel 规范场

5.10.1　简并态几何相

　　Wilczek 最早把 Berry 提出的非简并态几何相位理论推广到非简并态，并且指出参数空间的等效矢量势是非 Abel 规范场，把 $U(1)$ 厄米丛推广到 $U(N)$ 情况。近年来, 在光学和凝聚态系统中实现非 Abel 规范场已成为一热点研究课题。考虑多重参数 $\boldsymbol{R}(t)$ 含时的 Hamilton 量 $\hat{H}(\boldsymbol{R}(t))$，它有 N 个含时简并基态 $|n(t)\rangle$。Schrödinger 方程的一般基态解是简并基态的叠加

$$|\psi(t)\rangle = \sum_{n=1}^{N} c_n(t)|n(t)\rangle \tag{5.10.1}$$

代入含时 Schrödinger 方程，我们把基态能量设为零，把 N 个系数排成列矩阵，则得到

$$\psi(t) = \mathrm{e}^{\mathrm{i}\gamma(t)}\psi(0) \tag{5.10.2}$$

其中

$$\psi(t) = \begin{pmatrix} c_1(t) \\ c_2(t) \\ \vdots \\ c_N(t) \end{pmatrix}$$

是旋量，$\psi(0)$ 表示其初始旋量态。假定经过一长时间 T 后，参数回到其初始值 $\boldsymbol{R}(T) = \boldsymbol{R}(0)$，几何相位只依赖于参数空间的回路 c

$$\gamma = \oint_c \boldsymbol{A} \cdot \mathrm{d}\boldsymbol{R} \tag{5.10.3}$$

$\boldsymbol{A}$ 是参数空间矢量场矩阵，矩阵元定义为

$$\boldsymbol{A}_{m,n} = \mathrm{i}\langle m(\boldsymbol{R})|\frac{\partial}{\partial \boldsymbol{R}}|n(\boldsymbol{R})\rangle \tag{5.10.4}$$

$\boldsymbol{A}$ 是非 Abel 规范场。

5.10.2　自旋相干态和非 Abel 规范场的分子磁体实现

　　1. 单轴各向异性的分子磁体模型

　　考虑单轴各向异性的分子磁体 (有关分子磁体模型的更多内容参看本书第 6 章), 例如 Mn_{12}, 其 Hamilton 算符可表示为

$$\hat{H} = -K\hat{S}_z^2 \tag{5.10.5}$$

$K > 0$ 是能量量纲常数，而 $\hat{S}$ 是无量纲自旋算符，自旋量子数为 "s"。Hamilton 有时间反演不变性，显然有简并基态 $|s, \pm s\rangle$，即

$$\hat{S}_z |s, \pm s\rangle = \pm s |s, \pm s\rangle$$

我们可通过一空间坐标转动，使分子磁体的易磁化方向转到单位矢量为

$$\boldsymbol{n} = (\sin\theta\cos\varphi, \sin\theta\sin\varphi, \cos\theta)$$

的空间方向，这时两简并基态变为

$$\boldsymbol{n} \cdot \hat{S} | \pm \boldsymbol{n}\rangle = \pm s | \pm \boldsymbol{n}\rangle \tag{5.10.6}$$

$| \pm \boldsymbol{n}\rangle$ 称为自旋相干态。空间旋转幺正算符不难求得为

$$\hat{U} = \mathrm{e}^{-\mathrm{i}\varphi\hat{S}_z}\mathrm{e}^{-\mathrm{i}\theta\hat{S}_y}\mathrm{e}^{\mathrm{i}\varphi\hat{S}_z} = \mathrm{e}^{-\frac{\theta}{2}(\hat{S}_+\mathrm{e}^{\mathrm{i}\varphi} - \hat{S}_-\mathrm{e}^{-\mathrm{i}\varphi})} \tag{5.10.7}$$

即

$$| \pm \boldsymbol{n}\rangle = \hat{U}|s, \pm s\rangle \tag{5.10.8}$$

把简并基态的能量设为零，用对易关系

$$\mathrm{i}\hat{U}\nabla\hat{U}^\dagger = 2\frac{1 - \cos\theta}{R\sin\theta}\boldsymbol{e}_\varphi\hat{S}_z + \left(-\mathrm{i}\frac{1}{2R}\boldsymbol{e}_\theta + \frac{1}{2R}\boldsymbol{e}_\varphi\right)\mathrm{e}^{\mathrm{i}\varphi}\hat{S}_+$$
$$+ \left(\mathrm{i}\frac{1}{2R}\boldsymbol{e}_\theta + \frac{1}{2R}\boldsymbol{e}_\varphi\right)\mathrm{e}^{-\mathrm{i}\varphi}\hat{S}_- \tag{5.10.9}$$

和非 Abel 规范场表达式 (5.10.4)，不难得到非 Abel 规范场 2×2 矩阵的明显表达式，对于高自旋分子磁体，矩阵都是对角的。仅当自旋量子数 $s = 1/2$ 时，(当然这已不是分子磁体了，Hamilton 算符也变为平庸的常数)，我们能得到非对角的非 Abel 规范场矩阵

$$\boldsymbol{A} = \frac{1}{2R}\begin{pmatrix} \dfrac{1 - \cos\theta}{\sin\theta}\boldsymbol{e}_\varphi & \dfrac{\mathrm{e}^{\mathrm{i}\varphi}}{2}(\mathrm{e}^{\frac{-\mathrm{i}\pi}{2}}\boldsymbol{e}_\theta - \boldsymbol{e}_\varphi) \\ \dfrac{\mathrm{e}^{-\mathrm{i}\varphi}}{2}(\mathrm{e}^{\frac{\mathrm{i}\pi}{2}}\boldsymbol{e}_\theta - \boldsymbol{e}_\varphi) & -\dfrac{1 - \cos\theta}{\sin\theta}\boldsymbol{e}_\varphi \end{pmatrix} \tag{5.10.10}$$

沿图 5.10.1 所示参数演化路径：$\boldsymbol{n}$ 的端点在球面上从北极开始沿子午圈向下到赤道，向东转 $\dfrac{\pi}{2}$，沿经度线向上返回北极。几何相可直接计算为

$$\gamma = \oint \boldsymbol{A} \cdot \mathrm{d}\boldsymbol{R} = \frac{\pi}{4}\begin{pmatrix} 1 & -1 \\ -1 & -1 \end{pmatrix} \tag{5.10.11}$$

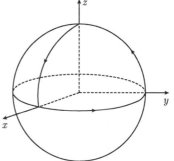

图 5.10.1 非 Abel 几何相积分
路径

我们形式上得到了矩阵几何相位，它不可能是物理观测量，能测的量也许是其本征值。

2. 双轴各向异性分子磁体模型

用单轴各向异性分子磁体模型，我们得到了 2×2 矩阵非 Abel 规范场, 高自旋的规范场矩阵都是对角的。高自旋非对角矩阵规范场可用双轴各向异性分子磁体模型实现。双轴各向异性分子磁体 Fe_8 的模型 Hamilton 算符可写为

$$\hat{H} = K_1 \hat{S}_z^2 + K_2 \hat{S}_y^2 \tag{5.10.12}$$

各向异性参数满足条件

$$K_1 > K_2 > 0$$

z 轴是难磁化轴，x 是易轴。半整数自旋分子磁体有两个简并基态

$$\hat{H}|M_\pm\rangle = E_0|M_\pm\rangle$$

对于有限的自旋量子数 "s", 不难得到简并基态的解析解

$$|M_\pm\rangle = \sum_{m=-s}^{s} c_m^\pm |s,m\rangle \tag{5.10.13}$$

用方程 (5.10.7) 定义的幺正算符作幺正变换，也即旋转坐标系

$$|M_\pm(\boldsymbol{R})\rangle = \hat{U}|M_\pm\rangle, \quad \hat{H}(\boldsymbol{R}) = \hat{U}\hat{H}\hat{U}^\dagger \tag{5.10.14}$$

则 2×2 非 Abel 规范场矩阵可由方程 (5.10.4) 计算。

作业 5.4　求 $s = \dfrac{3}{2}$ 的非 Abel 矩阵规范场。

5.11　周期驱动非厄米 Hamilton 的精确解和几何相位

非厄米 Hamilton 是熟知的物理概念，对应复数能量的不稳定系统 (例如亚稳态衰变、能量的虚部给出衰变率, 参看本书第 6 章的量子隧穿衰变)，和环境耦合的耗散系统。厄米 Hamilton 有实能量本征值，厄米性是对孤立系统 Hamilton 的基本要求。近年的研究指出，Hamilton 的厄米性是本征值为实数的充分条件，但非必要条件。如果 Hamilton 有空间–时间反演对称 (PT 对称) 仍可能有实能量本征值。PT 对称的非厄米 Hamilton 成为一热门研究课题 [37,38,39]。

5.11.1　PT 变换

Noether 定理是物理学的一重要原理，对称性对应守恒量，例如时间平移对称给出能量守恒，空间平移和旋转不变则有动量和角动量守恒。除以上的时空连续变换外，还有熟知的离散变换，空间反演对称和宇称守恒，空间周期平移对称产

生的 Bloch 波是固体物理能带论的基础, 而时间周期平移对称的 Flouque 波则导致新奇的时间晶体概念。空间反演下坐标和动量变号, 角动量是轴矢量不变, 电场强度变号, 磁感强度是轴矢量不变, 空间反演下右手系变为左手系。时间反演可理解为运动反向, 动量和角动量都变号, 磁感应强度和电流密度变号, 而电场强度不变。在 PT 变换下, 能量守恒系统的 Newton 方程和 Maxwell 方程不变。而规范场矢势 $\boldsymbol{A}$ 分别在空间和时间反演下变号, 因而是 PT 变换不变量。

量子力学中态和算符的变换用幺正算符作用实现, PT 变换算符可以表示为

$$\hat{\Theta} = K\hat{U}, \quad \hat{\Theta}^{-1} = \hat{U}^{\dagger}K$$

其中 $\hat{U}$ 是时空变量反号的幺正算符, 而 K 表示复共轭操作, 是由时间反演引起的。PT 变换算符是反线性的,

$$\hat{\Theta} \sum_n c_n |\psi_n\rangle = \sum_n c_n^* \hat{\Theta} |\psi_n\rangle$$

若

$$|\psi'\rangle = \hat{\Theta} |\psi\rangle = \hat{U} |\psi^*\rangle, \quad |\phi'\rangle = \hat{\Theta} |\phi\rangle = \hat{U} |\phi^*\rangle$$

PT 变换后两态的内积则为

$$(\psi', \phi') = \langle \psi^* | \hat{U}^{\dagger} \hat{U} | \phi^* \rangle = \langle \phi | \psi \rangle$$

所以 PT 算符也是反幺正的。PT 变换下, 坐标算符反号, 动量算符不变,

$$\hat{\Theta}\hat{x}\hat{\Theta}^{-1} = -\hat{x}, \quad \hat{\Theta}\hat{p}\hat{\Theta}^{-1} = \hat{p}$$

坐标和动量算符的对易关系在 PT 变换下不变, 称作 PT 对称。角动量算符 PT 变换下反号

$$\hat{\Theta}\hat{L}_i\hat{\Theta}^{-1} = -\hat{L}_i, \quad i = x, y, z$$

角动量算符的对易关系是 PT 对称的。

应该特别强调的是, SU(2) 李代数三个生成元中, 任意两个保持 PT 对称, 只有一个变号, 也能保证对易关系 PT 对称。所以, 算符的 PT 变换要根据具体物理系统而定, 例如量子光学中的赝自旋可用双模 Bose 子算符实现, PT 变换下就是两个分量变号, 一个不变, 即

$$\hat{\Theta}\hat{S}_z\hat{\Theta}^{-1} = -\hat{S}_z, \quad \hat{\Theta}\hat{S}_x\hat{\Theta}^{-1} = \hat{S}_x, \quad \hat{\Theta}\hat{S}_y\hat{\Theta}^{-1} = \hat{S}_y$$

对于自旋 2×2 矩阵表示, PT 变换算符的形式是

$$\hat{\Theta} = \hat{\sigma}_y K$$

而双模 Bose 子则为

$$\hat{\Theta} = \hat{\sigma}_x K$$

如果系统的 Hamilton 算符是 PT 对称的，

$$\hat{\Theta}\hat{H}\hat{\Theta}^{-1} = \hat{H}$$

则 Schrödinger 方程是 PT 变换协变的，

$$i\hbar\frac{\partial}{\partial t}\left|\psi'\right\rangle = \hat{H}\left|\psi'\right\rangle$$

其中，$\left|\psi'\right\rangle = \hat{\Theta}\left|\psi\right\rangle$，而 Hamilton 算符可以是非厄米的。所以 PT 对称非厄米 Hamilton 系统仍满足 Schrödinger 方程。

5.11.2　时间演化算符和态密度守恒

厄米 Hamilton 能保证量子态密度是时间演化守恒量，容易证明 PT 对称非厄米 Hamilton 算符量子态密度守恒仍成立，因为 Hamilton 非厄米，需区分左 (bra) 右 (ket) 态矢，规定右态矢的 Schrödinger 方程为

$$i\hbar\frac{\partial}{\partial t}\left|\psi\right\rangle_r = \hat{H}\left|\psi\right\rangle_r \tag{5.11.1}$$

左态矢满足的时间演化 Schrödinger 方程

$$i\hbar\frac{\partial}{\partial t}\left|\psi\right\rangle_l = \hat{H}^\dagger\left|\psi\right\rangle_l \tag{5.11.2}$$

也是 PT 变换不变的，时间演化算符分别为

$$\left|\psi(t)\right\rangle_r = e^{-\frac{i}{\hbar}\hat{H}t}\left|\psi(0)\right\rangle_r$$
$$\left|\psi(t)\right\rangle_l = e^{-\frac{i}{\hbar}\hat{H}^\dagger t}\left|\psi(0)\right\rangle_l$$

时间 t 的量子态密度定义为左 (bra) 右 (ket) 态矢的内积，显然是守恒量

$$_l\left\langle\psi(t)|\psi(t)\right\rangle_r = {}_l\left\langle\psi(0)|\psi(0)\right\rangle_r$$

5.11.3　态密度算符–非厄米不变量

本书第 1 章中已论述，厄米 Hamilton 算符的态密度算符是个厄米不变量，即它的时间全导数为零，PT 对称非厄米 Hamilton 算符的态密度算符定义为

$$\hat{\rho} = \left|\psi\right\rangle_r{}_l\left\langle\psi\right|$$

它当然也是不变量, 即时间全导数为零

$$\frac{\mathrm{d}\hat{\rho}}{\mathrm{d}t} = 0$$

算符的 Heisenberg 方程则为

$$\mathrm{i}\hbar\frac{\mathrm{d}\hat{\rho}}{\mathrm{d}t} = \mathrm{i}\hbar\frac{\partial\hat{\rho}}{\partial t} + \left[\hat{\rho}, \hat{H}\right] = 0$$

因而

$$\mathrm{i}\hbar\frac{\partial\hat{\rho}}{\partial t} = -\left[\hat{\rho}, \hat{H}\right] \tag{5.11.3}$$

容易证明 (**作业**) 态密度算符方程 (5.11.3) 和左右态矢的 Scherödinger 方程 (5.11.1) 和 (5.11.2) 一致, 注意到左态矢方程 (5.11.2) 的厄米共轭方程是,

$$-\mathrm{i}\hbar\frac{\partial_l\langle\psi|}{\partial t} = {}_l\langle\psi|\hat{H}$$

其中, 等式右边的 Hamilton 算符是向左作用在左态矢。

下面一节中讨论 PT 对称含时非厄米 Hamilton 系统动力学。

5.11.4 本征态、双正交基矢、度规算符

如果 PT 对称非厄米 Hamilton 有分立非简并本征态,

$$\hat{H}|u_n\rangle_r = \varepsilon_n|u_n\rangle_r$$
$$\hat{H}^\dagger|u_n\rangle_l = \varepsilon_n^*|u_n\rangle_l$$

非厄米 Hamilton 本征值不能保证是实数, 注意到

$${}_l\langle u_m|\hat{H} = {}_l\langle u_m|\varepsilon_m$$

本征态正交规一关系是

$${}_l\langle u_m|u_n\rangle_r = \delta_{mn}$$

非厄米 Hamilton 需要双正交基。可以引入一度规算符实现两基矢系间的变换

$$|u_n\rangle_l = \hat{\chi}|u_n\rangle_r$$
$${}_l\langle u_n| = {}_r\langle u_n|\hat{\chi}^\dagger$$

可以不需要引入两套基矢, 正交规一关系变为

$$(u_m, u_n) = \langle u_m|\hat{\chi}|u_n\rangle = \delta_{mn}$$

度规算符显然是厄米算符。

5.11.5　PT 对称的非厄米 Hamilton 和不变量算符——周期驱动 SU(1,1) 系统

我们考虑 5.8 中的 SU(1,1) 周期驱动系统，PT 对称非厄米 Hamilton 算符是 [37,38]，

$$\hat{H} = E\hat{K}_0 + G\left(\hat{K}_+ \mathrm{e}^{\mathrm{i}\varphi(t)} - \hat{K}_- \mathrm{e}^{-\mathrm{i}\varphi(t)}\right) \tag{5.11.4}$$

SU(1,1) 生成元算符的对易关系前节已给出 (为简洁以下取自然单位 $\hbar=1$)

$$\left[\hat{K}_0, \hat{K}_\pm\right] = \pm\hat{K}_\pm, \quad \left[\hat{K}_+, \hat{K}_-\right] = -2\hat{K}_0 \tag{5.11.5}$$

用 SU(1,1) 生成元算符的单模 Bose 算符表示，

$$\hat{K}_0 = \frac{1}{2}\left(\hat{a}^\dagger \hat{a} + \frac{1}{2}\right), \quad \hat{K}_+ = \frac{1}{2}\left(\hat{a}^\dagger\right)^2, \quad \hat{K}_- = \frac{1}{2}\left(\hat{a}\right)^2$$

生成元算符的 PT 变换是

$$\hat{\Theta}\hat{K}_0\hat{\Theta}^{-1} = \hat{K}_0, \quad \hat{\Theta}\hat{K}_+\hat{\Theta}^{-1} = \hat{K}_+, \quad \hat{\Theta}\hat{K}_-\hat{\Theta}^{-1} = \hat{K}_-$$

考虑周期驱动，含时相位角

$$\varphi(t) = \omega t$$

ω 是驱动场频率。因而 Hamilton 算符 (5.11.4) 是 PT 对称的

$$\hat{\Theta}\hat{H}\hat{\Theta}^{-1} = \hat{H}$$

但非厄米，因为

$$\left(\hat{K}_+\right)^\dagger = \hat{K}_-, \quad \left(\mathrm{e}^{\mathrm{i}\varphi(t)}\right)^\dagger = \mathrm{e}^{-\mathrm{i}\varphi(t)}$$

$$\hat{H} \neq \hat{H}^\dagger = E\hat{K}_0 - G\left(\hat{K}_+ \mathrm{e}^{\mathrm{i}\varphi(t)} - \hat{K}_- \mathrm{e}^{-\mathrm{i}\varphi(t)}\right)$$

用 Bose 子算符的坐标动量表示，

$\hat{a} = \hat{x} + \mathrm{i}\hat{p}, \hat{a}^\dagger = \hat{x} - \mathrm{i}\hat{p}$ Hamilton 算符 (5.11.4) 则变为

$$\hat{H} = \left[\frac{E}{4} + \mathrm{i}\frac{G}{2}\sin\varphi(t)\right]\hat{x}^2 + \left[\frac{E}{4} - \mathrm{i}\frac{G}{2}\sin\varphi(t)\right]\hat{p}^2 - \mathrm{i}\frac{G}{2}\cos\varphi(t)\left(\hat{x}\hat{p} + \hat{p}\hat{x}\right)$$

因为 Hamilton 算符量显含时间，不是守恒量，我们构造一 PT 对称的非厄米不变量算符来求解这一含时系统。若算符 $\hat{I}$ 是不变量，则时间全导数为零 [37,40]

$$\mathrm{i}\frac{\mathrm{d}\hat{I}}{\mathrm{d}t} = \mathrm{i}\frac{\partial\hat{I}}{\partial t} + \left[\hat{I}, \hat{H}\right] = 0 \tag{5.11.6}$$

由于 Hamilton 算符 PT 对称，需要构造一 PT 对称的不变量算符，用 PT 对称的 SU(1,1) 生成元 $\hat{K}_0$ 构造

$$\hat{I} = \hat{R}\hat{K}_0\hat{R}^{-1}$$

设变换算符为

$$\hat{R} = \mathrm{e}^{-\frac{\eta}{2}\left(\hat{K}_+\mathrm{e}^{\mathrm{i}\varphi(t)}+\hat{K}_-\mathrm{e}^{-\mathrm{i}\varphi(t)}\right)}, \quad \hat{R}^{-1} = \mathrm{e}^{\frac{\eta}{2}\left(\hat{K}_+\mathrm{e}^{\mathrm{i}\varphi(t)}+\hat{K}_-\mathrm{e}^{-\mathrm{i}\varphi(t)}\right)} \tag{5.11.7}$$

其中，η 为实待定参数，以使方程 (5.11.6) 成立。变换算符 (5.11.7) 是 PT 变换不变的。$\hat{\Theta}\hat{R}\hat{\Theta}^{-1} = \hat{R}$，但非幺正算符 $\hat{R}^{-1} \neq \hat{R}^\dagger = \hat{R}$，而通常的量子力学中，变换算符须是幺正的。碰巧的是在这一模型中 $\hat{R}$ 是厄米算符，但厄米性非必要条件，我们只要求 PT 对称。计算出变换关系：

$$\hat{R}\hat{K}_0\hat{R}^{-1} = \hat{K}_0 \cos\eta + \frac{1}{2}(\sin\eta)\left(\hat{K}_+\mathrm{e}^{\mathrm{i}\varphi(t)} - \hat{K}_-\mathrm{e}^{-\mathrm{i}\varphi(t)}\right) \tag{5.11.8}$$

代入不变量方程 (5.11.6)，并应用下列变换式

$$\hat{R}\hat{K}_+\hat{R}^{-1} = \hat{K}_+ \cos^2\frac{\eta}{2} - \hat{K}_0\mathrm{e}^{-\mathrm{i}\varphi(t)}\sin\eta - \hat{K}_-\mathrm{e}^{-2\mathrm{i}\varphi(t)}\sin^2\frac{\eta}{2}$$
$$\hat{R}\hat{K}_-\hat{R}^{-1} = \hat{K}_- \cos^2\frac{\eta}{2} + \hat{K}_0\mathrm{e}^{\mathrm{i}\varphi(t)}\sin\eta - \hat{K}_+\mathrm{e}^{2\mathrm{i}\varphi(t)}\sin^2\frac{\eta}{2} \tag{5.11.9}$$

以及

$$\mathrm{i}\hat{R}\frac{\partial}{\partial t}\hat{R}^{-1} = 2\frac{\mathrm{d}\varphi(t)}{\mathrm{d}t}\hat{K}_0 \sin^2\frac{\eta}{2} - \frac{1}{2}\frac{\mathrm{d}\varphi(t)}{\mathrm{d}t}(\sin\eta)\left(\hat{K}_-\mathrm{e}^{\mathrm{i}\varphi(t)} - \hat{K}_+\mathrm{e}^{-\mathrm{i}\varphi(t)}\right) \tag{5.11.10}$$

我们得到 PT 对称非厄米不变量

$$\hat{I} = \hat{K}_0 \cos\eta - \frac{1}{2}(\sin\eta)\left(\hat{K}_+\mathrm{e}^{\mathrm{i}\varphi(t)} - \hat{K}_-\mathrm{e}^{-\mathrm{i}\varphi(t)}\right) \tag{5.11.11}$$

其中待定参数 η 由下面方程确定，

$$G\cos\eta = -\frac{1}{2}\left(\frac{\mathrm{d}\varphi}{\mathrm{d}t} + E\right)\sin\eta$$

5.11.6 非厄米不变量的双正交基矢系和度规算符

我们需要求不变量的本征态，含时系统的解则按不变量本征态展开。$\hat{K}_0$ 是谐振子算符，其本征态和本征值是

$$\hat{K}_0 |n\rangle = k_n |n\rangle, \quad k_n = \frac{1}{2}\left(n + \frac{1}{2}\right)$$

由不变量的构造，显然其本征态为

$$|n(t)\rangle_r = \hat{R}(t) |n\rangle, \quad \hat{I} |n(t)\rangle_r = k_n |n(t)\rangle_r \tag{5.11.12}$$

因为非厄米性，其本征态 (右矢) 和其复共轭态 (左矢) 不正交规一，我们需要求和其正交规一的新基矢系，方程 (5.11.12) 态矢符号的下标 "r" 表示右矢，相应的左矢是其厄米共轭算符

$$\hat{I}^\dagger = \hat{R}^{-1}\hat{K}_0\hat{R}$$

的本征态，即 $\hat{I}^\dagger |n(t)\rangle_l = k_n |n(t)\rangle_l$，下标 "$l$" 代表左矢，显然

$$|n(t)\rangle_l = \hat{R}^{-1} |n\rangle$$

正交规一条件变为

$$_l\langle m(t)|\, n(t)\rangle_r = \delta_{mn}$$

左矢和右矢存在变换关系

$$|n(t)\rangle_l = \hat{\chi} |n(t)\rangle_r$$

称 $\hat{\chi}$ 为度规 (matric) 算符，显然

$$\hat{\chi} = \hat{R}^{-2}$$

引入度规算符，正交规一关系则变为

$$(m(t), n(t)) = \langle m(t) |\hat{\chi}|n(t)\rangle = \delta_{mn}$$

只需要单组基矢即可。

5.11.7　精确解、LR 相位和 Berry 相位

用 5.6 节中基于不变量求解含时系统的 Lewis, Riesefeld(LR) 方法，Scherödinger 方程

$$i\frac{\partial}{\partial t} |\psi\rangle = \hat{H} |\psi\rangle \tag{5.11.13}$$

的通解是不变量本征态的线性叠加

$$|\psi\rangle = \sum_n c_n(t) |n(t)\rangle_r \tag{5.11.14}$$

代入原方程 (5.11.13)，得到

$$i\sum_n \left[\dot{c}_n(t)|n(t)\rangle_r + c_n(t)\frac{\partial}{\partial t}|n(t)\rangle_r\right] = \sum_n c_n(t)\hat{H}|n(t)\rangle_r$$

用态矢 $_l\langle m(t)|$ 做上方程内积，则得到系数微分方程

$$ic_m(t) + \sum_n \left[_l\langle m(t)|\, i\frac{\partial}{\partial t} - \hat{H}|n(t)\rangle_r\right] = 0 \tag{5.11.15}$$

用不变量本征态展开的关键点是方程 (5.11.12) 中非对角矩阵元是零，即 $_l\langle m(t)|$ $\mathrm{i}\dfrac{\partial}{\partial t}-\hat{H}|n(t)\rangle_r=0$，当 $m\neq n$ 时。应用不变量算符方程 (5.11.6) 很容易证明非对角元为零，为此做方程 (5.11.6) 的非对角矩阵元

$$_l\langle m(t)|\,\mathrm{i}\frac{\partial \hat{I}}{\partial t}+\left[\hat{I},\hat{H}\right]|n(t)\rangle_r=0 \tag{5.11.16}$$

因为 $\dfrac{\partial \hat{I}}{\partial t}|n(t)\rangle_r=\dfrac{\partial}{\partial t}\left(\hat{I}|n(t)\rangle_r\right)-\hat{I}\dfrac{\partial}{\partial t}|n(t)\rangle_r=\left(k_n-\hat{I}\right)\dfrac{\partial}{\partial t}|n(t)\rangle_r$，代入方程 (5.116)，注意到 $_l\langle m(t)|\hat{I}=_l\langle m(t)|k_m$，方程 (5.11.6) 变为

$$(k_m-k_n)_l\langle m(t)|\,\mathrm{i}\frac{\partial}{\partial t}-\hat{H}|n(t)\rangle_r=0$$

因为 $m\neq n$，则非对角元为零，因而系数微分方程可直接积分，$c_n(t)=\mathrm{e}^{\mathrm{i}\alpha_n(t)}c_n(0)$，其中，$c_n(0)$ 是其初值，而

$$\alpha_n(t)=\int_0^t {}_l\langle n(t')|\mathrm{i}\frac{\partial}{\partial t'}-\hat{H}|n(t')\rangle_r\,\mathrm{d}t' \tag{5.11.17}$$

为 LR 相位因子，第二项是动力学相位，第一项给出 Berry 相，用 (5.11.8)~(5.11.10) 变换关系，则得到 LR 相位

$$\alpha_n(t)=-k_n\varepsilon(t)$$

其中，

$$\varepsilon(t)=\int_0^t (E-2\Gamma(t'))\mathrm{d}t'$$

$$\Gamma=(\omega+E)\sin^2\frac{\eta}{2}+G\sin\eta$$

$$\sin^2\frac{\eta}{2}=\frac{1}{2}\left(1\mp\frac{\omega+E}{\sqrt{(\omega+E)^2+4G^2}}\right) \tag{5.11.18}$$

Berry 相位按定义是含时参数演化一个周期后的结果，我们的模型中周期是 $T=\dfrac{2\pi}{\omega}$，因而第 n 本征态非绝热近似 Berry 相为

$$\gamma_n=\mathrm{i}\int_0^T {}_l\langle n(t)|\frac{\partial}{\partial t}|n(t)\rangle_r\,\mathrm{d}t=2k_n\oint\sin^2\frac{\eta}{2}\mathrm{d}\varphi$$

代入 (5.11.13) 式，非绝热 Berry 相是，

$$\gamma_n(T)=\pi\left(n+\frac{1}{2}\right)\left(1\mp\frac{\omega+E}{\sqrt{(\omega+E)^2+4G^2}}\right)$$

当外场缓慢变化时 $\dot{\phi} = \omega = 0$，则退化为绝热 Berry 相。

不变量算符及其厄米共轭都有实本征值,我们容易得到不变量本征态上 Hamilton 算符的期待值。注意到 PT 对称变换的 Hamilton 算符是

$$\hat{R}^{-1}\hat{H}\hat{R} = (E + 2\Gamma)\,\hat{K}_0$$

Hamilton 算符的期待值则求得为

$$\bar{H} =\,_l\langle n(t)|\,\hat{H}\,|n(t)\rangle_r = \langle n|\,\hat{R}^{-1}\hat{H}\hat{R}\,|n\rangle = (E + 2\Gamma)\,k_n$$

通解是

$$|\psi(t)\rangle_r = \sum_n c_n(0)\mathrm{e}^{-\mathrm{i}k_n\varepsilon(t)}\,|n(t)\rangle_r$$

可改写为

$$|\psi(t)\rangle_r = \hat{R}(t)\mathrm{e}^{-\mathrm{i}\hat{K}_0\varepsilon(t)}\sum_n c_n(0)\,|n\rangle \; = \hat{U}(t)\,|\psi(0)\rangle$$

其中 $|\psi(0)\rangle = \sum\limits_n c_n(0)\,|n\rangle$ 表示初态，时间演化算符则为

$$\hat{U}(t) = \hat{R}(t)\mathrm{e}^{-\mathrm{i}\hat{K}_0\varepsilon(t)}$$

它不是幺正算符。"bra" 态的时间演化是

$$|\psi(t)\rangle_l = \hat{R}^{-1}(t)\mathrm{e}^{-\mathrm{i}\hat{K}_0\varepsilon(t)}\,|\psi(0)\rangle$$

态规一化

$$(\psi(t),\,\psi(t)) \equiv\,_l\langle \psi(t)\,|\psi(t)\rangle_r = 1$$

用度规算则可不用态的下标

$$(\psi(t),\,\psi(t)) \equiv \langle \psi(t)|\,\hat{\chi}\,|\psi(t)\rangle = 1$$

两态的内积可表示为

$$(\psi(t),\,\varphi(t)) \equiv \langle \psi(t)|\,\hat{\chi}\,|\varphi(t)\rangle$$

5.12　PT 对称广义规范变换及非厄米 Hamilton 的经典对应

用本章 5.7 节中的含时规范变换方法求周期驱动非厄米 Hamilton (5.11.4) Scherödinger 方程的精确解,相应的几何相因子及其经典对应。和通常量子力学不同,为保持 Hamilton 的 PT 对称,要求规范变换算符必须 PT 对称,因而未必是幺正的 [38]。

5.12.1 PT 对称广义规范变换

用方程 (5.11.7) 的 PT 对称变换算符, 对含时 Schrödinger 方程作变换得到新规范中的方程

$$\mathrm{i}\frac{\partial}{\partial t}|\psi'\rangle = \hat{H}'|\psi'\rangle$$

其中, $|\psi'\rangle = \hat{R}|\psi\rangle$, 新规范的 Hamilton 算符则变为

$$\hat{H}' = \hat{R}\hat{H}\hat{R}^{-1} - \mathrm{i}\hat{R}\frac{\partial}{\partial t}\hat{R}^{-1} \tag{5.12.1}$$

把 (5.11.8)∼(5.11.10) 式的变换式代入, 则得到新规范中的 Hamilton

$$\hat{H}' = \left[E\cos\eta - 2G\sin\eta - 2\omega\sin^2\frac{\eta}{2}\right]\hat{K}_0$$
$$+ \left[G\cos\eta + \frac{E+\omega}{2}\sin\eta\right]\left(\mathrm{e}^{\mathrm{i}\phi(t)}\hat{K}_+ - \mathrm{e}^{-\mathrm{i}\phi(t)}\hat{K}_-\right)$$

这一 Hamilton 是 PT 对称, 但非厄米的。待定参数满足下面条件

$$G\cos\eta + \frac{\omega+E}{2}\sin\eta = 0$$

即

$$\sin\eta = \pm\frac{2G}{\Delta}$$

其中

$$\Delta = \sqrt{(\omega+E)^2 + 4G^2}$$

新规范的 Hamilton 变为不含时的厄米算符

$$\hat{H}' = 2\Gamma\hat{K}_0 \tag{5.12.2}$$

其中

$$\Gamma = \frac{1}{2}\left(\pm\frac{(\omega+E)^2 - 4G^2}{\Delta} - \omega\right)$$

注意到 $2\hat{K}_0 = \hat{a}^\dagger\hat{a} + \frac{1}{2}$, 新规范的 Hamilton 是频率为 Γ 的谐振子算符。能量本征态和本征值是,

$$\hat{H}'|n\rangle = E_n|n\rangle, \quad E_n = \left(n + \frac{1}{2}\right)\Gamma$$

$|n\rangle$ 是 Bose 子 Fock 态, $\hat{a}^\dagger\hat{a}|n\rangle = n|n\rangle$。我们得到有趣的结论, 动力学非平庸的 PT 对称非厄米 Hamilton 规范等价于一谐振子算符。换句话说, PT 对称的非厄米 Hamilton 可用 PT 变换从一厄米算符生成。

5.12.2　双正交基和非绝热 Berry 相因子

原规范中 Schrödinger 方程的特解则是

$$|\psi_n(t)\rangle_r = \mathrm{e}^{-\mathrm{i}E_n t} \hat{R}^{-1} |n\rangle \tag{5.12.3}$$

态矢下脚标 "r" 表示 "ket" 态 (右矢)，相应的 "bra" 态 (左矢) 则是

$$|\psi_n(t)\rangle_l = \mathrm{e}^{-\mathrm{i}E_n t} \hat{R} |n\rangle$$

正交规一条件，

$$_l\langle\psi_m(t)\,|\psi_n(t)\rangle_r = \delta_{mn}$$

引入度规算符，我们模型中是

$$\hat{\chi} = \hat{R}^2$$

正交规一条件可用度规算符表示为

$$(\psi_m\,(t), \psi_n(t)) \equiv \langle(\psi_m\,(t)|\,\hat{\chi}\,|\psi_n(t)\rangle = \delta_{mn}$$

用 $\hat{H}'$ 的表达式 (5.12.1)，态矢 (5.12.3) 可改写为

$$|\psi_n(t)\rangle_r = \mathrm{e}^{-\mathrm{i}\int_0^t \left[\langle n|\hat{R}\hat{H}\hat{R}^{-1} - \mathrm{i}\hat{R}\frac{\partial}{\partial t'}\hat{R}^{-1}|n\rangle \mathrm{d}t'\right]} \hat{R}^{-1} |n(t)\rangle_r \tag{5.12.4}$$

从指数因子第二项可计算 Berry 相位，驱动场变化一个周期，$T = \dfrac{2\pi}{\omega}$，的非绝热近似 Berry 相是

$$\gamma_n = \mathrm{i}\int_0^T \langle n|\hat{R}\frac{\partial}{\partial t}\hat{R}^{-1}|n\rangle\,\mathrm{d}t$$

用变换式 (5.11.10) 可得到 Berry 相的值

$$\gamma_n = \pi\left(n + \frac{1}{2}\right)\left(1 \mp \frac{\omega + E}{\Delta}\right) \tag{5.12.5}$$

新规范的 Hamilton 算符可用坐标算符 $\hat{x} = \dfrac{1}{\sqrt{2}}\left(\hat{a} + \hat{a}^\dagger\right)$ 和动量算符 $\hat{p} = \dfrac{1}{\sqrt{2}\mathrm{i}}\left(\hat{a} - \hat{a}^\dagger\right)$ 写成熟知的谐振子形式，

$$\hat{H}' = \frac{\Gamma}{2}\left(\hat{x}^2 + \hat{p}^2\right) \tag{5.12.6}$$

本征态波函数是

$$\psi_n'(x, \Gamma) = \sqrt{\frac{\Gamma^{\frac{1}{2}}}{2^n \pi^{\frac{1}{2}} n!}}\mathrm{e}^{-\frac{\Gamma x^2}{2}} H_n(\Gamma^{\frac{1}{2}} x)$$

其中,

$$H_n(\Gamma^{\frac{1}{2}}x) = (-1)^n \mathrm{e}^{\Gamma x^2} \frac{\mathrm{d}^n}{\mathrm{d}(\Gamma^{\frac{1}{2}}x)^n} \mathrm{e}^{-\Gamma x^2}$$

是 Hermit 多项式。原规范中 Schrödinger 方程特解波函数

$$\psi_n(x, \Gamma, t) = \hat{R}^{-1}(t)\psi_n'(x, \Gamma)\mathrm{e}^{-\mathrm{i}E_n t}, \tag{5.12.7}$$

其中变换算符在坐标表象的形式是

$$\hat{R}^{-1}(t) = \mathrm{e}^{\frac{\eta}{4}\left[\left(x^2 + \frac{\mathrm{d}^2}{\mathrm{d}x^2}\right)\cos\omega t - \mathrm{i}\left(2x\frac{\mathrm{d}}{\mathrm{d}x} + 1\right)\sin\omega t\right]} \tag{5.12.8}$$

5.12.3 非厄米 Hamilton 的经典对应和 PT 对称正则变换

PT 对称非厄米 Hamilton 算符是量子力学的概念, 一个有趣的问题是研究其对应的经典哈密顿。对于厄米系统 Berry 相有其经典对应 Hannay 角, 这一量子–经典对应在非厄米系统是否成立? 为此我们把非厄米 Hamilton 算符 (5.12.2) 换成经典 Hamilton 量,

$$H = \frac{1}{2}\left[\frac{E}{2} + \mathrm{i}G\sin\phi(t)\right]x^2 + \frac{1}{2}\left[\frac{E}{2} - \mathrm{i}G\sin\phi(t)\right]p^2$$

$$- \mathrm{i}Gxp\cos\phi(t) \tag{5.12.9}$$

注意到 PT 变换下复数 "i" 变号, 经典 Hamilton 也是 PT 对称的, 是坐标、动量和时间复函数。我们同样可得到新规范厄米算符 (5.12.6) 的经典对应, 为此做和 (5.11.8) 与 (5.11.9) 式对应的经典变量正则变换:

$$x = \left[\cos\frac{\eta}{2} - \mathrm{i}\sin\phi(t)\sin\frac{\eta}{2}\right]X + \mathrm{i}P\cos\phi(t)\sin\frac{\eta}{2}$$

$$p = \mathrm{i}X\cos\phi(t)\sin\frac{\eta}{2} + \left[\cos\frac{\eta}{2} + \mathrm{i}\sin\phi(t)\sin\frac{\eta}{2}\right]P \tag{5.12.10}$$

其中 η 是待定参数, 该变换 (5.12.10) 是 PT 对称的。根据本书第 1 章中的论述, 如果两拉氏函数相差一时空函数全导数, 则运动方程不变, 两拉氏函数规范等价, 称为规范变换, 为此, 我要求新变量的相空间拉氏量:

$$L'(X, P, t) = \dot{X}P - H'(X, P, t)$$

和旧变量拉氏量

$$L(x, p, t) = \dot{x}p - H(x, p, t)$$

相差一时间全导数, 即

$$L'(X, P, t) = L(x, p, t) + \frac{\mathrm{d}F(X, P, t)}{\mathrm{d}t} \tag{5.12.11}$$

$F(X,P,t)$ 称为生成函数，表达式是

$$F(X,P,t) = \left(-\mathrm{i}\frac{1}{2}\cos\phi(t)\sin\eta - \sin\phi(t)\cos\phi(t)\sin^2\frac{\eta}{2}\right)\frac{X^2}{2}$$
$$+ \left(-\mathrm{i}\frac{1}{2}\cos\phi(t)\sin\eta + \sin\phi(t)\cos\phi(t)\sin^2\frac{\eta}{2}\right)\frac{P^2}{2}$$
$$+ XP\cos^2\phi(t)\sin^2\frac{\eta}{2}$$

待定参数满足下面条件时，即

$$\sin\eta = -\frac{2G}{\Delta}$$

我们得到新规范 Hamilton

$$H' = \frac{\Gamma}{2}\left(X^2 + P^2\right)$$

正是 (5.12.6) 式的经典对应。

5.12.4　作用量和角正则变量、Hannay 角

周期驱动系统的作用量 I 是守恒量，其对应的共轭正则变量是角变量 Φ，正则变量变换到角和作用量变量，正则方程是

$$\dot{\Phi} = \frac{\partial H'(\Phi, I)}{\partial I} = \Gamma$$
$$\dot{I} = -\frac{\partial H'(\Phi, I)}{\partial \Phi} = 0$$

因此角和作用量变量的 Hamilton 是

$$H'(\Phi, I) = I\Gamma$$

坐标和动量则为

$$\begin{aligned}X(\Phi, I) &= \sqrt{2I}\sin\Phi \\ P(\Phi, I) &= \sqrt{2I}\cos\Phi\end{aligned} \tag{5.12.12}$$

把 (5.12.12) 式代入 (5.12.10) 式则得到

$$x = \sqrt{2I}\left[\cos\frac{\eta}{2} - \mathrm{i}\sin\phi(t)\sin\frac{\eta}{2} + \mathrm{i}\cos\phi(t)\sin\frac{\eta}{2}\right]$$
$$p = \sqrt{2I}\left[\mathrm{i}\cos\phi(t)\sin\frac{\eta}{2} + \cos\frac{\eta}{2} + \mathrm{i}\sin\phi(t)\sin\frac{\eta}{2}\right]$$

驱动外场演化一周期 $T = \dfrac{2\pi}{\omega}$ 的 Hannay 角可按下式计算，

$$\Delta\theta_H = -\frac{\partial}{\partial I}\left\langle p(I,\Phi)\mathrm{d}_\phi x(I,\Phi)\right\rangle_\Phi$$

$$= -\frac{\partial}{\partial I}\left[\frac{1}{2\pi}\int_0^{2\pi}\mathrm{d}\Phi\int_0^{2\pi}p(I,\Phi)\mathrm{d}_\phi x(I,\Phi)\right]$$

$$= \pi\left(\pm\frac{\omega+E}{\Delta}-1\right)$$

我们得到 Berry 相和 Hannay 角的对应关系,

$$\gamma_n(T) = -\left(n+\frac{1}{2}\right)\Delta\theta_H$$

我们提供了一个精确可解的含时系统,其 PT 对称的非厄米 Hamilton 算符规范等价于一不含时厄米 Hamilton,换句话说用 PT 对称的非幺正变换,可由厄米算符生成动力学非平庸的 PT 对称非厄米 Hamilton 算符。一个有趣的问题,是否所有 PT 对称非厄米 Hamilton 算符都有其对应的厄米算符,是否存在普遍理论,是有待进一步研究的课题。

根据 Mostafazadeh,PT 对称既不是非厄米 Hamilton 有实数本征值的充分条件也非必要条件,如果非厄米 Hamilton 有实本征值称其为赝厄米 (pseudo-Hermitian)Hamilton[39,40,41]。下节我们讨论含时 SU(1,1) 和 SU(2)Hamilton 的精确解,前者是 PT 对称的,后者则不是,但它们都是赝厄米 Hamilton,存在实本征值。

5.13 周期驱动 SU(2) 和 SU(1,1) 赝厄米 Hamilton 的厄米化和精确解

前面两节我们局限于 PT 对称非厄米 Hamilton,其实非厄米 Hamilton 的实数本征值无需要求 PT 对称。本节首先证明,实数本征值的非厄米 Hamilton 总可变换为厄米 Hamilton,称为赝厄米 Hamilton,然后用广义规范变换统一求解 SU(2) 和 SU(1,1) 含时非厄米 Hamilton 系统,前者非 PT 对称,后者是 PT 对称的。

5.13.1 赝厄米 Hamilton 的厄米化和广义规范变换

若定态非厄米 Hamilton 算符有本征态,

$$\hat{H}\,|u\rangle_r = E\,|u\rangle_r$$
$$\hat{H}^\dagger\,|u\rangle_l = E^*\,|u\rangle_l$$

引入度规算符,

$$|u\rangle_l = \hat{\chi}\,|u\rangle_r$$

有如下关系式:

$$_r \langle u| \hat{\chi}\hat{H} |u\rangle_r = E$$
$$_r \langle u| \hat{H}^\dagger\hat{\chi} |u\rangle_r = E^* \tag{5.13.1}$$

如果非厄米 Hamilton 有实数本征值, 从 (5.13.1) 式可推出等式

$$\hat{\chi}\hat{H}\hat{\chi}^{-1} = \hat{H}^\dagger \tag{5.13.2}$$

称为 Mostafazadeh 等式[40], 则

$$\hat{\chi}\hat{H} = \hat{H}^\dagger\hat{\chi} \equiv \hat{h}$$

是厄米算符, 总可以找到一变换算符 $\hat{R}$ 把赝厄米 Hamilton 厄米化,

$$\hat{R}\hat{H}\hat{R}^{-1} = \hat{R}^{-1}\hat{H}^\dagger\hat{R} = \hat{h}$$

由 (5.13.2) 式可得度规算符和变换算符的关系

$$\hat{\chi} = \hat{R}^2 \tag{5.13.3}$$

我们把赝厄米 Hamilton 的概念推广到含时系统, 需从双含时 Scherödinger 方程着手, 赝厄米 Hamilton 及其厄米共轭满足的方程分别是

$$\mathrm{i}\frac{\partial}{\partial t} |\psi\rangle_r = \hat{H} |\psi\rangle_r$$
$$\mathrm{i}\frac{\partial}{\partial t} |\psi\rangle_l = \hat{H}^\dagger |\psi\rangle_l$$

作用含时 $\hat{R}$ 算符, 则含时 Scherödinger 方程变为,

$$\mathrm{i}\frac{\partial}{\partial t} |\psi'\rangle_r = \hat{H}' |\psi'\rangle_r$$

新规范中的态和 Hamilton 分别是

$$|\psi'\rangle_r = \hat{R} |\psi\rangle_r$$
$$\hat{H}' = \hat{R}\hat{H}\hat{R}^{-1} - \mathrm{i}\hat{R}\frac{\partial}{\partial t}\hat{R}^{-1}$$

含时规范变换的关键点是选适当的规范变换算符, 以使新规范中的 Hamilton 变为厄米的, 即

$$\hat{H}' = \hat{h}(t) = \hat{h}^\dagger(t)$$

因而,

$$\left[\hat{H}'\right]^\dagger = \hat{R}^{-1}\hat{H}^\dagger\hat{R} + \mathrm{i}\left(\frac{\partial}{\partial t}\hat{R}^{-1}\right)\hat{R} = \hat{H}'$$

用新规范 Hamilton 算符 $\hat{H}'$ 的表达式和方程 (5.13.3) 不难证明 **(作业)** 含时赝厄米 Hamilton 的必要条件是 [41]

$$\hat{\chi}\hat{H}\hat{\chi}^{-1} = \hat{H}^{\dagger} + \mathrm{i}\left[\frac{1}{2}\hat{\chi}\frac{\partial}{\partial t}\hat{\chi}^{-1} + \hat{\chi}^{\frac{1}{2}}\frac{\partial}{\partial t}\hat{\chi}^{-\frac{1}{2}}\right] \tag{5.13.4}$$

定态 Hamilton 时，上式退化为 Mostafazadeh 等式 (5.13.2)。下面一节给出两个赝 Hamilton 的例子及其厄米化和精确解。

5.13.2 周期驱动 SU(2)、SU(1,1) 赝厄米 Hamilton 和 PT 对称

仍然考虑非厄米 Hamilton(5.11.4)，

$$\hat{H} = E\hat{K}_0 + G\left(\hat{K}_+ \mathrm{e}^{\mathrm{i}\varphi(t)} - \hat{K}_- \mathrm{e}^{-\mathrm{i}\varphi(t)}\right)$$

对易关系扩展为

$$\left[\hat{K}_+, \hat{K}_-\right] = D\hat{K}_0$$

其中，

$$D = \pm 2$$

分别对应 SU(2) 和 SU(1,1) 系统。SU(1,1),Hamilton 有 PT 对称，若 SU(2) 系统是自旋，生成元算符的 PT 变换是

$$\hat{\Theta}\hat{K}_0\hat{\Theta}^{-1} = -\hat{K}_0$$
$$\hat{\Theta}\hat{K}_{\pm}\hat{\Theta}^{-1} = -\hat{K}_{\mp}$$

Hamilton 无 PT 对称，但同样有实数本征值，是赝厄米的，因而可得到规范等价的厄米 Hamilton 和 Scherödinger 方程的精确解。

5.13.3 广义规范变换和精确解

广义规范变换

$$\mathrm{i}\frac{\partial}{\partial t}|\psi'\rangle = \hat{H}'|\psi'\rangle, \quad |\psi'\rangle = \hat{R}|\psi\rangle$$

新规范的 Hamilton 算符是

$$\hat{H}' = \hat{R}\hat{H}\hat{R}^{-1} - \mathrm{i}\hat{R}\frac{\partial}{\partial t}\hat{R}^{-1}$$

包括 SU(2) 系统，变换算符 (5.11.7) 不再限于 PT 对称，变换关系式 (5.11.8)~(5.11.10) 扩展为

$$\hat{R}\hat{K}_0\hat{R}^{-1} = \hat{K}_0\sinh\alpha + \frac{1}{\sqrt{2D}}(\sinh\alpha)\left(\hat{K}_+\mathrm{e}^{\mathrm{i}\varphi(t)} - \hat{K}_-\mathrm{e}^{-\mathrm{i}\varphi(t)}\right) \tag{5.13.5}$$

其中双曲函数的宗量是

$$\alpha = \eta \sqrt{\frac{D}{2}}$$

$$\hat{R}\hat{K}_+\hat{R}^{-1} = \hat{K}_+ \cosh^2\frac{\alpha}{2} - \hat{K}_0 e^{-i\varphi(t)}\sqrt{\frac{D}{2}}\sinh\alpha - \hat{K}_- e^{-2i\varphi(t)}\sinh^2\frac{\eta}{2}$$

$$\hat{R}\hat{K}_-\hat{R}^{-1} = \hat{K}_- \cosh^2\frac{\alpha}{2} + \hat{K}_0 e^{i\varphi(t)}\sqrt{\frac{D}{2}}\sinh\alpha - \hat{K}_+ e^{2i\varphi(t)}\sinh^2\frac{\alpha s}{2} \quad (5.13.6)$$

$$i\hat{R}\frac{\partial}{\partial t}\hat{R}^{-1} = 2\frac{d\varphi(t)}{dt}\hat{K}_0\sinh^2\frac{\alpha}{2} - \frac{1}{\sqrt{2D}}\frac{d\varphi(t)}{dt}(\sinh\eta)\left(\hat{K}_- e^{i\varphi(t)} - \hat{K}_+ e^{-i\varphi(t)}\right)$$
$$(5.13.7)$$

把 (5.13.2)~(5.13.4) 变换关系代入，得到新规范的 Hamilton 是

$$\hat{H}' = \left[E\cosh\alpha + \sqrt{2D}G\sinh\alpha - 2\omega\sinh^2\frac{\alpha}{2}\right]\hat{K}_0$$
$$+ \left[G\cosh\alpha + \frac{E+\omega}{\sqrt{2D}}\sinh\alpha\right]\left(e^{i\phi(t)}\hat{K}_+ - e^{-i\phi(t)}\hat{K}_-\right) \quad (5.13.8)$$

仍然是非厄米算符，选待定参数满足条件，

$$G\cosh\alpha + \frac{E-\omega}{\sqrt{2D}}\sinh\alpha = 0 \quad (5.13.9)$$

即

$$\sinh\alpha = \pm\frac{\sqrt{2D}G}{\Delta(\omega)}$$

其中，

$$\Delta(\omega) = \sqrt{(E-\omega)^2 - 2DG^2} \quad (5.13.10)$$

得到 Hamilton 为厄米算符

$$\hat{H}' = 2\Gamma(\omega)\hat{K}_0$$

能量函数的表达式是

$$\Gamma(\omega) = \frac{1}{2}\left(\pm\frac{E^2 - \omega^2 - 2DG^2}{\Delta(\omega)} - \omega\right) \quad (5.13.11)$$

用度规算符可证明 **(作业)** 赝厄米算符的必要条件 (5.13.4)。

定态 Hamilton 情况，$\dfrac{d\phi}{dt} = \omega = 0$，厄米化的定态 Hamilton 是

$$\hat{H}' = 2\Gamma\hat{K}_0 \quad (5.13.12)$$

定态能量函数变为

$$\Gamma = \pm \frac{1}{2}\Delta$$

定态参数变为

$$\Delta = \sqrt{E^2 - 2DG^2}$$

对于 SU(1,1) 系统，$D = -2$，赝厄米 Hamilton 可完全厄米化, 有实数能谱，而 SU(2) 系统，$D = 2$, 耦合系数存在一临界点

$$G_c = \frac{E}{2} \tag{5.13.13}$$

在临界点之下，$G < G_c$，有实能谱，临界点是能量简并态，所有本征态的能量本征值皆为零，在临界点之上，能谱为虚数。厄米化是有条件的。

SU(1,1) 系统的含时精确解前面已给出，我们讨论 SU(2) 含时 Hamilton。

$\hat{K}_0$ 的本征态是熟知的自旋态

$$\hat{K}_0 |s,m\rangle = m |s,m\rangle$$

Hamilton$\hat{H}'$ 的本征值是

$$\varepsilon_m = 2m\Gamma(\omega)$$

退回到原规范，可求得绝热 Berry 相位，

$$\gamma_m = 2\pi m \left(1 - \frac{E + \omega}{\sqrt{(E+\omega)^2 - 4G^2}}\right) \tag{5.13.14}$$

在临界点

$$G_c(\omega) = \frac{E + \omega}{2} \tag{5.13.15}$$

相位 (5.13.14) 发散，当耦合系数 G 增大超过临界点时，相位变为复数。考虑绝热近似

$$\frac{\mathrm{d}\phi}{\mathrm{d}t} = \omega \to 0$$

绝热近似 Berry 相变为

$$\gamma_m = 2\pi m \left(1 - \frac{E}{\sqrt{E^2 - 4G^2}}\right) \tag{5.13.16}$$

相位发散的临界点和定态临界点 G_c (5.13.15) 重合。

Hamilton 量的厄米性是实数本征值的充分条件,但非必要条件,非厄米 Hamilton 也可有实数本征值，但也绝不限于 PT 对称 Hamilton，而有更广泛的存在。我们给出了两个实例，Hamiton 分别为 PT 对称和非对称，它们都可通过广义规范变换变为其厄米对应，因而 Hamilton 本征值可以为实数。

5.14   附录：量子化光场中的二能级原子 Hamilton 算符

从场论的观点，我们把电子在经典电磁场中的 Schrödinger 方程看作经典场方程，电子的波函数就变成了经典场变量，它和电磁场具有相同的地位。所研究系统的物理观测量是矢量场 $\boldsymbol{A}$ 和复标量场 ψ，经典场方程是

$$\mathrm{i}\hbar\frac{\partial\psi}{\partial t} = \left[\frac{-\hbar^2}{2m}\left(\nabla - \mathrm{i}\frac{e\boldsymbol{A}}{c\hbar}\right)^2 + V\right]\psi \tag{5.14.1}$$

其中，V 是电子的标量势。我们用正则量子化方法，把这一经典场系统量子化。复标量场有两个独立场变量 ψ 和 ψ^*，拉氏密度可构造为

$$\mathcal{L} = \mathrm{i}\hbar\psi^*\frac{\partial\psi}{\partial t} - \psi^*\left[\frac{-\hbar^2}{2m}\left(\nabla - \mathrm{i}\frac{e\boldsymbol{A}}{c\hbar}\right)^2 + V\right]\psi \tag{5.14.2}$$

作用量变分取极值

$$\delta S = \delta\int\mathcal{L}\mathrm{d}^3\boldsymbol{x}\mathrm{d}t = 0$$

两独立场变量 ψ 和 ψ^* 变分前的系数为零，则分别得到 Schrödinger 方程及其厄米共轭。引入和场变量 ψ 共轭的正则动量密度

$$\pi_\psi = \frac{\partial\mathcal{L}}{\partial\frac{\partial\psi}{\partial t}} = \mathrm{i}\hbar\psi^* \tag{5.14.3}$$

注意到这一变换并没有给出期待的正则动量和广义速度 $\dfrac{\partial\psi}{\partial t}$ 之间的关系式，以使我们可以用动量密度来表示广义速度，从而得到相空间 Hamilton 密度。上面的关系式仅是两场变量间的约束关系，称这样的系统为约束系统，其量子化应采用 Dirac 约束系统量子化方法，有兴趣的读者可参阅相关文献。我们这里可形式上用 Hamilton 密度的定义

$$\mathcal{H} = \frac{\partial\psi}{\partial t}\pi_\psi - \mathcal{L} = \psi^*\left[\frac{-\hbar^2}{2m}\left(\nabla - \mathrm{i}\frac{e\boldsymbol{A}}{c\hbar}\right)^2 + V\right]\psi \tag{5.14.4}$$

所幸广义速度正好消掉。

系统总 Hamilton 量是 Hamilton 密度的空间积分

$$H = \int\psi^*\mathcal{H}\psi\mathrm{d}^3\boldsymbol{x} \tag{5.14.5}$$

用正则量子化方法，把场变量 (物理观测量) 及其共轭变量 (动量密度) 变为算符，对易关系是

$$[\hat{\psi}(\boldsymbol{x},t),\hat{\pi}_\psi(\boldsymbol{x}',t)] = \mathrm{i}\hbar\delta^3(\boldsymbol{x}-\boldsymbol{x}') \tag{5.14.6}$$

$$[\hat{A}^i(\boldsymbol{x},t),\hat{\pi}_{\boldsymbol{A}}^j(\boldsymbol{x}'t)] = \mathrm{i}\hbar\delta_{i,j}\delta^3(\boldsymbol{x}-\boldsymbol{x}') \tag{5.14.7}$$

量子化光场中的原子二次量子化 Hamilton 算符可写为

$$\hat{H} = \hat{H}_0 + \hat{H}_i \tag{5.14.8}$$

第一项表示原子算符，第二项是原子和光场相互作用

$$\hat{H}_0 = \int \hat{\psi}^\dagger \left(\frac{-\hbar^2}{2m}\nabla^2 + V\right)\hat{\psi}\mathrm{d}^3\boldsymbol{x} \tag{5.14.9}$$

和

$$\hat{H}_i = -\frac{e\hbar}{mc}\int \hat{\psi}^\dagger \hat{A}\cdot\boldsymbol{p}\hat{\psi}\mathrm{d}^3\boldsymbol{x} \tag{5.14.10}$$

相互作用 Hamilton 中使用了 Coulomb 规范 $\nabla\cdot\hat{A}=0$ (也即横波条件)，另外，忽略了 $\hat{A}^2$ 项。把原子场算符按电子束缚态展开

$$\hat{\psi} = \sum_n \hat{a}_n u_n, \quad \left(\frac{-\hbar^2}{2m}\nabla^2 + V\right)u_n = E_n u_n \tag{5.14.11}$$

用本征态 u_n 的正交归一性，得到

$$\hat{H}_0 = \sum_n E_n \hat{a}_n^\dagger \hat{a}_n \tag{5.14.12}$$

原子产生、湮灭算符满足 Bose 子对易关系。

作业 5.5　证明由原子场算符的对易关系方程 (5.11.6) 推出原子产生、湮灭算符满足的 Bose 子对易关系

$$[\hat{a}_n, \hat{a}_m^\dagger] = \delta_{n,m}$$

反之亦然。

把电磁场算符按自由场平面波展开

$$\hat{A} = \sum_{k,\alpha} \xi_k(\hat{b}_{k,\alpha}\boldsymbol{e}_\alpha \mathrm{e}^{\mathrm{i}(\boldsymbol{k}\cdot\boldsymbol{x}-\omega_k t)} + \hat{b}_{k,\alpha}^\dagger \boldsymbol{e}_\alpha \mathrm{e}^{-\mathrm{i}(\boldsymbol{k}\cdot\boldsymbol{x}-\omega_k t)}) \tag{5.14.13}$$

其中，$\hat{b}$ 是无量纲算符；ξ_k 是常数；$\boldsymbol{e}_\alpha$ 是与传播方向 $\boldsymbol{k}$ 垂直的单位矢量；$\alpha=1,2$ 表示互相垂直的极化方向。同样用电磁场算符的对易关系，注意到平面波正交归一性，不难证明光子算符的对易关系

$$[\hat{b}_{k,\alpha}, \hat{b}_{k',\alpha'}^{\dagger}] = \delta_{k,k'}\delta_{\alpha,\alpha'} \tag{5.14.14}$$

用长波近似 $\boldsymbol{k} \cdot \boldsymbol{x} \approx 0$，得到在单模光场中二能级原子的相互作用 Hamilton

$$\hat{H}_i = \frac{\mathrm{i}e\Omega'}{c}[\hat{A} \cdot \boldsymbol{x}_{12}\hat{a}_1^{\dagger}\hat{a}_2 - \hat{A} \cdot \boldsymbol{x}_{12}^{*}\hat{a}_1\hat{a}_2^{\dagger}] \tag{5.14.15}$$

$$\Omega' = \frac{E_2 - E_1}{\hbar}$$

是频率量纲的耦合常数。

$$\boldsymbol{x}_{12} = \langle u_1|\boldsymbol{x}|u_2\rangle$$

是偶极跃迁矩阵元，令

$$\frac{e\xi}{c}\sum_{\alpha}\boldsymbol{e}_{\alpha} \cdot \boldsymbol{x}_{12} = -\mathrm{i}g$$

其中, g 是实参数, 光子的产生、湮灭和极化无关, 我们得到相互作用 Hamilton 算符

$$\hat{H}_i = g\Omega'[\hat{b}\mathrm{e}^{-\mathrm{i}\omega t} + \hat{b}^{\dagger}\mathrm{e}^{\mathrm{i}\omega t}][\hat{a}_1^{\dagger}\hat{a}_2 + \hat{a}_1\hat{a}_2^{\dagger}] \tag{5.14.16}$$

我们强调，在原子孤立系统中或者规范中，Hamilton 是含时的。旋波近似下，只选能量守恒的过程，重新定义参数 $\Omega = \Omega'g$，则有

$$\hat{H}_i = \Omega[\hat{a}_2^{\dagger}\hat{a}_1\hat{b}\mathrm{e}^{-\mathrm{i}\omega t} + \hat{a}_2\hat{a}_1^{\dagger}\hat{b}^{\dagger}\mathrm{e}^{\mathrm{i}\omega t}] \tag{5.14.17}$$

Ω 称为 Rabi 频率。

参 考 文 献

[1] Berry M V R. Quantal phase factors accompanying adiabatic changes. Proc. Soc., A, 1984, 392: 45.

[2] Aharonov Y, Anandan J. Phase change during a cyclic quantum evolution. Phys. Rev. Lett., 1987, 58: 1953.

[3] Wilczek F, Zee A. Appearance of gauge structure in simple dynamical systems. Phys. Rev. Lett., 1983, 51: 2250.

[4] Wilczek F, Zee A. Appearance of gauge structure in simple dynamical systems. Phys. Rev. Lett., 1984, 52: 211.

[5] Balachandran A P. Classical topology and quantum phases: quantum Mechanics Haarlem: North-Holland, 1989.

[6] Sudarshan E C G. Topology and Quantum 7 Internal Symmetries in Nonlinear Field Theory, in Geometrical and Algebraic Aspects of Nonlinear Field Theories. Phys. Lett. B, 1988, 213: 471.

[7] Bohm A, Mostafazadeh A, Koizumi H, et al. The Geometric Phase in Quantum Systems-Foundations, Mathematical Concepts, and Applications in Molecular and Condensed Matter Physics. Berlin, Heidelberg: Springer-Verlag, 2003.

[8] Burke W L. Applied Differential Geometry. London: Cambridge University Press, 1987.

[9] Chang M C, Niu Q. Berry phase, hyperorbits, and the hofstadter spectrum. Phys. Rev. Lett., 1995, 75: 1348.

[10] Isham C J. Topological and global aspects of quantum theory//Relativity, Groups and Topology II. (Les Houches Session XI). Amsterdam: North-Holland, 1984.

[11] Lai Y Z, Liang J Q, Müller-Kirsten H J W. Time evolution of quantum systems with time-dependent Hamiltonian and the invariant Hermitian operator. J. Phys. A, 1995, 29: 1773.

[12] Lai Y Z, Liang J Q, Müller-Kirsten H J W. Timedependent quantum systems and the invariant Hermitian operator. Phys. Rev. A, 1995, 53: 3691.

[13] Lewis H R, Riesenfeld W B. An exact quantum theory of the time-dependent harmonic oscillator and of a charged particle in a time-dependent electromagnetic field. J. Math. Phys., 1969, 10: 1458.

[14] Lewis H R. Class of exact invariants for classical and quantum time-dependent harmonic oscillators. J. Math. Phys., 1968, 9: 1976.

[15] Li L, Li B Z, Liang J Q. Lewis-Riesenfeld phases and Berry phases in the quantum system of time-dependent harmonic oscillator with a moving boundary. Acta. Phys. Sin., 2001, 50: 2077.

[16] Simo B. Holonomy, the quantum adiabatic theorem, and 10 Berry's phase. Phys. Rev. Lett., 1983, 51: 2167.

[17] Sundaram G, Niu Q. Berry phase, wave packet dynamics in slowly perturbed crystals: energy gradient correction and berry phase effects. Phys. Rev. B, 1999, 59: 14195.

[18] Thouless D, Kohmoto M, Nightingale N, et al. Quantized hall conductance in a two-dimensional periodic potential. Phys. Rev. Lett., 1982, 49: 405.

[19] Liang J Q, Ding X X. Broken gauge equivalence of Hamiltonians due to time-evolution and Berry's phase. Phys. Lett. A, 1999, 153: 273.

[20] Liang J Q, Müller-Kirsten H J W. Time-dependent gauge transformations and Berry's phase. Ann. Phys., 1992, 219: 42.

[21] Chen G, He M M, Xu C T, et al. Berry phase of nuclear spins in GaAs semiconductor. Phys. Lett. A, 2006, 359: 138-142.

[22] Chen G, Li J, Liang J Q. Critical property of the geometric phase in the Dicke model. Phys. Rev. A, 2006, 74: 054101.

[23] Chen Z D, Liang J Q, Shen S Q, et al. Dynamics and Berry phase of two-species Bose-Einstein condensates. Phys. Rev. A, 1995, 69: 023611.

[24] He M M, Chen G, Liang J Q. Berry phase in taviscummings model. Eur. Phys. J. D, 2007, 44: 581-583.

[25] Jin Y H, Li Z J, Liang J Q. Berry Phase in an effective SU(1,1) system. Mod. Phys. Lett. B, 2002, 16: 783.

[26] Li Z J, Cheng J G, Liang J Q. Time evolution and Berry Physes of a time-dependent oscillator in finite dimensional Hilbert space. Acta Physica Sinica, 2000, 49: No.1, 11.

[27] Liang J Q. Quantum anholonomy and geometrical phase interference. Mod I J. Phys., 1992, A7: 4747-4755.

[28] Wei L F, Liang J Q, Li B Z. Gauge independence of Lewis Riesenfeld phases. Nuovo Cimento 110B, 1995.

[29] Xu C T, Liang J Q. Dynamics and geometric phase of two spins with exchange coupling in a rotating magnetic field. Phys. Lett. A, 2006, 356: 206-209.

[30] He M M, Chen G, Liang J Q. Berry Phase in Tavis Cummings model, Eur. Phys. J. D, 2007, 44: 581-583.

[31] Liu Yu, Wei L F, Jia W Z, et al. Vacuum-induced Berry phases in single-mode Jaynes-Cummings models. Phys. Rev. A, 2010, 82: 045801.

[32] Lian J, Liang J Q, Chen G. Geometric phase in the Kitaev honeycomb model and scaling behaviour at critical points. Eur. Phys. J. B, 2012, 85: 207.

[33] Wang M H, Wei L F, Liang J Q. Does the Berry phase in a quantum optical system originate from the rotating wave approximation? Physics Letters A, 2015, 379: 1087-1090.

[34] Xin J L, Liang J Q. Coincidence of quantum-classical orbits for periodically driven two-dimensional anisotropic oscillator-Berry phase and Hannay angle. Physica Scripta, 2015, 90: 065207.

[35] Wang M H, Wei L F, Liang J Q. Genuine vacuum-induced geometric phases. Modern Physics Letters, B, 2015, 29: 1550043.

[36] Bai X M, Bai, X Y, Liu N, et al. Multiple stable states and Dicke phase transition for two atoms in an optical cavity. Annals Physics, 2015, 407: 66-77.

[37] Gu Y, Bai X M, Hao X L, et al. PT-symmetric non-Hermitian Hamiltonian and invariant operator in periodically driven SU(1, 1) system. Results in Physics, 2022, 38: 150061.

[38] Gu Y, Hao X L, Liang J Q. Generalized gauge transformation with PT-symmetric non-unitary operator and classical correspondence of non-Hermitian Hamiltonian for a periodically driven system. Annalen der Physik, 2022, DOI:10.1002/andp.202200069.

[39] Liu Ni, Huang S, Liang J Q. Macroscopic quantum states in Dicke model of PT-symmetric non-Hermitian Hamiltonian and superradiant phase with imaginary atomic population. Result in Physics, 2022: 105813.

[40] Amaouche N, Sekhri M, Zerimeche R, et al. Non-Hermitian Hamiltonian beyond PT symmetry for time-dependent SU(1,1) and SU(2) systems-exact solution and geometric phase in pseudo-invariant theory. Physics open, 2022, 13: 100126.

[41] Liu N, Gu Y, Liang J Q. Generalized gauge transformation and the corresponding Hermitian counterparts of SU(1,1), SU(2) pseudo-Hermitian Hamiltonians. Physica Scripta, 2023, DOI 10.1088/1402-4896/acbbf6.

第 6 章　路径积分、量子隧穿的瞬子方法和宏观量子效应

量子力学是支配物质世界运动和变化规律的基本法则，而描述宏观现象的经典力学一般来说只是量子力学在宏观尺度下的近似。宏观态是大量微观态的统计平均，量子相干性已不复存在，因而遵从宏观规律，通常宏观系统的量子效应并不显著，但在特定的系统中量子现象也可在宏观尺度下表现出来，称为宏观量子效应。例如，超导体中的 Josephson 隧穿，液氦中的超流动性，以及 Bose-Einstein 凝聚等都是众所周知的宏观量子效应例子。研究宏观态量子效应的理论意义在于了解量子力学原理适用的极限，也有实际的应用价值，如开发和制造量子器件。许多情况下，宏观量子现象都伴随量子隧道效应，它的定量计算基于虚时路径积分，即瞬子方法。本章简单介绍路径积分量子化理论体系和计算方法，着重于量子隧道的瞬子方法及在分子磁体宏观量子效应中的应用。本章瞬子方法的理论体系实际上就是 $(1+1)$ 维 ϕ^4 场理论。

6.1　量子力学的路径积分

把正则变量换为算符，并赋予对易关系，称为正则量子化或者算符量子化，把物理观测量变为算符，是其核心。Feynman 提出另外的量子化方案，无需算符概念。其基本思想是：经典粒子从一个时空点到另一个时空点的运动沿固定路径，即作用量最小的路径，而对量子系统来说，所有可能的路径都对概率幅有贡献，结果是对所有路径积分，这也是路径积分名称的由来。在这一量子化方案中没有引入算符，仍然使用经典量，即 C 数。路径积分是独立的量子化理论，无须借助正则量子化的概念和符号系统。后来，人们证明了两种量子化理论的一致性。从教学的观点，我们从熟悉的正则量子化 Schrödinger 方程"推导出"路径积分传播子，及其基本的计算方法。路径积分已变成近代场论的强有力工具，在量子力学的隧道效应和宏观量子现象研究中也有重要的应用 [1-23]。

6.1.1　传播子的定义和基本特性

1. 传播子的定义

从量子力学态的时间演化着手，对已知 Hamilton 算符 $\hat{H}$ 的系统，假定时间 t_i 时的态是 $|\psi(t_i)\rangle$，演化到时间 t_f 的态可用时间演化算符得到

$$|\psi(t_\mathrm{f})\rangle = \mathrm{e}^{-\frac{\mathrm{i}}{\hbar}\hat{H}(t_\mathrm{f}-t_\mathrm{i})}|\psi(t_\mathrm{i})\rangle \tag{6.1.1}$$

投影到坐标表象，插入坐标表象完备性关系

$$\langle x_\mathrm{f}|\psi(t_\mathrm{f})\rangle = \psi(x_\mathrm{f},t_\mathrm{f}) = \int K(x_\mathrm{f},t_\mathrm{f};x_\mathrm{i},t_\mathrm{i})\psi(x_\mathrm{i},t_\mathrm{i})\mathrm{d}x_\mathrm{i} \tag{6.1.2}$$

其中

$$\begin{aligned}K(x_\mathrm{f},t_\mathrm{f};x_\mathrm{i},t_\mathrm{i}) &= \langle x_\mathrm{f}|\mathrm{e}^{-\frac{\mathrm{i}}{\hbar}\hat{H}(t_\mathrm{f}-t_\mathrm{i})}|x_\mathrm{i}\rangle \\ &= \langle x_\mathrm{f},t_\mathrm{f}|x_\mathrm{i},t_\mathrm{i}\rangle\end{aligned} \tag{6.1.3}$$

称为路径积分传播子，或者积分核，它是两时空点间的坐标基矢概率幅，是路径积分理论的核心，它包含了系统的基本物理：给了初始波函数 $\psi(x_\mathrm{i},t_\mathrm{i})$，时空点 $(t_\mathrm{f},x_\mathrm{f})$ 的波函数 $\psi(x_\mathrm{f},t_\mathrm{f})$ 完全由传播子确定。由传播子的定义，很容易证明其具有如下特性。

2. 传播子的基本特性

(1)
$$K^*(x_\mathrm{f},t_\mathrm{f};x_\mathrm{i},t_\mathrm{i}) = K(x_\mathrm{i},t_\mathrm{i};x_\mathrm{f},t_\mathrm{f}) \tag{6.1.4}$$

(2)
$$K(x_\mathrm{f},t;x_\mathrm{i},t) = \delta(x_\mathrm{f}-x_\mathrm{i}) \tag{6.1.5}$$

(3) 传播子有群结构，用传播子内积定义，插入坐标基矢完备性关系，立即得到

$$K(x_3,t_3;x_1,t_1) = \int K(x_3,t_3;x_2,t_2)K(x_2,t_2;x_1,t_1)\mathrm{d}x_2 \tag{6.1.6}$$

$K^*(x_\mathrm{f},t_\mathrm{f};x_\mathrm{i},t_\mathrm{i})$ 是 $K(x_\mathrm{f},t_\mathrm{f};x_\mathrm{i},t_\mathrm{i})$ 的逆，反之亦然。

(4) 传播子满足 Schrödinger 方程

$$\mathrm{i}\hbar\frac{\partial K(x,t;x_0,t_0)}{\partial t} = \hat{H}K(x,t;x_0,t_0) \tag{6.1.7}$$

3. 本征波函数表示

在传播子的概率幅表示中插入算符本征态完备关系，即得到传播子的本征波函数表示，例如，ψ_n 是 Hamilton 算符的本征态

$$\hat{H}\psi_n = E_n\psi_n$$

则

$$K(x_\mathrm{f},t_\mathrm{f};x_\mathrm{i},t_\mathrm{i}) = \sum_n \psi_n^*(x_\mathrm{f})\psi_n(x_\mathrm{i})\mathrm{e}^{-\frac{\mathrm{i}}{\hbar}E_n(t_\mathrm{f}-t_\mathrm{i})} \tag{6.1.8}$$

当 $t_f = t_i$ 时，得到一量子力学中的一个有用关系式

$$\sum_n \psi_n^*(x_f)\psi_n(x_i) = \delta(x_f - x_i) \tag{6.1.9}$$

本征波函数表示在传播子的计算中，有时起重要作用，特别是精确可解势模型的传播子计算。我们举了 Hamilton 算符的例子，其实方程 (6.1.9) 对任何算符本征态完备基矢都成立。

4. Green 函数

传播子对传播的时序无限制，即时间的正反向传播均可。Green 函数要求时间正向传播，即只允许时间增大的传播，用公式表示是

$$G(x_f, t_f; x_i, t_i) = K(x_f, t_f; x_i, t_i)\Theta(t_f - t_i) \tag{6.1.10}$$

$\Theta(t_f - t_i)$ 是通常的跳变函数

$$\Theta(t_f - t_i) = \begin{cases} 1, & t_f \geqslant t_i \\ 0, & t_f < t_i \end{cases}$$

对 Green 函数求时间导数，并注意到传播子满足 Schrödinger 方程，以及

$$\frac{\mathrm{d}\Theta(t)}{\mathrm{d}t} = \delta(t)$$

我们得到 Green 函数满足的方程

$$\left(\mathrm{i}\hbar\frac{\partial}{\partial t} - \hat{H}\right) G(x, t) = \mathrm{i}\hbar\delta(x)\delta(t) \tag{6.1.11}$$

我们选了时空坐标 $x_f = x, t_f = t; x_i = t_i = 0$。

6.1.2 传播子计算

路径积分的基本量是传播子，现介绍其计算方法概要，仍然从时间演化算符出发

$$K(x_f, T; x_i) = \langle x_f|\mathrm{e}^{-\frac{\mathrm{i}}{\hbar}\hat{H}T}|x_i\rangle \tag{6.1.12}$$

把时间 T 分成 N 个无限小的间隔

$$\epsilon = \lim_{N \to \infty} \frac{T}{N}$$

然后在每个无限小时间之间插入完备性关系

$$\int |x\rangle\langle x|\mathrm{d}x = 1$$

$$K = \lim_{N \to \infty} \int \left[\prod_{n=1}^{N-1} \mathrm{d}x_n \right] \langle x_{\mathrm{f}} | x_{N-1}, t_{N-1} \rangle \langle x_{N-1}, t_{N-1} |$$

$$\cdots | x_n, t_n \rangle \langle x_n, t_n | x_{n-1}, t_{n-1} \rangle \cdots \langle x_1, t_1 | x_{\mathrm{i}} \rangle \qquad (6.1.13)$$

我们来计算第 n 个无限小的时间概率幅

$$\langle x_n, t_n | x_{n-1}, t_{n-1} \rangle = \langle x_n | \mathrm{e}^{\frac{\mathrm{i}}{\hbar} \hat{H} \epsilon} | x_{n-1} \rangle$$

$$= \int \langle x_n | \mathrm{e}^{-\frac{\mathrm{i} \hat{H} \epsilon}{2\hbar}} | p_n \rangle \langle p_n | \mathrm{e}^{-\frac{\mathrm{i} \hat{H} \epsilon}{2\hbar}} | x_{n-1} \rangle \mathrm{d}p_n$$

$$= \frac{1}{2\pi\hbar} \int \mathrm{e}^{\frac{\mathrm{i}}{\hbar} [p_n(x_n - x_{n-1}) - \epsilon H(p_n, \bar{x}_n)]} \mathrm{d}p_n \qquad (6.1.14)$$

上面的运算中用了动量本征态的完备性关系

$$\int \mathrm{d}p_n | p_n \rangle \langle p_n | = 1$$

和动量波函数

$$\langle x | p \rangle = \frac{1}{\sqrt{2\pi\hbar}} \mathrm{e}^{\frac{\mathrm{i}}{\hbar} px}$$

注意到 ϵ 是无穷小量, 在略去了高阶小量后, 坐标和动量算符都用其相应的本征值代替, 变为 C 数, 移出矩阵元外, 其中

$$\bar{x}_n = \frac{x_n + x_{n-1}}{2}$$

把每个无限小时间间隔概率幅都算出, 则得到相空间传播子

$$K(x_{\mathrm{f}}, T; x_{\mathrm{i}}) = \lim_{N \to \infty} \int \left[\prod_{n=1}^{N-1} \mathrm{d}x_n \right] \left[\prod_{n=1}^{N} \frac{\mathrm{d}p_n}{2\pi\hbar} \right]$$

$$\times \exp \left\{ \frac{\mathrm{i}}{\hbar} \sum_{n=1}^{N} \left[p_n \frac{x_n - x_{n-1}}{\epsilon} - H(p_n, \bar{x}_n) \right] \epsilon \right\} \qquad (6.1.15)$$

式 (6.1.15) 常常被简写为

$$K(x_{\mathrm{f}}, T; x_{\mathrm{i}}) = \int \mathcal{D}\{x\} \mathcal{D}\{p\} \mathrm{e}^{\frac{\mathrm{i}}{\hbar} \mathcal{S}} \qquad (6.1.16)$$

这里

$$\mathcal{S} = \int_0^T \mathcal{L} p \, \mathrm{d}t$$

而

$$\mathcal{L} p = p\dot{x} - H(p, x)$$

表示相空间拉氏量。假定 Hamilton 量具有标准的动能加势能形式

$$H = \frac{P^2}{2m} + V(x)$$

动量积分可积出

$$\int \frac{\mathrm{d}p_n}{2\pi\hbar} \mathrm{e}^{\frac{\mathrm{i}}{\hbar}\epsilon\left[p_n\frac{x_n-x_{n-1}}{\epsilon}-\frac{p^2}{2m}-V(\bar{x}_n)\right]} = \sqrt{\frac{m}{2\pi\mathrm{i}\epsilon\hbar}}\mathrm{e}^{\frac{\mathrm{i}}{\hbar}\epsilon\left[\frac{m}{2}(\frac{x_n-x_{n-1}}{\epsilon})^2-V(\bar{x}_n)\right]} \quad (6.1.17)$$

完成所有动量积分, 得出组态空间传播子表达式

$$K(x_\mathrm{f}, T; x_\mathrm{i}) = \lim_{N\to\infty} \left\{\sqrt{\frac{m}{2\pi\mathrm{i}\epsilon\hbar}}\right\}^N$$

$$\times \int \mathcal{D}\{x\} \exp\left\{\frac{\mathrm{i}}{\hbar}\sum_n\left[\frac{m}{2}\left(\frac{x_n-x_{n-1}}{\epsilon}\right)^2 - V(\bar{x}_n)\right]\epsilon\right\} \quad (6.1.18)$$

把被积函数 e 指数上的求和变为积分正好是作用量, 式 (6.1.18) 的路径积分公式可简写为

$$K(x_\mathrm{f}, T; x_\mathrm{i}) = \int \mathcal{D}\{x\}\mathrm{e}^{\frac{\mathrm{i}}{\hbar}\mathcal{S}} \quad (6.1.19)$$

其中

$$\mathcal{S} = \int_0^T \mathcal{L}\mathrm{d}x\mathrm{d}t$$

是作用量, $\mathcal{L}$ 是拉氏量。

组态空间路径积分计算如图 6.1.1 所示, 给定空间两点 $x_\mathrm{f}, x_\mathrm{i}$, 要对整个空间路径积分。

图 6.1.1　路径积分示意图

传播子方程 (6.1.19) 的路径积分表达式仅是一个简化写法, 具体计算仍需用前面的求和式, 作为一个练习, 我们计算拉氏量是

$$\mathcal{L} = \frac{m}{2}\left(\frac{\mathrm{d}x}{\mathrm{d}t}\right)^2$$

的自由粒子传播子, 用方程 (6.1.18) 的表达式, 依次完成 $\mathrm{d}x_1, \mathrm{d}x_2, \cdots$ 从 $-\infty$ 到 ∞ 的积分, 结果是

$$K(x_\mathrm{f}, T; x_\mathrm{i}) = \sqrt{\frac{m}{2\pi\mathrm{i}T\hbar}}\mathrm{e}^{\frac{\mathrm{i}(x_\mathrm{f}-x_\mathrm{i})^2 m}{\hbar 2T}} \tag{6.1.20}$$

路径积分能计算的仅有 Gaussian 积分, 即势能是二次式, 例如谐振子势, 复杂系统只能用近似方法, 方程 (6.1.19) 的表达式提供了一微扰计算方法, 我们下面介绍路径积分定态相位微扰法。

6.1.3 定态相位微扰

虽然路径积分的基本思想是, 对于两固定点间的传播概率幅, 所有路径都有贡献, 需对所有路径的贡献求和, 但实际上不是所有路径的贡献完全等价, 其中最大贡献来自经典作用量。两点间的作用量按经典路径微扰展开

$$x(t) = x_\mathrm{c}(t) + \eta$$

$x_\mathrm{c}(t)$ 表示经典路径, 而 η 是相对经典路径的偏离

$$S = S_\mathrm{c} - \int \eta\hat{M}\eta\mathrm{d}t \tag{6.1.21}$$

其中

$$S_\mathrm{c} = \int \left[\frac{m}{2}\left(\frac{\mathrm{d}x_\mathrm{c}}{\mathrm{d}t}\right)^2 - V(x_\mathrm{c})\right]\mathrm{d}t$$

是经典作用量, 而

$$\hat{M} = \frac{1}{2}\left[m\frac{\mathrm{d}^2}{\mathrm{d}t^2} + \frac{\partial^2 V(x_\mathrm{c})}{\partial x^2}\right] \tag{6.1.22}$$

是二级微扰算符, 二级近似的传播子是

$$K(x_\mathrm{f}, T; x_\mathrm{i}) = \mathrm{e}^{\frac{\mathrm{i}}{\hbar}S_\mathrm{c}}I \tag{6.1.23}$$

第一个因子是经典作用量的贡献, 是零级近似, 即熟悉的 WKB 近似。量子扰动贡献一前因子

$$I = \int \mathcal{D}\{\eta\}\mathrm{e}^{-\frac{\mathrm{i}}{\hbar}\int \eta\hat{M}\eta\mathrm{d}t} \tag{6.1.24}$$

已经证明, 势能是二次式的传播子只依赖于经典作用量, 称为 van Vleck-Plauli 公式

$$K(x_\mathrm{f}, t_\mathrm{f}; x_\mathrm{i}, t_\mathrm{i}) = \sqrt{\frac{\mathrm{i}}{2\pi\hbar}\frac{\partial^2 S_\mathrm{c}}{\partial x_\mathrm{f}\partial x_\mathrm{i}}}\mathrm{e}^{\frac{\mathrm{i}}{\hbar}S_\mathrm{c}} \tag{6.1.25}$$

作业 6.1 用 van Vleck-Plauli 公式计算自由粒子传播子。

作业 6.2 用 Feynman 路径积分只能得到在半个周期内成立的一维谐振子传播子, 反转点有奇异性, 称为焦散 (coustics), 拓展到反转点以上, 则有一个 Maslov 修正。用谐振子本征波函数和方程 (6.1.8) 可求得拓展的 Feynman 传播子。

6.2 多连通空间、自旋的路径积分理论

自旋的路径积分是定义在多连通群流形上的, 多连通流形路径积分应考虑同伦 (homotopy) 理论, 波函数也是定义在群流形上的。例如, 自旋的陀螺球模型的群流形 $SO(3)$ 是双连通的, 其经典路径可划归于两个同伦类, 分别对应整数和半整数自旋, 和 $SO(3)$ Lie 代数生成元对易关系得出的自旋本征值谱一致。而二维转动群 $SO(2)$ 的群流形是一圆环 S^1, 是无穷多连通的, 其基本群的非平庸表示导致分数角动量。群流形 $SO(3)$ 的路径积分理论读者可参阅有关书籍, 本书中只讨论 $SO(2)$ 群流形路径积分。

6.2.1 二维多连通空间的路径积分和拓扑相位

我们考虑的流形是二维平面挖去一个洞 Δ, 即, $M = R^2 - \Delta$。从时空点 $\boldsymbol{r}_i(t_i)$ 到 $\boldsymbol{r}_f(t_f)$ 的传播子路径积分表示是

$$K(\boldsymbol{r}_f, t_f; \boldsymbol{r}_i, t_i) = \int \mathcal{D}(\boldsymbol{r}) \mathrm{e}^{\mathrm{i} \int_{t_i}^{t_f} \mathcal{L} \mathrm{d}t} \tag{6.2.1}$$

注意, 为简洁起见, 选取自然单位 $\hbar = c = 1$。多连通空间两点间传播子不是唯一确定的, 因为从 Δ 的左和右侧通过以及绕不同次数的路径并不等价。多连通空间传播子在其全覆盖空间 M^* 上有无歧义的定义, 这里 M^* 类似二维复平面的 Riemann 页 (图 6.2.1), 显然, M^* 上一个点的位置被所在的 Riemann 支页数和页内的位置两个坐标完全确定。

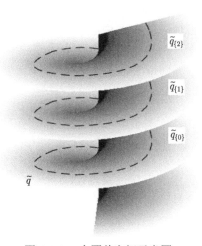

图 6.2.1　全覆盖空间示意图

用
$$K_n(\boldsymbol{r}_{\mathrm{f}}, t_{\mathrm{f}}; \boldsymbol{r}_{\mathrm{i}}, t_{\mathrm{i}})$$

表示第 n 个同伦类传播子, 为确定起见我们规定, 当 $n > 0$ 时, K_n 表示从 $\boldsymbol{r}_{\mathrm{i}}$ 开始逆时针绕 Δ 旋转 n 次到达 $\boldsymbol{r}_{\mathrm{f}}$ 的所有路径传播子。而负数 n 则表示顺时针绕, n 称为绕数。第 2 章中已论述, 这种路径同伦有群结构, 称为基本群 π_1, 其群元用 f_n 表示。则基空间 M 传播子应是同伦类传播子的线性叠加

$$K(\boldsymbol{r}_{\mathrm{f}}, t_{\mathrm{f}}; \boldsymbol{r}_{\mathrm{i}}, t_{\mathrm{i}}) = \sum_{n=-\infty}^{\infty} a(f_n) K_n(\boldsymbol{r}_{\mathrm{f}}, t_{\mathrm{f}}; \boldsymbol{r}_{\mathrm{i}}, t_{\mathrm{i}}) \tag{6.2.2}$$

其中, $a(f_n)$ 是基本群的一维幺正表示, 应满足下面关系:

$$|a(f_n)| = 1, \quad a(f_n) a(f_m) = a(f_n f_m) \tag{6.2.3}$$

对于二维多连通空间, 不难得出

$$a(f_n) = \mathrm{e}^{-in\delta} \tag{6.2.4}$$

参数 $0 \leqslant \delta < 2\pi$ 和空间坐标及绕数无关。我们证明多连通空间传播子满足两个基本定理。

定理 (一)

对于非平庸表示, 即 $\delta \neq 0$, 当绕通过 Δ 中心和二维平面垂直的轴旋转 2π 时, 传播子增加一相位, 和 Bloch 波的格点平移类似。证明非常简单, 根据绕数定义, 在以 Δ 的中心为原点的平面极坐标 (r, ϕ) 中有关系

$$K_n(r_{\mathrm{f}}, \phi_{\mathrm{f}} \pm 2\pi, t_{\mathrm{f}}; r_{\mathrm{i}}, \phi_{\mathrm{i}}, t_{\mathrm{i}}) = K_{n\pm 1}(r_{\mathrm{f}}, \phi_{\mathrm{f}}, t_{\mathrm{f}}; r_{\mathrm{i}}, \phi_{\mathrm{i}}, t_{\mathrm{i}}) \tag{6.2.5}$$

据此和传播子表达式 (6.2.2), 立即有

$$K(r_{\mathrm{f}}, \phi_{\mathrm{f}} \pm 2\pi, t_{\mathrm{f}}; r_{\mathrm{i}}, \phi_{\mathrm{i}}, t_{\mathrm{i}}) = \mathrm{e}^{\pm i\delta} K(r_{\mathrm{f}}, \phi_{\mathrm{f}}, t_{\mathrm{f}}; r_{\mathrm{i}}, \phi_{\mathrm{i}}, t_{\mathrm{i}}) \tag{6.2.6}$$

定理 (二)

如果同伦类传播子相对于穿过 Δ 中心在平面内的任意轴是对称的, 则退化为平庸表示 $\delta = 0$。假定 $\boldsymbol{r}_{\mathrm{f}}$ 和 $\boldsymbol{r}_{\mathrm{i}}$ 分别位于轴线上 Δ 的两边 (图 6.2.2)。

对称关系可表示为

$$K_n(\boldsymbol{r}_{\mathrm{f}}, t_{\mathrm{f}}; \boldsymbol{r}_{\mathrm{i}}, t_{\mathrm{i}}) = K_{-n-1}(\boldsymbol{r}_{\mathrm{f}}, t_{\mathrm{f}}; \boldsymbol{r}_{\mathrm{i}}, t_{\mathrm{i}}) \tag{6.2.7}$$

这实际上表示传播子具有相对于穿过原点在平面内任意轴的镜像对称性, 即空间没有被扭曲。我们可通过改变求和指标 $(n \to -n - 1)$ 把传播子改写为

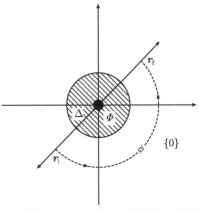

图 6.2.2　$\boldsymbol{r}_{\mathrm{f}}$ 和 $\boldsymbol{r}_{\mathrm{i}}$ 的位置示意图

$$K(\boldsymbol{r}_{\mathrm{f}}, t_{\mathrm{f}}; \boldsymbol{r}_{\mathrm{i}}, t_{\mathrm{i}}) = \sum_{n=-\infty}^{\infty} a(f_{-n-1}) K_{-n-1}(\boldsymbol{r}_{\mathrm{f}}, t_{\mathrm{f}}; \boldsymbol{r}_{\mathrm{i}}, t_{\mathrm{i}}) \tag{6.2.8}$$

然后用对称关系把 K_{-n-1} 用 K_n 替代，则得到一个新的传播子表达式

$$K = \sum_{n=-\infty}^{\infty} a'(f_n) K_n \tag{6.2.9}$$

其中新系数是

$$a'(f_n) = a(f_{-n-1}) \tag{6.2.10}$$

它当然也要满足基本群一维幺正表示的特性方程 (6.2.3)，即

$$a'(f_n) a'(f_m) = a'(f_n f_m) = a'(f_{n+m}) \tag{6.2.11}$$

显然公式 (6.2.11) 对任意 m, n 都成立的条件是

$$\delta = 2N\pi \tag{6.2.12}$$

N 是整数或零。所以，若要产生非平庸表示，必须存在使空间扭曲的动力学因素。穿过 Δ 的非整数个量子磁通单位的磁通规范场是使空间扭曲的一种，但不是唯一的机理。

6.2.2　自由平面转子

我们考虑一个简单的平面转子模型, 约束于半径为 R 的光滑圆环上质量为 μ 的自由运动粒子，或者称为定轴转子模型，以期得到解析的传播子和波函数。定轴转子也即二维自旋模型, 其路径积分量子化, 自然给出二维角动量本征值谱和本征函数。路径积分的优越性是只处理经典量, 涉及的是完全确定性的运算, 角动量本征值谱和本征函数是唯一确定的, 不存在正则量子化中波函数边条件选取的人为因素。系统的拉氏量是

$$L = \frac{1}{2} I \left(\frac{\mathrm{d}\phi}{\mathrm{d}t} \right)^2 \tag{6.2.13}$$

$0 \leqslant \phi < 2\pi$ 是角变量, $I = \mu R^2$ 为转动惯量。传播子是

$$K(\phi, t; 0) = \sum_{-\infty}^{\infty} \mathrm{e}^{-\mathrm{i}n\delta} K_n(\phi, t; 0) \tag{6.2.14}$$

这里把初始时间和初始角度都选为 "0"。同伦类传播子的计算可在全覆盖空间 M^* 上进行, 对于一维圆环情况, M^* 就像是根弹簧, 以绕数标记其圈数。我们把初始位置所在的 Riemann 页标记为零绕数, 则 M^* 上的角变量和基空间变量的关系为

$$\tilde{\phi}_n = \phi + 2n\pi \tag{6.2.15}$$

M^* 上的变量定义域是：$-\infty < \tilde{\phi} < \infty$。因而，

$$K_n(\phi, t; 0) = \tilde{K}(\tilde{\phi}_n, t; 0) \tag{6.2.16}$$

用自由粒子传播子公式 (6.1.20)，立即有

$$\tilde{K}(\tilde{\phi}_n, t; 0) = \left[\frac{I}{2\pi \mathrm{i} t}\right]^{\frac{1}{2}} \mathrm{e}^{\frac{\mathrm{i} I}{2t} \tilde{\phi}_n^2} \tag{6.2.17}$$

基空间第 n 个同伦类传播子则是

$$K_n(\phi, t; 0) = \left[\frac{I}{2\pi \mathrm{i} t}\right]^{\frac{1}{2}} \mathrm{e}^{\frac{\mathrm{i} I}{2t}(\phi + 2n\pi)^2} \tag{6.2.18}$$

图 6.2.3 是角度和路径同伦示意图。

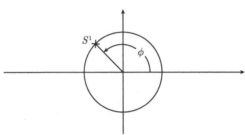

图 6.2.3　S^1 的全覆盖空间 M^* 及角度

下面我们用对称性来确定相因子参数 δ，穿过转轴的平面内直线和圆环相交的两点间的角坐标差是 (逆时针旋转为正，参看图 6.2.2)

$$\phi = \pi \tag{6.2.19}$$

代入同伦类传播子公式，立即可验证

$$K_n = K_{-n-1} \tag{6.2.20}$$

根据多连通空间传播子定理 (二)，相位参数 δ 为零。自由转子传播子当然不可能产生拓扑相位。对所有同伦类传播子求和则得到

$$K(\phi, t; 0) = \left[\frac{I}{2\pi \mathrm{i} t}\right]^{\frac{1}{2}} \mathrm{e}^{\frac{\mathrm{i} I \phi^2}{2t}} \Theta_3 \left[\frac{I\pi\phi}{t}, \frac{2\pi I}{t}\right] \tag{6.2.21}$$

其中

$$\Theta_3(z,y) \equiv \sum_{n=-\infty}^{\infty} \mathrm{e}^{\mathrm{i}\pi y n^2 + \mathrm{i}2nz} \tag{6.2.22}$$

是 Jacobi Θ 函数。根据传播子的本征波函数表示

$$K(\phi, t; 0) = \sum_{m=-\infty}^{\infty} \psi_m(\phi)\psi_m^*(0)\mathrm{e}^{-\mathrm{i}E_m t} \tag{6.2.23}$$

应用 Jacobi 变换

$$\Theta_3(z,y) = (-\mathrm{i}y)^{-\frac{1}{2}} \mathrm{e}^{\frac{z^2}{\mathrm{i}\pi y}} \Theta_3\left(-\frac{z}{y}, -\frac{1}{y}\right) \tag{6.2.24}$$

可唯一地确定本征波函数和能量本征值

$$\psi_m = \frac{1}{\sqrt{2\pi}} \mathrm{e}^{\mathrm{i}m\phi}, \quad E_m = \frac{m^2}{2I} \tag{6.2.25}$$

我们得到了通常的整数角动量量子化和 2π 周期波函数。

6.2.3 旋转坐标系中的平面转子——非平庸拓扑相位的简单模型、分数角动量

为得到可产生非零参数 δ 的物理模型, 我们考虑以角速度 ω 旋转的圆环上的粒子动力学。在随圆环转动的坐标系中的角变量与实验室坐标系的关系 (非相对论近似) 是

$$\beta = \phi - \omega t, \quad \dot{\beta} = \dot{\phi} - \omega \tag{6.2.26}$$

转动系中拉氏量变为

$$L = \frac{I}{2}(\dot{\beta} + \omega)^2 = \frac{I}{2}\dot{\beta}^2 + I\omega\dot{\beta} + \frac{I\omega^2}{2} \tag{6.2.27}$$

只要把前面自由转子传播子公式 (6.2.18) 中的角变量作替换 $\phi = \beta + \omega t$, 则得出旋转系中第 n 个同伦类传播子

$$K_n = \left[\frac{I}{2\pi \mathrm{i}t}\right]^{\frac{1}{2}} \mathrm{e}^{\frac{\mathrm{i}I}{2T}(\beta + 2n\pi)^2 + \mathrm{i}\gamma(\beta + 2n\pi) + \frac{\mathrm{i}\gamma^2 t}{2I}} \tag{6.2.28}$$

在传播子表达式中参数 $\gamma = I\omega$。再次应用对称性定理 (二), 代入两对称点角度差

$$\beta = \pi \tag{6.2.29}$$

我们得到同伦类传播子关系

$$K_{-n-1} = K_n \mathrm{e}^{-\mathrm{i}2\gamma(2n+1)\pi} \tag{6.2.30}$$

重复方程 (6.2.8)~ 方程 (6.2.11) 的计算, 可确定相位参数值为

$$\delta = 2\pi\gamma \tag{6.2.31}$$

退回到实验室坐标系, 基空间相对于转动环运动的自由转子传播子则变为

$$K = \sum_{n=-\infty}^{\infty} \mathrm{e}^{-\mathrm{i}2n\gamma\pi} K_n = \left[\frac{I}{2\pi\mathrm{i}t}\right]^{\frac{1}{2}} \mathrm{e}^{\frac{\mathrm{i}I\phi^2}{2t}} \Theta_3 \left[\pi\left(\frac{I\pi\phi}{t} - \gamma\right), \frac{2\pi I}{t}\right] \quad (6.2.32)$$

同样重复方程 (6.2.23)~ 方程 (6.2.25) 的运算, 不难得到能量本征值和波函数

$$\psi_m = \frac{1}{\sqrt{2\pi}} \mathrm{e}^{\mathrm{i}(m+\gamma)\phi}, \quad E_m = \frac{1}{2I}(m+\gamma)^2 \quad (6.2.33)$$

注意 $\gamma = I\omega$ 可以是任意值, 当其是分数时, 我们有分数角动量, 波函数有一共同的相位移动。根据第 3 章中的论述, 分数角动量是由于空间扭曲, 这里旋转圆环造成了扭曲。我们这里考虑旋转圆环, 若环不动而粒子以一固定角速度旋转, 在随粒子旋转的坐标系中同样会有空间扭曲和拓扑相位。

关于分数角动量本征波函数的说明: 需要指出的是, 系统中所有本征波函数都有共同的拓扑相因子, 用本征态叠加成的任意态也有相同的拓扑相因子, 而波函数的概率密度和正交归一化条件则和拓扑相因子无关。但相因子可引起相位干涉, 如著名的 AB 效应就是拓扑相位干涉的结果。

6.2.4　AB 规范场中的平面转子

1. 定态磁通情况 —— 分数角动量

假定有一位于圆环中心并和环平面垂直的 AB 磁通

$$\Phi = \alpha\Phi_0$$

其中, 无量纲参数 $0 < \alpha < 1$, 而 Φ_0 是磁通量子单位。一电荷为 e 约束在环上运动粒子的拉氏量是

$$L = \frac{I}{2}\dot{\phi}^2 + \alpha\dot{\phi} \quad (6.2.34)$$

定态磁通的规范场不可能对荷电粒子产生相对圆环轴的力矩, 从而改变其角速度, 角动量是守恒量。用变量变换

$$\theta = \phi + \frac{\alpha}{I}t \quad (6.2.35)$$

可化为如下的自由转子拉氏量:

$$L = \frac{I}{2}\dot{\theta}^2 - \frac{\alpha^2}{2I} \quad (6.2.36)$$

因而第 n 个同伦类传播子在覆盖空间 M^* 可用路径积分的自由粒子公式计算, 结果是

$$\tilde{K}(\tilde{\theta}_n, t; 0) = \left[\frac{I}{2\pi\mathrm{i}t}\right]^{\frac{1}{2}} \mathrm{e}^{\frac{\mathrm{i}I}{2t}(\tilde{\theta}_n^2 - \frac{\mathrm{i}\alpha^2 t}{2I})} \quad (6.2.37)$$

用覆盖空间和基空间角变量的关系，并返回原变量 ϕ, 我们得到

$$\begin{aligned}
K_n(\phi,t;0) &= \left[\frac{I}{2\pi\mathrm{i}T}\right]^{\frac{1}{2}} \mathrm{e}^{\frac{\mathrm{i}I}{2t}\left(\phi+\frac{\alpha}{I}t+2n\pi\right)^2 - \frac{\mathrm{i}\alpha^2 t}{2I}} \\
&= K_n^{(0)}(\phi,t;0)\mathrm{e}^{\mathrm{i}\alpha(\phi+2n\pi)}
\end{aligned} \tag{6.2.38}$$

其中, $K_n^{(0)}(\phi,t;0)$ 是方程 (6.2.18) 给出的自由转子传播子。因为磁通规范场存在, 方程 (6.2.3) 的对称关系破缺, 用 $\phi = \pi$, 不难验证

$$K_{-n-1} = K_n\mathrm{e}^{-\mathrm{i}2\alpha(2n+1)\pi} \tag{6.2.39}$$

再重复方程 (6.2.8)~ 方程 (6.2.11) 的计算, 相位参数可确定为

$$\delta = 2\pi\alpha \tag{6.2.40}$$

基空间传播子有十分简单的形式

$$K = K^{(0)}\mathrm{e}^{\mathrm{i}\alpha\phi} \tag{6.2.41}$$

$K^{(0)}$ 是如方程 (6.2.21) 所示的自由转子传播子。用同样的方法可得到精确的能量本征值和本征波函数

$$\psi_m = \frac{1}{\sqrt{2\pi}}\mathrm{e}^{\mathrm{i}(m+\alpha)\phi}, \quad E_m = \frac{m^2}{2I} \tag{6.2.42}$$

我们再次推导出分数角动量和有拓扑相因子的波函数, 这里空间扭曲是由 AB 磁通的规范场产生的。分数角动量只是对正则角动量而言, 因为正则角动量才是空间转动算符, 由于没力矩作用, 力学角动量谱是整数, 不受定态磁通规范场的影响。路径积分量子化的优越性是只涉及完全确定的经典动力学, 波函数是由严格数学推导得出的, 不存在 Schrödinger 方程求解中波函数边条件选取的人为因素和争议。当然, 分数角动量本征波函数也可作为正交基矢, 因为所有本征态 (因而系统中的所有态矢) 有相同的拓扑相因子, 正交归一性不受任何影响。

2. 随时间变化的磁通 —— 整数角动量

现在考虑磁通建立的动力学过程, 由于磁通的变化产生感生电场, 有力矩作用在带电粒子上。随时间变化的磁通表示为

$$\Phi = \alpha f(t)\Phi_0 \tag{6.2.43}$$

$f(t)$ 只是时间函数, 拉氏量当然是

$$L = \frac{I}{2}\dot{\phi}^2 + \alpha\dot{\phi}f(t) \tag{6.2.44}$$

从这一拉氏量得到下面的运动方程:

$$\ddot{\phi} + \frac{\alpha}{I}\dot{f} = 0 \tag{6.2.45}$$

磁通变化感生的电场产生了带电粒子的角加速度。作变量变换

$$\dot{\beta} = \dot{\phi} + \frac{\alpha}{I}f(t) \tag{6.2.46}$$

拉氏量可化为标准的自由转子形式

$$L = \frac{I}{2}[\dot{\beta}]^2 - \frac{\alpha^2}{2I}f^2(t) \tag{6.2.47}$$

因而, 同伦类传播子可用自由转子公式计算

$$K_n(\beta, t; 0) = \left[\frac{I}{2\pi iT}\right]^{\frac{1}{2}} e^{\frac{iI}{2t}(\beta+2n\pi)^2 - \frac{i\alpha^2 G(t)}{2I}} \tag{6.2.48}$$

$$G(t) = \int_0^t f^2(t')\mathrm{d}t'$$

用 $\beta = \pi$ 容易验证，对称关系方程 (6.2.7) 成立, 因而

$$\delta = 0$$

假定磁通在 t 时刻瞬时建立, 即

$$f(t) = \Theta(t) \tag{6.2.49}$$

$$\Theta(t) = \begin{cases} 1, & t \geqslant 0 \\ 0, & t < 0 \end{cases} \tag{6.2.50}$$

是通常的跳变函数。当磁通达到稳定值 $\Phi = \alpha\Phi_0$ 后, 即 $t > 0$, 传播子是

$$K(\phi, t; 0) = \left[\frac{I}{2i\pi t}\right]^{\frac{1}{2}} e^{\frac{iI}{2t}\left(\phi+\frac{\alpha t}{I}\right)^2 - \frac{i\alpha^2 t}{2I}}$$

$$\times \Theta_3\left[\frac{\pi I}{T}\left(\phi + \frac{\alpha t}{I}\right), \frac{2I\pi}{t}\right] \tag{6.2.51}$$

用同样的方法可得到文献中熟悉的能量本征值和波函数

$$\psi_m = \frac{1}{\sqrt{2\pi}}e^{im\phi}, \quad E_m = \frac{1}{2I}(m - \alpha)^2 \tag{6.2.52}$$

正则角动量是整数, 而力学角动量被平移一磁通数, 这是因为磁通建立时感生电场的力矩作用。在这种情况下, 磁通规范场产生的扭曲正好被粒子的定轴旋转抵消, 同伦类传播子的动力学对称性无破缺。

6.3 配分函数的路径积分表示

用路径积分同样可计算量子力学热平均问题, 假定系统 Hamilton 算符有标准形式

$$\hat{H} = \frac{\hat{p}}{2} + V(\hat{q}) \tag{6.3.1}$$

(单位质量). 在量子力学配分函数中插入坐标基矢完备性关系, 很容易得到其路径积分表示

$$Z = \text{tr} e^{-\beta \hat{H}} = \sum_n \langle n | e^{-\beta \hat{H}} | n \rangle = \int \sum \langle n | q_f \rangle \langle q_f | e^{-\beta \hat{H}} | q_i \rangle \langle q_i | n \rangle \mathrm{d}q_f \mathrm{d}q_i \tag{6.3.2}$$

用本征态的完备性 $|n\rangle\langle n| = 1$, 及传播子的定义

$$K(q_f, \beta; q_i, 0) = \langle q_f | e^{-\beta \hat{H}} | q_i \rangle$$

立即有

$$Z = \int \mathcal{D}\{q\} e^{-\mathcal{S}}, \quad \mathcal{S} = \int_0^\beta \left[\frac{1}{2} \left(\frac{\mathrm{d}q}{\mathrm{d}\tau} \right)^2 - V(q) \right] \mathrm{d}\tau \tag{6.3.3}$$

6.4 量子隧穿的瞬子理论

势垒隧穿是点粒子系统量子化的一个必然推论, 但没有经典粒子轨道对应, 因为经典粒子不可能穿越势能大于其总能量的区域. 从量子力学波函数的观点, 有限高和宽度的势垒内波函数不为零, 而变为衰减波, 即把实时间换为虚时间. 从路径积分的观点, 粒子的经典路径对传播子贡献最大, 有经典和量子之间的对应. 似乎这种对应在势垒隧穿中不成立, 因为势垒中没有经典轨道, 存在明显的矛盾. 势垒隧穿的瞬子理论克服了这种表面的矛盾, 把 "粒子轨道" 的概念扩展到势垒中. 因为在势能大于总能量的区域, 粒子动能为负, 只要换成虚时间, 则粒子的轨道概念仍然成立, 这和势垒中的虚时波函数 (衰减波) 一致. 我们称这种虚时赝粒子为瞬子 (instanton), 它是 Euclid 空间场论的术语.

6.4.1 简并基态间的往复共振隧穿——瞬子、拓扑荷

量子隧穿可分为两类, 一种是在简并基态间穿越中间势垒的往复共振隧穿, 其结果是使简并解除, 产生能级劈裂, 对应的虚时赝粒子解有非零的拓扑荷称为瞬子. 另一种情况是亚稳态的量子隧穿衰变, 对应的虚时赝粒子解的拓扑荷为零, 称为反弹子 (bounce).

1. 瞬子、拓扑荷

两个典型一维势模型：

(1) 双势阱势

$$V_1(\phi) = \frac{\eta^2}{2}\left(\phi^2 - \frac{m^2}{\eta^2}\right)^2 \tag{6.4.1}$$

η 和 m 是调节参数。图 6.4.1 是双势阱示意图，势能有两个对称最小值分别位于 $\phi_\pm = \pm\dfrac{m}{\eta}$，势垒高度是 $\dfrac{m^4}{2\eta^2}$。

(2) 周期势，sine-Gordon 势

$$V_2(\phi) = \frac{1}{g^2}[1 + \cos(g\phi)] \tag{6.4.2}$$

图 6.4.2 是其示意图。这是场论中著名的 sine-Gordon 势，在 $1+1$ 维非线性场中得到了解析孤子解 —— 拓扑孤子，即所谓的 "kink" 解。

图 6.4.1　双势阱及瞬子轨道

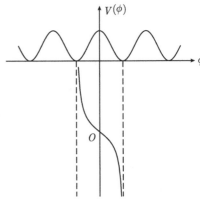

图 6.4.2　sine-Gordon 势及瞬子轨道

单位质量的粒子拉氏量是

$$L = \frac{1}{2}\left(\frac{\mathrm{d}\phi}{\mathrm{d}t}\right)^2 - V(\phi) \tag{6.4.3}$$

我们考虑势阱 $\phi_\pm$ 之间，穿越势垒的赝粒子 Feynman 传播子，引入虚时 $t = \mathrm{i}\tau$，初始时间 $\tau_\mathrm{i} = -\beta$，初位置 $\phi_- = -\dfrac{m}{\eta}$，在时间 $\tau_\mathrm{f} = \beta$，穿越势垒到达 $\phi_\mathrm{f} = \dfrac{m}{\eta}$ 的虚时传播子根据定义是

$$K(\phi_+, \beta; \phi_-, -\beta) = \int \mathcal{D}\{\phi\}\mathrm{e}^{-\mathcal{S}} \tag{6.4.4}$$

其中

$$\mathcal{S} = \int_{-\beta}^{\beta} \mathcal{L}\mathrm{d}\tau$$

和

$$\mathcal{L} = \frac{1}{2}\left(\frac{\mathrm{d}\phi}{\mathrm{d}\tau}\right)^2 + V(\phi) \tag{6.4.5}$$

分别是虚时作用量和拉氏量。注意到势能改变了符号，所以瞬子也可以看成是在翻转势中运动的粒子，势垒则变成了势阱。由拉氏量可得到瞬子的运动方程

$$\frac{\mathrm{d}^2\phi}{\mathrm{d}\tau^2} - \frac{\partial V(\phi)}{\partial\phi} = 0 \tag{6.4.6}$$

积分一次变为

$$\frac{1}{2}\left(\frac{\mathrm{d}\phi}{\mathrm{d}\tau}\right)^2 - V(\phi) = -E \tag{6.4.7}$$

积分常数 E 显然是瞬子能量。我们先考虑零能 $(E = 0)$ 隧穿，方程可直接积分，得到解析解。双势阱和 sine-Gordon 势的瞬子解分别是

$$\phi_c(\tau) = \frac{m}{\eta}\tanh(\tau + \tau_0) \tag{6.4.8}$$

和

$$\phi_c(\tau) = \frac{2}{g}\arcsin[\tanh(\tau + \tau_0)] \tag{6.4.9}$$

积分常数 τ_0 由初始条件确定。图 6.4.1 画出了双势阱势瞬子轨道，当选 $\tau_0 = 0$ 时，瞬子在初时刻 $\tau_\mathrm{i} = -\infty$ 从左势阱 ϕ_- 出发，在 $\tau = 0$ 时刻到达势垒中心，当 $\tau_\mathrm{f} = \infty$ 时到达右势阱。sine-Gordon 势的瞬子轨道见图 6.4.2。

根据拓扑荷的定义，在我们的一维 Euclid 空间，拓扑荷 (以双势阱为例) 是

$$Q = \lim_{\beta\to\infty}\frac{\eta}{2m}[\phi_c(\beta) - \phi_c(-\beta)] = 1 \tag{6.4.10}$$

有非零拓扑荷。瞬子对应实时间场论中的拓扑孤子。

2. 定态相位微扰

用定态相位微扰可得到单圈近似的量子隧穿传播子，为此考虑相对瞬子轨道 ϕ_c 的微小扰动 χ

$$\phi(\tau) = \phi_c(\tau) + \chi(\tau) \tag{6.4.11}$$

把前面推导出的传播子定态相位微扰公式 (方程 (6.1.23)) 中的时间换成虚时则有

$$\lim_{\beta\to\infty} K(\phi_+, \beta; \phi_-, -\beta) = \mathrm{e}^{-\mathcal{S}_c} I \tag{6.4.12}$$

其中微扰积分是

$$I = \int \mathcal{D}\{\chi\}\mathrm{e}^{-\int_{-\infty}^{\infty} \chi\hat{M}\chi\mathrm{d}\tau} \tag{6.4.13}$$

二阶微扰算符是

$$\hat{M} = \frac{1}{2}\left[-\frac{\mathrm{d}^2}{\mathrm{d}\tau^2} + \frac{\partial^2 V(\phi_c)}{\partial\phi^2} \right]$$

注意现在的路径积分传播子 e 指数形式是 $\mathrm{e}^{-\mathcal{S}}$, 经典作用量 ($\delta\mathcal{S} = 0$) 是极小值, 因而对积分贡献最大, 数学上是严谨的, 称为积分的最陡下降法 (steepest descent method)。用瞬子解方程 (6.4.8) 和方程 (6.4.9) 可求得双势阱和 sine-Gordon 势瞬子作用量分别是

$$\mathcal{S}_c = \frac{4m^3}{3\eta^2} \tag{6.4.14}$$

$$\mathcal{S}_c = \frac{8}{g^2} \tag{6.4.15}$$

二次微扰变分算符 $\hat{M}$ 有实本征函数记为 $\psi_n(\tau)$

$$\hat{M}\psi_n = \epsilon_n\psi_n \tag{6.4.16}$$

把相对瞬子的偏离变量 η 按本征函数展开

$$\chi(\tau) = \sum_{n=1}^{N} c_n\psi_n(\tau) \tag{6.4.17}$$

代入传播子公式, 方程 (6.4.13) 的微扰积分

$$I = \left|\frac{\partial\chi}{\partial c_n}\right| \int \mathcal{D}\{c_n\}\mathrm{e}^{-\sum \epsilon_n c_n^2} \tag{6.4.18}$$

积分前的因子是变量变换式 (6.4.11) 的 Jacobi 行列式。c_n 变量积分是 Gauss 积分可积出, 结果是

$$I = \left|\frac{\partial\chi}{\partial c_n}\right| \frac{1}{\sqrt{\det\dfrac{\hat{M}}{\pi}}} \tag{6.4.19}$$

3. 零模和零模发散问题

对于基态瞬子解 $\phi_c(\tau)$, 二次微扰变分算符 $\hat{M}$ 若有零模 $E_0 = 0$ 存在

$$\hat{M}\psi_0 = 0 \tag{6.4.20}$$

二次微扰积分发散。事实上很容易证明零模就是瞬子解的时间导数

$$\psi_0 = \frac{\mathrm{d}\phi_c(\tau)}{\mathrm{d}\tau} \tag{6.4.21}$$

幸运的是, 这种零模发散可用场论中的 Faddeev-Popov 技术消除。

作业 6.3   证明 $\psi_0 = \dfrac{\mathrm{d}\phi_c(\tau)}{\mathrm{d}\tau}$。

4. 简并基态的量子隧穿关联, 宏观量子态相干和 Schrödinger 猫态

假定双势阱势的 Hamilton 算符

$$\hat{H} = \frac{\hat{p}^2}{2} + V(\phi)$$

有局域简并基态 $|\pm\rangle$ 分别局限在 $\pm$ 标记的两个势阱内, 它们当然不是 $\hat{H}$ 的本征态, 可以理解为势能 $V(\phi)$ 分别在两极小值位置 $\phi_\pm$ 小振动展开的基态。在量子隧穿劈裂远小于小振动能级差条件下, 如高势垒情况, 可以用双模近似, 即只考虑 $\phi_\pm$ 张成的子空间。量子隧穿引起两简并态关联, Hamilton 算符 $\hat{H}$ 的基态

$$\hat{H}|0\rangle = E_0|0\rangle$$

和第一激发态

$$\hat{H}|1\rangle = E_1|1\rangle$$

则是

$$|0\rangle = \frac{1}{\sqrt{2}}(|+\rangle + |-\rangle), \quad |1\rangle = \frac{1}{\sqrt{2}}(|+\rangle - |-\rangle) \tag{6.4.22}$$

基态和第一激发态能量本征值分别是

$$E_{0,1} = \bar{E} \mp \frac{\Delta E}{2} \tag{6.4.23}$$

其中

$$\Delta E = -(\langle +|\hat{H}|-\rangle + \langle -|\hat{H}|+\rangle) \tag{6.4.24}$$

表示隧穿劈裂, 而

$$\bar{E} = \langle +|\hat{H}|+\rangle = \langle -|\hat{H}|-\rangle \tag{6.4.25}$$

则是 Hamilton 算符在局域态上的平均值。粒子在两势阱内以频率 $\omega = \dfrac{\Delta E}{\hbar}$ 往复隧穿振荡, 隧穿率是

$$\Gamma = \frac{\omega}{\pi} \tag{6.4.26}$$

作业 6.4 用双模近似求解含时 Schrödinger 方程,证明隧穿振荡频率 $\omega = \dfrac{\Delta E}{\hbar}$。

对于方程 (6.4.2) 的周期势,隧穿劈裂扩展成能带,用一维格点紧束缚近似能带公式不难得到 sine-Gordon 势的基态能带是

$$E = \bar{E} - 2\Delta E \cos \frac{2\pi k}{g} \tag{6.4.27}$$

$\bar{E}$ 是 Hamilton 算符在单个势阱局域态上的平均值,ΔE 是相邻势阱间的隧穿劈裂。k 表示 Bloch 波矢, 这里的 "晶格" 常数显然是 $\dfrac{2\pi}{g}$。

双势阱量子隧穿有广泛的应用, 场论中曾被用来作为描述简并真空及其关联的 "toy" 模型, 探讨轻重子数不守恒等相关问题, 近年来被用以研究宏观量子效应。如果把 $|\pm\rangle$ 看作两个宏观量子态, 经典意义上, 两个态是不相干的, 如果量子隧穿有显著效应的话, 即可实现宏观量子态的相干叠加, 即 Schrödinger 猫态。

6.4.2　双势阱基态共振隧穿概率的计算

1. 单个瞬子隧穿的传播子

出发点是简并基态间量子隧穿传播子方程 (6.4.4)

$$K(\phi_+, \beta; \phi_-, -\beta) = \langle \phi_+|e^{-2\beta\hat{H}}|\phi_-\rangle = \int \mathcal{D}\{\phi\}e^{-\mathcal{S}} \tag{6.4.28}$$

另一方面, 用双模近似不难得到

$$\langle \phi_+|e^{-2\beta\hat{H}}|\phi_-\rangle = \Psi^*(\phi_-)\Psi(\phi_+)e^{-2\beta E_0}\sinh(\beta\Delta E_0) \tag{6.4.29}$$

$\Psi^*(\phi_-)$ 和 $\Psi(\phi_+)$ 是两个待定常数, 分别表示两局域基态波函数在 $\phi_\pm$ 的值。

我们用路径积分计算出传播子, 然后和等式右边比较, 从而确定基态能级劈裂 ΔE_0。

用定态相位微扰得到

$$K = \int \mathcal{D}\{\phi\}e^{-\mathcal{S}} \approx e^{\mathcal{S}_c}I \tag{6.4.30}$$

再采用文献中计算微扰传播子方程 (6.4.13) 的方法, 引入变换

$$\xi(\tau) = \chi(\tau) - \int_{-\beta}^{\tau} \frac{\dot{\psi}_0(\tau')}{\psi_0(\tau')}d\tau' \tag{6.4.31}$$

注意到 ψ_0 满足的方程, 此变换正好消掉等效势能部分, 使其变为 ξ 变量的自由粒子传播子。注意到 χ 满足固定端点条件, 插入 Lagrange 乘子, 微扰积分可算出

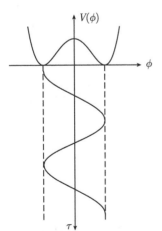

图 6.4.3　一个瞬子和一个瞬子对

$$I = \lim_{\beta\to\infty} \frac{1}{\sqrt{2\pi}} \frac{1}{\sqrt{\psi_0(\beta)\psi_0(-\beta)\int_{-\beta}^{\beta}\dfrac{d\tau}{\psi_0^2(\tau)}}} \tag{6.4.32}$$

2. 稀薄瞬子气近似

路径积分要求对所有可能的路径求和, 传播子计算应包括多体瞬子贡献, 忽略瞬子之间的相互作用 (称为稀薄瞬子气近似), 我们有

$$K = \sum_{n=0}^{\infty} K_{(2n+1)} \tag{6.4.33}$$

其中 $K_{(2n+1)}$ 表示一个瞬子和 n 个瞬子对的传播子 (图 6.4.3)。

多个瞬子传播子的计算要用到传播子的群特性, 相邻传播子之间有端点积分。

有兴趣的读者可在本章所列文献中找到详细的推导, 我们这里分别给出双势阱和 sine-Gordon 势的基态能级劈裂公式

$$\Delta E_0 = \sqrt{\frac{2}{\pi}} \frac{2^3 m}{g} e^{-\frac{4}{3g^2}}, \quad g^2 = \frac{\eta^2}{m^3} \tag{6.4.34}$$

和

$$\Delta E_0 = \frac{4}{\sqrt{\pi} g} e^{-\frac{8}{g^2}} \tag{6.4.35}$$

6.4.3 亚稳基态的量子隧穿衰变——bounce (零拓扑荷)

亚稳基态的量子隧穿衰变是早已熟知的量子现象, 如核衰变、量子成核 (quantum nucleation) 等。如图 6.4.4 形式的势, 由于存在量子隧穿, 局域基态是不稳定的, Hamilton 算符不是厄米的, 局域基态能量变成复数

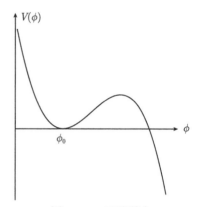

$$E_0 = \Re E_0 + i \Im E_0 \tag{6.4.36}$$

基态变为衰变波,

$$\Psi_0(t) = \Psi_0(0) e^{i \Re E_0 t} e^{-\Im E_0 t} \tag{6.4.37}$$

基态的绝对值是

图 6.4.4 亚稳基态

$$|\Psi_0(t)| = |\Psi_0(0)| e^{-\Im E_0 t} \tag{6.4.38}$$

$$\frac{\mathrm{d} |\Psi_0(t)|}{\mathrm{d}t} = -\Im E(0) |\Psi_0(t)| \tag{6.4.39}$$

亚稳基态的衰变率 (回到正常单位)

$$\Gamma = \frac{\Im E_0}{\hbar} \tag{6.4.40}$$

亚稳态的寿命

$$T = \frac{1}{\Gamma} \tag{6.4.41}$$

1. bounce

反转双势阱势能可表示为

$$V = m^2 \phi^2 - \frac{1}{2} g^2 \phi^4 \tag{6.4.42}$$

零势能点 $\phi = 0$ 是亚稳基态, 另外两个零势能点

$$\phi_{\pm} = \pm \frac{\sqrt{2} m}{g}$$

称为反转点 (图 6.4.5)。描述量子隧穿的赝粒子局限于 $\phi = 0$ 和反转点之间的势垒中运动, 经典解满足方程

$$\frac{1}{2}\left(\frac{\mathrm{d}\phi_{\mathrm{c}}}{\mathrm{d}\tau}\right)^2 - V(\phi_{\mathrm{c}}) = 0 \tag{6.4.43}$$

边界条件是

$$\phi_{\mathrm{c}}|_{\tau \to \pm\infty} = 0 \tag{6.4.44}$$

$$\frac{\mathrm{d}\phi_{\mathrm{c}}}{\mathrm{d}\tau}|_{\tau=0} = 0, \quad \frac{\mathrm{d}\phi_{\mathrm{c}}}{\mathrm{d}\tau}|_{\tau \to \pm\infty} = 0 \tag{6.4.45}$$

能量为零的经典解为

$$\phi_{\mathrm{c}} = \frac{\sqrt{2m}}{g}\,\mathrm{sech}(\sqrt{2}m\tau) \tag{6.4.46}$$

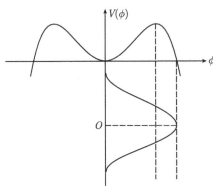

图 6.4.5　反转双势阱和 "bounce" 轨道

其轨道如图 6.4.5 所示, 当时间趋于负无穷时, 粒子从平衡点 $\phi = 0$ 以零速度开始运动, 在时间 $\tau = 0$ 到达反转点 ϕ_+(或者 ϕ_-), 然后反转, 当时间趋于正无穷时返回起始点 $\phi = 0$, 好像在反转点被弹回, 故称为 "bounce" (反弹子)。其拓扑荷为零

$$Q = 0$$

对应场论中的非拓扑孤子解, 有时也称为非拓扑瞬子。

2. 反转双势阱亚稳态隧穿率的计算, 负模

bounce 的量子隧穿传播子记为

$$K(\phi_{\mathrm{f}}, \beta; \phi_{\mathrm{i}} - \beta) = \langle\phi_{\mathrm{f}}|\mathrm{e}^{-2\beta\hat{H}}|\phi_{\mathrm{i}}\rangle \tag{6.4.47}$$

插入能量本征态完备性关系, 在极限情况下,

$$\beta \to \infty, \quad \phi_{\mathrm{f}}, \phi_{\mathrm{i}} \to 0$$

只有基态隧穿起主导作用, 因而

$$\lim_{\beta \to \infty} K(\phi_{\mathrm{f}}, \beta; \phi_{\mathrm{i}}, -\beta) = \Psi_0(0)\Psi_0^*(0)\mathrm{e}^{-2E_0\beta} \tag{6.4.48}$$

基态能量 E 和待定参数 $\Psi_0(0)$ 可由虚时路径积分计算

$$\Psi_0(0)\Psi_0^*(0)\mathrm{e}^{-2E_0\beta} = \mathrm{e}^{-\mathcal{S}_{\mathrm{c}}}I \tag{6.4.49}$$

单个 bounce 作用量可沿经典轨道直接积分, 结果是

$$\mathcal{S}_{\mathrm{c}} = \int_{-\infty}^{+\infty} \left[\frac{1}{2} \left(\frac{\mathrm{d}\phi_{\mathrm{c}}}{\mathrm{d}\tau} \right)^2 + V(\phi_{\mathrm{c}}) \right] \mathrm{d}\tau = \frac{4\sqrt{2}m^2}{3g^2} \tag{6.4.50}$$

二阶微扰本征方程

$$\hat{M}\psi_n = \epsilon_n \psi_n$$

$$\hat{M} = -\frac{1}{2} \frac{\mathrm{d}^2}{\mathrm{d}\tau^2} + [-6m^2 \mathrm{sech}^2(\sqrt{2}m\tau) + m^2] \tag{6.4.51}$$

除零模外还有一负模, 说明 bounce 是不稳定解, 从定态相位微扰公式 (6.4.19) 可看出传播子变为虚的, 使基态能量有了虚部, bounce 隧穿引起局域基态衰变。二阶微扰可用引入变量变换的方法由零模本征函数

$$\psi_0 = \frac{\mathrm{d}\phi_{\mathrm{c}}(\tau)}{\mathrm{d}\tau} = -\frac{2m^2}{g} \frac{\sinh(\sqrt{2}m\tau)}{\cosh^2(\sqrt{2}m\tau)} \tag{6.4.52}$$

直接积分得到, 把式 (6.4.52) 代入方程 (6.4.32) 取极限

$$I|_{\beta \to \infty} = -\mathrm{i} \left[\frac{\sqrt{2}m}{\pi} \right]^{\frac{1}{2}} \tag{6.4.53}$$

二阶微扰是纯虚数, 这完全由 bounce 的拓扑荷是零而产生, 因为方程 (6.4.32) 根号下有一因子即

$$\sqrt{\psi_0(\beta)\psi_0(-\beta)}$$

$$\psi_0 = \frac{\mathrm{d}\phi_{\mathrm{c}}}{\mathrm{d}\tau}$$

对于双势阱的拓扑瞬子

$$\psi_0(\beta)$$

和

$$\psi_0(-\beta)$$

符号相同, 而 bounce 则符号相反, 因反弹回来速度变号该因子变为虚数。

用类似的方法得到两个 bounce 传播子 K_2, 根据传播子 "相乘" 的特性要对两 bounce 传播子中间坐标积分。对无穷多 bounce 传播子求和, 则有

$$K(\phi_{\mathrm{f}}, \beta; \phi_{\mathrm{i}}' - \beta) = \sum_{n=0}^{\infty} K_n(\phi_{\mathrm{f}}, \beta; \phi_{\mathrm{i}}' - \beta)$$

$$= \left[\frac{m}{\pi} \right]^{\frac{1}{2}} \mathrm{e}^{\sqrt{2}m\beta} \mathrm{e}^{-\mathrm{i}2\beta \frac{4m}{g} \left[\frac{m^3}{\pi} \right]^{\frac{1}{2}}} \mathrm{e}^{-\frac{4\sqrt{2}m^3}{3g^2}} \tag{6.4.54}$$

和方程 (6.4.49) 比较, 可得出亚稳基态的能量虚部是

$$\Im E_0 = \frac{4m}{g} \left[\frac{m^3}{2\pi} \right]^{\frac{1}{2}} \mathrm{e}^{-\frac{4m^3}{3g^2}} \tag{6.4.55}$$

6.5　周期瞬子和激发态量子隧穿

瞬子隧穿在弱电统一场论中有重要应用, 例如简并真空间瞬子隧穿引起的轻重子数守恒破坏, 近年来的磁性宏观量子效应也建立在瞬子隧穿基础上。因为基态隧穿率太小, 很难有观测效应, 在上述两种情况下, 都需要考虑激发态量子隧穿。基态瞬子虚时周期趋于无穷, 是零温度隧穿理论, 无法解释磁性宏观量子效应的磁弛豫温度曲线, 有必要发展有限能量和温度的量子隧穿理论。当非零能量时, 瞬子解满足周期边条件称为周期瞬子。

6.5.1　周期瞬子及其稳定性

对于势能是 $V(\phi)$ 的虚时拉氏量

$$L = \frac{1}{2}\left[\frac{\mathrm{d}\phi}{\mathrm{d}\tau}\right]^2 + V(\phi) \tag{6.5.1}$$

积分一次后的运动方程变为

$$\frac{1}{2}\left[\frac{\mathrm{d}\phi}{\mathrm{d}\tau}\right]^2 - V(\phi) = -E \tag{6.5.2}$$

积分参数 E 是能量。

双势阱势和 sine-Gordon 势的周期解分别是

(1) 双势阱势

$$\phi_{\mathrm{c}} = \frac{kb(k)}{\eta}\,\mathrm{sn}[b(k)\tau] \tag{6.5.3}$$

该解满足周期条件

$$\phi_{\mathrm{c}}(-2\beta) = \phi_{\mathrm{c}}(2\beta) = 0 \tag{6.5.4}$$

Jacobi 椭圆函数 $\mathrm{sn}[b(k)\tau]$ 的周期是 $4n\mathcal{K}(k)$, 其中 n 是整数, 而 $\mathcal{K}$ 表示第一类完全椭圆积分, 显然当 $b(k)\beta = \mathcal{K}$ 时, 周期瞬子满足要求的边界条件, 参数的定义是

$$k^2 = \frac{1-u}{1+u}, \quad u = \frac{\eta}{m^2}\sqrt{2E}$$

$$b(k) = m\left[\frac{2}{1+k^2}\right]^{\frac{1}{2}} \tag{6.5.5}$$

图 6.5.1 给出了周期瞬子的轨道。

只有从 $-\beta$ 到 β 的半个周期解, 对能量为 E 的量子隧穿有贡献, 半周期拓扑荷为

$$Q = \frac{\eta}{m}[\phi_{\mathrm{c}}(\beta) - \phi_{\mathrm{c}}(-\beta)] = k\left[\frac{2}{1+k^2}\right]^{\frac{1}{2}} \tag{6.5.6}$$

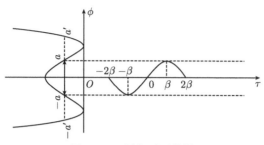

图 6.5.1 周期瞬子轨道

(2) sine-Gordon 势

$$\phi_c = \frac{2}{g}\arcsin[k\operatorname{sn}(\tau)] \tag{6.5.7}$$

$k = \sqrt{1 - g^2\dfrac{E}{2}}$, 零能时 $E = 0, k \to 1$, 周期趋于无穷, 周期瞬子解退回到基态瞬子解。二阶微扰算符是

$$\hat{M} = -\frac{\mathrm{d}^2}{\mathrm{d}\tau^2} - \{1 - 2k^2[\operatorname{sn}(\tau)]^2\} \tag{6.5.8}$$

其分离的本征波函数是

$$\psi_1 = \operatorname{cn}(\tau), \quad \psi_2 = \operatorname{dn}(\tau), \quad \psi_3 = \operatorname{sn}(\tau)$$

对应的本征值分别是

$$\epsilon_1 = 0, \quad \epsilon_2 = k^2 - 1, \quad \epsilon_3 = k^2$$

ϵ_2 是负的, 称为负模, 周期瞬子不是稳定解。双势阱周期瞬子同样有负模存在, 也非稳定解。

6.5.2 负模困难及消除

根据前面的论述, 二阶微扰算符的负模使传播子变成复数, 从而隧穿劈裂产生虚部, 这当然是非物理的结果, 因为 Hamilton 量是厄米的, 有实能谱。这一表面的困难可由瞬子满足的边界条件消除, 事实上, 相对瞬子的偏差要求固定端点, 即

$$\chi(\beta) = \chi(-\beta) = 0, \quad \beta \to \mathcal{K} \tag{6.5.9}$$

根据微扰算符本征模的展开式

$$\chi = \sum_n c_n \psi_n$$

齐次的端点边界条件对展开系数有下列约束条件:

$$c_1\psi_1(\pm\mathcal{K}) + c_2\psi_2(\pm\mathcal{K}) + c_3\psi_3(\pm\mathcal{K}) = 0 \tag{6.5.10}$$

根据 Jacobi 椭圆函数的值

$$\text{cn}(\mathcal{K}) = 0, \quad \text{dn}(\mathcal{K}) = k', \quad \text{sn}(\mathcal{K}) = 1$$

其中 $k' = \sqrt{1 - k^2}$。

上述约束条件变为

$$c_2 k' + c_3 = 0, \quad c_2 k' - c_3 = 0 \tag{6.5.11}$$

方程有唯一解

$$c_2 = c_3 = 0 \tag{6.5.12}$$

齐次边界条件的要求是把负模自动从微扰展开中除去。

6.5.3 激发态共振隧穿率的计算

我们考虑能量为 E 的激发态量子隧穿, 假定两势阱中相应的局域简并能态分别是 $|E(\pm)\rangle$, 量子隧穿使两态关联, 简并解除, 能级劈裂。为此, 我们从两简并态间的瞬子隧穿概率幅 $A_{+,-}$ 着手, 在能级劈裂远小于相邻两能级差的情况下, 仍可用双模近似, 因而有

$$A_{+,-} = \langle E(+)|e^{-2\beta\hat{H}}|E(-)\rangle = e^{-2\beta\bar{E}}\sinh(\beta\Delta E) \tag{6.5.13}$$

其中

$$\bar{E} = \langle E(+)|\hat{H}|E(+)\rangle = \langle E(-)|\hat{H}|E(-)\rangle$$

而 ΔE 表示能级劈裂。插入坐标算符本征态完备性关系, 隧穿概率幅可用瞬子传播子表示为

$$A_{+,-} = \lim_{\tau_{\text{i},f} \to \mp\mathcal{K}} \int \psi_{E(+)}^*(\phi_{\text{f}})\psi_{E(-)}(\phi_{\text{i}})K(\phi_{\text{f}}, \tau_{\text{f}}; \phi_{\text{i}}, \tau_{\text{i}})\text{d}\phi_{\text{f}}\text{d}\phi_{\text{i}} \tag{6.5.14}$$

其中, 势垒内的波函数选取了通常的 WKB 形式

$$\psi_{E(-)}(\phi_{\text{i}}) = \frac{Ce^{-\int_{-a}^{\phi_{\text{i}}} N(\phi)\text{d}\phi}}{\sqrt{N(\phi_{\text{i}})}}$$

$$\psi_{E(+)}(\phi_{\text{f}}) = \frac{Ce^{-\int_{\phi_{\text{f}}}^{a} N(\phi)\text{d}\phi}}{\sqrt{N(\phi_{\text{f}})}} \tag{6.5.15}$$

而

$$N(\phi) = \frac{\text{d}\phi}{\text{d}\tau}$$

归一化常数取为

$$C = \left[\frac{1}{2}\int_a^{a'} \frac{\text{d}\phi}{\sqrt{2(E-V)}}\right]^{\frac{1}{2}} \tag{6.5.16}$$

积分限 $\pm a$ 和 a' 是如图 6.5.1 所示的瞬子轨道反转点。

双势阱和 sine-Gordon 势的归一化常数和 $N(\phi)$ 分别是

(1) 双势阱

$$C = \left[\frac{m\sqrt{1+u}}{2\mathcal{K}(k')} \right]^{\frac{1}{2}} \tag{6.5.17}$$

$$N(\phi_c) = \frac{kb^2(k)}{\eta} \operatorname{cn}[b(k)\tau] \operatorname{dn}[b(k)\tau] \tag{6.5.18}$$

(2) sine-Gordon 势

$$C = \left[\frac{1}{4\mathcal{K}(k')} \right]^{\frac{1}{2}} \tag{6.5.19}$$

$$N(\phi_c) = \frac{2}{g} k \operatorname{cn}(\tau) \tag{6.5.20}$$

当

$$\tau_{i,f} \to \mp\mathcal{K}$$

时，瞬子轨道端点趋近于反转点

$$\phi_{i,f} \to \mp a$$

方程 (6.5.14) 中的传播子仍按定态相位微扰算到单圈近似。周期瞬子作用量和端点波函数都是端点位置的函数，在反转点邻域展开

$$S_c(\phi_f, \phi_i; \tau_f - \tau_i) = S_c(\phi_f = a, \phi_i = -a; 2\beta) + \frac{1}{2}\frac{\partial^2 S}{\partial \phi_f^2}|_{\phi_f=a}(\phi_f - a)^2 \tag{6.5.21}$$

波函数的衰减因子也在反转点邻域展开

$$\int_{\phi_f}^{a} N(\phi)\mathrm{d}\phi \equiv \Omega(\phi_f) \approx \frac{1}{2}\frac{\partial^2 \Omega(\phi_f)}{\partial \phi_f^2}(\phi_f - a)^2 \tag{6.5.22}$$

不难证明

$$\frac{\partial^2 S_c}{\partial \phi_f^2} = \frac{1}{N(\tau_f)}\left[\dot{N}(\tau_f) + \frac{1}{N(\tau_f)} \int_{\tau_i}^{\tau_f} \frac{\mathrm{d}\tau}{N^2} \right] \tag{6.5.23}$$

和

$$\frac{\partial^2 \Omega(\phi_f)}{\partial \phi_f^2} = -\frac{\dot{N}(\tau_f)}{N(\tau_f)} \tag{6.5.24}$$

反转点之间的瞬子作用量可沿瞬子轨道直接积分

$$S_c = \int \left[\frac{1}{2}\left(\frac{\mathrm{d}\phi_c}{\mathrm{d}\tau} \right)^2 + V(\phi_c) \right] \mathrm{d}\tau \tag{6.5.25}$$

利用运动方程

$$\frac{1}{2}\left(\frac{\mathrm{d}\phi_{\mathrm{c}}}{\mathrm{d}\tau}\right)^2 + V(\phi_{\mathrm{c}}) = -E$$

把 $V(\phi_{\mathrm{c}})$ 代入 S_{c} 的表达式中, 得到

$$S_{\mathrm{c}} = W + 2\beta E \tag{6.5.26}$$

其中

$$W = \int_{-\beta}^{\beta}\left(\frac{\mathrm{d}\phi_{\mathrm{c}}}{\mathrm{d}\tau}\right)^2 \mathrm{d}\tau \tag{6.5.27}$$

称为 WKB 作用量, 双势阱和 sine-Gordon 势的结果分别是

双势阱

$$W = \frac{4m^3}{3\eta^2}(1+u)^{\frac{1}{2}}[\mathcal{E}(k) - u\mathcal{K}(k)] \tag{6.5.28}$$

sine-Gordon 势

$$W = \frac{8}{g^2}[\mathcal{E}(k) - k'^2\mathcal{K}(k)] \tag{6.5.29}$$

$\mathcal{E}(k)$ 和 $\mathcal{K}(k)$ 分别是第二类和第一类完全椭圆积分。微扰积分 I 可用引入变换

$$\chi(\tau) = \xi(\tau) + N(\tau)\int_{\tau_{\mathrm{i}}}^{\tau}\frac{\dot{N}(\tau')}{N^2(\tau')}\xi(\tau')\mathrm{d}\tau' \tag{6.5.30}$$

化为一自由粒子传播子。因为 $\chi(\tau_{\mathrm{i}}) = \chi(\tau_{\mathrm{f}}) = 0$, 显然新变量 ξ 的边界条件是

$$\xi(\tau_{\mathrm{i}}) = 0 \tag{6.5.31}$$

和

$$\xi(\tau_{\mathrm{f}}) + f(\tau_{\mathrm{f}}) = 0 \tag{6.5.32}$$

而

$$f(\tau_{\mathrm{f}}) = N(\tau_{\mathrm{f}})\int_{\tau_{\mathrm{i}}}^{\tau_{\mathrm{f}}}\frac{\dot{N}(\tau)}{N^2(\tau)}\xi(\tau)\mathrm{d}\tau$$

在微扰积分 I 中插入关于边界条件的 Lagrange 乘子

$$\int \mathrm{d}\xi_{\mathrm{f}}\delta[\xi(\tau_{\mathrm{f}}) + f(\tau_{\mathrm{f}})] = \frac{1}{2\pi}\int_{-\infty}^{\infty}\mathrm{d}\xi_{\mathrm{f}}\mathrm{e}^{-\mathrm{i}\alpha[\xi(\tau_{\mathrm{f}})+f(\tau_{\mathrm{f}})]} = 1 \tag{6.5.33}$$

微扰积分 I 可算出为

$$I = \frac{1}{\sqrt{2\pi}}\left|\frac{\partial\chi}{\partial\xi}\right|\left[N^2(\tau_{\mathrm{f}})\int_{\tau_{\mathrm{i}}}^{\tau_{\mathrm{f}}}\frac{\mathrm{d}\tau}{N^2(\tau)}\right]^{-\frac{1}{2}} \tag{6.5.34}$$

代入 Jacobi 变换行列式

$$\left|\frac{\partial\chi}{\partial\xi}\right| = \left[\frac{N(\tau_{\mathrm{f}})}{N(\tau_{\mathrm{i}})}\right]^{\frac{1}{2}} \tag{6.5.35}$$

微扰积分 I 结果是

$$I = \frac{1}{\sqrt{2\pi}} \left[N(\tau_{\mathrm{i}}) N(\tau_{\mathrm{f}}) \int_{\tau_{\mathrm{i}}}^{\tau_{\mathrm{f}}} \frac{\mathrm{d}\tau}{N^2(\tau)} \right]^{-\frac{1}{2}} \tag{6.5.36}$$

概率幅方程 (6.5.14) 的端点积分都是 Gauss 型积分, 完成端点积分后, 得到的单个瞬子隧穿跃迁概率幅有十分简单的形式

$$A_{+,-}^{(1)} = 2\beta C^2 \mathrm{e}^{-W} \mathrm{e}^{-2E\beta} \tag{6.5.37}$$

一个瞬子加一个瞬子和反瞬子对的隧穿概率幅是

$$\begin{aligned}
A_{+,-}^{(3)} &= \int_{-\beta}^{\beta} \mathrm{d}\tau_1 \int_{-\beta}^{\tau_1} \mathrm{d}\tau_2 \int_{-\beta}^{\tau_2} \mathrm{d}\tau (C^2)^3 \mathrm{e}^{-3W} \mathrm{e}^{-2E\beta} \\
&= \frac{1}{3!} C^3 \mathrm{e}^{-3W} \mathrm{e}^{-2E\beta}
\end{aligned} \tag{6.5.38}$$

对所有瞬子概率幅求和得到总概率幅

$$A_{+,-} = \sum_0^\infty A_{+,-}^{(2n+1)} = \mathrm{e}^{-2E\beta} \sinh(2\beta) C^2 \mathrm{e}^{-W} \tag{6.5.39}$$

隧穿劈裂是

$$\Delta E = 2C^2 \mathrm{e}^{-W} \tag{6.5.40}$$

代入双势阱和 sine-Gordon 势归一化常数的表达式, 隧穿劈裂公式分别是

双势阱

$$\Delta E = \frac{m\sqrt{1+u}}{\mathcal{K}(k')} \mathrm{e}^{\frac{4m^3}{3\eta}\sqrt{1+u}[\mathcal{E}(k) - u\mathcal{K}(k)]} \tag{6.5.41}$$

sine-Gordon 势

$$\Delta E = \frac{1}{2\mathcal{K}(k')} \mathrm{e}^{-\frac{8}{g^2}}[\mathcal{E}(k) - k'^2 \mathcal{K}(k)] \tag{6.5.42}$$

6.5.4 高低能极限

能量 $E = 0$ 时, 周期瞬子解退化为基态瞬子解, 而当能量等于势垒高度时, 趋于一平庸的常数解

$$\phi_{\mathrm{c}} = 0 \tag{6.5.43}$$

它位于势垒顶部, 是不稳定解, 随时准备跌落, 所以称为 "spheleron", 描述翻越势垒顶部的经典跃迁。周期瞬子介于基态瞬子和 "spheleron" 之间。当能量远小于势垒高度时

$$E \ll \frac{m^4}{2\eta^2} \quad \text{(双势阱)}$$

$$E \ll \frac{2}{g^2} \quad \text{(sine-Gordon 势)}$$

在两种势情况下，都有

$$k \to 1$$

即

$$k' \to 0$$

把完全椭圆积分展开成 k' 幂级数

$$\mathcal{E}(k) = 1 + \frac{1}{2} \left[\ln\left(\frac{4}{k'}\right) - \frac{1}{2} \right] k'^2 + \frac{3}{16} \left[\ln\left(\frac{4}{k'}\right) - \frac{13}{12} \right] k'^4 + \cdots \quad (6.5.44)$$

$$\mathcal{K}(k') = \ln\left(\frac{4}{k'}\right) + \frac{1}{4} \left[\ln\left(\frac{4}{k'}\right) - 1 \right] k'^2 + \cdots \quad (6.5.45)$$

用谐振子近似量子化条件

$$E_n = \left(n + \frac{1}{2} \right) \omega \quad (6.5.46)$$

其中

$$\omega = \sqrt{\frac{\partial^2 V(\phi_\pm)}{\partial \phi^2}}$$

是在 $\phi_\pm$ 点展开的小振荡频率，和 Stirling 公式

$$n! = \sqrt{2\pi} \left(\frac{n + \frac{1}{2}}{e} \right)^{n + \frac{1}{2}}$$

低能极限下双势阱和 sine-Gordon 势的第 n 个能级的隧穿劈裂分别是

双势阱

$$\Delta E_n = \frac{2\sqrt{2}m}{\sqrt{\pi}n!} \left[\frac{2^2}{g^2} \right]^{n + \frac{1}{2}} e^{-\frac{4}{3g^2}} \quad (6.5.47)$$

sine-Gordon 势

$$\Delta E_n = \frac{1}{\sqrt{2\pi}n!} e^{\frac{8}{g^2}} \left[\frac{2^5}{g^2} \right]^{n + \frac{1}{2}} \quad (6.5.48)$$

双势阱和 sine-Gordon 势的第 n 个能级的隧穿劈裂可用一统一公式表示为

$$\Delta E_n = \frac{1}{n!} B^n \Delta E_0, \quad B = \frac{2^4 \Delta U}{\omega} \quad (6.5.49)$$

其中

$$\omega = \begin{cases} 2m \\ 1 \end{cases}$$

分别是双势阱和 sine-Gordon 势势阱底部的小振动频率。而

$$\Delta U = \begin{cases} \dfrac{m^4}{2\eta^2} \\[2mm] \dfrac{2}{g^2} \end{cases}$$

则是相应的隧穿势垒高度。激发态的量子隧穿可理解为系统被热激发到激发态,量子隧穿在激发态进行, 称为热助量子隧穿。给定温度下隧穿率可用热平均方法得到。

6.6 周期 bounce 和激发态量子隧穿衰变

激发态量子隧穿衰变仍然需要相应的周期解, 以反转双势阱为例, 积分一次后运动方程为

$$\frac{1}{2}\left(\frac{\mathrm{d}\phi_{\mathrm{c}}}{\mathrm{d}\tau}\right)^2 - V(\phi_{\mathrm{c}}) = -E_{\mathrm{c}}$$

积分参数可看作粒子能量, 其值

$$E_{\mathrm{c}} = \frac{1}{2}a^2\mu^2u^2$$

介于零和势垒高度之间

$$\frac{1}{2}\mu^2a^2 \geqslant E_{\mathrm{c}} \geqslant 0$$

其中

$$u = \frac{1-k^2}{1+k^2}, \quad 1 \geqslant k \geqslant 0$$

经典解是

$$\phi_{\mathrm{c}} = s(k)\,\mathrm{dn}[b(k)\tau] \tag{6.6.1}$$

Jacobi 椭圆函数的模是

$$\gamma^2 = \frac{4k}{(1+k)^2}$$

$$\gamma'^2 = 1 - \gamma^2 = \left(\frac{1-k}{1+k}\right)^2 = \frac{1-u'}{1+u'}$$

$$u'^2 = 1 - u^2$$

而

$$b(k) = \frac{\mu}{a}s(k)$$

$$s(k) = \frac{a(1+k)}{\sqrt{1+k^2}} = a\left(\frac{2}{1+\gamma'^2}\right)^{\frac{1}{2}}$$

6.6.1   微扰算符的本征态和本征值，多重负模

二阶微扰本征方程

$$\hat{M}\psi = \omega^2\psi$$

$$\hat{M} = -\frac{d^2\tau}{d\tau^2} + \mu^2\left(2 - \frac{6}{a^2\phi_c^2}\right) \tag{6.6.2}$$

可化为一 Lame 方程

$$\frac{d^2\psi}{dz^2} + [\omega^2 - 6\gamma^2\,\text{sn}^2(z)]\psi = 0 \tag{6.6.3}$$

ω^2 是能量本征值, ω 则是围绕经典周期解 ϕ_c 的小振动频率，而

$$z = b(k)\tau$$

是引入的新变量。5 个分离的本征函数 $\psi_1, \psi_2, \cdots, \psi_5$ 分别是

$$\text{sn}(z)\,\text{cn}(z), \quad \text{sn}(z)\,\text{dn}(z),$$

$$\text{cn}(z)\,\text{dn}(z)$$

和

$$[\text{sn}(z)]^2 - \frac{1}{3\gamma^2}\left(1 + \gamma^2 \pm \sqrt{1 - \gamma^2\gamma'^2}\right) \tag{6.6.4}$$

而相应的本征值 $\omega_1^2, \omega_2^2, \cdots, \omega_5^2$ 则为

$$0, \quad -\frac{3\mu^2(1-k^2)^2}{1+k^2}, \quad -\frac{3\mu^2(1+k^2)^2}{1+k^2}$$

和

$$-2\mu^2 \mp 2\mu^2\frac{\sqrt{1 + 14k^2 + k^2}}{1+k^2} \tag{6.6.5}$$

我们得到 3 个负模。产生能量虚部，只需要也仅需要一个负模，多余的负模可由微扰展开的边界条件要求

$$\chi(\tau_i) = \chi(\tau_f) = 0$$

除去，模为 γ 的 Jacobi 椭圆函数的周期是

$$\mathcal{T} = 4\mathcal{K}(\gamma)$$

根据前面周期 bounce 解边条件的选取，显然要求当

$$z_i = -2\mathcal{K}, \quad z_f = 2\mathcal{K}$$

时微扰波函数为零, 只有零模和一个负模 ψ_2 满足边条件的要求, 因而对量子隧穿衰变有贡献。

6.6.2 激发态量子隧穿衰变率的计算

我们从周期 bounce 量子隧穿跃迁矩阵元

$$A = \langle E|\mathrm{e}^{-2\beta\hat{H}}|E\rangle = \mathrm{e}^{-2E\beta} \tag{6.6.6}$$

出发，对应的路径积分表示是

$$A = \int \psi_E^*(\phi_{\mathrm{f}})\psi_E(\phi_{\mathrm{i}})K(\phi_{\mathrm{f}},\tau_{\mathrm{f}};\phi_{\mathrm{i}}'\tau_{\mathrm{i}})\mathrm{d}\phi_{\mathrm{f}}\mathrm{d}\phi_{\mathrm{i}} \tag{6.6.7}$$

势垒中波函数仍用 WKB 近似

$$\psi_E(\phi_{\mathrm{f}}) = C\frac{\mathrm{e}^{-\int_t^{\phi_{\mathrm{f}}}\dot{\phi}\mathrm{d}\phi}}{\sqrt{\dot{\phi}_{\mathrm{f}}}}$$

$$\psi_E(\phi_{\mathrm{i}}) = C\frac{\mathrm{e}^{-\int_t^{\phi_{\mathrm{i}}}\dot{\phi}\mathrm{d}\phi}}{\sqrt{\dot{\phi}_{\mathrm{i}}}} \tag{6.6.8}$$

归一化常数定义为

$$C = \left[\frac{1}{2}\int_{-t}^{t}\frac{\mathrm{d}\phi}{\sqrt{2[E_c - V(\phi)]}}\right]^{\frac{1}{2}} \tag{6.6.9}$$

而

$$t = \frac{a(1-k)}{\sqrt{1+k^2}}, \quad t' = \frac{a(1+k)}{\sqrt{1+k^2}}$$

是如图 6.6.1 所示的 bounce 反转点。

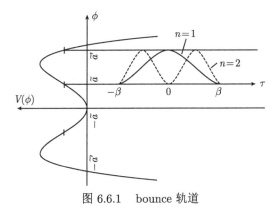

图 6.6.1   bounce 轨道

传播子用定态相位微扰算到单圈近似，经典作用量是

$$S_{\mathrm{c}} = W + 2\beta E_c \tag{6.6.10}$$

取端点极限

$$\tau_{\mathrm{i}} \to -\beta; \quad \tau_{\mathrm{f}} \to -\beta$$

$$\phi_{\mathrm{i}} \to \tilde{a}; \quad \phi_{\mathrm{f}} \to \tilde{a}$$

把端点函数按 $(\phi_{\mathrm{f}} - \tilde{a})$ 的幂级数展开到二阶, 完成端点积分, 得到单个 bounce 的隧穿概率幅

$$A^{(1)} = -\mathrm{i}2\beta C^2 \mathrm{e}^{-W} \mathrm{e}^{-2E_{\mathrm{c}}\beta} \tag{6.6.11}$$

n 个 bounce 量子隧穿跃迁概率幅是

$$A^{(n)} = (-\mathrm{i})^n (C^2)^2 \frac{2\beta}{n!} \mathrm{e}^{-nW} \mathrm{e}^{-2\beta E_{\mathrm{c}}} \tag{6.6.12}$$

总的隧穿概率幅

$$A = \sum_{n=0}^{\infty} A^{(n)} = \mathrm{e}^{-2\beta E_{\mathrm{c}}} \mathrm{e}^{-\mathrm{i}2\beta C^2 \mathrm{e}^{-W}} \tag{6.6.13}$$

和方程 (6.6.6) 比较, 能量虚部是

$$\Im E = C^2 \mathrm{e}^{-W} \tag{6.6.14}$$

W 可沿周期 bounce 积分得到, C^2 也由势阱中两反转点间的积分计算, 结果是

$$W = \frac{2^{\frac{5}{2}}}{3} \frac{\mu a^2}{(1+\gamma'^2)^{\frac{3}{2}}} \{(2-r^2)\mathcal{E}[\mathcal{K}(\gamma)] - 2\gamma'^2 \mathcal{K}(\gamma)\} \tag{6.6.15}$$

$$C^2 = \frac{\mu(1+k)}{4\sqrt{1+k^2}\mathcal{K}(\gamma')} \tag{6.6.16}$$

6.6.3　高低能极限

当积分常数 (能量) 等于势垒高度时

$$E_{\mathrm{c}} = \frac{1}{2} a^2 \mu^2$$

在这种情况下的 spheleron 常数解是

$$\phi_{\mathrm{c}} = a$$

它描述翻越势垒的经典跃迁过程, 周期解介于 "spheleron" 和基态 bounce 之间。低能情况下

$$E_{\mathrm{c}} \ll \frac{1}{2} a^2 \mu^2$$

即

$$k \to 1$$

和

$$\gamma \to 1, \quad \gamma' \to 0$$

把完全椭圆积分展开成 γ' 幂级数

$$\mathcal{E}(\gamma) = 1 + \frac{1}{2}\left[\ln\left(\frac{4}{\gamma'}\right) - \frac{1}{2}\right]\gamma'^2 + \frac{3}{16}\left[\ln\left(\frac{4}{\gamma'}\right) - \frac{13}{12}\right]\gamma'^4 + \cdots \quad (6.6.17)$$

$$\mathcal{K}(\gamma) = \ln\left(\frac{4}{\gamma'}\right) + \frac{1}{4}\left[\ln\left(\frac{4}{\gamma'}\right) - 1\right]\gamma'^4 + \cdots \quad (6.6.18)$$

用 Bohr-Sommerfeld 量子化条件

$$\int_{-t}^{t}\frac{\mathrm{d}\phi}{\mathrm{d}t}\mathrm{d}\phi = \left(n + \frac{1}{2}\right)\pi \quad (6.6.19)$$

不难得出能谱是

$$E_{\mathrm{c}} = \left(n + \frac{1}{2}\right)\omega \quad (6.6.20)$$

其中

$$\omega = \sqrt{\frac{\partial^2 V(\phi)}{\partial\phi^2}}\Big|_{\phi=0} = \mu\sqrt{2}$$

正是势阱内的小振动频率。

第 n 个低激发态能级的虚部是

$$\Im E = \frac{\mu}{\sqrt{\pi}n!}\left[\frac{16\sqrt{2}}{g^2}\right]^{n+\frac{1}{2}}\mathrm{e}^{\frac{-4\sqrt{2}}{3g^2}} \quad (6.6.21)$$

6.7 量子隧穿概率幅计算的 LSZ 方法

双势阱激发态共振隧穿概率幅也可用场论中的 LSZ(Lehmann, Symanzik, Zimmermann) 方法仅借助基态瞬子得到, 但须计算到高阶微扰。我们把势垒量子隧穿看作一散射过程, 需要计算 S 散射矩阵, 对于简并态间的共振隧穿, $t \to \pm\infty$ 的渐近态是相邻势阱中的谐振子态。场算符的时间演化和按谐振子基展开的场粒子产生算符在相互作用绘景中可用时间微分关联起来, 从而建立 S 散射矩阵和 Green 函数的关系, 称为 LSZ 约化方法。对于 $1 + 0$ 维谐振子场, Hamilton 算符是

$$H = \frac{1}{2}\pi^2 + \frac{1}{2}\omega^2\phi^2 = \omega\left(a^\dagger a + \frac{1}{2}\right) \quad (6.7.1)$$

场算符 $\phi(t)$ 的时间演化可求解 Heisenberg 方程精确得到

$$\phi(t) = \frac{1}{\sqrt{2\omega}}(a\mathrm{e}^{-\mathrm{i}\omega t} + a^\dagger\mathrm{e}^{\mathrm{i}\omega t}) \quad (6.7.2)$$

产生算符和场算符的时间演化关系是

$$a^\dagger = -\frac{i}{\sqrt{2\omega}}e^{-i\omega t}[\dot{\phi}(t) + i\omega\phi(t)] \equiv -\frac{i}{\sqrt{2\omega}}e^{-i\omega t}\frac{\overset{\leftrightarrow}{\partial}}{\partial t}\phi(t) \qquad (6.7.3)$$

双向偏导算符 $\dfrac{\overset{\leftrightarrow}{\partial}}{\partial t}$ 表示向右的时间偏导减去向左的。

　　LSZ 方法的好处是仅借助基态瞬子即可得到低激发态共振隧穿率, 无须引入周期解。我们以 sine-Gordon 势

$$V(\phi) = \frac{1}{g^2}[1 + \cos(g\phi)] \qquad (6.7.4)$$

为例来解释 LSZ 方法在量子隧穿计算中的应用。把势场在相邻势阱最小值 $\pm\dfrac{\pi}{g}$ 邻域展开到二阶近似

$$V(\phi) = \frac{1}{2}\left[\phi - \left(\pm\frac{\pi}{g}\right)\right]^2 \qquad (6.7.5)$$

围绕极小值的振动频率是 $\omega = 1$。关键是需要用瞬子解来构造 $\tau \to \pm\infty$ 的渐进场变量, 我们选

$$\phi_\mp = \frac{\pi}{g} \pm \phi_c \qquad (6.7.6)$$

其中

$$\phi_c = \arcsin[\tanh(\tau)] \qquad (6.7.7)$$

是基态瞬子, 这样选取的目的是保证渐进场变量满足极限条件

$$\lim_{\tau \to \pm\infty}\phi_\mp = 0 \qquad (6.7.8)$$

隧穿场只在势垒内不为零。定义相应的准 (虚时) Bose 子产生和湮灭算符

$$a_\pm^\dagger = \sqrt{2}e^{-\tau}\frac{\overset{\leftrightarrow}{\partial}}{\partial\tau}\phi_\pm(\tau) \qquad (6.7.9)$$

$$a_\pm = -\sqrt{2}e^{\tau}\frac{\overset{\leftrightarrow}{\partial}}{\partial\tau}\phi_\pm(\tau) \qquad (6.7.10)$$

和隧穿场的关系是

$$2\phi_\pm = \frac{1}{\sqrt{2}}[a_\pm e^{-\tau} + a_\pm^\dagger e^{\tau}] \qquad (6.7.11)$$

因为

$$\frac{\partial\phi_\pm}{\partial\tau} = \mp\frac{2}{g\cosh(\tau)}|_{\tau\to\pm\infty} \to \mp\frac{4}{g}e^{\mp\tau} \qquad (6.7.12)$$

所以有

$$a_+^\dagger|_{\tau\to-\infty} \to \frac{4\sqrt{2}}{g} \qquad (6.7.13)$$

$$a_-^\dagger|_{\tau\to\infty} \to \frac{4\sqrt{2}}{g} \qquad (6.7.14)$$

而

$$a_+|_{\tau\to\infty} = 0 \tag{6.7.15}$$

$$a_-^\dagger|_{\tau\to-\infty} = 0 \tag{6.7.16}$$

物理意义非常清楚, 它描述由势阱 "–" 到势阱 "+" 的准粒子传播, 概率幅是

$$\frac{4\sqrt{2}}{g}$$

正是我们希望的结果。我们的目的是计算从势阱 "–" 到势阱 "+" 通过中间势垒的一个准 Bose 子隧穿概率幅, 记为

$$A_{\mathrm{f,i}} = S_{\mathrm{f,i}}\mathrm{e}^{2\beta} \tag{6.7.17}$$

S 矩阵元的定义是

$$S_{\mathrm{f,i}} = \lim_{\substack{\tau\to-\infty\\\tau'\to\infty}} \langle 0|a_+(\tau')a_-^\dagger(\tau)|0\rangle \tag{6.7.18}$$

代入 Bose 子产生和湮灭算符时间演化的微分算符表示

$$S_{\mathrm{f,i}} = \lim_{\substack{\tau\to-\infty\\\tau'\to\infty}} \left[-\sqrt{2}\mathrm{e}^{\tau'}\frac{\overset{\leftrightarrow}{\partial}}{\partial\tau'}\right] \left[\sqrt{2}\mathrm{e}^{-\tau}\frac{\overset{\leftrightarrow}{\partial}}{\partial\tau}\right] G(\tau',\tau) \tag{6.7.19}$$

两点 Green 函数是

$$G(\tau',\tau) = \langle 0|\phi_+(\tau')\phi_-(\tau)|0\rangle = 2\sqrt{\pi}\phi_+(\tau')\phi_-(\tau)K \tag{6.7.20}$$

在矩阵元中的 $\phi(\tau)$ 是场算符, 而等式右边的是场算符的本征值, K 表示瞬子传播子, 前面的因子来自端点积分。因为

$$\lim_{\tau\to-\infty} \phi_-(\tau) = 0, \quad \lim_{\tau'\to\infty} \phi_+(\tau) = 0$$

所以

$$\lim_{\substack{\tau\to-\infty\\\tau'\to\infty}} G(\tau',\tau) = 0 \tag{6.7.21}$$

在此极限下, 显然 Green 函数对时间的一次求导也为零, 不为零的是

$$\lim_{\substack{\tau\to-\infty\\\tau'\to\infty}} \frac{\partial^2 G}{\partial\tau'\partial\tau} = 2\sqrt{\pi}K \left[\lim_{\tau'\to\infty}\frac{\partial\phi_+(\tau')}{\partial\tau'}\right] \left[\lim_{\tau\to-\infty}\frac{\partial\phi_-(\tau)}{\partial\tau}\right]$$

$$= -2\sqrt{\pi}K\left(\frac{4}{g}\right)^2\mathrm{e}^{-2\beta} \tag{6.7.22}$$

其中利用了 $\phi_\pm$ 的表达式和零模的极限值。一个 Bose 子隧穿概率幅

$$A_{\mathrm{f,i}}^{(1)} = \left(\frac{4\sqrt{2}}{g}\right)^2 \mathrm{e}^{-2\beta}\sqrt{\pi}K = S_{\mathrm{f,i}}^{(1)}\mathrm{e}^{-2\beta} \tag{6.7.23}$$

n 个 Bose 子隧穿概率幅

$$A_{\mathrm{f,i}}^{(n)} = S_{\mathrm{f,i}}^{(n)}\mathrm{e}^{-n2\beta} \tag{6.7.24}$$

n 个 Bose 子隧穿 S 矩阵是

$$\begin{aligned}
S_{\mathrm{f,i}}^n &= \frac{1}{n!}\prod_{i=1}^{n}\lim_{\substack{\tau_{\mathrm{i}}\to-\infty \\ \tau_{\mathrm{i}}'\to\infty}}\left[-\sqrt{2}\mathrm{e}^{\tau_{\mathrm{i}}'}\overrightarrow{\frac{\partial}{\partial\tau_{\mathrm{i}}'}}\right]\times\left[\sqrt{2}\mathrm{e}^{-\tau_{\mathrm{i}}}\overleftrightarrow{\frac{\partial}{\partial\tau_{\mathrm{i}}}}\right]G(\tau_1',\tau_2',\cdots,\tau_n';\tau_1,\tau_2,\cdots,\tau_n) \\
&= \frac{1}{n!}\left[\frac{4\sqrt{2}}{g}\right]^{2n}\sqrt{\pi}K \tag{6.7.25}
\end{aligned}$$

用前面给出的单个瞬子的传播子公式

$$K = \frac{2\beta}{\pi}\mathrm{e}^{\frac{-8}{g^2}}\mathrm{e}^{-\beta}\frac{4}{g} \tag{6.7.26}$$

及隧穿概率幅和能级劈裂的关系, 可得到和周期瞬子方法完全一样的隧穿劈裂 (方程 (6.5.48))。

6.8　量子隧穿的有限温度理论

基态隧穿是零温纯量子过程, 当温度升高, 粒子被激发到激发态, 量子隧穿在激发态进行, 称为热助量子隧穿。给定温度 T 的隧穿率可用 Boltzmann 热平均计算

$$\Gamma(T) = \frac{\Delta E_0}{\pi Z}\sum_{n=1}^{\infty}\frac{B^n}{n!}\mathrm{e}^{\frac{-\epsilon_n}{T}} \tag{6.8.1}$$

$$\epsilon_n = \left(n+\frac{1}{2}\right)\omega_0$$

是势阱中谐振子近似能级, 小振动频率是 ω_0, Z 是谐振子配分函数, Boltzmann 常量 $k_{\mathrm{B}} = 1$

$$B = \frac{\Delta U 2^4}{\omega_0} \tag{6.8.2}$$

ΔU 是隧穿势垒高度。

$$\Gamma(T) = \frac{\Delta E_0}{\pi}[1-\mathrm{e}^{-\frac{\omega_0}{T}}]\mathrm{e}^{B\mathrm{e}^{-\frac{\omega_0}{T}}} \tag{6.8.3}$$

因为隧穿劈裂公式只在低激发态适用, 温度 T 的隧穿率也仅可用于低温区。温度提高应使用周期瞬子。

6.8.1 从量子隧穿到经典热跃迁的过渡——相变过程

零温时只有基态隧穿, 在极低温度时是纯量子隧穿过程, 随着温度升高激发态隧穿发生, 即热助量子隧穿, 随着温度继续升高, 同时伴有随着翻越势垒的经典热跃迁过程。经典热跃迁率服从 Arrhenius 定律

$$\Gamma_{\mathrm{th}} \sim \mathrm{e}^{-S_{\mathrm{th}}(T)} \tag{6.8.4}$$

其中

$$S_{\mathrm{th}}(T) = \frac{\Delta U}{T} \tag{6.8.5}$$

ΔU 是势垒高度。当温度高于某一转变温度时, 则完全由经典热跃迁主导。从纯量子隧穿到经典热跃迁是一相变过程, 是由隧穿率和给定温度激发态的占据率两个机制竞争产生的: 能量提高隧穿率增加, 因为瞬子运动路径变短, 作用量减少, 但高能态的占据率变小。从周期瞬子周期和能量关系, 很容易解释经典–量子过渡的相变问题。

6.8.2 瞬子周期和温度的关系

根据瞬子理论, 能量为 E 的激发态隧穿率零级近似 (WKB) 是

$$\Gamma(E) \sim \mathrm{e}^{-W(E)-\beta E} \tag{6.8.6}$$

其中, 瞬子周期 $\beta(E)$ (即前面的 2β) 也是能量的函数, $W(E)$ 是 WKB 作用量, 而 $\mathrm{e}^{-W(E)}$ 则是 WKB 隧穿率。另一方面按 Boltzmann 热平均

$$\Gamma(E) \sim \mathrm{e}^{-W(E)-\frac{E}{T}} \equiv \mathrm{e}^{-S_{\mathrm{c}}(T)} \tag{6.8.7}$$

因而

$$T = \frac{1}{\beta} \tag{6.8.8}$$

$S_{\mathrm{c}}(T)$ 表示热助量子隧穿作用量, 当 $T = 0$ 时, $S_{\mathrm{c}}(T=0) \equiv S_{\mathrm{c}}$ 就是基态瞬子作用量, 是纯量子隧穿过程。

对于对称双势阱模型, 瞬子周期随能量增加单调下降, 纯量子隧穿随温度升高连续过渡到经典热跃迁, 即

$$S_{\mathrm{c}} \to S_{\mathrm{c}}(T) \to S_{\mathrm{th}}(T) \tag{6.8.9}$$

是一个二级相变过程, 即 Landau 二级相变。瞬子周期和能量, 作用量和温度曲线如图 6.8.1 所示。

可以定义序参数

$$h = \frac{\Delta U - E}{\Delta U} \tag{6.8.10}$$

h 称为量子隧穿序, $h = 1$ 是纯量子隧穿, 对应作用量 S_{c}, 而 $h = 0$ 是经典热跃迁, 对应 $S_{\mathrm{th}}(T)$, 两者之间则是热助量子隧穿 $S_{\mathrm{c}}(T)$。

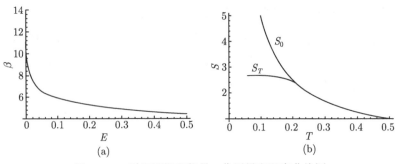

图 6.8.1　瞬子周期和能量，作用量和温度曲线图

6.9　分子磁体宏观量子效应

随着半导体微电子技术的发展，磁性材料的制备和研究已进入纳米尺度。低温下纳米磁体已表现出明显的量子特性，纳米磁体磁化矢量的隧穿即一个宏观量子现象。量子态相位及相干是量子力学的核心概念，也是量子信息工程的基础。是否存在宏观可区分态，即 Schrödinger 猫态的相干叠加是自量子力学建立以来极具挑战性的问题。20 世纪 80 年代，Leggett 等指出，宏观可区分态的相干叠加可通过量子隧穿实现，也就是说，宏观上稳定的态之间可通过量子隧穿相干关联 [24-73]。随着单畴磁体中隧穿率理论计算的研究进展，纳米磁体中宏观量子效应的实验和动力学理论研究成为近年来的热点课题。其实，早在 20 世纪 50 年代就有关于磁的宏观量子效应的推测，但由于理论和实验方面的困难，没有引起重视。纳米磁体中的宏观量子效应是指磁化矢量 (宏观可测量) 的量子隧穿和磁化矢量在稳定取向 (即宏观量子态) 之间通过量子隧穿往复振荡 (宏观量子相干)。实验上观察到的磁滞回线量子化台阶 (图 6.9.1) 和磁化矢量相干隧穿引起的共振吸收谱，以及磁弛豫时间的低温反常 (图 6.9.2) 是公认的宏观量子现象。纳米磁体宏观量子效应实验可用来检验量子力学的基本原理和宏观极限，同时和信息储存技术密切相关。原则上每个单畴纳米磁体可以储存一个比特信息，其中磁化矢量的两个稳定取向作为储存单元的两个状态。无外场作用时两状态保持稳定，因而可储存信息。为提高计算速度和增加存储密度，必须减小存储单元尺度。当尺度小到出现量子隧穿时，磁化矢量通过量子隧穿自动翻转，信息遗失。因此，宏观量子相干隧穿最终限制了信息存储密度和计算速度。早期实验多用天然磁性颗粒，如在平均尺度 15nm 的铁磁颗粒 (Tb，Ce，Fe) 中观察到低温下弛豫时间不随温度变化的反常现象 (图 6.9.2)。但是在天然和人造磁性颗粒中做的宏观量子相干实验，因铁脘颗粒缺乏全同性，未能得到令人信服的结果。近几年来的重大发现是，某些磁性大分子，如 Mn_{12}，Fe_8 等可被看作单畴磁性粒子。在阻塞温度之下，单个

磁性分子既表现出宏观磁体特性, 如磁滞回线, 也呈现纯量子行为, 如磁化矢量量子隧穿和宏观量子态相干。分子磁体有稳定的结构和优良的全同性, 成为目前磁性宏观量子效应实验的首选材料。量子隧穿导致宏观量子态相干叠加, 这正是量子计算所要求的特性。而从信息存储的观点, 量子隧穿则引起信息遗失。因而在实验和理论研究的基础上建立和环境耦合的单分子磁体动力学理论, 进而形成控制单分子量子特性的技术, 有重要的学术意义和技术应用价值。

图 6.9.1　磁滞回线的量子化台阶

图 6.9.1 和图 6.9.2 摘自 www.mrs.org/bulletin/November, 2000

图 6.9.2　磁弛豫时间的温度曲线图, 低温反常

6.9.1　宏观量子隧穿

单磁畴粒子的磁矩是一个宏观观察量, 磁矩的量子隧穿就是一个宏观量子效应, 实验观察到的磁弛豫时间低温反常 (正常弛豫时间的对数随温度线性变化, 低温时和温度无关 (图 6.9.2)) 和磁滞回线的量子化台阶等都只能用宏观量子隧穿来解释。

6.9.2　宏观量子态和宏观量子相干——Schrödinger 猫态的分子磁体实现

用分子磁体已成功实现了宏观量子态相干, 例如, Fe_8 是有双轴各向异性的分子磁体, 有一难磁化轴 (能量最高) 及和难轴垂直的易磁化平面, 分子磁体可在易

磁化平面内旋转, 在平面内有一中间轴, 相对于最低能量轴是一势垒, 最低能量轴称易轴, 经典磁体只能沿易轴的两个平衡取向, 是两个宏观态。量子隧穿可引起这两个宏观态相干叠加, 即 Schrödinger 猫态。我们选 Fe_8 分子磁体的难磁化方向为 z 轴，易磁化方向为 x 轴，则 Fe_8 分子磁体可用下面等效 Hamilton 量描述:

$$\hat{H} = K_1 \hat{S}_z^2 + K_2 \hat{S}_y^2 \tag{6.9.1}$$

其中各向异性常数均为正值，且

$$K_1 > K_2 > 0$$

若不存在量子隧穿, 磁化矢量沿 $\pm x$ 取向是两宏观稳定态, 即宏观简并基态, 记为 $|\pm\rangle$。磁化矢量 (宏观量) 的量子隧穿导致两简并宏观态相干关联, 能级分裂。结果是

$$|0\rangle = \frac{1}{\sqrt{2}}(|+\rangle + |-\rangle), \quad |1\rangle = \frac{1}{\sqrt{2}}(|+\rangle - |-\rangle) \tag{6.9.2}$$

其中，偶态 $|0\rangle$ 能量较低是磁体的基态, 而奇态 $|1\rangle$ 是第一激发态。$|0\rangle$，$|1\rangle$ 是宏观量子叠加态, 即 Schrödinger 猫态。解含时 Schrödinger 方程容易发现, 分子磁体磁化矢量在两易磁化方向（宏观简并基态）间往复隧穿振荡, 隧穿率是

$$\Gamma = \frac{\Delta E}{2h} \tag{6.9.3}$$

其中, ΔE 表示基态能级的隧穿劈裂, 即第一激发态和基态的能量差, h 表示 Planck 常量。图 6.9.3 是宏观量子相干示意图。

图 6.9.3　宏观量子相干示意图

6.9.3　隧穿率的计算 —— 瞬子方法

我们用瞬子方法可求隧穿劈裂, 即隧穿率。已被实验观测到的新奇结果是自旋宇称效应, 即半整数自旋隧穿劈裂淬灭, 基态简并不能消除, 另外, 沿难轴加磁场时会出现 Aharanov-Bohm 相位干涉效应, 并可用隧穿路径的相位相干解释。

1. 自旋相干态

路径积分需要用自旋的经典变量, 能给出自旋经典变量的自旋态是自旋相干态

$$|\boldsymbol{n}\rangle = e^{i\theta(\sin\phi\hat{S}_x - \cos\phi\hat{S}_y)}|s,s\rangle = e^{\frac{\theta}{2}(e^{i\phi}\hat{S}_- - e^{-i\phi}\hat{S}_+)}|s,s\rangle \tag{6.9.4}$$

s 是分子磁体总自旋量子数;

$$\boldsymbol{n} = (\sin\theta\cos\phi, \sin\theta\sin\phi, \cos\theta)$$

是方位角为 θ 和 ϕ 的单位矢量。容易证明

$$\hat{S}\cdot\boldsymbol{n}|\boldsymbol{n}\rangle = s|\boldsymbol{n}\rangle \tag{6.9.5}$$

$$\hat{S}^2|\boldsymbol{n}\rangle = s(s+1)|\boldsymbol{n}\rangle \tag{6.9.6}$$

和 Bose 算符相干态一样, 自旋相干态不是正交基矢, 有如下的内积关系:

$$\langle\boldsymbol{n}_1|\boldsymbol{n}_2\rangle = \left(\frac{1+\boldsymbol{n}_1\cdot\boldsymbol{n}_2}{2}\right)^s e^{i\Phi(\boldsymbol{n}_1,\boldsymbol{n}_2)} \tag{6.9.7}$$

其中 $\Phi = sA$, 而 A 是 $\boldsymbol{n}_1, \boldsymbol{n}_2$ 和 $\boldsymbol{n}_0 = (0,0,1)$ 在单位球面上张成的面积。

完备性关系

$$\int \mathrm{d}\mu(\boldsymbol{n})|\boldsymbol{n}\rangle\langle\boldsymbol{n}| = 1 \tag{6.9.8}$$

中的积分测度是

$$\mathrm{d}\mu(\boldsymbol{n}) = \frac{2s+1}{4\pi}\sin\theta\mathrm{d}\theta\mathrm{d}\phi \tag{6.9.9}$$

2. 自旋相干态的 Dicke 态表示

自旋算符 (大自旋数) 和双组分 Bose 算符之间存在 Schwinger 关系

$$\hat{S}_+ = \hat{b}_1^\dagger\hat{b}_2, \quad \hat{S}_- = \hat{b}_2^\dagger\hat{b}_1$$
$$\hat{S}_z = \frac{1}{2}(\hat{b}_1^\dagger\hat{b}_1 - \hat{b}_2^\dagger\hat{b}_2) \tag{6.9.10}$$

近来在双势阱中的 Bose-Einstein 凝聚 (BEC) 和光腔中冷原子的量子相变研究中十分有用, Dicke 态 $|s,m\rangle$ 可用 Bose 子算符从真空态中产生

$$|s,m\rangle = \frac{1}{\sqrt{(s+m)!(s-m)!}}(\hat{b}_1^\dagger)^{s+m}(\hat{b}_2^\dagger)^{s-m}|0\rangle \tag{6.9.11}$$

而自旋相干态则可用 Dicke 态表示为

$$|\boldsymbol{n}\rangle = \sum_{m=-s}^{s}\left(\begin{array}{c}2s\\s+m\end{array}\right)^{\frac{1}{2}}\left(\cos\frac{\theta}{2}\right)^{s+m}\left(\sin\frac{\theta}{2}\right)^{s-m}e^{i(s-m)\phi}|s,m\rangle \tag{6.9.12}$$

3. 自旋相干态路径积分

考虑由自旋相干态 $|n_{\mathrm{i}}\rangle$ 到 $|n_{\mathrm{i}}\rangle$ 的传播子

$$K(n_{\mathrm{f}}, t_{\mathrm{f}}; n_{\mathrm{i}}, t_{\mathrm{i}}) = \langle n_{\mathrm{f}}|\mathrm{e}^{-\mathrm{i}(t_{\mathrm{f}}-t_{\mathrm{i}})\hat{H}}|n_{\mathrm{i}}\rangle \tag{6.9.13}$$

把时间分为无限小间隔

$$\epsilon = \lim_{N\to\infty} \frac{t_{\mathrm{f}} - t_{\mathrm{i}}}{N}$$

插入自旋相干态完备性关系, 得到

$$K = \int \left[\prod_{k=1}^{N-1} \mathrm{d}\mu(n_k)\right] \langle n_{\mathrm{f}}|\mathrm{e}^{-\mathrm{i}\epsilon\hat{H}}|n_{N-1}\rangle\langle n_{N-1}|\cdots \mathrm{e}^{-\mathrm{i}\epsilon\hat{H}}|n_1\rangle\langle n_1|\mathrm{e}^{-\mathrm{i}\epsilon\hat{H}}|n_{\mathrm{i}}\rangle \tag{6.9.14}$$

用相干态的内积公式

$$\langle n_k|n_{k-1}\rangle = \left(\frac{1 + n_k \cdot n_{k-1}}{2}\right)^s \mathrm{e}^{\mathrm{i}sA(n_k, n_{k-1})} \tag{6.9.15}$$

不难看出

$$A(n_k, n_{k-1}) \approx (\phi_k - \phi_{k-1})[1 - \cos\theta_k] \tag{6.9.16}$$

而

$$n_k \cdot n_{k-1} \approx 1$$

在 $\epsilon \to 0$ 极限情况下, 自旋算符作用在自旋相干态上, 得到相应的本征值, 传播子变为

$$K = \int \left[\prod_{k=1}^{N-1} \mathrm{d}\mu(n_k)\right] \times \mathrm{e}^{\mathrm{i}[\sum_{k=1}^{N} s(\phi_k - \phi_{k-1})(\cos\theta_k - 1) - H(\theta_k, \phi_k)\epsilon]} \tag{6.9.17}$$

引入一对共轭正则变量

$$\phi, \quad p = s\cos\theta$$

其正确性, 很容易通过计算经典自旋

$$S_x = s\sin\theta\cos\phi, \quad S_y = s\sin\theta\sin\phi, \quad S_z = s\cos\theta$$

满足的 Poisson 括号

$$\{S_{\mathrm{i}}, S_j\} = \sum_k \epsilon_{i,j,k} S_k$$

来验证。传播子形式上可写为

$$K = \int \mathcal{D}[\phi]\mathcal{D}[p]\mathrm{e}^{\mathrm{i}(S + S_{\mathrm{wz}})} \tag{6.9.18}$$

其中

$$S = \int_{t_i}^{t_f} [p\dot{\phi} - H(\phi, p)] \mathrm{d}t \tag{6.9.19}$$

表示经典作用量, 而

$$S_{\mathrm{WZ}} = s \int \dot{\phi} \mathrm{d}t \tag{6.9.20}$$

称为 Wess-Zumino 拓扑作用量, 若 $s =$ 整数, 它没有观测效应, 对于半整数自旋系统则产生相位相干。当系统的动量是二次式时, 动量积分变为 Gauss 积分可积出。

作业 6.5 证明变量 ϕ 和 p 的 Poisson 括号 $\{\phi, p\} = 1$ 仅在大自旋近似 $(S \to \infty)$ 下成立。

4. 自旋宇称效应 —— 半整数自旋的隧穿劈裂淬灭

我们用自旋相干态路径积分计算分子磁体 Fe_8 两简并宏观基态 $|\pm\rangle$ 间的量子隧穿传播子, 用自旋相干态和方程 (5.9.1) 的双轴各向异性分子磁体 Fe_8 的 Hamilton 算符, 可得到传播子的明显表达式, 作用量中的经典 Hamilton 是

$$H(\phi, p) = \frac{p^2}{2m(\phi)} + V(\phi) \tag{6.9.21}$$

而

$$m(\phi) = \frac{1}{2K_1[1 - \lambda \sin^2(\phi)]}, \quad \lambda = \frac{K_2}{K_1} \tag{6.9.22}$$

是和空间坐标相关的质量, 势函数

$$V(\phi) = K_2 s^2 \sin^2 \phi \tag{6.9.23}$$

是 ϕ 的周期函数。传播子中动量是 Gauss 型积分, 因而可积出, 得到组态空间传播子

$$K = \int \mathcal{D}[\phi] \mathrm{e}^{\mathrm{i}(S + S_{\mathrm{WZ}})} \tag{6.9.24}$$

作用量是

$$S = \int \left[\frac{m(\phi)}{2} \left(\frac{\mathrm{d}\phi}{\mathrm{d}t} \right)^2 - V(\phi) \right] \mathrm{d}t \tag{6.9.25}$$

简并基态间的量子隧穿关联使基态能级展宽成能带。我们考虑 $\phi = 0$ 和 $\phi = \pi$ 之间穿越势垒的旋转, 引入虚时

$$\tau = \mathrm{i}t$$

量子隧穿传播子是

$$K_{\mathrm{e}} = \int \mathcal{D}[\phi] \mathrm{e}^{-S_{\mathrm{e}} + \mathrm{i}S_{\mathrm{WZ}}} \tag{6.9.26}$$

其中

$$S_{\mathrm{e}} = \int \mathcal{L}_{\mathrm{e}} \mathrm{d}\tau \tag{6.9.27}$$

是虚时作用量, 而

$$\mathcal{L}_e = \frac{m(\phi)}{2}\left(\frac{\mathrm{d}\phi}{\mathrm{d}\tau}\right)^2 + V(\phi) \tag{6.9.28}$$

表示虚时拉氏量, Wess-Zummino 拓扑作用量变为虚时后形式不变

$$S_{\mathrm{WZ}} = s \int \mathrm{d}\phi \tag{6.9.29}$$

因为 $\pm\pi$ 是空间的同一点, 所以 $\phi = 0$ 和 $\phi = \pi$ 之间穿越势垒的旋转有逆时针和顺时针旋转两条路径 (图 6.9.4), 虽然逆时针和顺时针旋转的虚时作用量相等, 但 Wess-Zummino 拓扑作用量却改变符号

$$S_{\mathrm{WZ}} = s \int_0^\pi \mathrm{d}\phi = s\pi \tag{6.9.30}$$

而

$$S_{\mathrm{WZ}} = s \int_0^{-\pi} \mathrm{d}\phi = -s\pi \tag{6.9.31}$$

两种转动路径的贡献求平均后得到的量子隧穿传播子为

$$K_e = \cos(s\pi)K_e(\pi, \beta; 0, -\beta) \tag{6.9.32}$$

其中

$$K_e(\pi, \beta; 0, -\beta) = \int_0^\pi \mathcal{D}[\phi]\mathrm{e}^{-\int_{-\beta}^\beta [\frac{m(\phi)}{2}(\frac{\mathrm{d}\phi}{\mathrm{d}\tau})^2 + V(\phi)]\mathrm{d}\tau} \tag{6.9.33}$$

我们得到非常有趣的量子隧穿宇称效应, 半整数自旋隧穿劈裂淬灭, 这是 Wess-Zummino 拓扑相位干涉的结果。半整数自旋隧穿劈裂淬灭正是 Kramer 简并 —— 具有时间反演不变的半整数自旋系统基态简并不可能解除。

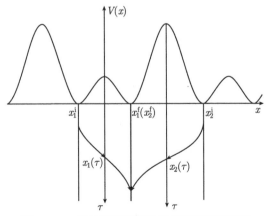

图 6.9.4　顺时针和逆时针势垒下的隧穿旋转

5. 隧穿劈裂的计算 —— 瞬子方法

隧穿传播子可用通常的瞬子方法计算, 瞬子解是

$$\phi_{\mathrm{c}} = \arcsin[\cosh^2 \omega_0 \tau - \lambda \sinh^2 \omega_0 \tau]^{-\frac{1}{2}} \qquad (6.9.34)$$

$$\omega_0^2 = 4K_1 K_2 s^2$$

沿瞬子轨道计算得到的经典作用量是

$$S_{\mathrm{c}} = \int_{-\infty}^{\infty} m(\phi_{\mathrm{c}}) \dot{\phi}_c^2 \mathrm{d}\tau = s \ln \frac{1 + \sqrt{\lambda}}{1 - \sqrt{\lambda}} \qquad (6.9.35)$$

场论中也称瞬子质量。用定态相位微扰计算到单圈近似的基态隧穿劈裂是

$$\Delta\epsilon = 2^4 \left[\frac{3K_1 K_2}{(1-\lambda)\pi} \right]^{\frac{1}{2}} \lambda^{\frac{1}{2}} s^{\frac{3}{2}} \mathrm{e}^{-s \ln \frac{1+\sqrt{\lambda}}{1-\sqrt{\lambda}}} \qquad (6.9.36)$$

实际的能级劈裂来自两种转动路径的贡献, 结果和系统的总自旋数有关

$$\Delta E = \cos s\pi \Delta\epsilon \qquad (6.9.37)$$

半整数自旋隧穿劈裂淬灭, 也称自旋宇称效应。

6. 宏观量子态相位干涉效应

除自旋宇称效应外, 沿 Fe_8 分子磁体难轴方向加磁场也产生一个 Wess-Zumino 类型的拓扑作用项, 从而量子态有一个和磁场值有关的 Aharonov-Bohm 相位。宏观量子态相位干涉引起隧穿劈裂随外场振荡, 加外场后 Hamilton 算符记为

$$\hat{H} = K_1 \hat{S}_z^2 + K_2 \hat{S}_y^2 - g\mu_{\mathrm{B}} B \hat{S}_z \qquad (6.9.38)$$

用量子隧穿的瞬子方法可求得隧穿劈裂随外场大小变化的函数关系。B 表示外磁场, g 表示自旋 g 因子, μ_{B} 是 Bohr 磁子。上节虚时拉氏量中的势能变为

$$V(\phi) = K_2 s^2 \sin^2 \phi - \frac{(g\mu_{\mathrm{B}} B)^2 \lambda \sin^2 \phi}{4K_1 (1 - \lambda \sin^2 \phi)} \qquad (6.9.39)$$

Wess-Zummino 作用量部分增加了一个由磁场产生的拓扑项, 相应的拉氏量是时间的全导数, 不影响运动方程, 但可产生有观测效应的拓扑相位干涉

$$S_{\mathrm{WZ}} = s \int \Theta(\phi) \frac{\mathrm{d}\phi}{\mathrm{d}\tau} \mathrm{d}\tau \qquad (6.9.40)$$

其中

$$\Theta(\phi) = 1 - \frac{g\mu_{\mathrm{B}} B}{2K_1 s (1 - \lambda \sin^2 \phi)}$$

逆时针和顺时针旋转路径平均的量子隧穿传播子为 (图 6.9.5)

$$K_{\mathrm{e}} = \cos(\pi\Theta)K_{\mathrm{e}}(\pi, \beta; 0, -\beta) \tag{6.9.41}$$

得到一重要的量子隧穿振荡常数

$$\Theta = 1 - \frac{g\mu_{\mathrm{B}}B}{2K_1 s(1-\lambda)} \tag{6.9.42}$$

仅和分子磁体基本参数及外场有关。

隧穿劈裂变为

$$\Delta E = \cos\Theta \Delta\epsilon \tag{6.9.43}$$

外加磁场不仅产生了一个拓扑相位, 而且改变了等效势能, 随磁场增强隧穿势垒降低, 能级劈裂增大。当磁场变化到使 Θ 为半整数时, 隧穿劈裂淬灭, 整数时达到最大值, 能级劈裂随磁场振荡, 周期为

$$\Delta B = \frac{2\sqrt{1-\lambda}K_1}{g\mu_{\mathrm{B}}s} \tag{6.9.44}$$

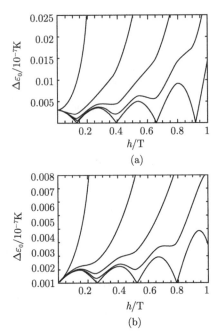

图 6.9.5　基态隧穿劈裂随外场大小和方向角的变化

(a) 整数自旋; (b) 半整数自旋

如果磁场加在难轴和中间轴平面内, 即模型 Hamilton 量 (方程 (6.9.1)) 的 y-z 平面, 磁场方向和难轴 (z 轴) 的夹角记为 γ, 磁场使正 y 轴方向的势垒降低 (图 6.9.4

中 x_2^{i} 和 x_2^{f} 之间的势垒, $x_1(\tau)$ 表示顺时针旋转的瞬子轨道), 而反方向的势垒增高 (图 6.9.4 中 x_2^{i} 和 x_2^{f} 之间的势垒, $x_2(\tau)$ 表示逆时针旋转的瞬子轨道)。用瞬子方法得到如图 6.9.5 所示的分子磁体基态能级量子隧穿劈裂随外场大小和方向角的变化。整数自旋磁体有零场劈裂 (图 6.9.5(a)), 半整数自旋磁体零场劈裂淬灭 (图 6.9.5(b))。由下到上是随方向角 γ 增加的曲线, γ 增大时, 同一外场值在中间轴 (y 轴) 方向的分量变大, 势垒更低, 量子隧穿增强。用非常简化的模型 Hamilton 量 (方程 (6.9.1)), 瞬子方法给出了和实验结果相当符合的理论曲线 (图 6.9.5)。

7. 等效势方法

除自旋相干态路径积分外, 大自旋系统的能谱还可用自旋的等效势方法计算, 即把自旋算符换成等效的微分算符, 系统可约化为粒子在外势场中的运动。我们以双轴各向异性的分子磁体 Fe_8 模型 Hamilton 量为例来解释这一方法。在 $\hat{S}_z$ 表象中定态 Schrödinger 方程

$$\hat{H}\Phi(\phi) = E\Phi(\phi) \tag{6.9.45}$$

的生成函数可构造为

$$\Phi(\phi) = \sum_{m=-s}^{s} \frac{C_m}{\sqrt{(s-m)!(s+m)!}} \mathrm{e}^{\mathrm{i}m\phi} \tag{6.9.46}$$

它显然满足边界条件

$$\Phi(\phi+2\pi) = \mathrm{e}^{\mathrm{i}2\pi s}\Phi(\phi) \tag{6.9.47}$$

整数自旋是周期函数, 而半整数自旋是反周期函数, 即 2π 旋转下改变符号。在这一生成函数上, 自旋有如下微分算符形式:

$$\hat{S}_x = s\cos\phi - \sin\phi\frac{\mathrm{d}}{\mathrm{d}\phi}, \quad \hat{S}_y = s\sin\phi + \cos\phi\frac{\mathrm{d}}{\mathrm{d}\phi}$$

$$\hat{S}_z = -\mathrm{i}\frac{\mathrm{d}}{\mathrm{d}\phi} \tag{6.9.48}$$

定态 Schrödinger 方程中的自旋用相应的微分算符替代, 则有

$$\left[-(K_1 - K_2\sin^2\phi)\frac{\mathrm{d}^2}{\mathrm{d}\phi^2} - K_2\left(s - \frac{1}{2}\right)\sin(2\phi)\frac{\mathrm{d}}{\mathrm{d}\phi} \right.$$

$$\left. + K_2(s^2\cos^2\phi + s\sin^2\phi) \right]\Phi(\phi) = E\Phi(\phi) \tag{6.9.49}$$

为消掉一次微分项, 并使等效粒子的质量变为常数, 我们作下面的变换:

$$\Phi(\phi(x)) = [\mathrm{dn}(x)]^s \Psi(x) \tag{6.9.50}$$

新坐标变量定义为第一类不完全椭圆积分

$$x = \int_0^\phi \frac{\mathrm{d}\varphi}{\sqrt{1 - \lambda\sin^2\phi}} = F(\phi, k) \tag{6.9.51}$$

$k = \sqrt{\lambda}$ 是椭圆积分的模, $\mathrm{dn}(x)$ 是模为 k 的 Jacobi 椭圆函数。在这一变换下，我们得到势场中的单粒子 Schrödinger 方程为

$$\left[-K_1 \frac{\mathrm{d}^2}{\mathrm{d}x^2} + V(x) \right] \Psi(x) = E\Psi(x) \tag{6.9.52}$$

其中

$$V(x) = K_2 s(s+1) \frac{\mathrm{cn}^2(x)}{\mathrm{dn}^2(x)} \tag{6.9.53}$$

是 x 变量的周期势函数。相邻势阱间的量子隧穿可用瞬子方法计算。

6.9.4　量子-经典过渡、一级相变

　　磁体中的宏观亚稳态衰变和简并宏观量子态之间的相干关联在零温时是纯量子隧穿过程，温度升高，热助隧穿参与，同时伴随着经典热激活过程。随着温度继续升高，经典热跃迁的作用增大，当温度高于某一转变温度时，则完全由经典热激活过程主导。前面已指出，对于通常的势垒，周期瞬子的周期随能量升高而单调减小，经典和量子之间的过渡是二级相变过程。分子磁体提供了一级相变存在的物理模型，我们还以双轴各向异性的分子磁体 Fe_8 模型来论证一级相变的产生。从方程 (6.9.21) 的 Hamilton 量得到能量为 E 的周期瞬子解，能量介于零和势垒高度之间

$$V_0 > E > 0$$

而 $V_0 = K_2 s^2$ 是隧穿势垒高度。周期瞬子解为

$$\phi(\tau) = \arcsin \left[\frac{1 - k^2 \mathrm{sn}^2(\omega\tau)}{1 - \lambda k^2 \mathrm{sn}^2(\omega\tau)} \right]^{\frac{1}{2}} \tag{6.9.54}$$

其中 Jacobi 椭圆函数 $\mathrm{sn}(\omega\tau)$ 的模是

$$k = \sqrt{\frac{\xi^2 - 1}{\xi^2 - \lambda}} = \sqrt{\frac{K_2 s^2 - E}{K_2 s^2 - \lambda E}}$$

$$\xi^2 = \frac{K_2 s^2}{E}$$

$$\omega = \omega_0 \sqrt{1 - \frac{\lambda}{\xi^2}}, \quad \omega_0^2 = 4K_1 K_2 s^2$$

瞬子周期的表达式为

$$P(E) = \frac{2}{\sqrt{K_1(K_2 s^2 - E\lambda)}} \mathcal{K}(k) \tag{6.9.55}$$

图 6.9.6 是周期随能量变化的数值解 ($K_1 = 1, s^2 = 1000$), 当各向异性常数 $\lambda = 0.3$ 时, 周期随能量的增加单调减小 (图 6.9.6(a)), 因而得到二级相变。而 $\lambda = 0.9$

时, 周期先减小到一极小值后继而增大 (图 6.9.6(b))。这种非单调变化是由势垒形状引起的, 并可由各向异性常数的比值 λ 调节。热助量子隧穿作用量随瞬子周期和温度变化的关系可由瞬子解计算为

$$S_{\mathrm{c}}(T) = \frac{E}{T} + 2W(E)$$

$$W = \frac{\omega}{\lambda K_1}[\mathcal{K}(k) - (1 - \lambda k^2)\Pi(\lambda k^2, k)] \tag{6.9.56}$$

而 $\Pi(\lambda k^2, k)$ 是第三类完全椭圆积分。翻越势垒的热跃迁作用量根据定义是

$$S_{\mathrm{th}}(T) = \frac{K_2 s^2}{T} \tag{6.9.57}$$

图 6.9.7 是 $\lambda = 0.9$ 时的作用量–温度曲线。

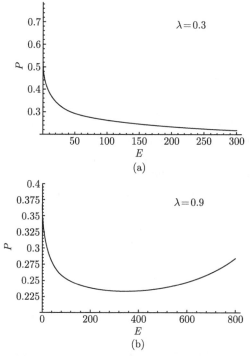

图 6.9.6　周期瞬子周期随能量的变化曲线

　　显然经典–量子过渡 (即从 $S_{\mathrm{th}}(T)$ 到 $S_{\mathrm{c}}(T)$ 的过渡) 是一级相变。一个有趣的事实是, 若把作用量和 van der Waals 气体中的焓对应, 把周期和能量关系图和 van der Waals 气体状态方程中的压强–体积图对应, 两者则十分相似。

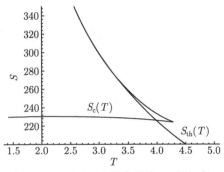

图 6.9.7   作用量–温度曲线, 一级相变

参 考 文 献

[1]   Feynman R P, Hibbs A R. Quantum Mechanics and Path Integrals. New York: McGraw-Hill, 1965.

[2]   Inomata A, Kuratsuji H, Gerry C C. Path Integrals and Coherent States of $SU(2)$ and $SU(1, 1)$. Singapore: World Scientific, 1992.

[3]   Liang J Q, Ding X X. Path integrals in multiply connected spaces and the fractional angular momentum quantization. Phys. Rev. A, 1987, 36: 4149.

[4]   Liang J Q, Müller-Kirsten H J W, Tchrakian D H. Solitons, bounces and sphalerons on a circle. Phys. Lett. B, 1992, 282: 105.

[5]   Liang J Q, Müller-Kirsten H J W, Zhang Y B, et al. Periodic bounce for the nucleation rate at finite temperature in minisuperspace models. Phys. Rev. D, 1999, 62: 025017.

[6]   Liang J Q, Müller-Kirsten H J W. Bounces and the calculation of quantum tunneling effects. Phys. Rev. D, 1992, 45: 2963.

[7]   Liang J Q, Müller-Kirsten H J W. Periodic instantons and quantum-mechanical tunneling at high energy. Phys. Rev. D, 1992, 45: 4685.

[8]   Liang J Q, Müller-Kirsten H J W. Quantum tunneling for the sine-Gordon potential: energy band structure and Bogomolny-Fateyev relation. Phys. Rev. D, 1995, 51: 718.

[9]   Liang J Q, Müller-Kirsten H J W. Bounces and the calculation of quantum tunneling effects. Phys. Rev. D, 1993, 49: 964(E).

[10]   Liang J Q, Müller-Kirsten H J W. Nonvacuum bounces and quantum tunneling at finite energy. Phys. Rev. D, 1994, 50: 6519.

[11]   Liang J Q, Müller-Kirsten H J W. Quantum mechanical tunnneling at finite energy and its equivalent amplitudes in the (vacuum) instanton approximation. Phys. Lett. B, 1994, 332: 129.

[12]   Liang J Q, Maharana L, Müller-Kirsten H J W. The Wess-Zumino term and quantum tunneling. Physica, B, 1999, 271: 28.

[13]   Liang J Q, Morandi G. On the extended Feynman propagator for the harmonic oscillator. Phys. Lett. A, 1991, 160: 9.

[14] Müller-Kirsten H J W. Introduction to Quantum Mechanics—Schrödinger Equantion and Path Integral. Singapore: World Scietific, 2006.

[15] Reuter M. Classical and Quantum Dynamics—From Classical Paths to Path Integrals. Third edition. Berlin: Spriger, 2001.

[16] Schulman L S. Techniques and Applications of Path Integration. New York: John Wiley and Sons, 1981.

[17] Liang J Q, Müller-Kirsten H J W, Rana J M S. Simple calculation of quantum spin tunneling effects. Phys. Lett. A, 1997, 231: 255.

[18] Liang J Q, Müller-Kirsten H J W, Zhou J G. Quantum mechanical tunnneling at finite energy and its equivalent amplitudes in the (vacuum) instanton approximation. Z. Physik B, 1997, 102: 525.

[19] Zhou B, Liang J Q, Pu F C. Bounces and the calculation of quantum tunneling effects for the asymmetric double-well potential. Phys. Lett. A, 2000, 271: 26.

[20] Zhou B, Liang J Q, Pu F C. Phase transition in quantum tunneling for a parameterized double-well potential. Phys. Lett. A, 2000, 278: 243.

[21] Zhou B, Liang J Q, Pu F C. Quantum tunneling for the asymmetric double-well potential at finite energy. Phys. Lett. A, 2001, 281: 105.

[22] Zhou J G, Liang J Q, Burzlaff J, et al. Instanton induced tunneling amplitude at excited states with the LSZ method. Phys. Lett. A, 1996, 224: 142.

[23] Zhou J G, Zimmerschied F, Liang J Q, et al. BRST-invariant approach to quantum mechanical tunneling. Phys. Lett. B, 1996, 365: 163.

[24] Chen G, Chen Z, Liang J Q. Quantum tunneling in the adiabatic dicke model. Phys. Rev. A, 2007, 76: 045801.

[25] Chen Z D, Liang J Q, Pu F C. Antiperiodic wave functions of Schrödinger cat states for nanomagnets and the realization of macroscopic Fermi-particles. Phys. lett. A, 2002, 300: 654-657.

[26] Chen Z D, Liang J Q, Pu F C. Tunnel splitting in biaxial spin models investigated with spincoherent- state path integrals. Phys. Rev. B, 2003, 67: 104420.

[27] Chen Z D, Liang J Q, Shen S Q. Suppression of quantum phase interference in the molecular magnet Fe8 with dipolar-dipolar interaction. Phys. Rev. B, 2002, 66: 092401.

[28] Jin Y H, Nie Y H, Li Z J, et al. Quantum phase interference in magnetic molecular clusters. Mod. Phys. Lett. B, 2000, 14: 809.

[29] Jin Y H, Nie Y H, Liang J Q, et al. Tunnel splitting and quantum phase interference in biaxial ferrimagnetic particles at excited states. Phys. Rev. B, 2000, 62: 3316.

[30] Jin Y H, Nie Y H, Liang J Q. Macroscopic quantum coherence in magnetic molecular clusters. Chinese Phys. Lett., 2001, 18: 687.

[31] Kou S P, Liang J Q, Pu F C. Effective Landau theory for crossover from thermal hooping to quantum tunneling. J. Phys. Condens. Matter, 2001, 13: 2627.

[32] Kou S P, Liang J Q, Zhang Y B, et al. Crossover from thermal hopping to quantum tunneling in Mn12Ac. Phys. Rev. B, 1999, 59: 6309.

[33] Kou S P, Liang J Q, Zhang Y B, et al. Crossover from thermal hopping to quantum tunneling in ferromagnetic particle. Acta. Phys. Sin., 1999, 8(7): 485.

[34] Kou S P, Liang J Q, Zhang Y B, et al. Macroscopic quantum coherence in mesoscopic ferromagnetic systems. Phys. Rev. B, 1999, 59: 11792.

[35] Kou S P, Lu R, Liang J Q. An extended effective potential method with topological phase of spin tunnelling. Chinese Physics Letters, 2002, 19(10): 1525-1527.

[36] Li H, Shen S Q, Liang J Q, et al. Quantum dynamics of a vertex in a Josephson junction. Phys. Rev. B, 2005, 72: 014546.

[37] Liang J Q, Liu W M, Müller-Kirsten H J W, et al. Critical macroscopic quantum effects in quantum nucleation. Europhys. Lett., 2004, 68: 473.

[38] Liang J Q, Müller-Kirsten H J W, Park D K, et al. Periodic instantons and quantum-classical transitions in Spin Systems. Phys. Rev. Lett., 1998, 81: 216.

[39] Liang J Q, Müller-Kirsten H J W, Park D K, et al. Tunnel splitting in biaxial spin particles as a function of applied magnetic field. Phys. Rev. B, 2000, 61: 8856.

[40] Liang J Q, Müller-Kirsten H J W, Park D K, et al. Nucleation at finite temperature beyond the superminispace model. Phys. Lett. B, 2000, 483: 225.

[41] Liang J Q, Müller-Kirsten H J W, Shurgaia A V, et al. Calculation of spin tunneling effects in the presence of an applied magnetic field. Phys. Lett. A, 1998, 237: 169.

[42] Liang J Q, Müller-Kirsten H J W, Zhou J G, et al. Enhancement of quantum tunneling at excited states in ferromagnetic particles. Phys. Lett. A, 1997, 228: 97.

[43] Liang J Q, Müller-Kirsten H J W, Zhou J G, et al. Quantum tunneling of spin particles in periodic potential with asymmetric twin barriers. Phys. Lett. B, 1997, 393: 368.

[44] Liang J Q, Zhang Y B, Müller-Kirsten H J W, et al. Enhancement of quantum tunneling for excited states in ferromagnetic particles. Phys. Rev. B, 1998, 57: 529.

[45] Liu W M, Fan W B, Zheng W M, et al. Quantum tunneling of Bose-Einstein condensates in optical lattices under gravity. Phys. Rev. Lett., 2002, 88: 170408.

[46] Nie Y H, Jin Y H, Liang J Q, et al. Macroscopic quantum phase interference in anti-ferromagnetic particles. J. Phys. Condens. Matter, 2000, 12: L87.

[47] Nie Y H, Jin Y H, Liang J Q, et al. Quantum-classical transition of the escape rate in ferrimagnetic or antiferromagnetic particles with an applied magnetic field. Phys. Rev. B, 2001, 64: 134417.

[48] Nie Y H, Li Z J, Liang J Q, et al. Bifurcation of a periodic instanton and quantum-classical transition in the biaxial nano-ferromagnet with a magnetic field along hard axis. Chin. Phys., 2003, 12(6): 905.

[49] Nie Y H, Liang J Q, Jin Y H, et al. Effect of arbitrarily directed field on quantum phase interference in biaxial ferrimagnetic particles. Phys. Lett. A, 2001, 282: 215.

[50] Nie Y H, Liang J Q, Yan Q W. Crossover from quantum tunneling to classical hopping of barrier transition in nano-magnets. Phys. Lett. A, 2002, 299: 586.

[51] Nie Y H, Pu F C, Zhang Y B, et al. Temperature dependence of macroscopic quantum tunneling in antiferromagnetic particles. Phys. Lett. A, 1998, 248: 434.

[52] Nie Y H, Shi Y L, Zhang Y B, et al. Macroscopic quantum effect in single domain antifferomagnetic particles in an external magnetic field. Acta Physica Sinica, 2000, 49(8): 1580.

[53] Nie Y H, Zhang Y B, Liang J Q, et al. Macroscopic quantum coherence in small antiferromagnetic particle and quantum interference effects. Physica, B, 1999, 270: 95.

[54] Nie Y H, Zhang Y B, Liang J Q, et al. Thermally assistend quantum tunneling in aniferromagnetic particles and macroscopic quantum effect. Acta Physica Sinica (in chinese), 1999, 48(5): 966.

[55] Xu C T, Chen G, He M M, et al. Entanglement in the supermolecular dimer [Mn4]₂. Chinese Phys., 2007, 15(12): 2828.

[56] Yin W, Liang J Q, Yan Q W. The implementation of read-in and decoding a number based on Grover's algorithm in Mn4 SMM. Phys. Lett. A, 2006, 353: 205-209.

[57] Zhang G F, Liang J Q, Wei Y Q. Thermal Entanglement in Spin-Dimer with a strong magnetic field. Chin. Phys. Lett., 2003, 20: 452.

[58] Zhang Y B, Liang J Q, Müller-Kirsten H J W, et al. Quantum-classical phase transition of escape rates in biaxial spin particles quantum-classical phase transition of escape rates in biaxial spin particles. Phys. Rev. B, 1999, 60: 12886.

[59] Zhang Y B, Nie Y H, Kou S P, et al. Periodic instanton calculations of classical transitions in spin systems. Chinese Physics Letters, 1998, 15(9): 683-685.

[60] Zhang Y B, Nie Y H, Kuo S P, et al. Periodic instanton and phse transition in quantum tunneling of spin system. Phys. Lett. A, 1999, 253: 345.

[61] Zhang Y B, Pu F C, Liang J Q. Path Integral method for tunneling of spin systems and the macroscopic quantum effect of magnetism. Commun. Theor. Phys., 1999, 31: 517.

[62] Zheng G P, Liang J Q, Liu W M. Instantons and solitons in a monolyer film of ferromagnetic grans with biaxial anisotropy. Ann. Phys., 2003, 308: 652.

[63] Zheng G P, Liang J Q, Liu W M. Periodic spin domains of spinor Bose-Einstein condensates in an optical lattice. Ann. Phys., 2003, 321: 950-957.

[64] Zheng G P, Liang J Q, Liu W M. Instantons in a ferromagnetic spin chain with biaxial anisotropy. Phys. Rev. B, 2009, 79: 014415.

[65] Zheng G P, Liang J Q, Nie Y H, et al. Periodic instantons and domain structure in a ferromagnetic film. Eur. Phys. J. B, 2003, 36: 215.

[66] Zhou B, Liang J Q, Pu F C. Calculation of tunnel splitting in a biaxial spin particle without instanton technique. Phys. Lett. A, 2000, 278: 95.

[67] Zhou B, Liang J Q, Pu F C. Crossover from quantum tunneling to classical hopping of domain walls in ferromagnets. Physica, B, 2001, 304: 141.

[68] Zhou B, Liang J Q, Pu F C. Quantum-classical crossover of the escape rate of a biaxial spin system with an appled magnetic field. Physica, B, 2001, 301: 180.

[69] Zhou B, Liang J Q, Pu F C. Quantum-classical transition of the escape rate in ferrimagnetic or antiferromagnetic particles with an applied magnetic field. Phys. Rev. B, 2001, 64: 132407.

[70] Zhou B, Liang J Q. Quantum-classical phase transition of nucleation rate in a onedimensional uniaxial Heisenberg model with a magnetic field at an arbitrary direction. Int. J. Mod. Phys. B, 2001, 15: 3134.

[71] Zhou B, Shen S Q, Liang J Q, et al. Quantum computing of molecular magnet Mn12. Phys. Rev. A, 2002, 66: 010301.

[72] Zhou B, Shen S Q, Liang J Q. Calculation of tunnel splitting in a biaxial spin particle with an applied magnetic field. Eur. Phys. J. B, 2004, 40: 87.

[73] He M M, Xu C T, Liang J Q. Thermal and ground-state entanglement in the supermolecular dimer [Mn4]$_2$. Phys. Lett. A, 2006, 358, 381.

第 7 章　超对称量子力学、孤子 (瞬子) 稳定性和涨落方程

　　超对称在量子场论中提出是试图统一描述基本相互作用，把对易和反对易关系统一到一个封闭代数内，Fermi 子和 Bose 子之间有一变换联系，称超对称场论。非破缺超对称导致 Fermi 子谱和 Bose 子谱的简并，所以需要自发对称破缺，Witten 提出量子力学超对称模型是为了理解和检验场论中的对称破缺，因为量子力学 "toy" 模型不仅精确可解，且物理图像清晰。后来发现，这一理论框架在精确可解势模型的研究中十分有用，可解势形成超对称家族，可从已知的精确解构造出属同一超对称家族势的新解，可解模型的因式化方法可纳入超对称理论框架，因而被广泛应用于原子、分子物理和凝聚态。本章中，我们首先简要介绍超对称量子力学理论，然后讨论三种 1+1 维可解势的孤子 (瞬子) 解的稳定性和围绕经典组态 (classical configuration) 的涨落方程。它们形成一超对称家族，可能在除量子隧道效应的其他领域，特别是精确可解势的理论中有用。

7.1　超对称量子力学模型

　　考虑一个最简单的一维空间二分量矩阵 Hamilton 算符，即超对称量子力学模型 [1-6]

$$H = \frac{1}{2}[p^2 + W^2(x)] - \frac{1}{2}\sigma_3 W'(x) \tag{7.1.1}$$

一维点粒子正则变量满足通常的对易关系，我们仍然选自然单位 $\hbar = 1$，点粒子质量为单位 1。

$$[x, p] = \mathrm{i}$$

$W(x)$ 是 x 的实函数，称为超对称势。

$$\sigma_3 = \begin{pmatrix} 1 & 0 \\ 0 & -1 \end{pmatrix} \tag{7.1.2}$$

引入一称为超荷的矩阵算符

$$Q = A(x, p)\gamma, \quad Q^\dagger = A^\dagger \gamma^\dagger \tag{7.1.3}$$

其中

$$A = \frac{1}{\sqrt{2}}(p - \mathrm{i}W), \quad A^\dagger = \frac{1}{\sqrt{2}}(p + \mathrm{i}W) \tag{7.1.4}$$

是 Bose 算符，对易关系自然是

$$[A, A^\dagger] = W'(x) \tag{7.1.5}$$

当 $W = x$ 时，它退化到通常 Bose 子产生和湮灭算符的对易关系，而

$$\gamma = \sigma_- = \begin{pmatrix} 0 & 0 \\ 1 & 0 \end{pmatrix}, \quad \gamma^\dagger = \sigma_+ = \begin{pmatrix} 0 & 1 \\ 0 & 0 \end{pmatrix} \tag{7.1.6}$$

分别代表 Fermi 分量湮灭和产生算符，满足反对易关系

$$\{\gamma, \gamma^\dagger\} = 1 \tag{7.1.7}$$

$$\{\gamma, \gamma\} = \{\gamma^\dagger, \gamma^\dagger\} = 0 \tag{7.1.8}$$

容易验证超荷和 Hamilton 算符对易

$$[Q, H] = [Q^\dagger, H] = 0 \tag{7.1.9}$$

其他对易关系是

$$\{Q, Q\} = \{Q^\dagger, Q^\dagger\} = 0$$

Hamilton 算符可写为超荷的反对易子

$$H = \{Q^\dagger, Q\} \tag{7.1.10}$$

以上对易和反对易关系形成一封闭的 $sl(1,1)$ 超代数。

Hamilton 算符也可用 Bose 算符 A 和 $A^\dagger$ 的反对易和对易关系表示为

$$H = \frac{1}{2}\{A, A^\dagger\} - \frac{1}{2}\sigma_3[A, A^\dagger]$$

$$= \begin{pmatrix} A^\dagger A & 0 \\ 0 & A A^\dagger \end{pmatrix}$$

$$= \begin{pmatrix} H_+ & 0 \\ 0 & H_- \end{pmatrix} \tag{7.1.11}$$

我们得到两分量一维势因式化的 Hamilton 算符

$$H_+ = A^\dagger A = \frac{1}{2}\left(-\frac{\mathrm{d}^2}{\mathrm{d}x^2} + V_+(x)\right)$$

$$H_- = AA^\dagger = \frac{1}{2}\left(-\frac{\mathrm{d}^2}{\mathrm{d}x^2} + V_-(x)\right)$$

两分量的势函数可由超对称势 W 统一描述为

$$V_\pm = W^2(x) \mp W'(x) \tag{7.1.12}$$

它们属于同一超对称家族,这一超对称量子力学模型的关键点在于,只要知道其中一个 Hamilton 算符的解,另一个可用 Bose 产生和湮灭算符 $(A^\dagger, A)$ 作用在已知解上生成。若超对称 Hamilton 算符有能量本征态,例如

$$H\Psi = E\Psi \tag{7.1.13}$$

旋量态定义为

$$\Psi = \begin{pmatrix} \psi_\mathrm{u} \\ \psi_\mathrm{d} \end{pmatrix}$$

两分量 ψ_u 和 ψ_d 可分别表示 Fermi 和 Bose 场,由方程 (6.1.15) 容易证明两分量间有变换关系

$$\psi_\mathrm{u} = \sqrt{E}A^\dagger\psi_\mathrm{d}$$
$$\psi_\mathrm{d} = \sqrt{E}A\psi_\mathrm{u} \tag{7.1.14}$$

定义旋量

$$\Psi_\mathrm{d} = \begin{pmatrix} 0 \\ \psi_\mathrm{d} \end{pmatrix}, \quad \Psi_\mathrm{u} = \begin{pmatrix} \psi_\mathrm{u} \\ 0 \end{pmatrix}$$

则

$$Q\Psi_\mathrm{d} = 0, \quad Q^\dagger\Psi_\mathrm{u} = 0 \tag{7.1.15}$$

和

$$Q^\dagger\Psi_\mathrm{d} = \frac{1}{\sqrt{E}}\Psi_\mathrm{u} \quad Q\Psi_\mathrm{u} = \frac{1}{\sqrt{E}}\Psi_\mathrm{d} \tag{7.1.16}$$

如果把 Ψ_d, Ψ_u 分别看作 Bose 和 Fermi 分量,则超荷算符可实现 Bose 和 Fermi 场分量间变换。

7.2 超对称破缺

Witten 引入超对称量子力学是试图用一可解模型来实现和理解超对称破缺,而这在非微扰场论中是极其困难的。我们给出 Bose 和 Fermi 场分量间变换和对称破缺的一个具体例子,对给定的超势 W,Hamilton 算符 $H_\pm$ 本征方程有零能解

$$H_+\psi_0^\mathrm{u} = 0, \quad \psi_0^\mathrm{u}(x) = Ne^{-\int^x W(x')\mathrm{d}x'} \tag{7.2.1}$$

$$H_- \psi_0^{\mathrm{d}} = 0, \quad \psi_0^{\mathrm{d}}(x) = N \mathrm{e}^{\int^x W(x')\mathrm{d}x'} \tag{7.2.2}$$

N 是归一化系数, 非对称破缺要求旋量波函数满足条件

$$Q\Psi_0(x) = Q^{\dagger}\Psi_0 = 0 \tag{7.2.3}$$

$$\Psi_0 = \begin{pmatrix} \psi_0^{\mathrm{u}} \\ \psi_0^{\mathrm{d}} \end{pmatrix}$$

零能解 ψ_0^{u} 和 ψ_0^{d} 只有一个是平方可积的, 即可归一化, 如果超势 W 在 x 趋于正或负无穷时的值分别为正或负, ψ_0^{u} 可归一, 而 ψ_0^{d} 则不可能归一, 加归一化条件的基态旋量波函数只能是

$$\Psi_0 = \begin{pmatrix} \psi_0^{\mathrm{u}} \\ 0 \end{pmatrix} \tag{7.2.4}$$

$\psi_0^{\mathrm{d}} = 0$, 零能基态非简并, 非对称破缺方程 (7.2.3) 成立。H_- 的基态只能从 H_+ 的第一激发态由超对称关系生成, 如果 H_+ 的第一激发态是

$$H_+ \psi_1^{\mathrm{u}} = E_1^{\mathrm{u}} \psi_1^{\mathrm{u}}$$

则 H_- 的基态

$$H_- \psi_0^{\mathrm{d}} = E_0^{\mathrm{d}} \psi_0^{\mathrm{d}} \tag{7.2.5}$$

可由超对称关系得到

$$\psi_0^{\mathrm{d}} = \sqrt{E_1^{\mathrm{u}}} A \psi_1^{\mathrm{u}}, \quad E_0^{\mathrm{d}} = E_1^{\mathrm{u}} \tag{7.2.6}$$

一般而言, H_- 的第 n 个激发态和 H_+ 的第 $n+1$ 个激发态对应。反之, 若超势 W 在 x 趋于正或负无穷时的值分别为负或正, 只有零能解 ψ_0^{d} 可归一, 则非简并的基态旋量是

$$\Psi_0 = \begin{pmatrix} 0 \\ \psi_0^{\mathrm{d}} \end{pmatrix} \tag{7.2.7}$$

H_+ 的基态

$$H_+ \psi_0^{\mathrm{u}} = E_0^{\mathrm{u}} \psi_0^{\mathrm{u}}$$

只能从 H_- 的第一激发态

$$H_- \psi_1^{\mathrm{d}} = E_1^{\mathrm{d}} \psi_1^{\mathrm{d}}$$

生成

$$\psi_0^{\mathrm{u}} = \sqrt{E_1^{\mathrm{d}}} A^{\dagger} \psi_1^{\mathrm{d}} \tag{7.2.8}$$

非对称破缺是零能基态的结果, 若基态能量不为零, 则产生对称破缺, 这时 $H_{\pm}$ 的本征态一一对应, 不存在非简并的零能基态。描述超对称破缺的 Witten 指数定义为

$$\Delta = \text{tr}(-1)^F \tag{7.2.9}$$

其中求迹运算要覆盖超 Hamilton 算符的所有分立和连续本征态。在超对称量子力学中 Fermi 子数算符是

$$F \equiv \frac{1}{2}(1 - \sigma_3) \tag{7.2.10}$$

因为超对称旋量波函数是

$$\Psi_n(x) = \left[\begin{array}{c} \psi_n^{\mathrm{u}}(x) \\ \psi_n^{\mathrm{d}}(x) \end{array} \right]$$

算符 $(-1)^F$ 在 Bose 分量 $\psi_n^{\mathrm{u}}(x)$ 和 Fermi 分量 $\psi_n^{\mathrm{d}}(x)$ 上的本征值分别为 ± 1，因而对称破缺的 Witten 指数是零

$$\Delta = 0$$

而非对称破缺的 Witten 指数是

$$\Delta = 1$$

图 7.2.1 是非超对称破缺能谱。

图 7.2.1 非超对称破缺能谱

7.3 围绕经典解的涨落方程和超对称 [7-9]

本书第 6 章论述了量子隧穿的瞬子方法，围绕瞬子解的量子涨落方程是 Schrödinger 方程，我们发现双势阱、反转双势阱和 sine-Gordon 势的量子涨落方程有超对称关系。

7.3.1 1+1 维经典场孤子 (瞬子) 解稳定性和量子涨落方程

点粒子 (空间零维) 在 1 维势场中运动的量子理论对应 1+1 维经典场论，标量场变量用 $\phi(x,t)$ 表示，我们考虑静态场情况，静态场拉氏密度是

$$\mathcal{L} = \frac{1}{2}\left(\frac{\mathrm{d}\phi}{\mathrm{d}x}\right)^2 + V(\phi) \tag{7.3.1}$$

零能经典解 ϕ_c 满足方程

$$\frac{1}{2}\left(\frac{\mathrm{d}\phi_c}{\mathrm{d}x}\right)^2 - V(\phi_c) = 0 \tag{7.3.2}$$

围绕经典解 ϕ_c 的涨落记为 ψ

$$\phi(x) = \phi_c(x) + \psi(x) \tag{7.3.3}$$

按第 6 章中的路径积分定态相位微扰理论，作用量分为两部分

$$S = S(\phi_c) + \delta S$$

$$S(\phi_c) = \int \mathrm{d}x\left[\frac{1}{2}\left(\frac{\mathrm{d}\phi_c}{\mathrm{d}x}\right)^2 + V(\phi_c)\right]$$

$$\delta S = \int \psi(x)M(\phi_c)\psi(x)\mathrm{d}x$$

二阶微扰算符是

$$M = \frac{1}{2}\left[-\frac{\mathrm{d}^2}{\mathrm{d}x^2} + V''(\phi_c)\right] \tag{7.3.4}$$

其中

$$V''(\phi_c) = \frac{\mathrm{d}^2 V}{\mathrm{d}\phi^2}|_{\phi=\phi_c}$$

量子涨落算符的本征方程和本征态记为

$$M\psi_n = E_n\psi_n \tag{7.3.5}$$

其中，ψ_0 表示零模，本征值为零

$$E_0 = 0$$

7.3.2　孤子 (瞬子) 稳定性的物理解释和判据

孤子稳定性是一个复杂问题，这里给出孤子解 (瞬子则是相应的虚时解) 稳定性的一个简单的物理解释和判据，它完全由涨落方程的本征值确定。为此我们考虑偏离经典组态 (classical configuration) 的小含时扰动

$$\phi = \phi_c + \chi(x, t) \tag{7.3.6}$$

把偏离经典解的小扰动按涨落方程本征函数 ψ_n 展开

$$\chi(x, t) = \sum_n \mathrm{e}^{-\mathrm{i}w_n t}\psi_n(x) \tag{7.3.7}$$

代入场方程

$$\left(\frac{\partial^2}{\partial t^2} - \frac{\partial^2}{\partial x^2} \right) \phi + V'(\phi) = 0 \tag{7.3.8}$$

立即得到涨落方程本征值和小振动频率的关系

$$E_n = \omega_n^2 \tag{7.3.9}$$

显然，当涨落方程本征值大于零时，经典组态稳定；反之，若有负模存在，则小振动衰减，经典组态不稳定。对于瞬子来说，负模导致亚稳基态隧穿衰变。本章揭示一个十分有趣的事实，所有 1+1 维孤子、瞬子解的涨落方程构成一个量子力学超对称家族。

7.3.3 零模和超对称

定义量子涨落算符为超对称 Hamilton 的 Fermi 分量，即

$$H_- = M = \frac{1}{2} \left[-\frac{\mathrm{d}^2}{\mathrm{d}x^2} + V''(\phi_c) \right]$$

M 是第 6 章中的量子涨落算符 (5.4.16)。

根据方程 (6.1.14) 相应的超对称势可用零模构造

$$W(x) = \frac{1}{\psi_0} \frac{\mathrm{d}\psi_0}{\mathrm{d}x} = \frac{\phi_c''(x)}{\phi_c'(x)} \tag{7.3.10}$$

$H_\mp$ 的零能解分别记为

$$H_- \psi_0^{\mathrm{d}} = 0$$

$$H_+ \psi_0^{\mathrm{u}} = 0$$

则基态旋量

$$\Psi_0 = \left(\begin{array}{c} \psi_0^{\mathrm{u}} \\ \psi_0^{\mathrm{d}} \end{array} \right) \tag{7.3.11}$$

由运动方程 (6.3.2) 不难得到 Bose 分量 Hamilton 算符为

$$H_+ = \frac{1}{2} \left[-\frac{\mathrm{d}^2}{\mathrm{d}x^2} + \frac{V'(\phi_c)}{V(\phi_c)} - V''(\phi_c) \right] \tag{7.3.12}$$

显然存在非破缺超对称

$$Q\Psi_0 = Q^\dagger \Psi_0 = 0$$

因为超对称 Hamilton 算符的两个零能基态互为倒数关系

$$\psi_0^{\mathrm{u}} \propto \frac{1}{\psi_0^{\mathrm{d}}}$$

只有其中一个可归一或者平方可积。

作业 7.1　证明超对称势表达式方程 (6.3.10) 和 Bose 分量 Hamilton 算符 (7.3.12)。

我们给出三种隧穿势模型量子涨落算符的超对称势，为简洁起见，我们把第 6 章中 sine-Gordon 势、双势阱和反转双势阱的参数都取为单位 1，则有

$$V_1(\phi) = (1 + \cos\phi)$$

$$V_2(\phi) = \frac{1}{2}(\phi^2 - 1)^2$$

$$V_3(\phi) = \frac{1}{2}[1 - (\phi^2 - 1)^2] \tag{7.3.13}$$

基态 (零能) 瞬子解分别为

$$\phi_1 = 2\arcsin(\tanh x)$$

$$\phi_2 = \tanh x$$

$$\phi_3 = \sqrt{2}\operatorname{sech}(\sqrt{2}x)$$

三种势微扰算符 M 的零模、超对称势和 Hamilton 算符分别为

(1) sine-Gordon 势。

零模

$$\psi_0 = \phi_1' = 2\operatorname{sech} x$$

超对称势

$$W = -\tanh x$$

超对称 Hamilton 算符

$$H_+ = \frac{1}{2}\left[-\frac{\mathrm{d}^2}{\mathrm{d}x^2} + 1 \right]$$

$$H_- = \frac{1}{2}\left[-\frac{\mathrm{d}^2}{\mathrm{d}x^2} + 1 - 2\operatorname{sech}^2 x \right] \tag{7.3.14}$$

Bose 分量的基态解

$$H_+\psi_0^{\mathrm{u}} = 0$$

显然是

$$\psi_0^{\mathrm{u}} \propto \cosh x \tag{7.3.15}$$

而

$$\psi_0^{\mathrm{d}} \propto \frac{1}{\cosh x} \tag{7.3.16}$$

只有 ψ_0^{d} 是平方可积的。

(2) 双势阱势。

零模

$$\psi_0 = \operatorname{sech}^2 x$$

超对称势

$$W(x) = -2\tanh x$$

超对称 Hamilton 算符

$$H_+ = \frac{1}{2}\left[-\frac{\mathrm{d}^2}{\mathrm{d}x^2} + 4 - 2\operatorname{sech}^2 x\right]$$

$$H_- = \frac{1}{2}\left[-\frac{\mathrm{d}^2}{\mathrm{d}x^2} + 4 - 6\operatorname{sech}^2 x\right] \tag{7.3.17}$$

只有基态 Fermi 子分量

$$\psi_0^{\mathrm{d}} \propto (\operatorname{sech} x)^2$$

平方可积。以上两种情况均有非破缺超对称，Witten 指数

$$\Delta = 1$$

(3) 反转双势阱势。

量子涨落算符

$$M = \frac{1}{2}\left[-\frac{\mathrm{d}^2}{\mathrm{d}z^2}\right] - 6\operatorname{sech}^2(z+1), \quad z = \sqrt{2}x$$

有离散本征值

$$E = -\frac{3}{2}, 0$$

和连续谱

$$\frac{1}{4} + \rho, \quad \rho > 0$$

负模和零模本征函数分别是

$$\psi_{-\frac{3}{2}} = \operatorname{sech}^2 z$$

$$\psi_0 = 2\tanh z \operatorname{sech} z$$

零模不是最低能态，可以用负模构造超对称势

$$W = \frac{\psi'_{-\frac{3}{2}}}{\psi_{-\frac{3}{2}}} = -2\tanh z$$

相应的 Fermi 和 Bose 分量 Hamilton 算符则分别是

$$H_- = M + \frac{3}{2} = \frac{1}{2}\left[-\frac{\mathrm{d}^2}{\mathrm{d}z^2} + 4 - 6\operatorname{sech}^2 z\right]$$

$$H_+ = \frac{1}{2}\left[-\frac{\mathrm{d}^2}{\mathrm{d}z^2} + 4 - 2\operatorname{sech}^2 z\right] \tag{7.3.18}$$

7.3.4　周期解涨落方程的超对称势

前面我们讨论的是围绕基态孤子 (瞬子) 量子涨落方程的超对称，基态孤子的能量为零，如果能量为有限值

$$\frac{1}{2}\left[\frac{\mathrm{d}\phi_{\mathrm{c}}}{\mathrm{d}x}\right]^2 - V(\phi_{\mathrm{c}}) = -E_{\mathrm{c}} \tag{7.3.19}$$

则得到空间的周期解 (对于瞬子而言，则是虚时周期解)

$$\phi_{\mathrm{c}}(x) = \phi_{\mathrm{c}}(x + T) \tag{7.3.20}$$

T 表示周期。下面我们讨论围绕周期解量子扰动方程的超对称。

(1) sine-Gordon 势。

第 6 章给出了周期解

$$\phi_{\mathrm{c}} = 2\arcsin[k\,\mathrm{sn}(x)]$$

其中

$$0 \leqslant k \leqslant 1$$

是 Jacobi 椭圆函数 $\mathrm{sn}(x)$ 的模，其周期为

$$T = 4n\mathcal{K}(k)$$

而 n 是大于零的正数，$\mathcal{K}(k)$ 表示第一类完全椭圆积分。周期孤子能量是

$$E_{\mathrm{c}} = 4(1 - k^2)$$

量子涨落方程

$$M\psi = \frac{1}{2}\left[-\frac{\mathrm{d}^2}{\mathrm{d}z^2} + 2k^2\,\mathrm{sn}^2(z) - 1\right]\psi = E\psi \tag{7.3.21}$$

是一个 Lame 方程，$z = \sqrt{2}x$。

其分立本征函数和本征值分别是

$$\mathrm{dn}(z), \mathrm{cn}(z), \mathrm{sn}(z)$$

$$E = \frac{k^2 - 1}{2}, 0, \frac{k^2}{2}$$

零模不是基态，和反转双势阱一样，用负模构造超势和超对称 Hamilton 算符

$$W = \frac{(\mathrm{dn}(z))'}{\mathrm{dn}(z)} = -k^2\frac{\mathrm{sn}(z)\,\mathrm{cn}(z)}{\mathrm{dn}(z)}$$

$$W' = k^2\frac{\mathrm{dn}^2(z)\,\mathrm{sn}^2(z) - \mathrm{cn}^2(z)}{\mathrm{dn}^2(z)}$$

Bose 和 Fermi 分量 Hamilton 算符分别是

$$H_- = M - \frac{k^2-1}{2} = \frac{1}{2}\left[-\frac{\mathrm{d}^2}{\mathrm{d}z^2} + 2k^2\,\mathrm{sn}^2(z) - k^2\right] \tag{7.3.22}$$

$$H_+ = \frac{1}{2}\left[-\frac{\mathrm{d}^2}{\mathrm{d}z^2} + 2k^2\frac{\mathrm{cn}^2(z)}{\mathrm{dn}^2(z)} - k^2\right] \tag{7.3.23}$$

(2) 双势阱势。

周期解

$$\phi_\mathrm{c}(z) = kb(k)\mathrm{sn}(z)$$

是新变量

$$z = b(k)x$$

的函数。Jacobi 椭圆函数 $\mathrm{sn}(x)$ 的模是 k，而参数

$$b(k) = \left[\frac{2}{1+k^2}\right]^{\frac{1}{2}}$$

是 k 的函数。量子涨落算符求得为

$$M = \frac{1}{2}\left[-\frac{\mathrm{d}^2}{\mathrm{d}z^2} + \left(6k^2\mathrm{sn}^2(z) - \frac{2}{b^2(k)}\right)\right] \tag{7.3.24}$$

其分立本征函数和本征值分别是

$$\mathrm{sn}(z)\mathrm{cn}(z), \quad \mathrm{sn}(z)\mathrm{dn}(z), \quad \mathrm{cn}(z)\mathrm{dn}(z)$$

$$\mathrm{sn}^2(z) - \frac{1}{3k^2}[1+k^2 \mp \sqrt{1-k^2(1-k^2)}] \tag{7.3.25}$$

和

$$E = \frac{3}{b^2(k)(1+k^2)}, \quad \frac{3k^2}{b^2(k)(1+k^2)}$$

$$0, \quad \frac{1}{b^2(k)}\left[1 \pm 2\frac{\sqrt{1-k^2(1-k^2)}}{1+k^2}\right] \tag{7.3.26}$$

最后一个是负模，用它构造的超势为

$$W = \frac{2\mathrm{sn}(z)\mathrm{cn}(z)\mathrm{dn}(z)}{\mathrm{sn}^2(z) - \eta(k)}$$

其中

$$\eta(k) = \frac{1}{3k^2}[1+k^2 + \sqrt{1-k^2(1-k^2)}]$$

超势的一阶导数是

$$W' = \frac{2[\mathrm{cn}^2(z)\mathrm{dn}^2(z) - \mathrm{sn}^2(z)\mathrm{dn}^2(z) - k^2\mathrm{sn}^2(z)\mathrm{cn}^2(z)]}{\mathrm{sn}^2(z) - \eta(z)}$$
$$- \frac{4\mathrm{sn}^2(z)\mathrm{cn}^2(z)\mathrm{dn}^2(z)}{(\mathrm{sn}^2(z) - \eta(k))^2}$$

Fermi 和 Bose 分量 Hamilton 算符分别为

$$H_- = \frac{1}{2}\left\{ -\frac{\mathrm{d}^2}{\mathrm{d}z^2} - 6k^2\mathrm{sn}^2(z) + 2\left[1 + k^2 - \sqrt{1 - k^2(1 - k^2)}\right] \right\} \tag{7.3.27}$$

$$H_+ = \frac{1}{2}\left\{ -\frac{\mathrm{d}^2}{\mathrm{d}z^2} + 6k^2\mathrm{sn}^2(z) - 2\left[1 + k^2 - \sqrt{1 - k^2(1 - k^2)}\right] \right\}$$
$$+ \frac{8\mathrm{sn}^2(z)\mathrm{cn}^2(z)\mathrm{dn}^2(z)}{(\mathrm{sn}^2(z) - \eta(z))^2} \tag{7.3.28}$$

(3) 反转双势阱势。

周期 bounce 解

$$\phi_\mathrm{c}(z) = \beta(k)\mathrm{dn}(z)$$

中的 Jacobi 椭圆函数宗量是

$$z = \beta(k)x$$

Jacobi 椭圆函数 sn(x) 的模 γ 定义为

$$\gamma^2 = \frac{4k}{(1 + k^2)^2}$$

参数

$$\beta(k) = \frac{1 + k}{\sqrt{1 + k^2}}$$

是 k 的函数，量子涨落算符求得为

$$M = \frac{1}{2}\left[-\frac{\mathrm{d}^2}{\mathrm{d}z^2} + 6\gamma^2\mathrm{sn}^2(z) + \frac{2}{\beta^2(k)} - 6 \right]$$

其分离本征函数和双势阱势的形式一样，但须把 Jacobi 椭圆函数的模由 k 换成 γ，相应的本征值是

$$E = 0, \quad -\frac{3}{2}\frac{(1 - k^2)^2}{\beta^2(k)(1 + k^2)}, \quad -\frac{3}{2}\frac{(1 + k^2)^2}{\beta^2(k)(1 + k^2)}$$

$$-1 \pm 1\frac{\sqrt{1 + 14k^2 + k^2}}{\beta^2(k)(1 + k^2)}$$

除零模外全为负模, 用最低能量本征态 (双势阱势量子涨落算符的负模) 构造的超对称算符和双势阱势的形式相同, 当然要把模 k 换为 γ。

我们用超对称量子力学方法得到一个庞大的一维精确可解周期势家族, 它们可能有实际的技术应用.

参 考 文 献

[1] Cooper F, Khare A, Sukhatme U. Supersymmetry in Quantum Mechanics. Singapore: World Scientific, 2001.

[2] Cooper F, Khare A, Sukhatme U. Supersymmetry and quantum mechanics. Phys. Rep., 1995, 251: 267.

[3] Witten E. Dynamical breaking of supersymmetry. Nucl. Phys. B, 1981, 185: 513.

[4] Witten E. Constraints on supersymmetry breaking. Nucl. Phys. B, 1982, 202: 253.

[5] Müller-Kirsten H J W, Wiedemann A. Supersymmetry: An Introduction with Conceptual and Calculational Details. Singapore: World Scientific, 1987.

[6] Müller-Kirsten H J W. Introduction to quantum Mechanics—Schrödinger equantion and path integral. Singapore: World Scietific, 2006.

[7] Kulshreshtha D S, Liang J Q, Müller-Kirsten H J W. Fluctuation equations about classical field configurations and supersymmetric quantum mechanics. Ann. Phys., 1993, 255: 191.

[8] Byrd P F, Friedman M D. Handbook of Elliptic Integrals for Engineers and Scientists. 2nd ed. New York: Springer, 1971.

[9] Chen G, Liang J Q. Peculiar quantum phase transitions amd hidden supersymmetry in a Lipkin-Meshkov-Glick model. Commun. Theor. Phys., 2009, 51: 881.

第 8 章 光腔中的冷原子宏观量子态、几何相位和 Dicke 模型量子相变

研究光腔中物质与电磁场相互作用的腔量子电动力学基本模型是单个二能级原子与单模腔场相互作用的 Jaynes-Cummings(简称 J-C) 模型。在量子光学的理论发展和技术应用中都起着极其重要的作用。

描述 N 个二能级原子和单模光场相互作用的 Dicke 模型给出了原子集体激发超辐射效应的理论解释,是量子光学的理论基础,该模型在核物理 量子混沌和量子耗散等领域都有广泛的应用,其纠缠动力学则揭示出了相空间的非规则结构和混沌。Dicke 模型正常相到超辐射相的二级相变早已被发现,并被广泛研究,得到了基于 Bose 子相干态的配分函数和自由能。零温下热涨落全部冻结,而量子涨落引起的系统基态随耦合参数的突然变化,被称为量子相变,已成为近年来的热点研究课题,在量子信息和量子计算中也有着重要作用,因其可用于几何相位和纠缠的操控。超辐射相变要求原子和场的相互作用量级达到原子能级,这一困难已被冷原子技术成功克服,从而使光场中的冷原子系统,或者光腔中的 Bose-Einstein 凝聚 (BEC) 成为一理想的量子模拟平台。用 Holstein-Primakoff(HP) 变换把赝自旋算符转换为 Bose 子算符,在热力学极限条件下 $(N \to \infty)$ 可得到变分法基态,以及旋波和非旋波近似下 Dicke 模型量子相变。基于自旋相干态变换的变分方法,称为自旋相干态变分法,其中光场和原子赝自旋都设为相干态,即宏观量子态,在此条件下得到的基态和热力学极限下 HP 变换结果一致。优点是无需热力学极限即可得到基态能量、波函数和超辐射相变,所以 Dicke 模型的基态特性和相变可被扩展到任意原子数,包括单原子 J-C 模型。随着实验上成功地观测到超辐射相变,一个包含光子和原子非线性相互作用,腔场频率可调的理论模型成了极具吸引力的研究课题,可产生新奇的基态特性和相变 [1,2]。

8.1 单模光腔中 N 个全同二能级原子 Hamilton 量
——Dicke 模型

我们把第 5 章附录中单模光场中的二能级原子二次量子化 Hamilton 量推广到 N 个全同原子。按惯例 $\hbar = 1$, 单模光场中二能级原子 Hamilton 量

$$\hat{H} = \omega\hat{a}^\dagger\hat{a} + \sum_{i=1,2}\omega_i\hat{a}_i^\dagger\hat{a}_i + g(\hat{a}^\dagger + \hat{a})(\hat{a}_1^\dagger\hat{a}_2 + \hat{a}_2^\dagger\hat{a}_1) \qquad (8.1.1)$$

其中, $\hat{a}$ 表示光子算符; 双模原子 Bose 子算符 $\hat{a}_i(i = 1, 2)$Fock 态基矢 $|n_1, n_2\rangle$, 这里 $n_1 + n_2 = N$, 而 $n_1, n_2 = 0, 1, \cdots, N$. 空间维度是 $N + 1$. 用赝自旋算符表示双模 Bose 子

$$\hat{S}_+ = \hat{a}_1^\dagger\hat{a}_2, \quad \hat{S}_- = \hat{a}_2^\dagger\hat{a}_1, \quad \hat{S}_\pm = \hat{S}_x \pm \mathrm{i}\hat{S}_y, \quad \hat{S}_z = \hat{a}_2^\dagger\hat{a}_2 - \hat{a}_1^\dagger\hat{a}_1$$

总原子算符

$$\hat{N} = \sum_{i=1,2}\hat{a}_i^\dagger\hat{a}_i = N$$

是一守恒量, 等于总原子数. 用赝自旋算符替换双模原子 Bose 子算符, 则得到 Dicke 模型 Hamilton 量

$$\hat{H} = \omega\hat{a}^\dagger\hat{a} + \omega_\mathrm{a}\hat{S}_z + \frac{g}{2\sqrt{N}}\left(\hat{a}^\dagger + \hat{a}\right)\left(\hat{S}_+ + \hat{S}_-\right) \qquad (8.1.2)$$

其中, $\omega_\mathrm{a} = \omega_2 - \omega_1$ 是原子能级差. 赝自旋算符基矢 $|S, m\rangle$ $\hat{S}_z|S, m\rangle = m|S, m\rangle$, 空间维度是 $2S + 1 = N + 1, S = N/2$.

Dicke 模型的基态很早之前即用泛函路径积分方法, 在光场相干态条件下得到, 并在热力学极限下 $(N \to \infty)$ 给出由正常相 (平均光子数为零) 到超辐射相的相变. 近年来, 用 HP 变换, 在热力学极限下把自旋算符转换为 Bose 子算符, 得到 Bose 子相干态零温基态. 增大光场和原子耦合系数到一临界值, 则可产生正常相到超辐射相的量子相变. 若把泛函路径积分结果取零温极限, 则与量子相变完全重合.

我们发展了一自旋相干态变分方法, 求解 Dicke 模型基态和超辐射相变, 在相干态光场条件下, 借助自旋相干态变换把原子赝自旋算符对角化得到变分法基态, 除此之外还有稳定的多重宏观量子态. 基态的单原子平均能量, 超辐射相变点和 HP 变换, 以及泛函路径积分的零温极限完全相同. 但是这一方法无需热力学极限, 适用于任意原子数, 包括单原子 J-C 模型. 该方法对广泛的 Dicke 类模型均方便有效 [3-29].

8.2 自旋相干态变分法、Dicke 模型基态特性和超辐射相变

和泛函路径积分一样, 我们考虑相干态光场, 即量子化光场的宏观极限——宏观量子态. 按定义是光子湮灭算符本征态, $\hat{a}|\alpha\rangle = \alpha|\alpha\rangle$. 可以把复数本征值参数化为

$$\alpha = \gamma\mathrm{e}^{\mathrm{i}\eta}$$

其中, 模 γ 和复数角 η 为任意实数。显然 γ^2 是平均光子数, $\langle\alpha|\,\hat{a}^\dagger\hat{a}\,|\alpha\rangle = \gamma^2$。把光场 Bose 子算符取平均场近似, 得到一等效自旋算符 Hamilton 量

$$\hat{H}_{\mathrm{sp}} = \langle\alpha|\,\hat{H}\,|\alpha\rangle = \omega\gamma^2 + \omega_{\mathrm{a}}\hat{S}_z + \frac{g\gamma\cos\eta}{\sqrt{N}}\left(\hat{S}_+ + \hat{S}_-\right) \tag{8.2.1}$$

光场变量 γ 和 η 可看作变分参数, 用变分法得到系统的基态能量和波函数。下面对自旋算符作平均场近似, 为此选自旋相干态 $|\pm\boldsymbol{n}\rangle$ 为尝试波函数, 它是空间 $\boldsymbol{n} = (\sin\theta\cos\phi, \sin\theta\sin\phi, \cos\theta)$ 方向自旋投影算符 $\hat{S}\cdot\boldsymbol{n}$ 本征态, $\hat{S}\cdot\boldsymbol{n}\,|\pm\boldsymbol{n}\rangle = \pm s\,|\pm\boldsymbol{n}\rangle$, 其中, ± 号分别称为北南极规范自旋相干态, 很容易证明 (**作业**) 在该态上自旋算符满足最小测不准关系, 也称宏观量子态。θ, ϕ 是待定参数, 以使自旋相干态成为方程 (8.3) 除去第一项外的自旋 Hamilton 量的本征态, 本征值为 $\pm s$。自旋相干态可由极值态经旋转算符产生

$$|\pm\boldsymbol{n}\rangle = \hat{R}(\boldsymbol{n})\,|\pm s\rangle \tag{8.2.2}$$

其中, 旋转算符是

$$\hat{R} = \mathrm{e}^{\frac{\theta}{2}\left(\hat{S}_+\mathrm{e}^{-\mathrm{i}\phi} - \hat{S}_-\mathrm{e}^{\mathrm{i}\phi}\right)} \tag{8.2.3}$$

而 $\hat{S}_z\,|\pm s\rangle = \pm s\,|\pm s\rangle$。容易证明 (**作业**) $\hat{R}$ 是幺正算符, 两自旋相干态 $|\pm\boldsymbol{n}\rangle$ 相互正交。计算出自旋算符的幺正变换 $\tilde{S}_l = \hat{R}^\dagger\hat{S}_l\hat{R}(l = x, y, z)$(参看第 5 章)

$$\tilde{S}_z = \hat{S}_z\cos\theta + \frac{1}{2}\mathrm{e}^{\mathrm{i}\phi}\hat{S}_-\sin\theta + \frac{1}{2}\mathrm{e}^{-\mathrm{i}\phi}\hat{S}_+\sin\theta$$

$$\tilde{S}_+ = \hat{S}_+\cos^2\frac{\theta}{2} - \mathrm{e}^{\mathrm{i}\phi}\hat{S}_z\sin\theta - \frac{1}{2}\mathrm{e}^{\mathrm{i}2\phi}\hat{S}_-\sin^2\frac{\theta}{2}$$

$$\tilde{S}_- = \hat{S}_-\cos^2\frac{\theta}{2} - \mathrm{e}^{-\mathrm{i}\phi}\hat{S}_z\sin\theta - \frac{1}{2}\mathrm{e}^{-\mathrm{i}2\phi}\hat{S}_+\sin^2\frac{\theta}{2}$$

当待定参数满足条件

$$\frac{\omega_0}{2}\sin\theta\mathrm{e}^{\mathrm{i}\phi} + \frac{g\gamma}{\sqrt{N}}\left(\cos^2\frac{\theta}{2} - \mathrm{e}^{\mathrm{i}2\phi}\sin^2\frac{\theta}{2}\right)\cos\eta = 0$$

$$\frac{\omega_0}{2}\sin\theta\mathrm{e}^{-\mathrm{i}\phi} + \frac{g\gamma}{\sqrt{N}}\left(\cos^2\frac{\theta}{2} - \mathrm{e}^{-\mathrm{i}2\phi}\sin^2\frac{\theta}{2}\right)\cos\eta = 0 \tag{8.2.4}$$

时, 等效自旋 Hamilton 量方程 (8.2.1) 可被自旋相干态对角化, 从而得到以 γ 为变分参数的能量函数

$$E_{\mp}(\alpha) = \langle\mp\boldsymbol{n}|\,\hat{H}_{\mathrm{sp}}\,|\mp\boldsymbol{n}\rangle = \gamma^2\omega \mp \frac{N}{2}A(\alpha, \theta, \phi)$$

其中

$$A(\alpha, \theta, \phi) = \omega_{\mathrm{a}}\cos\theta - \frac{2g}{\sqrt{N}}\sin\theta\cos\eta\cos\phi$$

两个变分态, 分别对应赝自旋向下和上 (原子布居数反转) 的两宏观量子态。总变分波函数是

$$|\psi\rangle = |\mp \boldsymbol{n}\rangle |\alpha\rangle$$

用方程 (8.2.4) 消掉待定参数 θ, ϕ, η, 得到能量是单变分参数 γ 的函数

$$E_\mp(\gamma) = \omega \gamma^2 \mp \frac{N}{2} A(\gamma) \tag{8.2.5}$$

其中

$$A(\gamma) = \sqrt{\omega_{\mathrm{a}}^2 + \frac{(2g\gamma)^2}{N}}$$

能量函数的极小值即基态能量, 对能量方程 (8.2.5) 变分得到极值方程

$$\frac{\partial E_\mp}{\partial \gamma} = 2\gamma \left[\omega \mp \frac{g^2}{A(\gamma)} \right] = 0 \tag{8.2.6}$$

极值方程 (8.2.6) 有 $\gamma = 0$ 的解, 稳定的零光子解条件是

$$\frac{\partial^2 E_\mp(\gamma = 0)}{\partial \gamma^2} > 0$$

显然 $\gamma_+ = 0$ 的解无限制, 而 $\gamma_- = 0$ 存在的条件是

$$g < \sqrt{\omega \omega_{\mathrm{a}}}$$

稳定的零光子解, 称为正常相, 其区域边界是

$$g_{\mathrm{c}} = \sqrt{\omega \omega_{\mathrm{a}}} \tag{8.2.7}$$

从极值方程 (8.1.1) 得到的正常布居数非零解是

$$\gamma_-^2 = N \left(\frac{g^2}{\omega^2} - \frac{\omega_{\mathrm{a}}^2}{g^2} \right) \tag{8.2.8}$$

而反转布居数非零光子解 r_+ 不存在。容易证明非零解 γ_- 在 $g > g_{\mathrm{c}}$ 区域是稳定态, 满足能量最小值条件

$$\frac{\partial^2 E_-(\gamma = \gamma_-)}{\partial \gamma^2} > 0$$

稳定的非零光子态称之为超辐射态。零温时热涨落被冻结, 由增大场和原子的相互作用常数 g 引起的由正常相到超辐射相的变化称作量子相变, 是由量子涨落产生的。从能量和光子数随耦合常数的变化曲线, 可得到相变临界点的特性。平均光子数定义为

$$n_{\mathrm{p}} = \frac{\langle\psi| \hat{a}^\dagger \hat{a} |\psi\rangle}{N} = \frac{\gamma^2}{N}$$

正常相 $(g < g_{\rm c}) n_{\rm p} = 0$，超辐射相是

$$n_{\rm p} = \frac{\gamma_-^2}{N} = \left(\frac{g^2}{\omega^2} - \frac{\omega_{\rm a}^2}{g^2} \right), \quad g > g_{\rm c} \tag{8.2.9}$$

其中，γ_-^2 的表达式是方程 (8.2.8)。平均能量是

$$\varepsilon_{\mp} = \frac{E_{\mp}}{N}$$

正常相能量

$$\varepsilon_{\mp}(\gamma = 0) = \mp \frac{\omega_{\rm a}}{2}$$

分别表示原子的基态和激发态能量。特别强调的是，用自旋相干态变分法得到两个稳定的平均光子数为零的稳定态，其中 ε_- 是基态，ε_+ 表示布居数反转态，它也是一稳定态。超辐射相能量是

$$\varepsilon_- = \frac{E_-(\gamma_-)}{N} \tag{8.2.10}$$

其中，$E_-(\gamma_-)$ 表达式是把方程 (8.2.8) 中的 γ_- 代入方程 (8.2.5) 能量 E_- 得到。原子两能级布居数差为

$$\Delta n_{\rm a} = \frac{\langle \psi | \hat{S}_z | \psi \rangle}{N}$$

正常相 $(g < g_{\rm c})$ 的原子布居数差显然是

$$\Delta n_{\rm a}(\gamma = 0) = \mp \frac{1}{2}$$

原子分别布居于原子基态和激发态。超辐射相 $(g > g_{\rm c})$，原子基态的布居数可求得为

$$\Delta n_{\rm a}(\gamma_-) = -\frac{1}{2\sqrt{1 + \dfrac{(2g n_{\rm p})^2}{\omega_{\rm a}}}} \tag{8.2.11}$$

用自旋相干态变分法我们得到和 HP 变换完全相同的结果，但是无须原子数趋于无穷 $(N \to \infty)$ 的热力学极限。我们的方法适于任意粒子数，包括 $N = 1$ 的 J-C 模型。

8.3　几何相位和临界特性

第 5 章中讨论了光腔中单个二能级原子的几何相位，我们推广到 N 个原子 Dicke 模型，并研究其相变点临界特性。考虑含时 Schrödinger 方程

$$i \frac{\partial}{\partial t} | \psi \rangle = \hat{H} | \psi \rangle$$

其中 Hamilton 算符是方程 (8.1.2)。作含时规范变换 $|\psi'\rangle = \hat{U}(t)|\psi\rangle$，$\hat{U}(t)$ 是含时幺正算符，新规范下 Schrödinger 方程变为

$$\mathrm{i}\frac{\partial}{\partial t}|\psi'\rangle = \hat{H}'|\psi'\rangle$$

$$\hat{H}' = \hat{U}\hat{H}\hat{U}^{\dagger} - \mathrm{i}\hat{U}\frac{\partial}{\partial t}\hat{U}^{\dagger} \tag{8.3.1}$$

选含时幺正变换算符为

$$\hat{U}(t) = \mathrm{e}^{\mathrm{i}\omega t \hat{a}^{\dagger}\hat{a}} \tag{8.3.2}$$

则新规范的 Hamilton 算符是

$$\hat{H}' = \omega_{\mathrm{a}}\hat{S}_z + \frac{g}{2\sqrt{N}}\left(\hat{a}^{\dagger}\mathrm{e}^{\mathrm{i}\omega t} + \hat{a}\mathrm{e}^{-\mathrm{i}\omega t}\right)\left(\hat{S}_+ + \hat{S}_-\right) \tag{8.3.3}$$

它对应方程 (5.10.17) 的原子 Hamilton 算符，或者称为原子规范。我们已得到腔冷原子系统的基态波函数 (宏观量子态) 和能量，含时 Schrödinger 方程的基态特解显然是

$$|\psi(t)\rangle = \mathrm{e}^{-\mathrm{i}\varepsilon_- t}|\psi\rangle = \mathrm{e}^{-\mathrm{i}\langle\psi|\hat{H}|\psi\rangle t}|\psi\rangle$$

用方程 (8.3.2) 换到原子规范

$$|\psi(t)\rangle = \mathrm{e}^{-\mathrm{i}\langle\psi'|\hat{U}\hat{H}\hat{U}^{\dagger}|\psi'\rangle t}|\psi\rangle = \mathrm{e}^{-\mathrm{i}\langle\psi'|\hat{H}'+\mathrm{i}\hat{U}(\frac{\partial}{\partial t}\hat{U}^{\dagger})|\psi'\rangle t}|\psi\rangle$$

在该规范中除动力学相位外有一附加几何相位 (Berry phase)

$$\mathrm{e}^{-\mathrm{i}\Gamma} = \mathrm{e}^{\int_0^T \langle\psi'|\hat{U}\frac{\partial}{\partial t}\hat{U}^{\dagger}|\psi'\rangle \mathrm{d}t} = \mathrm{e}^{-\mathrm{i}\omega\int_0^T \langle\psi|\hat{a}^{\dagger}\hat{a}|\psi\rangle \mathrm{d}t}$$

$$\Gamma = 2\pi\gamma^2$$

定义单原子平均几何相

$$\varUpsilon = \frac{\Gamma}{N}$$

正常相，$g < g_{\mathrm{c}}$，$\varUpsilon = 0$。超辐射相，$g > g_{\mathrm{c}}$

$$\varUpsilon = n_{\mathrm{p}}2\pi \tag{8.3.4}$$

8.4　光腔中冷原子的多重稳定态、布居数反转和受激辐射

我们考虑光腔中的两组分冷原子，Dicke 模型 Hamilton 算符可简单推广为

$$\hat{H} = \omega\hat{a}^{\dagger}\hat{a} + \sum_{l=1,2}\omega_l\hat{S}_l^z + \sum_{l=1,2}\frac{g_l}{\sqrt{N_l}}\left(\hat{a}^{\dagger} + \hat{a}\right)\left(\hat{S}_l^+ + \hat{S}_l^-\right) \tag{8.4.1}$$

其中, $\omega_l, g_l (l = 1, 2)$ 分别为两类原子的频率和光腔的耦合系数; N_l 是每组分原子数。用自旋相干态变分法, 很容易得到该系统的基态能量和波函数。和单组分一样假定光场是相干态, 即宏观量子态。Hamilton 算符 (8.4.1) 在相干态光场求平均, 得到等效自旋 Hamilton 算符

$$\hat{H}_{\mathrm{sp}} = \omega|\alpha|^2 + \sum_{l=1,2} \left[\omega_l \hat{S}_l^z + \frac{g_l}{\sqrt{N_l}} \left(\alpha + \alpha^* \right) \left(\hat{S}_l^+ + \hat{S}_l^- \right) \right] \tag{8.4.2}$$

其中, α 是光场 Bose 算符复数本征值, 作为变分参数。分别对两组分原子赝自旋算符作自旋相干态变换把方程 (8.4.2)Hamilton 算符对角化

$$|\pm \boldsymbol{n}_l\rangle = \hat{R}(\boldsymbol{n}_l) |s, \pm s\rangle_l$$

其中各组分的自旋相干态生成算符是

$$\hat{R}(\boldsymbol{n}_l) = \mathrm{e}^{\frac{\theta_l}{2} \left(\hat{S}_l^+ \mathrm{e}^{-\mathrm{i}\phi_l} - \hat{S}_l^- \mathrm{e}^{\mathrm{i}\phi_l} \right)}$$

适当选取 4 个角参数 θ_l, ϕ_l 可把式 (8.4.2) 对角化得到其本征态和能量

$$\hat{H}_{\mathrm{sp}} |\psi_{\mathrm{sp}}\rangle = E(\alpha) |\psi_{\mathrm{sp}}\rangle \tag{8.4.3}$$

其中本征态是双自旋相干态直积

$$|\psi_{\mathrm{sp}}\rangle = \hat{U} |\pm s\rangle_1 |\pm s\rangle_2 \tag{8.4.4}$$

而 $\hat{U} = \displaystyle\prod_{l=1,2} \hat{R}(\boldsymbol{n}_l)$,

$$\tilde{H}_{\mathrm{sp}} = \hat{U}^\dagger \hat{H}_{\mathrm{sp}} \hat{U}$$

计算自旋算符幺正变换 $\tilde{S}_l = \hat{R}^\dagger \hat{S}_l \hat{R} (l = x, y, z)$, 可得到满足本征方程 (8.4.3) 的条件是

$$\frac{\omega_l}{2} \mathrm{e}^{-\mathrm{i}\phi_l} \sin\theta_l g_l (\alpha + \alpha^*) \left(\cos^2 \frac{\theta_l}{2} - \mathrm{e}^{-\mathrm{i}2\phi_l} \sin^2 \frac{\theta_l}{2} \right) = 0$$

$$\frac{\omega_l}{2} \mathrm{e}^{\mathrm{i}\phi_l} \sin\theta_l g_l (\alpha + \alpha^*) \left(\cos^2 \frac{\theta_l}{2} - \mathrm{e}^{\mathrm{i}2\phi_l} \sin^2 \frac{\theta_l}{2} \right) = 0 \tag{8.4.5}$$

能量本征值作为变分参数 α 的函数可表示为

$$E(\alpha) = \omega|\alpha|^2 + \frac{1}{2} \sum_{l=1,2} N_l A_l \left(\alpha, \theta_l, \phi_l \right) \tag{8.4.6}$$

其中

$$A_l \left(\alpha, \theta_l, \phi_l \right) = \omega_l \cos\theta_l - \frac{2g_l}{\sqrt{N_l}} \left(\alpha + \alpha^* \right) \cos\phi_l \sin\theta_l$$

整体尝试波函数是光子相干态和原子赝自旋相干态直积

$$|\psi\rangle = |\alpha\rangle \, |\psi_{sp}\rangle$$

是一宏观量子态。可以把复光场参数化为

$$\alpha = \gamma \mathrm{e}^{\mathrm{i}\varphi}$$

解方程组 (8.4.5) 消掉角变量 $\varphi, \theta_l, \phi_l$ 得到能量是变分参数 γ 的函数

$$\frac{E(\gamma)}{\omega} = \gamma^2 \pm \sum_{l=1,2} \frac{N_l}{2} \sqrt{\left(\frac{\omega_l}{\omega}\right)^2 + \frac{(4\gamma)^2}{N_l}\left(\frac{g_l}{\omega}\right)^2} \tag{8.4.7}$$

能量函数的局域最小值是系统的稳定态,可由能量函数 (8.4.7) 对 γ 变分求极值得到,自旋相干态变分法的优点之一是可得到多重稳定的宏观量子态。对于双组分原子可存在四种组合,分别用赝自旋态标记为:$k = \downarrow\downarrow$,两自旋都是正常态,对应两组原子都布居在低能态;$k = \downarrow\uparrow$,第一自旋正常态,第二自旋反转态,对应原子的布居数反转;其他两态分别是 $k = \uparrow\downarrow$ 和 $k = \uparrow\uparrow$。下面分别讨论四个态的稳定区域,并给出相图。为简单,我们假定两组原子数目相等,总原子数为 N,双正常自旋态能量函数则是

$$\frac{E_{\downarrow\downarrow}(\gamma)}{\omega} = \gamma^2 - \sum_{l=1,2} \frac{N}{4} \sqrt{\left(\frac{\omega_l}{\omega}\right)^2 + \frac{2(4\gamma)^2}{N}\left(\frac{g_l}{\omega}\right)^2} \tag{8.4.8}$$

定义

$$\varepsilon_{\downarrow\downarrow}(\gamma) = \frac{E_{\downarrow\downarrow}(\gamma)}{N\omega} \tag{8.4.9}$$

稳定宏观量子态可用标准的变分法求得。能量函数对变分参数 γ 变分求极值,得到极值方程

$$\frac{\partial \varepsilon_k}{\partial \gamma} = 2\gamma_k p_k(\gamma_k) = 0 \tag{8.4.10}$$

γ_k 表示 k 组态极值方程 (8.4.10) 的解,而

$$p_{\downarrow\downarrow} = 1 - \sum_{l=1,2} \frac{4g_l^2}{\omega^2 F_l(\gamma_{\downarrow\downarrow})}$$

其中

$$F_l = \sqrt{\left(\frac{\omega_l}{\omega}\right)^2 + 2^5\left(\frac{g_l}{\omega}\right)^2 \frac{\gamma_{\downarrow\downarrow}^2}{N}}$$

极值方程 (8.4.10) 恒存在一变分参数为零的解

$$\gamma_{\downarrow\downarrow} = 0$$

稳定的零解, 称为正常相 (NP), 在相图上标记为 $N_{\downarrow\downarrow}$, 是能量函数的局域极小值, 其存在的区域可由能量函数 (8.4.9) 的二阶导数大于零确定

$$\frac{\partial^2 \varepsilon_{\downarrow\downarrow}\,(\gamma=0)}{\partial \gamma^2} = 2\left[1 - \frac{4}{\omega}\left(\frac{g_1^2}{\omega_1} + \frac{g_2^2}{\omega_2}\right)\right] \geqslant 0 \qquad (8.4.11)$$

其中等号给出正常相的边界。解等号方程得到耦合常数相变临界点的关系式

$$\frac{g_{1,\mathrm{c}}^2}{\omega_1} + \frac{g_{2,\mathrm{c}}^2}{\omega_2} = \frac{\omega}{4} \qquad (8.4.12)$$

其中, $g_{1,\mathrm{c}}, g_{2,\mathrm{c}}$ 表示临界点的耦合系数。

第一组分原子布居在低能级而第二组分在高能级组态 $k=\downarrow\uparrow$, 两组分交换组态 $k=\uparrow\downarrow$ 的能量函数分别为

$$\varepsilon_{\downarrow\uparrow,\uparrow\downarrow} = \frac{\gamma^2}{N} \mp \frac{1}{4}\left[F_1\,(\gamma) - F_2\,(\gamma)\right]$$

解能量极值方程 (8.4.10)，得出能量极值解

$$p_{\downarrow\uparrow,\uparrow\downarrow} = 1 \mp \frac{4}{\omega^2}\left[\frac{g_1^2}{F_1\,(\gamma_{\downarrow\uparrow,\uparrow\downarrow})} - \frac{g_2^2}{F_2\,(\gamma_{\downarrow\uparrow,\uparrow\downarrow})}\right]$$

分别是两组态极值解的函数。对能量函数求二阶导数, 稳定零场解的区域由下面的不等式确定:

$$\frac{\partial^2 \varepsilon_k\,(\gamma_k=0)}{\partial \gamma^2} \geqslant 0 \qquad (8.4.13)$$

可分别得到两组态 $k=\downarrow\uparrow,\uparrow\downarrow$ 稳定零场解的区域

$$\pm\left(\frac{g_1^2}{\omega_1} - \frac{g_2^2}{\omega_2}\right) \leqslant \frac{\omega}{4} \qquad (8.4.14)$$

等号是区域的边界。两组分原子都是赝自旋向上 (布居数反转) 组态的能量函数是

$$\varepsilon_{\uparrow\uparrow} = \frac{\gamma^2}{N} + \frac{1}{4}\sum_{l=1,2} F_l\,(\gamma)$$

从能量极值解方程 (8.4.10) 得到

$$p_{\uparrow\uparrow}\,(\gamma_{\uparrow\uparrow}) = 1 + \sum_{l=1,2}\frac{4g_l^2}{\omega^2 F_l\,(\gamma_{\uparrow\uparrow})}$$

零场解的稳定条件 (8.4.13) 是

$$\frac{2}{N}\left[1 + \frac{4}{\omega}\sum_{l=1,2}\frac{g_l^2}{\omega_l}\right] > 0$$

该式恒成立, 两组分布居数反转零场解全区域都是稳定的。

满足能量极值方程 (8.4.10) 的 k 组态非零光场稳定解 (对应能量局域极小值) 可由数值求解方程

$$p_k(\gamma_k) = 0$$

得到。

图 8.4.1 是共振条件下 $\omega_1 = \omega_2 = \omega$, g_1-g_2 平面的相图。

图 8.4.1　共振条件下 $\omega_1 = \omega_2 = \omega$, g_1-g_2 平面的相图

图 8.4.2　g-Δ 平面相图

上半平面第二分量原子频率大于第一分量, 下半平面正好相反, 相图相对于 $\Delta = 0$ 的线上下对称, 区别仅是第一 (宏观量子) 激发态的两原子布居数态对调

光和原子耦合常数 g_1, g_2 以光场频率 ω 为单位, N_k, S_k 分别表示 k 组态零和非零光场的稳定解。$\mathrm{NP_{ts}}\,(N_{\downarrow\downarrow}, N_{\downarrow\uparrow}, N_{\uparrow\uparrow})$ 表示有 3 重稳定零光场态的正常相区域, 其中最左边的能量最低是基态, 向右能量依次递增, $\mathrm{SP_{co}}(S_{\downarrow\downarrow}, S_{\downarrow\uparrow}, N_{\uparrow\uparrow})$ 称作稳定的非零和零光场态共存的超辐射相, 最左边的是非零光场基态。向右第二个态是两组分原子分别正常和反转布居的非零光场态。相图以对角线 $g_1 = g_2$ 分为对称的两半, 区别是第二态两组分原子布居数对调。多重稳定的宏观量子态是自旋相干态变分法得到的新结果。$S_{\uparrow\downarrow}, S_{\downarrow\uparrow}$ 分别是第一, 二组分原布居数反转的受激辐射态。

图 8.4.2 是两组分原子和腔场的耦合系数相等 $g_1 = g_2 = g$, 而原子频率分别为 $\omega_1 = \omega - \Delta, \omega_2 = \omega + \Delta$ 的 g-Δ 平面相图。

8.5　光–机械 (optomechanics) 腔中冷原子 Dicke 相变、超辐射相塌缩

单模光腔和机械振子耦合曾被用来检验经典–量子极限, 随着实验技术的发展, 现已可实现量子化区域的机械振子, 从而激发了大量的理论和实验研究, 形成一新的研究方向——optomechanics, 在精确测量和量子信息领域有重要应用。微机械振子通过辐射压强和腔光学模相互作用, 从而实现光–声子非线性耦合。我们用自旋相干态变分法, 讨论与机械振子耦合的光腔中冷原子系统的宏观量子态, 及超辐射相变。再次强调, 我们的理论分析适于任意原子数。

与机械振子耦合的单模光腔中 N 个二能级原子 Hamilton 算符可表示为

$$\hat{H} = \hat{H}_{\mathrm{D}} + \omega_b \hat{b}^\dagger \hat{b} - \frac{\varsigma}{\sqrt{N}} \left(\hat{b}^\dagger + \hat{b} \right) \hat{a}^\dagger \hat{a} \tag{8.5.1}$$

其中, $\hat{H}_{\mathrm{D}}$ 表示 Dicke 模型 Hamilton 算符, 由方程 (8.1.2) 给出; ω_b 是声子频率; ς 表示光–声子耦合系数。图 8.5.1 是光腔–机械振子示意图。

图 8.5.1　与机械振子耦合的单模光腔示意图

假设变分法尝试波函数是光子、声子相干态

$$|u\rangle = |\alpha\rangle |\beta\rangle$$

光子相干态如前, 声子相干态则是声子湮灭算符本征态 $\hat{b} |\beta\rangle = \beta |\beta\rangle$。复参数 α 沿用前面的参数化, 声子相干态复本征值参数化为

$$\beta = \rho e^{i\xi}$$

Hamilton 算符在相干态上求平均, 得到依赖于复参数 α, β 的等效赝自旋 Hamilton 算符

$$\hat{H}_{sp} = \langle u| \hat{H} |u\rangle = \left(\omega - \frac{2\varsigma \rho \cos \xi}{\sqrt{N}} \right) \gamma^2 + \omega_b \rho^2 + \hat{H}'_{sp} \tag{8.5.2}$$

其中

$$\hat{H}'_{sp} = \omega_a \hat{S}_z + \frac{g\gamma \cos \eta \left(\hat{S}_+ + \hat{S}_- \right)}{\sqrt{N}}$$

用相同的自旋相干态变换程序, 把赝自旋算符对角化得到能量函数为

$$E_{\mp} (\gamma, \rho, \xi) = \left(\omega - \frac{2\varsigma \rho \cos \xi}{\sqrt{N}} \right) \gamma^2 + \omega_b \rho^2 \mp \frac{N}{2} A (\gamma) \tag{8.5.3}$$

$$A (\gamma) = \omega_a \sqrt{1 + f^2 (\gamma)}$$

$$f (\gamma) = \frac{2g}{\omega_a \sqrt{N}} \gamma$$

整体变分尝试波函数是光子、声子、赝自旋相干态直积

$$|\psi_{\mp}\rangle = |u\rangle |\mp \boldsymbol{n}\rangle$$

而能量函数 (8.5.3) 是 Hamilton 算符的期待值

$$E_{\mp} (\gamma, \rho, \xi) = \langle \psi_{\mp}| \hat{H} |\psi_{\mp}\rangle$$

能量函数分别对 ρ, ξ 变分取极值, $\partial E/\partial \rho = 0, \partial E/\partial \xi = 0$, 可得到关系式

$$\rho = \zeta \gamma^2$$

代入能量函数 (8.5.3), 则化为单参数能量函数

$$E_{\mp} (\gamma) = \gamma^2 \left(\omega - \frac{\zeta^2 \gamma^2}{N\omega_b} \right) \mp \frac{N}{2} A (\gamma) \tag{8.5.4}$$

对能量函数变分取极值

$$\frac{\partial E_{\mp}}{\partial \gamma} = 0$$

得到能量极值方程

$$\gamma p_{\mp}(\gamma) = 0$$

除 $\gamma = 0$ 的解外, 非零解满足的方程是

$$p_{\mp}(\gamma) = \omega - \frac{2\zeta^2\gamma^2}{N\omega_b} \mp \frac{g^2}{A(\gamma)} = 0 \qquad (8.5.5)$$

对能量函数求二阶导数

$$\frac{\partial^2 E_{\mp}(\gamma)}{\partial \gamma^2} = 2\left(\omega - \frac{6\zeta^2\gamma^2}{N\omega_b} \mp \frac{g^2\omega_0^{\frac{1}{2}}}{A^{\frac{3}{2}}(\gamma)}\right) \qquad (8.5.6)$$

把零和非零解代入二阶导数方程 (8.5.6), 由大于零条件可得到稳定态存在的区域, 即相图。$N_{\mp}$ 表示稳定零光子解, 下标 "$\mp$" 分别对应正常和布居数反转态, 而只有极值方程 $p_- = 0$ 有稳定的非零光子解。图 8.5.2 是共振条件 $\omega = \omega_a$ 下 g-ζ 平面相图。

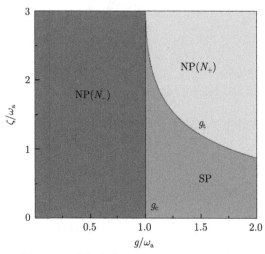

图 8.5.2　共振条件 $\omega = \omega_a$ 下 g-ζ 平面相图

在相变点 g_c 之下是零光子解 N_- 的正常相 NP(N_-), SP 是超辐射相, 在边界点 g_t 超辐射相塌缩 (见下面的解释) 经历由超辐射相到正常项 NP(N_+) 的逆相变, 但这一正常相是布居数反转态。随机械振子-光腔耦合系数 ζ 增强, 超辐射相区域收缩, 最后趋于零。机械振子通过光压强和腔场耦合, 因而不会对正常相 (平均光子数为零) 有任何影响, 从正常相到超辐射相的相变点 g_c 和 Dicke 模型一样。

能量极值方程 $(8.5.5) p_- (\gamma_{\mathrm{s}}^-) = 0$ 的稳定非零光子解记为 γ_{s}^- (上标 "–" 表示原子正常布居, 下标 "s" 表示稳定解), 对应能量函数的局域极小值, 我们可分别得到平均能量

$$\varepsilon_- = \frac{E_- (\gamma_{\mathrm{s}}^-)}{N}$$

平均光子数

$$n_{\mathrm{p}} = \frac{\langle\alpha| \hat{a}^\dagger \hat{a} |\alpha\rangle}{N} = \frac{(\gamma_{\mathrm{s}}^-)^2}{N}$$

原子布居数差

$$n_{\mathrm{a}} = \frac{\langle-\boldsymbol{n}| \hat{S}_z |-\boldsymbol{n}\rangle}{N} = -\frac{1}{2\sqrt{1 + f^2 (\gamma_{\mathrm{s}}^-)}}$$

和平均声子数

$$n_{\mathrm{b}} = \frac{\langle\beta| \hat{b}^\dagger \hat{b} |\beta\rangle}{N} = \frac{\zeta^2}{\omega_{\mathrm{b}}^2} n_{\mathrm{p}}^2$$

图 8.5.3 是平均光子数, 原子布居数差和平均能量随光腔–原子耦合系数变化曲线, (1), (2), (3), (4) 是不同光子–声子耦合系数对曲线的影响。

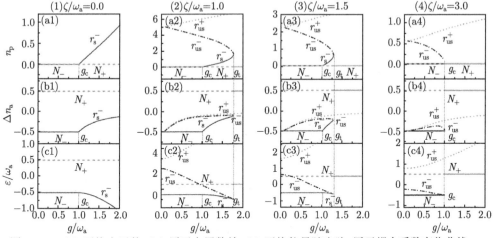

图 8.5.3   (a) 平均光子数; (b) 原子布居数差; (c) 平均能量随光腔–原子耦合系数变化曲线;
(1), (2), (3), (4) 是不同光子–声子耦合系数对曲线的影响

最左边的一列, $\zeta = 0$, 没有机械振子, 是标准的 Dicke 模型曲线, 机械振子的作用是使超辐射相解在 g_{t} 点反转向后上方, 类似双稳态曲线, 但这一解的分支却是不稳定的, 对应的能量函数二阶导数小于零, 这一不稳定分支记为 γ_{us}^- 用点划线画出。虚线表示布居数反转能量极值方程 $p_+ (\gamma_{\mathrm{us}}^+) = 0$ 的非零光场解 γ_{us}^+, 也是不稳定态, 即能量的局域最大值 (二阶导数小于零)。g_{t} 称为反转点 (turning point),

也是一相变点，其下是超辐射相，之上则为布居数反转的正常相 N_+ (黑实线)，随声–光子耦合系数增强，反转点向左移动，达到临界值时 (最右列，图 (4)) 超辐射相完全消失，操控光–原子耦合系数 g 可实现赝自旋反转，即 $N_\mp$ 态之间转换。

8.6　腔场等效频率的调控、光子–原子非线性相互作用产生的宏观量子态和逆相变 [30–40]

超辐射相变要求光和原子耦合强度达到原子频率量级，这一阻碍超辐射相变实验证实的困难已被光–冷原子技术成功克服，实现了腔场中冷原子超辐射相变。实验中的腔场频率可被泵浦场调控，甚至到负值，而且出现光子–原子非线性作用，这无疑为新的宏观量子态和相应的相变提供了可能。图 8.6.1 是泵浦场调控的光腔–冷原子示意图。

图 8.6.1　泵浦场调控的光腔–冷原子示意图

等效腔场频率可调控, 并有光子–原子非线性相互作用的 Hamilton 算符可表示为

$$\hat{H} = \omega\hat{a}^\dagger\hat{a} + \omega_{\mathrm{a}}\hat{S}_z + \frac{g}{2\sqrt{N}}\left(\hat{a}^\dagger + \hat{a}\right)\left(\hat{S}_+ + \hat{S}_-\right) + \frac{U}{N}\hat{S}_z\hat{a}^\dagger\hat{a} \tag{8.6.1}$$

腔场等效频率 $\omega = \Delta + \beta U$ 中 $\Delta = \omega_{\mathrm{f}} - \omega_{\mathrm{p}}$ 是腔场频率 ω_{f} 和泵浦场频率 ω_{p} 间的失谐量，U 表示光子–原子非线性相互作用能量，β 是一与实验有关的无量纲常数。我们的目的是用自旋相干态变分法，揭示该模型中的新宏观量子态和相应的相变。Hamilton 算符 (8.6.1) 在光子相干态上求平均得到等效的自旋 Hamilton 算符

$$\hat{H}_{\mathrm{sp}} = \omega\gamma^2 + \omega_{\mathrm{a}}\hat{S}_z + \frac{U}{N}\hat{S}_z\gamma^2 + \frac{g\gamma\cos\eta}{\sqrt{N}}\left(\hat{S}_+ + \hat{S}_-\right) \tag{8.6.2}$$

用自旋相干态变换, $\hat{H}_{\mathrm{sp}}$ 可在参数满足下面方程条件下对角化:

$$\Phi \sin\theta \mathrm{e}^{\mathrm{i}\phi} + \frac{g\gamma}{\sqrt{N}}\left(\cos^2\frac{\theta}{2} - \mathrm{e}^{\mathrm{i}2\phi}\sin^2\frac{\theta}{2}\right)\cos\eta = 0$$

$$\Phi \sin\theta \mathrm{e}^{-\mathrm{i}\phi} + \frac{g\gamma}{\sqrt{N}}\left(\cos^2\frac{\theta}{2} - \mathrm{e}^{-\mathrm{i}2\phi}\sin^2\frac{\theta}{2}\right)\cos\eta = 0 \qquad (8.6.3)$$

其中, $\Phi = \frac{\omega_{\mathrm{a}}}{2} + \frac{U}{2N}\gamma^2$。变分尝试波函数和前面一样, $|\psi_\mp\rangle = |\alpha\rangle\,|\mp n\rangle$, 从方程 (8.6.3) 消掉自旋相干态变换中的待定角参数 θ, ϕ, 则得到单参数能量函数

$$E_\mp(\gamma) = \omega\gamma^2 \mp \frac{N}{2}A(\gamma) \qquad (8.6.4)$$

$$A(\gamma) = \sqrt{\omega_{\mathrm{a}}^2 + \frac{2}{N}\left(\omega_{\mathrm{a}}U + 2g^2\right)\gamma^2 + \frac{U^2}{N^2}\gamma^4}$$

两个解分别对应正常布居数 ($\Downarrow$) 和布居数反转 ($\Uparrow$) 态。能量极值方程是

$$\frac{\partial E_\mp}{\partial\gamma} = \gamma\left[2\omega \mp \frac{\left(\omega_{\mathrm{a}} + \frac{U}{N}\gamma^2\right)U + 2g^2}{A(\gamma)}\right] = 0 \qquad (8.6.5)$$

稳定的零光子解, 相图中用 $N_\mp$ 标记。非零光子解是

$$\gamma_\mp^2 = \frac{N}{U^2}\left[-\left(2g^2 + U\omega_{\mathrm{a}}\right) \pm \frac{4g|\omega|\sqrt{\xi}}{\sqrt{\zeta}}\right] \qquad (8.6.6)$$

其中, $\xi = g^2 + U\omega_{\mathrm{a}}; \zeta = 4\omega^2 - U^2$, 把非零光子解 (8.6.6) 代入能量函数 (8.6.4) 的二阶导数, 得到

$$\frac{\partial^2\varepsilon_\mp(\gamma_\mp)}{\partial\gamma^2} = \pm\varsigma\sqrt{\frac{\zeta}{\xi}}\frac{\gamma_\mp^2}{g} \qquad (8.6.7)$$

其中, $\varepsilon_\mp = E_\mp/N$ 是平均能量。由光子数 (8.6.6) 和能量二阶导数 (8.6.7) 大于零可得到稳定正常解 $S_-(\Downarrow)$ 和布居数反转解 $S_+(\Uparrow)$ 存在的条件分别是 $\omega > 0, \zeta > 0$ 和 $\omega < 0, \zeta < 0$。不难发现, 仅当光子–原子非线性相互作用存在, 且为负值 $U < 0$ 时, 才可能有稳定的布居数反转解 $S_+(\Uparrow)$。

稳定零光子解的边界 $g_{\mathrm{c}\mp}$ 可由方程

$$\frac{\partial^2 E_\mp(\gamma = 0)}{\partial\gamma^2} = 0$$

解出,

$$g_{\mathrm{c}\mp} = \sqrt{\left(\mp\omega - \frac{U}{2}\right)\omega_{\mathrm{a}}} \qquad (8.6.8)$$

把光子数的表达式代入能量, 可得到平均能量是

$$\varepsilon_{\mp} = \frac{\omega}{U^2}\left[-\left(2g^2 + U\omega_{\mathrm{a}}\right) \pm 4g\omega\sqrt{\frac{\xi}{\zeta}}\right] \mp g\sqrt{\frac{\xi}{\zeta}} \tag{8.6.9}$$

当光子数为零时, 则退回到原子能级

$$\varepsilon_{\mp}\left(\gamma = 0\right) = \mp\frac{\omega_{\mathrm{a}}}{2}$$

同样可求得平均光子数

$$n_{\mathrm{p}\mp} = \frac{\langle\psi_{\mp}|\,\hat{a}^{\dagger}\hat{a}\,|\psi_{\mp}\rangle}{N} = \frac{\gamma_{\mp}^2}{N}$$

和原子布居数差

$$\Delta n_{\mathrm{a}\mp} = \frac{\langle\psi_{\mp}|\,\hat{S}_z\,|\psi_{\mp}\rangle}{N} = \frac{1}{U}\left[-|\omega| \pm \frac{g}{2}\sqrt{\frac{\zeta}{\xi}}\right]$$

注意到光子数表达式 (8.6.6), 零光子的布居数差则退回到熟知的值

$$n_{\mathrm{a}\mp}\left(\gamma = 0\right) = \mp\frac{1}{2}$$

图 8.6.2 是 U-g 相图, 相互作用常数以原子频率 ω_{a} 为单位。

图 8.6.2 U-g 相图

$g_{\mathrm{c}-}$ 是正常布居数态 ($\Downarrow$) 的相边界, 左边 $\mathrm{NP}_{\mathrm{bi}}\left(N_-, N_+\right)$ 表示有双稳定零光子态的正常相, 其中正常布居数态 N_- 是基态, N_+ (布居数反转) 是高能量态。相边界 $g_{\mathrm{c}-}$ 右面是超辐射相 $\mathrm{SP}_{\mathrm{co}}\left(S_-, N_+\right)$, 两稳定态 S_- 和 N_+ 共存, 按我们符号规则左边态 S_- 是基态, 超辐射相是按基态定义的。图 8.6.2(a), (b) 的失谐量分

别是 $\Delta = -20$ 和 -10,图 (a) 中光子–原子非线性作用常数 $U = 30$ 的线和相边界线 g_{c+} 之间的区域只存在布居数反转的零光子解 N_+,标记为正常相 NP(N_+)。在 g_{c+} 之下零光子解也是不稳定的,命名为不稳定的宏观真空态 (UMV)。右边图 (b) 随失谐量变小,正常相 NP(N_+) 的上边界下移,该区域收缩。图 8.6.3 是 $\beta = \dfrac{7}{6}$,$U = 35, \Delta = -20$ 条件下,平均光子数、原子布居数差和平均能量随耦合系数 g 的变化曲线,实线是正常布居态 ($\Downarrow$) 态,是标准的 Dicke 模型曲线,g_{c-} 是正常到超辐射相的相变点。点划线是布层数反转态 N_+ 的值。

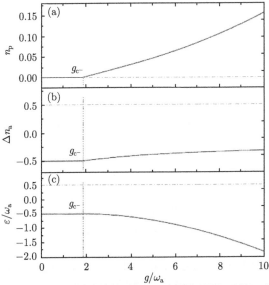

图 8.6.3 平均光子数、原子布居数差和平均能量随耦合系数 g 的变化曲线

图 8.6.4 (a) $\Delta = 20$ 和 (b) $\Delta = 10$ 的 U-g 相图

当泵浦光频率小于腔场频率时（$\omega_{\mathrm{p}} < \omega_{\mathrm{f}}$），等效频率变为负值（$\omega < 0$），相图有很大的变化，图 8.6.4 是 $\Delta = 20$ 和 $\Delta = 10$ 的 U-g 相图。新奇之处是存在稳定布居数反转非零光子基态，即图上标注的超辐射相 SP(S_+)。标记为 (1), (2) 的区域分别是正常相 NP(N_-) 和 NP$_{\mathrm{co}}$(N_-, S_+)，后者表示两态 N_-, S_+ 共存，N_- 是基态。

负等效频率会产生随耦合系数 g 增强由超辐射相 SP(S_+) 到正常相 NP(N_+) 的逆向相变。自旋相干态变分法能得到光腔中的原子宏观量子态和相变，优点是给出多重稳定态，该方法适用于任意原子数 N。

参 考 文 献

[1] Dicke R H. Coherent in spontaneous radiation process. Phys. Rev., 1954, 93: 99.

[2] Baumann K, Guerlin C, Brennecke F, et al. Dicke quantum phase transition with a superfluid gas in an optical cavity. Nature, 2010, 464: 1301.

[3] Zhao X Q, Liu N, Liang J Q. Nonlinear atom-photon-interaction-induced population inversion and inverted quantum phase transition of Bose-Einstein condensate in an optical cavity. Phys. Rev. A, 2014, 90: 023622.

[4] Zhao X Q, Liu N, Bai X M, et al. Dicke phase transition and collapse of superradiant phase in optomechanical cavity with arbitrary number of atoms. Ann. Phys., 2017, 378: 448-458.

[5] Zhao X Q, Liu N, Liang J Q. Collective atomic-population-inversion and stimulated radiation for two-component Bose-Einstein condensate in an optical cavity. Opt. Express, 2017, 25: 8123-8137.

[6] Wang Z M, Lian J L, Liang J Q, et al. Collapse of the superradiant phase and multiple quantum phase transitions for Bose-Einstein condensates in an optomechanical cavity. Phys. Rev. A, 2016: 93: 033630.

[7] Lian J L, Liu N, Liang J Q, et al. Ground-state properties of a Bose-Einstein condensate in an optomechanical cavity. Phys. Rev. A, 2013, 88: 043820.

[8] Liu N, Li J D, Liang J Q. Non-equilibrium quantum phase transition of Bose-Einstein condensates in an optical cavity. Phys. Rev. A, 2013, 87: 053623.

[9] Lian J L, Zhang Y W, Liang J Q, et al. Thermodynamics of spin-orbit-coupled Bose-Einstein condensates. Phys. Rev. A, 2013, 86: 063620.

[10] Zhang Y W, Lian J L, Liang J Q, et al. Finite-temperature Dicke phase transition of a Bose-Einstein condensate in an optical cavity. Phys. Rev. A, 2013, 87: 013616.

[11] Lian J L, Zhang Y W, Liang J Q. Macroscopic quantum states and quantum phase transition in the Dicke model. Chin. Phys. Lett., 2012, 29: 060302.

[12] Wang Y M, Liu B, Liang J Q. A scheme for detecting the atom-field coupling constant in the Dicke superradiation regime using hybrid cavity optomechanical system. Opt. Express, 2012, 20: 10106.

[13] Liu N, Lian J L, Ma J, et al. Light-shift-induced quantum phase transition of a Bose-Einstein condensate in an optical cavity. Phys. Rev. A, 2011, 83: 033601.

[14] Zhang Y, Chen G, Yu L, et al. Analytical ground state for the Jaynes-Cummings model with ultrastrong coupling. Phys. Rev. A, 2011, 83: 065802.

[15] Liu Y, Wei L F, Jia W Z, et al. Vacuum-induced Berry phases in single-mode Jaynes-Cummings models. Phys. Rev. A, 2010, 82: 045801.

[16] Wang Y M, Liang J Q. Repulsive bound-atom pairs in an optical lattice with two-body interaction of nearest neighbors. Phys. Rev. A, 2010, 81: 045601.

[17] Chen G, Xue Z Y, Wei L F, et al. Interaction-induced topological quantum interference in an extended Dicke model. Europhys. Lett., 2009, 86: 44002.

[18] Chen G, Liang J Q, Jia S T. Interaction-induced Lipkin-Meshkov-Glick model in a Bose-Einstein condensate inside an optical cavity. Opt. Express, 2009, 17: 19682.

[19] Liang J Q, Liu J L, Li W D, et al. Atom-pair tunneling and quantum phase transition in the strong-interaction regime. Phys. Rev. A, 2009, 79: 033617.

[20] Chen G, Wang X G, Liang J Q. Exotic quantum phase transitions in a Bose-Einstein condensate coupled to an optical cavity. Phys. Rev. A, 2008, 78: 023634.

[21] Chen G, Chen Z, Liang J Q. Quantum tunneling in the adiabatic Dicke model. Phys. Rev. A, 2007, 76: 045801.

[22] Li J Q, Chen G, Liang J Q. One-step generation of cluster states in micromave cavity QED. Phys. Rev. A, 2008, 77: 014304.

[23] Chen G, Chen Z, Liang J Q. Ground- state properties for coupled Bose-Einstein condansates inside a cavity quantum electrodynamics. Eur. Phys. Lett, 2007, 80: 4004.

[24] Chen G, Liang J Q, Chen Z D. Controllable quantum phase transition in two-component Bose_einstein condensates under periodic modulation. Eur. Phys. Lett, 2007, 79: 10001.

[25] Chen G, Li J, Liang J Q. Critical property of the geometric phase in the Dike model. Phys. Rev. A, 2006, 74: 054101.

[26] Zheng G P, Liang J Q, Liu W M. Phase diagram of two-species Bose-Einstein condensates in an optical lattice. Phys. Rev. A, 2005, 71: 053608.

[27] Cheng R, Liang J Q. Superfluidity of spin-1 bosons in optical lattices. Phys. Rev. A, 2005, 71: 053607.

[28] Gu J, Zhang Y P, Li Z D, et al. Quantum phase transition of two-compenent Bose-Einstein condensate in optical lattices. Phys. Lett. A, 2005, 335: 310.

[29] Yin W, Liang J Q, Yan Q W, et al. Time-evolution of entanglement and Greenberger-Horne-Zeilinger states in two-mode Bose-Einstein condensates. Phys. Rev. A, 2004, 70: 034304.

[30] Lai Y Z, Liang J Q, Müller-Kirsten H J W, et al. Time-dependent quantum systems and the invariant Hermitian operator. Phys. Rev. A, 1996, 53: 3691-3693.

[31] Chen Z D, Liang J Q, Shen S Q, et al. Dynamics and Berry phase of two-species Bose-Einstein condensates. Phys. Rev. A, 2004, 69: 023611.

[32] Liang J J, Liang J Q, Liu W M. Quantum phase transition of condensed bosons in optical lattices. Phys. Rev. A, 2003, 68: 043605.

[33] Li W D, Zhang Y B, Liang J Q. Energy-Band structure and intrinsic coherent properties in two weakly linked Bose-Einstein condensates. Phys. Rev. A, 2003, 67: 065601.

[34] Liu W M, Fan W B, Zheng W M, et al. Quantum tunneling of Bose-Einstein condensates in optical lattices under gravity. Phys. Rev. Lett., 2002, 88: 170408.

[35] Emary C, Brandes T. Quantum chaos triggered by precursors of a quantum phase transition: the Dicke model. Phys. Rev. Lett., 2003, 90: 044101.

[36] Li W D, Zhou X J, Wang Y Q, et al. Phase dynamics of the Bose-Einstein condensates. Phys. Lett. A, 2001, 285: 45.

[37] Li W D, Zhou X J, Wang Y Q, et al. Time evolution of the relative phase in two-component Bose-Einstein condensates with a coupling drive. Phys. Rev. A, 2001, 64: 015602.

[38] 杨晓勇, 薛海斌, 梁九卿. 自旋相干态变换和自旋–玻色模型的基于变分法的基态解析解. 物理学报 (自然科学版), 2013, 62(11): 114205-114205.

[39] Bai X M, Gao C P, Liang J Q, et al. Entanglement dynamics for two spins in an optical cavity-field interaction induced decoherence and coherence revival. Opt. Express, 2017, 25(15): 17051-17065.

[40] Bai X M, Bai X Y, Liu N, et al. Multiple stable states and Dicke phase transition in an optical cavity. Annals Physics, 2019, 407: 66-77.

第 9 章　Bell 不等式及其最大破坏的量子概率统计理论、Bell 猫态和自旋宇称效应

量子态的相干叠加导致的干涉效应是无经典对应 (经典粒子观点) 的量子现象。如果是两粒子纠缠态，则对其中一个粒子的测量必然影响到另一粒子的态，无论两者相距多远。Einstein, Podolsky 和 Rosen 第一次提出两粒子纠缠态概念，用以质疑量子力学的完备性。Bohm 的两自旋单态 (方程 (1.4.31))EPRB 模型，更突出了量子力学的非定域性，和经典场论的不相容。关于量子力学非定域性，长期停留在哲学层面的讨论, Bell 首次把它转化成一物理问题——观测量满足的方程，即著名的 Bell 不等式，可用实验检测。原始 Bell 不等式也被推广到不同形式，其中，Clauser-Horne-Shimony-Holt(CHSH) 不等式用四个方向的测量给出了不等式的上限值，更方便于实验观测；Wigner 不等式则只测量一个自旋极化方向的粒子数概率关联。以上 3 种不等式都基于 EPRB 模型和隐参数经典统计。

为能更好理解 Bell 不等式及其破坏的物理内涵，我们用量子概率统计把上述三类不等式及其破坏纳入统一的理论框架，态密度算符可分为局域和非局域量子相干两部分，前者等价于经典隐参数局域模型，给出 Bell 不等式，后者是非局域量子相干部分，导致不等式的破坏。量子相干部分包含叠加态间的相互转换，而纠缠的两粒子态转换是相互关联的。从量子统计观点，两粒子自旋测量输出都是随机独立的，不等式的破坏是量子态相干性的结果，无需神秘的超距作用或者信息交换。

量子概率统计容许计算 Bell 和 Wigner 不等式的最大破坏，它们与 CHSH 不等式一样便于实验检测。不等式的最大破坏不仅依赖于测量方向而且与纠缠态的叠加系数有关，这一量子统计方法适用于任意 (两体两态) 纠缠态。我们进而研究了两任意自旋 Schrödinger 猫态的纠缠，称之为 Bell 猫态。如果测量也仅限于宏观量子态，则发现一有趣的自旋宇称效应，与宏观量子态的几何相位有关[1,2]。

9.1　两粒子测量关联的自旋相干态量子统计和 Bell-CHSH-Wigner 不等式

三种不等式都是基于 EPRB 模型，两粒子自旋方向相反，没有考虑两粒子自旋平行极化纠缠态。自旋相干态量子统计适用于任意两体两态纠缠，包括反平行

和平行极化纠缠态 [3-7]。

9.1.1　自旋关联

我们考虑一任意两自旋反平行纠缠态

$$|\psi\rangle = c_1 |+, -\rangle + c_2 |-, +\rangle \tag{9.1.1}$$

其中，$|\pm\rangle$ 是 $\hat{\sigma}_z$ 的本征态，$\hat{\sigma}_z |\pm\rangle = \pm |\pm\rangle$；归一化的态叠加系数可参数化为 $c_1 = e^{i\eta} \sin\xi, c_2 = e^{-i\eta} \cos\xi$，角变量 ξ, η 为任意实数。纠缠态 (9.1.1) 的态密度算符可分为局域 (经典概率态) 和非局域 (量子相干) 两部分

$$\hat{\rho} = |\psi\rangle \langle\psi| = \hat{\rho}_{\mathrm{lc}} + \hat{\rho}_{\mathrm{nlc}}$$

其中，局域部分

$$\hat{\rho}_{\mathrm{lc}} = \sin^2\xi |+, -\rangle \langle +, -| + \cos^2\xi |-, +\rangle \langle -, +| \tag{9.1.2}$$

是两粒子经典概率态密度算符，给出 Bell 不等式，而非局域部分

$$\hat{\rho}_{\mathrm{nlc}} = \sin\xi \cos\xi \left(e^{2i\eta} |+, -\rangle \langle -, +| + e^{-2i\eta} |-, +\rangle \langle +, -| \right) \tag{9.1.3}$$

描述了量子相干，导致不等式破坏。

对于两粒子自旋平行纠缠态

$$|\psi\rangle = c_1 |+, +\rangle + c_2 |-, -\rangle \tag{9.1.4}$$

态密度算符的局域和非局域部分分别是

$$\hat{\rho}_{\mathrm{lc}} = \sin^2\xi |+, +\rangle \langle +, +| + \cos^2\xi |-, -\rangle \langle -, -| \tag{9.1.5}$$

和

$$\hat{\rho}_{\mathrm{nlc}} = \sin\xi \cos\xi \left(e^{2i\eta} |+, +\rangle \langle -, -| + e^{-2i\eta} |-, -\rangle \langle +, +| \right) \tag{9.1.6}$$

我们假设分别在两任意方向 $\boldsymbol{a}$ 和 $\boldsymbol{b}$ 测两粒子自旋，根据量子力学测量原理，测量输出值一定是两自旋在 $\boldsymbol{a}$ 和 $\boldsymbol{b}$ 方向投影算符 $\hat{\boldsymbol{\sigma}} \cdot \boldsymbol{a}, \hat{\boldsymbol{\sigma}} \cdot \boldsymbol{b}$ 的本征值:

$$\hat{\boldsymbol{\sigma}} \cdot \boldsymbol{a} |\pm a\rangle = \pm |\pm a\rangle, \quad \hat{\boldsymbol{\sigma}} \cdot \boldsymbol{b} |\pm b\rangle = \pm |\pm b\rangle$$

求每一方向的投影算符本征方程, 不难得到其相应的本征态, 例如, 对于一任意方向单位矢量 $\boldsymbol{r}(\boldsymbol{r} = \boldsymbol{a}, \boldsymbol{b})$，它在初始纠缠态的坐标内 (即初始自旋都假定沿 z 方向极化) 可用方向角表示为

$$\boldsymbol{r} = (\sin\theta_r \cos\phi_r, \sin\theta_r \sin\phi_r, \cos\theta_r)$$

自旋投影算符 $\hat{\boldsymbol{\sigma}} \cdot \boldsymbol{r}$ 的两个正交归一本征态是

$$|+r\rangle = \cos \frac{\theta_r}{2} |+\rangle + \sin \frac{\theta_r}{2} e^{i\phi_r} |-\rangle$$

$$|-r\rangle = \sin \frac{\theta_r}{2} |+\rangle - \cos \frac{\theta_r}{2} e^{i\phi_r} |-\rangle \tag{9.1.7}$$

它们被称为北南极规范的自旋相干态。对制备在初始纠缠态 $\hat{\rho}$ 上的两粒子分别沿 $\boldsymbol{a}$ 和 $\boldsymbol{b}$ 方向测两粒子自旋，测量输出随机落入以下 4 基矢中的一个，为方便我们记为

$$|1\rangle = |+a, +b\rangle, \quad |2\rangle = |+a, -b\rangle, \quad |3\rangle = |-a, +b\rangle, \quad |4\rangle = |-a, -b\rangle \tag{9.1.8}$$

两粒子自旋测量输出关联是

$$P(a, b) = \sum_{i=1}^{4} \langle i | \hat{\Omega}(a, b) \hat{\rho} | i \rangle = \rho_{11} - \rho_{22} - \rho_{33} + \rho_{44} \tag{9.1.9}$$

其中

$$\hat{\Omega}(a, b) = \hat{\boldsymbol{\sigma}} \cdot \boldsymbol{a} \otimes \hat{\boldsymbol{\sigma}} \cdot \boldsymbol{b}$$

为两粒子自旋关联算符；$\rho_{ii}(i = 1, 2, 3, 4)$ 是态密度算符在测量基 (9.1.8) 上的矩阵元。测量输出关联同样可分为局域和非局域两部分

$$P(a, b) = P_{\text{lc}}(a, b) + P_{\text{nlc}}(a, b) \tag{9.1.10}$$

分别用局域和非局域密度算符矩阵元

$$\rho_{ii}^{\text{lc}} = \langle i | \hat{\rho}_{\text{lc}} | i \rangle$$
$$\rho_{ii}^{\text{nlc}} = \langle i | \hat{\rho}_{\text{nlc}} | i \rangle$$

计算。局域关联等价于经典隐参数统计，给出 Bell 不等式，而非局域部分导致不等式破坏。

9.1.2 粒子数概率关联

与 Bell 不等式不同，Wigner 不等式中的观测量是自旋正负的粒子数概率关联，从量子力学观点，在给定的纠缠态 $|\psi\rangle$ 上，测到两粒子分别在 $\boldsymbol{a}, \boldsymbol{b}$ 方向自旋皆为正的粒子数概率关联是

$$N(+a, +b) = |\langle 1 | \psi \rangle|^2 = \langle 1 | \hat{\rho} | 1 \rangle = \rho_{11} \tag{9.1.11}$$

同理，测得一粒子自旋为正，另一为负，以及两者都为负的粒子数概率关联则分别为

$$N(+a, -b) = \rho_{22}, \quad N(-a, +b) = \rho_{33}, \quad N(-a, -b) = \rho_{44}$$

Wigner 不等式只考虑自旋同为正的粒子数概率关联 $N(+a, +b)$。与自旋关联不同，4 个粒子数概率关联皆为正，在我们的自旋相干态量子统计的框架内，Bell 的自旋关联显然可用 Wigner 的粒子数概率关联表示为

$$P(a,b) = N(+a, +b) - N(+a, -b) - N(-a, +b) + N(-a, -b) \qquad (9.1.12)$$

即自旋同号的粒子数概率关联与自旋异号的差。在自旋相干态量子统计的理论框架内，我们建立了自旋关联和粒子数概率关联的关系。本章的附录 2 中给出基于粒子数概率关联的 Bell 不等式经典统计证明。

9.1.3　Bell 不等式和 CHSH 不等式

用自旋相干态表达式方程 (9.1.7) 可得到 4 个局域密度算符矩阵元，我们分别计算其反平行和平行极化纠缠态。

1. 反平行极化

第一粒子沿 a 方向，第二粒子沿 b 方向测量的局域密度算符矩阵元是

$$\rho_{11}^{\mathrm{lc}} = \sin^2 \xi \cos^2 \frac{\theta_a}{2} \sin^2 \frac{\theta_b}{2} + \cos^2 \xi \sin^2 \frac{\theta_a}{2} \cos^2 \frac{\theta_b}{2}$$

$$\rho_{22}^{\mathrm{lc}} = \sin^2 \xi \cos^2 \frac{\theta_a}{2} \cos^2 \frac{\theta_b}{2} + \cos^2 \xi \sin^2 \frac{\theta_a}{2} \sin^2 \frac{\theta_b}{2}$$

$$\rho_{33}^{\mathrm{lc}} = \sin^2 \xi \sin^2 \frac{\theta_a}{2} \sin^2 \frac{\theta_b^2}{2} + \cos^2 \xi \cos^2 \frac{\theta_a}{2} \cos^2 \frac{\theta_b}{2}$$

$$\rho_{44}^{\mathrm{lc}} = \sin^2 \xi \sin^2 \frac{\theta_a}{2} \cos^2 \frac{\theta_b}{2} + \cos^2 \xi \cos^2 \frac{\theta_a}{2} \sin^2 \frac{\theta_b}{2} \qquad (9.1.13)$$

用局域密度矩阵元的表达式，不难计算分别沿 a 和 b 方向测两粒子得到的自旋关联是

$$P_{\mathrm{lc}}(a, b) = -\cos\theta_a \cos\theta_b$$

与纠缠态的叠加系数无关，而且仅依赖两测量方向的极角 θ。Bell 不等式是三组自旋关联之间的关系，其中

$$1 + P_{\mathrm{lc}}(b, c) = 1 - \cos\theta_b \cos\theta_c$$

而

$$|P_{\mathrm{lc}}(a, b) - P_{\mathrm{lc}}(a, c)| = |\cos\theta_a(-\cos\theta_b + \cos\theta_c)| \leqslant |-\cos\theta_b + \cos\theta_c|$$

显然

$$\cos\theta_b \cos\theta_c + |-\cos\theta_b + \cos\theta_c| \leqslant 1$$

所以 Bell 不等式

$$1 + P_{\rm lc}(b,c) \geqslant |P_{\rm lc}(a,b) - P_{\rm lc}(a,c)|$$

与初始纠缠态的具体形式无关, 对于三个任意测量方向恒成立.

CHSH 关联定义为

$$\begin{aligned} P_{\rm CHSH}^{\rm lc} &= |P_{\rm lc}(a,b) + P_{\rm lc}(a,c) + P_{\rm lc}(d,b) - P_{\rm lc}(d,c)| \\ &= |\cos\theta_a(\cos\theta_b + \cos\theta_c) + \cos\theta_d(\cos\theta_b - \cos\theta_c)| \end{aligned}$$

CHSH 不等式是

$$P_{\rm CHSH}^{\rm lc} \leqslant 2$$

非局域部分矩阵元可求得为

$$\rho_{11}^{\rm nlc} = \frac{1}{4}\sin 2\xi \sin\theta_a \sin\theta_b \cos(\theta_a - \theta_b + 2\eta) = \rho_{44}^{\rm nlc}$$

$$\rho_{22}^{\rm nlc} = \rho_{33}^{\rm nlc} = -\rho_{11}^{\rm nlc} \tag{9.1.14}$$

包含非局域部分, Bell 不等式和 CHSH 不等式会被破坏, 而破坏度依赖测量方向和纠缠态叠加系数. 例如, 当纠缠态的角参数 $\xi = 3\pi/4, \eta = 0$ 时, 则变为熟悉的两自旋单态

$$|\psi_s\rangle = \frac{1}{\sqrt{2}}(|+,-\rangle - |-,+\rangle) \tag{9.1.15}$$

量子自旋关联则有简单形式, 为两方向单位矢量的标积

$$P(a,b) = -\boldsymbol{a}\cdot\boldsymbol{b}$$

CHSH 关联则变为

$$P_{\rm CHSH} = |\boldsymbol{a}\cdot(\boldsymbol{b}+\boldsymbol{c}) + \boldsymbol{d}\cdot(\boldsymbol{b}-\boldsymbol{c})|$$

当 $\boldsymbol{b},\boldsymbol{c}$ 相互垂直, $\boldsymbol{a}$ 与 $\boldsymbol{b}+\boldsymbol{c}$ 平行, $\boldsymbol{d}$ 与 $\boldsymbol{b}-\boldsymbol{c}$ 平行时, CHSH 不等式破坏, CHSH 关联的最大值可以是

$$P_{\rm CHSH}^{\max} = 2\sqrt{2}$$

2. 平行极化

对于平行极化纠缠态 (9.1.4), 两粒子分别沿 $\boldsymbol{a}$ 和 $\boldsymbol{b}$ 方向测量的局域矩阵元变为

$$\rho_{11}^{\rm lc} = \sin^2\xi \cos^2\frac{\theta_a}{2}\cos^2\frac{\theta_b}{2} + \cos^2\xi \sin^2\frac{\theta_a}{2}\sin^2\frac{\theta_b}{2}$$

$$\rho_{22}^{\rm lc} = \sin^2\xi \cos^2\frac{\theta_a}{2}\sin^2\frac{\theta_b}{2} + \cos^2\xi \sin\frac{\theta_a}{2}\cos^2\frac{\theta_b}{2}$$

$$\rho_{33}^{\mathrm{lc}} = \sin^2 \xi \sin^2 \frac{\theta_a}{2} \cos^2 \frac{\theta_b}{2} + \cos^2 \xi \cos^2 \frac{\theta_a}{2} \sin^2 \frac{\theta_b}{2}$$

$$\rho_{44}^{\mathrm{lc}} = \sin^2 \xi \sin^2 \frac{\theta_a}{2} \sin^2 \frac{\theta_b}{2} + \cos^2 \xi \cos^2 \frac{\theta_a}{2} \cos^2 \frac{\theta_b}{2} \tag{9.1.16}$$

用局域模型得到的自旋关联仅与反平行极化纠缠态差一负号，即

$$P_{\mathrm{lc}}(a, b) = \cos \theta_a \cos \theta_b$$

因为这一符号差异，Bell 不等式必须修正为

$$1 - P_{\mathrm{lc}}(b, c) \geqslant |P_{\mathrm{lc}}(a, b) + P_{\mathrm{lc}}(a, c)| \tag{9.1.17}$$

而 CHSH 不等式对平行极化纠缠态同样适用。

非局域矩阵元是

$$\rho_{11}^{\mathrm{nlc}} = \rho_{44}^{\mathrm{nlc}} = \frac{1}{4} \sin 2\xi \sin \theta_a \sin \theta_b \cos(\phi_a + \phi_b + 2\eta)$$

$$\rho_{22}^{\mathrm{nlc}} = \rho_{33}^{\mathrm{nlc}} = -\rho_{11}^{\mathrm{nlc}}$$

包括非局域部分，不等式会被破坏。当纠缠态的角参数 $\eta = 0, \xi = \dfrac{\pi}{4}$，即纠缠态为

$$|\psi\rangle = \frac{1}{\sqrt{2}} \left(|+, +\rangle + |-, -\rangle \right) \tag{9.1.18}$$

时，两粒子测量的自旋关联变为两单位矢量的标积

$$P(a, b) = \boldsymbol{a} \cdot \boldsymbol{b}$$

CHSH 不等式最大破坏和反平行纠缠态相等，为 $2\sqrt{2}$。

9.1.4　Wigner 不等式及其最大破坏

区别于 Bell 不等式，Wigner 不等式测量自旋分别为正负的粒子数概率关联，当然，原不等式是基于两自旋单态推导出的，我们同样把它推广到自旋反平行和平行的任意纠缠态。

1. 反平行极化

对于任意纠缠态 (9.1.1) 的局域态密度算符，$\boldsymbol{a}$，$\boldsymbol{b}$ 两方向测自旋极化相同的粒子数概率关联是 $N_{\mathrm{lc}}(+a, +b) = \rho_{11}^{\mathrm{lc}}$ 或者 $N_{\mathrm{lc}}(-a, -b) = \rho_{44}^{\mathrm{lc}}$。用矩阵元的具体表达式 (9.1.13)，容易验证 Wigner 不等式

$$N_{\mathrm{lc}}(\pm a, \pm b) \leqslant N_{\mathrm{lc}}(\pm a, \pm c) + N_{\mathrm{lc}}(\pm c, \pm b)$$

恒成立。为得到不等式被态密度算符非局域部分破坏的定量结果，我们定义一局域 Wigner 关联

$$W_{\mathrm{lc}} = N_{\mathrm{lc}}(\pm a, \pm b) - N_{\mathrm{lc}}(\pm a, \pm c) - N_{\mathrm{lc}}(\pm c, \pm b)$$

显然原不等式等价于

$$W_{\mathrm{lc}} \leqslant 0$$

把正负自旋的粒子数概率关联表达式代入，则得到统一的局域 Wigner 关联是

$$W_{\mathrm{lc}} = - \left(\cos^2 \frac{\theta_a}{2} - \cos^2 \frac{\theta_c}{2} \right) \cos^2 \frac{\theta_b}{2} - \cos^2 \frac{\theta_c}{2} \sin^2 \frac{\theta_a}{2} \tag{9.1.19}$$

从上式容易证明

$$0 \geqslant - \sin^2 \frac{\theta_c}{2} \cos^2 \frac{\theta_a}{2} \geqslant W_{\mathrm{lc}} \tag{9.1.20}$$

即 Wigner 不等式成立。用非局域粒子数概率关联

$$N_{\mathrm{nlc}}(+a, +b) = \rho_{11}^{\mathrm{nlc}} = N_{\mathrm{nlc}}(-a, -b) = \rho_{44}^{\mathrm{nlc}}$$

可得到非局域 Wigner 关联是

$$W_{\mathrm{nlc}} = \frac{1}{4} \sin 2\xi \Big[\sin \theta_a \sin \theta_b \cos (\phi_a - \phi_b + 2\eta) - \sin \theta_a \sin \theta_c \cos (\phi_a - \phi_c + 2\eta)$$

$$- \sin \theta_c \sin \theta_b \cos (\phi_c - \phi_b + 2\eta) \Big] \tag{9.1.21}$$

量子 Wigner 关联是二者之和

$$W = W_{\mathrm{lc}} + W_{\mathrm{nlc}} \tag{9.1.22}$$

它会导致 Wigner 不等式破坏。我们的目的是得到破坏的上限和产生最大破坏的条件。因为测量方向的极角限于

$$0 \leqslant \theta \leqslant \pi$$

非局域 Wigner 关联 (9.1.21) 满足下列不等式：

$$W_{\mathrm{nlc}} \leqslant \frac{1}{4} \left(\sin \theta_a \sin \theta_b + \sin \theta_a \sin \theta_c + \sin \theta_c \sin \theta_b \right)$$

局域部分 (9.1.19) 可改写为

$$W_{\mathrm{lc}} = \frac{1}{4} \left(-1 - \cos \theta_a \cos \theta_b + \cos \theta_a \cos \theta_c + \cos \theta_c \cos \theta_b \right)$$

二者相加我们得到量子 Wigner 关联满足的不等式是

$$W \leqslant F(\theta_a, \theta_b, \theta_c)$$

其中仅与三个测量方向的极角有关的函数是

$$F(\theta_a, \theta_b, \theta_c) = \frac{1}{4} \left[-1 - \cos(\theta_a + \theta_b) + \cos(\theta_c - \theta_b) + \cos(\theta_a - \theta_c) \right]$$

显然

$$F(\theta_a, \theta_b, \theta_c) \leqslant \frac{1}{2}$$

因而得到 Wigner 不等式破坏的上限是

$$W_{\max} = \frac{1}{2} \tag{9.1.23}$$

事实上，当纠缠态参数选为 $\xi = \dfrac{\pi}{4} \ \text{mod} \ 2\pi$ 和 $\eta = 0 \ \text{mod} \ 2\pi$ 时，纠缠态变为自旋三重态中磁量子数为零的态 ($m=0$)，即

$$|\psi_t\rangle = \frac{1}{\sqrt{2}} \left(|+, -\rangle + |-, +\rangle \right) \tag{9.1.24}$$

相应的测量输出的非局域 Wigner 关联则为

$$W_{\text{nlc}} = \frac{1}{4} \big[\sin\theta_a \sin\theta_b \cos(\phi_a - \phi_b) - \sin\theta_a \sin\theta_c \cos(\phi_a - \phi_c)$$
$$- \sin\theta_c \sin\theta_b \cos(\phi_c - \phi_b) \big]$$

如果三个测量方向的纬度角相等，$\theta_a = \theta_b = \theta_c = \dfrac{\pi}{2}$，而 $\phi_a = \phi_b = \pi$，$\phi_c = 0$，即 $\boldsymbol{a}, \boldsymbol{b}, \boldsymbol{c}$ 三个方向都与自旋初始极化垂直，$\boldsymbol{c}$ 取原坐标的正 x 方向，$\boldsymbol{a}, \boldsymbol{b}$ 取负 x 方向时，可达到最大破坏值 $\dfrac{1}{2}$。

2. 平行极化

文献中 Wigner 不等式是基于自旋单态推导出的，并不适用于平行极化纠缠态 (9.1.4)，要使原不等式成立，必须改为测量两自旋极化相反的粒子数概率关联

$$N_{\text{pl}}(\pm a, \mp b) = N_{\text{pl}}^{\text{lc}}(\pm a, \mp b) + N_{\text{pl}}^{\text{nlc}}(\pm a, \mp b)$$

其中，下标 "pl" 表示两粒子自旋平行极化。比较反平行极化矩阵元方程 (9.1.13) 和平行极化矩阵元方程 (9.1.16)，发现二者有对应关系

$$N_{\text{pl}}^{\text{lc}}(+a, -b) = N_{\text{lc}}(+a, +b)$$

和

$$N_{\text{pl}}^{\text{lc}}(-a, +b) = N_{\text{lc}}(-a, -b)$$

没有 "pl" 下标的是反平行极化概率关联。因而，只要换为测两粒子自旋极化相反的粒子数概率关联，平行极化纠缠态的 Wigner 不等式与反平行不等式 (9.1.20) 相等

$$N_{\text{pl}}^{\text{lc}}(\pm a, \mp b) - N_{\text{pl}}^{\text{lc}}(\pm a, \mp c) - N_{\text{pl}}^{\text{lc}}(\pm c, \mp b) = W_{\text{lc}} \leqslant 0 \tag{9.1.25}$$

本章附录 1 中用经典统计给出了平行极化 Wigner 不等式 (9.1.25) 的证明。

粒子数概率关联的非局域部分是

$$N_{\mathrm{pl}}^{\mathrm{nlc}}(+a,-b) = \left(\rho_{\mathrm{pl}}^{\mathrm{nlc}}\right)_{22}, \quad N_{\mathrm{pl}}^{\mathrm{nlc}}(-a,+b) = \left(\rho_{\mathrm{pl}}^{\mathrm{nlc}}\right)_{33}$$

代入平行极化纠缠态的密度算符非局域矩阵元得到

$$N_{\mathrm{pl}}^{\mathrm{nlc}}(\pm a,\mp b) = -\frac{1}{2}\sin\xi\cos\xi\sin\theta_a\sin\theta_b\cos(\phi_a+\phi_b+2\eta)$$

a,b,c 三个方向测量的非局域 Wigner 关联则是

$$W_{\mathrm{pl}}^{\mathrm{nlc}} = -\frac{1}{4}\sin(2\xi)\left[\sin\theta_a\sin\theta_b\cos(\phi_a+\phi_b+2\eta) - \sin\theta_a\sin\theta_c\cos(\phi_a+\phi_c+2\eta)\right.$$
$$\left. -\sin\theta_c\sin\theta_b\cos(\phi_c+\phi_b+2\eta)\right] \tag{9.1.26}$$

基于相同的分析，不难得到平行极化纠缠态 Wigner 不等式的最大破坏仍然是 $\frac{1}{2}$。

选纠缠态角参数 $\xi = \frac{\pi}{4} \bmod 2\pi, \eta = 0 \bmod 2\pi$，即

$$|\psi\rangle = \frac{1}{\sqrt{2}}\left(|+,+\rangle + |-,-\rangle\right)$$

非局域 Wigner 关联 (9.1.26) 变为

$$W_{\mathrm{pl}}^{\mathrm{nlc}} = -\frac{1}{4}[\sin\theta_a\sin\theta_b\cos(\phi_a+\phi_b) - \sin\theta_a\sin\theta_c\cos(\phi_a+\phi_c)$$
$$-\sin\theta_c\sin\theta_b\cos(\phi_c+\phi_b)]$$

当三个测量方向的方位角为 $\theta_a = \theta_b = \theta_c = \frac{\pi}{2}, \phi_a = \phi_b = \frac{\pi}{2}, \phi_c = \frac{3\pi}{2}$，即三个方向共线且与自旋的初始极化方向垂直，$a,b$ 取正 y 轴方向，c 则与 a,b 反向，可得最大破坏值 $\frac{1}{2}$。

9.2 扩展的 Bell 不等式及最大破坏

原始 Bell 不等式是基于自旋单态推导的，已经证明，对于任意两自旋极化相反的纠缠态该不等式均成立，但自旋平行极化时则需修改一符号。下面我们给出两自旋平行和反平行极化纠缠态都适用的 Bell 不等式，并研究其最大破坏。

9.2.1 扩展的 Bell 不等式

因为

$$1 + |P_{\mathrm{lc}}(b,c)| \geqslant 1 \pm P_{\mathrm{lc}}(b,c)$$

对平行和反平行极化纠缠态都适用的 Bell 不等式是

$$1 + |P_{\text{lc}}(b,c)| \geqslant |P_{\text{lc}}(a,b) - P_{\text{lc}}(a,c)| \tag{9.2.1}$$

在本章的附录 2 中，给出扩展的 Bell 不等式 (9.2.1) 基于粒子数概率关联的经典统计证明。为分析其最大破坏，我们定义一量子 Bell 关联

$$P_{\text{B}} = |P(a,b) - P(a,c| - |P(b,c)| \tag{9.2.2}$$

经典局域模型满足的 Bell 不等式则变为

$$P_{\text{B}}^{\text{lc}} \leqslant 1 \tag{9.2.3}$$

下面分别对反平行和平行极化两种情况分析量子 Bell 关联 (9.2.2) 的最大值，即 Bell 不等式的最大破坏。

9.2.2　扩展的 Bell 不等式最大破坏

1. 反平行极化

我们得到两自旋分别沿 a 和 b 方向测量，包括非局域部分的自旋测量输出关联是

$$P(a,b) = -\cos\theta_a\cos\theta_b + \sin 2\xi \sin\theta_a \sin\theta_b \cos(\phi_a - \phi_b + 2\eta)$$

量子 Bell 关联 (9.2.2) 则为

$$\begin{aligned} P_{\text{B}} = &| -\cos\theta_a\cos\theta_b + \sin 2\xi \sin\theta_a \sin\theta_b \cos(\phi_a - \phi_b + 2\eta) \\ &+ \cos\theta_a\cos\theta_c - \sin 2\xi \sin\theta_a \sin\theta_c \cos(\phi_a - \phi_c + 2\eta) | \\ &- | -\cos\theta_b\cos\theta_c + \sin 2\xi \sin\theta_b \sin\theta_c \cos(\phi_b - \phi_c + 2\eta) | \end{aligned} \tag{9.2.4}$$

因为

$$\sin\theta_i \geqslant 0, \quad i = a, b, c$$

因而量子 Bell 关联满足下面的不等式：

$$P_{\text{B}} \leqslant | -\cos(\theta_a \pm \theta_b) + \cos(\theta_a \mp \theta_c) |$$

显然扩展的 Bell 不等式最大破坏是

$$P_{\text{B}}^{\max} = 2 \tag{9.2.5}$$

事实上量子 Bell 关联的取值范围是

$$2 \geqslant P_{\text{B}} \geqslant -1$$

如果三个测量方向的方位角选为 $\theta_a = \theta_b = \theta_c = \dfrac{\pi}{2}, \phi_a = \dfrac{\pi}{2}, \phi_b = 0, \phi_c = \pi$，即三个方向都与自旋极化方向垂直，$\boldsymbol{a}$ 沿 y 轴方向，$\boldsymbol{b}, \boldsymbol{c}$ 分别取 $\pm x$ 方向时，量子 Bell 关联则为

$$P_{\mathrm{B}} = 2|\sin(2\xi)\sin(2\eta)| - |\sin(2\xi)\cos(2\eta)|$$

进而选纠缠态角参数 $\xi = \eta = \dfrac{\pi}{4} \bmod 2\pi$，可达到最大破坏 $P_{\mathrm{B}}^{\max} = 2$，而产生最大破坏的纠缠态

$$|\psi\rangle = \frac{1}{\sqrt{2}}\left(\mathrm{e}^{\mathrm{i}\frac{\pi}{4}}|+,-\rangle + \mathrm{e}^{-\mathrm{i}\frac{\pi}{4}}|-,+\rangle\right)$$

有复的叠加系数。我们可检验自旋单态 (9.1.15) 能产生的破坏度，态的角参数是 $\xi = \dfrac{3\pi}{4}, \eta = 0$，三个测量方向都与自旋极化垂直，$\theta_a = \theta_b = \theta_c = \dfrac{\pi}{2}$，量子 Bell 关联 (9.2.4) 变为

$$P_{\mathrm{B}} = |-\cos(\phi_a - \phi_b) + \cos(\phi_a - \phi_c)| - |\cos(\phi_b - \phi_c)|$$

当 $\phi_a = \dfrac{3\pi}{4}, \phi_b = \dfrac{\pi}{2}, \phi_c = 0$ 时，量子 Bell 关联的值是 $P_{\mathrm{B}} = \sqrt{2}$，与 CHSH 不等式一样破坏度是不等式最大值的 $\sqrt{2}$ 倍，达不到最大破坏 2。

2. 平行极化

对于平行极化纠缠态 (9.1.14)，分别在 $\boldsymbol{a}, \boldsymbol{b}$ 两方向测量的自旋关联是

$$P(a,b) = \cos\theta_a \cos\theta_b + \sin 2\xi \sin\theta_a \sin\theta_b \cos(\phi_a + \phi_b + 2\eta)$$

三个方向的量子 Bell 关联 P_{B} 则把相应的表达式 $P(a,c), P(b,c)$ 代入即可。同样的办法可证明，最大破坏是 $P_{\mathrm{B}}^{\max} = 2$。产生最大破坏的纠缠态参数是 $\xi = \eta = \dfrac{\pi}{4} \bmod 2\pi$，即

$$|\psi\rangle = \frac{1}{\sqrt{2}}\left(\mathrm{e}^{\mathrm{i}\frac{\pi}{4}}|+,+\rangle + \mathrm{e}^{-\mathrm{i}\frac{\pi}{4}}|-,-\rangle\right)$$

三个测量方向的方位角则选为 $\theta_a = \theta_b = \theta_c = \dfrac{\pi}{2}, \phi_a = \dfrac{\pi}{2}, \phi_b = 0, \phi_c = \pi$，与反平行极化的测量方向相同。

9.2.3 极化纠缠的光子对

极化态纠缠的光子对被用来实验检验 Bell 不等式的破坏，最新的实验是把纠缠光源置于人造卫星上，而在地面上远隔的两地分别探测单个光子的极化。我们用量子统计方法讨论相应的 (扩展)Bell 不等式及最大破坏。与自旋情况类似，两光子的极化可互相垂直 (对应两自旋反平行) 也可相互平行。

1. 极化相互垂直的纠缠光子对

我们假定光子的极化面和 z 轴垂直，即 x-y 平面，两相互垂直的极化态可表示为 $|e_x\rangle, |e_y\rangle$，极化相互垂直的双光子纠缠态则是

$$|\psi\rangle = c_1 |e_x, e_y\rangle + c_2 |e_y, e_x\rangle \tag{9.2.6}$$

叠加系数 c_1, c_2 可采用前面相同的参数化。态密度算符同样可分为局域和非局域部分，只需把自旋态 $|\pm\rangle$ 换成 $|e_{x,y}\rangle$ 即可。三个测量方向应在与选定的 z 轴垂直平面内，其单位矢量可记为 $\boldsymbol{r} = (\cos\phi_r, \sin\phi_r, 0)$　$(r = a, b, c)$，ϕ_r 是 $\boldsymbol{r}$ 与 x 轴的夹角，与 $\boldsymbol{r}$ 方向平行和垂直的极化态则表示为

$$|r_h\rangle = \cos\phi_r |e_x\rangle + \sin\phi_r |e_y\rangle$$

$$|r_v\rangle = -\sin\phi_r |e_x\rangle + \cos\phi_r |e_y\rangle \tag{9.2.7}$$

在 $\boldsymbol{a}, \boldsymbol{b}$ 两个方向分别测两光子得到的独立随机极化态同样有四个，分别记为

$$|1\rangle = |a_h, b_h\rangle, \quad |2\rangle = |a_h, b_v\rangle, \quad |3\rangle = |a_v, b_h\rangle, \quad |4\rangle = |a_v, b_v\rangle$$

用方程 (9.2.7) 可得到态密度算符的局域部分矩阵元

$$\rho_{11}^{\text{lc}} = \sin^2\xi\cos^2\phi_a\sin^2\phi_b + \cos^2\xi\sin^2\phi_a\cos^2\phi_b$$

$$\rho_{22}^{\text{lc}} = \sin^2\xi\cos^2\phi_a\cos^2\phi_b + \cos^2\xi\sin^2\phi_a\sin^2\phi_b$$

$$\rho_{33}^{\text{lc}} = \sin^2\xi\sin^2\phi_a\sin^2\phi_b + \cos^2\xi\cos^2\phi_a\cos^2\phi$$

$$\rho_{44}^{\text{lc}} = \sin^2\xi\sin^2\phi_a\cos^2\phi_b + \cos^2\xi\cos^2\phi_a\sin^2\phi \tag{9.2.8}$$

非局域部分是

$$\rho_{11}^{\text{nlc}} = \rho_{44}^{\text{nlc}} = -\rho_{22}^{\text{nlc}} = -\rho_{33}^{\text{nlc}} = \frac{1}{4}\sin 2\xi\cos 2\eta\sin 2\phi_a\sin 2\phi_b \tag{9.2.9}$$

根据方程 (9.1.12)，在 $\boldsymbol{a}, \boldsymbol{b}$ 方向分别测量两光子极化的输出关联局域部分是

$$P_{\text{lc}}(a, b) = -\cos 2\phi_a\cos 2\phi_b \tag{9.2.10}$$

与自旋纠缠关联类似。非局域关联是

$$P_{\text{nlc}}(a, b) = \sin 2\xi\cos 2\eta\sin 2\phi_a\sin 2\phi_b \tag{9.2.11}$$

很容易证明 $\boldsymbol{a}, \boldsymbol{b}, \boldsymbol{c}$ 三个方向测量的扩展 Bell 不等式仍然成立

$$P_{\text{B}}^{\text{lc}} = |\cos 2\phi_b - \cos 2\phi_c| - |\cos 2\phi_b\cos 2\phi_c| \leqslant 1 \tag{9.2.12}$$

包括非局域部分的量子 Bell 关联是

$$P_B = |\cos 2\phi_a (-\cos 2\phi_b + \cos 2\phi_c) + \sin 2\xi \cos 2\eta \sin 2\phi_a (\sin 2\phi_b - \sin 2\phi_c)|$$
$$- |-\cos 2\phi_b \cos 2\phi_c + \sin 2\xi \cos 2\eta \sin 2\phi_b \sin 2\phi_c| \qquad (9.2.13)$$

它满足同样的不等式关系

$$P_B \leqslant |-\cos 2(\phi_a + \phi_b) + \cos 2(\phi_a + \phi_c)| \leqslant P_B^{\max} = 2$$

Bell 不等式的最大破坏是 2，与自旋情况一致。由量子 Bell 关联 (9.2.13) 可验证，当选纠缠态

$$|\psi\rangle = \frac{1}{\sqrt{2}} (|e_x, e_y\rangle + |e_y, e_x\rangle)$$

即态参数为 $\eta = 0, \xi = \dfrac{\pi}{4}$，而三个测量方向的方位角是 $\phi_a = \dfrac{\pi}{8}, \phi_b = \dfrac{3\pi}{8}, \phi_c = \dfrac{15\pi}{8}$ 时，可达到最大破坏 2。

如果初始纠缠态是

$$|\psi_s\rangle = \frac{1}{\sqrt{2}} (|e_x, e_y\rangle - |e_y, e_x\rangle) \qquad (9.2.14)$$

它可看作是两自旋单态的对应态。当三个测量方位角为 $\phi_a = \dfrac{3\pi}{8}, \phi_b = \dfrac{\pi}{4}, \phi_c = 0$ 时，量子 Bell 关联给出的最大破坏值与自旋纠缠态一样是 $\sqrt{2}$，小于极限值。

2. 平行极化

平行极化纠缠态按定义是

$$|\psi\rangle = c_1 |e_x, e_x\rangle + c_2 |e_y, e_y\rangle$$

我们可得到 $\boldsymbol{a}, \boldsymbol{b}$ 两方向测量的局域关联是

$$P_{lc}(a, b) = \cos 2\phi_a \cos 2\phi_b \qquad (9.2.15)$$

与相互垂直极化的纠缠态的局域关联 (9.2.10) 相比只差一负号。扩展的 Bell 不等式与垂直极化的情况相同，而非局域关联与方程 (9.2.11) 相等，量子 Bell 关联则为

$$P_B = |\cos 2\phi_a (\cos 2\phi_b - \cos 2\phi_c) + \sin 2\xi \cos 2\eta \sin 2\phi_a (\sin 2\phi_b - \sin 2\phi_c)|$$
$$- |\cos 2\phi_b \cos 2\phi_c - \sin 2\xi \cos 2\eta \sin 2\phi_b \sin 2\phi_c|$$

最大破坏仍然是 2。纠缠态

$$|\psi\rangle = \frac{1}{\sqrt{2}} (|e_x, e_x\rangle - |e_y, e_y\rangle)$$

可导致最大破坏，三个测量方向与方程 (9.2.14) 的方向相同。

9.3　Bell 猫态及自旋宇称效应

我们把 Bell 不等式及其破坏推广到任意自旋宏观量子态的纠缠。对于自旋量子数 S，最大磁量子数态 $\hat{S}_z\,|S,\pm S\rangle = \pm S\,|S,\pm S\rangle$ 满足自旋算符的最小测不准关系，因而称为宏观量子态。两自旋宏观量子态的纠缠叠加，称之为 Bell 猫态。两自旋测量输出的全量子统计结果表明，Bell 不等式恒成立，至少就自旋模型而言，纠缠的宏观量子态不破坏 Bell 不等式。如果测量限于自旋相干态子空间，因是非完备测量，原 Bell 不等式不再适用。我们提出一可用于完备和非完备测量的普适 Bell 不等式，一个有趣的新发现是，不等式只被半整数自旋态破坏，而非整数自旋。

9.3.1　Bell 猫态、测量输出关联的全量子统计, Bell 不等式无破坏

作为应用特例，我们计算自旋 -1 和 $\frac{3}{2}$ 的测量输出关联的全量子统计，证明非局域关联完全相消，Bell 不等式无破坏。

1. 自旋 -1

反平行和平行极化纠缠态密度算符只需把方程 (9.1.2)(9.1.3)(9.1.5)(9.1.6) 中自旋态标记 "$\pm$" 换成 "± 1" 即可。

(1) 反平行极化。

纠缠态密度算符的局域和非局域部分是

$$\hat{\rho}_{\mathrm{lc}} = \sin^2\xi\,|+1,-1\rangle\langle+1,-1| + \cos^2\xi\,|-1,+1\rangle\langle-1,+1| \tag{9.3.1}$$

$$\hat{\rho}_{\mathrm{nlc}} = \sin\xi\cos\xi\left(\mathrm{e}^{\mathrm{i}2\eta}\,|+1,-1\rangle\langle-1,+1| + \mathrm{e}^{-\mathrm{i}2\eta}\,|-1,+1\rangle\langle+1,-1|\right) \tag{9.3.2}$$

自旋 -1 在任意方向 $\boldsymbol{r}$ 的自旋相干态可直接解本征方程 $\hat{S}\cdot\boldsymbol{r}\,|r_{\pm1}\rangle = \pm1\,|r_{\pm1}\rangle$ 和 $\hat{S}\cdot\boldsymbol{r}\,|r_0\rangle = 0$ 得到，结果是

$$|r_{+1}\rangle = K_r^2\,|+1\rangle + \frac{1}{\sqrt{2}}\sin\theta_r\mathrm{e}^{\mathrm{i}\phi_r}\,|0\rangle + \Gamma_r^2\mathrm{e}^{\mathrm{i}2\phi_r}\,|-1\rangle$$

$$|r_{-1}\rangle = \Gamma_r^2\,|+1\rangle - \frac{1}{\sqrt{2}}\sin\theta_r\mathrm{e}^{\mathrm{i}\phi_r}\,|0\rangle + K_r^2\mathrm{e}^{\mathrm{i}2\phi_r}\,|-1\rangle$$

$$|r_0\rangle = -\frac{1}{\sqrt{2}}\sin\theta_r\,|1\rangle + \cos\theta_r\mathrm{e}^{\mathrm{i}\phi_r}\,|0\rangle + \frac{1}{\sqrt{2}}\sin\theta_r\mathrm{e}^{\mathrm{i}2\phi_r}\,|-1\rangle$$

其中

$$K_r = \cos\frac{\theta_r}{2}, \quad \Gamma_r = \sin\frac{\theta_r}{2}$$

零本征值对测量输出关联无贡献，a, b 方向分别测量两自旋输出关联的全量子统计 9 个本征态中的 4 个给出非零的关联, 局域部分是

$$
\begin{aligned}
P_{\text{lc}}(a,b) =& \text{tr}\left[\hat{\rho}_{\text{lc}} \cdot \hat{\Omega}(a,b)\right] = \sum_{m,m'} \langle a_m, b_{m'} | \hat{\rho}_{\text{lc}} \cdot \hat{\Omega}(a,b) | a_m, b_{m'}\rangle = \sin^2\xi K_a^4 \Gamma_b^4 \\
&+ \cos^2\xi K_b^4 \Gamma_a^4 - \sin^2\xi K_a^4 K_b^4 - \cos^2\xi \Gamma_b^4 \Gamma_a^4 - \sin^2\xi \Gamma_a^4 \Gamma_b^4 - \cos^2\xi K_a^4 K_b^4 \\
&+ \sin^2\xi K_b^4 \Gamma_a^4 + \cos^2\xi K_a^4 \Gamma_b^4 = -\cos\theta_a \cos\theta_b
\end{aligned}
$$

其中, $|a_m, b_{m'}\rangle$ 表示在 a, b 方向测自旋关联算符 $\hat{\Omega}(a,b)$ 的本征态, $\hat{\Omega}(a,b)|a_m, b_{m'}\rangle = mm'|a_m, b_{m'}\rangle$, 本征值分别是 $m, m' = 1, 0, -1$。

非局域部分为零

$$
P_{\text{nlc}}(a,b) = \sum_{m,m'} \langle a_m, b_{m'} | \hat{\rho}_{\text{nlc}} \cdot \hat{\Omega}(a,b) | a_m, b_{m'}\rangle = 0
$$

因为零本征值对输出关联无贡献, 而非零的 4 个矩阵元相等

$$
\rho_{+1,+1}^{\text{nlc}} = \rho_{+1,-1}^{\text{nlc}} = \rho_{-1,+1}^{\text{nlc}} = \rho_{-1,-1}^{\text{nlc}} = \frac{1}{8}\sin\xi\cos\xi\sin^2\theta_a\sin^2\theta_b\cos 2(\phi_a - \phi_b - \eta)
$$

输出关联相消。因而量子关联和经典关联相等

$$
P(a,b) = P_{\text{lc}}(a,b)
$$

Bell 不等式无破坏。

(2) 平行极化。

态密度算符分解为

$$
\hat{\rho}_{\text{lc}} = \sin^2\xi |{+1,+1}\rangle\langle{+1,+1}| + \cos^2\xi |{-1,-1}\rangle\langle{-1,-1}| \tag{9.3.3}
$$

$$
\hat{\rho}_{\text{nlc}} = \sin\xi\cos\xi\left(\mathrm{e}^{\mathrm{i}2\eta}|{+1,+1}\rangle\langle{-1,-1}| + \mathrm{e}^{-\mathrm{i}2\eta}|{-1,-1}\langle{+1,+1}|\rangle\right) \tag{9.3.4}
$$

a, b 方向分别测两自旋输出关联的局域部分是

$$
\begin{aligned}
P_{\text{lc}}(a,b) =& \sin^2\xi K_a^4 K_b^4 + \cos^2\xi \Gamma_b^4 \Gamma_a^4 \\
&+ \sin^2\xi \Gamma_a^4 \Gamma_b^4 + \cos^2\xi K_b^4 K_a^4 - \sin^2\xi K_a^4 \Gamma_b^4 + \cos^2\xi \Gamma_b^4 K_a^4 \\
&- \sin^2\xi \Gamma_a^4 K_b^4 + \cos^2\xi K_b^4 \Gamma_a^4 = \cos\theta_a \cos\theta_b
\end{aligned}
$$

非局域 4 个非零本征值的矩阵元也都相等与反平行极化一样, 两粒子测量的非局域部分相消, 量子 Bell 关联与局域 Bell 关联相等, 自旋 -1 Bell 猫态不破坏 Bell 不等式。

2. 自旋 $-\dfrac{3}{2}$

我们计算自旋 $-\dfrac{3}{2}$ 纠缠态的测量输出关联的全量子统计, 还是分别讨论自旋反平行和平行极化的任意纠缠态。

(1) 反平行极化。

自旋 $-\dfrac{3}{2}$ 反平行极化 Bell 猫态 $|\psi\rangle = c_1 \left|+\dfrac{3}{2}, -\dfrac{3}{2}\right\rangle + c_2 \left|-\dfrac{3}{2}, +\dfrac{3}{2}\right\rangle$ 密度算符的局域和非局域部分为

$$\hat{\rho}_{\mathrm{lc}} = \sin^2\xi \left|+\frac{3}{2}, -\frac{3}{2}\right\rangle\left\langle +\frac{3}{2}, -\frac{3}{2}\right| + \cos^2\xi \left|-\frac{3}{2}, +\frac{3}{2}\right\rangle\left\langle -\frac{3}{2}, +\frac{3}{2}\right|$$

$$\hat{\rho}_{\mathrm{nlc}} = \sin\xi\cos\xi \left(\mathrm{e}^{2\mathrm{i}\eta} \left|+\frac{3}{2}, -\frac{3}{2}\right\rangle\left\langle -\frac{3}{2}, +\frac{3}{2}\right| + \mathrm{e}^{-2\mathrm{i}\eta} \left|-\frac{3}{2}, +\frac{3}{2}\right\rangle\left\langle +\frac{3}{2}, -\frac{3}{2}\right| \right)$$

解任意方向 $\boldsymbol{r} = \boldsymbol{a}, \boldsymbol{b}(\boldsymbol{r} = (\sin\theta_r\cos\phi_r, \sin\theta_r\sin\phi_r, \cos\theta_r))$ 自旋投影算符本征方程 $\hat{S} \cdot \boldsymbol{r} |r_m\rangle = m |r_m\rangle \left(m = \dfrac{3}{2}, \dfrac{1}{2}, -\dfrac{1}{2}, -\dfrac{3}{2} \right)$, 得到本征态:

$$\left|r_{\frac{3}{2}}\right\rangle = \cos^3\frac{\theta_r}{2}\left|+\frac{3}{2}\right\rangle + \sqrt{3}\sin\frac{\theta_r}{2}\cos^2\frac{\theta_r}{2}\mathrm{e}^{\mathrm{i}\phi_r}\left|+\frac{1}{2}\right\rangle$$
$$+ \sqrt{3}\sin^2\frac{\theta_r}{2}\cos\frac{\theta_r}{2}\mathrm{e}^{\mathrm{i}2\phi_r}\left|-\frac{1}{2}\right\rangle + \sin^3\frac{\theta_r}{2}\mathrm{e}^{\mathrm{i}3\phi_r}\left|-\frac{3}{2}\right\rangle$$

$$\left|r_{-\frac{3}{2}}\right\rangle = \sin^3\frac{\theta_r}{2}\left|+\frac{3}{2}\right\rangle - \sqrt{3}\sin^2\frac{\theta_r}{2}\cos\frac{\theta_r}{2}\mathrm{e}^{\mathrm{i}\phi_r}\left|+\frac{1}{2}\right\rangle$$
$$+ \sqrt{3}\sin\frac{\theta_r}{2}\cos^2\frac{\theta_r}{2}\mathrm{e}^{\mathrm{i}2\phi_r}\left|-\frac{1}{2}\right\rangle - \cos^3\frac{\theta_r}{2}\mathrm{e}^{\mathrm{i}3\phi_r}\left|-\frac{3}{2}\right\rangle$$

$$\left|r_{\frac{1}{2}}\right\rangle = \sqrt{3}\sin\frac{\theta_r}{2}\cos^2\frac{\theta_r}{2}\left|+\frac{3}{2}\right\rangle - \left(1 - 3\sin^2\frac{\theta_r}{2}\right)\cos\frac{\theta_r}{2}\mathrm{e}^{\mathrm{i}\phi_r}\left|+\frac{1}{2}\right\rangle$$
$$+ \left(1 - 3\cos^2\frac{\theta_r}{2}\right)\sin\frac{\theta_r}{2}\mathrm{e}^{\mathrm{i}2\phi_r}\left|-\frac{1}{2}\right\rangle - \sqrt{3}\sin^2\frac{\theta_r}{2}\cos\frac{\theta_r}{2}\mathrm{e}^{\mathrm{i}3\phi_r}\left|-\frac{3}{2}\right\rangle$$

$$\left|r_{-\frac{1}{2}}\right\rangle = \sqrt{3}\sin^2\frac{\theta_r}{2}\cos\frac{\theta_r}{2}\left|+\frac{3}{2}\right\rangle + \left(1 - 3\cos^2\frac{\theta_r}{2}\right)\sin\frac{\theta_r}{2}\mathrm{e}^{\mathrm{i}\phi_r}\left|+\frac{1}{2}\right\rangle$$
$$+ \left(1 - 3\sin^2\frac{\theta_r}{2}\right)\cos\frac{\theta_r}{2}\mathrm{e}^{\mathrm{i}2\phi_r}\left|-\frac{1}{2}\right\rangle + \sqrt{3}\sin\frac{\theta_r}{2}\cos^2\frac{\theta_r}{2}\mathrm{e}^{\mathrm{i}3\phi_r}\left|-\frac{3}{2}\right\rangle$$

与自旋 -1 一样, $\boldsymbol{a}, \boldsymbol{b}$ 方向两自旋投影算符本征值和本征态记为

$$\hat{\Omega}(a, b) |a_m, b_{m'}\rangle = mm' |a_m, b_{m'}\rangle$$

测量输出关联的全量子统计概率也可分为局域和非局域两部分

$$P(a,b) = \text{tr}\left[\hat{\Omega}(a,b)\,\hat{\rho}\right] = P_{\text{lc}}(a,b) + P_{\text{nlc}}(a,b)$$

局域关联概率是

$$P_{\text{lc}}(a,b) = \text{tr}\left[\hat{\Omega}(a,b)\,\hat{\rho}_{\text{lc}}\right] = \sum_{m,m'} mm'\,\langle a_m, b_{m'}|\hat{\rho}_{\text{lc}}|a_m, b_{m'}\rangle$$

$$= -\frac{9}{4}\cos\theta_a\cos\theta_b$$

除自旋值的平方因子外与自旋 $\frac{1}{2}$ 的表达式完全相同，而非局域关联全量子统计概率等于零

$$P_{\text{nlc}}(a,b) = \sum_{m,m'} mm'\,\langle a_m, b_{m'}|\hat{\rho}_{\text{nlc}}|a_m, b_{m'}\rangle = 0$$

总的关联概率等于经典概率 $P(a,b) = P_{\text{lc}}(a,b)$。定义归一化关联概率为 $p(a,b) = \dfrac{P(a,b)}{s^2}$，则自旋 $\frac{3}{2}$ 反平行自旋极化纠缠态的测量输出关联是

$$p(a,b) = -\cos\theta_a\cos\theta_b$$

Bell 不等式和扩展 Bell 不等式 $|p(a,b) - p(a,c)| - |p(b,c)| \leqslant 1$ 都不会被破坏。

(2) 平行极化。

自旋 $-\frac{3}{2}$ 平行极化 Bell 猫态

$$|\psi\rangle = c_1\left|+\frac{3}{2}, +\frac{3}{2}\right\rangle + c_2\left|-\frac{3}{2}, -\frac{3}{2}\right\rangle$$

的密度算符局域和非局域部分是

$$\hat{\rho}_{\text{lc}} = \sin^2\xi\left|+\frac{3}{2}, +\frac{3}{2}\right\rangle\left\langle+\frac{3}{2}, +\frac{3}{2}\right| + \cos^2\xi\left|-\frac{3}{2}, -\frac{3}{2}\right\rangle\left\langle-\frac{3}{2}, -\frac{3}{2}\right|$$

$$\hat{\rho}_{\text{nlc}} = \sin\xi\cos\xi\left(\text{e}^{2i\eta}\left|+\frac{3}{2}, +\frac{3}{2}\right\rangle\left\langle-\frac{3}{2}, -\frac{3}{2}\right| + \text{e}^{-2i\eta}\left|-\frac{3}{2}, -\frac{3}{2}\right\rangle\left\langle+\frac{3}{2}, +\frac{3}{2}\right|\right)$$

局域关联概率是

$$P_{\text{lc}}(a,b) = \text{tr}\left[\hat{\Omega}(a,b)\,\hat{\rho}_{\text{lc}}\right] = \frac{9}{4}\cos\theta_a\cos\theta_b$$

与反平行极化纠缠态仅差一负号，非局域关联概率同样是零

$$P_{\text{nlc}}(a,b) = \text{tr}\left[\hat{\Omega}(a,b)\,\hat{\rho}_{\text{nlc}}\right] = 0$$

总关联概率是 $P(a,b) = P_{\text{lc}}(a,b) = \dfrac{9}{4}\cos\theta_a\cos\theta_b$。而 $p(a,b) = \dfrac{P(a,b)}{s^2} = \cos\theta_a\cos\theta_b$。扩展 Bell 不等式不被破坏。

3. 任意自旋 $-s$

任意自旋 $-s$ 自旋投影算符 $\hat{S} \cdot \boldsymbol{r}$ 有 $2s+1$ 个本征态，也许无法得到全部解析表达式，两自旋测量输出关联全量子平均的求迹计算可直接用 $\hat{S}_z$ 的本征态，$\hat{S}_z |m\rangle = m |m\rangle$。

$\boldsymbol{a}, \boldsymbol{b}$ 方向测两自旋量子关联概率为

$$P(a,b) = \text{tr}\left[\hat{\rho} \cdot \hat{\Omega}(a,b)\right] = \sum_{m,m'} \langle m, m'|\hat{\rho} \cdot \hat{\Omega}(a,b) |m, m'\rangle$$

$$= P_{\text{lc}}(a,b) + P_{\text{nlc}}(a,b)$$

反平行和平行极化 Bell 猫态局域关联可求得 (**作业**) 是

$$P_{\text{lc}}(a,b) = \mp s^2 \cos\theta_a \cos\theta_b$$

而非局域关联概率等于零 (**作业**)。

归一化的总关联概率和自旋 $-\dfrac{1}{2}$ 局域部分结果相同

$$p(a,b) = \frac{P(a,b)}{s^2} = \mp \cos\theta_a \cos\theta_b$$

扩展 Bell 不等式不被破坏，除自旋 $-\dfrac{1}{2}$ 外。不等式的破坏依赖于测量空间，测量包括两粒子自旋本征态的整个 Hilbert 空间，非局域关联的量子统计平均完全消失，Bell 不等式无破坏。我们可直接在 Bell 猫态上计算自旋关联算符的期待值，相干部分的非对角矩阵元恒为零，因为关联算符不可能产生 $+s$ 和 $-s$ 态之间的跃迁，即

$$\langle \pm s|\hat{S} \cdot n| \mp s\rangle = 0$$

9.3.2　自旋相干态测量、Bell 关联的自旋宇称效应

对 Bell 猫态 $|\psi\rangle = c_1 |+s, -s\rangle + c_2 |-s, +s\rangle$ (反平行极化) 和 $|\psi\rangle = c_1 |+s, +s\rangle + c_2 |-s, -s\rangle$ (平行极化) 的自旋测量也仅限于宏观量子态 (自旋相干态)，分别在 $\boldsymbol{a}, \boldsymbol{b}$ 两方向测两自旋的独立随机输出基矢只有四个，即投影算符 $\hat{\Omega}(a,b)$ 本征值为 $\pm s$ 的本征态。任意方向 $\boldsymbol{r}$ 的自旋相干态可从最大磁量子数态 $|\pm s\rangle$ 生成

$$|\pm \boldsymbol{r}\rangle_s = \hat{R} |\pm s\rangle$$

生成算符可表示为

$$\hat{R} = \mathrm{e}^{\mathrm{i}\theta_r \boldsymbol{m} \cdot \hat{S}}$$

其中，$\boldsymbol{m}$ 是 x-y 平面内的单位矢量，它垂直于 z 轴与 $\boldsymbol{r}$ 形成的平面。两个正交归一南北规范自旋相干态在 Dicke 态表象的表示是 (参看第 4 章)

$$|+\boldsymbol{r}\rangle_s = \sum_{m=-s}^{s} \begin{pmatrix} 2s \\ s+m \end{pmatrix}^{\frac{1}{2}} K_r^{s+m} \Gamma_r^{s-m} \mathrm{e}^{\mathrm{i}(s-m)\phi_r} |m\rangle$$

$$|-\boldsymbol{r}\rangle_s = \sum_{m=-s}^{s} \begin{pmatrix} 2s \\ s+m \end{pmatrix}^{\frac{1}{2}} K_r^{s-m} \Gamma_r^{s+m} \mathrm{e}^{\mathrm{i}(s-m)(\phi_r+\pi)} |m\rangle \qquad (9.3.5)$$

其中, $K_r^{s\pm m} = \left(\cos\dfrac{\theta_r}{2}\right)^{s\pm m}$; $\Gamma_r^{s\pm m} = \left(\sin\dfrac{\theta_r}{2}\right)^{s\pm m}$。

1. 反平行极化

分别在 $\boldsymbol{a}, \boldsymbol{b}$ 方向测两粒子自旋最大值的输出关联, 用方程 (9.1.8) 自旋 $-\dfrac{1}{2}$ 的本征态标记, 密度算符局域部分的 4 个自旋相干态矩阵元分别是

$$\left(\rho_s^{\mathrm{lc}}\right)_{11} = \sin^2\xi K_a^{4s}\Gamma_b^{4s} + \cos^2\xi \Gamma_a^{4s}K_b^{4s}$$
$$\left(\rho_s^{\mathrm{lc}}\right)_{44} = \sin^2\xi \Gamma_a^{4s}K_b^{4s} + \cos^2\xi K_a^{4s}\Gamma_b^{4s}$$
$$\left(\rho_s^{\mathrm{lc}}\right)_{22} = \sin^2\xi K_a^{4s}K_b^{4s} + \cos^2\xi \Gamma_a^{4s}\Gamma_b^{4s}$$
$$\left(\rho_s^{\mathrm{lc}}\right)_{33} = \sin^2\xi \Gamma_a^{4s}\Gamma_b^{4s} + \cos^2\xi K_a^{4s}K_b^{4s}$$

非局域部分是

$$\left(\rho_s^{\mathrm{nlc}}\right)_{11} = \left(\rho_s^{\mathrm{nlc}}\right)_{44} = \sin 2\xi K_a^{2s}\Gamma_a^{2s}K_b^{2s}\Gamma_b^{2s} \cos\left[2s\left(\phi_a - \phi_b\right) + 2\eta\right]$$
$$\left(\rho_s^{\mathrm{nlc}}\right)_{22} = \left(\rho_s^{\mathrm{nlc}}\right)_{33} = (-1)^{2s}\left(\rho_s^{\mathrm{nlc}}\right)_{11}$$

一个有兴趣的事实是, 同方向和反方向测量的非局域密度矩阵元相差一个相位因子

$$(-1)^{2s} = \exp\left(\mathrm{i}2s\pi\right)$$

由南、北极规范的自旋相干态之间的几何相因子 (9.3.5) 产生。

局域关联概率为

$$p_{\mathrm{lc}}\left(a, b\right) = \mathrm{tr}\left[\hat{\Omega}\left(a, b\right)\hat{\rho}_{\mathrm{lc}}\right] = \left(\rho_s^{\mathrm{lc}}\right)_{11} - \left(\rho_s^{\mathrm{lc}}\right)_{22} - \left(\rho_s^{\mathrm{lc}}\right)_{33} + \left(\rho_s^{\mathrm{lc}}\right)_{44}$$
$$= -\left(K_a^{4s} - \Gamma_a^{4s}\right)\left(K_b^{4s} - \Gamma_b^{4s}\right)$$

而非局域关联是

$$p_{\mathrm{nlc}}\left(a, b\right) = \mathrm{tr}\left[\hat{\Omega}\left(a, b\right)\hat{\rho}_{\mathrm{nlc}}\right] = 2\left(\rho_s^{\mathrm{nlc}}\right)_{11}\left[1 - (-1)^{2s}\right]$$

半整数自旋, 非局域关联概率变为

$$p_{\mathrm{nlc}}\left(a, b\right) = \mathrm{tr}\left[\hat{\Omega}\left(a, b\right)\hat{\rho}_{\mathrm{nlc}}\right] = 4\left(\rho_s^{\mathrm{nlc}}\right)_{11}$$
$$= 4\sin 2\xi K_a^{2s}\Gamma_a^{2s}K_b^{2s}\Gamma_b^{2s} \cos\left[2s\left(\phi_a - \phi_b\right) + 2\eta\right]$$

总的量子关联概率为

$$
\begin{aligned}
p\left(a,b\right) &= p_{\mathrm{lc}}\left(a,b\right) + p_{\mathrm{nlc}}\left(a,b\right) \\
&= -\left(K_a^{4s} - \Gamma_a^{4s}\right)\left(K_b^{4s} - \Gamma_b^{4s}\right) + 4\sin 2\xi K_a^{2s}\Gamma_a^{2s}K_b^{2s}\Gamma_b^{2s} \\
&\quad \cos\left[2s\left(\phi_a - \phi_b\right) + 2\eta\right]
\end{aligned}
$$

而整数自旋测量输出关联的非局域部分消失，量子和经典的输出关联相等。

2. 平行极化

局域部分 4 个宏观量子态矩阵元是

$$
\begin{aligned}
\left(\rho_s^{\mathrm{lc}}\right)_{11} &= \sin^2\xi K_a^{4s}K_b^{4s} + \cos^2\xi \Gamma_a^{4s}\Gamma_b^{4s} \\
\left(\rho_s^{\mathrm{lc}}\right)_{44} &= \sin^2\xi \Gamma_a^{4s}\Gamma_b^{4s} + \cos^2\xi K_a^{4s}K_b^{4s} \\
\left(\rho_s^{\mathrm{lc}}\right)_{22} &= \sin^2\xi K_a^{4s}\Gamma_b^{4s} + \cos^2\xi \Gamma_a^{4s}K_b^{4s} \\
\left(\rho_s^{\mathrm{lc}}\right)_{33} &= \sin^2\xi \Gamma_a^{4s}K_b^{4s} + \cos^2\xi K_a^{4s}\Gamma_b^{4s}
\end{aligned}
$$

非局域部分为

$$
\begin{aligned}
\left(\rho_s^{\mathrm{nlc}}\right)_{11} &= \left(\rho_s^{\mathrm{nlc}}\right)_{44} = \sin 2\xi K_a^{2s}\Gamma_a^{2s}K_b^{2s}\Gamma_b^{2s}\cos\left[2s\left(\phi_a + \phi_b\right) + 2\eta\right] \\
\left(\rho_s^{\mathrm{nlc}}\right)_{22} &= \left(\rho_s^{\mathrm{nlc}}\right)_{33} = (-1)^{2s}\left(\rho_s^{\mathrm{nlc}}\right)_{11}
\end{aligned}
$$

局域关联概率与反平行极化差一负号

$$
\begin{aligned}
p_{\mathrm{lc}}\left(a,b\right) &= \mathrm{tr}\left[\hat{\Omega}\left(a,b\right)\hat{\rho}_{\mathrm{lc}}\right] = \left(\rho_s^{\mathrm{lc}}\right)_{11} - \left(\rho_s^{\mathrm{lc}}\right)_{22} - \left(\rho_s^{\mathrm{lc}}\right)_{33} + \left(\rho_s^{\mathrm{lc}}\right)_{44} \\
&= \left(K_a^{4s} - \Gamma_a^{4s}\right)\left(K_b^{4s} - \Gamma_b^{4s}\right)
\end{aligned}
$$

非局域关联为

$$
p_{\mathrm{nlc}}\left(a,b\right) = \mathrm{tr}\left[\hat{\Omega}\left(a,b\right)\hat{\rho}_{\mathrm{nlc}}\right] = 2\left(\rho_s^{\mathrm{nlc}}\right)_{11}\left[1 - (-1)^{2s}\right]
$$

整数自旋为零, 半整数自旋是

$$
\begin{aligned}
p_{\mathrm{nlc}}\left(a,b\right) &= \mathrm{tr}\left[\hat{\Omega}\left(a,b\right)\hat{\rho}_{\mathrm{nlc}}\right] = 4\left(\rho_s^{\mathrm{nlc}}\right)_{11} \\
&= 4\sin 2\xi K_a^{2s}\Gamma_a^{2s}K_b^{2s}\Gamma_b^{2s}\cos\left[2s\left(\phi_a + \phi_b\right) + 2\eta\right]
\end{aligned}
$$

半整数自旋时，总的量子关联概率为

$$
\begin{aligned}
p\left(a,b\right) &= p_{\mathrm{lc}}\left(a,b\right) + p_{\mathrm{nlc}}\left(a,b\right) \\
&= \left(K_a^{4s} - \Gamma_a^{4s}\right)\left(K_b^{4s} - \Gamma_b^{4s}\right) + 4\sin 2\xi K_a^{2s}\Gamma_a^{2s}K_b^{2s}\Gamma_b^{2s}\cos\left[2s\left(\phi_a + \phi_b\right) + 2\eta\right]
\end{aligned}
$$

当测量局限于自旋相干态子空间，无论反平行或平行极化的 Bell 猫态，整数自旋量子关联的非局域部分都消失，非局域关联只存在于半整数自旋态，称其为自旋宇称效应, 是 Berry 相位或几何相位诱导的结果。

9.4 普适 Bell 不等式及其最大破坏

原 Bell 不等式要求总测量概率为 1，并不适用于在自旋相干态子空间的不完备测量。我们需要构建一包括不完备测量，且适用于反平行和平行极化纠缠态的普适不等式。

9.4.1 普适 Bell 不等式

对于三个随机方向 $\boldsymbol{a}, \boldsymbol{b}, \boldsymbol{c}$ 的测量输出关联，普适 Bell 不等式可以选择为

$$p_{\mathrm{lc}}(a, b)\, p_{\mathrm{lc}}(a, c) \leqslant |p_{\mathrm{lc}}(b, c)| \tag{9.4.1}$$

普适 Bell 不等式的证明

我们用隐参量经典统计证明普适 Bell 不等式 (9.4.1) 成立。任意测量方向 $\boldsymbol{r} = \boldsymbol{a}, \boldsymbol{b}, \boldsymbol{c}$, 测得两自旋之一的结果是

$$A(r, \lambda) = \pm 1$$

分别沿 $\boldsymbol{a}, \boldsymbol{b}$ 方向测量两自旋，测量输出关联则可用经典统计表示为

$$p_{\mathrm{lc}}(a, b) = \int \rho(\lambda) A(a, \lambda) B(b, \lambda) \mathrm{d}\lambda$$

其中，$\rho(\lambda)$ 为隐变量 λ 的概率密度，$\boldsymbol{a}, \boldsymbol{c}$ 方向关联的乘积是

$$p_{lc}(a, b)\, p_{lc}(a, c) = \iint \rho(\lambda)\rho(\lambda') A(a, \lambda) B(b, \lambda) A(a, \lambda') B(c, \lambda') \mathrm{d}\lambda \mathrm{d}\lambda'$$

$$= \iint \rho(\lambda)\rho(\lambda') B(b, \lambda) B(c, \lambda') \mathrm{d}\lambda \mathrm{d}\lambda'$$

根据纠缠态的隐参数假设，反平行和平行自旋极化的两自旋测量输出分别满足条件

$$B(r, \lambda) = \mp A(r, \lambda)$$

因此

$$p_{lc}(a, b)\, p_{lc}(a, c) = \mp \iint \rho(\lambda)\rho(\lambda') A(b, \lambda) B(c, \lambda') \mathrm{d}\lambda \mathrm{d}\lambda'$$

$$\equiv \mp \langle A(b) \rangle \langle B(c) \rangle \leqslant |\langle A(b) \rangle \langle B(c) \rangle|$$

定义经典测量偏差

$$\Delta A(b) = A(b) - \langle A(b) \rangle$$
$$\Delta B(c) = B(c) - \langle B(c) \rangle$$

由测量偏差乘积的平均值

$$\langle \Delta A(b)\Delta B(c)\rangle = \langle A(b)B(c)\rangle - \langle A(b)\rangle \langle B(c)\rangle$$

有

$$|\langle A(b)\rangle \langle B(c)\rangle| = |\langle A(b)B(c)\rangle - \langle \Delta A(b)\Delta B(c)\rangle|$$

对于自旋测量，$\Delta A(b)\Delta B(c)$ 和 $A(b)B(c)$ 符号相同，且

$$|\langle A(b)B(c)\rangle| \geqslant |\langle \Delta A(b)\Delta B(c)\rangle|$$

因此

$$p_{lc}(a,b)\, p_{lc}(a,c) \leqslant |\langle A(b)\rangle \langle B(c)\rangle|$$
$$\leqslant |\langle A(b)B(c)\rangle| = |p_{lc}(b,c)|$$

普适 Bell 不等式 (9.4.1) 成立。它适用于反平行 $(A(r,\lambda) = -B(r,\lambda))$ 和平行 $(A(r,\lambda) = B(r,\lambda))$ 自旋极化纠缠态。若局限于自旋相干态子空间测量，测量态的总概率小于等于 1

$$\int \rho(\lambda)\mathrm{d}\lambda \leqslant 1$$

等号仅当 $s = \dfrac{1}{2}$ 时成立。

9.4.2　不等式的最大破坏

为得出普适 Bell 不等式的最大破坏值，我们定义关联概率差

$$p_s = p(a,b)\, p(a,c) - |p(b,c)| \tag{9.4.2}$$

普适 Bell 不等式变为

$$p_s^{\mathrm{lc}} \leqslant 0 \tag{9.4.3}$$

当观测到 $p_s > 0$，则不等式被破坏。

1. 自旋 $-\dfrac{1}{2}$

这一普适不等式适用任意半整数自旋 $-s$ 反平行和平行极化 Bell 猫态，测量输出量子关联概率可统一表示为

$$p(a,b) = \mp \left(K_a^{4s} - \varGamma_a^{4s}\right)\left(K_b^{4s} - \varGamma_b^{4s}\right) + 4\sin 2\xi\, K_a^{2s}\varGamma_a^{2s}K_b^{2s}\varGamma_b^{2s}\cos\left[2s\left(\phi_a \mp \phi_b\right) + 2\eta\right] \tag{9.4.4}$$

作为其正确性的验证, 当 $s = \dfrac{1}{2}$, 量子关联概率变为熟知的表达式

$$p(a,b) = p_{\mathrm{lc}}(a,b) + \sin 2\xi \sin\theta_a \sin\theta_b \cos\left[(\phi_a \mp \phi_b) + 2\eta\right]$$

局域部分是

$$p_{\mathrm{lc}}(a,b) = \mp\cos\theta_a \cos\theta_b$$

在 $\boldsymbol{a}, \boldsymbol{b}, \boldsymbol{c}$ 三方向分别测量两自旋, 方程 (9.4.2) 定义的概率差局域部分则是

$$
\begin{aligned}
p_{\frac{1}{2}}^{\mathrm{lc}} &= p_{\mathrm{lc}}(a,b)\, p_{\mathrm{lc}}(a,c) - \left|p_{\mathrm{lc}}(b,c)\right| \\
&= (\mp\cos\theta_a \cos\theta_b)(\mp\cos\theta_a \cos\theta_c) - |\mp\cos\theta_b \cos\theta_c| \\
&= \cos^2\theta_a \cos\theta_b \cos\theta_c - |\cos\theta_b \cos\theta_c|
\end{aligned}
$$

显然, 普适不等式 (9.4.3) 成立, 即

$$p_{\frac{1}{2}}^{\mathrm{lc}} \leqslant 0$$

下面我们分析非局域关联引起的不等式最大破坏, 反平行极化 Bell 猫态的量子关联概率是

$$p(a,b) = -\cos\theta_a \cos\theta_b + \sin 2\xi \sin\theta_a \sin\theta_b \cos\left[(\phi_a - \phi_b) + 2\eta\right]$$

由于极化角 θ 取值范围: $0 \leqslant \theta \leqslant \pi$, 所以 $\sin\theta \geqslant 0$。普适 Bell 不等式的最大破坏值满足下面的不等式:

$$
\begin{aligned}
p_{\frac{1}{2}} =\,& p(a,b)\, p(a,c) - |p(b,c)| \\
=\,& \Big\{ \left[-\cos\theta_a \cos\theta_b + \sin 2\xi \sin\theta_a \sin\theta_b \cos(\phi_a - \phi_b + 2\eta)\right] \\
& \cdot \left[-\cos\theta_a \cos\theta_c + \sin 2\xi \sin\theta_a \sin\theta_c \cos(\phi_a - \phi_c + 2\eta)\right] \Big\} \\
& - \left|-\cos\theta_b \cos\theta_c + \sin 2\xi \sin\theta_b \sin\theta_c \cos(\phi_b - \phi_c + 2\eta)\right| \\
=\,& \cos(\theta_a + \theta_b)\cos(\theta_a + \theta_c) \leqslant 1
\end{aligned}
$$

当三个测量方向都与自旋初始极化方向垂直, 即极化角 $\theta_a = \theta_b = \theta_c = \pi/2$ 时, 可达最大破坏值 $+1$, 这时输出关联概率差变为

$$p_{\frac{1}{2}} = \left[\sin 2\xi \cos(\phi_a - \phi_b + 2\eta)\right]\left[\sin 2\xi \cos(\phi_a - \phi_c + 2\eta)\right] - \left|\sin 2\xi \cos(\phi_b - \phi_c + 2\eta)\right|$$

取纠缠态角参数 $\xi = \eta = \pi/4 \bmod 2\pi$，则有

$$p_{\frac{1}{2}} = \left[\cos\left(\phi_a - \phi_b + \frac{\pi}{2}\right)\right]\left[\cos\left(\phi_a - \phi_c + \frac{\pi}{2}\right)\right] - \left|\cos\left(\phi_b - \phi_c + \frac{\pi}{2}\right)\right|$$

$$= \sin(\phi_a - \phi_b)\sin(\phi_a - \phi_c) - |\sin(\phi_b - \phi_c)|$$

当三个测量方位角分别选为 $\phi_a = \pi/2, \phi_b = \phi_c = 0$ 时，有最大破坏值

$$p_{\frac{1}{2}}^{\max} = 1$$

能产生不等式最大破坏两自旋纠缠态是

$$|\psi\rangle = \frac{1}{\sqrt{2}}\left(e^{i\frac{\pi}{4}}\left|+\frac{1}{2}, -\frac{1}{2}\right\rangle + e^{-i\frac{\pi}{4}}\left|-\frac{1}{2}, +\frac{1}{2}\right\rangle\right)$$

三个测量方向 $\boldsymbol{a}, \boldsymbol{b}, \boldsymbol{c}$ 垂直于纠缠自旋的极化方向，$\boldsymbol{a}$ 沿着 y 轴正方向，$\boldsymbol{b}, \boldsymbol{c}$ 沿着 x 轴正方向。

自旋 $-\frac{1}{2}$ 的平行极化 Bell 猫态的量子关联概率为

$$p(a, b) = \cos\theta_a \cos\theta_b + \sin 2\xi \sin\theta_a \sin\theta_b \cos[(\phi_a + \phi_b) + 2\eta]$$

可以证明

$$\begin{aligned} p_{\frac{1}{2}} = &p(a, b)p(a, c) - |p(b, c)| \\ = &\Big\{ [\cos\theta_a \cos\theta_b + \sin 2\xi \sin\theta_a \sin\theta_b \cos(\phi_a + \phi_b + 2\eta)] \\ &\cdot [\cos\theta_a \cos\theta_c + \sin 2\xi \sin\theta_a \sin\theta_c \cos(\phi_a + \phi_c + 2\eta)] \Big\} \\ &- |\cos\theta_b \cos\theta_c + \sin 2\xi \sin\theta_b \sin\theta_c \cos(\phi_b + \phi_c + 2\eta)| \\ \leqslant &(\cos\theta_a \cos\theta_b + \sin\theta_a \sin\theta_b)(\cos\theta_a \cos\theta_c + \sin\theta_a \sin\theta_c) \\ = &\cos(\theta_a - \theta_b)\cos(\theta_a - \theta_c) \leqslant 1 \end{aligned}$$

当测量方向极化角为 $\theta_a = \theta_b = \theta_c = \pi/2$，纠缠态角参数选 $\xi = \eta = \pi/4 \bmod 2\pi$ 时，关联概率差可化为

$$p_{\frac{1}{2}} = \cos\left(\phi_a + \phi_b + \frac{\pi}{2}\right)\cos\left(\phi_a + \phi_c + \frac{\pi}{2}\right) - \left|\cos\left(\phi_b + \phi_c + \frac{\pi}{2}\right)\right|$$

$$= \sin(\phi_a + \phi_b)\sin(\phi_a + \phi_c) - |\sin(\phi_b + \phi_c)|$$

三个测量方向的方位角 $\phi_a = \pi/2, \phi_b = \phi_c = 0$ 时，达到最大破坏 $p_{\frac{1}{2}}^{\max} = 1$。产生最大破坏的纠缠态为

$$|\psi\rangle = \frac{1}{\sqrt{2}}\left(e^{i\frac{\pi}{4}}\left|+\frac{1}{2}, +\frac{1}{2}\right\rangle + e^{-i\frac{\pi}{4}}\left|-\frac{1}{2}, -\frac{1}{2}\right\rangle\right)$$

2. 任意半整数自旋 $-s$

对于任意半整数自旋 $-s$，从反平行和平行极化的 Bell 猫态的量子关联概率 (9.4.4) 可求得普适 Bell 不等式的最大破坏，由 $s = \dfrac{1}{2}$ 的特例知道，当三个测量方向 $\boldsymbol{a}, \boldsymbol{b}, \boldsymbol{c}$ 垂直于纠缠态自旋极化的方向时有最大破坏值，即 $\theta_a = \theta_b = \theta_c = \pi/2$，因而 $K_r^{4s} - \varGamma_r^{4s} = 0$，量子关联方程 (9.4.4) 三角函数变为一数字因子

$$4K_a^{2s}\varGamma_a^{2s}K_b^{2s}\varGamma_b^{2s} = 4\left(\frac{1}{(\sqrt{2})^4}\right)^{2s} = 2^{-2(2s-1)}$$

相应的量子关联概率是

$$p(a,b) = 2^{-2(2s-1)}\sin 2\xi \cos\left[2s\left(\phi_a \mp \phi_b\right) + 2\eta\right]$$
$$p(a,c) = 2^{-2(2s-1)}\sin 2\xi \cos\left[2s\left(\phi_a \mp \phi_c\right) + 2\eta\right]$$
$$p(b,c) = 2^{-2(2s-1)}\sin 2\xi \cos\left[2s\left(\phi_b \mp \phi_c\right) + 2\eta\right]$$

数字因子 $2^{-2(2s-1)}$ 使量子关联概率随自旋 s 增大而衰减，因为测量仅仅局限于 4 个自旋相干态子空间，然而整个 Hilbert 空间的维度为 $(2s+1)^2$。我们考虑相对关联概率

$$p_{\mathrm{rl}}(a,b) = \frac{p(a,b)}{N}$$

其中，N 表示 4 个自旋相干态的总概率

$$N = \sum_{i=1}^{4} |\langle i/\psi\rangle|^2 = \sum_{i=1}^{4} (\rho_s)_{ii}$$

半整数自旋，反平行和平行自旋极化都能得到总概率值正好是相同的概率因子

$$N = 2^{-2(2s-1)}$$

所以相对关联概率为

$$p_{\mathrm{rl}}(a,b) = \sin 2\xi \cos\left[2s\left(\phi_a \mp \phi_b\right) + 2\eta\right]$$

下面我们只考虑相对关联概率，为简洁，把公式中的下标 "rl" 略去。量子关联概率差为

$$\begin{aligned}
p_s =& p(a,b)p(a,c) - |p(b,c)| \\
=& \{\sin 2\xi \cos\left[2s\left(\phi_a \mp \phi_b\right) + 2\eta\right]\}\{\sin 2\xi \cos\left[2s\left(\phi_a \mp \phi_c\right) + 2\eta\right]\} \\
& - |\sin 2\xi \cos\left[2s\left(\phi_b \mp \phi_c\right) + 2\eta\right]|
\end{aligned}$$

选纠缠态角参数 $\xi = \eta = \pi/4 \bmod 2\pi$，则有

$$p_s = \{\cos\left[2s\left(\phi_a \mp \phi_b\right) + \pi/2\right]\}\left(\cos\left[2s\left(\phi_a \mp \phi_c\right) + \pi/2\right]\right)$$
$$- \left|\cos\left[2s\left(\phi_b \mp \phi_c\right) + \pi/2\right]\right|$$
$$= \sin\left[2s\left(\phi_a \mp \phi_b\right)\right]\sin\left[2s\left(\phi_a \mp \phi_c\right)\right] - \left|\sin\left[2s\left(\phi_b \mp \phi_c\right)\right]\right|$$

两测量方向的方位角相等, 设为 $\phi_b = \phi_c = 0$,

$$p_s = \sin^2\left[2s\left(\phi_a\right)\right]$$

第三个方向的方位与前二者垂直, $\phi_a = \pi/2$ 或 $\phi_a = 3\pi/2$, 得到最大破坏

$$p_s^{\max} = 1$$

可产生最大破坏的反平行和平行自旋极化的 Bell 猫态分别是

$$|\psi\rangle = \frac{1}{\sqrt{2}}\left(\mathrm{e}^{\mathrm{i}\frac{\pi}{4}}\left|+s, -s\right\rangle + \mathrm{e}^{-\mathrm{i}\frac{\pi}{4}}\left|-s, +s\right\rangle\right)$$

$$|\psi\rangle = \frac{1}{\sqrt{2}}\left(\mathrm{e}^{\mathrm{i}\frac{\pi}{4}}\left|+s, +s\right\rangle + \mathrm{e}^{-\mathrm{i}\frac{\pi}{4}}\left|-s, -s\right\rangle\right)$$

普适 Bell 不等式的破坏是南、北极规范自旋相干态非平庸 Berry 相位的结果, 而整数自旋只有平庸的几何相位。人们普遍认为存在两种类型的非局域性, 一是量子相位效应, 如 Aharonov-Bohm 效应和 Berry 相位, 二是纠缠态 Bell 不等式的破坏。普适 Bell 不等式的破坏和 Berry 相位之间的联系是一个值得关注的发现。

9.5　Bell 不等式破坏的物理解释

测量输出关联的量子概率统计可把 Bell 不等式及其破坏纳入统一的理论框架, 得到各类不等式最大破坏的定量上限, 实现最大破坏的纠缠态参数和测量方向。态密度算符可分为局域和非局域两部分, 局域部分对应经典概率态, 给出 Bell 不等式, 而非局域部分是量子相干。用形象的语言, 两猫纠缠态, 每只猫有 "死" 和 "活" 两个态, 经典概率态的隐参数是指一只猫的 "死态" 必然对应另一猫的 "活态"(自旋反平行极化), 而 "死" 和 "活" 态之间无关联, 不能互相转换; 用态密度算符的语言, 湮灭一 "活"("死") 猫态只能产生一同样的 "活"("死") 猫态

$$\hat{\rho}_{\mathrm{lc}} = \sin^2\xi\left|+, -\right\rangle\left\langle+, -\right| + \cos^2\xi\left|-, +\right\rangle\left\langle-, +\right| \tag{9.5.1}$$

非局域部分给出了纠缠态两分量间的量子相干, 与经典的区别在于每个猫的 "活" 和 "死" 态之间有关联, 可相互转换, 湮灭一只猫的 "活"("死") 态可产生同一猫

的 "死"("活") 态

$$\hat{\rho}_{\mathrm{nlc}} = \sin \xi \cos \xi \left(\mathrm{e}^{2\mathrm{i}\eta} |+, -\rangle \langle -, +| + \mathrm{e}^{-2\mathrm{i}\eta} |-, +\rangle \langle +, -| \right) \tag{9.5.2}$$

存在一量子隐参数描述两猫 "死""活" 态间转换的关联,例如反平行极化纠缠态,一只猫由 "死"("活") 态转换为 "活"("死") 态必然对应于另一猫由 "活"("死") 转换为 "死"("活") 态。Bell 不等式的破坏是标准的相干态量子概率统计结果,两粒子测量输出都是随机,且相互独立的,纠缠态的两粒子间无需神秘的超距相互作用,也不存在任何信息交换。不等式破坏是量子态相干性的必然结果,依赖于纠缠态系数和测量方向。

而对于任意自旋 $-s$ $\left(s \text{ 不等于 } \dfrac{1}{2} \right)$ 的 Bell 猫态,不等式全量子统计无破坏,是量子概率平均的结果。而测量限于自旋相干态子空间的自旋宇称效应可能与拓扑有关,是有待深入探讨的问题。

9.6 多体 Bell 猫态及不等式最大破坏 [8]

本节把两体 Bell 猫态及普适 Bell 不等式推广到多体,并用自旋相干态量子概率统计研究不等式的最大破坏。多粒子非局域关联在凝聚态相变和临界特性研究中起着重要作用,在量子信息论中也有重要应用。我们提出一适用于多粒子 Bell 猫态的局域性理论不等式,研究非局域关联导致的不等式最大破坏,发现不等式破坏的自旋宇称效应和粒子数宇称效应。

9.6.1 N 粒子 Bell 猫态和普适不等式

考虑 N 粒子自旋 $-s$ 纠缠态,即 Bell 猫态

$$|\psi\rangle = c_1 |+s\rangle^{\otimes n} + c_2 |-s\rangle^{\otimes n} \tag{9.6.1}$$

归一化系数仍参数化为 $c_1 = \mathrm{e}^{\mathrm{i}\eta} \sin \xi, c_2 = \mathrm{e}^{-\mathrm{i}\eta} \cos \xi$。态密度算符 $\hat{\rho} = \hat{\rho}_{lc} + \hat{\rho}_{nlc}$ 的局域部分为

$$\hat{\rho}_{lc} = \sin^2 \xi |+s\rangle^{\otimes n} \langle +s|^{\otimes n} + \cos^2 \xi |-s\rangle^{\otimes n} \langle -s|^{\otimes n}$$

非局域部分是

$$\hat{\rho}_{nlc} = \sin \xi \cos \xi \left(\mathrm{e}^{2\mathrm{i}\eta} |+s\rangle^{\otimes n} \langle -s|^{\otimes n} + \mathrm{e}^{-2\mathrm{i}\eta} |-s\rangle^{\otimes n} \langle +s|^{\otimes n} \right)$$

根据两体 Bell 不等式，n 个观测者分别沿 n 任意方向 $a_1, a_2, \cdots, a_n$ 测量，得到的测量结果关联概率也可分为局域和非局域部分

$$p(a_1, a_2, \cdots, a_n) = \frac{1}{s^n} \mathrm{tr} \left[\hat{\rho} \hat{\Omega}(a_1, a_2, \cdots, a_n) \right]$$
$$= p_{lc}(a_1, a_2, \cdots, a_n) + p_{nlc}(a_1, a_2, \cdots, a_n)$$

其中，$\hat{\Omega}(a_1, a_2, \cdots, a_n) = (\hat{s} \cdot a_1) \otimes (\hat{s} \cdot a_2) \otimes \cdots \otimes (\hat{s} \cdot a_n)$，是测量方向的 n 粒子自旋关联算符。两粒子纠缠态普适贝尔不等式可被直接扩展到 n 粒子纠缠态

$$p_{lc}(a_1, a_2, \cdots, a_n) \, p_{lc}(a_2, a_3, \cdots, a_{n+1}) \, p_{lc}(a_3, a_4, \cdots, a_{n+2})$$
$$\times \cdots \times p_{lc}(a_n, a_{n+1}, \cdots, a_{2n-1})$$
$$\leqslant |p_{lc}(a_1, a_3, \cdots, a_{2n-1})| \tag{9.6.2}$$

需要 $2n - 1$ 个独立测量方向，不等式的证明见本章附录。

9.6.2　N 粒子自旋 1/2 纠缠态不等式的最大破坏、粒子数宇称效应

$N = 3$

首先考虑一简单例子，三粒子自旋 1/2 纠缠态，即 $s = 1/2, n = 3$。态密度算符的局域部分是

$$\hat{\rho}_{lc} = \sin^2 \xi \, |+, +, +\rangle \langle +, +, +| + \cos^2 \xi \, |-, -, -\rangle \langle -, -, -|$$

非局域部分

$$\hat{\rho}_{nlc} = \sin \xi \cos \xi \left(\mathrm{e}^{2i\eta} \, |+, +, +\rangle \langle -, -, -| + \mathrm{e}^{-2i\eta} \, |-, -, -\rangle \langle +, +, +| \right)$$

三个观测者分别沿任意方向 a_1, a_2, a_3 测量三粒子自旋，每个粒子的自旋测量值必定是自旋投影算符 $\hat{s} \cdot r \, (r = a_1, a_2, a_3)$ 的本征值，也就是

$$\hat{s} \cdot r \, |\pm r\rangle = \pm 1/2 \, |\pm r\rangle$$

本征态 $|\pm r\rangle$ 即 (9.1.7) 式给出的自旋相干态。总共有 8 个独立的测量输出基矢，标记为

$$|1\rangle = |+a_1, +a_2, +a_3\rangle, \quad |2\rangle = |+a_1, -a_2, -a_3\rangle$$
$$|3\rangle = |-a_1, +a_2, -a_3\rangle, \quad |4\rangle = |-a_1, -a_2, +a_3\rangle$$
$$|5\rangle = |+a_1, +a_2, -a_3\rangle, \quad |6\rangle = |+a_1, -a_2, +a_3\rangle$$
$$|7\rangle = |-a_1, +a_2, +a_3\rangle, \quad |8\rangle = |-a_1, -a_2, -a_3\rangle$$

它们是关联算符的本征态,

$$\hat{\Omega}(a_1, a_2, a_3)|i\rangle = \pm(1/2)^3|i\rangle$$

正负号分别对应 $i = 1, 2, 3, 4$ 和 $i = 5, 6, 7, 8$ 测量输出态。归一化关联概率

$$p(a_1, a_2, a_3) = \sum_{i=1}^{4} \rho_{ii} - \sum_{i=5}^{8} \rho_{ii} \tag{9.6.3}$$

其中密度算符的局域矩阵元是

$$\rho_{11}^{lc} = \sin^2 \xi \prod_{i=1}^{3} K_{a_i}^2 + \cos^2 \xi \prod_{i=1}^{3} \Gamma_{a_i}^2$$

$$\rho_{22}^{lc} = \sin^2 \xi K_{a_1}^2 \Gamma_{a_2}^2 \Gamma_{a_3}^2 + \cos^2 \xi \Gamma_{a_1}^2 K_{a_2}^2 K_{a_3}^2$$

$$\rho_{33}^{lc} = \sin^2 \xi \Gamma_{a_1}^2 K_{a_2}^2 \Gamma_{a_3}^2 + \cos^2 \xi K_{a_1}^2 \Gamma_{a_2}^2 K_{a_3}^2$$

$$\rho_{44}^{lc} = \sin^2 \xi \Gamma_{a_1}^2 \Gamma_{a_2}^2 K_{a_3}^2 + \cos^2 \xi K_{a_1}^2 K_{a_2}^2 \Gamma_{a_3}^2$$

$$\rho_{55}^{lc} = \sin^2 \xi K_{a_1}^2 K_{a_2}^2 \Gamma_{a_3}^2 + \cos^2 \xi \Gamma_{a_1}^2 \Gamma_{a_2}^2 K_{a_3}^2$$

$$\rho_{66}^{lc} = \sin^2 \xi K_{a_1}^2 \Gamma_{a_2}^2 K_{a_3}^2 + \cos^2 \xi \Gamma_{a_1}^2 K_{a_2}^2 \Gamma_{a_3}^2$$

$$\rho_{77}^{lc} = \sin^2 \xi \Gamma_{a_1}^2 K_{a_2}^2 K_{a_3}^2 + \cos^2 \xi K_{a_1}^2 \Gamma_{a_2}^2 \Gamma_{a_3}^2$$

$$\rho_{88}^{lc} = \sin^2 \xi \prod_{i=1}^{3} \Gamma_{a_i}^2 + \cos^2 \xi \prod_{i=1}^{3} K_{a_i}^2 \tag{9.6.4}$$

其中, $K_r = \cos(\theta_r/2), \Gamma_r = \sin(\theta_r/2)$。用关联概率的局域部分

$$p_{lc}(a_1, a_2, a_3) = -\cos(2\xi) \prod_{i=1}^{3} \cos \theta_{a_i}$$

很容易证明普适不等式 (9.6.3) 成立 $(n = 3)$,

$$p_{lc}(a_1, a_2, a_3)\, p_{lc}(a_2, a_3, a_4)\, p_{lc}(a_3, a_4, a_5)$$

$$= \cos^2(2\xi) \left(\prod_{i=2}^{4} \cos^2 \theta_{a_i}\right) p_{lc}(a_1, a_3, a_5)$$

$$\leqslant |p_{lc}(a_1, a_3, a_5)|$$

密度算符的非局域矩阵元是

$$\rho_{11}^{nlc} = \frac{1}{2^3} \sin(2\xi) \left(\prod_{i=1}^{3} \sin \theta_{a_i}\right) \cos\left(\sum_{i=1}^{3} \phi_{a_i} + 2\eta\right) \tag{9.6.5}$$

其他 7 个矩阵元中的第 $i = 2, 3, 4$ 和第一个相等

$$\rho_{ii}^{nlc} = \rho_{11}^{nlc}$$

而第 $j = 5, 6, 7, 8$ 则差一符号

$$\rho_{jj}^{nlc} = -\rho_{11}^{nlc}$$

因而，非局域部分的关联概率为

$$p_{nlc}(a_1, a_2, a_3) = \sin(2\xi)\left(\prod_{i=1}^{3}\sin\theta_{a_i}\right)\cos\left(\sum_{i=1}^{3}\phi_{a_i} + 2\eta\right) \tag{9.6.6}$$

归一化量子关联概率由 (9.6.3) 式计算得到。定义量子关联概率差

$$p_{GB} = p(a_1, a_2, a_3)\, p(a_2, a_3, a_4)\, p(a_3, a_4, a_5) - |p(a_1, a_3, a_5)| \tag{9.6.7}$$

经典局域理论满足的不等式是

$$p_{GB}^{lc} \leqslant 0 \tag{9.6.8}$$

测量得到的 p_{GB} 任何正值都表明了不等式的破坏。最大破坏出现在极化角为 $\theta_{a_1} = \theta_{a_2} = \theta_{a_3} = \pi/2$ 时，此时局域部分关联消失。当态参数取 $\xi = \eta = \pi/4$ 且测量方位角分别设置为 $\phi_{a_{2i+1}} = 0\ (i = 0, 1, 2)$，$\phi_{a_2} = \phi_{a_4} = 3\pi/4$ 时，可以获得最大破坏

$$p_{GB}^{\max} = 1/2$$

$N = 4$

在任意 4 个方向 a_1, a_2, a_3, a_4 分别测量四粒子自旋，有 16 个独立的测量输出基矢，

$$
\begin{aligned}
&|1\rangle = |+a_1, +a_2, +a_3, +a_4\rangle, &&|2\rangle = |+a_1, +a_2, -a_3, -a_4\rangle \\
&|3\rangle = |+a_1, -a_2, +a_3, -a_4\rangle, &&|4\rangle = |+a_1, -a_2, -a_3, +a_4\rangle \\
&|5\rangle = |-a_1, +a_2, +a_3, -a_4\rangle, &&|6\rangle = |-a_1, +a_2, -a_3, +a_4\rangle \\
&|7\rangle = |-a_1, -a_2, +a_3, +a_4\rangle, &&|8\rangle = |-a_1, -a_2, -a_3, -a_4\rangle \\
&|9\rangle = |+a_1, +a_2, +a_3, -a_4\rangle, &&|10\rangle = |+a_1, +a_2, -a_3, +a_4\rangle \\
&|11\rangle = |+a_1, -a_2, +a_3, +a_4\rangle, &&|12\rangle = |+a_1, -a_2, -a_3, -a_4\rangle \\
&|13\rangle = |-a_1, +a_2, +a_3, +a_4\rangle, &&|14\rangle = |-a_1, +a_2, -a_3, -a_4\rangle \\
&|15\rangle = |-a_1, -a_2, +a_3, -a_4\rangle, &&|16\rangle = |-a_1, -a_2, -a_3, +a_4\rangle
\end{aligned}
$$

都是自旋关联算符的本征态，本征值是 $\pm(1/2)^4$，正负号分别对应第 1~8 和 9~16 测量输出基矢。基于类似计算可得到局域关联概率，证明不等式 (9.6.6) 成立。用包括了非局域关联的量子关联，可得到不等式的最大破坏值

$$p_{GB}^{\max} = 1$$

大于三粒子纠缠态的最大破坏值 1/2。我们下面研究任意多粒子纠缠的情况，看最大破坏值和粒子数的关系。

任意 N

n 个粒子的局域关联概率为

$$p_{lc}(a_1, a_2, \cdots, a_n) = \sum_{i=1}^{2^{n-1}} \rho_{ii}^{lc} - \sum_{i=2^{n-1}+1}^{2^n} \rho_{ii}^{lc} \tag{9.6.9}$$

奇数 n 时 (9.6.9) 式为

$$p_{lc}(a_1, a_2, \cdots, a_n) = -\cos(2\xi) \prod_{i=1}^{n} \cos\theta_{a_i} \tag{9.6.10}$$

偶数 n 时则是

$$p_{lc}(a_1, a_2, \cdots, a_n) = \prod_{i=1}^{n} \cos\theta_{a_i} \tag{9.6.11}$$

n 为奇数时，归一化局域关联概率给出不等式

$$p_{lc}(a_1, a_2, \cdots, a_n) \, p_{lc}(a_2, a_3, \cdots, a_{n+1}) \times \cdots \times p_{lc}(a_n, a_{n+1}, \cdots, a_{2n-1})$$

$$= \cos^{n-1}(2\xi) \prod_{i=2}^{n+1} \cos^2\theta_{a_i} \prod_{i=4}^{n+3} \cos^2\theta_{a_i} \prod_{i=6}^{n+5} \cos^2\theta_{a_i}$$

$$\times \cdots \times \prod_{i=n-1}^{2n-2} \cos^2\theta_{a_i} p_{lc}(a_1, a_3, \cdots, a_{2n-1})$$

$$\leqslant |p_{lc}(a_1, a_3, \cdots, a_{2n-1})|$$

非局域关联概率是

$$p_{nlc}(a_1, a_2, \cdots, a_n) = \sin(2\xi) \left(\prod_{i=1}^{n} \sin\theta_{a_i} \right) \cos\left(\sum_{i=1}^{n} \phi_{a_i} + 2\eta \right) \tag{9.6.12}$$

量子关联概率是二者之和。极化角 $\theta_{a_i} = \pi/2$ 和态参数 $\xi = \eta = \pi/4 \bmod 2\pi$，量子关联概率约化为

$$p(a_1, a_2, \cdots, a_n) = -\sin\left(\sum_{i=1}^{n} \phi_{a_i} \right) \tag{9.6.13}$$

当 $\phi_{a_{2i-1}} = 0 \ (i = 1, 2, \cdots, n)$ 时，(9.6.5) 式定义的量子关联概率差变为

$$
p_{GB} = -\sin\left(\sum_{i=1}^{(n-1)/2} \phi_{a_{2i}}\right) \sin\left(\sum_{i=1}^{(n+1)/2} \phi_{a_{2i}}\right) \sin\left(\sum_{i=2<n-1}^{(n+1)/2} \phi_{a_{2i}}\right)
$$

$$
\times \sin\left(\sum_{i=2<n-1}^{(n+3)/2} \phi_{a_{2i}}\right) \sin\left(\sum_{i=3<n-1}^{(n+3)/2} \phi_{a_{2i}}\right) \sin\left(\sum_{i=3<n-1}^{(n+5)/2} \phi_{a_{2i}}\right)
$$

$$
\times \cdots \times \sin\left(\sum_{i=(n+1)/2}^{n-1} \phi_{a_{2i}}\right)
$$

除 $i = (n \pm 1)/2$ 外，取所有其他方位角 $\phi_{a_{2i-1}} = 0$，而 $\phi_{a_{n-1}} = \phi_{a_{n+1}} = 3\pi/4$ 时，关联概率差达到最大破坏极限值

$$
p_{GB}^{\max} = -\sin\phi_{a_{n-1}} \sin\phi_{a_{n+1}} \sin^{n-2}\left(\phi_{a_{n-1}} + \phi_{a_{n+1}}\right) = 1/2 \tag{9.6.14}
$$

n 为偶数时，归一化局域关联概率给出不等式

$$
p_{lc}(a_1, a_2, \cdots, a_n) \, p_{lc}(a_2, a_3, \cdots, a_{n+1}) \times \cdots \times p_{lc}(a_n, a_{n+1}, \cdots, a_{2n-1})
$$

$$
= \prod_{i=1}^{n} \cos\theta_{a_i} \prod_{i=2}^{n+1} \cos\theta_{a_i} \prod_{i=3}^{n+2} \cos\theta_{a_i} \cdots \prod_{i=n}^{2n-1} \cos\theta_{a_i}
$$

$$
= \prod_{i=2}^{n} \cos^2\theta_{a_i} \prod_{i=4}^{n+2} \cos^2\theta_{a_i} \prod_{i=6}^{n+4} \cos^2\theta_{a_i} \cdots \prod_{i=n}^{2n-2} \cos^2\theta_{a_i}
$$

$$
\times \cdots \times p_{lc}(a_1, a_3, \cdots, a_{2n-1})
$$

$$
\leqslant |p_{lc}(a_1, a_3, \cdots, a_{2n-1})|
$$

非局域部分关联概率与奇数 n 时的 (9.6.10) 式相同，态参数值为 $\xi = \eta = \pi/4 \mod 2\pi$ 和测量方向的极化角为 $\theta_{a_i} = \pi/2$ 时，量子关联概率即 (9.6.11) 式。当 $\phi_{a_i} = 0$ $(i = 1, 3, 5, \cdots, 2n-1)$ 时，量子关联概率差变为

$$
p_{GB} = \sin^2\left(\sum_{i=1}^{n/2} \phi_{a_{2i}}\right) \sin^2\left(\sum_{i=2}^{n/2+1} \phi_{a_{2i}}\right) \sin^2\left(\sum_{i=3}^{n/2+2} \phi_{a_{2i}}\right) \cdots \sin^2\left(\sum_{i=n/2}^{n-1} \phi_{a_{2i}}\right)
$$

$$
\tag{9.6.15}
$$

进而选取 $\phi_{a_{2i}} = \pi/n \ (i = 1, 2, 3, \cdots, n-1)$，最大破坏值 $p_{GB}^{\max} = 1$。

对于 n 粒子自旋 $-1/2$ 纠缠态，局域关联导致普适不等式，而非局域关联引起不等式破坏。奇数 n 时，最大破坏值 $p_{GB}^{\max}$ 是 $1/2$，偶数 n 时是 1。$2n-1$ 个测量方向皆垂直于自旋极化 (z 轴) 是发生最大破坏的必要条件，偶数 n 的最大

破坏取决于 $n/2$ 方位角 $\phi_{a_{2i}}$，最大破坏值 $p_{GB}^{\max} = 1$，奇数 n 的最大破坏是 $1/2$，这一粒子数宇称效应也许在量子信息中有用。

9.6.3 N 粒子自旋 $-s$ Bell 猫态不等式的最大破坏、自旋宇称效应

自旋关联算符在自旋 $-s$ Bell 猫态的量子概率平均为零，Bell 不等式恒成立。如果测量输出限制在自旋相干态子空间，即只测量最大自旋值 $\pm s$，不等式仍可被破坏。我们用自旋相干态量子概率统计讨论破坏的极限值。

1. 三粒子自旋 $-s$ Bell 猫态

考虑三粒子自旋 $-s$ Bell 猫态，用已经给出的自旋投影算符 $\hat{s}{\cdot}r(r = a_1, a_2, a_3)$ 自旋相干态表达式，和测量输出基矢排序标记可得到局域关联概率

$$p_{lc}(a_1, a_2, a_3) = s^3 \left(\sum_{i=1}^{4} \rho_{ii}^{lc} - \sum_{i=5}^{8} \rho_{ii}^{lc} \right)$$

局域密度算符的矩阵元与 (9.6.4) 形式相同，需要把 K 和 Γ 的指数 "2" 替换成 "$4s$"，例如第一项变为

$$\rho_{11}^{lc} = \sin^2 \xi \prod_{i=1}^{3} K_{a_i}^{4s} + \cos^2 \xi \prod_{i=1}^{3} \Gamma_{a_i}^{4s}$$

局域关联概率为

$$p_{lc}(a_1, a_2, a_3) = \frac{P_{lc}}{s^3} = -\cos(2\xi) \prod_{i=1}^{3} \left(K_{a_i}^{4s} - \Gamma_{a_i}^{4s} \right) \tag{9.6.16}$$

容易证明不等式成立，

$$p_{lc}(a_1, a_2, a_3)\, p_{lc}(a_2, a_3, a_4)\, p_{lc}(a_3, a_4, a_5)$$
$$\leqslant -\cos(2\xi) \left(K_{a_1}^{4s} - \Gamma_{a_1}^{4s} \right) \left(K_{a_3}^{4s} - \Gamma_{a_3}^{4s} \right) \left(K_{a_5}^{4s} - \Gamma_{a_5}^{4s} \right)$$
$$\leqslant \left| p_{lc}(a_1, a_3, a_5) \right|$$

非局域密度算符前 4 个矩阵元相等

$$\rho_{11}^{nlc} = \sin(2\xi) \prod_{i=1}^{3} \left(K_{a_i}^{2s} \Gamma_{a_i}^{2s} \right) \cos \left[2s \left(\sum_{i=1}^{3} \phi_{a_i} \right) + 2\eta \right] = \rho_{ii}^{nlc} \tag{9.6.17}$$

$i = 1-4$，后 4 个 $(j = 5-8)$ 是

$$\rho_{jj}^{nlc} = (-1)^{2s}\, \rho_{11}^{nlc}$$

前 4 个和后 4 个非局域密度矩阵元之间仅相差一个相位因子 $(-1)^{2s} = \exp(\mathrm{i}2s\pi)$。这是由南北极规范的自旋相干态几何相位因子产生的。对于整数自旋，非局域关联消失，不等式恒成立。而半整数自旋时，非局域关联概率变为

$$p_{nlc}(a_1, a_2, a_3) = 2^{-3(2s-1)} \sin(2\xi) \left(\prod_{i=1}^{3} \sin^{2s} \theta_{a_i} \right) \cos\left[2s \left(\sum_{i=1}^{3} \phi_{a_i} \right) + 2\eta \right] \tag{9.6.18}$$

量子关联概率 $p(a_1, a_2, a_3)$ 当极化角取 $\theta_r = \pi/2$ 时变为

$$p(a_1, a_2, a_3) = 2^{-3(2s-1)} \sin(2\xi) \cos\left[2s \left(\sum_{i=1}^{3} \phi_{a_i} \right) + 2\eta \right] \tag{9.6.19}$$

因为三体自旋 $-s$ Hilbert 空间的维度是 $(2s+1)^3$，而测量基矢的数量仅有 8 个，自旋相干态子空间关联概率随着自旋 s 的增大而减小。考虑相对关联概率

$$p_{rl}(a_1, a_2, a_3) = \frac{p(a_1, a_2, a_3)}{N} \tag{9.6.20}$$

其中归一化常数

$$N = \sum_{i=1}^{8} |\langle i \mid \psi \rangle|^2 = \sum_{i=1}^{8} \rho_{ii} = 2^{-3(2s-1)}$$

是纠缠态 $|\psi\rangle$ 在 8 个测量基矢的总概率。因而相对关联概率是

$$p_{rl}(a_1, a_2, a_3) = \sin(2\xi) \cos\left[2s \left(\sum_{i=1}^{3} \phi_{a_i} \right) + 2\eta \right] \tag{9.6.21}$$

为了简单起见，下面的关联概率意指相对概率，不再标 "rl"。量子关联概率差是

$$p_{GB} = -\sin(2s\phi_{a_2}) \sin(2s\phi_{a_4}) \sin[2s(\phi_{a_2} + \phi_{a_4})] \tag{9.6.22}$$

态参数取 $\xi = \eta = \pi/4$ 且测量方位角为 $\phi_{a_1} = \phi_{a_3} = \phi_{a_5} = 0$ 时，可得不等式破坏的上限是 $p_{GB}^{\max} = 1/2$，其余方位角取值为 $\phi_{a_2} = \phi_{a_4} = 3\pi/(8s)$ 与自旋 $1/2$ 的情况一样。

2. 四粒子自旋 $-s$ Bell 猫态

对于四粒子自旋 $-s$ Bell 猫态，四个观测者的测量方向记为 a_1, a_2, a_3, a_4，16 个测量输出基矢标记和自旋 $-1/2$ 相同。可以得到局域关联概率为

$$p_{lc}(a_1, a_2, a_3, a_4) = \prod_{i=1}^{4} \left(K_{a_i}^{4s} - \Gamma_{a_i}^{4s} \right) \tag{9.6.23}$$

普适不等式成立

$$p_{lc}\left(a_1, a_2, a_3, a_4\right) p_{lc}\left(a_2, a_3, a_4, a_5\right)$$

$$\times\, p_{lc}\left(a_3, a_4, a_5, a_6\right) p_{lc}\left(a_4, a_5, a_6, a_7\right)$$

$$\leqslant \prod_{i=0}^{3}\left(K_{a_{2i+1}}^{4s} - \Gamma_{a_{2i+1}}^{4s}\right)$$

$$\leqslant \left|p_{lc}\left(a_1, a_3, a_5, a_7\right)\right|$$

整数自旋, 非局域关联消失, 而半整数自旋的非局域关联概率为

$$p_{nlc}\left(a_1, a_2, a_3, a_4\right) = 2^{-4(2s-1)} \sin\left(2\xi\right)\left(\prod_{i=1}^{4}\sin^{2s}\theta_{a_i}\right)\cos\left[2s\left(\sum_{i=1}^{4}\phi_{a_i}\right) + 2\eta\right]$$

$$(9.6.24)$$

测量方向的极角为 $\theta_i = \pi/2$, 总的量子关联概率是

$$p\left(a_1, a_2, a_3, a_4\right) = 2^{-4(2s-1)} \sin\left(2\xi\right)\cos\left[2s\left(\sum_{i=1}^{4}\phi_{a_i}\right) + 2\eta\right] \qquad (9.6.25)$$

相对关联概率 $\left(p_{rl}\left(a_1, a_2, a_3, a_4\right) = p\left(a_1, a_2, a_3, a_4\right)/N$, 其中 $N = 2^{-4(2s-1)}\right)$ 为

$$p_{rl}\left(a_1, a_2, a_3, a_4\right) = \sin\left(2\xi\right)\cos\left[2s\left(\sum_{i=1}^{4}\phi_{a_i}\right) + 2\eta\right]$$

量子关联概率差是

$$p_{GB} = \sin^2\left[2s\left(\phi_{a_2} + \phi_{a_4}\right)\right]\sin^2\left[2s\left(\phi_{a_4} + \phi_{a_6}\right)\right] \qquad (9.6.26)$$

态参数取为 $\xi = \eta = \pi/4$, 4 个测量方位角选为 $\phi_{a_1} = \phi_{a_3} = \phi_{a_5} = \phi_{a_7} = 0$, 其余 3 方位角取值 $\phi_{a_2} = \phi_{a_4} = \phi_{a_6} = \pi/(8s)$ 可得到不等式最大破坏值 $p_{GB}^{\max} = 1$。

3. N 粒子自旋 $-s$ Bell 猫态

n 个观测者分别在 n 个任意方向测量的局域关联概率可表示为

$$p_{lc}\left(a_1, a_2, \cdots, a_n\right) = \sum_{i=1}^{2^{n-1}}\rho_{ii}^{lc} - \sum_{i=2^{n-1}+1}^{2^{n}}\rho_{ii}^{lc}$$

n 为奇数时是

$$p_{lc}\left(a_1, a_2, \cdots, a_n\right) = -\cos\left(2\xi\right)\prod_{i=1}^{n}\left(K_{a_i}^{4s} - \Gamma_{a_i}^{4s}\right)$$

n 为偶数时，则为

$$p_{lc}\left(a_1, a_2, \cdots, a_n\right) = \prod_{i=1}^{n}\left(K_{a_i}^{4s} - \Gamma_{a_i}^{4s}\right)$$

和 n 粒子自旋 $-1/2$ 纠缠态的局域关联概率对比，只是把 $\cos\theta_{a_i}$ 替换为 $(K_{a_i}^{4s} - \Gamma_{a_i}^{4s})$，很容易证明，局域关联概率遵从普适不等式：$n$ 为奇数时，

$$p_{lc}\left(a_1, a_2, \cdots, a_n\right) p_{lc}\left(a_2, a_3, \cdots, a_{n+1}\right)\cdots \times p_{lc}\left(a_n, a_{n+1}, \cdots, a_{2n-1}\right)$$
$$= \cos^{n-1}\left(2\xi\right) \prod_{i=2}^{n+1}\left(K_{a_i}^{4s} - \Gamma_{a_i}^{4s}\right)^2 \prod_{i=4}^{n+3}\left(K_{a_i}^{4s} - \Gamma_{a_i}^{4s}\right)^2 \prod_{i=6}^{n+5}\left(K_{a_i}^{4s} - \Gamma_{a_i}^{4s}\right)^2$$
$$\times \cdots \times \prod_{i=n-1}^{2n-2}\left(K_{a_i}^{4s} - \Gamma_{a_i}^{4s}\right)^2 p_{lc}\left(a_1, a_3, \cdots, a_{2n-1}\right)$$
$$\leqslant \left|p_{lc}\left(a_1, a_3, \cdots, a_{2n-1}\right)\right|$$

n 为偶数时，

$$p_{lc}\left(a_1, a_2, \cdots, a_n\right) p_{lc}\left(a_2, a_3, \cdots, a_{n+1}\right)\cdots \times p_{lc}\left(a_n, a_{n+1}, \cdots, a_{2n-1}\right)$$
$$= \prod_{i=2}^{n}\left(K_{a_i}^{4s} - \Gamma_{a_i}^{4s}\right)^2 \prod_{i=4}^{n+2}\left(K_{a_i}^{4s} - \Gamma_{a_i}^{4s}\right)^2 \prod_{i=6}^{n+4}\left(K_{a_i}^{4s} - \Gamma_{a_i}^{4s}\right)^2$$
$$\times \cdots \times \prod_{i=n}^{2n-2}\left(K_{a_i}^{4s} - \Gamma_{a_i}^{4s}\right)^2 p_{lc}\left(a_1, a_3, \cdots, a_{2n-1}\right)$$
$$\leqslant \left|p_{lc}\left(a_1, a_3, \cdots, a_{2n-1}\right)\right|$$

整数自旋非局域关联消失，不等式恒成立，半整数自旋的非局域关联导致不等式破坏。奇数 n 时，非局域关联概率为

$$p_{nlc}\left(a_1, a_2, \cdots, a_n\right) = 2^{-n(2s-1)}\sin\left(2\xi\right)\left(\prod_{i=1}^{n}\sin^{2s}\theta_{a_i}\right)\cos\left[2s\left(\sum_{i=1}^{n}\phi_{a_i}\right) + 2\eta\right]$$

当测量方向的极角为 $\theta_r = \pi/2$ 时，量子关联概率 $p\left(a_1, a_2, \cdots, a_n\right)$ 为

$$p\left(a_1, a_2, \cdots, a_n\right) = 2^{-n(2s-1)}\sin\left(2\xi\right)\cos\left[2s\left(\sum_{i=1}^{n}\phi_{a_i}\right) + 2\eta\right]$$

相对关联概率

$$p_{rl}\left(a_1, a_2, \cdots, a_n\right) = p\left(a_1, a_2, \cdots, a_n\right)/N$$

其中归一化常数为

$$N = \sum_{i=1}^{2^n} |\langle i/\psi \rangle|^2 = \sum_{i=1}^{2^n} \rho_{ii} = 2^{-n(2s-1)}$$

令态参数为 $\xi = \eta = \pi/4$，关联概率是

$$p_{rl}(a_1, a_2, \cdots, a_n) = -\sin\left(2s \sum_{i=1}^{n} \phi_{a_i}\right)$$

标序为奇数的测量方位角为零 $\phi_{a_i} = 0 \ (i = 1, 3, 5, \cdots, 2n-1)$ 时，量子关联概率差约化为

$$p_{GB} = -\sin\left(2s \sum_{i=1}^{(n-1)/2} \phi_{a_{2i}}\right) \sin\left(2s \sum_{i=1}^{(n+1)/2} \phi_{a_{2i}}\right) \sin\left(2s \sum_{i=2}^{(n+1)/2} \phi_{a_{2i}}\right)$$

$$\times \sin\left(2s \sum_{i=2}^{(n+3)/2} \phi_{a_{2i}}\right) \sin\left(2s \sum_{i=3}^{(n+3)/2} \phi_{a_{2i}}\right) \sin\left(2s \sum_{i=3}^{(n+5)/2} \phi_{a_{2i}}\right)$$

$$\times \cdots \times \sin\left(2s \sum_{i=(n+1)/2}^{n-1} \phi_{a_{2i}}\right)$$

进而选 $\phi_{a_{n-1}} = \phi_{a_{n+1}} = 3\pi/(8s)$ 其他为零 $\phi_{a_{2i}} = 0$，达到不等式最大破坏值

$$p_{GB}^{\max} = -\sin\left(2s\phi_{a_{n-1}}\right) \sin\left(2s\phi_{a_{n+1}}\right) \sin^{n-2}\left[2s\left(\phi_{a_{n-1}} + \phi_{a_{n+1}}\right)\right] = 1/2 \quad (9.6.27)$$

偶数 n 时，总的量子关联概率是

$$p(a_1, a_2, \cdots, a_n)$$
$$= \prod_{i=1}^{n} \left(K_{a_i}^{4s} - \Gamma_{a_i}^{4s}\right) + 2^{-n(2s-1)} \sin(2\xi) \left(\prod_{i=1}^{n} \sin^{2s} \theta_{a_i}\right) \cos\left[2s\left(\sum_{i=1}^{n} \phi_{a_i}\right) + 2\eta\right]$$

测量方向的极角 $\theta_r = \pi/2$ 和态参数 $\xi = \eta = \pi/4$ 时

$$p_{rl}(a_1, a_2, \cdots, a_n) = -\sin\left(2s \sum_{i=1}^{n} \phi_{a_i}\right)$$

标序为奇数的测量方向方位角为零 $\phi_{a_i} = 0$ $(i = 1, 3, 5, \cdots, 2n-1)$，量子关联概率差为

$$p_{GB} = \sin^2 \left(2s \sum_{i=1}^{n/2} \phi_{a_{2i}} \right) \sin^2 \left(2s \sum_{i=2}^{n/2+1} \phi_{a_{2i}} \right) \sin^2 \left(2s \sum_{i=3}^{n/2+2} \phi_{a_{2i}} \right) \cdots$$

$$\times \sin^2 \left(2s \sum_{i=n/2}^{n-1} \phi_{a_{2i}} \right)$$

令偶数标序的测量方向方位角相等 $\phi_{a_{2i}} = \phi$，上式化简为

$$p_{GB} = \sin^n (ns\phi)$$

取 $\phi = \pi/(2ns)$，不等式最大破坏值是 $p_{GB}^{\max} = 1$。

如果 n 粒子自旋 $-s$ Bell 猫态的测量仅限于自旋相干态子空间，不等式破坏的自旋宇称效应仍存在，最大破坏值的粒子数奇偶效应成立，纠缠粒子数为奇数 n 的最大破坏值是 $p_{GB}^{\max} = 1/2$ 而偶数 n 时的最大破坏值为 $p_{GB}^{\max} = 1$。

概括说，不等式最大破坏的必要条件是纠缠态两分量概率相等，即 $|c_1|^2 = |c_2|^2 = 1/2$，测量方向均垂直于自旋初始极化方向，也就是 $\theta_{a_i} = \pi/2$。最大破坏仅取决于纠缠态的相位角 ξ, η 和测量方位角 ϕ_{a_i}。在上述分析中，纠缠态的相位角被固定为 $\xi = \eta = \pi/4$，然而，这并不是唯一的选择，在实验上可能更方便的是 $\xi = \pi/4$, $\eta = 0$，即态系数是实数 $c_1 = c_2 = 1/\sqrt{2}$。在这种条件下，粒子数宇称效应不变。纠缠粒子数是偶数时，测量方向标序为奇数的方位角值是 $\phi_{a_i} = \pi/(4ns)$, $i = 1, 3, 5, \cdots, 2n-1$，而标序为偶数的方位角值是 $\phi_{a_i} = 3\pi/(4ns)$，$i = 2, 4, 6, \cdots, 2(n-1)$。纠缠粒子数是奇数时，设置方位角为 $\phi_{a_n} = \pi/(4s)$ 和 $\phi_{a_{n-1}} = \phi_{a_{n+1}} = 3\pi/(8s)$，其余角度都是零。

9.6.4　多粒子自旋 $-s$ Bell 猫态普适不等式的隐参数经典统计证明

我们用隐参数经典统计方法证明 n 粒子自旋 $-s$ Bell 猫态不等式。$n = 2$

$$|\psi\rangle = c_1 |+s, +s\rangle + c_2 |-s, -s\rangle$$

其中 $|c_1|^2 + |c_2|^2 = 1$，两个观测者分别在方向 a_1 和 a_2 测量的 (归一化) 值是

$$A_1(a_1) = \pm 1, \quad A_2(a_2) = \pm 1$$

根据经典概率统计，测量结果的关联概率为

$$p_{lc}(a_1, a_2) = \int \rho(\lambda) A_1(a_1, \lambda) A_2(a_2, \lambda) \, d\lambda$$

$$\equiv \langle A_1(a_1) A_2(a_2) \rangle$$

$\rho(\lambda)$ 是隐变量 λ 的概率密度分布。三个方向测量输出的两关联概率乘积是

$$
\begin{aligned}
& p_{lc}(a_1, a_2)\, p_{lc}(a_2, a_3) \\
&= \iint \rho(\lambda)\rho(\lambda')\, A_1(a_1,\lambda)\, A_2(a_2,\lambda)\, A_1(a_2,\lambda')\, A_2(a_3,\lambda')\, \mathrm{d}\lambda\mathrm{d}\lambda' \\
&\leqslant \left| \iint \rho(\lambda)\rho(\lambda')\, A_1(a_1,\lambda)\, A_2(a_3,\lambda')\, \mathrm{d}\lambda\mathrm{d}\lambda' \right| \\
&= |\langle A_1(a_1)\rangle \langle A_2(a_3)\rangle|
\end{aligned} \tag{9.6.28}
$$

因为平行极化的自旋 $-s$ 纠缠态测量输出值存在关系，$A_2(a_2) = A_1(a_2)$ 和 $A_2^2(a_2) = 1$。定义经典概率平均偏差

$$
\Delta A_1 \equiv A_1(a_1) - \langle A_1(a_1)\rangle
$$

$$
\Delta A_2 = A_2(a_3) - \langle A_2(a_3)\rangle
$$

其中，$\langle A_1(a_1)\rangle = \int \rho(\lambda) A_1(a_1,\lambda)\,\mathrm{d}\lambda$ 和 $\langle A_2(a_3)\rangle = \int \rho(\lambda) A_2(a_3,\lambda)\,\mathrm{d}\lambda$ 是测量结果的平均值。偏差乘积的平均值为

$$
\begin{aligned}
\langle \Delta A_1 \Delta A_2\rangle &= \langle [A_1(a_1) - \langle A_1(a_1)\rangle][A_2(a_3) - \langle A_2(a_3)\rangle]\rangle \\
&= \langle A_1(a_1) A_2(a_3)\rangle - \langle A_1(a_1)\rangle \langle A_2(a_3)\rangle
\end{aligned}
$$

(9.6.28) 式的右边等于

$$
|\langle A_1(a_1)\rangle \langle A_2(a_3)\rangle| = |\langle A_1(a_1) A_2(a_3)\rangle - \langle \Delta A_1 \Delta A_2\rangle|
$$

对于自旋测量，$\langle A_1(a_1) A_2(a_3)\rangle$ 和 $\langle \Delta A_1 \Delta A_2\rangle$ 符号相同，且

$$
|\langle A_1(a_1) A_2(a_3)\rangle| \geqslant |\langle \Delta A_1 \Delta A_2\rangle|
$$

所以有不等式

$$
|\langle A_1(a_1)\rangle \langle A_2(a_3)\rangle| \leqslant |\langle A_1(a_1) A_2(a_3)\rangle|
$$

(9.6.28) 式变为

$$
\begin{aligned}
& p_{lc}(a_1, a_2)\, p_{lc}(a_2, a_3) \\
&\leqslant |\langle A_1(a_1)\rangle \langle A_2(a_3)\rangle| \\
&\leqslant |\langle A_1(a_1) A_2(a_3)\rangle| \\
&= |p_{lc}(a_1, a_3)|
\end{aligned} \tag{9.6.29}
$$

不等式的有效性很容易用自旋相干态量子概率统计验证，测量输出关联概率的局域部分是

$$p_{lc}(a_1, a_2) = \frac{1}{s^2}\text{tr}\left[\hat{\rho}_{lc}\hat{\Omega}(a_1, a_2)\right]$$

当 $s = 1/2$ 时，计算得到局域关联概率为

$$p_{lc}(a_1, a_2) = \cos\theta_{a_1}\cos\theta_{a_2}$$

$$p_{lc}(a_2, a_3) = \cos\theta_{a_2}\cos\theta_{a_3}$$

$$p_{lc}(a_1, a_3) = \cos\theta_{a_1}\cos\theta_{a_3}$$

显然

$$\begin{aligned} &p_{lc}(a_1, a_2)\, p_{lc}(a_2, a_3)\\ =&\cos\theta_{a_1}\cos^2\theta_{a_2}\cos\theta_{a_3}\\ \leqslant&\left|\cos\theta_{a_1}\cos\theta_{a_3}\right|\\ =&\left|p_{lc}(a_1, a_3)\right| \end{aligned}$$

三粒子，Bell 猫态是

$$|\psi\rangle = c_1|+s, +s, +s\rangle + c_2|-s, -s, -s\rangle$$

三个观测者分别在三方向 a_1, a_2, a_3 测量结果的局域关联概率是

$$p_{lc}(a_1, a_2, a_3) = \int \rho(\lambda)A_1(a_1, \lambda)A_2(a_2, \lambda)A_3(a_3, \lambda)\,\mathrm{d}\lambda$$

$$\equiv \langle A_1(a_1)A_2(a_2)A_3(a_3)\rangle$$

三种关联概率乘积

$$\begin{aligned} &p_{lc}(a_1, a_2, a_3)\, p_{lc}(a_2, a_3, a_4)\, p_{lc}(a_3, a_4, a_5)\\ =&\iiint \rho(\lambda)\rho(\lambda')\rho(\lambda'')\begin{bmatrix} A_1(a_1, \lambda)A_2(a_2, \lambda)A_3(a_3, \lambda)\\ \times A_1(a_2, \lambda')A_2(a_3, \lambda')A_3(a_4, \lambda')\\ \times A_1(a_3, \lambda'')A_2(a_4, \lambda'')A_3(a_5, \lambda'') \end{bmatrix}\mathrm{d}\lambda\mathrm{d}\lambda'\mathrm{d}\lambda''\\ \leqslant&\left|\iiint \rho(\lambda)\rho(\lambda')\rho(\lambda'')A_1(a_1, \lambda)A_2(a_3, \lambda')A_3(a_5, \lambda'')\,\mathrm{d}\lambda\mathrm{d}\lambda'\mathrm{d}\lambda''\right|\\ =&\left|\langle A_1(a_1)\rangle\langle A_2(a_3)\rangle\langle A_3(a_5)\rangle\right| \end{aligned}$$

因为 $A_2\left(a_2\right)=A_1\left(a_2\right), A_3\left(a_3\right)=A_1\left(a_3\right), A_3\left(a_4\right)=A_2\left(a_4\right), A_i^2\left(a_i\right)=1$。因而

$$
\begin{aligned}
& p_{lc}\left(a_1, a_2, a_3\right) p_{lc}\left(a_2, a_3, a_4\right) p_{lc}\left(a_3, a_4, a_5\right) \\
& \leqslant\left|\left\langle A_1\left(a_1\right)\right\rangle\left\langle A_2\left(a_3\right)\right\rangle\left\langle A_3\left(a_5\right)\right\rangle\right| \\
& \leqslant\left|\left\langle A_1\left(a_1\right) A_2\left(a_3\right)\right\rangle\left\langle A_3\left(a_5\right)\right\rangle\right| \\
& \leqslant\left|\left\langle A_1\left(a_1\right) A_2\left(a_3\right) A_3\left(a_5\right)\right\rangle\right| \\
& =\left|p_{lc}\left(a_1, a_3, a_5\right)\right|
\end{aligned}
$$

任意粒子数 n Bell 猫态

$$
|\psi\rangle=c_1|+s\rangle^{\otimes n}+c_2|-s\rangle^{\otimes n}
$$

需要 n 个观测者, 总共 $2n-1$ 个独立测量方向, 分别标记为 $a_1, a_2, a_3, \cdots, a_{2n-1}$。$n$ 种类局域关联概率乘积

$$
\begin{aligned}
& p_{lc}\left(a_1, a_2, \cdots, a_n\right) p_{lc}\left(a_2, a_3, \cdots, a_{n+1}\right) p_{lc}\left(a_3, a_4, \cdots, a_{n+2}\right) \\
& \quad \cdots p_{lc}\left(a_n, a_{n+1}, \cdots, a_{2n-1}\right) \\
& =\int \cdots \int\left(\prod_{i=1}^n \rho\left(\lambda_i\right) d\lambda_i\right) \\
& \quad \left[\begin{array}{l}
A_1\left(a_1, \lambda_1\right) A_2\left(a_2, \lambda_1\right) A_3\left(a_3, \lambda_1\right) \cdots A_n\left(a_n, \lambda_1\right) \\
\times A_1\left(a_2, \lambda_2\right) A_2\left(a_3, \lambda_2\right) A_3\left(a_4, \lambda_2\right) \cdots A_n\left(a_{n+1}, \lambda_2\right) \\
\times \cdots \\
\times A_1\left(a_n, \lambda_n\right) A_2\left(a_{n+1}, \lambda_n\right) A_3\left(a_{n+2}, \lambda_n\right) \cdots A_n\left(a_{2n-1}, \lambda_n\right)
\end{array}\right] \\
& \leqslant\left|\int \cdots \int\left(\prod_{i=1}^n \rho\left(\lambda_i\right) d\lambda_i\right)\left[A_1\left(a_1, \lambda_1\right) A_2\left(a_3, \lambda_2\right) \cdots A_n\left(a_{2n-1}, \lambda_n\right)\right]\right| \\
& =\left|\left\langle A_1\left(a_1\right)\right\rangle\left\langle A_2\left(a_3\right)\right\rangle \cdots\left\langle A_n\left(a_{2n-1}\right)\right\rangle\right|
\end{aligned}
$$

其中 $A_i\left(a_i\right)=A_j\left(a_i\right), A_i^2\left(a_i\right)=1$,

$$
\begin{aligned}
& p_{lc}\left(a_1, a_2, \cdots, a_n\right) p_{lc}\left(a_2, a_3, \cdots, a_{n+1}\right) p_{lc}\left(a_3, a_4, \cdots, a_{n+2}\right) \\
& \quad \cdots p_{lc}\left(a_n, a_{n+1}, \cdots, a_{2n-1}\right) \\
& \leqslant\left|\left\langle A_1\left(a_1\right)\right\rangle\left\langle A_2\left(a_3\right)\right\rangle \cdots\left\langle A_n\left(a_{2n-1}\right)\right\rangle\right| \\
& \leqslant\left|\left\langle A_1\left(a_1\right) A_2\left(a_3\right) \cdots A_n\left(a_{2n-1}\right)\right\rangle\right| \\
& =\left|p_{lc}\left(a_1, a_3, \cdots, a_{2n-1}\right)\right|
\end{aligned}
$$

用自旋相干态量子概率统计可统一研究多粒子自旋 $-s$ Bell 猫态的经典和量子关联, 纠缠态密度算符可分为局域项和非局域项, 局域部分给出经典关联满足的不等式 $(p_{GB}^{lc} \leqslant 0)$, 不等式破坏则是由非局域部分产生的, 它描述多粒子纠缠态相干叠加的量子干涉。

n 粒子自旋 $-1/2$ 纠缠态, 不等式的最大破坏值和纠缠的粒子数有关, 奇数时, 最大违反界限为 $p_{GB}^{\max} = 1/2$, 偶数时, 最大破坏值是 $p_{GB}^{\max} = 1$。除自旋 $-1/2$ 外, 根据量子概率统计理论自旋 $-s$ Bell 猫态绝对不可能破坏不等式。当测量结果被限制在自旋相干态子空间时, 即只测量最大自旋值 $\pm s$, 不等式的破坏呈现自旋宇称效应, 不等式仅在半整数自旋时违反, 而整数自旋时不违反。自旋宇称效应是南北极规范自旋相干态 Berry 相位导致的结果。粒子数宇称效应在自旋 $-s$ 纠缠态同样存在。

9.7　附　　录 [8]

9.7.1　附录 1　平行极化纠缠态 Wigner 不等式 (9.1.25) 的经典统计证明

文献中的 Wigner 不等式只适用于自旋单态, 推广到自旋平行极化纠缠态, 不等式应修正为方程 (9.1.25), 下面是其经典统计证明。因为自旋平行极化, 在 a, b, c 三个方向分别测得的两粒子自旋应同号, 粒子数概率有 8 种情况, 见表 9.7.1。

表 9.7.1

粒子数概率标记	粒子 1 三方向测量的自旋	粒子 2 三方向测量的自旋
N_1	$+a+b+c$	$+a+b+c$
N_2	$+a+b-c$	$+a+b-c$
N_3	$+a-b+c$	$+a-b+c$
N_4	$-a+b+c$	$-a+b+c$
N_5	$+a-b-c$	$+a-b-c$
N_6	$-a+b-c$	$-a+b-c$
N_7	$-a-b+c$	$-a-b+c$
N_8	$-a-b-c$	$-a-b-c$

两粒子测量输出关联概率是

$$N_{\mathrm{lc}}(+a, -b) = \frac{N_3 + N_5}{N}$$

$$N_{\mathrm{lc}}(+a, -c) = \frac{N_2 + N_5}{N}$$

$$N_{\mathrm{lc}}(+c, -b) = \frac{N_3 + N_7}{N}$$

其中

$$N = \sum_{i=1}^{8} N_i$$

是总粒子数概率, 即归一化常数, 注意到粒子数概率 N_i 大于零, 显然平行极化的 Wigner 不等式 (9.1.25) 成立

$$N_{\mathrm{lc}}(+a,-c) + N_{\mathrm{lc}}(+c,-b) \geqslant N_{\mathrm{lc}}(+a,-b)$$

交换两粒子测量的自旋正负号, 测量输出关联变为

$$N_{\mathrm{lc}}(-a,+b) = \frac{N_4 + N_6}{N}$$

$$N_{\mathrm{lc}}(-a,+c) = \frac{N_4 + N_7}{N}$$

$$N_{\mathrm{lc}}(-c,+b) = \frac{N_2 + N_6}{N}$$

Wigner 不等式 (9.1.25) 仍成立。

9.7.2 附录 2 扩展 Bell 不等式 (9.2.1)(9.2.3) 的经典统计证明

与文献中测量输出的自旋关联不同, 我们用粒子数关联也可证明 Bell 不等式。反平行极化时 a, b, c 三个方向测得的两粒子自旋反向, 同样有 8 种可能的粒子数概率, 见表 9.7.2。

表 9.7.2

粒子数概率标记	粒子 1 三方向测量	粒子 2 三方向测量
N_1	$+a+b+c$	$-a-b-c$
N_2	$+a+b-c$	$-a-b+c$
N_3	$+a-b+c$	$-a+b-c$
N_4	$-a+b+c$	$+a-b-c$
N_5	$+a-b-c$	$-a+b+c$
N_6	$-a+b-c$	$+a-b+c$
N_7	$-a-b+c$	$+a+b-c$
N_8	$-a-b-c$	$+a+b+c$

a, b 方向分别测两粒子的 Bell 自旋关联可用粒子数关联概率表示为

$$P_{\mathrm{lc}}(a,b) = N_{\mathrm{lc}}(+a,+b) + N_{\mathrm{lc}}(-a,-b) - N_{\mathrm{lc}}(+a,-b) - N_{\mathrm{lc}}(-a,+b)$$

$$= \frac{\sum_{i=3}^{6} N_i - \sum_{i=1}^{2} N_i - \sum_{i=7}^{8} N_i}{N}$$

沿 a, c 和 b, c 方向测量的关联是

$$P_{\mathrm{lc}}(a, c) = \frac{N_2 + N_4 + N_5 + N_7 - N_1 - N_3 - N_6 - N_8}{N}$$

$$P_{\mathrm{lc}}(b, c) = \frac{N_2 + N_3 + N_6 + N_7 - N_1 - N_4 - N_5 - N_8}{N}$$

$$|P_{\mathrm{lc}}(a, b) - P_{\mathrm{lc}}(a, c)| = \frac{2|(N_3 + N_6) - (N_2 + N_7)|}{N}$$

代入局域 Bell 关联公式 (9.2.2)

$$P_{\mathrm{B}}^{\mathrm{lc}} = |P_{\mathrm{lc}}(a, b) - P_{\mathrm{lc}}(a, c)| - |P_{\mathrm{lc}}(b, c)|$$

不难证明在任何情况下扩展的 Bell 不等式 (9.2.1)(9.2.3) 恒成立

$$P_{\mathrm{B}}^{\mathrm{lc}} \leqslant 1$$

平行极化时可用表 9.1 得到，$a, b; a, c$ 和 b, c 的局域关联

$$P_{\mathrm{lc}}(a, b) = \frac{\sum_{i=1}^{2} N_i + \sum_{i=7}^{8} N_i - \sum_{i=3}^{6} N_i}{N}$$

$$P_{\mathrm{lc}}(a, c) = \frac{N_1 + N_3 + N_6 + N_8 - (N_2 + N_4 + N_5 + N_7)}{N}$$

$$P_{\mathrm{lc}}(b, c) = \frac{N_1 + N_8 + \sum_{i=4}^{5} N_i - \left(\sum_{i=2}^{3} N_i + \sum_{i=6}^{7} N_i\right)}{N}$$

同样可证明扩展 Bell 不等式恒成立。

参 考 文 献

[1] Bell J S. On the einstein podolsky rosen paradox. Physics Physique Fizika, 1964, 1(3): 195.

[2] Wigner E P. On hidden variables and quantum mechanical probabilities. Am. J. Phys., 1970, 38(8): 1005.

[3] Song Z G, Liang J Q, Wei L F. Spin-parity effect in violation of Bell's inequalities. Mod. Phys. Lett. B, 2014, 28(01): 1450004.

[4] Zhang H F, Wang J H, Song Z G, et al. Spin-parity effect in violation of bell's inequalities for entangled states of parallel polarization. Mod. Phys. Lett. B, 2017, 31(04): 1750032.

[5] Gu Y, Zhang H F, Song Z G, et al. Maximum violation of Wigner inequality for two-spin entangled states with parallel and antiparallel polarizations. Int. J. Quantum Inf., 2018, 16(05): 1850041.

[6] Gu Y, Zhang H F, Song Z G, et al. Extended Bell inequality and maximum violation. Chin. Phys. B, 2018, 27(10): 100303.

[7] Gu Y, Zhang H F, Song Z G, et al. Measuring outcome correlation for spin-s Bell. cat state and geometric phase induced spin parity effect. International Journal of Quantum Information, 2019, 17(4): 1950039.

[8] Gu Y, Li W D, Hao X L, et al. Generalized Bell-like inequality and maximum violation for multiparticle entangled Schrödinger-cat-states of spin-s. Physical Review A, 2022, 105: 052212.

第 10 章 基于经典测量概率的 Bell 定理及其检验

我们知道, 量子系统的状态是由波函数描述的: 波函数包含了系统的所有信息! 但是, 函数本身仅仅是一个数学语言, 如果不赋予某种物理意义, 那对研究物理问题来说, 没有用处。诺贝尔物理学奖获得者 Born 的最伟大贡献之一就是给出了波函数的物理的解释: 波函数 $\psi(r,t)$ 描述了微观粒子出现在时空点 (r,t) 附近单位体元中的概率幅, 理论上讲它本身并没有任何物理意义, 但是 $|\psi(r,t)|^2$ 却能表示微观粒子出现在该时空点附近单位体积内的概率, 而这就有物理意义了。

由此可知如下。

(1) 波函数的概率幅解释必定蕴含着某些与经典决定性推论所矛盾的元素, 由波函数所导致的某些可观测效应可能与系统所处的情境 (例如复合测量的形式) 有关, 也就是说量子系统具有互文性。

即使能够精确求解波函数的动力学方程 (即 Schrödinger 方程) 也不能准确预言其微观粒子的运动学行为, 尽管研究量子物理的出发点就是求解 Schrödinger 方程。

(2) 波函数虽然包含了量子系统的所有信息, 但它本身并不直接与某种物理可观测效应对应, 因此要得到量子系统的信息, 必须进行测量。一般情况下, 测量的结果并不是唯一的。

量子系统的可观测量 (即力学量)F (包括位移和动量) 并不是一个有固定赋值的物理量, 而只能用厄米算符 $\hat{F}$ 来表示: 对该物理量的测量, 每次只能以某个概率得到其众多可能取值 $\lambda_n(n = 1, 2, 3, \cdots)$ 中的一个。这里, λ_n 为 $\hat{F}$ 的本征值之一, 而 $|\lambda_n\rangle$ 则为对应于该本征值的本征函数

$$\hat{F}|\lambda_n\rangle = \lambda_n|\lambda_n\rangle$$

也就是说, 物理量的取值也是概率性的——它的期望值只是众多可能取值按某个概率分布取统计平均而得到。更广义地说, 量子态的叠加原理表明, 任何一个波函数都可以表示为一组正交归一完备基的线性叠加, 即

$$|\psi\rangle = \sum_n c_n|\lambda_n\rangle \tag{1}$$

其中任意一个基矢量 (表示某种可观测效应)$|\lambda_n\rangle$ 的叠加权重 $|c_n|^2$ 就是测量得到这个基矢量所对应本征值 λ_n 的概率。

(3) 经典物理中几乎所有的动力学方程都是关于可测量物理量动力学演化的描述, 一旦解出该方程, 物理行为就完全确定。但在量子物理中, 描述系统状态演化的是 Schrödinger 方程, 其线性性意味着其解, 即波函数也要满足线性叠加原理。因此, 多体系统允许存在各独立个体本征态的组合线性叠加状态。比如, 两粒子体系统会存在如下的量子态:

$$|\Psi_{1,2}(\boldsymbol{r}_1, \boldsymbol{r}_2, t)\rangle = \frac{1}{\sqrt{2}}[|\psi_1(\boldsymbol{R}, t)\rangle|\psi_2(\boldsymbol{R}', t)\rangle + |\psi_1(\boldsymbol{R}', t)\rangle|\psi_2(\boldsymbol{R}, t)\rangle] \qquad (2)$$

但是, 按波函数的 Born 解释, 在这一状态下我们并不能确定 t 时刻两个粒子中的一个是处于 $\boldsymbol{R}$ 处还是处于 $\boldsymbol{R}'$ 处, 所以它们是 "纠缠不清" 的。也就是说, 两微观粒子系统物理上允许处于这样的纠缠态。

可见, 量子世界的重要特征就是物理实在的不确定性, 我们不能精确预测某些在经典世界里可以完全确定的物理量取值, 除非系统被制备在该物理量所对应力学量算符的本征态上。所以, 一些在经典世界里习以为常的实在性, 比如通过求解 Newton 运动方程可以精确预言运动物体的轨道及其运动速度; 而在量子物理中, 量子客体的位置和速度则不可能同时精确确定, 尽管其对应的 Schrödinger 方程仍有可能可以精确求解。而且, 更让人觉得荒谬的是, 按照态叠加原理, 处于纠缠态的两个量子客体, 即使它们相距如此之远以至于对其中一个的某种 "表现" 会瞬时地影响到另一个。也就是说, 现有的量子物理理论体系似乎允许存在 "鬼魂般的超距作用"。

量子物理对现象的这种不确定性描述, 即使是像 Einstein 这样为量子物理学的建立做出巨大贡献的物理学家也很不满意。他认为, 沿袭至今的量子力学理论体系应该并不是描述量子现象的终极理论。最著名的质疑是由 Einstein, Podolsky 和 Rosen (EPR) 三人联合提出的, 现在称为 EPR 佯谬 [1]: 如果能够确定地预测一个物理量的取值, 那么对应于这一物理量一定存在一个物理实在元素, 它由人们熟知的 Laplace 决定论定律描述而与其所处的情境无关——非互文性; 空间上分开且没有相互作用的两个物理系统各自的物理量的取值应当是独立而不相关联——不存在非局域关联。但是, 这两种论断都与现有的量子力学基本原理相违背。为调和这一矛盾, "隐变量" 理论 (HVT)[2-3] 应运而生, 其基本思想是, 存在一种隐含的变量, 它本身是遵循 Laplace 决定论的 (即它是非互文的, 并且排除任何非局域关联); 非确定性量子力学理论所导致的互文性和非局域关联, 只不过都是这一变量统计平均的结果。因而, 隐变量是否确实存在就成了量子力学理论是否完备的关键性判据。几十年来, 学术界一直致力于隐变量存在性的实验检验, 但几乎所有的结果都是否定的。

与第 9 章中利用量子概率讨论 Bell 不等式违背的方式相对应, 本章讨论基于经典测量概率理论的 Bell 定理及其实验检验。

10.1　宏观尺度上的量子相干效应

所谓"宏观量子相干"指的则是与系统宏观自由度的量子化相对应的，并满足态叠加原理的物理行为。显然，量子化的宏观自由度在实验上是极其难以观测到的，所以直到 20 世纪末人们才在超导电子学实验中证实了宏观量子相干性的存在。为了本章内容的相对完整性，下面我们先简要介绍这一著名的实验。实验所用的系统是由两个很小的 Josephson 结分隔形成的一个超导 Cooper 对岛，如图 10.1.1 所示。

图 10.1.1　实现宏观量子相干性观测的超导电子学实验系统 [4]

这里，一个超导 Cooper 对岛通过两个 Al/AlO$_x$/Al 构成的 Josephson 结来定义，岛上的 Cooper 对数目由通过探测结的电流来量测；岛上 Cooper 对数目可以通过调节门电极上的电压大小来控制

通过对宏观自由度进行正则量子化，我们首先对这一实验系统的量子相干行为做些理论上的描述。显然，在这一候选的宏观量子力学系统中，通过 Josephson 结的规范不变位相 δ 就是所谓的"广义坐标"，其对应的"广义速度"就由 Josephson 结关系：$\mathrm{d}\delta/\mathrm{d}t = (2\pi/\Phi_0)V_\mathrm{J}$ 来支配。这里，$\Phi = h/ze$ 是磁通量子，V_J 是加在结两端的电压。按标准的正则量子化手续，我们先写出电路的拉氏量

$$L(\delta, \dot{\delta}) = \frac{2C_\mathrm{J} + C_\mathrm{g}}{2}\left(\frac{\Phi_0}{2\pi}\dot{\delta}\right)^2 - C_\mathrm{g}V_\mathrm{g}\frac{\Phi_0}{2\pi}\dot{\delta} - 2\varepsilon_\mathrm{J}\cos\left(\frac{\pi\Phi_\mathrm{e}}{\Phi_0}\right)\cos\delta \qquad (10.1.1)$$

进而定义正则动量为

$$p = \frac{\partial L(\delta, \dot{\delta})}{\partial \dot{\delta}} = (2C_\mathrm{J} + C_\mathrm{g})\left(\frac{\Phi_0}{2\pi}\right)^2\dot{\delta} - C_\mathrm{g}V_\mathrm{g}\left(\frac{\Phi_0}{2\pi}\right) \qquad (10.1.2)$$

然后对广义坐标 δ 和正则动量 p 进行正则量子化：$\delta \to \hat{\delta}$, $p \to \hat{p}$ 以及 $[\hat{\delta}, \hat{p}] = \mathrm{i}\hbar$,

并写出电路的量子化 Hamilton 量

$$\hat{H} = \frac{(2\pi\hat{p}/\Phi_0 + C_g V_g)^2}{2C_t} + 2\varepsilon_J \cos\left(\frac{\pi\Phi_e}{\Phi_0}\right)\cos\hat{\delta}, \quad C_t = 2C_J + C_g \quad (10.1.3)$$

其中，C_g, V_g; C_J, ε_J 分别是门电极与 Cooper 对岛之间的电容、电压；单个 Josephson 结的电容和 Josephson 结能量等。定义：$2\pi\hat{p}/\Phi_0 = 2\hat{n}e$, $C_g V_g = -2n_g e$, 则可将此 Hamilton 量写为 Cooper 对数态表象中的形式

$$\hat{H} = \frac{4e^2(\hat{n} - n_g)^2}{2C_t} + 2\varepsilon_J \cos\left(\frac{\pi\Phi_e}{\Phi_0}\right)\sum_{n=0}\frac{|n\rangle\langle n+1| + |n+1\rangle\langle n|}{2} \quad (10.1.4)$$

显然，通过控制门电压 V_g 可以调控此 Hamilton 量及其相应的量子动力学行为。在极低温（毫开量级）和小结极限下 $(E_C = 4e^2/2C_t \gg \varepsilon_J)$，我们可以只考虑最低的两个数态所组成的子空间 $\{|0\rangle, |1\rangle\}$ 中态的演化。容易证明，在远离简并点 $n_g = 1/2$ 时，由于 $E_C = 4e^2/2C_t \gg E_J = 2\varepsilon_J \cos(\pi\Phi_e/\Phi_0)$，故而 $|0\rangle$ 和 $|1\rangle$ 都是相应 Hamilton 量的本征函数；但在简并点处，系统 Hamilton 量的本征值则是 $|\pm\rangle = (|0\rangle \pm |1\rangle)/\sqrt{2}$。

实验中，初始时刻 Cooper 对岛被偏置于远离简并点处，这即意味着系统处于其低能量本征态上 $|\psi(0)\rangle = |0\rangle$；然后施加一个快速（比如在几十皮秒时间内完成）的门电压脉冲，使岛被快速地偏置到其简并点处，这时系统还来不及演化而仍然处于其初态（用简并点处本征态来表示则是 $|\psi(0)\rangle = (|+\rangle + |-\rangle)/\sqrt{2}$）。随后，在自由演化时间 Δt 以后，再来测量系统处于 $|1\rangle$ 的概率（这对应于通过探测结测量其流过的电流）。理论上，此自由演化到时刻 Δt 的状态可表示为

$$|\psi(\Delta t)\rangle = \cos(E_J\Delta t/2\hbar)|0\rangle - i\sin(E_J\Delta t/2\hbar)|1\rangle \quad (10.1.5)$$

因而，Δt 时刻所测到的电流应为 $I(\Delta t) = \sin^2(E_J\Delta t/2\hbar)$。图 10.1.2 给出了相关理论模拟与实验数据测量结果的比较。可见，两者符合得非常好。这就充分证实了在这一超导电子学系统中确实观测到了与宏观位相变量 δ 量子化相关的宏观量子相干现象：宏观能级的存在性以及宏观量子态的叠加性。

本章以后所介绍的有关宏观量子相干效应的工作，基本上是以这一实验观测结果为基础的。我们看到，很少有一个科学理论像量子力学这样，从建立以来关于其理论基础和基本逻辑上的理解与解释都一直争议不断。尽管各种成功的应用已经相当令人信服地证实了量子力学理论的正确性，但仍然需要更多的实验来证实其理论基础的完备性和逻辑上的自洽性。上面的这个实验充分证实了在宏观尺度上仍然是可以存在量子相干性的，这就预示着量子力学的基本理论是可以应用到这一类宏观物理系统中去的。当然，在这些系统中实现量子力学基本原理的验证，将为这些应用提供可靠而具体的保证。

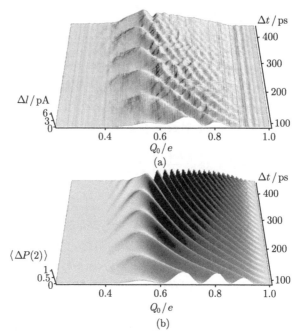

图 10.1.2　Cooper 对岛隧穿电流的量子相干性理论预言及其与实验测量结果的比较 [4]

(a) 理论预言; (b) 实验测量结果。可见，两者符合得非常好

10.2　在超导电路中通过验证 Bell 不等式来验证量子力学中的非局域关联

　　许多年以来，人们做了很多工作来试图验证这一论断 (现在称为 Bell 定理) 的正确性。但所用的物理客体大多是一些微观粒子，比如光子、中子和离子等。这里我们将讨论，如何在宏观尺度上来实现这一定理的验证。

10.2.1　基于经典测量概率的 Bell 不等式

　　1965 年，Bell 断言 [5]，任何一个定域、决定论的隐变量理论所导致的结论都不可能和量子力学所预言的结果相容。比如，量子力学将违背 Bell 不等式。

　　一个在实验上比较方便验证 Bell 定理正确性的方法是，验证所谓的 CHSH-Bell 不等式 [6] 是否违背。这个不等式正是在隐变量理论的框架内导出来的。事实上，如果存在一个不能为现实实验技术所控制的隐变数 λ，它将"诡异地"影响着两个非局域粒子的测量结果：隐变量理论认为，第一个粒子的物理量 $A(\alpha)$ 和第二个粒子的物理量 $B(\beta)$ 都是由这个"定域隐变量"λ 按一定的关系函数所决定

的。为简单起见，假定 A, B 的取值都只能是 ± 1，亦即

$$A(\alpha, \lambda) = \pm 1, \quad B(\beta, \lambda) = \pm 1 \tag{10.2.1}$$

也就是说，λ 取某种值时测量值是 $+1$，而当 λ 取另外一些值时它们的测量值则为 -1。定域性指的是，粒子 1 的取值 A 与粒子 2 的 β 参数无关；同时粒子 2 的取值 B 也与粒子 1 的 α 参数无关。设 $\rho(\lambda)$ 是 λ 归一化的概率分布函数，即 $\rho(\lambda) \leqslant 1$，$\int \rho(\lambda)\mathrm{d}\lambda = 1$。那么，按照 "定域隐变量" 理论的预期，粒子 1 的局域变量 A 和粒子 2 的局域变量 B 之间的关联的期望值为

$$E(\alpha, \beta) = \int A(\alpha, \lambda) B(\beta, \lambda) \rho(\lambda) \mathrm{d}\lambda \tag{10.2.2}$$

注意到，$A(\alpha, \lambda)$，$A(\alpha', \lambda)$，$B(\beta, \lambda)$，$B(\beta', \lambda) = \pm 1$，则

$$[A(\alpha, \lambda) + A(\alpha', \lambda)]B(\beta, \lambda) - [A(\alpha, \lambda) - A(\alpha', \lambda)]B(\beta', \lambda) = \pm 2 \tag{10.2.3}$$

即

$$E(\alpha, \beta) + E(\alpha', \beta) - E(\alpha, \beta') + E(\alpha', \beta') = \pm 2 \tag{10.2.4}$$

考虑到测量过程中的不准确性，比如有时测不到结果或信号弱化等，因而对任意的 α, β 我们有

$$-1 \leqslant A(\alpha, \lambda)B(\beta, \lambda) \leqslant 1, \quad |E(\alpha, \beta)| \leqslant 1$$

故

$$|E(\alpha, \beta) + E(\alpha', \beta) - E(\alpha, \beta') + E(\alpha', \beta')| \leqslant 2 \tag{10.2.5}$$

这就是常常被实验验证的 CHSH-Bell 不等式 [6]，它完全是基于经典定域决定性理论得出的，如果所谓的隐变量理论成立的话，那就说明目前的量子力学确实是不完备的；反之，如果这一不等式被违背，那就说明量子力学理论体系所预言的非定域性关联是物理世界存在的一种事实。当然，并不是所有的量子体系都将违背这一定理，但只要发现其违背，哪怕是一些特例，也足够说明在正确的量子力学理论框架中是不容许隐变量假定的。

在以上的推导过程中我们看到，要对这一定理进行实验验证，需要具备两个条件：要能找到两个非局域的量子客体，它们能够用量子力学中最基本的态叠加原理来描述；实验上要能实现关联函数 $E(\alpha, \beta)$ 的有效测量。第一点要求整个系统 (即两个非局域的量子客体) 应当被制备于某种叠加态上，通常是一些现在称之为纠缠的量子态；而对于第二点，则需要在实验上有效地测出关联函数。首先，

测量 $A(\alpha, \lambda)$ 所得到的值 x 只能是 ± 1，也就是说，测量 A 时得到 x 的某个取值的概率可表示为：$P_x = \int [1 + xA(\alpha, \lambda)\rho(\lambda)\mathrm{d}\lambda]/2 = 0$，或者 1。进而，测量 A 得到值 x 和测量 B 得到值 y 的联合概率可表示为

$$P_{xy} = \int \frac{1 + xA(\alpha, \lambda)}{2} \cdot \frac{1 + yB(\alpha, \lambda)}{2} \rho(\lambda)\mathrm{d}\lambda$$

容易验证

$$P_{++} = \int \frac{1 + A(\alpha, \lambda)}{2} \cdot \frac{1 + B(\beta, \lambda)}{2} \rho(\lambda)\mathrm{d}\lambda$$

$$P_{--} = \int \frac{1 - A(\alpha, \lambda)}{2} \cdot \frac{1 - B(\beta, \lambda)}{2} \rho(\lambda)\mathrm{d}\lambda$$

$$P_{+-} = \int \frac{1 + A(\alpha, \lambda)}{2} \cdot \frac{1 - B(\beta, \lambda)}{2} \rho(\lambda)\mathrm{d}\lambda$$

$$P_{-+} = \int \frac{1 - A(\alpha, \lambda)}{2} \cdot \frac{1 + B(\beta, \lambda)}{2} \rho(\lambda)\mathrm{d}\lambda$$

故

$$P_{++} + P_{--} - P_{+-} - P_{-+} = \int A(\alpha, \lambda)B(\beta, \lambda)\rho(\lambda)\mathrm{d}\lambda = E(\alpha, \beta) \qquad (10.2.6)$$

这说明，局域变量 α 及 β 的关联 $E(\alpha, \beta)$ 可以通过联合测量 A, B 来确定：等于两者得到相同取值的概率减去得到不同取值的概率。

在过去的几十年时间里，人们已经利用纠缠光子对在相当高的精度上实现了 Bell 不等式可以违背的验证，从而否定了所谓隐变量的存在。这些光子对可以利用原子的级联辐射来产生，也可以通过非线性晶体中的参量下转换过程来获得。

10.2.2　利用近似单比特操作进行近似局域变量编码的 Bell 不等式验证 [7]

考虑如图 10.2.1 所示的两比特超导电路，它是实际实验电路的一种简化，其 Hamilton 量为

$$\hat{H} = \sum_{j=1,2} [E_{\mathrm{C}_j}(\hat{n}_j - n_{\mathrm{g}_j})^2 - E_{\mathrm{J}}^{(j)} \cos \hat{\theta}_j] + E_{\mathrm{m}} \prod_{j=1}^{2} (\hat{n}_j - n_{\mathrm{g}_j}) \qquad (10.2.7)$$

其中，第 j 个盒子的过量 Cooper 对数 $\hat{n}_j$ 和相位算符 $\hat{\theta}_j$ 是共轭的：$[\hat{n}_j, \hat{\theta}_j] = \mathrm{i}\delta$；$E_{\mathrm{C}_j} = 4e^2 C_{\Sigma_k}/C_{\Sigma}(j \neq k = 1, 2)$ 和 $E_{\mathrm{J}}^{(j)} = 2\varepsilon_{\mathrm{J}_j} \cos(\pi \Phi_j/\Phi_0)$ 分别是第 j 个盒子的电荷和 Josephson 能量；而 $E_{\mathrm{m}} = 4e^2 C_{\mathrm{m}}/C_{\Sigma}$ 是两比特之间的耦合强度。其中，$\varepsilon_{\mathrm{J}_j}$ 和 C_{Σ_j} 分别是第 j 个比特的 Josephson 能量和总电容，而且 $C_{\Sigma} = C_{\Sigma_1} C_{\Sigma_2}$ 和 $n_{\mathrm{g}_j} = C_{\mathrm{g}_j} V_{\mathrm{J}}/(2e)$。在满足极端的工作条件 $k_{\mathrm{B}}T \ll \varepsilon_{\mathrm{J}_j} \ll E_{\mathrm{C}_j} \ll \Delta$ 下，准粒

子隧穿和激发都可以忽略不计。这里，k_B, T, Δ 和 $2\varepsilon_{J_j}$ 分别是 Boltzmann 常量、温度、超导能隙和第 j 个电荷比特的最大 Josephson 能量。假定两个 Cooper 对岛都工作于其简并点附近 (即 $n_{g_1} = n_{g_2} = 1/2$)，则系统的动力学仅涉及四个最低能量的量子态 $|00\rangle, |10\rangle, |01\rangle$ 和 $|11\rangle$。由此，上面的 Hamilton 量可以简化为

$$\hat{H} = \sum_{j=1,2} \frac{1}{2} [E_{\mathrm{C}}^{(j)} \sigma_z^{(j)} - E_{\mathrm{J}}^{(j)} \sigma_x^{(j)}] + E_{12} \sigma_z^{(1)} \sigma_z^{(2)} \tag{10.2.8}$$

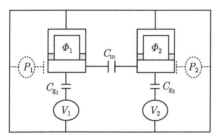

图 10.2.1　两个通过电容耦合起来的超导电荷量子比特

两个 Cooper 岛上的 Cooper 对数目 (量子比特) 可以通过偏置门电压 V_1, V_2 来控制，外部磁通 Φ_1, Φ_2 (穿过 SQUID 回路) 用于调控有效 Josephson 隧穿能。P_1 和 P_2 (虚线部分) 则用于读取量子比特的状态

其中，$E_{12} = E_m/4$; $E_{\mathrm{C}}^{(j)} = E_{\mathrm{C}_j}(n_{g_j} - 1/2) + E_m(n_{g_k} - 1/4)$。这里赝自旋算符的定义是：$\sigma_z^{(j)} = |0_j\rangle\langle 0_j| - |1_j\rangle\langle 1_j|$ 和 $\sigma_x^{(j)} = |0_j\rangle\langle 1_j| + |1_j\rangle\langle 0_j|$。这里的下标 j(或 k) 是用来标注第 j(或 k) 个量子比特。例如，$|0_j\rangle$ 代表第 j(或 k) 个量子比特是 "0"。为了简化，两比特态 $|mn\rangle$(其中，$m, n = 0, 1$) 的下标被忽略掉。显然，比特间的耦合能量 $E_{12} = E_m/4$ 是由耦合电容 C_m 决定的，是不可调的。然而，$E_{\mathrm{C}}^{(j)}$ 和 $E_{\mathrm{J}}^{(j)}$ 则可以分别通过门电压 V_j 和磁通 Φ_j 来调节。

我们的验证方案包括如下的两个步骤。

(1) 制备可能违背 Bell 不等式的宏观量子态。

大量的研究表明，著名的 Bell 态将是最大违背 Bell 不等式的量子态。因此，我们将首先制备这一两比特超导电路的 Bell 态。

自然地，我们假定开始时电路已经被初始化到其基态 $|\psi_0\rangle = |00\rangle$ 上，这可以通过使电压合适地偏置使系统工作于远离能级简并点 ($n_g = 1/2$) 处，而且 $E_{\mathrm{J}}^{(1)} = E_{\mathrm{J}}^{(2)} = 0$ 来达到。首先，我们对选定的一个量子比特 (比如第一个量子比特) 实行一个条件性单比特操作 (实际上是一个两比特操作，是保持一个比特不演化的情况下对另一个比特进行操作)，即设定一个快速脉冲 t_j，使得 $E_{\mathrm{J}}^{(1)} \neq 0$, $E_{\mathrm{C}}^{(1)} = -2E_{12}$，从而导致一个演化 $\hat{U}_-^{(1)}(\theta_j) = I_1 \otimes |1_2\rangle\langle 1_2| + [I_1 \cos\theta_1 + \mathrm{i}\sigma_j^x \sin\theta_1] \otimes |0_2\rangle\langle 0_2|$

$$|\psi_0\rangle = |00\rangle \xrightarrow{\hat{U}_-^{(1)}(\theta_1)} |\Psi_\pm\rangle = \frac{1}{\sqrt{2}}(|00\rangle \pm \mathrm{i}|10\rangle) \tag{10.2.9}$$

这里持续时间被设置成满足条件：$\cos(t_1\lambda_j/\hbar) = 1$, $\lambda_1 = \sqrt{4E_{12}^2 + (E_J^{(1)}/2)^2}$ 和 $\sin\theta_1 = \pm 1/\sqrt{2}$, $\theta_1 = t_1 E_J^{(1)}/2\hbar$。接下来我们在保持 $|00\rangle$ 不变的情况下，通过实现演化 $|10\rangle \longrightarrow |11\rangle$ 来确定性地制备 Bell 态

$$|\Psi_\pm\rangle \xrightarrow{U_+^{(2)}(\theta_2)} |\psi_\pm\rangle = \frac{1}{\sqrt{2}}(|00\rangle \pm \mathrm{i}|11\rangle) \tag{10.2.10}$$

其中，操作 $U_+^{(2)}$ 是通过偏置 $E_J^{(2)} \neq 0$, $E_C^{(2)} = 2E_{12}$，并取脉冲持续时间 t_2 满足条件 $\cos(\lambda_2 t_2/\hbar) = \sin\theta_2 = 1$, $\lambda_1 = \sqrt{4E_{12}^2 + (E_J^{(1)}/2)^2}$, $\theta_2 = t_2 E_J^{(2)}/2\hbar$ 来实现的。

当然，这样的态制备在实验上是需要验证的。这通常是通过一种叫量子态层析 (tomographic) 的技术将其对应的密度矩阵重构出来。制备的态是否足够地接近想要制备的量子态，则需要与理想情况下该量子态的密度矩阵进行对比。在这里我们不再详细描述如何利用这一技术来进行这些验证，感兴趣的读者可参考相关文献。要利用所制备出来的 Bell 态进行 Bell 不等式的验证，还必须要求所制备出来的 Bell 态的寿命足够的长。理论上这是可能的，因为完成以上两步脉冲制备操作后，电路又被偏置回其初始时 $E_C^{(j)} = E_J^{(j)} \equiv 0$ 的"闲着"状态。这时，电路的 Hamilton 量可简单地表示为 $H_s = E_{12}\sigma_1^z\sigma_2^z$，而所制备出来的 Bell 态正是其本征态之一，因而其寿命在理论上应该是足够长。我们的数值结果也证实了这一点。

(2) 利用近似的单比特操作进行近似的局域性编码，并通过两比特的联合测量得到关联函数 $E(\alpha, \beta)$。

实验验证 Bell 不等式的另一个关键问题是测量两个局域变量 α 和 β 之间的关联。变量 α 和 β 的局域性意味着它们应分别是属于比特 A 和比特 B 的变量，这就要求它们必须是通过严格的单比特操作分别编码到它们各自所属的量子比特上的。

在本实验电路中，两个量子比特通过一个耦合电容 C_m 一直地耦合在一起，因而它们各自严格的单比特操作原则上不可能实现。但是，作为一种实验精度允许情况下的近似，这样的单比特操作还是可以近似地得以实现的。比如，在偏置条件 $E_C^{(1)} = E_C^{(2)} = E_J^{(k)} = 0$ 下，简单的脉冲 $E_J^{(j)} \neq 0$ 就可以实现如下操作：

$$\bar{U}_J^{(j)} = \hat{B}_j \otimes |0_k\rangle\langle 0_k| + \hat{B}_j^* \otimes |1_k\rangle\langle 1_k| + \xi_j \sigma_x^{(j)} \otimes \hat{I}_k \tag{10.2.11}$$

其中，$\hat{B}_j = \zeta_j|0_j\rangle\langle 0_j| + \zeta_j^*|1_j\rangle\langle 1_j|$; $\zeta_j = \cos(t\gamma_j/\hbar) - \mathrm{i}\cos\alpha_j\sin(t\gamma_j/\hbar)$; $\xi_j = \mathrm{i}\sin\alpha_j\sin(t\gamma_j/\hbar)$; $\cos\alpha_j = E_{12}/\gamma_j$; $\gamma_j = \sqrt{(E_{12})^2 + (E_J^{(j)}/2)^2}$。故而，对制备出来的 Bell 态进行局域变量编码的过程可简单地由两步操作 $\prod_{j=1}^{2} \bar{U}_J^{(j)}$ 完成。相应地，电路的量子态变为：$|\psi_\pm'\rangle = \prod_{j=1}^{2} \bar{U}_J^{(j)}|\psi_\pm\rangle$。经过这一编码过程后，量子态的纠缠度

将不再保持原来 Bell 态情况下的最大纠缠度 $C = 1$, 而是导致了一个改变量

$$\Delta C = 1 - \sqrt{1 - \{\sin(2\alpha)[1 - \cos(2\varphi_1 + 2\varphi_2)]\}^2} \tag{10.2.12}$$

其中, 我们已经假定 $\alpha_1 = \alpha_2 = \alpha$ 和 $\varphi_j = 2\gamma_j t/\hbar \, (j = 1, 2)$。显然 $\Delta C = 0$ 将对应于理想的局域性编码。

经过上述局域变量的编码以后, 我们对量子态 $|\psi'_\pm\rangle$ 施行两比特联合测量: 探测量子比特的布居数, 从而考察它们是否在相同的逻辑态: 激发态 $|1\rangle$ 上或基态 $|0\rangle$ 上, 最后得出与每组局域变量相对应的关联函数 $E(\alpha, \beta)$ 的值。在现在的超导电路中, 所测量的是每个比特 (即 Cooper 对岛) 上的电荷量子态。测量的方法是通过一个合适电压偏置的单电子晶体管 (SET) 耦合于被测量子比特, 从流过其电流的大小可以区分出岛上的电荷, 即该比特所处的电荷量子态。比如, 当对态 ρ 执行投影测量 $\hat{P}_j = |1_j\rangle\langle 1_j|$ 时, 所得到的耗散电流 $I_c^{(j)} \propto \mathrm{tr}(\rho\hat{P}_j)$。这样的一个投影测量等价于对 $\sigma_z^{(j)}$ 的测量, 因为 $\sigma_z^{(j)} = (\hat{I} - \hat{P}_j)/2$。为了同时测出两个 Cooper 岛的电荷状态, 我们需要施行的是 $P_{12} = \hat{P}_1 \otimes \hat{P}_2$ 联合投影测量。理论上, 两局域变量 φ_1 和 φ_2 的关联能够用算符 $\hat{P}_T = |11\rangle\langle 11| + |00\rangle\langle 00| - |10\rangle\langle 10| - |01\rangle\langle 01| = \sigma_z^{(1)} \otimes \sigma_z^{(2)}$ 的期望值

$$E(\varphi_1, \varphi_2) = \cos^2\alpha + \sin^2\alpha \cos(\varphi_1 + \varphi_2) \tag{10.2.13}$$

来表示。实验上, 上述所有操作步骤都能够在不同参数设置以一种可控的方式实现多次重复。结果, 对于任何选定的经典变量 φ_1 和 φ_2 对的关联函数可由

$$E(\varphi_1, \varphi_2) = \frac{N_{\mathrm{same}}(\varphi_1, \varphi_2) - N_{\mathrm{diff}}(\varphi_1, \varphi_2)}{N_{\mathrm{same}}(\varphi_1, \varphi_2) + N_{\mathrm{diff}}(\varphi_1, \varphi_2)} \tag{10.2.14}$$

进行计算。这里 $N_{\mathrm{same}}(\varphi_1, \varphi_2)$ ($N_{\mathrm{diff}}(\varphi_1, \varphi_2)$) 是发现在两个量子比特处于相同 (不同) 逻辑态的事件数。有了这些测量得到的关联函数, 就能对 Bell 不等式是否违背进行验证。

对典型局域变量集合 $\{\varphi_j, \varphi'_j\} = \{-\pi/8, 3\pi/8\}$ 和比特间耦合强度 $E_{\mathrm{m}} = 4E_{12} = E_{\mathrm{J}}, \, E_{\mathrm{J}}/10$ 和 $E_{\mathrm{J}}/100$, 我们在表 10.2.1 中给出了关联 $E(\varphi_1, \varphi_2)$ 和局域变量编码过程中纠缠度的变化量 ΔC, 以及 CHSH 函数 $f = |E(\varphi_1, \varphi_2) + E(\varphi'_1, \varphi_2) + E(\varphi_1, \varphi'_2) + E(\varphi'_1, \varphi'_2)|$。可以看到, 比特间耦合越小纠缠度变化量 ΔC 也越小。对于非常弱的耦合系统, 例如, $E_{\mathrm{m}}/E_{\mathrm{J}} = 0.1$(或 0.01), 以上的局域变量编码操作可以被认为是相当理想的。忽略这些微小的局域性漏洞, 我们看到 CHSH-Bell 不等式

$$|E(\varphi_1, \varphi_2) + E(\varphi'_1, \varphi_2) + E(\varphi_1, \varphi'_2) + E(\varphi'_1, \varphi'_2)| < 2 \tag{10.2.15}$$

表 10.2.1　对于一定比特间耦合 E_m 参数, 不同可控经典变量 φ_1 和 φ_2 组合所对应的纠缠度变化 ΔC, 关联函数 $E(\varphi_1, \varphi_2)$ 和 CHSH 函数 f 的值

E_m	(φ_1, φ_2)	ΔC	$E(\varphi_1, \varphi_2)$	f
E_J	$(-\pi/8, -\pi/8)$	0.006 99	0.765 69	
	$(-\pi/8, 3\pi/8)$	0.006 99	0.765 69	2.6627
	$(3\pi/8, -\pi/8)$	0.006 99	0.765 69	
	$(3\pi/8, 3\pi/8)$	0.269 43	-0.365 69	
$E_\mathrm{J}/10$	$(-\pi/8, -\pi/8)$	0.002 38	0.724 34	
	$(-\pi/8, 3\pi/8)$	0.000 11	0.707 84	2.8264
	$(3\pi/8, -\pi/8)$	0.000 11	0.707 84	
	$(3\pi/8, 3\pi/8)$	0.003 63	-0.702 85	
$E_\mathrm{J}/100$	$(-\pi/8, -\pi/8)$	0.000 01	0.707 11	
	$(-\pi/8, 3\pi/8)$	0.000 01	0.707 11	2.8284
	$(3\pi/8, -\pi/8)$	0.000 01	0.707 11	
	$(3\pi/8, 3\pi/8)$	0.000 04	-0.707 06	

是被明显地违背了的。当然, 这一验证方案的施行还受到一个物理条件的限制, 即电路的量子退相干时间应当远大于操作与投影测量的完成时间。目前超导电荷量子比特的退相干时间还比较短, 比如实验测得 $\sim 0.6\mathrm{ns}$, 故而直接用现在的超导电荷比特电路来验证 Bell 不等式还有相当的难度。尽管环境噪声影响和操作缺陷可以在统计平均计算关联函数 $E(\varphi_1, \varphi_2)$ 时得到一定程度的抑制, 但更长退相干时间的要求, 显然将在本质上增加实验的成功性。所以, 实验上率先实现了 Bell 不等式的验证所用的是退相干时间更长的超导位相比特电路。

10.2.3　利用有效单比特操作进行有效局域变量编码的 Bell 不等式验证 [8]

在 Bell 不等式的验证过程中, 只有严格的单比特操作才能实现理想的局域变量编码。对光子、囚禁离子及中子比特等而言, 它们的单比特操作是很容易实现的, 但比特间的相互作用需要通过特殊的设计才能实现。然而, 正如上面我们所看到的那样, 在固态量子电路 (如超导及量子点等) 中比特之间往往是通过一个固定不变 (如电容器或电感等) 的器件连接起来的, 因而这种比特间的耦合一般是不可调节或开关的。在上面的验证方案中, 我们设计了一个近似的单比特操作 (比特间的固有耦合仍保留) 来进行局域变量编码, 这种近似程度的好坏由这一编码过程所导致的纠缠度的变化来度量。在本小节中, 我们介绍如何利用一种称为 "refocusing" 的方法来克服这一困难, 其基本思想是通过某种组合起来的逆演化过程来抵消比特间固有耦合本身导致的量子态演化。比如, 对于固定比特间耦合相互作用 $\kappa\sigma_1^z\sigma_2^z$ 所导致的两比特态演化 $U_\mathrm{I}(t) = \exp(-it\kappa\sigma_1^z\sigma_2^z/\hbar)$, 可以通过如下的组合演化:

$$U_\mathrm{I}(t)\sigma_j^x U_\mathrm{I}(t)\sigma_j^x = \exp(-it\kappa\sigma_1^z\sigma_2^z/\hbar)\exp(it\kappa\sigma_1^z\sigma_2^z/\hbar) = \hat{I}, \quad j = 1, 2 \quad (10.2.16)$$

来抵消。这一方法在核磁共振技术中常被用来消除核自旋之间不可调相互作用的影响[9]，事实上，在核磁共振系统中第 i 个核自旋和第 j 个核自旋之间的耦合常数 J_{ij} 比起它们之间本征频率差 $\Delta\omega_{ij} = |\omega_j - \omega_i|$ 来说要小得多，比如，$J_{ij}/\Delta\omega_{ij} \lesssim 10^{-4}$。所以，"refocusing" 操作所需的关键单比特 σ_j^x 旋转很容易通过对单个核自旋施行一个强的共振脉冲来实现。但在现在的超导量子电路中，比特间的相互作用 E_{12} 和单比特旋转操作强度 $E_{\rm J}$ 相比，大概只小一个量级，并且两个比特之间的本征频率几乎是相等的。所以，直接对某个单比特加一个与其本征频率共振的脉冲难以实现所需的 σ_j^x 操作。为此，我们采用"动力学去耦"办法将能在超导电路中选定的某个量子比特有效地实现所需的单比特操作。

我们考虑如图 10.2.2 所示更接近于实验实际情况的超导量子电路。假定，每个 Cooper 对岛都偏置于其简并点附近，即 $n_{\rm gj} = (C_{\rm gj}V_{\rm gj} + C_{\rm pj}V_{\rm p})/2e \sim 1/2$，故而整个电路的量子动力学演化将被控制在其四个最低电荷态：$|00\rangle, |10\rangle, |01\rangle$ 和 $|11\rangle$ 空间所展开的子空间里。这样，这个电路的 Hamilton 量就可以简单地写为

$$\hat{H} = \frac{1}{2}\sum_{j=1,2}^{3}[E_{\rm C}^{(j)}\sigma_z^{(j)} - E_{\rm J}^{(j)}\sigma_x^{(j)}] + E_{12}\sigma_z^{(1)}\sigma_z^{(2)} \qquad (10.2.17)$$

其中，$E_{12} = E_{\rm m}/4$, $E_{\rm m} = 4e^2 C_{\rm m}/C_{\Sigma}$ 是量子比特间的有效耦合强度。有效电荷能量 $E_{\rm C} = E_{{\rm C}j}(-1/2 + n_{{\rm g}j}) + E_{\rm m}(-1/4 + n_{{\rm g}k}/2), j, k = 1, 2$，其中，$E_{{\rm C}j} = 4e^2 C_{\Sigma k}/C_{\Sigma}$。超导量子干涉仪有效 Josephson 能量是 $E_{\rm J}^{(j)} = 2\varepsilon_{\rm J}^{(j)}\cos(\pi\Phi_j/\Phi_0)$，其中 $\varepsilon_{\rm J}^{(j)}$ 是单结 Josephson 能量。上面的 $C_{\Sigma} = C_{\Sigma_1}C_{\Sigma_2} - C_{\rm m}^2$，$C_{\Sigma_j}$ 是连接第 j 个盒子所有电容的和。赝自旋算符具有如下的定义形式：$\sigma_z^{(j)} = |0_j\rangle\langle 0_j| - |1_j\rangle\langle 1_j|$ 和 $\sigma_x^{(j)} = |0_j\rangle\langle 1_j| + |1_j\rangle\langle 0_j|$。

图 10.2.2　两个电荷量子比特的电容性耦合

两个 Cooper 对岛 (量子比特) 的量子态是通过控制偏置门电压 $V_{\rm g1}$ 和 $V_{\rm g2}(j = 1, 2, 3)$、外置磁通 Φ_1 和 Φ_2 (影响 SQUID 回路) 进行操作的。P_1 和 P_2(虚线部分) 用于读出最终的量子比特态

为了有效实现单比特操作 σ_j^x，我们使电路工作于其简并点处：$n_{\rm g1} = n_{\rm g2} = 0.5$，从而 $E_{\rm C}^{(1)} = E_{\rm C}^{(2)} = 0$；并且 $\Phi_j = 0$, $\Phi_k = \Phi_0/2$ $(k \neq j)$，使得 $E_{\rm J}^{(j)} = 2\varepsilon_{\rm J}^{(j)} \neq$

0, $E_{\mathrm{J}}^{(k)}=0$。在这种情况下，电路的 Hamilton 量变为

$$\hat{H}_{\mathrm{I}} = -\varepsilon_{\mathrm{J}}^{(j)}\sigma_x^{(j)} - E_{12}\sigma_z^{(1)}\sigma_z^{(2)} \tag{10.2.18}$$

显然，其对应的含时演化算符为

$$\hat{U}_{\mathrm{I}}(t) = \exp\left(-\frac{\mathrm{i}t}{\hbar}\hat{H}_{\mathrm{I}}\right) = \exp\left[\frac{\mathrm{i}t}{\hbar}\varepsilon_{\mathrm{J}}^{(j)}\sigma_j^x\right]\hat{U}_{\mathrm{int}}(t) \tag{10.2.19}$$

其中，算符 $\hat{U}_{\mathrm{int}}(t)$ 通过如下方程定义：

$$\mathrm{i}\hbar\frac{\partial\hat{U}_{\mathrm{int}}(t)}{\partial t} = \hat{H}_{\mathrm{int}}(t)\hat{U}_{\mathrm{int}}(t), \quad \hat{H}_{\mathrm{int}}(t) = E_{12}\exp\left[-\frac{\mathrm{i}t}{\hbar}\varepsilon_{\mathrm{J}}^{(j)}\sigma_x^{(j)}\right]\sigma_z^1\sigma_z^2\exp\left[\frac{\mathrm{i}t}{\hbar}\varepsilon_{\mathrm{J}}^{(j)}\sigma_x^{(j)}\right] \tag{10.2.20}$$

由于 $\zeta_j = E_{12}/(2\varepsilon_{\mathrm{J}}^{(j)}) \ll 1$（例如在实验中 $\zeta_j \lesssim 1/4$），我们可以做如下的微扰展开：

$$\hat{U}_{\mathrm{int}}(t) = 1 + \left(-\frac{\mathrm{i}}{\hbar}\right)\int^t \mathrm{d}t'\,\hat{H}_{\mathrm{int}}(t') + \left(-\frac{\mathrm{i}}{\hbar}\right)^2\int^t\int^{t'}\mathrm{d}t'\,\mathrm{d}t''\,\hat{H}_{\mathrm{int}}(t')\hat{H}_{\mathrm{int}}(t'') + \cdots$$

$$= 1 - \left(\frac{\mathrm{i}t}{\hbar}\right)\frac{E_{12}^2}{2\varepsilon_{\mathrm{J}}^{(j)}}\sigma_x^{(j)}\otimes I^k + \hat{O}(\zeta_j^2) \tag{10.2.21}$$

忽略掉 ζ_j 的高次项，系统的 Hamilton 量就可以简化为

$$\hat{H}_{\mathrm{eff}} = -\left[\varepsilon_{\mathrm{J}}^j + \frac{E_{12}^2}{2\varepsilon_{\mathrm{J}}^{(j)}}\right]\sigma_x^{(j)}\otimes I^k \tag{10.2.22}$$

这就是在一个有固定耦合量子电路中实现有效单比特操作所需要的 Hamilton 量。在以上的推导中，一次展开项：$\hat{U}_{\mathrm{int}}^{(1)}(t) = (-\mathrm{i}t/\hbar)\displaystyle\int^t \mathrm{d}t'\,\hat{H}_{\mathrm{int}}(t')$ 对整个电路时间演化实际上影响很小，是一个和 ζ_j^2 同数量级的微弱效应，故而可有效地忽略。显然，在以上的"动力学去耦"近似中，比特之间的恒定耦合项被作为一种 Josephson 能量的平移效应吸纳进单比特演化中去了。有效 Hamilton 量 H_{eff} 所对应的就是如下的单比特演化：

$$\hat{R}_x^{(j)} = \exp[\mathrm{i}\varphi_j\sigma_x^{(j)}], \quad \varphi_j = \frac{\varepsilon_{\mathrm{J}}^{(j)}t}{\hbar}(1+2\zeta_j^2) \tag{10.2.23}$$

通过合适地设置演化时间，使 $\cos\varphi_j = 0$，则此演化就成为 "refocusing" 操作组合中所需的单比特 $\sigma_x^{(j)}$ 旋转。

以上的"动力学去耦"的有效性可以通过比较未近似下 Hamilton 量演化的差异来验证，即在同样的初态情况下，比较由 $\hat{H}_{\mathrm{eff}}$ 导致的含时演化

$$\hat{U}_{\mathrm{appr}}(t) = R_x^j(\varphi_j)\otimes I^k \tag{10.2.24}$$

与不做任何近似下得到的精确时间演化

$$\hat{U}_{\text{ex}}(t) = \exp(-it\hat{H}_I/\hbar) = A(t)\sigma_x^{(j)} \otimes I^k + B(t)(|0_j0_k\rangle\langle0_j0_k|$$
$$+ |1_j1_k\rangle\langle1_j1_k|) + B^*(t)(|1_j0_k\rangle\langle1_j0_k| + |0_j1_k\rangle\langle0_j1_k|) \quad (10.2.25)$$

之间的差异。这里

$$A(t) = i\rho_j(t), \quad B(t) = [1 - \rho_j^2(t)]^{1/2}\exp[-i\zeta_j(t)] \quad (10.2.26)$$

其中，$\rho_j(t) = \nu_j^{-1}\sin(\varepsilon_J^{(j)}\nu_j t/\hbar), \nu_j = [1 + (E_{12}/\varepsilon_J^{(j)})^2]^{1/2}, \zeta_j(t) = \arctan[2\zeta_j\nu_j^{-1}\tan(\varepsilon_J^{(j)}\nu_j t/\hbar)]$。图 10.2.3 给出了基于 $\hat{U}_{\text{appr}}(t)$(实线) 和 $\hat{U}_{\text{ex}}(t)$(虚线) 经过相同时间的演化后，$|1_j0_k\rangle \leftrightarrow |0_j0_k\rangle$ 跃迁概率的比较。可见两者符合得相当好，当耦合强度分别等于 $\zeta_j = 1/8$ 和 $\zeta_j = 1/10$ 时，两者的最大差异小于 0.06 和 0.04。

图 10.2.3 分别基于近似和精确时间演化，经过 $\tau = \varepsilon_J^{(j)}t/\hbar$ 时间后，$|1_j0_k\rangle \leftrightarrows |0_j0_k\rangle$ 的概率：P_{appr}(实线) 和 P_{ex}(虚线)。显然，随着比特间耦合 ζ_j 减小，它们间的差异也减小

类似地，若系统工作点远离简并点 (比如 $n_{g_j} < 0.25$)，相对于电荷能 E_C^j 来说，E_J^j 和固定耦合强度 E_{12} 都是微扰小量。这样电路的 Hamilton 量就可以有效地近似为

$$\hat{H}_2 = \sum_{j=1,2} E_j\sigma_z^{(j)} - E_{12}\sigma_z^{(1)} \otimes \sigma_z^{(2)} \quad (10.2.27)$$

其中，$E_j = E_C^{(j)}[1 + \varsigma_j^2/(1 - \varsigma_{12}^2)]$ 和 $\varsigma_j = E_J^{(j)}/(2E_C^{(j)})$, $\varsigma_{12} = E_{12}/E_C^{(j)}$。它所对应的演化是

$$R_z^{12} = \exp[-i\chi_{12}\sigma_z^{(1)}\sigma_z^{(2)}] \otimes \prod_{j=1,2} \exp[-i\chi_j\sigma_z^{(j)}] \quad (10.2.28)$$

其中，$\chi = \{\chi_j, \chi_{12}\}$ 和 $\chi_j = E_j t/\hbar$, $\chi_{12} = E_{12}t/\hbar$。对于最简单情况即 $E_J^{(j)} = 0$, $\varsigma_j = 0$，我们可得到 $E_j = E_C^{(j)}$。进而，按上述的 "refocusing" 操作组合就可得另一个单比特操作

$$R_z^{(j)}(\phi_j) = [R_z^{(12)}(\chi)\sigma_x^{(k)}]^2 = \exp[\phi_j\sigma_z^{(j)}] \tag{10.2.29}$$

其中，$\phi_j = 2\chi_j$。注意到，这个操作的位相反转形式 $R_z^{(j)}(-\phi_j) = \exp[\phi_j\sigma_z^{(j)}]$ 可通过控制外置门电压来改变 E_j 而获得。

理论上，单比特操作 $R_z^{(j)}(\phi_j)$ 和单比特操作 $R_x^{(j)}(\varphi_j)$ 是不对易的，因此它们的组合能构成任意的单比特操作。例如，在 Bell 不等式验证中用到的局域变量编码操作就可以按如下方式：

$$\begin{aligned}
R_j(\theta_j) &= R_z^{(j)}(\theta_j/2)R_x^{(j)}(\pi/4)R_z^{(j)}(-\theta_j/2) \\
&= \frac{1}{\sqrt{2}}\begin{pmatrix} 1 & -\mathrm{i}\exp(\mathrm{i}\theta_j) \\ -\mathrm{i}\exp(-\mathrm{i}\theta_j) & 1 \end{pmatrix}
\end{aligned} \tag{10.2.30}$$

实现。至此，我们建立了一种更为有效的局域变量编码方案，预计由此实现的 Bell 不等式验证的精度会更高一些。

10.3　在三比特超导电路中确定性地验证 Bell 定理[10]

在以上通过不等式来验证 Bell 定理的方案中，所涉及的物理可观测量是两个局域变量之间的非局域关联 $E(\alpha, \beta)$。但这个关联函数是一个需要做多次测量再求统计平均才能得到的物理量，因而 Bell 定理验证的有效性只具有统计意义。1990 年，Greenberger, Horne 和 Zeilinger(GHZ) 指出[11]，利用三粒子关联实验可以确定性地对 Bell 定理进行验证。这一论断已经被最近的三光子纠缠态实验所证实。我们的问题是，是否能利用超导量子电路在宏观水平上同样地对这一确定性判据进行验证呢？为此我们必须先制备一个宏观比特的三体纠缠 GHZ 态，然后进行一些组合测量来进行检验。

10.3.1　超导电路中的宏观 GHZ 态制备及证实

我们考虑如图 10.3.1 所示的三比特超导电路，它仅仅是在已有实验电路[12] 的基础上增加一个比特。这里三个 SQUID 结构的具有可控 Josephson 能量的超导 Cooper 对岛构成了 Josephson 三量子比特，它们之间的距离是在微米量级并通过两个电容耦合起来。同样，假定每个 Cooper 对岛都被偏置在其简并点附近，因而整个电路的动力学演化就可以由如下简化的 Hamilton 量：

$$\hat{H} = \frac{1}{2}\sum_{j=1}^{3}[E_{\mathrm{C}}^{(j)}\sigma_x^{(j)} - E_{\mathrm{J}}^{(j)}\sigma_x^{(j)}] + \sum_{j=1}^{2}K_{j,j+1}\sigma_z^{(j)}\sigma_z^{(j+1)} \tag{10.3.1}$$

来决定。这里 $E_{\mathrm{J}}^{(j)} = 2\varepsilon_{\mathrm{J}}^{(j)}\cos(\pi\Phi_j/\Phi_0)$ 为第 j 个量子比特的有效 Josephson 能，

$E_\mathrm{C}^{(j)} = 2e^2[\tilde{C}_{\Sigma_j}^{-1}(2n_\mathrm{g} - 1) + \sum_{k \neq j} \tilde{C}_{j,k}^{-1}(2n_{gk} - 1)]$ 表示第 j 个量子比特的有效电荷

能, 而 $K_{j,j+1} = e^2/\tilde{C}_{j,j+1}^{-1}$ 则表示两个近邻量子比特间的相互作用能; 其中 $n_{gj} = C_{gj}V_j/(2e) \sim 0.5$, 并且 $\tilde{C}_{\Sigma_1} = C_{\Sigma_1}/(1 + C_{12}^2 C_{\Sigma_3}/\tilde{C})$, $\tilde{C}_{\Sigma_2} = \tilde{C}/(C_{\Sigma_1}C_{\Sigma_3})$, $\tilde{C}_{\Sigma_3} = C_{\Sigma_3}/(1 + C_{23}^2 C_{\Sigma_1}/\tilde{C})$, $\tilde{C}_{12} = \tilde{C}/(C_{\Sigma_3}C_{12}$, $\tilde{C}_{23} = \tilde{C}/(C_{\Sigma_1}C_{23})$, $\tilde{C}_{13} = \tilde{C}/(C_{12}C_{23})$, 以及 $\tilde{C} = \prod_{j=1}^{3} C_{\Sigma_j} - C_{12}^2 C_{\Sigma_3} - C_{23}^2 C_{\Sigma_1}$。这里, 赝自旋算符定义为: $\sigma_z^{(j)} = |0_j\rangle\langle 0_j| - |1_j\rangle\langle 1_j|, \sigma_x^{(j)} = |0_j\rangle\langle 1_j| + |1_j\rangle\langle 0_j|$。注意, 第 j 个量子比特的电荷能不仅仅依赖于其所偏置的第 j 个门电压, 而且与另外两个 Cooper 对岛的偏置电压有关。相对最近邻的量子比特之间的耦合强度 $K_{j,j+1}$, 非最近邻 (即第一个和第三个量子比特之间的 $K_{1,3}$) 相互作用的强度是很弱的, 故而可以忽略掉。事实上, 由典型的实验参数: $C_\mathrm{J} \sim 600\mathrm{aF}, C_\mathrm{m} \sim 30\mathrm{aF}, C_\mathrm{g} = 0.6\mathrm{aF}$, 所以我们可以得到 $K_{13}/K_{12} = K_{13}/K_{23} < C_\mathrm{m}/C_\mathrm{J} = 0.05$ 和 $K_{12}/2\varepsilon_j \sim 1/4$。

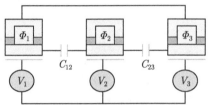

图 10.3.1　三个通过电容耦合的 SQUID 型电荷量子比特。三个 Cooper 对岛 (量子比特) 的量子态是通过控制偏置门电压 $V_j(j = 1, 2, 3)$ 外置磁通 $\Phi_j(j = 1, 2, 3)$(影响 SQUID 回路) 来进行操作的

正如上面的数值估计所看到的, 近邻比特之间的电容耦合 $K_{j,j+1}$ 是比较强的, 所以不可能实现任何的单比特操作。当然, 一旦知道了电路所处的状态, 则仍有可能在保持其他的量子比特不变情况下, 对选定的量子比特进行某种演化操作。比如, 从电路初始时刻 (这时 $E_\mathrm{C}^{(j)} = E_\mathrm{J}^{(j)} \equiv 0 \, (j = 1, 2, 3)$) 的基态 $|\psi(0)\rangle = |000\rangle$ 出发, 通过以下的三步脉冲过程:

$$|\psi(0)\rangle = |000\rangle \xrightarrow{\hat{U}_2(t_2)} \frac{1}{\sqrt{2}}(|000\rangle \pm \mathrm{i}|010\rangle) \xrightarrow{\hat{U}_1(t_1)} \frac{1}{\sqrt{2}}(|000\rangle \mp \mathrm{i}|110\rangle)$$

$$\xrightarrow{\hat{U}_3(t_3)} \frac{1}{\sqrt{2}}(|000\rangle \pm \mathrm{i}|111\rangle) = |\psi_\mathrm{GHZ}^\pm\rangle \tag{10.3.2}$$

我们就能得到所期望的 GHZ 态。这里, 第一步脉冲用于实现第一个演化 $\hat{U}_2(t_2)$: 作用是使第二个量子比特的两个逻辑态叠加。这个操作是通过突然施加第二个量子比特的 Josephson 能 $E_\mathrm{J}^{(2)} \neq 0$, 并且将其电荷能设为 $E_\mathrm{C}^{(2)} = -2(K_{12} + K_{23})$ 而实现的。这个脉冲的时间长度 t_2 应满足条件: $\sin[E_\mathrm{J}^{(2)}t_2/(2\hbar)] = \pm 1/\sqrt{2}$。同理,

第二 (或第三) 个演化 $\hat{U}_1(t_1)$(或 $\hat{U}_3(t_3)$) 是通过施加第一 (或第三) 个量子比特的 Josephson 能来实现的, 相应地要求电荷能设定为 $E_C^1 = 2K_{12}$(或 $E_C^3 = 2K_{23}$)。还有, 脉冲的长度应满足条件: $\sin[E_J^{(j)}t_j/(2\hbar)] = 1$ 和 $\cos[\gamma_j t_j/(2\hbar)] = 1$, 其中 $\gamma_j = \sqrt{(2K_{j2})^2 + (E_J^j)^2}$ $(j = 1,3)$。这样设置的目的是达到选定量子比特逻辑态的有条件反转, 比如, 若第二个量子比特处在 $|1\rangle$ 态则反转; 若第二个量子比特处在 $|0\rangle$ 态则将保持不变。

至此, 我们在理论上给出了如何在超导量子电路中制备宏观 GHZ 态。但如何证实以上所制备的就是我们想要制备的宏观量子 GHZ 态呢? 这还需要一个实验上的确认过程。所幸的是, 由于所制备的 GHZ 态本身也是空闲电路 (即对此电路没有进行任何操作, 故而其动力学可用 Hamilton 量 $\hat{H} = \sum_{j=1,2} K_{j,j+1}\sigma_z^{(j)}\sigma_z^{(j+1)}$) 的本征态, 所以至少在理论上它的寿命足够长。这就为证实它的制备提供了实验上的可能性。一般来说, 要完全表征一个量子态的做法是在实验上将密度矩阵的每个矩阵元都测定出来, 然后将密度矩阵整体地重构出来, 这就是通常所说的量子态的层析重构。然而, 这样的重构是以很多种的量子测量为基础的, 而且, 每种测量也还需要重复多次才能确定某一个或几个矩阵元中的参数。例如, 要重构一个三比特的量子态, 需要确定的矩阵元数目是 $8 \times 8 = 64$, 而每个矩阵元又都是复数, 故这 64 个矩阵元共有 128 个待定的实参数。如果用通常单值投影测量的方法来确定这些参数的话, 需要的投影测量的种类及次数将是一个非常大的数目。最重要的是, 这些重构所需要的测量都是一些破坏性的投影测量, 所以需要制备许许多多这一需要重构态的备份。从这个意义上说, 虽然量子态的层析重构是表征一个量子态的最精确方法, 但因此对量子态制备及测量操作等的要求也相应地复杂得多。有鉴于此, 我们采用如下一种简便得多的办法来实现以上所需要的 GHZ 态证实, 所需的操作步骤如下。

(1) 检验态的叠加性。

首先要证实所制备的量子态为两个计算基矢态 $|000\rangle$ 和 $|111\rangle$ 的叠加。为此, 我们同时对电路中三个 Cooper 对岛的电荷量子态进行独立的投影测量。这里, 假定每个投影探测器都能明确地区分岛上的 Cooper 对 $|0\rangle$ 态 (比如探测器无电流流过) 和 $|1\rangle$ 态 (比如探测器中有电流流过)。所以如果电路确实是被制备在以上所期望的 $|000\rangle$ 和 $|111\rangle$ 的叠加态上, 那么三个探测器的响应只有两种可能: 要么都有电流流过 (说明电路被塌缩到 $|111\rangle$ 态), 要么都没有电流流过 (对应于电路被塌缩到 $|000\rangle$ 态)。注意到这一测量结果只是证实 GHZ 态的必要条件, 而不充分。原因是, 态 $|000\rangle$ 和态 $|111\rangle$ 的非相干叠加 (即统计混合态) 也能导致同样的测量结果。

(2) 验证叠加的相干性。

第二步是为了验证以上所制备的态确实就是 $|111\rangle$ 和 $|000\rangle$ 相干叠加, 而不是它们的统计混合。我们考虑以下的操作次序:

$$|\psi_{\mathrm{GHZ}}^+\rangle \xrightarrow{\tilde{U}_2} \frac{1}{2}(|000\rangle - |101\rangle + \mathrm{i}|010\rangle + \mathrm{i}|111\rangle) \xrightarrow{\hat{P}_2} \frac{1}{\sqrt{2}}(|0_10_3\rangle + |1_11_3\rangle)$$

$$\xrightarrow{\tilde{U}_1 \otimes \tilde{U}_3} \frac{1}{\sqrt{2}}(|0_11_3\rangle + |1_10_3\rangle) \tag{10.3.3}$$

其中, $\hat{P}_2 = |1_2\rangle\langle 1_2|$ 表示的是对第二个量子比特进行的投影测量。如果此前我们所制备的态是 GHZ 态的话, 那么当我们最后对剩下的第一和第三个量子比特同时进行独立的投影测量时一定会得到这样的一个结果: 一个探测器有电流, 而另一个探测器则没有电流。这是相干叠加的必然结果, 如果最后的测量结果不是这样的, 那就说明此前制备的是态 $|000\rangle$ 和态 $|111\rangle$ 的非相干叠加, 而不是我们所期望的相干叠加情形。

现在剩下的问题是, 如何实现以上验证过程中所需的单比特操作 $\tilde{U}_j = \exp[\mathrm{i}\pi\sigma_x^{(j)}/4]$ $(j = 1, 2, 3)$, 即在对第 j 个比特施行此操作时, 其他的两个量子比特保持不变。在现在这种耦合不可调的固态电路中实现这一操作并不容易做到。首先, 为了实现对第二个量子比特的演化操作 $\tilde{U}_2$, 我们仅对第二个量子比特施加 Josephson 能, 使得 $E_{\mathrm{J}}^2 = 2\varepsilon_{\mathrm{J}}^2 \neq 0$, 这时电路将在 Hamilton 量

$$\hat{H}_2 = -\varepsilon_{\mathrm{J}}^{(2)}\sigma_x^{(2)} + K_{12}\sigma_z^{(1)}\sigma_z^{(2)} + K_{23}\sigma_z^{(2)}\sigma_z^{(3)} \tag{10.3.4}$$

的作用下演化。因为 $\xi_{12} = K_{12}/(2\varepsilon_{\mathrm{J}}^2) < 1, \xi_{23} = K_{23}/(2\varepsilon_{\mathrm{J}}^2) < 1$ (例如 $\lesssim 1/4$ 是典型的实验数据), 所以这里我们可以把 $\hat{H}_2$ 中的第二和第三项看作第一项的微扰。因此, 在忽略掉微扰小量 ξ_{12}, ξ_{23} 二阶及以上小量的情况下, 按上节同样的做法可以将 $\hat{H}_2$ 有效地近似为

$$\hat{H}_{\mathrm{eff}}^{(2)} = -\varepsilon_{\mathrm{J}}^2[1 + 2\zeta_{12}^2 + 2\zeta_{23}^2 + 4\zeta_{12}^2\zeta_{23}^2\sigma_z^{(1)}\sigma_z^{(3)}]\sigma_x^{(2)} \tag{10.3.5}$$

从形式上看, 在这个式子中第一个和第三个量子比特仍然会对第二个比特的演化造成影响。但幸运的是, 对 GHZ 态而言第一个和第三个量子比特的取值总是一样的, 故而上式中 $\sigma_z^{(1)}\sigma_z^{(3)} \equiv 1$。所以, 只要将演化时间设置为 $\tau_2 = \hbar\pi/4\varepsilon_{\mathrm{J}}^2[1 + 2\zeta_{12}^2 + 2\zeta_{23}^2 + 4\zeta_{12}^2\zeta_{23}^2]$, 那么所需要的单比特操作算符 $\tilde{U}_2 = \exp(-\mathrm{i}\hat{H}_{\mathrm{eff}}^2\tau_2/\hbar) = \exp(\mathrm{i}\pi\sigma_x^{(2)}/4)$ 就可以有效地实现。类似地, 通过对第一和第三个量子比特同时施加 Josephson 能, 可以将电路的 Hamilton 量写为

$$\hat{H}_{13} = \sum_{j=1,3}[-\varepsilon_{\mathrm{J}}^{(j)}\sigma_x^{(j)} + K_{j2}\sigma_z^{(j)}\sigma_z^2] \tag{10.3.6}$$

再次忽略掉 $\xi_{j2} = K_{j2}/(2\varepsilon_{\mathrm{J}}^j) < 1 \, (j = 1, 3)$ 的高次项，可得如下的有效 Hamilton 量：

$$\hat{H}_{\mathrm{eff}}^{(13)} = -\sum_{j=1,3} \varepsilon_{\mathrm{J}}^{(j)} \left[1 + 2\zeta_{j2}^{(2)} \sigma_z^{(2)} \right] \sigma_x^{(j)} \tag{10.3.7}$$

这里包含着与第二个量子比特状态有关的 Josephson 能修正项：$\Delta E = 4\varepsilon_{\mathrm{J}}^{(j)} \zeta_{j2}^2 \sigma_z^{(2)}$。再一次比较凑巧的是，在经历了投影测量之后的第二个量子比特，其量子态必定已经塌缩到了其基态 $|0\rangle$。投影探测的结果就是，如果岛上有电荷即处于态 $|1_2\rangle$ 的话，它们也将通过隧穿过程进入所连接的单电子探测系统中形成电流，故而岛上的电荷态必定会塌缩到电荷为零的 $|0\rangle$ 态。所以有效 Hamilton 量 $\hat{H}_{\mathrm{eff}}^{(13)}$ 导致的演化就是 $\hat{U}_{13}(\tau_{13}) = \exp(-\mathrm{i}\hat{H}_{\mathrm{eff}}^{(13)} \tau_{13}/\hbar) = \prod_{j=1,3} \exp\{\mathrm{i}\tau_{13}[\varepsilon_{\mathrm{J}}^{(j)}(1+2\zeta_{j2}^2)]/\hbar\}$。

显然，如果演化时间 τ_{13} 满足条件：$\tau_{13}[\varepsilon_{\mathrm{J}}^{(j)}(1+2\zeta_{j2}^2)]/\hbar = \pi/4$，那么就得到我们所需要的两个同时进行的单比特操作：$\prod_{j=1,3} \tilde{U}_j = \prod_{j=1,3} \exp(\mathrm{i}\pi\sigma_x^{(j)}/4)$。

10.3.2 Bell 定理的确定性验证

有了以上制备并经过证实了的 GHZ 态，下面关于无须验证 Bell 不等式来验证 Bell 定理的方法就相对比较标准了，例如可参见 Scully 和 Zubairy 在 1997 年所著 *Quantum Optics* 的第 18 章。现在我们的出发点是，有一个已经制备在三体纠缠 GHZ 态

$$|\psi_{\mathrm{GHZ}}^-\rangle = \frac{1}{\sqrt{2}}(|000\rangle - \mathrm{i}|111\rangle) \tag{10.3.8}$$

上的超导量子电路，我们将讨论如何对量子力学中的非局域性进行确定性而非统计性的验证。即设计一个实验方案对根据量子力学原理给出的预言和由隐变量 (经典决定性) 理论所推演出来的结果之间的矛盾进行"裁判"，这样的实验并不需要像验证 Bell 不等式一样进行多次量子测量。

首先我们看看，根据量子力学我们会得到什么是实验上可以明确验证的结果。第一，容易验证，电路的量子态 $|\psi_{\mathrm{GHZ}}^-\rangle$ 是组合算符集合 $\hat{O} = \{\sigma_y^{(1)}\sigma_x^{(2)}\sigma_x^{(3)}, \, \sigma_x^{(1)}\sigma_y^{(2)}\sigma_x^{(3)}, \, \sigma_x^{(1)}\sigma_x^{(2)}\sigma_y^{(3)}\}$ 中每一个的本征值为 $+1$ 的本征态。这就意味着，例如，如果"同时"对"宏观粒子"(即微米量子的 Cooper 对岛)2, 3 分别施行测量 $\sigma_x^{(2)}, \sigma_x^{(3)}$ 时得到的结果都是 $+1$ (它们都被投影到了同一个本征值的本征态上)，那么第三个"宏观粒子"的 $\sigma_y^{(1)}$ 不用测也知道它的取值必定是"$+1$"(即必定塌缩到了其本征态为 $+1$ 的本征态 $|\bar{\mp}\rangle$ 上了)。这样，由于它与第二、第三个粒子并不在一个地方 (有数微米远)，但只要它们单个单个的测量是足够快的 (即它们之间的信息还来不及传递过去，所有的测量都完成了)，则关于第一个"宏观粒子"所作的预言必定是一个"超距"作用的结果，这正是一个 EPR 型佯谬的又一种表现形式！第二，可以验

证所制备的 GHZ 态是组合算符 $\hat{Q} = \prod_{j=1}^{3} \sigma_y^{(j)}$ 的本征值为 -1 的本征态, 这与算符公式

$$\sigma_y^{(1)}\sigma_x^{(2)}\sigma_x^{(3)} \, \sigma_x^{(1)}\sigma_y^{(2)}\sigma_x^{(3)} \, \sigma_x^{(1)}\sigma_x^{(2)}\sigma_y^{(3)} = -\sigma_y^{(1)}\sigma_y^{(2)}\sigma_y^{(3)} \tag{10.3.9}$$

的推论是一致的。式 (10.3.9) 中我们利用了算符关系: $\sigma_x^{(j)}\sigma_y^{(j)} = -\sigma_y^{(j)}\sigma_x^{(j)}$。这说明, 如果我们进行组合测量的话, 那么三个探测器所得的结果 $m_y^{(1)}$, $m_y^{(2)}$, $m_y^{(3)}$ 应当满足关系: $m_y^{(1)}$, $m_y^{(2)}$, $m_y^{(3)} = -1$。

然后我们再分析隐变量的存在对这个超导电路意味着什么。因为这个理论隐含着一个这样的假定, 即如果能够精确预测一个物理量的取值, 那么一定对应于一个 "物理实在" 的元素。比如, 对 $\sigma_x^{(j)}$ 的测量, 由于只能得到 ± 1, 所以与此相对应必定存在一个 "物理实在" 的元素 $m_x^{(j)} = \pm 1$。因此, 如果我们对以上的超导电路 (制备于量子态 $|\psi_{\mathrm{GHZ}}^-\rangle$) 进行组合测量: $\{\sigma_y^{(1)}\sigma_x^{(2)}\sigma_x^{(3)}, \ \sigma_x^{(1)}\sigma_y^{(2)}\sigma_x^{(3)}, \ \sigma_x^{(1)}\sigma_x^{(2)}\sigma_y^{(3)}\}$, 那么所得到的物理实在元素应满足如下的关系:

$$m_y^{(1)}m_x^{(2)}m_x^{(3)} = +1, \quad m_x^{(1)}m_y^{(2)}m_x^{(3)} = +1, \quad m_x^{(1)}m_x^{(2)}m_y^{(3)} = +1 \tag{10.3.10}$$

由此, 我们得到

$$m_y^{(1)}m_x^{(2)}m_x^{(3)} \, m_x^{(1)}m_y^{(2)}m_x^{(3)} \, m_x^{(1)}m_x^{(2)}m_y^{(3)} = m_y^{(1)}m_y^{(2)}m_y^{(3)} = 1 \tag{10.3.11}$$

其中, 我们利用了经典变量的性质 $m_y^{(i)}m_x^{(j)} = m_x^{(i)}m_y^{(j)}$, $(m_x^{(i)})^2 = (m_x^{(j)})^2 = 1$, $i, j = 1, 2, 3$。这个推论意味着, 如果我们对电路进行组合测量 $\hat{Q}$ 的话, 三个探测器所得到的结果应当满足关系: $m_y^{(1)}m_y^{(2)}m_y^{(3)} = 1$。显然这是一个与量子力学预言相违背的结果。

可见, 要在制备于宏观 GHZ 量子态的超导电路中实现对上述 Bell 定理进行确定性的实验验证, 就包括以下的两个操作步骤: 第一, 施行组合测量 $\hat{O}$ 以确定某种 "物理实在元素"; 第二, 施行组合测量 $\hat{Q}$ 以检验关系 $m_y^{(1)}m_y^{(2)}m_y^{(3)} = 1$ 是否满足, 如果满足则说明确实存在某种 "物理实在" 元素, 即隐变量; 反之则证明现在的量子力学理论体系是完备的, 无须引入隐变量描述。因而, 现在剩下的问题是如何在电路中实现 $\sigma_x^{(j)}$ 和 $\sigma_y^{(j)}$ 测量了。这样的测量在光学系统中可以通过对单个探测器进行某种旋转操作, 比如用不同的检偏片可以对不同的光子偏振方向进行检测; 但在现在的固态电路中, 能够直接实现的量子测量往往是对 σ_z 的测量。这样就需要另外的操作, 如用 Hadamard 门 $\hat{S}_x = (\sigma_z + \sigma_x)$ 和归一化转换 $\hat{S}_y = [(1+\mathrm{i})\hat{I} + (1-\mathrm{i})\sum_\alpha \sigma_\alpha]/(2\sqrt{2})$, 从而将 σ_x 或者 σ_y 的本征态分别转换到 σ_z 所对应的本征态来探测。

　　虽然也面临像退相干问题等其他量子态工程一样遇到的困难，我们提出 GHZ 关联的产生和 Bell 定理的验证在实验中仍然是有可能实现的。首先，我们方案的电路部分制作应该不是难题：它仅仅是在现存的两 Cooper 对岛超导量子电路中增加了一个量子比特的结构而已；而且，为了实现快速的量子操作，快速打开或关闭 Josephson 能及电荷能在实验上都是可能的。比如，假如一个超导量子干涉回路的尺度为 10μm，那么要在 10^{-10}s 内就可以改变大约一半的磁通量子，而目前的实验技术是可以达到所要求的大致为 10^5T/s 的磁场扫描速率。最后的一个挑战是要求同时对多个量子比特进行快速的读出，这也几乎是所有量子算法和量子计算的物理实现中所共同面临的任务。原则上，为了避免量子比特之间在读取时的相互串扰，要求读出时间 t_m 要比它们之间相互通信的特征时间 $t_c \sim \hbar/K_{j,j+1}$ 明显地小。

10.4　利用纠缠光子对实现 Bell 不等式违背实验检验[13,14]

　　CHSH 不等式可以使用偏振纠缠光子对进行实验验证。这时 $E(\alpha,\beta)$ 表示一个偏振角为 α 的光子和另一个偏振角为 β 的光子之间的关联，可以用实验上的统计测量

$$E(\alpha,\beta) = P(\alpha,\beta) + P\left(\alpha+\frac{\pi}{2}, \beta+\frac{\pi}{2}\right) - P\left(\alpha+\frac{\pi}{2}, \beta\right) - P\left(\alpha, \beta+\frac{\pi}{2}\right) \quad (10.4.1)$$

来测定。这里，$P(\alpha,\beta)$ 表示一个光子被 α 角检偏器测到而另一个光子被 β 角检偏器测到的联合概率。当然，α 和 β 应该是互为独立的局域变量。实验上需要测定的是 CHSH 函数

$$S = |E(\alpha,\beta) + E(\alpha',\beta) - E(\alpha,\beta') + E(\alpha',\beta')| \quad (10.4.2)$$

的值，如果大于 2 则证实 CHSH 不等式违背。

　　现在我们首先来讨论这个不等式是否有可能被实验事实所违背。假设双光子被制备于如下的纠缠态：

$$|\psi(\theta,\phi)\rangle = \cos(\theta)|H_1\rangle|H_2\rangle + \sin\theta e^{i\phi}|V_1\rangle|V_2\rangle \quad (10.4.3)$$

其中，θ, ϕ 为可控参数；$|H\rangle, |V\rangle$ 分别表示水平偏振和垂直偏振的光子态。如果我们选择如下的偏振测量基：

$$|A_\alpha\rangle = \cos\alpha|H\rangle + \sin\alpha|V\rangle, \quad |A_\beta\rangle = \cos\beta|H\rangle + \sin\beta|V\rangle \quad (10.4.4)$$

进行测量，那么两个光子同时被检测到的概率就是

$$P(\alpha,\beta) = |\langle A_\alpha \langle A_\beta|\psi\rangle|^2 = |\cos\alpha\cos\beta\cos\theta + \sin\alpha\sin\beta\sin\theta e^{i\phi}|^2 \quad (10.4.5)$$

取 $\theta = \pi/4$, $\phi = 0$, 那么 $P(\alpha, \beta) = \cos^2(\alpha+\beta)/2$, 从而, $E(\alpha, \beta) = \cos^2(\alpha+\beta) - \sin^2(\alpha + \beta)$. 可见, 如果局域参数选为 $(\alpha, \alpha', \beta, \beta') = (-45°, 0°, -22.5°, 22.5°)$, 那么

$$S = 2\sqrt{2} = S_{\max} > 2 \tag{10.4.6}$$

也就是说, 对某些独立的局域参数而言, CHSH 不等式是可以被违背的. 这里, $S_{\max} = 2\sqrt{2}$ 是该函数的最大可能取值. 下面我们讨论如何在实验上利用偏振纠缠光子对进行这一不等式的检验.

1. 实验装置和实验原理

实验系统如图 10.4.1 所示. 光子纠缠对由激光器泵浦 BBO 晶体获得, 纠缠光子对由两个半导体单光子探测器分别独立进行探测, 对两个光子的非局域操作由每个光路上的波片调节完成. 这里, 激光光源采用的是商用半导体激光器, 其功率为 100mW, 中心波长为 405nm. 在泵浦 BBO 晶体之前, 设置一个凸透镜 (lens) 对激光进行准直, 加入一个半波片 (HWP) 对激光的偏振进行调整. 激光光束的初始偏振方向为竖直方向 (即光子偏振态为 $|V\rangle$), 将半波片的角度定为 $45°$ 则通过半波片之后的光子应有一半概率竖直偏振, 有一半概率处于水平偏振.

图 10.4.1 纠缠光子对产生系统及其偏振纠缠检测方法

(a) 为实验装置图, 其中 BBO 表示非线性晶体, 用于产生 I 类偏振纠缠光子对, $\lambda/4$, $\lambda/2$ 分别是四分之一和半波片, 用于光子偏振调制, PBS 为光子极化分束器, C 为光子收集器, F 为光纤, APD 为半导体光子探测器, Co. 为光子符合计数; (b) 图为双光子联合偏振检测的波片组合示意图

我们采用 I 类 BBO 晶体进行参量下转换获得纠缠光子. 这里, I 类非线性晶体由两个非常薄的 BBO 晶体粘贴而成, 它们的中心轴互相垂直, 所获得光子对纠缠态为

$$|\psi\rangle = \frac{1}{\sqrt{2}}(|H_1\rangle|H_2\rangle + |V_1\rangle|V_2\rangle) \tag{10.4.7}$$

其中, $|H\rangle$ 和 $|V\rangle$ 分别表示光子的水平和竖直偏振态. 在探测部分, 我们采用由四分之一波片 (QWP)、半波片和一个偏振光束分束器 (PBS) 构成偏振选择探测, 其中的四分之一波片的作用是重构纠缠光子态. 为滤掉杂散光, 我们还在光路中

选择性地加入了长通滤波片或干涉滤波片。每路光子的测量选用的是雪崩二极管光子探测器，用以计量一定阈值内所到达的光子数，符合计数器用于实现两个光子探测器的符合计数。

直接对纠缠光子对进行 $|H_1\rangle|H_2\rangle$，或 $|V_1\rangle|V_2\rangle$ 的联合测量，得到几乎各 50% 的符合计数 (误差来自可能的少量 $|H_1\rangle|V_2\rangle$，或 $|V_1\rangle|H_2\rangle$ 成分)，但这并不能充分证明所产生的纠缠光子对就一定处于 $|\psi\rangle$ 态，即 $|H_1\rangle|H_2\rangle$ 和 $|V_1\rangle|V_2\rangle$ 的相干叠加态，因为 $|H_1\rangle|H_2\rangle$ 和 $|V_1\rangle|V_2\rangle$ 的最大混合态 (完全不相干)

$$\rho = \frac{1}{\sqrt{2}}(|H_1H_2\rangle\langle H_1H_2| + |V_1V_2\rangle\langle V_1V_2|) \tag{10.4.8}$$

也会导致类似的符合计数测量结果。为排除这种情况，必须进行光子对的关联测量。为此，我们对光子进行相干基 $|\pm\rangle = (|H\rangle \pm |V\rangle)/\sqrt{2}$ 测量。在此相干基下，如果所产生的光子对就是相干波函数 $|\psi\rangle$ 所描写的纠缠态，而不是混合态 ρ，那么光子对的相干波函数可以改写为

$$|\psi\rangle = \frac{1}{\sqrt{2}}(|+\rangle|+\rangle + e^{i\phi}|-\rangle|-\rangle) \tag{10.4.9}$$

这样再进行符合计数测量时，得到的 $|++\rangle$ 和 $|--\rangle$ 的符合概率将远大于 $|+-\rangle$ 和 $|-+\rangle$ 的符合概率。实验检验步骤如下：

(1) 取下光路中的四分之一波片，这样光子的相位将不会发生改变，改变的只有光子的偏振；

(2) 将光路 1 中测量部分的半波片角度定为 0°，光路 2 中的半波片角度从 0° 到 360° 旋转，步长为 22.5°；

(3) 测量关于不同波片旋转角度时两路光子符合计数，得到两路光子的偏振极化关联特性，实验结果如图 10.4.2 中空心方块所示；

图 10.4.2　纠缠光子对的极化关联曲线实测图

左图为使用长通滤波片滤光的实验结果，右图为使用干涉滤波片滤光的实验结果

(4) 将光路 1 中测量部分的半波片角度定为 45°，光路 2 中的半波片角度从 0° 到 360° 旋转，步长为 22.5°；

(5) 再测量关于不同波片旋转角度时两路光子符合计数，得到两路光子的偏振极化关联特性。实验结果如图 10.4.2 中圆点所示。

通过两种情况下的实验数据拟合 (分别用实线和虚线表示)，我们看到光子对处于 $|++\rangle$ 态和 $|--\rangle$ 态的概率远大于处于 $|+-\rangle$ 态和 $|-+\rangle$ 态的概率。由此可以证明，实验中由激光泵浦 BBO 晶体所获得的光子对确实处于相干纠缠态，而不是非纠缠的混合态。经验上，我们可以简单地用一个参数

$$\xi = \frac{C_{++} - C_{+-}}{C_{++} + C_{+-}} \tag{10.4.10}$$

来表示所制备的光子对纠缠态的纯度：ξ 的值越趋近于 1，光子对纠缠的纯度越高。从实验结果可以看到，采用长通滤波片进行杂散滤波时，光子对纠缠的纯度为 0.8457；而采用干涉滤波片进行杂散光滤波时，所获得的光子对纠缠态的纯度提高到了 0.9609。当然，使用干涉滤波片滤波时，虽然杂散光滤波片效果较好但是也有大量的未处于滤波片中心波长 810nm 的光子被滤掉，从而显著降低了光子对的最大符合计数。所以，这是一种以牺牲符合计数为代价的提高纠缠纯度的方法。

2. 实验及其结果分析

在实验验证所制备的光子对是相干纠缠态而不是混合态的基础上，下面就可以利用所制备的光子对纠缠态进行 CHSH 不等式的实验检验了。实验的目的是测量 CHSH 函数的值：$S \pm \sigma_S$，其中 σ_S 为不确定度。实验上是通过测量不同光路上的两个纠缠光子，分别携带非局域参量 α, β 信息时的关联。也就是说，非局域变量 α, β 被独立地编码入两路光子的量子态中，它们的关联通过光子符合计数概率

$$P(\alpha, \beta) = \frac{n(\alpha, \beta)}{n(\alpha, \beta) + n(\alpha + \pi/2, \beta + \pi/2) + n(\alpha + \pi/2, \beta) + n(\alpha, \beta + \pi/2)} \tag{10.4.11}$$

来进行测量：

$$E(\alpha, \beta) = \frac{n(\alpha, \beta) + n(\alpha + \pi/2, \beta + \pi/2) - n(\alpha + \pi/2, \beta) - n(\alpha, \beta + \pi/2)}{n(\alpha, \beta) + n(\alpha + \pi/2, \beta + \pi/2) + n(\alpha + \pi/2, \beta) + n(\alpha, \beta + \pi/2)} \tag{10.4.12}$$

要完成 CHSH 不等式的检验，需要完成 16 组符合计数的测量。表 10.4.1 给出了分别利用长通滤波片和干涉滤波片进行杂散光滤波后的符合计数测量结果：不确定度计算公式为

$$\sigma_S = \sqrt{\sum_{i=1}^{16} \left(\sigma_n \frac{\partial S}{\partial n_i} \right)^2} \tag{10.4.13}$$

由表 10.4.1 中所得的符合计数测量数据, 可以推算出: 采用长通滤波片进行杂散光滤波, 获得的 CHSH 函数值为: 2.390 ± 0.013; 采用干涉滤波片进行杂散光滤波, 则获得的 CHSH 函数值为: 2.735 ± 0.0617。两个实验结果都说明 CHSH 不等式的违背, 但都离 Cirslon 极限还有一段距离, 原因是:

(1) 所制备的并不是预想中的理想光子纠缠态 $|\psi\rangle$, 而局域参数是按照这个态来设定的, 也就是说测量基的选择并不是最优的;

(2) 实验所用的光子探测器的探测效率不高 (仅为 60% 左右), 也就是说, 存在探测漏洞而丧失了一部分读数, 造成系统误差;

(3) 两个光子的空间距离很近 (米级距离), 难免造成两个探测器信号符合时存在一定程度上的关联, 即不能满足严格的非局域条件, 也就是说, 存在局域性漏洞。

表 10.4.1　典型偏振角组合下, 纠缠光子对的符合计数测量数据

角度	$-22.5°$		$67.5°$		$22.5°$		$112.5°$	
	L	F	L	F	L	F	L	F
$-45°$	6458	239	835	24	2178	73	5024	178
$45°$	1040	25	6189	243	5153	206	1947	69
$0°$	5551	221	1870	63	6492	241	924	18
$90°$	1849	47	5227	217	962	17	6089	227

注: L 为使用长通滤波片滤光的实验结果, F 为采用干涉滤波片滤光的实验结果

原则上, 要实现 CHSH 不等式的严格检验, 以上三个影响实验精度的因素都应该得到圆满的克服。要关闭探测效率漏洞, 必须用探测效率为 100% 的单光子探测器或者实现器件无关的测量, 这在实际实验中很难完全满足; 要关闭局域性漏洞, 则需要实现纠缠光子对的类空探测, 这在实验室条件下也很难完全满足。下面我们要讨论的是, 如何克服第一种困难, 即针对具体的光子纠缠态 (实际上的非最大纠缠态 $|\psi\rangle$) 选择最佳的测量基, 以获得尽可能大的不等式违背。为此, 我们必须先尽可能精确地表征所制备的光子纠缠态, 即利用量子层析技术重构其密度矩阵, 进而理论上找出其最大违背 CHSH 不等式的最佳测量基组合。

3. 最佳测量基的选取

两个两态量子系统的任意量子态密度矩阵 ρ 为 4×4 矩阵, 其一般表达式是:

$$\rho = \sum_{\nu=1}^{16} \gamma_\nu \Gamma_\nu,$$ 其中 γ_ν 为叠加系数, Γ_ν 为 16 个线性无关的 4×4 矩阵, 它们满足关系: $\mathrm{tr}(\Gamma_\mu \Gamma_\mu) = \delta_{\nu\mu}$。实验上, 当选取测量基 $|\psi_\nu\rangle$ 后, 对未知量子态施行投影测量 $|\psi_\nu\rangle\langle\psi_\nu|$ 后, 获得的符合计数是: $n_\nu = N\langle\psi_\nu|\rho|\psi_\nu\rangle$, 其中 N 是一个

与探测效率及光子流有关的独立参量。不失一般性，我们选取如下 16 个测量基：$|\psi_1\rangle = |HH\rangle, |\psi_2\rangle = |HV\rangle, |\psi_3\rangle = |VH\rangle, |\psi_4\rangle = |VV\rangle; |\psi_5\rangle = |RH\rangle, |\psi_6\rangle = |RV\rangle, |\psi_7\rangle = |DV\rangle, |\psi_8\rangle = |DH\rangle;$ 和 $|\psi_9\rangle = |DR\rangle, |\psi_{10}\rangle = |DD\rangle, |\psi_{11}\rangle = |RD\rangle, |\psi_{12}\rangle = |HD\rangle; |\psi_{13}\rangle = |VD\rangle, |\psi_{14}\rangle = |VL\rangle, |\psi_{15}\rangle = |HL\rangle, |\psi_{16}\rangle = |RL\rangle,$ 其中，$|D\rangle = (|H\rangle + |V\rangle)/\sqrt{2}, |L\rangle = (|H\rangle - |V\rangle)/\sqrt{2}, |R\rangle = (|H\rangle - \mathrm{i}|V\rangle)/\sqrt{2}$。这些测量都可以通过半波片和四分之一波片来实现。由此，建立了符合计数 n_ν 与系数 γ_ν 的联系：$n_\nu = \sum_{\mu=1}^{16} \gamma_\mu \chi_{\nu,\mu}, \chi_{\nu,\mu} = \langle \psi_\nu | \Gamma_\nu | \psi_\nu \rangle$，从而进一步得到光子对量子态的密度矩阵：

$$\rho = N^{-1} \sum_{\nu=1}^{16} n_\nu M_\nu, \quad M_\nu = \sum_{\nu=1}^{16} (\chi^{-1})_{\nu,\mu}, \quad N = \sum_{\nu=1}^{16} n_\nu \mathrm{tr}(M_\nu) \quad (10.4.14)$$

这里，$\mathrm{tr}(M_\nu) = 1 \, (\nu = 1, 2, 3, 4); \mathrm{tr}(M_\nu) = 0 \, (\nu = 5, 6, \cdots, 16)$。

经过上述要求的各个关联符合计数测量，我们得到采用长通滤波片进行杂散光滤波时，纠缠光子对纠缠态的密度矩阵为

$$\rho_1 = \begin{pmatrix} 0.4890 & -0.0664 - 0.0068\mathrm{i} & 0.0540 + 0.0191\mathrm{i} & 0.4225 + 0.0247\mathrm{i} \\ -0.0664 + 0.0068\mathrm{i} & 0.0392 & -0.00530 - 0.0056\mathrm{i} & -0.0590 + 0.0029\mathrm{i} \\ 0.054 - 0.0191\mathrm{i} & -0.00530 + 0.0056\mathrm{i} & 0.0331 & 0.0524 - 0.0122\mathrm{i} \\ 0.4225 - 0.0247\mathrm{i} & -0.0590 - 0.0029\mathrm{i} & 0.0524 + 0.0122\mathrm{i} & 0.4387 \end{pmatrix}$$
$$(10.4.15)$$

其元素相对大小如图 10.4.3 所示。其中图 (a) 为密度矩阵的实部部分，图 (b) 为虚部部分。显然，如果是理想的最大纠缠态 $|\psi\rangle$，其密度矩阵应该只有四项，图 (a) 中的四个边角高度均为 0.5，其他元素均为零 (包括虚部所有的元素)。而实际测量重

(a)   (b)

图 10.4.3   使用长通滤波片滤光所得到的纠缠光子对密度矩阵的各元素分布
(彩图见封底二维码)

构得到的密度矩阵 ρ_1 与理想最大光子纠缠态相比, 相差还是很大的。实际上, 由实测得到的密度矩阵, 可以得到该态的纯度为: $\mathrm{tr}(\rho_1^2) = 0.82084$。

作为改进的一种方法, 我们采用干涉滤波片进行杂散光滤波, 根据各测量基测量时所得到的符合光子计数, 得到纠缠光子对的另一个密度矩阵:

$$
\rho_{\mathrm{I}} = \begin{pmatrix}
0.5140 & -0.0676-0.0321\mathrm{i} & 0.0479+0.0369\mathrm{i} & 0.4480+0.0220\mathrm{i} \\
-0.0676+0.0321\mathrm{i} & 0.0144 & -0.0085-0.0018\mathrm{i} & -0.0650+0.0271\mathrm{i} \\
0.0479-0.0369\mathrm{i} & -0.0085+0.0018\mathrm{i} & 0.0071 & 0.0471-0.0330\mathrm{i} \\
0.4480-0.0220\mathrm{i} & -0.0650-0.0271\mathrm{i} & 0.0471+0.0330\mathrm{i} & 0.4645
\end{pmatrix}
$$

$$(10.4.16)$$

其元素相对大小如图 10.4.4 所示。可见, 这个重构的密度矩阵其实部部分四个边角高度很接近于 0.5, 其他元素均接近零 (包括虚部所有的元素), 与理想的最大光子纠缠态密度矩阵相比, 已经很接近了。确实, 该态的纯度达到: $\mathrm{tr}(\rho_{\mathrm{I}}^2) = 0.9928$。利用重构的密度矩阵, 可以将采用长通 (干涉) 滤波片滤波所得的光子对纠缠波函数写为

$$|\Psi\rangle = \cos\theta_1\cos\theta_2|HH\rangle + \cos\theta_1\sin\theta_2|HV\rangle + \sin\theta_1\cos\theta_2|VH\rangle + \sin\theta_1\sin\theta_2|VV\rangle$$

$$(10.4.17)$$

对 ρ_1, 我们有: $\theta_1 = 109.98°$, $\theta_2 = 35.22°$; 对 ρ_{I}, 我们有: $\theta_1 = 109.00°$, $\theta_2 = 34.88°$。这样, 可以由所重构出来的纠缠态, 优化 Bell 不等式测量基, 重新进行检验。

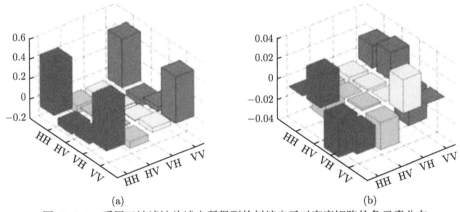

(a)　　　　　　　　　　　　　　　　(b)

图 10.4.4　采用干涉滤波片滤光所得到的纠缠光子对密度矩阵的各元素分布
(彩图见封底二维码)

表 10.4.2 和表 10.4.3 分别给出了测量基优化后的符合计数, 由此, 得到的 CHSH 函数分别为

$$S_1 = 2.450 \pm 0.015$$

和

$$S_2 = 2.772 \pm 0.063$$

这说明，通过优化测量基的办法，CHSH 不等式的违背程度确实得到了提高。

表 10.4.2   使用长通滤波片滤光时，通过优化测量基组合所测得的光子对符合计数

角度/(°)	−24.24	67.76	109.98	199.98
−99.84	1213	5760	5528	1265
−9.84	6159	1247	1418	6172
35.22	1638	5593	1382	5972
125.22	5570	1438	5602	1533

表 10.4.3   使用干涉滤波片滤光时，在优化测量基组合下所测得的光子对符合计数

角度/(°)	−26	64	109	199
−100.22	37	228	221	33
−10.22	263	41	44	229
34.88	55	19	38	222
124.88	217	39	215	35

当然，和已经完成的几乎所有 Bell 不等式违背检验实验类似，上述的实验严格来说都还存在一些"漏洞"：一个是局域性漏洞，理论上需要两个光子的测量应该是完全独立而没有任何串扰的 (即两个测量必须是类空事件)，但在实验室中很难严格满足，尤其是实际的符合计数都有一定的响应阈值；另一个是光子探测器的探测效率漏洞，探测效率达不到 100% 就意味着某些关联数据漏记，从而导致本应关联却得到非关联的偶然事件而影响实验精度。所以，实验检验 Bell 不等式的违背从而证实量子非局域性关联的存在，仍是一个需要继续完善的工作。特别是，针对光子系统中每次检验实际上用的都是不同的光子 (因为光子一旦被探测就损失掉不能再利用) 这一不可重复性"硬伤"，发展基于某些固体系统实验的 Bell 不等式违背检验，就尤其令人期待。

10.5   无需不等式检验的 Bell 定理实验验证

上节所介绍的是，通过统计结果检验 Bell 不等式的形式来验证量子非局域现象的存在性。统计需要大量的实验样本，因此 Bell 定理的检验不是决定性的。本节讨论如何决定性地实现 Bell 定理的检验。

10.5.1　Hardy-Bell 定理 [15]

Hardy 的非局域性证明 (HNLP) 是基于这样一个矛盾：决定性的局域隐变量理论 (HVT) 中某个严密逻辑推理所得到结果会与概率性量子力学理论预测相悖。与 Bell 不等式的检验不同的是，单个测量数据就可以实现局域性与非局域性的判定：只要在有限多次重复检验中得到相悖的结果，则可以验证 Bell 定理。最初的 HNLP 只涉及一个阶梯 (一次相干操作)，即 HP，违反 HVT 推论的最大概率是 9%。后来推广到包含 $K(K > 1)$ 阶梯证明 (后称 Hardy 梯形证明 (HNLP))。HP 的非局域证明可以简单地概括如下。

假设对于两个观察者，Alice 和 Bob，他们分别测量两个变量取值：A_0 和 A_1；B_0 和 B_1。为了简单起见，我们假设 $A_k, B_k = \pm 1 (k = 0, 1)$。让我们把 $P(A_i, A_j)$ 定义为测量结果为 $A_i = B_j = 1$ 的联合概率，把 $P(\overline{A_i}, B_j)$ 定义为测量结果为 $A_i = -1$ 和 $B_j = 1$ 的联合概率。这里，$\overline{A_i} = -A_i$。按照局域的 HVT，如果

$$\begin{cases} P(\underline{A_0}, B_0) = 0 \\ P(A_0, \underline{B_1}) = 0 \\ P(A_1, B_0) = 0 \end{cases} \tag{10.5.1}$$

同时满足，那么必定有

$$P(A_1, B_1) = 0 \tag{10.5.2}$$

但是，在量子力学中存在某些量子态，其观测值也为 A_0，A_1，B_0，B_1，但会有一定的概率满足 $P(A_1, B_1) \neq 0$，即与 HVT 预测相悖，图 10.5.1 给出了 HVT 逻辑与量子力学预言的矛盾关系。

以上的 HVT 推论与量子力学预言的矛盾可以推广到多阶梯的情况。比如，对于第 $K + 1$ 阶梯的观测值 A_K 和 B_K $(K = 0, 1, \cdots, K)$，有如下联合概率条件：

$$\begin{cases} P(\underline{A_0}, B_0) = 0 \\ P(A_0, \underline{B_1}) = 0 \\ P(A_1, B_0) = 0 \\ \cdots \\ P(\overline{A_{K-1}}, \underline{B_K}) = 0 \\ P(A_K, B_{K-1}) = 0 \\ \cdots \\ P(\underline{A_K}, \overline{B_{K-1}}) = 0 \\ P(A_{K-1}, B_K) = 0 \end{cases} \tag{10.5.3}$$

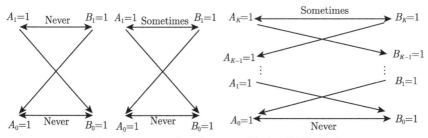

图 10.5.1 Bell 定理的 Hardy 梯形证明逻辑关系

左边图为单梯形经典决定性逻辑关系，中间图为单梯形量子逻辑关系，两者有一定的概率发生矛盾；右图为 K 梯形的量子逻辑关系

如果满足，那么由局域的 HTV 理论必然可得到推论：$A_K, B_K = 0$。但是，如果量子力学中存在一定的概率，使得

$$P(A_K, B_K) \neq 0 \tag{10.5.4}$$

那就是一种矛盾，即所谓的 K 阶梯的 HNLP，如图 10.5.1 所示。理论预计，对于足够多的阶梯 (即 $K \to \infty$)，基于量子力学原理的 HLPS 与局域性 HVT 相悖的概率将会显著提高，最大值可达 50%，这极大地提高了 Bell 定理实验检验的成功率。

10.5.2 基于光子偏振纠缠的 HNLP 实验检验 [16]

拥有较好纠缠特性的光子系统是实验检验 Bell 定理的首选。之前，人们已经利用单光子的能量时间纠缠性和光子的轨道角动量纠缠特性分别实现了对 $K = 2$ 的 HNLP 实验检验，违反 HVT 推论的最大概率分别达到 17% 和 13.9%。下面介绍我们基于偏振纠缠光子对更多阶梯：$K = 1000$ 的 HNLP 检验实验。

1. 实验方法

我们采用实验上很容易制备的偏振纠缠光子对

$$|\Psi\rangle = \alpha |H\rangle_A |H\rangle_B - \beta |V\rangle_A |V\rangle_B, \quad |\alpha|^2 + |\beta|^2 = 1 \tag{10.5.5}$$

来进行 HNLP 检验。为此，我们进行 A, B 偏振测量，相关的正交测量记为 $|A_K\rangle$，$|A_K^\perp\rangle$，$|B_K\rangle$，$|B_K^\perp\rangle$。最理想的光子偏振正交测量是水平偏振 H 和垂直偏振 V 测量。我们的 HNLP 检验做法如下。

选择了一系列投影测量基础 $\{|A_K\rangle, |A_K^\perp\rangle, |B_K\rangle, |B_K^\perp\rangle\}$，它们与水平、垂直方向的偏振有关：

$$\begin{cases} |H\rangle_A = c_K |A_K\rangle + c_K^\perp |A_K^\perp\rangle \\ |V\rangle_A = (c_K^\perp)^* |A_K\rangle - (c_K)^* |A_K^\perp\rangle \\ |H\rangle_B = c_K |B_K\rangle + c_K^\perp |B_K^\perp\rangle \\ |V\rangle_B = (c_K^\perp)^* |B_K\rangle - (c_K)^* |B_K^\perp\rangle \end{cases} \tag{10.5.6}$$

假设对某个量子态，$|A_K\rangle$ 和 $|B_K\rangle$ 满足条件

$$\begin{cases} \left| \langle A_0| \langle B_0/\Psi\rangle \right|^2 = 0 \\ \left| \langle A_K| \langle B_{K-1}^\perp/\Psi\rangle \right|^2 = 0 \\ \left| \langle A_{K-1}^\perp| \langle B_K/\Psi\rangle \right|^2 = 0 \end{cases} \tag{10.5.7}$$

为了简单起见，假定参数 α 和 β 是正实数，并且 c_K 和 $c_K^\perp$ 也为实数。因而，根据式 (10.5.6)，我们得到

$$\begin{cases} |A_K\rangle = c_K |H\rangle_A + c_K^\perp |V\rangle_A \\ |A_K^\perp\rangle = c_K^\perp |H\rangle_A - c_K |V\rangle_A \\ |B_K\rangle = c_K |H\rangle_B + c_K^\perp |V\rangle_B \\ |B_K^\perp\rangle = c_K^\perp |H\rangle_B - c_K |V\rangle_B \end{cases} \tag{10.5.8}$$

将式 (10.5.8) 代入式 (10.5.5)，我们得到

$$\frac{c_0}{c_0^\perp} = \left(\frac{\beta}{\alpha} \right)^{\frac{1}{2}}, \quad \frac{c_k}{c_k^\perp} = -\frac{\beta}{\alpha} \cdot \frac{c_{k-1}}{c_{k-1}^\perp} \tag{10.5.9}$$

从而违反 HVT 的概率 P_K 由下式给出：

$$P_K = |\langle A_K| \langle B_K/\Psi\rangle|^2 = \left(\frac{\alpha\beta^{2K+1} - \beta\alpha^{2K+1}}{\beta^{2K+1} + \alpha^{2K+1}} \right) \tag{10.5.10}$$

很明显，从图 10.5.2 左图可以看出：

(1) 当光子处于最大纠缠态时，不管 K 的取值是什么，$P_K = 0$，这说明，利用最大纠缠态不能进行 HNLP 的检验；

(2) 当 $\beta/\alpha = 0.46$ 时，违反 HTV 的最大概率为 $P_1 = 9\%$；

(3) 容易地证明，当 K 趋于无穷大时，α 趋于 (但不等于)β，这时违背 HTV 推论的最大概率 P_K 最大值趋于 50%。

当然，如果 HVT 总满足，那么 P_K 的值应总是等于 0。也就是说，一旦 P_K 的非零值被测到 (哪怕是以一定的概率测到)，那就意味着 HVT 的局域性被破坏，从而说明量子力学所预言的非局域得到验证。

图 10.5.2

(a) 违背局域性推论结果的概率 P_K 与梯形数 K 和量子态纠缠度 $\varepsilon = \beta/\alpha$ 的关系；(b) 实验检验 Hardy-Bell 定理的光路图。其中，IF 为干涉滤波片，Correlator 为两路光子的符合计数器

2. 实验结果及其分析

我们用于检验 HNLP 的实验系统如图 10.5.2 右图所示。这里，通过泵浦一对 I 型 β-硼酸钡 (BBO) 晶体，在其自发参数下转换 (SPDC) 过程中，产生了一对光子的偏振纠缠态。通常，这种纠缠光子对可以用以下波函数来描述：

$$|\Psi\rangle = (|HH\rangle + \varepsilon e^{i\phi}|VV\rangle)/\sqrt{1+\varepsilon^2} \tag{10.5.11}$$

其中，$\varepsilon = \beta/\alpha$；$\phi = \pi$。

这里，参数 ε 是可控的。式 (10.5.11) 意味着，对于给定的 K，始终可以设置适当的 ε 值，以获得 P_K 的最大值。另外，对于给定的 ε，理论上 P_K 的值随着 K 的增加趋于最大。对于给定的 ε 和 K，A 和 B 的测量可以分别设置为

$$|A(\theta)\rangle = \sin(\theta_A)|H_A\rangle + \cos(\theta_A)|V_A\rangle \tag{10.5.12}$$

和

$$|B(\theta)\rangle = \sin(\theta_B)|H_B\rangle + \cos(\theta_B)|V_B\rangle \tag{10.5.13}$$

这里，θ_A 和 θ_B 分别是相对于垂直轴的角度。显然，

$$\theta_A^K = \theta_B^K = \arctan\left[(-1)^K(\varepsilon)^{K+\frac{1}{2}}\right] \tag{10.5.14}$$

而且通过旋转透镜后的 1 号 HWP 可以改变泵浦激光器的偏振，从而产生纠缠度可控的光子对偏振纠缠态 $\varepsilon = \tan(2\chi)$。这里，$\chi$ 是 HWP 相对于垂直方向的偏转角。理论上，根据测量设置的选择 (不使用 2 号 QWP)，两个探测器的符合概率为

$$P(\theta_A, \theta_B) = |\langle\theta_A|\langle\theta_B/\Psi\rangle|^2 = \left|\sin\theta_A\sin\theta_B + \varepsilon e^{i\phi}\cos\theta_A\cos\theta_B\right|^2/(1+\varepsilon^2) \tag{10.5.15}$$

这表明式 (10.5.11) 中的相位 ϕ 可以被设置为 π。原则上，可以通过旋转 1 号 QWP 来使符合计数达到最小。在实验中，为了方便起见，我们固定 θ 参数值，比如 $\theta_A = \theta_B = 45°$ 而调节 ε。当然，通过调节 2 号 QWP，利用量子层析成像技术重构不同纠缠度的纠缠光子对的密度矩阵。因此，可以确定参数 ε 和 φ 的值。

我们首先检验 $K = 1$ 的单阶梯 HNLP，也就是最初的 Hardy 非局域性证明。图 10.5.3 显示了违反 HVT 的概率与纠缠度 ε 的关系。实线代表理论预测，带误差条的点为实验结果。实验数据与基于 $K = 1$ 的 HNLP 理论预测结果基本一致，表明量子力学预测的非局域性是存在的。

图 10.5.3 中的数值模拟表明，对于足够大的阶梯，即 $k \to \infty, \varepsilon \to 1$ 时，违反 HVT 局域性的概率 (即实验中两个探测器的重合计数概率) 可能趋向于 50%。我们做了相关的实验来证实这一论点。实验结果如图 10.5.3 所示，其中 $\varepsilon = 0.93$。实验结果与量子力学的非局域性理论预言吻合。

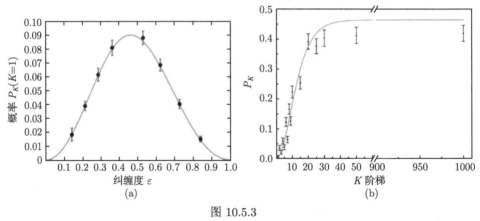

图 10.5.3

(a) 单梯形 $K = 1$ 情况下，违背经典决定性推论的概率 P_1 与光子对纠缠度 ε 的关系，实线为量子力学理论预言的结果，点 (带误差条) 为实验实测数据，可见实验结果与量子理论预言符合很好；(b) 不同梯形数 K 情况下，实验测量的违背决定性推论概率 P_K 与 K 的关系，可见在 K 不太大时，实验结果与量子理论预言符合很好，对较大的 K，存在系统偏离 (主要来自实验的系统误差)

当然，尽管大多数的实验数据与理论预测相吻合，但仍存在明显的偏差：如图 10.5.3 中实验所测得的 HVT 违背概率值 41.9% 与理论预期的 46.4% 之间存在较明显的偏差。这种偏差可以解释为一种系统误差，来自于测量光子偏振波片的偏转角设置的误差。比如，2 号 HWP 的偏差会直接影响 P_K 的值；实验中 HWP 的精度为 $2°$。对比于图 10.5.3 所示的数据，我们可以计算出最大偏差为 $\pm 0.9\%$。考虑 HWP 的校准，那么 P_K 的值可以达到 43%。此外，ε 的值取决于 1 号 HWP 的设置角度，即 $\delta\varepsilon \approx 2\delta\chi / \cos(2\chi)^2$。这里，$\delta\varepsilon$ 和 $\delta\chi$ 分别表示 ε 和 χ 的偏差。当 ε 接近 1 时，我们得到 $\delta\varepsilon \approx 4\delta\chi$。最后，$\phi$ 的不确定性也带来了误差。

在我们的实验中, 通过泵浦 BBO 晶体产生的纠缠光子对的纠缠度是可调的。尤其是检验 BNLP 的阶梯数 K 可以任意选取。实验结果表明, 在 $K = 1$ 时不同纠缠度都会得到一定的概率违背 HVT 的局域性推论; 在固定 ε 的条件下, 各个梯数 K 的 HNLP 都得到验证。这说明, 量子力学非局域性的预言是得到实验支持的。类似于 Bell 不等式的检验, 我们还注意到局域性的违背程度随着纠缠程度的增加而增加 (图 10.5.2 左图)。较大的纠缠度 (最大值 1 除外) 更有利于对足够多的阶梯进行 HNLP 的检验。当然, 与 $\varepsilon = 1$ 时 Bell 不等式会被最大限度地违背不同, 在这种情况下 HNLP 的检验完全失效。

参 考 文 献

[1] Einstein A, Podolsky B, Rosen N. Can quantum-mechanical description of physical reality be considered complete? Phys. Rev., 1935, 47: 777.

[2] Bohm D. Quantum Theory. New York: Prentice-Hall, Inc., 1951.

[3] Bohm D. A suggested interpretation of the quantum theory in terms of "hidden" variables. I. Phys. Rev., 1952, 85: 166; 180.

[4] Nakamura Y, Pashkin Y A, Tsai J S, et al. Coherent control of macroscopic quantum states in a single-Cooper-pair box. Nature, 1999, 398: 786.

[5] Bell J S. On the problem of hidden variables in quantum mechanics. Rev. Mod. Phys., 1966, 38: 447.

[6] Clauser J F, Horne M A, Shimony A, et al. Proposed experiment to test local hidden-variable theories. Phys. Rev. Lett., 1969, 23: 880.

[7] Wei L F, Liu Y X, Markus J, et al. Macroscopic Einstein-Podolsky-Rosen pairs in superconducting circuits. Phys. Rev., A, 2006, 73: 052307.

[8] Wei L F, Liu Y X, Nori F. Testing Bell's inequality in a constantly coupled Josephson circuit by effective single-qubit operations. Phys. Rev., B, 2005, 72: 104516.

[9] Cory D G, Fahmy A F, Havel T F. Quantum adabatic algorithm for factorization and its experimental test. Proc. Natl. Acad. Sci. U. S. A., 1997, 94: 1634.

[10] Wei L F, Liu Y X, Nori F. Generation and control of Greenberger-Horne-Zeilinger entanglement in superconducting circuits. Phys. Rev. Lett., 2006, 96: 246803.

[11] Greenberger D M, Horne M, Shimony A, et al. Bell's theorem without inequalities. Am. J. Phys., 1990, 58: 1131.

[12] Pashkin Y A, Yamamoto T, Astafiev O, et al. Quantum oscillations in two coupled charge qubits. Nature, 2003, 421: 823.

[13] Fan D H, Guo W J, Wei L F. J. Opt. Soc. Am. B, 2012, 29: 3429.

[14] Wang Y, Fan D H, Guo W J, et al. Chin. Phys. B, 2015, 24: 084203.

[15] Hardy L. Phys. Rev. Lett., 1993, 71: 1665.

[16] Guo W J, Fan D H, Wei L. F. Sci. China-Phys. Mech. Astro., 2015, 58: 024201.

第 11 章　量子算法的少比特数模拟及量子计算的绝热操纵实现方案

除了量子计算的一般性背景介绍外，本章内容主要取材于我们的两篇论文，即 *Phys. Rev. A*, 71: 022317(2005) 及 *Phys. Rev. Lett.*, 100: 113601(2008)。在前一工作中，考虑到实际存在着的相干错误，我们在少比特数水平上模拟了著名的 Shor 量子算法和位相估计算法，并讨论如何实现相干错误校正。而在后一项工作中，我们提出了绝热逻辑门量子计算方案，它兼具标准绝热量子计算方案中对操作时间不敏感性和通常逻辑门量子计算方案中普适性的优点 [1-11]。

11.1　量子计算概述

本节首先回顾量子计算的发展历史、主要背景及其所涉及的一些基本概念。

11.1.1　经典计算的原理性限制

由经典物理理论支配着的电子通信和电子计算机技术，现在 (并且在可预期的未来相当长时间内仍将) 是人们传送和处理信息的主要途径和工具。然而，这一局面正面临着以量子物理为理论基础的量子信息技术越来越严峻的挑战。

量子计算是量子信息科学中最重要的研究领域之一。最早，Feynman 首先认识到，经典的电子计算机将不可能有效地对量子系统的动力学行为进行模拟。的确，作为经典图灵机具体实现形式的电子计算机，其运算速度的进一步提高将受到如下三种原理上的限制：

(1) 计算速度不断提高的追求，需要不断提高作为电子计算机硬件基础的微电子元器件的集成度。但是，电子元器件的小型化必然受到量子极限尺寸的限制。实际上，在纳米量级上量子效应很显著，因而受经典物理规律支配的微电子元器件的小型化努力几乎将走到尽头。

(2) 电子计算机的每一步操作都是不可逆的，而根据热力学原理这样的过程是一定要消耗热量的，因而计算芯片的发热问题是提高电子计算机计算能力所无法逾越的障碍。

(3) 本质上说，电子计算机的计算是串行的而不具有内在的并行性。因此，通过连接更多的计算资源来解决大规模并行计算，复杂性极大而难以实现。比如，要模拟一个由 40 个自旋 $\frac{1}{2}$ 粒子组成的量子系统的演化过程, 要求电子计算机至少要有 $2^{40} \approx 10^6 \mathrm{M}$ 的内存, 并且可有效地计算一个 $2^{40} \times 2^{40}$ 维矩阵的指数。这对电子计算机来说, 显然是不可能完成的任务。

对由量子力学基本原理所支配的计算机来说, 理论上以上制约着电子计算机计算能力提高的原理限制都将不再存在。这是因为, 构成量子计算机 "芯片" 的核心元器件实际上就是一些量子器件; 并且量子计算是由一系列可逆的幺正演化完成的, 因而在计算过程中并不消耗能量, 所以不存在发热问题; 更重要的是, 量子计算是建立在量子态叠加原理基础上的, 故而自动地具有并行性。

11.1.2 量子计算的并行性

第一个显示量子计算并行性的算法是 Deutsch-Jozsa 算法 [1]。假定布尔函数 $f(x)$ 的取值整体上只有两种可能: 对所有的输入, 输出恒等于 "0" 或 "1", 即该函数是常数型的; 对所有的输入, 其输出一半等于 "0", 另一半等于 "1", 即此函数是平衡型的。现在的问题是, 如何确定该函数是属于这两种类型中的哪一种。显然, 对这个问题的回答, 经典计算只能是依次计算各种不同输入的输出值, 然后将所有的输出结果综合起来给出结论。所以, 如果输入的自变量有 N 个, 那么需要计算的次数就是 $O(N)$。但对量子计算机而言, 只需要运行 Deutsch-Jozsa 算法一次便能得到问题的答案。为简便起见, 我们以最简单的两比特系统为例来具体看看这一算法是如何完成的。

对两比特系统而言, 输入的数字信号只有四个, 即 $x = 00, 01, 10, 11$。经典计算要给出 $f(x)$ 是常数型的还是平衡型的, 需要对每个输入信号依次计算 $f(x)$, 这样共需要四次才能得出结论。但 Deutsch-Jozsa 量子算法对这一问题的求解则采取了一种完全不同的解法, 它主要包括如下的几个步骤。

(1) 将两比特存储器制备为各种可能输入数态的等概率叠加态, 同时引入一个制备于叠加态的单比特辅助存储器。初始时刻两比特都自然地处于它们的量子基态 $|00\rangle = |X_0\rangle$。对每个比特施行所谓的 Hadamard 变换

$$\hat{U}_{\mathrm{H}} = \frac{1}{\sqrt{2}} \begin{pmatrix} 1 & 1 \\ 1 & -1 \end{pmatrix} \tag{11.1.1}$$

可得

$$|X_1\rangle = \prod_{j=1}^{2} \hat{U}_{j,\mathrm{H}} |X_0\rangle = \frac{1}{2} (|00\rangle + |01\rangle + |10\rangle + |11\rangle)$$

$$= \frac{1}{2} \sum_{x=00,01,10,11} |x\rangle \tag{11.1.2}$$

同时, 单比特辅助存储器被制备于如下的叠加量子态:

$$|Y\rangle = \hat{U}_{\alpha,\mathrm{H}}|1\rangle = \frac{1}{\sqrt{2}} \sum_{y=0,1} (-1)^y |y\rangle \tag{11.1.3}$$

(2) 对两个存储器施行一个联合量子操作, 即受控 f-操作 $\hat{U}_f$, 得到

$$\hat{U}_f|X_1\rangle|Y\rangle = |X_1\rangle|Y \oplus f(x)\rangle = (-1)^{f(x)}|X_1\rangle|Y\rangle = |X_1'\rangle|Y\rangle$$
$$|X_1'\rangle = \frac{1}{2}\left[(-1)^{f(00)}|00\rangle + (-1)^{f(01)}|01\rangle + (-1)^{f(10)}|10\rangle + (-1)^{f(11)}|11\rangle\right] \tag{11.1.4}$$

(3) 再次对存储器的每个比特施行一次 Hadamard 操作, 得

$$|X_2\rangle = \prod_{j=1}^{2} \hat{U}_{j,\mathrm{H}}|X_1'\rangle$$
$$= \frac{1}{2}\left(A|00\rangle + B|01\rangle + C|10\rangle + D|11\rangle\right) \tag{11.1.5}$$

其中

$$A = (-1)^{f(00)} + (-1)^{f(01)} + (-1)^{f(10)} + (-1)^{f(11)}$$
$$B = (-1)^{f(00)} - (-1)^{f(01)} + (-1)^{f(10)} - (-1)^{f(11)}$$
$$C = (-1)^{f(00)} + (-1)^{f(01)} - (-1)^{f(10)} - (-1)^{f(11)}$$
$$D = (-1)^{f(00)} - (-1)^{f(01)} - (-1)^{f(10)} + (-1)^{f(11)}$$

最后, 为了 "读出" 函数 $f(x)$ 的整体特性我们对存储器进行投影测量 $P = |00\rangle\langle 00|$, 得到结果: $P_{|00\rangle} = |A|^2/4$. 显然, 如果 $f(x)$ 是常数型的, 则 $P_{|00\rangle} = 1$; 反之, 如果 $f(x)$ 是平衡型的, 则 $P_{|00\rangle} = 0$. 通过这个例子我们看到, 量子计算的效率比经典计算高的一个根本原因是, 不同输入情况下函数 $f(x)$ 的取值被并行地进行了计算, 其整体特性进而再通过量子干涉效应归结为计算末态中某个计算基的取值概率.

以上所举的简单例子, 充分展示了建立在量子力学态叠加原理基础上的量子计算所具有的自动并行性. 这一特性是所有量子算法构造的基础.

11.1.3   量子计算的主要步骤

一般而言, 一个量子计算的过程大致分为以下三步.

(1) 制备: 要求将 "芯片" 中的各个比特制备在某个特定的量子初态上, 通常是其基态. 当然, 还要求这些比特在计算过程中必须保持良好的量子相干性, 从而保证量子态叠加原理能够一直成立.

(2) 计算: 施行完成预想计算功能的各种可逆幺正演化, 这些演化就是计算过程中的各种 "操作". 类比于经典计算, 人们相信量子计算也可以由一些基本的量

子逻辑运算组成。确实，已经证明任意的两比特操作加上单比特的任意旋转就可以构成一个通用基本逻辑门集：任何量子计算都可以由它们的某种组合来完成。

(3) 读取：对量子存储器进行量子测量，读出计算结果。要指出的是，大多数的量子计算末态仍然是计算基的某种量子叠加态，因而投影到某个计算基上的测量所输出的结果一般都是概率性的。所以，量子计算通常需要重复多次才能得到最后比较明确的结果。

运行一个量子算法的量子计算过程，可以一般性地用所谓的"量子电路"表示，它由设计好的一系列幺正演化过程组成。例如，施行上小节所提及的两比特 Deutsch-Jozsa 算法的量子计算过程所采用的正是下面的"量子电路"(图 11.1.1)。

图 11.1.1 运行两比特 Deutsch-Jozsa 算法的"量子电路"图

11.2 Shor 量子算法及其少比特数情况下的模拟

正是 Shor 量子算法的提出，才使量子计算不再是仅仅停留在理论上的兴趣，而具有了现实意义：这一算法能对现行信息安全所依仗的大数因子分解难题进行有效的破解。由此，真正激起了人们对量子信息科学的关注。

本节将在回顾这一著名量子算法基本思想的基础上，对其少比特情况下的运行进行数值模拟。我们的工作证明，尽管计算系统的量子相干性能够很好地保持，但与各操作 (幺正演化) 之间弛豫有关的相干错误仍对算法的运行产生重要影响。

11.2.1 Shor 量子算法的基本思想 [2]

在 Shor 算法提出以前，人们一直相信尚没有一种有效的算法能对当今广泛应用着的公钥密码体系的安全性构成威胁，因为这一体系的安全性依赖于这样的一个命题，即大数因子分解是一个难解的问题。

比如，在我们熟悉的 RSA 公钥密码体系中，密钥的生成方法是：首先，找到两个大质数 p, q (它们都是 100~200 位十进制的数字)，计算 $N = p \cdot q$ 的值及 Eular 函数 $\phi(N) = (p-1) \cdot (q-1)$; 其次，在 $1 \leqslant e < \phi(N)$ 范围内随机选择一个与 $\phi(N)$ 互质的整数，计算模 $\phi(N)$ 下 e 的逆元 $d = e^{-1} \mathrm{mod} \phi(N)$; 最后，定

义公钥是 (N, e), 私钥是 d (或 p, q)。可见, 这一密码框架的安全性在理论上完全取决于大整数 n 的质因数分解的困难性。因为要从公钥 (N, e) 中想得到密钥 d 必须先要得到 (p, q)。事实上, 大数因子分解的算法研究一直是数论和密码分析理论研究的一个重要课题, 但一直没有找到能在经典电子计算机上可以运行的有效算法。一般认为, 实现这一分解的主要步骤是:

(1) 随机选择一个与 N 互素的整数 $y(1 < y < N)$;

(2) 计算模指数函数 $f_N(a) = y^a \bmod N (a = 0, 1, 2, \cdots)$ 的最小周期 r;

(3) 计算 $Z = \sqrt{y^r}$, 再用辗转相除法求 $Z \pm 1$ 与 N 的最大公约数, 它们就是大数 N 的两个质因数。

显然, 在这一分解方法中, 周期 r 的求得是最为关键的。目前已知的经典算法之所以不是有效的, 原因就是这些算法求解周期 r 的复杂性都是呈指数率增长的。而对 Shor 量子算法而言, 这一解法却可以有效进行, 因为其计算的复杂性只是多项式地增加的。物理上, Shor 量子算法之所以对大数因子分解是有效的, 是基于下面的两点: 利用量子态叠加原理所赋予的量子并行性, 可以同时计算各个 a 值所对应的模指数函数 $f_N(a)$ 的取值; 引入量子 Fourier 变换, 使得周期 T 所对应的解的输出概率能够通过量子干涉而得以增加 (即在最后的量子测量中非解的输出概率显著变小)。最后一点是 Shor 最富创意的贡献, 它是此算法有效性的根本保证。事实上, 对涉及 m 个比特的大数因子分解问题, 量子 Fourier 变换总共只需 $m(m+1)/2 \sim O(m^2)$ 个基本量子逻辑门操作。所以, 对大数因子分解问题 Shor 算法是一种有效的算法: 其复杂度随着问题的规模只是多项式地增加。

现在, 实验上已经实现了最多涉及七个比特的 Shor 算法, 其更大规模实现的实验研究正在进行当中。

11.2.2　Shor 量子算法的少比特数模拟: 相干错误的校正 [3]

在一个理想的量子计算过程中, 所有涉及的操作都假定是精确进行的。但实际上任何一个计算过程的物理实现都不可避免地受到各种噪声和操作不完全精确的影响。大体上来讲, 计算错误可以分为两种不同类型: 非相干和相干的错误。非相干错误主要来自于计算系统与外部环境的随机耦合, 而相干错误通常来源于幺正演化过程中演化时间设置的不精确性。很多工作已经讨论了非相干错误的消除和避免办法, 这里我们主要关注相干错误。通常情况下, 两个量子比特的能级具有不同的能量, 在连续两次操作的有限时间间隔内, 量子存储器的叠加波函数进行快速的相干振荡。这些振荡如果不能得到有效抑制的话, 将影响量子算法的正确运行。理论上, 通过调整量子比特能量劈裂到零, 或者用两个物理量子比特编码一个逻辑量子比特使这两个逻辑态有相同的能量, 或者通过在计算过程中引入一个"自然"位相等都可以避免这些相干动力学位相错误。但在实际的操作中, 这些方法并不一定是完全有效或者是最经济的。为简便起见，我们将这种错误完全归结于两个相继幺正操作之间 (即操作弛豫) 量子比特的内在动力学演化。

标准的 Shor 算法需要用两个量子存储器来实现：一个是具有 L 个量子比特的工作存储器 W，其任务是用于寻找最小周期 T; 另一个是由 L' 个量子比特组成的辅助存储器 A，用于存储计算中所得到的函数 $f(x)$。这里，$N^2 < Q = 2^L < 2N^2$ 和 $2^{L'-1} < N < 2^{L'}$，Q 是该工作存储器中 Hilbert 空间的维数。我们运行 Shor 量子算法计算过程的简化操作步骤可由图 11.2.1 给出示意。

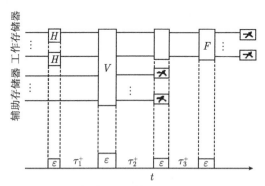

图 11.2.1　实施 Shor 算法的简化量子电路

其中 $\tau_j^+ (j = 1, 2, 3)$ 是在连续操作之间的时间延迟。这里，H 表示的是 Hadamard 门，

而 F 表示的是量子 Fourier 变换

(1) 将工作存储器初始化为其计算基矢的等概率叠加态，而辅助存储器则初始化为其逻辑基态 $|0\rangle$。最初，每个工作量子比特都是处在其逻辑基态 $|0\rangle$ 上的，经过一个 Hadamard 门操作后我们就得到这一系统的计算初态

$$|\Psi(0)\rangle = \frac{1}{\sqrt{Q}} \sum_{j=0}^{Q-1} |j\rangle_W \otimes |0\rangle_A \qquad (11.2.1)$$

在有限的时间延迟 τ_1 之后，在第二次幺正变换之前，整个系统的初态 $|\Psi(0)\rangle$ 变为

$$|\Psi(\tau_1)\rangle = \frac{1}{\sqrt{Q}} \sum_{j=0}^{Q-1} \mathrm{e}^{-\mathrm{i}E_j\tau_1}|j\rangle_W \otimes \mathrm{e}^{-\mathrm{i}E_0\tau_1}|0\rangle_A \qquad (11.2.2)$$

这里，E_j 是态 $|j\rangle$ 的能量且 $\hbar = 1$。以下，$\tau_m\ (m = 1, 2, 3, \cdots)$ 表示在第 $m-1$ 次和第 m 次幺正变换之间的时间间隔；$\epsilon (\ll \tau_m)$ 是第 m 次幺正变换的作用时间，这里假定它与其他时间尺度相比是非常小的故而所对应的动力学位相可以忽略。

(2) 计算 $f_{N,a}(j) = a^j \bmod N$ 并存储于存储器 A 中，然后通过一个联合操作 $\hat{V}$ 将工作存储器与辅助记存器纠缠起来。在一个有限时间延迟 τ_2 之后，在下一步之前 (即第三次幺正变换)，整个系统变为如下的纠缠态：

$$|\Psi(\tau_1^+ + \tau_2)\rangle = \frac{1}{\sqrt{q}} \sum_{s=0}^{r-1} |\psi\rangle_W \otimes |\phi\rangle_A \tag{11.2.3}$$

其中

$$|\phi\rangle_A = \exp[-\mathrm{i}E_{f_{a,N}(s)}\tau_2]|f_{a,N}(s)\rangle_A$$

和

$$|\psi\rangle_W = \sum_{l=0}^{w} \exp[-\mathrm{i}E_{lr+s}(\tau_1^+ + \tau_2)]|lr + s\rangle_W$$

这里，$w = [(q-s-1)/r]$ 是小于 $(q-s-1)/r$ 的最大整数。

(3) 在计算基 $|j\rangle_A$ 中对辅助存储器 $|\phi\rangle_A$ 进行投影测量。在这个操作之后，整个系统的态变为 $|\Psi(\tau_1^+ + \tau_2^+)\rangle = |\psi(\tau_1^+ + \tau_2^+)\rangle_W \otimes |\phi(\tau_1^+ + \tau_2^+)\rangle_A$。也就是说，这时两个存储器已经退纠缠，并且工作存储器将塌缩为某个周期内几个数态的叠加。比如，如果在测量辅助存储器时得到的值为 $A_s = a^s \mathrm{mod}N$，那么工作存储器将立刻变为

$$|\psi(\tau_1^+ + \tau_2^+)\rangle_W = \frac{1}{\sqrt{w+1}} \sum_{l=0}^{w} \exp[-\mathrm{i}E_{lr+s}(\tau_1^+ + \tau_2^+)]|lr + s\rangle_W \tag{11.2.4}$$

经历了第三段时间延迟 τ_3 后，工作存储器演化为

$$|\psi(\tau_1^+ + \tau_2^+ + \tau_3)\rangle_W = \frac{1}{\sqrt{w+1}} \sum_{l=0}^{w} \exp[-\mathrm{i}E_{lr+s}(\tau_1^+ + \tau_2^+ + \tau_3)]|lr + s\rangle_W \tag{11.2.5}$$

(4) 对工作存储器施行第四次幺正变换，即量子 Fourier 变换 (F 变换) 以便提取 r 的信息，即使 $a^r \mathrm{mod}N = 1$ 成立的最小整数。在此变换后，工作存储器的状态变为

$$|\psi(\tau)\rangle_W = \frac{1}{\sqrt{Q}} \sum_{k=0}^{Q-1} g(k)|k\rangle_W \tag{11.2.6}$$

其中，$\tau = \tau_1^+ + \tau_2^+ + \tau_3^+$，并且

$$g(k) = \frac{\exp(2\pi\mathrm{i}sk/Q)}{\sqrt{w+1}} \sum_{l=0}^{w} \exp(-\mathrm{i}E_{lr+s}\tau_3 + 2\pi\mathrm{i}lkr/Q) \tag{11.2.7}$$

在另一个延迟时间 τ_4 (即应用第四次幺正变换之前) 后，工作存储器的状态变为

$$|\psi(\tau + \tau_4)\rangle_W = \frac{1}{\sqrt{Q}} \sum_{k=0}^{Q-1} g(k)\mathrm{e}^{-\mathrm{i}E_k\tau_4}|k\rangle_W \tag{11.2.8}$$

(5) 最后，我们在计算基 $|j\rangle_W$ 上对工作存储器进行投影测量，得到数态 $|k\rangle$ 的概率是

$$P(k) = \frac{1}{Q(w+1)} \left| \sum_{l=0}^{w} \exp[-\mathrm{i}E_{(lT+s)}\tau + 2\pi\mathrm{i}lkT/Q] \right|^2 \tag{11.2.9}$$

注意这里的 $P(k)$ 只依赖于总有效的延迟时间 $\tau = \tau_1^+ + \tau_2^+ + \tau_3^+$。

显然，如果没有任何操作延迟 $\tau_m \equiv 0$ 则式 (11.2.9) 中的概率分布 $P(k)$ 就会过渡到理想 Shor 量子算法所得到的结果。这里的结果清楚地表明，叠加波函数中的动力学位相所导致的相干错误的干扰，使可预期的概率分布已被明显地修改，这将导致在最后的输出中得到预期结果的概率变低。

实际上，以上的动力学位相相干错误可以通过设定特定的位相匹配条件来消除。不失一般性，我们假定所有的量子比特具有相同的能谱，因而具有相同数量的激发比特的不同量子态将获得相同的动力学位相。例如，在延迟时间 t 之间，四比特态 $|1_3 0_2 0_1 0_0\rangle$ 和 $|0_3 0_2 0_1 1_0\rangle$ 将获得相同的动力学位相 $\exp(-\mathrm{i}3\epsilon_0 t - \mathrm{i}\epsilon_1 t)$。这里 ϵ_0 和 ϵ_1 分别是一个比特处在基态 $|0\rangle$ 和激发态 $|1\rangle$ 的能量。在这种近似下，式 (11.2.9) 可写为

$$P(k) = \frac{1}{Q(w+1)} \left| \sum_{l=0}^{w} \exp\left(2\pi\mathrm{i}lk\frac{r}{Q}\right) \exp(-\mathrm{i}m_l\tau\Delta) \right|^2 \tag{11.2.10}$$

其中，$\Delta = \epsilon_1 - \epsilon_0$ 是比特的能级劈裂；m_l 是量子比特数。很明显，当整个有效延迟时间 $\tau(\tau = \tau_1^+ + \tau_2^+ + \tau_3^+)$ 满足如下的位相匹配条件：

$$\tau\Delta = (\epsilon_1 - \epsilon_0)\tau = 2n\pi, \quad n = 1, 2, 3, \cdots \tag{11.2.11}$$

时，上述的概率分布 $P(k)$ 又将回复到理想计算所得到的结果。

上面的一般性讨论，可以通过一个很简单的实例来具体说明。比如，要对最小的复合数 4 进行因数分解，我们需要一个两量子比特的工作存储器和一个两比特的辅助存储器。取 $a = 3$，则经过以上所论的四个简化步骤后，工作存储器的量子态为

$$|\psi(\tau+\tau_4)\rangle_W = \frac{1}{\sqrt{2}}\left[\frac{1}{\sqrt{2}}(|0_1\rangle_W + \mathrm{e}^{-\mathrm{i}\tau_4\Delta}|1_1\rangle_W) \otimes \frac{1}{\sqrt{2}}(\zeta|0_0\rangle_W + \xi\mathrm{e}^{-\mathrm{i}\tau_4\Delta}|1_0\rangle_W)\right]$$

$$= \frac{1}{\sqrt{8}}\left(\zeta|0\rangle_W + \xi|1\rangle_W + \mathrm{e}^{-\mathrm{i}\tau_4\Delta}\zeta|2\rangle_W + \mathrm{e}^{-\mathrm{i}\tau_4\Delta}\xi|3\rangle_W\right) \tag{11.2.12}$$

其中，$\zeta = 1 + \mathrm{e}^{-\mathrm{i}\tau\Delta}$；$\xi = 1 - \mathrm{e}^{-\mathrm{i}\tau\Delta}$。这里，$|\alpha_k\rangle_W$ 指的是在工作存储器中第 k 个比特 $k = 0, 1$ 的逻辑态 $(\alpha_k = 0_k, 1_k = 0, 1)$。另外，$|0\rangle_W = |0_1 0_0\rangle_W$，$|1\rangle_W = |0_1 1_0\rangle_W$，

$|2\rangle_W = |1_1 0_0\rangle$, $|3\rangle_W = |1_1 1_0\rangle_W$。可见，如果将辅助存储器进行投影 $\hat{P}_A = |1\rangle_A \langle 1|_A$，则工作存储器将塌缩到要么 $|0\rangle_W$ 态，要么 $|2\rangle_W$ 态，相应的概率均为 $p_e = |\zeta|^2 = [1 + \cos(\tau\Delta)]/4$。可见，只要满足相位匹配的条件 (11.2.11)，预期的测量结果将为 $p_e = 1/2$。

对于稍微复杂些的分解，比如我们用 9 个工作比特对 $N = 21$ 做因式分解，可取 $a = 5$。数值模拟得出的图 11.2.2 显示了对应不同的延迟时间 $\Delta\tau = 0, 0.4\pi, \pi, 1.6\pi, 2\pi$ 情况下，各种可能输出的概率分布。显然，当满足相位匹配条件时，结果与理想计算情况下输出的结果相同。

图 11.2.2　对不同时间延迟：$\Delta\tau = 0, 0.4\pi, \pi, 1.6\pi, 2\pi$，模拟 Shor 量子算法得到数态 $|k\rangle$ 的输出概率分布

这里，$N = 21, Q = 512, a = 5$ 及 $r = 6$

一般地，为了定量描述这些动力学位相导致的相干错误，我们引入一个与延迟时间相关的函数 $p_e(k_e)$ 用来量化获得正确结果 k_e 的总概率，即

$$P_e = \sum_{k_e} p_e(k_e) \tag{11.2.13}$$

就是所有正确结果的输出率。理想情况下应该有 $P_e = 1$。图 11.2.3 分别给出了我们用 4, 9, 11 个工作比特对 $N = 15, 21, 33$（其中 $a = 13, 5, 5$）进行因子分解模拟所得到的正确输出结果 P_e 与延迟时间的关系。可见，在满足位相匹配条件下，总能够得到期望的结果。对于其他延迟情况，特别是当 $\tau\Delta = (\epsilon_1 - \epsilon_0)\tau = (2n-1)\pi$

时，动力学位相相干错误将完全抑制了正确的结果输出。

至此，我们已经完成了应用 Shor 量子算法对直到整数 33 的因子分解模拟。当然这仅仅是一种利用电子计算机来实现的数值模拟，与在量子计算机上运行这一算法的真实情况还有本质的不同。我们强调，由动力学位相引起的相干错误和由比特退相干引起的非相干错误之间是有本质性不同的。原则上，相干错误不会造成信息损失，而且它是周期性变化的；但对非相干错误即退相干效应而言，得到正确计算结果的概率将会随着计算时间的增长而呈某种指数形式的衰减。另外，动力学位相导致的幺正错误通常是以相同的方式在偏离所需量子操作中积累，虽然影响所期待量子干涉，但却并不会破坏量子存储器的相干特性；但退相干本质上是随机的，并且随着计算时间的增加这种错误的影响将是指数增强，并且是不可逆的。我们的工作说明了，在量子算法的运行过程中，除了客观环境导致的非相干错误必须进行纠正或避免外，与某些额外相干动力学演化相关的相干错误也是不可忽视的。

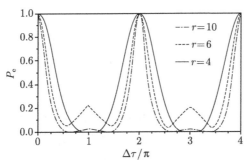

图 11.2.3　不同延迟条件下，用 4, 9, 11 个工作比特对 $N = 15, 21, 33$ 进行因子分解 (其中 $a = 13, 5, 5$) 所得到正确结果：$r = 4, 6, 10$ 的概率

11.3　相位估计量子算法中的动力学相干位相错误校正 [4]

本节进一步在更为普遍的量子相位估计算法 (一些重要量子算法，如大数因子分解算法和量子计数算法等可以纳入这一算法体系) 的框架下讨论这一现象。我们证明，通过设置延迟时间来满足一定的匹配条件，可以避免由时序计算之间的时间延迟产生的相干相位 "误差"。同样，为了简单起见，我们将每个量子算法简化为一个三步过程，即制备、演化和测量。这三步过程中的所有操作都假定在无穷小的时间内执行完毕，从而只考虑它们之间的延迟而不考虑操作本身的错误。

11.3.1　相位估计算法中的操作延迟

相位估计算法的目标是获得幺正演化 $\hat{U}_T$ 的一个 n 位特征值估计 $\exp(\mathrm{i}\phi)$，即

$$\hat{U}_T |\phi\rangle_T = \mathrm{e}^{\mathrm{i}\phi}|\phi\rangle_T \tag{11.3.1}$$

为此，需要先给出相应的特征向量 $|\phi\rangle_T$，以及能够进行 $\hat{U}_T, \hat{U}_T^2, \hat{U}_T^4, \cdots, \hat{U}_T^{2^n}$ 运算的操作。一般地，执行这个算法需要两个量子存储器：一个是目标存储器，其量子态保持在幺正算子 $\hat{U}_T$ 的本征态 $|\phi\rangle_T$ 中；另一个用 n 个物理量子位元存储器作为辅助存储器，用于读取相应的估计结果。辅助存储器所需的量子位元数目 n 取决于期望的估计精度和算法的成功概率。该算法最直接的应用是通过确定时间演化幺正算子 $\hat{U}_T = \exp(-\mathrm{i}\hat{H}_T t/\hbar)$ 来求得体系 Hamilton 量 $\hat{H}_T$ 的特征值和特征向量。相位估计算法实际上可以看作是量子非破坏测量，用以生成相应的幺正算子 $\hat{U}_T$ 的本征态。

　　理想的量子算法通常假定量子计算过程可以通过一系列连续的操作来连续进行，而这些操作之间没有任何时间延迟。实际上，两个依次施行的计算操作之间总会存在时间延迟，从而不可避免地导致需要纠正的动力学相干演化错误。物理量子位是一个两级的物理系统，逻辑量子位是二进制信息的单位。为了方便起见，这里我们假定，一个逻辑量子位就由一个物理量子位来编码。符号 $|a_j\rangle_k (a = 0, 1; j, k = 0, 1, \cdots, n-1)$ 表示第 k 个逻辑量子位由第 j 个物理量子位编码，$|a_j\rangle$ 是对应于特征值 E_a 的第 j 个量子位 Hamilton 量的本征态。图 11.3.1 给出了操作时间延迟简化位相估计算法的"量子电路"(操作序列) 示意图。这里：

　　(1) 第 j 个物理量子位元的连续量子运算之间存在运算延迟 $\tau_j^{(m)}(m = 1, 2)$；

　　(2) 在 Hadamard 门 $\hat{H}$ 和逆量子傅里叶变换 (QFT) $\hat{F}^{-1}$ 之后，第 j 个逻辑量子位被更改为第 $(n-j-1)$ 个。其中，$\tau_j^{(1)}$ 是 $\hat{H}$ 和 $\hat{U}_T^{2^{n-j-1}}$ 运算间的时间延迟，$\tau_j^{(2)}$ 是 $\hat{U}_T^{2^{n-j-1}}$ 和 $\hat{F}^{-1}$ 操作之间的时间延迟。

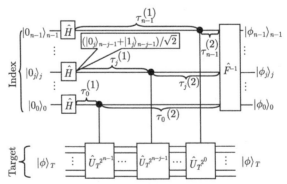

图 11.3.1　操作延迟相位估计算法的"量子电路"实现示意图

上述简化的含操作延迟量子相位估计算法的运行，可分为三个步骤：

(1) 量子位初始化。

首先，我们将辅助存储器中的 n 个物理量子位制备于其所有逻辑状态的等权

叠加, 它可以通过对基态 $|0\rangle_I = \prod_{j=0}^{n-1} |0\rangle_j$ 施行 Hadamard 门操作来实现。同时, 目标存储器制备于算符 $\hat{U}_T$ 的本征值为 $\exp(\mathrm{i}\phi)$ 的本征态 $|\phi\rangle_T$ 上。这样, 整个系统的计算初态为

$$|\Psi(0)\rangle = \left\{\prod_{j=0}^{n-1}\hat{H}_j|0_j\rangle_j\right\} \otimes |\phi\rangle_T = \frac{1}{\sqrt{2^n}}\sum_{k=0}^{2^n-1}|k\rangle_I \otimes |\phi\rangle_T, \quad \hat{H}_j = \frac{1}{\sqrt{2}}\begin{pmatrix}1 & 1\\ 1 & -1\end{pmatrix}_j$$

(11.3.2)

这里 $|k\rangle_I = |a_0\rangle_{n-1}^k \otimes \cdots \otimes |a_{n-1}\rangle_0^k$ 是辅助存储器的状态, 且 $\hat{H}_j$ 是应用于第 j 个逻辑量子位的 Hadamard 变换。为了方便起见, 本书在施行 Hadamard 或 (逆) 量子傅里叶变换时, 将第 j 个逻辑量子位换成 $(n-1-j)$ 个逻辑量子位。当然, 物理量子位元的顺序没有改变。

在第 j 个物理量子位经过有限时间延迟 $\tau_j^{(1)}$ 后, 整个系统的基态 $|\Psi(0)\rangle$ 演化为

$$|\Phi(\tau_j^{(1)})\rangle = \left\{\prod_{j=0}^{n-1}\frac{1}{\sqrt{2}}(\mathrm{e}^{-\mathrm{i}E_j^0\tau_j^{(1)}}|0_j\rangle_{n-j-1} + \mathrm{e}^{-\mathrm{i}E_j^1\tau_j^{(1)}}|1_j\rangle_{n-j-1})\right\}_I \otimes |\phi\rangle_T \quad (11.3.3)$$

其中, E_j^0 和 E_j^1 分别为特征向量 $|0_j\rangle$ 和 $|1_j\rangle$ 对应的第 j 个物理量子位元的 Hamilton 量特征值。

(2) 整体相移转换为可测量的相对相位。

其次, 我们将算符 $\hat{U}$ 特征向量中的整体动力学相位转换为一个可测量的相对相位。这可以通过如下方式实现: 在应用受控的 $\hat{U}_T^{2^j}$ 运算后, 施行 $c-\hat{U}_j$ 变换

$$c-\hat{U}_j = |1\rangle_{jj}\langle 1| \otimes \hat{U}_T^{2^j} + |0\rangle_{jj}\langle 0| \otimes \hat{I}_T \quad (11.3.4)$$

这样, 对于第 j 个逻辑量子位, 态 $|\Phi(\tau_j^{(1)})\rangle$ 演化成

$$\begin{aligned}|\Psi(\tau_j^{(1)})\rangle &= \prod_{j=0}^{n-1}(c-\hat{U}_j)|\Phi(\tau_j^{(1)})\rangle\\ &= \frac{1}{\sqrt{2}}(\mathrm{e}^{-\mathrm{i}E_0^0\tau_0^{(1)}}|0_0\rangle_{n-1} + \mathrm{e}^{-\mathrm{i}E_0^1\tau_0^{(1)}}\mathrm{e}^{\mathrm{i}2^{n-1}\phi}|1_0\rangle_{n-1})\\ &\quad \otimes \cdots \otimes \frac{1}{\sqrt{2}}(\mathrm{e}^{-\mathrm{i}E_{n-1}^0\tau_{n-1}^{(1)}}|0_{n-1}\rangle_0 + \mathrm{e}^{-\mathrm{i}E_{n-1}^1\tau_{n-1}^{(1)}}\mathrm{e}^{\mathrm{i}2^0\phi}|1_{n-1}\rangle_0) \otimes |\phi\rangle_T\end{aligned}$$

(11.3.5)

这里, $|1\rangle_{jj}\langle 1|$ 和 $|0\rangle_{jj}\langle 0|$ 是第 j 个逻辑量子位的投影运算; $\hat{I}_T$ 是不变运算。受控的 $\hat{U}_T^{2^j}$ 操作的作用是, 如果辅助存储器中的第 j 个逻辑量子位处于 $|1\rangle_j$ 态, 那么 $\hat{U}_T$ 应用于目标存储器 $2j$ 次。这样, 就实现了将算符 $\hat{U}_T^{2^j}$ 特征向量中的"整体"相位转换为可测量的相对相位。

类似地，在算法的下一步运算之前，第 j 个物理量子位存在另一个有限延迟 $\tau_j^{(2)}$。在这段时间间隔内，辅助存储器的每个物理量子位元根据 Schrödinger 方程再次自由演化，而目标存储器假定仍处于 $|\phi\rangle_T$ 状态。因此，整个系统的状态变为

$$|\Phi\{\tau_j\}\rangle = \frac{1}{\sqrt{2}}(\mathrm{e}^{-\mathrm{i}E_0^0\tau_0}|0_0\rangle_{n-1} + \mathrm{e}^{-\mathrm{i}E_0^1\tau_0}\mathrm{e}^{\mathrm{i}2^{n-1}\phi}|1_0\rangle_{n-1})$$

$$\otimes \cdots \otimes \frac{1}{\sqrt{2}}(\mathrm{e}^{-\mathrm{i}E_{n-1}^0\tau_{n-1}}|0_{n-1}\rangle_0 + \mathrm{e}^{-\mathrm{i}E_{n-1}^1\tau_{n-1}}\mathrm{e}^{\mathrm{i}2^0\phi}|1_{n-1}\rangle_0) \otimes |\phi\rangle_T \tag{11.3.6}$$

这里，$\tau_j = \tau_j^{(1)} + \tau_j^{(2)}$ 为受控 $\hat{U}_T^{2^{n-j-1}}$ 运算前后的总时间延迟。因为受控的 $\hat{U}_T^{2^{n-j-1}}$ 操作在辅助存储器的第 $(n-j-1)$ 个量子位的基矢空间中是对角的，因而辅助存储器量子位的动力学相位可以在这个操作前后直接相加。

(3) 相位测量。

现在，我们对辅助存储器施行逆量子傅里叶变换 (逆 QFT) 来测量幺正算子 $\hat{U}_T$ 特征向量中的相位。逆 QFT 的定义是

$$\mathrm{QFT}^{-1}: |k\rangle \to \hat{F}^{-1}|k\rangle = \frac{1}{\sqrt{2^n}}\sum_{l=0}^{2^n-1}\mathrm{e}^{-2\pi\mathrm{i}kl/2^n}|l\rangle \tag{11.3.7}$$

它可以通过序列的幺正操作来实现：$\hat{F}^{-1} = \hat{F}^\dagger = \hat{H}_0\hat{R}_{0,1}^\dagger\cdots\hat{H}_{n-2}\cdots\hat{R}_{0,n-1}^\dagger\cdots$ $\hat{R}_{n-2,n-1}^\dagger\hat{H}_{n-1}$。这里

$$\hat{R}_{j-k,j}^\dagger = \begin{pmatrix} 1 & 0 & 0 & 0 \\ 0 & 1 & 0 & 0 \\ 0 & 0 & 1 & 0 \\ 0 & 0 & 0 & \mathrm{e}^{-\mathrm{i}\pi/2^k} \end{pmatrix}_{j-k,j}$$

是两量子比特受控相位运算，它指的是，如果受控的第 $(j-k)$ 个逻辑量子位处于态 $|1\rangle_{j-k}$，那么第 j 个目标逻辑量子位的态 $|1\rangle_j$ 将获得一个相移 $\mathrm{e}^{-\mathrm{i}\pi/2^k}$。将相移 ϕ 写成一个 n 位二进制数字

$$\phi = 2\pi(\phi_0\cdots\phi_{n-1}) = \frac{\phi_0}{2^n} + \frac{\phi_1}{2^{n-1}} + \cdots + \frac{\phi_{n-1}}{2}, \quad \phi_j = 0,1, \quad j = 0,1,\cdots,n-1 \tag{11.3.8}$$

那么，应用上面的逆 QFT 操作后，辅助存储器的最终输出态应该为如下的乘积态：

$$|\Psi(\tau_j)\rangle_I = |\phi_{n-1}\rangle_{n-1} \otimes \cdots |\phi_j\rangle_j \cdots \otimes |\phi_0\rangle_0 \tag{11.3.9}$$

然而，由于物理量子位元在操作延迟过程中的自由动力学演化会产生额外的动力

学相位, 其对应的额外量子干涉效应导致误差, 从而改变预期的输出末态

$$|\Phi(\tau_j)\rangle = \frac{1}{\sqrt{2}}[e^{-iE_j^0\tau_j}|0_j\rangle_{n-1-j} + e^{-iE_j^1\tau_j}e^{i2^{n-1}2\pi(\phi_0\cdots\phi_{n-1-j})}|1_j\rangle_{n-1-j}]$$

$$= \frac{1}{\sqrt{2}}e^{-iE_j^0\tau_j}[(1+e^{-i(\Delta_j\tau_j-\pi\phi_j)})|0_j\rangle_j + (1-e^{-i(\Delta_j\tau_j-\pi\phi_j)})|1_j\rangle_j] \quad (11.3.10)$$

因此, 在计算基 $\{|0\rangle, |1\rangle\}$ 中测量第 j 个物理量子位, 测得位相 ϕ_j 的概率就是

$$P_{\phi_j} = \frac{1}{2}[1+\cos(\Delta_j\tau_j)], \qquad \Delta_j = E_j^1 - E_j^0 \quad (11.3.11)$$

可见, 获得正确的输出结果与总延迟时间 τ_j 有关 (而不是仅与单步操作的时间延迟间隔 $\tau_j^{(m)}(m=1,2)$ 有关). 显然, 如果 $\tau_j^{(1)} = \tau_j^{(2)} = 0$, 那么就与无操作延迟的理想算法实现一致. 实际计算过程中, 由于 $\tau_j^{(1)}, \tau_j^{(2)} \neq 0$, 所以实际的输出可能并不是预期的输出. 最坏的情况是, 如果

$$\Delta_j\tau_j = (2l+1)\pi, \quad l=0,1,2 \quad (11.3.12)$$

那么对应于错误态 $|\phi_j \oplus 1\rangle_j$ 的输出. 然而, 如果总时间延迟满足如下的匹配条件:

$$\Delta_j\tau_j = 2l\pi \quad (11.3.13)$$

时, 仍可得到期望的输出 $|\phi_j\rangle_j$, 从而抑制了额外动力学位相所造成的输出振荡性, 得到理想的输出结果.

11.3.2 具体实例

下面我们通过一些简单的例子来具体说明, 两步操作之间的有限时间延迟所对应的动力学位相相干错误对量子位相估计算法运行结果的影响.

1. 单比特非门的特征值

单量子位相估计算法可以用来确定 Pauli 算子 $\hat{\sigma}_x$(即单比特逻辑非门) 的特征值. 假设单量子位目标存储器被制备在其某个特征态

$$|\phi\rangle_T = |\pm\rangle_T = \frac{1}{\sqrt{2}}\begin{pmatrix} 1 \\ \pm 1 \end{pmatrix}_T \quad (11.3.14)$$

上, 它们分别对应于特征值 $e^{i\phi}, \phi = 0, \pi$. 根据以上讨论, 单量子位存储器的最终状态, 经过单比特逆量子傅里叶变换 (即 Hadamard 变换) 后可以写成

$$|\Psi(\tau)\rangle_I = \frac{1}{2}\left\{[1+e^{-i(\Delta\tau-\phi)}]e^{-iE^0\tau}|0\rangle_I + [1-e^{-i(\Delta\tau-\phi)}]e^{-iE^1\tau}|1\rangle_I\right\} \quad (11.3.15)$$

这意味着辅助存储器最终处于态 $|0\rangle_I$ 概率为

$$P_0(\tau) = \frac{1}{2}[1 + \cos\phi(\Delta\tau) + \sin\phi\sin(\Delta\tau)] \tag{11.3.16}$$

处于态 $|1\rangle_I$ 的概率为

$$P_1(\tau) = \frac{1}{2}[1 - \cos\phi(\Delta\tau) + \sin\phi\sin(\Delta\tau)] \tag{11.3.17}$$

可见，如果目标存储器处于特征值为 $+1$ 的算子 $\hat{\sigma}_x$ 的特征态 $|+\rangle_I$，即 $\phi = 0$，那么当条件 (11.3.13) 满足时，期望输出态 $|0\rangle_I$ 的概率为 $P_0(\tau) = 1$。然而，如果延迟满足条件 (11.3.12)，那么辅助存储器将输出错误结果：$|1\rangle_I$。

2. Shor 大数因子分解算法中操作延迟时间内的动力学相位效应

Shor 算法对已知大整数 N 的质因子分解是基于寻找 $f(x) = y^x$ 对 N 取余函数的周期来实现的，这里 y 是在 1 和 N 之间随机选择的整数。一旦求得周期函数 $f(x+r)$ 的周期 r，那么简单计算 N 和 $y^{r/2} \pm 1$ 的最大公约数就可得到分解 N 的质数因子。上小节已经讨论了 Shor 算法运行过程中，两步精确完成量子操作之间时间延迟相关的额外动力学演化位相所导致的相干位相错误及其校正办法，这里我们从相位估计算法的角度再来讨论这一问题。因为 Shor 算法实际上也可以纳入相位估计算法的框架内来理解，它等价于一个寻找实现变换 $|x\rangle \rightarrow |y^x \bmod N\rangle$ 的幺正算符 $\hat{U}_y : \hat{U}_y^r = \hat{I}$ 本征值的问题，即

$$\hat{U}_y|u_k\rangle = \mathrm{e}^{\mathrm{i}2\pi k/r}|u_k\rangle, \quad |u_k\rangle = \frac{1}{\sqrt{r}}\sum_{x=0}^{r-1}\mathrm{e}^{2\pi\mathrm{i}kx/r}|y^x \bmod N\rangle, \quad k = 0,\cdots,r-1 \tag{11.3.18}$$

通过相位估计算法，可以测量特征值 $\exp(2\pi\mathrm{i}k/r)$ 从而得到阶数 r。然而，阶数 r 开始时是不知道的，因此目标存储器无法制备在某个本质态 $|u_k\rangle$ 上。但是，由于 $\sum_{x=0}^{r-1}|u_k\rangle/\sqrt{r} = |1\rangle$，且 $|1\rangle$ 是容易制备的，所以该算法可以通过制备算符 $\hat{U}_y$ 的所有特征态的叠加态 (而不是其中某一个特征态) 来运行。

不失一般性，我们用一个最简单的实例，即取 $y = 7$ 对 $N = 15$ 进行因式分解来展开讨论。在这个简单的实例中，阶数 r 为 2 的次方，即 $r = 2^n(n=2)$，因此期望相位估计可以通过测量 n 个量子位本征值 $k/2^n : k = \sum_{j=0}^{n-1}k_j 2^j(k_j = 0,1)$ 得到。利用这一测量的特征值，通过检验条件 $y^r \bmod N = 1$ 是否满足来确定 r 是否是所需要估计的阶数。为此，我们需要一个 $n = 2$ 物理量子位的辅助存储器来测量幺正算子 $\hat{U}_y$ 的特征值，以及一个物理量子位为 $m = 4$ 的目标寄存器来储存量子态

$|1\rangle_T = \sum_{k=0}^{3} |u_k\rangle_T/2$, $|u_k\rangle_T = \sum_{x=0}^{3} \exp(-2\pi \mathrm{i}kx/2^2)|7^x \bmod 15\rangle_T/2$, 它实际上是算子 $\hat{U}_y : |x\rangle_T \to |7^x \bmod 15\rangle_T (x=0,1,2,3)$, 即 $\hat{U}_y|u_k\rangle_T = \exp(2\pi \mathrm{i}kx/2^2)$ 的所有本征态的等概率叠加。根据上一小节讨论的相位估计的三步有限时间实现,很容易证明在对辅助存储器施行逆 QFT 变换测量操作之前,整个系统处于如下的纠缠态:

$$|\Phi(\tau_j)\rangle = \frac{1}{2} \sum_{k=0}^{3} \left\{ \prod_{j=0}^{1} \frac{1}{\sqrt{2}} \left[|0\rangle_{1-j} + \mathrm{e}^{-\mathrm{i}(\Delta_j \tau_j - 2\pi 2^{(1-j)k}/2^2)}|1_j\rangle_{1-j} \right]_I \right\} \otimes |u_k\rangle_T \tag{11.3.19}$$

这里,我们忽略了不重要的整体动力学相位因子 $\exp(-2\mathrm{i}E_j^0 \tau_j)$。

在理想情况下,即 $\tau_j^{(1)} = \tau_j^{(2)} = 0$,经过逆 QFT 后测量辅助存储器将以 1/4 的概率得到预期输出态

$$|\Psi_{\mathrm{out}}\rangle_I = |k_1\rangle_1 \otimes |k_0\rangle_0 \tag{11.3.20}$$

同时,目标存储器将塌缩为相应的期望本征态 $|u_k\rangle$。一旦测量输出,即 $k/2^2 = (2^1 k_1 + 2^0 k_0)/2^2$ 已知,那么通过检验 $y^i \bmod N = 1(i = 2^2/k, 2 \times 2^2/k, \cdots, r)$ 是否满足就可以验证阶数 r 的值。例如,当输出 $k=3$,即 $|\Psi_{\mathrm{out}}\rangle_I = |1_1\rangle_1 \otimes |1_0\rangle_0$ 时,阶数 r 就可以通过检验 $y^i \bmod N = 1(i = \{2^2/3, 2 \times 2^2/3, 3 \times 2^2/3\})$ 是否满足来确定。当然,如果输出 $k=0$,即目标存储器塌缩成相应的特征向量 $|u_0\rangle$,则计算失败。然而,在实际的量子计算过程中,总存在延迟 $\tau_j^{(1)}, \tau_j^{(2)} \neq 0$,因而以上的论证可能会被修改。例如,如果目标存储器在 $|u_k\rangle$ 态出错,在应用逆 QFT 之后辅助存储器中的输出态会被修改为

$$|\Psi'_{\mathrm{out}}\rangle_I = \prod_{j=0}^{1} \left[\frac{1}{2}(1 + \mathrm{e}^{-\mathrm{i}(\Delta_j \tau_j - \pi k_j)})|0_j\rangle_j + \frac{1}{2}(1 - \mathrm{e}^{-\mathrm{i}(\Delta_j \tau_j - \pi k_j)})|1_j\rangle_j \right] \tag{11.3.21}$$

所以,只有当延迟设置为满足匹配条件 (11.3.13) 时,期待的输出 $|k_1\rangle_1 \otimes |k_0\rangle_0$ 才会得到;否则,辅助存储器中可能会出现一些错误。特别地,如果式 (11.3.12) 满足,那么就会出现逻辑反转误差。例如,如果目标存储器在态 $|u_3\rangle_T$ 出错,辅助存储器输出的态是 $|0\rangle_I = |0_1\rangle_1 \otimes |0_0\rangle_0$,而不是期待中的 $|3\rangle_I = |1_1\rangle_1 \otimes |1_0\rangle_0$。

3. 带有操作延迟的量子计数算法

量子计数算法还可以用于估计 Grover 迭代算符

$$\hat{G} = -\hat{A}\hat{U}_0 \hat{A}^{-1} \hat{U}_f \tag{11.3.22}$$

的本征相位。这里,$\hat{A}$ 为将态 $|0\rangle$ 变换到态 $\sum_{x=0}^{N-1} |x\rangle/\sqrt{N}$ 的一个算符;$\hat{U}_0$ 是将态 $|0\rangle$ 变换到态 $-|0\rangle$ 的运算;$\hat{U}_f$ 是将态 $|x\rangle$ 变换到态 $(-1)^{f(x)}|x\rangle$ 的操作。因为

Grover 迭代运算几乎是依赖于解的数量的周期性函数，所以这个算法可以使我们能够估计搜索问题的解的数量。确实，从下式

$$\hat{G}|\Psi_{\pm}\rangle = \exp(\pm 2\pi \mathrm{i}\omega_l)|\Psi_{\pm}\rangle, \quad l = 0, 1, 2, \cdots, N \tag{11.3.23}$$

我们不难看到，ω_l 或 $-\omega_l$ 都可以通过运行相位估计算法来进行估计，从而给出解的个数 l 的估计值。这里，$|\Psi_{\pm}\rangle = (|X_1\rangle \pm \mathrm{i}|X_0\rangle)/\sqrt{2}$, $\exp(\pm 2\pi \mathrm{i}\omega_l) = 1 - 2l/N \pm 2\mathrm{i}\sqrt{l/N - (l/N)^2}$ 和 $|X_1\rangle = \sum\limits_{f(x)=1} |x\rangle/\sqrt{l}$, $|X_0\rangle = \sum\limits_{f(x)=0} |x\rangle/\sqrt{N-l}$。

为了明确说明量子计数算符运行过程中操作延迟所导致的动力学相位误差是如何影响计算结果的，我们考虑 $l = N/4$ 的简单情况。这时，我们预期的特征值为 $\exp(\pm \pi \mathrm{i}/3)$，它对应于目标存储器被保存在态 $|\Psi_{\pm}\rangle$。然而，在这种情况下预期的输出 $\omega_1 = 1/6$ 不能准确用一个 n 位逻辑数表示。我们采用系综测量来近似地描述辅助存储器的最终状态。这时，运行算法需要两个存储器：一个单量子位辅助存储器和一个 m 量子位的目标存储器。它们最初被制备于基态：$|\Psi(0)\rangle_I = |0\rangle$, $|\Psi(0)\rangle_T = \prod_{j=0}^{m-1} |0\rangle_j$。考虑操作时间延迟的量子计数算法，可以通过下面四个操作步骤来执行：

(1) 同时对两个存储器施行 Hadamard 变换，得到

$$|\Psi_1\rangle = |\Psi_1\rangle_I \otimes |\Psi_1\rangle_T \tag{11.3.24}$$

这里，$|\Psi_1\rangle_I = \hat{H}|0\rangle_I = (|0\rangle + |1\rangle)/\sqrt{2}$ 和 $|\Psi_1\rangle_T = c_+|\Psi_+\rangle_T + c_-|\Psi_-\rangle_T$, $c_{\pm} = \mp \mathrm{i}\exp(\pm \mathrm{i}\pi/6)/\sqrt{2}$。

(2) 在经过第一个有限时延 $\tau^{(1)}$ 后，施行一个受控运算 $c - \hat{G} = |1\rangle_{II}\langle 1| \otimes \hat{G}_T + |0\rangle_{II}\langle 0| \otimes \hat{I}_T$, 得

$$|\Psi_2\rangle = \sum_{j=\pm} \frac{c_j}{\sqrt{2}} \left[|0\rangle_I + \mathrm{e}^{\mathrm{i}(2\pi j\omega_l - \Delta\tau^{(1)})}|1\rangle_I \right] \otimes |\Psi_j\rangle_T \tag{11.3.25}$$

受控运算 $c - \hat{G}$ 指的是，仅当控制量子位处于 $|1\rangle_I$ 态时才对目标存储器施行 $\hat{G}$ 操作。

重复上述操作 k 次后，系统状态变为

$$|\Psi_3\rangle = \sum_{j=\pm} \frac{c_j}{\sqrt{2}} \left(|0\rangle_I + \mathrm{e}^{\mathrm{i}[2\pi jk\omega_l - \Delta(\tau^{(1)} + \tau^{(2)} + \cdots \tau^{(k-1)})]}|1\rangle_I \right) \otimes |\Psi_j\rangle_T \tag{11.3.26}$$

(3) 在一个有限时延 $\tau^{(k)}$ 后，对控制量子位施行第二个 Hadamard 变换，得到

$$|\Psi_4\rangle = \frac{1}{2} \sum_{j=\pm} c_j \left[\left(1 + \mathrm{e}^{\mathrm{i}(2\pi jk\omega_l - \Delta\tau)}\right) |0\rangle_I \left(1 - \mathrm{e}^{\mathrm{i}(2\pi jk\omega_l - \Delta\tau)}\right) |1\rangle_I \right]$$

$$\otimes |\Psi_j\rangle_T, \quad \tau = \sum_{m=1}^{k} \tau^{(m)} \tag{11.3.27}$$

(4) 测量 $\hat{\sigma}_z$ 的期望值, 表征目标存储器的最终状态。这对应于确定态 $|\Psi_4\rangle$ 中 $|0\rangle_{II}\langle 0|$ 和 $|1\rangle_{II}\langle 1|$ 的布居差, 结果可表示为

$$\langle \hat{\sigma}_z \rangle_I = \cos(2\pi k\omega_l - \Delta\tau) \tag{11.3.28}$$

再一次看到,理想操作情况 (即没有任何操作延迟) $\tau^{(m)} = 0$,有 $\langle \hat{\sigma}_z \rangle_I = \cos(2\pi k\omega_l)$。因而, 改变 k 值就可以估计 ω_l 值。比如, 如果重复运行 $c-\hat{G}$ 迭代 $k = 6$ 次, 那么 $\langle \hat{\sigma}_z \rangle_I = 1$, 这意味着在测量前控制量子位已经具有很高的概率处于 $|0\rangle$ 态。然而, 在实际算法运行中, 操作延迟总是存在的, 因此控制量子位元的波函数对于每个延迟都获得一个非平凡的动力学相位, 所以测量的实际结果就明显依赖于总的延迟时间 $\tau = \sum\limits_{m=1}^{k} \tau^{(m)}$。当然, 如果匹配条件 (11.3.13) 满足, 那么也会得到预期的运算结果。

11.3.3   总结与讨论

理想的量子算法通常假定量子计算可以通过连续应用一系列精确设定的幺正演化来实现。但是, 在进行实际量子计算时, 幺正序列操作之间的时间间隔通常是有限的。在这些延迟过程中, 量子存储器中物理量子位根据 Schrödinger 方程仍将演化, 故而叠加波函数获得了额外的相对动力学相位。一般来说, 这个相位会导致额外的量子干涉, 可能破坏预期的计算结果。当然, 通过简单地设置总延迟时间来满足某些匹配条件, 可以消除叠加波函数最终状态下的相对相位, 从而避免由此产生的相干相位误差。这里, 匹配条件当然可以通过简单地设置单个延迟 $\tau_j^{(m)}(m = 1, 2, \cdots)$, 满足 $\Delta_j\tau_j^{(m)} = 2n\pi$ 来抑制。但是, 更方便的办法是精确地设置总延迟时间, 而不是每次延迟的持续时间, 使之满足总的延迟时间匹配条件就可以。

与之前解决这类问题的方案相比, 我们这里提出的方案的优势表现在: 首先, 它不要求在空闲状态的量子存储器中 Hamilton 量等于零; 其次, 不需要强制生成额外的操作来消除这些阶段错误; 最后, 我们的方法不需要使用多个 (两个或更多) 物理量子位来编码单个逻辑量子位, 所以编码相对简单。

当然, 在本节讨论的问题是一个简化模型: 我们仅考虑了两个精确量子操作步骤之间的时间延迟, 而忽略了量子组合操作中各操作序列时间的内部时间延迟, 因而处理起来相对比较方便。

本节作业: 理解一维随机行走的经典算法和量子算法, 并用数值方法模拟检验相干位相错误的校正条件 (11.3.13)。

11.4　量子计算的各种可能实现方案

运行某个量子算法的过程就是量子计算。如何实现这样的一个计算过程，或者换句话说，如何构造一台能运行量子算法的量子计算机，正是目前乃至未来相当长一段时间内量子信息科学的研究核心课题，甚至是其终极目标。本节简要综述目前的几种主要实现途径，为介绍下节我们提出的绝热逻辑门量子计算方案提供一些背景知识。

11.4.1　逻辑门量子计算

作为经典电子计算机计算过程的直接对应，人们自然地想到，量子计算也可以由一系列基本量子逻辑门操作的组合来完成，这就是熟知的逻辑门量子计算方案。正如前面所提及的，这一方案中基本的逻辑操作是任意的一个两比特操作和单比特的任意旋转。因此，在目前量子计算机物理实现的最初研究阶段，大多数的工作就是研究如何在各种可能的物理系统中有效地实现某一个两比特操作和任意的单比特旋转。一般而言，单比特操作是相对比较容易实现的。例如，对编码于光偏振特性的光子比特来说，单比特旋转可以通过简单的线性光学操作，如调节偏振角、使用各种分束和移相器等来实现；还有，像编码于自旋分量的电子自旋比特来说，单比特操作也是相对比较容易实现的，即通过施加一个可调节的磁场即可实现。但是，如何通过可控制的途径，在这些光子比特 (或电子自旋比特) 之间实现可调的相互作用，从而实现它们间的两比特操作则不是一件很容易做得到的事。相反，在某些固态比特所组成的微结构系统中，各比特之间通常是由一些不可调的电容和电感或者一些固有化学键耦合起来的，因而它们之间的两比特乃至多比特操作可以很自然地实现；但严格的单比特操作却不容易得到 (比如往往需要引入一些并不简单的去耦合操作)。

迄今为止，人们还不清楚究竟哪个物理系统是实现量子计算的最佳候选者。因而，针对不同的物理系统，人们发展了各种可能的方式来实现上述的基本逻辑门操作。概括起来，主要有以下几种。

(1) 有限脉冲驱动法 [5]。

这是目前受到最广泛关注的方案，其基本思想是利用某些可控制的快速操作 (比如有限时间长度内的电或者光脉冲) 来驱动量子比特，使其量子态按预设的某个途径演化到目标态。实验上常用的所谓 π-脉冲就属于此类操作。要能实现这些调控，通常要求所选定的量子比特系统要能够比较理想地实现所谓的 Rabi 振荡，即能够人为地精确控制两个量子态之间的布居数转移。为了实现理想的两比特操作，还要求它们之间的相互作用是可以开关的。

(2) 选择性测量法。

1999 年，Gottesman 和 Chuang 证明，采用 teleportation 和单比特操作可以完成通用的量子计算[6]。若量子比特 1 的状态为 $|\alpha\rangle$，量子比特 2 和 3 处于两比特最大纠缠态即 Bell 态。通过对量子比特 1,2 进行 Bell 测量，可以使量子比特 1 的信息转移到量子比特 3 上。量子比特 3 的状态与测量结果有关，它决定量子态从 1 到 3 进行何种变换。虽然这种方案也是通用的 (universal)，可是需要联合测量 (joint measurement)，这在实验上是比较难实现的。为克服这一缺陷，Raussendorf 和 Briegel 于 2001 年提出了一种新的基于量子测量的量子计算方案，它仅需要单比特的测量操作就可以实现[7]。他们证明，只要量子计算机"芯片"中的量子比特处于很高纠缠度的纠缠态，如一种现在称为簇态 (cluster state) 的纠缠态上，那么各种基本的量子逻辑门操作都可以通过选择性地单比特量子测量的组合来实现。当然，这种计算方案中每一步运算的输出都与测量结果有关，所以下一次的测量总是基于前面的测量结果。已经证明，这种被称为单向的量子计算方案也是普适的。原则上，通过采取不同的测量次序和对不同的量子比特进行测量就可以实现任意的量子逻辑操作，因而可以实现各种不同的量子算法。这种运算之所以是单向的，是因为量子测量本身就是非幺正的，而且在每次测量后系统的纠缠度都会降低，故而是不可逆的。经过一系列的测量操作之后，计算结果就会存储在最后没有被测量的存储器的比特上。

(3) 拓扑与几何位相法[8]。

在以上两种实现基本量子逻辑门的方案中，演化时间设置的不精确性 (可能来源于调控的精度有限，也可能来源于不可消除的周围环境的干扰等) 以及测量中不可避免的误差，都将影响它们实现的有效性或者说保真度。这些问题虽然可以通过建立各种可能的纠错方法来解决，但又有可能引入新的误差。

拓扑量子计算的提出给人们提供了解决这一普遍存在问题的一种新思路。我们知道，在很多物理系统中存在一种与其整体拓扑性质有关的状态，其准粒子激发是一种非 Abel 的任意子 (non-Abelian anyon)。之所以为任意子，是因为其特殊的统计特性。一般地说，对于两个粒子组成的系统，当它们交换后，系统的波函数要么不变 (Bose 子) 要么反相 (Fermi 子)。但对任意子系统来说，两个粒子交换后系统的波函数将有一个附加的相位，而且这个相位可以是任意的。当交换两个准粒子后，系统会从一个基态变化到另一个基态。利用这一特性，幺正变换可以用多次准粒子的交换操作来实现，而系统所达到的最终状态则取决于粒子交换的顺序。自然地，具有分数量子 Hall 效应的体系被认为最有可能实现以上所说的拓扑量子计算。在这个系统里面，元激发是特殊的二维准粒子。随着准粒子的交换，它们的轨道 (也称为世界线) 相互交叠形成辫子。显然，稍微的扰动并不会影响到辫子的拓扑性，故而拓扑量子计算的误差可以很低。

利用系统整体拓扑性质实现对动力学微扰不敏感的量子计算，也可以利用著名的 Berry 相位效应来实现。1984 年，Berry 首先发现，当系统循环演化一周后将会获得一个只与演化路径整体拓扑特性相关，而对演化路径本身不敏感的几何位相。所以，利用 Berry 位相效应，理论上是可以设计一些具有明显非局域特性的容错量子计算的。确实，Jones 等利用几何位相已经在 NMR 系统中实现了条件移相门 [9]。已经证明，利用绝热循环演化方法得到的几何位相，可以构造各种单比特位相门以及两比特的控制位相门等构成量子计算的各种基本逻辑门操作。

11.4.2　绝热量子计算

与以上各种通过实现基本逻辑门操作，从而构造量子计算网络的途径不同，Farhi 等于 2001 年提出一种崭新的绝热量子计算方案 [10]。其基本思想是，首先把一个其 Hamilton 量比较简单的系统初始化到已知的基态，然后通过改变系统的参数，缓慢地调节系统的 Hamilton 量使系统绝热地演化到目标基态，即所求问题的基态上。注意在这一绝热的量子计算过程中，系统一直保持在其瞬时基态上，故而原则上不存在困扰前面各种逻辑门量子计算中的退相干问题。只要外界环境产生的扰动不足以使系统发生基态和第一激发态之间的跃迁，系统将仍然保持在其基态上。显然，此方案中受控制的只是系统的 Hamilton 量，而不是用于编码量子信息的量子态本身。绝热量子计算的另一个明显的优点是，它对操纵所需要的时间长短并无要求而只是要求操纵是绝热的即可。

在上面的对比介绍中，我们看到：

(1) 基于逻辑门的量子计算虽然具有普适性，但受到退相干问题的制约而难以大规模实现。事实上，任何量子计算任务都是在远小于退相干时间内完成，那么量子计算的实现就原则上没什么问题了。但是，在这一实现方案中，量子比特的激发态将被频繁地占据，即量子计算机的"芯片"经常被激发到其非常不稳定的激发态上。由此就带来了一个严重的退相干问题，即计算系统的量子相干性将被破坏。为此就要求量子计算要能在尽可能短的时间 (即退相干时间) 内完成。由于实际操作过程中脉冲的宽度总是有限的，所以就要求计算系统具有足够长的退相干时间。而实际上在目前的各种可能实现量子计算的物理系统中，退相干时间太短是急需解决的一个共同难题。另外，基本量子逻辑门的实现对所需要的脉冲长度是极为敏感的。

(2) 在绝热量子计算中原则上不存在退相干问题，从而理论上可以大规模实现。但因为每个待求问题的解是编码在某个特定的基态上的，故而缺乏明显的普适性。与逻辑门量子计算不同，在绝热量子计算中，虽然系统的 Hamilton 量一直在变化，但系统却一直处于其基态上 (即激发态上的布居一直保持为零)，故而不存在退相干问题的困扰。更重要的是它对绝热操纵的时间长短并不敏感。现在的问题是，可否在此基础上建立一个普适的绝热量子计算方案呢？下节将介绍我们对这一问题所做出的尝试。

11.5　绝热逻辑门量子计算 [11]

绝热操纵量子态的布居，一直是实现原子分子相干控制的一个有效方法。比如，在图 11.5.1 所示的一个 Λ 形三能级系统中，基态 $|1\rangle$ 和亚稳态 $|3\rangle$ 是电偶极跃迁禁戒的，因而将不可能用电偶极跃迁脉冲实现它们之间的布居转移。为克服这一困难，引进了一种称为受激 Raman 绝热渡越的方法。其基本思想是，在能级 $|1\rangle$ 与 $|2\rangle$ 之间施加一个电偶极跃迁脉冲 $\Omega_\mathrm{p}(t)$，而在 $|2\rangle$ 与 $|3\rangle$ 之间施加另一个电偶极脉冲 $\Omega_\mathrm{s}(t)$。假定所加的脉冲可以很好地调节，使得系统始终处于其瞬时本征值为零的瞬时本征态 (即所谓的暗态)

$$|\Phi_0(t)\rangle = \cos\theta(t)|1\rangle - \sin\theta(t)|3\rangle, \quad \theta(t) = \arctan[\Omega_\mathrm{p}(t)/\Omega_\mathrm{s}(t)] \tag{11.5.1}$$

显然，可以通过合理地设置脉冲形状，比如

$$\frac{\Omega_\mathrm{p}(t)}{\Omega_\mathrm{s}(t)} \longrightarrow \begin{cases} 0, & t \to -\infty \\ \infty, & t \to +\infty \end{cases} \tag{11.5.2}$$

则角度 $\theta(t)$ 将从 0 变到 $\pi/2$。对应地，系统的暗态 $|\Phi_0(t)\rangle$ 将从初态 $|1\rangle$ 逐渐地过渡到 $|1\rangle$ 和 $|3\rangle$ 的叠加态，最后达到稳定的态 $|3\rangle$。这就实现了布居数从 $|1\rangle$ 态到其电偶极跃迁禁戒的 $|3\rangle$ 转移。但这里要强调的是，这种布居数转移是单向的，也就是说，这样设定的脉冲组合只能用于实现布居数从 $|1\rangle$ 态转移到 $|3\rangle$ 态上，反之则不行。这说明以上的布居数绝热转移过程并不能直接用于实现量子计算。

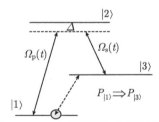

图 11.5.1　电偶极跃迁禁戒量子态布居之间的受激 Raman 绝热渡越

这里，Δ 为失谐量，$\Omega_\mathrm{p}(t)$ 和 $\Omega_\mathrm{s}(t)$ 为所施加脉冲的 Rabi 频率

实现量子计算中所需的基本逻辑操作，要求量子逻辑态之间的布居数绝热转移是双向的。为实现此目的，我们采用最简单的绝热布居数转移方案，即 Stark 啁啾快速绝热渡越 (Stark chirped rapid-adiabatic-passage) 方法。在此过程中，除了通常所施加的导致量子能级跃迁的 Rabi 脉冲外，还用了一个 Stark 脉冲来扰动量子比特的能级间距。通过合适地设置这两个脉冲，就可以使量子逻辑态上的布居转移不再是像 Rabi 振荡那样周期性地反转，而是从一个态完全地渡越到另一个态。

11.5.1　单比特逻辑门操作的实现

考虑如下一个受激单比特系统：

$$H(t) = \frac{\omega_0}{2}\sigma_z + R(t)\sigma_x - \Delta(t)\frac{\sigma_z}{2} \tag{11.5.3}$$

即一个两能级系统 (由 Hamilton 量 $H_0 = \omega_0\sigma_z/2$ 描述) 受 Rabi 脉冲 $R(t) = \Omega(t)\cos(\nu t)$ 和 Stark 脉冲 $\Delta(t)$ 的驱动。这是一个通常的 Rabi 振荡模型加上一个使能级发生 Stark 移动的驱动项。当外加驱动与两能级共振时，在相互作用表象中此 Hamilton 量可表示为如下的矩阵形式：

$$H_{\mathrm{int}}(t) = \frac{1}{2}\begin{pmatrix} 0 & \Omega(t) \\ \Omega(t) & 2\Delta(t) \end{pmatrix} \tag{11.5.4}$$

容易证明存在如下的两个瞬时本征态：

$$|\lambda_+(t)\rangle = \sin\vartheta(t)|0\rangle + \cos\vartheta(t)|1\rangle \tag{11.5.5}$$

$$|\lambda_-(t)\rangle = \cos\vartheta(t)|0\rangle - \sin\vartheta(t)|1\rangle \tag{11.5.6}$$

它们对应的瞬时本征值为：$\mu_{\pm}(t) = (\Delta(t) \pm \sqrt{\Delta^2(t) + \Omega^2(t)})/2$。以 $|\lambda_{\pm}(t)\rangle$ 为新的基矢，上面的 Hamilton 量可改写为

$$H_{\mathrm{new}}(t) = \begin{pmatrix} \mu_-(t) & -\mathrm{i}\dot{\vartheta}(t) \\ \mathrm{i}\dot{\vartheta}(t) & \mu_+(t) \end{pmatrix} \tag{11.5.7}$$

注意到此时的 Hamilton 量中的非对角元部分不为零，也就是说这两个基矢之间还存在着相互之间的跃迁。但是，只要绝热条件 $\dot{\vartheta}(t) = 0$, 即

$$\frac{1}{2}\left|\Omega(t)\frac{\mathrm{d}\Delta(t)}{\mathrm{d}t} - \Delta(t)\frac{\mathrm{d}\Omega(t)}{\mathrm{d}t}\right| \ll (\Delta^2(t) + \Omega^2(t))^{3/2} \tag{11.5.8}$$

得以满足，那么这一受驱动的系统可以一直绝热地处于以上两个新基矢中的任意一个。但我们可以恰当地调控所施加的脉冲使布居在两个原始量子逻辑态 $|0\rangle$ 和 $|1\rangle$ 上的比重改变，乃至完全转移。比如，当所施加的脉冲组合满足条件 $\cos\vartheta(t \to -\infty) = 1, \sin\vartheta(t \to \infty) = 1$ 时，可以实现如图 11.5.2 所示的绝热渡越过程：初始时刻所处的量子逻辑态 $|0\rangle = |\lambda_-(t \to -\infty)\rangle$ 经历 $|\lambda_-(t)\rangle$ 的变化绝热地渡越到 $|\lambda_-(t \to +\infty)\rangle = |1\rangle$；同理，初始时刻所处的量子逻辑态 $|1\rangle = |\lambda_+(t \to -\infty)\rangle$ 经历 $|\lambda_+(t)\rangle$ 的变化绝热地渡越到 $|\lambda_+(t \to +\infty)\rangle = |0\rangle$。而这一操作就是典型的一种单比特操作，即 σ_x 操作。

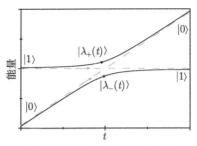

图 11.5.2 绝热渡越，$\Omega(t) = \Omega_0, \Delta(t) = v_0 t$

简单地，如果 $\Omega(t) = 0$，则相互表象中的 $H_{\rm int}(t)$ 就变为 $H_z = \Delta(t)|1\rangle\langle 1|$。它导致一个单比特的位相逻辑门，即 $U_z(\alpha) = \exp({\rm i}\alpha|1\rangle\langle 1|)$，$\alpha = -\displaystyle\int_{t_0}^{t_{\rm f}} \Delta(t'){\rm d}t'$。这说明，如果量子比特处于 $|0\rangle$，那么这个操作将不会对它产生影响。而如果原子处于 $|1\rangle$，那么对它将会产生一个相移。注意在这一操作中量子逻辑态的布居数并没有变化。

原则上，只要实现了两个互不对易的单比特量子逻辑操作，那么任意的单比特旋转都可以通过它们的某种组合来实现。

11.5.2 两比特量子逻辑门操作的绝热操纵实现

一般情况下，两比特的量子操作是比较难实现的，原因是它要求两个比特之间要能有可调控的耦合，即它们之间的相互作用是可开关的：相互作用只发生在操作过程中，而在操作之前和完成以后都应该是为零的。例如，我们可以用一个相互作用可调的 XY 模型

$$\hat{H} = \sum_{j=1,2} \frac{\omega_0}{2}\sigma_j^z + \frac{\Omega'(t)}{2} \sum_{j\neq k=1,2} \sigma_j^+ \sigma_k^- \tag{11.5.9}$$

中的一个相互作用 π-脉冲：$\displaystyle\int_0^t \Omega'(t'){\rm d}t' = \pi$ 来实现两比特 i-SWAP 门：$|00\rangle \to |00\rangle$，$|11\rangle \to |11\rangle$，$|01\rangle \to i|10\rangle$，$|10\rangle \to i|01\rangle$。但在实际的物理系统中，这一要求通常不是那么容易能够达到的。比如，对光子比特来说，如何实现光子–光子相互作用本身就是一个极富挑战性的问题；对电子比特来说，电子–电子之间的 Coulomb 相互作用却是一直在起作用的；对大多数固态电路系统而言，比特间的相互作用一般是通过不再可变的电容或电感耦合起来的。

在我们的方案中，通过引入另一个可调参量来放宽对相互作用项 $\Omega'(t)$ 的要求。比如，我们可以引进一个作用于某个 (这里假定是第二个) 比特的 Stark 脉冲

$\Delta_2(t)$，从而得到一个驱动的 XY 模型

$$\hat{H} = \sum_{j=1,2} \frac{\omega_0}{2} \sigma_j^z + \frac{\Omega'(t)}{2} \sum_{j \neq k=1,2} \sigma_j^+ \sigma_k^- - \frac{\Delta_2(t)}{2} \sigma_2^z \tag{11.5.10}$$

在原相互作用表象中，此 Hamilton 量可表示为如下的矩阵形式：

$$H_{\text{int}}(t) = \frac{1}{2} \begin{pmatrix} -\Delta_2(t) & 0 & 0 & 0 \\ 0 & -\Delta_2(t) & \Omega'(t) & 0 \\ 0 & \Omega'(t) & \Delta_2(t) & 0 \\ 0 & 0 & 0 & \Delta_2(t) \end{pmatrix}$$

$$= \frac{1}{2} \begin{pmatrix} 0 & 0 & 0 & 0 \\ 0 & 0 & \Omega'(t) & 0 \\ 0 & \Omega'(t) & 2\Delta_2(t) & 0 \\ 0 & 0 & 0 & 2\Delta_2(t) \end{pmatrix} \tag{11.5.11}$$

可见，在此驱动过程中系统在态 $|00\rangle$ 及态 $|11\rangle$ 中的布居是不变的；但是，在不变子空间 $\{|01\rangle, |10\rangle\}$ 中系统的量子演化就等价于上面所讨论的单个受激量子比特演化，两个量子逻辑态 $|01\rangle$ 和 $|10\rangle$ 上的布居数可以绝热地交换。这就实现了两个量子比特之间的 SWAP 门操作。值得指出的是，这里对比特间相互作用 $\Omega'(t)$ 的要求仅仅是绝热条件 (11.5.8) 的满足，因而它甚至可以是一个不变的常数。

11.5.3　在超导位相比特系统中实现绝热逻辑门量子计算

以上所建议的绝热逻辑门量子计算方案是一个一般性的理论，它表明:

(1) 基本量子逻辑门操作可以通过绝热地操纵量子计算系统的量子态演化来实现。此演化对系统所施加的脉冲长短不再敏感，而只要求系统的演化是绝热进行的。当然，计算过程也涉及了激发态的布居，故而仍然要求较快的绝热操纵 (在退相干之前完成)。

(2) 原则上，任何可以实现 Stark 激发的物理系统都可以用来实现这一量子计算方案。我们注意到，在强驱动情况下几乎所有的原子分子都可以通过双光子过程实现 Stark 激发。但是，在某些人工量子系统如超导电路中，利用其量子逻辑态特有的宇称对称破缺性，需要的 Stark 激发将能非常容易地实现。

具有较长相干时间的超导电路可以简单地由一个电流偏置的大 Josephson 结构成，如图 11.5.3(a) 所示。

在一个较大的直流偏置电流用于定义系统的宏观能级之外，可以方便地施加两个随时间变化较小的电流脉冲：一个是通常的交流电流脉冲 $I_{\text{ac}}(t)$ (即 Rabi 脉

冲), 用于产生超导位相比特两能级间的 Rabi 振荡; 另一个是电流方向恒定但幅度大小随时间而变化的直流电流脉冲 $I_{dc}(t)$(即 Stark 脉冲), 用于实现对超导位相比特两能级间隔的连续调控。在以上三个偏置电流同时存在的情况下, 受驱动的大 Josephson 结系统的原始 Hamilton 量可表示为

$$H(t) = H_0 - \frac{\Phi_0}{2}[I_{dc}(t) + I_{ac}(t)]\delta, \quad H_0 = \frac{p^2}{2m} - \frac{\Phi_0}{2}I_b\delta, \quad m = C_J(\Phi_0/2\pi)$$
(11.5.12)

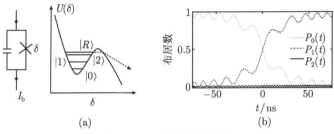

图 11.5.3　超导位相比特

(a) 表示通有偏置电流 I_b 的 Josephson 结 (结电容为 C_J) 及系统的等效势能图及其能级结构, 其中 δ 为其规范不变位相, 这里 $|0\rangle$, $|1\rangle$ 为编码比特信息的两个最低宏观能级; (b) 表示绝热操纵过程中, 三个最低宏观能级的布居数变化

其中, Φ_0 为磁通量子。超导位相量子比特由势阱中 I_b 偏置所定义的两个最低宏观能级: $\{|j\rangle, j = 0, 1\}$, $H_0|j\rangle = E_j|j\rangle$ 编码而成。为了讨论绝热操作的有效性, 我们还考虑了在所需 Rabi 脉冲: $I_{ac}(t) = A_{01}(t)\cos(\omega_{01}t)$, $\omega_{01} = (E_1 - E_0)/\hbar$ 的作用下, 另一个较高的能级 $|2\rangle$ 布居的影响。为此, 我们在由三个最低能级组成完备基矢 $\{|j\rangle, j = 0, 1, 2\}$ 的相互作用表象中, 将 Hamilton 量表示为

$$H_{int}(t) = -\frac{\Phi_0}{2\pi}\begin{pmatrix} 0 & \frac{A_{01}(t)}{2}\delta_{01} & 0 \\ \frac{A_{01}(t)}{2}\delta_{10} & I_{dc}(t)(\delta_{11} - \delta_{00}) & \frac{A_{01}(t)}{2}\delta_{12}e^{i(\omega_{10}-\omega_{21})t} \\ 0 & \frac{A_{01}(t)}{2}\delta_{21}e^{-i(\omega_{10}-\omega_{21})t} & I_{dc}(t)(\delta_{22} - \delta_{00}) \end{pmatrix}$$
(11.5.13)

其中, $\delta_{jk} = \langle j|\delta|k\rangle (j, k = 0, 1, 2)$。利用典型的实验数据: $C_J = 4.3\text{pF}$, $I_c = 13.3\text{A}$, $I_b = 0.9725I_c$, 图 11.5.3(b) 给出了我们的数值模拟结果。这里, 相关的参数取为 $\omega_{10} = 5.98\text{GHz}$, $\omega_{21} = 5.64\text{GHz}$, 以及 $\delta_{00} = 1.4, \delta_{11} = 1.42, \delta_{22} = 1.45, \delta_{01} = \delta_{10} = 0.053, \delta_{12} = \delta_{21} = 0.077$ 和 $\delta_{02} = \delta_{20} = -0.004$。而且, 我们选择的是在实验实现上最简单的一种驱动方式: $A_{01}(t) = \Omega = $ 常数, $I_{dc}(t) = vt, v$ 是个常数。可见, 绝热操纵实现单比特基本量子逻辑门的操作过程, 布居数转移到邻近较高能级上的效应是极其微弱而可以忽略不计的。显然, 我们还可以通过控制这两个脉冲的

相对大小来实现 Hadamard 门操作,即布居数在两个逻辑态时间的均匀分配,如图 11.5.4 所示。值得指出的是,以上的 Stark 脉冲是充分利用了系统的宇称对称破缺特性,即 $U(-\delta) \neq \pm U(\delta)$,从而 $\langle k|\delta|k\rangle \neq 0$ 来设计的。在自然界的原子分子系统中,$\langle k|\delta|k\rangle \equiv 0$,因而所需的 Stark 脉冲将只能通过增强双光子过程来实现。

图 11.5.4　Hadamard 门操作

(a) 脉冲序列; (b) 布居

下面我们以一个实验上已经实现了的两比特超导电路来说明,绝热操纵方法同样可以用于实现两比特量子逻辑门操作。如图 11.5.5(a) 所示,考虑一个电容 C_{m} 耦合起来的,有相等直流偏置的两个 Josephson 结系统。这里,耦合电容将提供所需的 Rabi 脉冲,而 Stark 脉冲则通过在某个 Josephson 结施加一个小但幅度仍随时间变化的直流偏置来提供。

图 11.5.5　耦合两比特宏观能级布居数时间演化

(a) 耦合的两比特电路; (b) 绝热操纵过程中,三个最低宏观能级的布居数变化

这样一个电路系统的 Hamilton 量可以简单地表示成

$$H(t) = \sum_{j=1}^{2} H_{0j} + \left(\frac{2\pi}{\Phi_0}\right)^2 \frac{p_1 p_2}{C'_{\mathrm{m}}} - \left(\frac{\Phi_0}{2\pi}\right) I_{\mathrm{dc}}^{(2)}(t)\delta_2 \tag{11.5.14}$$

其中,$H_{0j} = \sum_{k=0,1,2} E_k^{(j)}|k\rangle\langle k|$ 为第 j 个 Josephson 结的自由 Hamilton 量 (只考

虑其最低的三个能级）；$C'_\mathrm{m} = C_\mathrm{J}(1 + \zeta)$，$\zeta = C_\mathrm{m}/(C_\mathrm{J} + C_\mathrm{m})$。在相互作用表象中，此 Hamilton 量改写为

$$H_\mathrm{int}(t) = V_1(t) + V_2(t) \tag{11.5.15}$$

$$V_1(t) = \left(\frac{2\pi}{\Phi_0}\right)^2 C_\mathrm{m}'^{-1}\Bigg\{ \sum_{j,k=0,1,2} |jk\rangle\langle jk| p_{jk}^{(1)} p_{jk}^{(2)} + \sum_{j,k=0,1,2,j\neq k} |jk\rangle\langle kj| p_{jk}^{(1)} p_{kj}^{(2)}$$

$$+ |02\rangle\langle 11| p_{01}^{(1)} p_{21}^{(2)} \exp[-\mathrm{i}(\omega_{10} - \omega_{21})t] + |11\rangle\langle 02| p_{10}^{(1)} p_{12}^{(2)} \exp[\mathrm{i}(\omega_{10} - \omega_{21})t]\Bigg\}$$

$$+ |20\rangle\langle 11| p_{21}^{(1)} p_{01}^{(2)} \exp[-\mathrm{i}(\omega_{10} - \omega_{21})t] + |11\rangle\langle 20| p_{12}^{(1)} p_{10}^{(2)} \exp[\mathrm{i}(\omega_{10} - \omega_{21})t]\}$$

$$V_2(t) = -\frac{\Phi_0}{2\pi} I_\mathrm{dc}^{(2)}(t) \sum |jk\rangle\langle jk| \delta_{kk}^{(2)}$$

容易看到，对应于此 Hamilton 量，存在几个不变的子空间：

(1) $Im_1 = \{|00\rangle\}$，其对应的 Hamilton 量是 $H_1 = E_{00}(t)|00\rangle\langle 00|$，$E_{00}(t) = -[\Phi_0/(2\pi)]I_\mathrm{dc}^{(2)}(t) + (2\pi/\Phi_0)^2 p_{00}^2/C_\mathrm{m}'$，$p_{ll'} = \langle l_k|p_k|l_k'\rangle$，$\delta_{ll'} = \langle l_k|\delta_k|l_k'\rangle$；

(2) $Im_2 = \{|01\rangle, |10\rangle\}$，对应的 Hamilton 量 $H_2(t)$ 有与方程 (11.5.4) 同样的形式，只是这里 $\Omega(t) = 2(2\pi/\Phi_0)^2 p_{01}^2/C_\mathrm{m}' = $ 常数及 $\Delta(t) = [\Phi_0/(2\pi)]I_\mathrm{dc}^{(2)}(t)(\delta_{11} - \delta_{00})$；

(3) $Im_3 = \{|02\rangle = |a\rangle, |11\rangle = |b\rangle, |20\rangle = |c\rangle\}$，其对应的 Hamilton 量可表示为如下的矩阵形式：

$$H_3(t) = \begin{pmatrix} E_a(t) & \Omega_{ab}\exp(-\mathrm{i}\vartheta t) & \Omega_{ac} \\ \Omega_{ba}\exp(\mathrm{i}\vartheta t) & E_b(t) & \Omega_{bc}\exp(\mathrm{i}\vartheta t) \\ \Omega_{ca} & \Omega_{cb}\exp(-\mathrm{i}\vartheta t) & E_c(t) \end{pmatrix} \tag{11.5.16}$$

其中

$$E_a(t) = -(\Phi_0/2\pi)I_\mathrm{dc}^{(2)}(t)\delta_{22} + (2\pi/\Phi_0)^2 C_\mathrm{m}'^{-1} p_{00}p_{22}$$

$$E_b(t) = -(\Phi_0/2\pi)I_\mathrm{dc}^{(2)}(t)\delta_{11} + (2\pi/\Phi_0)^2 C_\mathrm{m}'^{-1} p_{11}^2$$

$$E_c(t) = -(\Phi_0/2\pi)I_\mathrm{dc}^{(2)}(t)\delta_{00} + (2\pi/\Phi_0)^2 C_\mathrm{m}'^{-1} p_{22}p_{00}$$

以及

$$\Omega_{ab} = \Omega_{ba} = (2\pi/\Phi_0)^2 C_\mathrm{m}'^{-1} p_{10}p_{12}, \quad \Omega_{ac} = \Omega_{ca} = (2\pi/\Phi_0)^2 C_\mathrm{m}'^{-1} p_{20}p_{02}$$

$$\Omega_{cb} = \Omega_{bc} = (2\pi/\Phi_0)^2 C_\mathrm{m}'^{-1} p_{12}p_{10}, \quad \vartheta = \omega_{10} - \omega_{21}$$

为了实现两比特之间的 SWAP 逻辑门操作，我们需要通过绝热操纵来实现量子逻辑态 $|10\rangle$ 与 $|01\rangle$ 之间的布居数完全转移，即 $|01\rangle \longrightarrow |10\rangle$，$|10\rangle \longrightarrow |01\rangle$；并保持布居数在量子逻辑态 $|00\rangle$ 及 $|11\rangle$ 上不变。显然，第一点要求可以类比于前面单比特系统中绝热操纵实现 σ_x 门操作的方法来达到。因为 Im_2 不变子空间形

式上就等价于一个逻辑态为 $|0'\rangle = |01\rangle$ 和 $|1'\rangle = |10\rangle$ 的单比特系统，这里，所施加的脉冲是常数的 Rabi 耦合和由变化的直流脉冲 $I_{\mathrm{dc}}^{(2)}(t) = v_2 t$ 所导致的 Stark 脉冲。在这一脉冲条件下，还得确保：$|00\rangle \longrightarrow |00\rangle$ 及 $|11\rangle \longrightarrow |11\rangle$。$|00\rangle$ 单独构成一个不变子空间，故其布居数将一直保持不变。而对于此脉冲过程中量子逻辑态 $|11\rangle$ 的布居数变化，则需在不变子空间 Im_3 中讨论。图 11.5.5(b) 给出了在参数条件 $\zeta = 0.05$, $v_2 = 3.0\mathrm{nA/nS}$ 下此脉冲过程中初态 $|11\rangle$ 的布居数变化情况：初始时刻处于 $|11\rangle$，随着脉冲过程的进行，其布居数逐渐地转移到了 $|02\rangle$ 和 $|20\rangle$ 态上，但最后又逐渐地回复到 $|11\rangle$。也就是说，在绝热操纵的前后态 $|11\rangle$ 的布居数是不变的。所以，通过绝热地操纵布居数在两比特量子逻辑态上的转移来实现两比特量子逻辑门操作，在实验上是完全可以实现的。从我们所举的实际例子可以看到，无论是在单比特，还是在两比特系统，绝热操纵导致的计算空间之外量子态的激发都是非常微弱从而可以忽略不计。

参 考 文 献

[1] Deutsch D, Jozsa R. Rapid solution of problems by quantum computation. Proc. R. Soc. London A, 1992, 439: 553.

[2] Shor P W. Polynomial-time algorithms for prime factorization and discrete logarithms on a quantum computer. SIAMJ. On Computing, 1997, 26: 1484.

[3] Wei L F, Li X, Hu X D, et al. Effects of dynamical phases in Shor's factoring algorithm with operational delays. Phys. Rev., 2005, A71: 022317.

[4] Wei L F, Nori F G. J. Phys. A, 2004, 37: 4607.

[5] Nielsen M A, Chuang I L. Quantum Computation and Quantum Information. Cambridge: Cambridge University Press, 2000.

[6] Gottesman D, Chuang I L. Quantum teleportation is a universal computational primitive. Nature, 1999, 402: 390.

[7] Raussendorf R, Briegel H J. A one-way quantum computer a one-way quantum computer. Phys. Rev. Lett., 2001, 86: 5188.

[8] Sarma S D, Freedman M, Nayak C. Topological quantum computation. Phys. Today, 2006, 59: 32; Rev. Mod. Phys., 2008, 80: 1083.

[9] Jones J A, Vedral V, Ekert A, et al. Geometric quantum computation using nuclear magnetic resonance. Nature (London), 2000, 403: 869.

[10] Farhi E, Goldstone J, Gutmann S, et al. A quantum adiabatic evolution algorithm applied to random instances of an NP-complete problem. Science, 2001, 292: 472.

[11] Wei L F, Johansson J R, Cen L X, et al. Controllable coherent population transfers in superconducting qubits for quantum computing. Phys. Rev. Lett., 2008, 100: 113601.

第 12 章　超导量子比特的退相干

除了超导量子比特及量子相干性的一般性介绍外, 本章内容主要取材于我们的两篇论文, 即 *Phys. Rev. B*, 71: 134506 (2005) 及 *Phys. Rev. A*, 73: 052307 (2006)。首先在主方程理论框架内给出量子退相干效应的详细描述; 其次讨论电容耦合两量子比特的集体退相干问题; 最后讨论利用电流偏置大 Josephson 结作为数据总线实现普适量子计算。

12.1　超导 Josephson 量子比特

通常认为, 量子现象是微观系统所特有的一种物理特征, 比如我们所熟知的波粒二象性, 即微观粒子既是粒子 (有能量和动能) 也是波 (概率波, 它也能呈现出波动性所特有的干涉和衍射现象)。因而, 一般来说宏观尺度上物理客体所表现出来的应当是完全的经典行为, 比如要么是粒子性要么是波动性而不能两者兼有。然而, 凝聚物质系统中的超导、超流等与 Bose-Einstein 凝聚有关现象的实验发现, 使人们意识到量子效应并非是微观世界所独有的: 在某些极端条件下 (如在极低温环境中) 宏观系统也可表现出一些明显的量子效应 (比如量子隧穿现象等); 超导和超流等宏观量子现象是系统中大量微观客体的集体量子行为。

12.1.1　Josephson 结作为高度非线性的超导电子学器件 [1]

我们知道, 超导是一种宏观量子效应: 超导体中的传导电子结成所谓的 Cooper 对, 在没有任何杂质的超导体中, Cooper 对传导没有电阻。因此, 超导体可以用一个宏观波函数 (序参量): $\psi = \sqrt{\rho}\mathrm{e}^{\mathrm{i}\theta}$ 来描述。这里, $\rho = |\psi|^2$ 为超导体中的 Cooper 对密度, θ 为波函数的位相。由各种形式的超导体通过弱连接 (不破坏所连接的各部分超导体的超导态) 所组成的电路, 就是超导电路。20 世纪 60 年代, Josephson 预言 [2], 在弱连接的超导体之间, 会存在一种由 Cooper 对量子隧穿所导致的新奇物理效应, 后来称之为 Josephson 效应。对应地, 超导体之间的弱连接称为 Josephson 结。

1. 直流 Josephson 效应

在两块宏观波函数存在位相差的超导体之间, 会存在一种不衰减的超电流:

$$I = I_{\mathrm{c}}\sin\varphi, \quad \varphi = \theta_1 - \theta_2 \tag{12.1.1}$$

这里，φ 为结两端超导体宏观波函数的相位差；I_c 为与结参数有关的 Josephson 临界电流。当然，这是一种理论上不消耗能量的量子隧穿电流。

2. 交流 Josephson 效应和 Josephson 电磁辐射

当 Josephson 结两端的超导体 I 和超导体 II 存在电势差 V_J(即进行电压偏置) 时，超导体 I 中的 Cooper 电子对与超导体 II 中的 Cooper 电子对存在一个能量差：

$$\mu_1 - \mu_2 = 2eV_J \tag{12.1.2}$$

则结两端超导体之间的位相差是变化的，即

$$\frac{\partial \varphi}{\partial t} = \frac{2e}{\hbar}V_J \Rightarrow V_J = \frac{\hbar}{2e}\frac{\partial \varphi}{\partial t} \tag{12.1.3}$$

从而流过结的 Josephson 电流就是交流的

$$I(t) = I_c \sin\left(\frac{2e}{\hbar}\int_0^t V\mathrm{d}t' + \varphi_0\right) \tag{12.1.4}$$

可见，这是一个振荡频率为 $f = 2eV/\hbar$ 的交流电，它必定伴随着同频率的电磁辐射，即 Josephson 辐射，就是交流 Josephson 效应。因为 $2eV/\hbar = 4.836 \times 10^5\mathrm{GHz/V}$，所以对于微伏至毫伏的电压偏置来说，Josepshon 辐射的频率就落在微波、毫米和亚毫米波段内，故而小电压偏置 (未达到 Josepshon 结电容击穿极限的电压) 的 Josephson 结可用作这些频段内的可调谐电磁波辐射源。

3. Josephson 结电子学器件

值得强调的是，Josephson 效应预示着，弱连接的超导体可作为一个高度非线性的电子学器件来使用。实际上，从单个 Josephson 结的直流和交流 Josphson 效应表达式中可知道，结两端的位相差所满足的运动方程

$$\frac{\mathrm{d}^2\varphi}{\mathrm{d}t^2} = \frac{\mathrm{d}}{\mathrm{d}t}\left(\frac{\mathrm{d}\varphi}{\mathrm{d}t}\right) = 2e\frac{\mathrm{d}}{\mathrm{d}t}(V) = 2e\frac{\mathrm{d}}{\mathrm{d}t}\left(\frac{q}{C}\right) = \frac{2e}{C}I = \frac{2e}{C}I_c\sin\varphi \tag{12.1.5}$$

是一个高度非线性微分方程。因此，Josephson 结作为一种最简单的超导非线性电子元件，可以看作是一个由结电容 C_J 和结电感 L_J 所组成的非线性 LC 振荡器。这里，Josephson 结电感 L_J 定义为

$$L_J = \frac{V_J}{\mathrm{d}I/\mathrm{d}t} = \frac{L_{J_0}}{\cos\varphi}, \quad L_{J_0} = \frac{\Phi_0}{2\pi I_c} \tag{12.1.6}$$

而 Josephson 结的电容可计算为

$$C_J = \frac{\varepsilon_r\varepsilon_0 A}{d} \tag{12.1.7}$$

其中，A 为结面积；d 为势垒层 (绝缘层) 厚度；ε_r 为绝缘层的相对介电常数 (对于 AlO_x 有 $\varepsilon_r = 10$)。结电容 C_J 储存的电荷能为 $E_c = e^2/(2C_J)$，Josephson 能 (即电感能) 可简单地计算为

$$\varepsilon_J = \int I_J V \mathrm{d}t = -\frac{I_c \Phi_0}{2\pi}\cos\varphi = -E_J\cos\varphi \tag{12.1.8}$$

其中，$E_J = I_c\Phi_0/(2\pi)$ 称为 Josephson 隧穿能量。由此可见，I_c 决定了 Josephson 结零偏置下的电感幅值 L_{J_0} 以及 Josephson 结能幅值 E_J。图 12.1.1 给出了 Josephson 结作为 LC 回路器件的示意图及其等效电路表示。

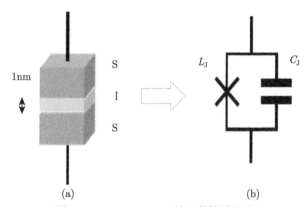

图 12.1.1　Josephson 结及其等效电路

(a) 两块超导体 (S) 之间通过一个厚度为 $\sim$ 1nm 的绝缘体 (I) 连接构成一个 Josephson 结；(b) 单个 Josephson 结可等效于一个电容 C_J 和电感 L_J 构成的 LC 回路

Josephson 结作为非线性电子学器件已经得到了很多应用，本书在此不再详述。

12.1.2 超导 Josephson 结系统量子化

1. Josephson 单结系统的量子化

在前述的 Josephson 结作为非线性电子学器件应用中，结两端的宏观波函数位相差 φ 是一个经典变量。20 世纪 80 年代，在电流偏置超导 Josephson 结系统中观察到了宏观量子隧穿现象和微波吸收峰，这意味着超导 Joseohson 结系统可表现为与自然界原子相似的某种特性，如存在分立的能级。因此，需要对 Josephson 结系统做全量子化处理，将经典变量进行量子化。

对单结系统，取广义坐标为 φ，相应广义速度为 $\dot{\varphi}$，则单结系统的拉氏量为

$$L(\varphi, \dot{\varphi}) = \frac{1}{2}C_J V_J^2 - (-E_J\cos\varphi) = \frac{1}{2}C_J\left(\frac{\hbar}{2e}\dot{\varphi}\right)^2 - (-E_J\cos\varphi) \tag{12.1.9}$$

定义广义动量

$$p_\varphi = \frac{\partial L}{\partial \dot{\varphi}} = C_{\mathrm{J}} \left(\frac{\hbar}{2e} \right)^2 \dot{\varphi} \tag{12.1.10}$$

从而单结系统的 Hamilton 量可写为

$$
\begin{aligned}
H(\varphi, p_\varphi) &= \dot{\varphi} p_\varphi - L(\varphi, \dot{\varphi}) \\
&= \dot{\varphi} C_{\mathrm{J}} \left(\frac{\hbar}{2e} \right)^2 \dot{\varphi} - \frac{1}{2} C_{\mathrm{J}} \left(\frac{\hbar}{2e} \dot{\varphi} \right)^2 + (-E_{\mathrm{J}} \cos \varphi) = \frac{1}{2} C_{\mathrm{J}} \left(\frac{\hbar}{2e} \dot{\varphi} \right)^2 - E_{\mathrm{J}} \cos \varphi \\
&= \frac{1}{2C_{\mathrm{J}}} \left(\frac{2e}{\hbar} p_\varphi \right)^2 - E_{\mathrm{J}} \cos \varphi
\end{aligned}
\tag{12.1.11}
$$

按标准正则量子化方法

$$[\hat{\varphi}, \hat{p}_\varphi] = \mathrm{i}\hbar \Rightarrow \hat{p}_\varphi = \frac{\hbar}{\mathrm{i}} \frac{\partial}{\partial \varphi} \tag{12.1.12}$$

可写出单结系统的量子化 Hamilton 量为

$$\hat{H} = \frac{1}{2C_{\mathrm{J}}} \left(\frac{2e}{\hbar} \hat{p}_\varphi \right)^2 - E_{\mathrm{J}} \cos \hat{\varphi} = \frac{E_{C_{\mathrm{J}}}}{2} \frac{\partial^2}{\partial \varphi^2} - E_{\mathrm{J}} \cos \varphi, \quad E_{C_{\mathrm{J}}} = \frac{(2e)^2}{C_{\mathrm{J}}}$$

考虑到这里广义动量实际上与结两端极板上的感应电荷有关:

$$C_{\mathrm{J}} \left(\frac{\hbar}{2e} \right) \dot{\varphi} = C_{\mathrm{J}} V_{\mathrm{J}} = q_{\mathrm{J}} = \frac{2e}{\hbar} p_\varphi \tag{12.1.13}$$

因此可以定义 Cooper 对数算符为

$$\hat{n} = \frac{\hat{q}_{\mathrm{J}}}{2e} = \frac{\dfrac{2e}{\hbar} p_\varphi}{2e} = \frac{1}{\mathrm{i}} \frac{\partial}{\partial \varphi} \tag{12.1.14}$$

从而 Cooper 对数和位相称为一对共轭变量: $[\hat{\varphi}, \hat{n}] = \mathrm{i}$。因此,位相表象中的 Hamilton 量也可以写为 Cooper 对数表象的形式:

$$
\begin{aligned}
\hat{H} &= \frac{1}{2C_{\mathrm{J}}} \left(\frac{2e}{\hbar} \hat{p}_\varphi \right)^2 - E_{\mathrm{J}} \cos \hat{\varphi} = \frac{\hat{q}_{\mathrm{J}}^2}{2C_{\mathrm{J}}} - \frac{E_{\mathrm{J}}}{2} (\mathrm{e}^{\mathrm{i}\hat{\varphi}} + \mathrm{e}^{-\mathrm{i}\hat{\varphi}}) \\
&= \frac{E_{C_{\mathrm{J}}}}{2} \hat{n}^2 - \frac{E_{\mathrm{J}}}{2} \sum_n (|n+1\rangle\langle n| + |n\rangle\langle n+1|)
\end{aligned}
\tag{12.1.15}
$$

这是因为,令 $|\varphi\rangle = \sum_n f_n(\varphi)|n\rangle$,利用

$$\hat{n}|\varphi\rangle = \sum_n n f_n(\varphi)|n\rangle = \frac{1}{\mathrm{i}} \frac{\partial}{\partial \varphi} |\varphi\rangle = \sum_n \left(\frac{1}{\mathrm{i}} \right) \frac{\mathrm{d} f_n(\varphi)}{\mathrm{d}\varphi} |n\rangle \tag{12.1.16}$$

可解得：$nf_n(\varphi) = \dfrac{1}{\mathrm{i}}\dfrac{\mathrm{d}f_n}{\mathrm{d}\varphi}, \Rightarrow f_n(\varphi) = \mathrm{e}^{\mathrm{i}n\varphi}$，所以

$$|\varphi\rangle = \sum_n \mathrm{e}^{\mathrm{i}n\varphi}|n\rangle \tag{12.1.17}$$

可令 $\mathrm{e}^{\mathrm{i}\hat{\varphi}} = \sum_n |n\rangle\langle n+1|, \mathrm{e}^{-\mathrm{i}\hat{\varphi}} = \sum_n |n+1\rangle\langle n|$。这很容易验证。实际上 $\mathrm{e}^{\mathrm{i}\hat{\varphi}}|\varphi\rangle =$ $\mathrm{e}^{\mathrm{i}\varphi}|\varphi\rangle$，由上面的定义容易验证：$\mathrm{e}^{\mathrm{i}\hat{\varphi}}|\varphi\rangle = \sum_n \mathrm{e}^{\mathrm{i}n\varphi}\mathrm{e}^{\mathrm{i}\hat{\varphi}}|n\rangle = \sum_n \mathrm{e}^{\mathrm{i}n\varphi}|n-1\rangle = \mathrm{e}^{\mathrm{i}\varphi}|\varphi\rangle$；同理，$\mathrm{e}^{-\mathrm{i}\hat{\varphi}}|\varphi\rangle = \mathrm{e}^{-\mathrm{i}\varphi}|\varphi\rangle$，由上面的定义可以验证：$\mathrm{e}^{-\mathrm{i}\hat{\varphi}}|\varphi\rangle = \sum_n \mathrm{e}^{\mathrm{i}n\varphi}\mathrm{e}^{-\mathrm{i}\hat{\varphi}}|n\rangle = \sum_n \mathrm{e}^{\mathrm{i}n\varphi}|n+1\rangle = \mathrm{e}^{-\mathrm{i}\varphi}|\varphi\rangle$。所以

$$\cos(\hat{\varphi}) = \frac{1}{2}(\mathrm{e}^{-\mathrm{i}\hat{\varphi}} + \mathrm{e}^{\mathrm{i}\hat{\varphi}}) = \frac{1}{2}\sum_n (|n+1\rangle\langle n| + |n\rangle\langle n+1|) \tag{12.1.18}$$

可见，根据 Josephson 结的电荷能和 Josephson 能的相对大小，量子化 Josephson 结系统的好量子数可以是结电容极板上的感应 Cooper 对数 n 或者结两端的超导体位相差 φ。在实际应用中选取好量子数会给问题的解决带来很大的便利。例如，对小的 Josephson 结，C_J 较小，这时 Cooper 对数是一个好的量子数，因而 Josephson 能量表示的就是结隧穿一对 Cooper 对的能量；反之，如果 Josephson 能较大，那么 Josephson 结极板上的感应电荷量变化较显著，从而 φ 就是一个较好的量子变量。

无论如何，一旦得到量子化 Hamilton 量，那么通过求解定态 Schrödinger 方程就可以得到 Josephson 结系统的量子化能级，从而可以将 Josephson 结系统当作宏观 "原子" 处理；求解对应的含时 Schrödinger 方程，就可以得到该宏观 "原子" 的态动力学演化。当然，Josephson 结还需要与其他的电路单元连接才有可能构成可以调控的人工 "原子" 系统。这就是 Josephson 结组成的超导电路系统可以用于实现超导量子计算的基本物理依据。当然，以 Josephson 结为代表的超导电路宏观自由度的量子化及其相干效应在实验上是极其难以观测的。首先，这些宏观量子系统的量子化能级间隔一般都处于微波波段，为克服热噪声的影响，其量子跃迁的观测都必须在极低温环境下进行 (一般是毫开量级的极低温)；其次，宏观尺度上的量子系统极易受到外部环境的干扰，很容易发生退相干从而丧失其量子相干性。

2. 超导量子比特

迄今为止，利用超导电路已经构建了多种超导量子比特：利用求解定态 Schrödinger 方程所得到的全量子化电路的分立能级中的某两个定态 (或者它们的某种恰当组合) 来进行信息编码。这些超导量子比特可以分为三类 (图 12.1.2)：

第一类是通过外部电路对较小 Josephson 结 (因而电荷能 E_{C_J} 较大：$E_{C_J}/E_J \gg 1$) 中隧穿 Cooper 对数目的调控, 这就是所谓的超导电荷量子比特 (电荷数是好量子数), 其主要噪声来源是杂质的电荷噪声 (这种噪声一般很难消除, 故而电荷量子比特的相干时间都比较短);

第二类就是针对较大 Josephson 结 (因而电荷能 E_{C_J} 较小：$E_{C_J}/E_J \ll 1$) 位相差 (位相是好量子变量) 的调控, 比如所谓的相位比特和磁通比特, 其主要噪声来源于外电路电流/磁通噪声;

第三类就是前两类的综合：$E_{C_J}/E_J \sim 1$, 如近期主要关注的嵌入超导传输线谐振器中的 Transom 比特和 X-mon 比特, 相干时间较长而易于级联成量子计算网络。

图 12.1.2　三种典型的超导量子比特构型 [3]

(a) 电荷量子比特；(b) 磁通量子比特；(c) 位相量子比特

12.2　量子比特的退相干

量子比特用于编码信息的其中一个最大优势是, 比特态可以处于计算逻辑态 $|0\rangle$ 和 $|1\rangle$ 的任意叠加态, 比如, $|\psi\rangle = \alpha|0\rangle + \beta|1\rangle$, $|\alpha|^2 + |\beta|^2 = 1$, 因此可以实现两个正交逻辑态的并行输入和处理。当然, 这要求叠加态有很好的抗干扰性：噪声会导致相干叠加的破坏, 这就是所谓的退相干。本节以单量子比特为例, 简单介绍这种退相干的物理机制。

12.2.1　耗散系统 [4]

Schrödinger 方程或 Heisenberg 方程所描述的是封闭系统 (用一个 Hamilton 算符即可表征) 的量子动力学, 系统所处的状态是可以用一个波函数表示的纯态。比如,对简单的两态系统,其任意时刻的纯态可用一般形式的波函数：$|\psi\rangle = (\alpha|0\rangle +$

$\beta|1\rangle)$ $|\alpha|^2 + |\beta|^2 = 1$ 表示。当然，也可用密度矩阵

$$\rho_{|\psi\rangle} = \begin{pmatrix} |\alpha|^2 & \alpha^*\beta \\ \alpha\beta^* & |\beta|^2 \end{pmatrix} \tag{12.2.1}$$

表示。显然，$\mathrm{tr}(\rho) = |\alpha|^2 + |\beta|^2 = 1$。一般地，可将一个两态系统的任意量子态用密度矩阵

$$\tilde{\rho} = \begin{pmatrix} \tilde{\rho}_{00} & \tilde{\rho}_{01} \\ \tilde{\rho}_{10} & \tilde{\rho}_{11} \end{pmatrix} \tag{12.2.2}$$

来表示。如果方程 (12.2.2) 可写为方程 (12.2.1) 的形式，那就表示两态系统的量子纯态，否则就称为两态量子系统的混合态。可人工操纵的量子系统都不是孤立的，而总会受到外部环境的影响。物理上，我们将与外部环境存在能量交换的总能量不再守恒的量子系统称为耗散量子系统，其量子态不再是可用一个满足标准条件的波函数来描述，而是用一个密度矩阵来描述。对两态耗散量子系统，其状态密度矩阵的矩阵元不能写为方程 (12.2.1) 的形式。比如，密度矩阵

$$\tilde{\rho} = \frac{1}{2}(|0\rangle\langle 0| + |1\rangle\langle 1|) = \frac{1}{2}\begin{pmatrix} 1 & 0 \\ 0 & 1 \end{pmatrix}$$

所表示的就是完全没有量子相干性的两态系统的最大混合态。物理上，对两态系统 (比特) 来说，只要其密度矩阵 (12.2.2) 中的非对角元不为零：$\rho_{01}, \rho_{10} \neq 0$，我们就说它保持有一定的量子相干性非纯量子态。所以，量子系统的密度矩阵非对角元趋于零的过程：$\rho_{01}, \rho_{10} \to 0$，就称为量子退相干过程。当然，孤立系统是不会自动退相干的，只有外部环境噪声才会导致系统的退相干。

1. 密度矩阵

一般地，耗散量子系统的某个时刻的状态都可以表示为多个可能纯态的统计叠加。比如，以概率 P_j 处于纯态 $|\psi_j\rangle$ 的混合态可用如下的密度矩阵：

$$\tilde{\rho} = \sum_j P_j \hat{\rho}_j, \quad \hat{\rho}_j = |\psi_j(t)\rangle\langle\psi_j(t)|, \quad \mathrm{tr}(\tilde{\rho}) = \sum_j P_j = 1 \tag{12.2.3}$$

表示。显然，对混合态

$$\tilde{\rho}^2 = \left(\sum_j P_j |\psi_j\rangle\langle\psi_j|\right) \times \left(\sum_k P_k |\psi_k\rangle\langle\psi_k|\right) = \sum_{j,k} P_j P_k |\psi_j\rangle\langle\psi_j|\psi_k\rangle\langle\psi_k| \neq \tilde{\rho}$$

此外，容易验证：$\mathrm{tr}(\tilde{\rho}^2) < 1$。这两个特性都可用作非纯量子态的判据。

值得注意的是，混合态的演化仍可用演化算符 (由量子系统及其外部环境所组成的复合无耗散量子系统的 Hamilton 算符 $\hat{H}(t)$ 决定) 来描述，即

$$\tilde{\rho}(t) = \sum_j P_j |\psi_j(t)\rangle \langle \psi_j(t)| = \sum_j P_j \hat{U}(t) |\psi_j(0)\rangle \langle \psi_j(0)| \hat{U}^\dagger(t)$$

$$= \hat{U}(t) \left(\sum_j P_j |\psi_j(0)\rangle \langle \psi_j(0)| \right) \hat{U}^\dagger(t) = \hat{U}(t) \tilde{\rho}(0) \hat{U}^\dagger(t) \qquad (12.2.4)$$

其中，$i\hbar \partial \hat{U}(t)/\partial t = \hat{H}(t) \hat{U}(t)$。不过，混合态中力学量算符平均值的计算方法与纯态方法一样，即

$$\bar{F} = \sum_j P_j \langle \psi_j | \hat{F} | \psi_j \rangle = \sum_j P_j \sum_n \langle \psi_j | \lambda_n \rangle \langle \lambda_n | \hat{F} | \psi_j \rangle$$

$$= \sum_j P_j \sum_n \lambda_n | \langle \psi | \hat{F} | \psi_j \rangle | \lambda_n \rangle = \sum_j P_j \mathrm{tr}(\hat{F} \hat{\rho}_j)$$

$$= \mathrm{tr} \left(\hat{F} \sum_j P_j \hat{\rho}_j \right) = \mathrm{tr}(\hat{F} \tilde{\rho}) \qquad (12.2.5)$$

其中利用了纯态波函数集 $\{|\lambda_n\rangle, n = 1, 2, \cdots\}$ 的正交归一完备性：$\langle \lambda_n | \lambda_m \rangle = \delta_{nm}, \sum_n |\lambda_n\rangle \langle \lambda_n| = 1$。

2. 主方程方法 [5]

理论上，处理耗散现象的量子方法通常有三种。一是主方程方法，其基本思想是将系统环境的影响归入对系统密度算符的影响：环境的影响通过改变系统的密度算符 (称为约化密度算符) 的演化来体现；第二种方法是所谓的 Heisenberg 绘景中的朗之万方程方法，环境的不确定性影响体现在所引入的随机 "力" 涨落上；而第三种则是随机 Schrödinger 演化方法，直接求解含涨落噪声项的 Schrödinger 方程，直观展示各种量子跳跃效应。下面我们以主方程方法为例，具体阐述单个量子比特 (即二能级原子) 在 Bose 环境噪声中的退相干效应。

一般地，系统和环境 (库) 可以当作由相互作用的两个子系统组合而成的封闭量子系统，其总 Hamilton 量为写为

$$\hat{H} = \hat{H}_S + \hat{H}_B + \hat{H}_I = \hat{H}_0 + \hat{H}_I \qquad (12.2.6)$$

其中，$\hat{H}_{S,B}$ 分别表示两个独立子系统：系统和库的 Hamilton 量；H_I 描写它们之间的相互作用。显然，整个复合系统总体的演化仍满足 Schrödinger 方程

$$i\hbar \frac{\partial |\psi(t)\rangle}{\partial t} = (\hat{H}_0 + \hat{H}_I) |\psi(t)\rangle \qquad (12.2.7)$$

变换到相互作用绘景: $|\phi(t)\rangle = \hat{S}(t)|\psi(t)\rangle, \hat{S}(t) = e^{it\hat{H}_0/\hbar}, \hat{S}^\dagger(t) = e^{-it\hat{H}_0/\hbar} = \hat{S}^{-1}(t)$, 也就是说, 相当于对系统的量子态作了一个时间有关的幺正变换 (变到一个新的 "坐标系"), 新波函数 $|\phi(t)\rangle$ 的演化方程为

$$i\hbar\frac{\partial|\phi(t)\rangle}{\partial t} = \hat{H}_I(t)|\phi(t)\rangle, \quad \hat{H}_I(t) = \hat{S}(t)\hat{H}_I\hat{S}^\dagger(t) \tag{12.2.8}$$

可见, 在这一绘景下, 我们只需要考虑相互作用项导致的态演化。当然, 代价是, 相互作用 Hamilton 量现在也变成含时的演化了 (体现了 $\hat{H}_0$ 的作用)。在相互作用绘景下, 关于新密度算符 $\hat{\rho}_I(t) = \tilde{\rho}(t) = |\phi(t)\rangle\langle\phi(t)| = \hat{S}(t)|\psi(t)\rangle\langle\psi(t)|\hat{S}^\dagger(t) = \hat{S}(t)\hat{\rho}_{|\psi\rangle}\hat{S}^\dagger(t)$ 的演化方程——Liouville 方程的形式可写为

$$\frac{d\tilde{\rho}(t)}{dt} = \frac{d|\phi\rangle}{dt}\langle\phi| + |\phi\rangle\frac{d\langle\phi|}{dt} = \frac{1}{i\hbar}[\hat{H}_I(t), \tilde{\rho}(t)] \tag{12.2.9}$$

将其形式解: $\tilde{\rho}(t) = \tilde{\rho}(0) + (-i/\hbar)\int_0^t dt'[\hat{H}_I(t'), \tilde{\rho}(t')]$ 代入, 得

$$\frac{d\tilde{\rho}(t)}{dt} = \left(\frac{-i}{\hbar}\right)[\hat{H}_I(t), \tilde{\rho}(0)] + \left(-\frac{i}{\hbar}\right)^2\int_0^t dt'\left\{\hat{H}_I(t), [\hat{H}(t'), \tilde{\rho}(t')]\right\}$$

$$= \left(\frac{-i}{\hbar}\right)[\hat{H}_I(t), \tilde{\rho}(0)] + \left(-\frac{i}{\hbar}\right)^2\int_0^t dt'\left\{\hat{H}_I(t), [\hat{H}(t'), \tilde{\rho}(t)]\right\} \tag{12.2.10}$$

最后一步就是所谓的 Markov 近似 (即忽略库影响的记忆效应, 而假定库的影响是瞬时完成的并且与过去的历史无关), 即 $\tilde{\rho}(t') \sim \tilde{\rho}(t)$。这是因为, 在实际问题中, 系统所处的环境, 即库是很大的, 从而系统对库的影响完全可以忽略不计。所以, 总可以假定: $\tilde{\rho}(t) \simeq \tilde{\rho}_S(t) \otimes \rho_B(t) = \tilde{\rho}_S(t)\rho_B(t)$。我们关心的是系统本身的演化, 因此可以通过对库变量求迹来约化库的影响。由此, 定义系统的约化密度算符 (总算符中对库变量求迹以后的密度算符):

$$\tilde{\rho}_S(t) = \text{tr}_B(\tilde{\rho}(t)) = \tilde{\rho}_S(t)\text{tr}_B(\rho_B(t)), \quad \text{tr}_B(\tilde{\rho}_B(t)) = 1$$

这里, 库假定是一直处于平衡态 (温度为 T) 的, 因而根据统计力学理论其密度算符为

$$\rho_B(t) = \rho_B(0) = \frac{1}{Z}\exp\left(-\frac{\hat{H}_B}{k_BT}\right), \quad Z = \text{tr}_B\left[\exp\left(-\frac{\hat{H}_B}{k_BT}\right)\right]$$

其中, Z 为平衡态统计中的配分函数; k_B 为 Boltzmann 常量。代入上面的 Markov 近似下的密度算符运动方程, 得

$$\frac{d\tilde{\rho}(t)}{dt} = \left(\frac{-i}{\hbar}\right)[\hat{H}_I(t), \tilde{\rho}_S(0)\otimes\rho_B(0)] + \left(\frac{-i}{\hbar}\right)^2\int_0^t dt'\{\hat{H}_I(t), [\hat{H}_I(t'), \tilde{\rho}_S(t)\otimes\rho_B(0)]\}$$

$$= \left(\frac{-\mathrm{i}}{\hbar} \right) [\hat{H}_I(t), \tilde{\rho}_S(0) \otimes \rho_B(0)]$$

$$+ \left(\frac{-\mathrm{i}}{\hbar} \right)^2 \int_0^\tau \mathrm{d}\tau \{ \hat{H}_I(t), [\hat{H}_I(t-\tau), \tilde{\rho}_S(t) \otimes \rho_B(0)] \}$$

$$= \left(\frac{-\mathrm{i}}{\hbar} \right) [\hat{H}_I(t), \tilde{\rho}_S(0) \otimes \rho_B(0)]$$

$$+ \left(\frac{-\mathrm{i}}{\hbar} \right)^2 \int_0^\infty \mathrm{d}\tau \{ \hat{H}_I(t), [\hat{H}_I(t-\tau), \tilde{\rho}_S(t) \otimes \rho_B(0)] \} \tag{12.2.11}$$

上面推导第二个等式中，利用了变量代换：$t' \to t - \tau$ (其中 τ 表示库对系统影响的时间)；在推导第三个等式中，假定了 τ 是很短的，因此可以将积分限推到无穷大。

下面的问题就是针对相互作用项 $\hat{H}_I$ 的具体形式进行处理了。一般地，我们假设系统和库的相互作用形式为如下的久期近似形式 (由各自的升降算符形式表示)：

$$\hat{H}_I(t) = \sum_{\alpha=1,2,\cdots} A_\alpha(t) \otimes B_\alpha(t) \tag{12.2.12}$$

其中，$\alpha = 1, 2, \cdots$ 表示耦合项数。对方程 (12.2.11) 两边施行求迹运算，得

$$\mathrm{tr}_B \left(\frac{\mathrm{d}\tilde{\rho}(t)}{\mathrm{d}t} \right) = \frac{\mathrm{d}\tilde{\rho}_s(t)}{\mathrm{d}t} \otimes \mathrm{tr}_B(\tilde{\rho}_B(0)) = \frac{\mathrm{d}\tilde{\rho}_s(t)}{\mathrm{d}t}$$

$$= \left(\frac{-\mathrm{i}}{\hbar} \right) \mathrm{tr}_B([\hat{H}_I(t), \tilde{\rho}_S(0) \otimes \rho_B(0)])$$

$$- \left(\frac{-\mathrm{i}}{\hbar} \right)^2 \int_0^\infty \mathrm{d}\tau \mathrm{tr}_B(\{ \hat{H}_I(t), [\hat{H}_I(t-\tau), \tilde{\rho}_S(t) \otimes \rho_B(0)] \})$$

$$= -\frac{1}{\hbar^2} \int_0^\infty \mathrm{d}\tau \mathrm{tr}_B \left(\sum_{\alpha,\beta} \{ \hat{A}_\alpha(t) \otimes B_\alpha(t), [\hat{A}_\beta(t-\tau) \right.$$

$$\left. \otimes B_\beta(t-\tau), \tilde{\rho}_S(t) \otimes \rho_B(0)] \} \right)$$

$$= -\frac{1}{\hbar^2} \int_0^\infty \mathrm{d}\tau \mathrm{tr}_B \left\{ \sum_{\alpha,\beta} [\hat{A}_\alpha(t) B_\alpha(t) \hat{A}_\beta(t-\tau) B_\beta(t-\tau) \tilde{\rho}_S(t) \rho_B(0) \right.$$

$$- \hat{A}_\beta(t-\tau) B_\beta(t-\tau) \tilde{\rho}_S(t) \rho_B(0) \hat{A}_\alpha(t) B_\alpha(t)$$

$$- \hat{A}_\alpha(t) B_\alpha(t) \tilde{\rho}_S(t) \rho_B(0) \hat{A}_\beta(t-\tau) B_\beta(t-\tau)$$

$$\left. - \tilde{\rho}_S(t) \rho_B(0) \hat{A}_\beta(t-\tau) B_\beta(t-\tau) \hat{A}_\alpha(t) B_\alpha(t)] \right\} \tag{12.2.13}$$

上面第二个等式中，利用了 $\mathrm{tr}_B(\hat{H}_I(t)\rho_S \otimes \rho_B) = 0$ 的特性。对库变量逐项求迹，得

$$
\begin{aligned}
\frac{\mathrm{d}\tilde{\rho}_S(t)}{\mathrm{d}t} = -\frac{1}{\hbar^2} \int_0^\infty \mathrm{d}\tau \sum_{\alpha,\beta} \{ & \hat{A}_\alpha(t)\hat{A}_\beta(t-\tau)\tilde{\rho}_S(t)\mathrm{tr}_B[B_\alpha(t)B_\beta(t-\tau)\rho_B(0)] \\
& -\hat{A}_\beta(t-\tau)\tilde{\rho}_S(t)\hat{A}_\alpha(t)\mathrm{tr}_B[B_\beta(t-\tau)\rho_B(0)B_\alpha(t)] \\
& -\hat{A}_\alpha(t)\tilde{\rho}_S(t)\hat{A}_\beta(t-\tau)\mathrm{tr}_B[B_\alpha(t)\rho_B(0)B_\beta(t-\tau)] \\
& -\tilde{\rho}_S(t)\hat{A}_\beta(t-\tau)\hat{A}_\alpha(t)\mathrm{tr}_B[\rho_B(0)B_\beta(t-\tau)B_\alpha(t)] \}
\end{aligned}
\tag{12.2.14}
$$

其中利用了库基本不变的性质：$\rho_B(t) = \rho_B(0)$，而 $\langle B_\alpha(t)\rangle_B = \mathrm{tr}_B[B_\alpha(t)\rho_B(0)]$ 则为库升降算符的平衡态平均值。定义库变量的二阶关联函数

$$
\begin{aligned}
C_{\alpha\beta}(t',t'') &= \langle B_\alpha(t')B_\beta(t'')\rangle_B = \mathrm{tr}_B[B_\alpha(t')B_\beta(t'')\rho_B(t)] \\
&= \mathrm{tr}_B[B_\alpha(t')B_\beta(t'')\rho_B(0)]
\end{aligned}
\tag{12.2.15}
$$

和

$$
\begin{aligned}
C_{\beta\alpha}(t'',t') &= \langle B_\beta(t'')B_\alpha(t')\rangle_B = \mathrm{tr}_B[B_\beta(t'')B_\alpha(t')\rho_B(t)] \\
&= \mathrm{tr}_B[B_\beta(t'')B_\alpha(t')\rho_B(0)]
\end{aligned}
\tag{12.2.16}
$$

一般地，库升降算符的一阶关联函数是为零的，因为平衡态下任何时刻大库中的粒子“产生”和“湮灭”都可忽略不计。所以，$\langle B_\alpha(t')\rangle_B = \mathrm{tr}_B[B_\alpha(t')\rho_B(0)] = 0$。而库升降算符的二阶关联函数：$K(t',t'') = \langle \hat{F}^+(t')\hat{F}(t'')\rangle_R$，物理上表示库在 t' 和 t'' 两个时刻之间的关联。稳态关联就是与初始时刻无关的关联，而仅与关联间隔有关：$K(t',t'') = K(t'-t'') = \langle \hat{F}^+(t'-t'')\hat{F}(0)\rangle_R = \langle \hat{F}^+(\tau)\hat{F}(0)\rangle_R$，而且由于库算符的厄米性从而具有时间反演不变性，即 $K(t'',t') = K(t''-t') = \langle \hat{F}^+(t'')\hat{F}(t')\rangle_R = K^*(t'-t'')$。此外，库的特性可以通过引入关联函数谱密度，即关联函数的傅里叶变换：$J(\omega) = \int \mathrm{d}\tau K(\tau)\mathrm{e}^{\mathrm{i}\omega\tau}$ 来描述，其中库的带宽 $\Delta\omega_R$ 就是谱密度的特征宽度，它与关联时间 τ_c 的关系是：$\tau_c \sim 1/(\Delta\omega_R)$。对于白噪声 (宽度无限大)，关联时间为零。所以，忽略关联记忆效应 (库关联时间为零) 实际上对应的就是白噪声热库。利用前面定义的相互作用绘景下库算符表达式：$B_\alpha(t) = \exp\left(\frac{\mathrm{i}t}{\hbar}\hat{H}_B\right) B_\alpha \exp\left(\frac{-\mathrm{i}t}{\hbar}\hat{H}_B\right)$，应用算符求迹运算法则可逐项计算库升降算符二阶关联函数 (代表库变量具体对系统的影响)

$$
\begin{aligned}
C_{\alpha\beta}(t',t'') &= \langle B_\alpha(t')B_\beta(t'')\rangle_B = \mathrm{tr}_B(B_\alpha(t')B_\beta(t'')\rho_B(t)) \\
&= \mathrm{tr}_B\left[\mathrm{e}^{\mathrm{i}t'H_B/\hbar}B_\alpha\mathrm{e}^{-\mathrm{i}t'H_B/\hbar}\mathrm{e}^{\mathrm{i}t''H_B/\hbar}B_\beta\mathrm{e}^{-\mathrm{i}t''H_B/\hbar}\rho_B(0) \right]
\end{aligned}
$$

$$= \mathrm{tr}_B \left[\mathrm{e}^{\mathrm{i}t'H_B/\hbar} B_\alpha \mathrm{e}^{-\mathrm{i}(t''-t')H_B/\hbar} B_\beta \mathrm{e}^{-\mathrm{i}t''H_B/\hbar} \rho_B(0) \right]$$

$$= \mathrm{tr}_B \left[\mathrm{e}^{\mathrm{i}t'H_B/\hbar} B_\alpha \mathrm{e}^{-\mathrm{i}\tau H_B/\hbar} B_\beta \rho_B(0) \mathrm{e}^{-\mathrm{i}t''H_B/\hbar} \right]$$

$$= \mathrm{tr}_B \left[\mathrm{e}^{-\mathrm{i}t''H_B/\hbar} \mathrm{e}^{\mathrm{i}t'H_B/\hbar} B_\alpha \mathrm{e}^{-\mathrm{i}\tau H_B/\hbar} B_\beta \rho_B(0) \right]$$

$$= \mathrm{tr}_B \left[\mathrm{e}^{\mathrm{i}\tau H_B/\hbar} B_\alpha \mathrm{e}^{-\mathrm{i}\tau H_B/\hbar} B_\beta \rho_B(0) \right]$$

$$= \mathrm{tr}_B [B_\alpha(\tau) B_\beta \rho_B(0)] = C_{\alpha\beta}(\tau) \tag{12.2.17}$$

和

$$C_{\alpha\beta}(t'',t') = \langle B_\alpha(t'') B_\beta(t') \rangle_B = \mathrm{tr}_B [B_\alpha(t'') B_\beta(t') \rho_B(t)]$$

$$= \mathrm{tr}_B \left[\mathrm{e}^{\mathrm{i}t''H_B/\hbar} B_\alpha \mathrm{e}^{-\mathrm{i}t''H_B/\hbar} \mathrm{e}^{\mathrm{i}t'H_B/\hbar} B_\beta \mathrm{e}^{-\mathrm{i}t'H_B/\hbar} \rho_B(0) \right]$$

$$= \mathrm{tr}_B \left[\mathrm{e}^{\mathrm{i}t''H_B/\hbar} B_\alpha \mathrm{e}^{-\mathrm{i}(t'-t'')H_B/\hbar} B_\beta \mathrm{e}^{-\mathrm{i}t'H_B/\hbar} \rho_B(0) \right]$$

$$= \mathrm{tr}_B \left[\mathrm{e}^{\mathrm{i}t''H_B/\hbar} B_\alpha \mathrm{e}^{\mathrm{i}\tau H_B/\hbar} B_\beta \rho_B(0) \mathrm{e}^{-\mathrm{i}t'H_B/\hbar} \right]$$

$$= \mathrm{tr}_B \left[\mathrm{e}^{-\mathrm{i}t'H_B/\hbar} \mathrm{e}^{\mathrm{i}t''H_B/\hbar} B_\alpha \mathrm{e}^{\mathrm{i}\tau H_B/\hbar} B_\beta \rho_B(0) \right]$$

$$= \mathrm{tr}_B \left[\mathrm{e}^{-\mathrm{i}\tau H_B/\hbar} B_\alpha \mathrm{e}^{\mathrm{i}\tau H_B/\hbar} B_\beta \rho_B(0) \right]$$

$$= \mathrm{tr}_B \left[B_\alpha(-\tau) B_\beta \rho_B(0) \right] = C_{\alpha\beta}(-\tau) \tag{12.2.18}$$

利用求迹运算的交换规则, 将方程 (12.2.14) 改写为

$$\frac{\mathrm{d}\tilde\rho_S(t)}{\mathrm{d}t} = -\frac{1}{\hbar^2} \int_0^\infty \mathrm{d}\tau \sum_{\alpha,\beta} [\hat A_\alpha(t), \hat A_\beta(t-\tau)\tilde\rho_S(t)]\mathrm{tr}_B[B_\alpha(t)B_\beta(t-\tau)\rho_B(0)]$$

$$- [\hat A_\alpha(t), \tilde\rho_S(t)\hat A_\beta(t-\tau)]\mathrm{tr}_B[B_\beta(t-\tau)B_\alpha(t)\rho_B(0)]$$

$$= -\frac{1}{\hbar^2} \int_0^\infty \mathrm{d}\tau \sum_{\alpha,\beta} [\hat A_\alpha(t), \hat A_\beta(t-\tau)\tilde\rho_S(t)]C_{\alpha\beta}(\tau)$$

$$- [\hat A_\alpha(t), \tilde\rho_S(t)\hat A_\beta(t-\tau)]C_{\beta\alpha}(-\tau) \tag{12.2.19}$$

最后变回系统的 Schrödinger 绘景, $\hat\rho(t) = \mathrm{e}^{-\mathrm{i}tH_S/\hbar}\tilde\rho_S(t)\mathrm{e}^{\mathrm{i}tH_S/\hbar}$, 得到其约化密度算符的运动方程

$$\frac{\mathrm{d}\hat\rho}{\mathrm{d}t} = \frac{1}{\mathrm{i}\hbar}(H_S,\hat\rho) + \mathrm{e}^{-\mathrm{i}tH_S/\hbar}\frac{\mathrm{d}\tilde\rho_S(t)}{\mathrm{d}t}\mathrm{e}^{\mathrm{i}tH_S/\hbar}$$

$$= \frac{1}{\mathrm{i}\hbar}(H_S,\hat\rho) + \mathrm{e}^{-\mathrm{i}tH_S/\hbar}\left[\frac{1}{-\hbar^2}\int_0^\infty \mathrm{d}\tau \sum_{\alpha,\beta}\left\{[\hat A_\alpha(t), \hat A_\beta(t-\tau)\tilde\rho_S(t)]C_{\alpha\beta}(\tau)\right.\right.$$

$$\left.\left. - [\hat A_\alpha(t), \tilde\rho_S(t)\hat A_\beta(t-\tau)]C_{\beta\alpha}(-\tau)\right\}\right]\mathrm{e}^{\mathrm{i}tH_S/\hbar}$$

$$= \frac{1}{\mathrm{i}\hbar}(H_S, \hat{\rho}) - \frac{1}{\hbar^2} \int_0^\infty \mathrm{d}\tau \sum_{\alpha,\beta} \left\{ \hat{A}_\alpha, \hat{A}_\beta(-\tau)\hat{\rho}]C_{\alpha\beta}(\tau) - [\hat{A}_\alpha, \hat{\rho}\hat{A}_\beta(-\tau)]C_{\beta\alpha}(-\tau) \right\}$$

$$(12.2.20)$$

12.2.2　Bose 库中的两能级原子退相干

1. 库关联函数

不同的库模型导致不同的库关联函数, 对一般的 Bose 库模型而言系统的噪声环境可用无穷多个 Bose 模式来刻画, 即: $H_B = \sum_k \hbar\omega_k b_k^\dagger b_k$。这时, 库的升、降算符可取为 $B_\alpha = \left\{ B_1 = \hbar \sum_k g_k b_k, \ B_2 = \hbar \sum_k g_k^* b_k^\dagger \right\}$, 从而

$$B_1(\tau) = \hbar \mathrm{e}^{\mathrm{i}\tau H_B/\hbar} \sum_k g_k b_k \mathrm{e}^{\mathrm{i}\tau H_B/\hbar} = \hbar \sum_k g_k b_k \mathrm{e}^{-\mathrm{i}\omega_k\tau}, \quad B_2(\tau) = \hbar \sum_k g_k^* b_k^\dagger \mathrm{e}^{\mathrm{i}\omega_k\tau}$$

$$(12.2.21)$$

从而 $C_{\alpha\beta}(\tau) = \{C_{11}(\tau), C_{12}(\tau), C_{21}(\tau), C_{22}(\tau)\}$ 可计算为

$$\begin{cases} C_{11}(\tau) = \mathrm{tr}_B[B_1(\tau)B_1\rho_B(0)] = \hbar^2 \sum_{k,j} g_k g_j \mathrm{e}^{-\mathrm{i}\omega_k\tau} \mathrm{tr}_B[b_k b_j \rho_B(0)] \\ \qquad\quad = \hbar^2 \sum_{k,j} g_k g_j \mathrm{e}^{-\mathrm{i}\omega_k\tau} \langle b_k b_j \rangle_B = 0 \\ C_{22}(\tau) = \mathrm{tr}_B[B_2(\tau)B_2\rho_B(0)] = \hbar^2 \sum_{k,j} g_k^* g_j^* \mathrm{e}^{\mathrm{i}\omega_k\tau} \mathrm{tr}_B[b_k^\dagger b_j^\dagger \rho_B(0)] \\ \qquad\quad = \hbar^2 \sum_{k,j} g_k g_j \mathrm{e}^{\mathrm{i}\omega_k\tau} \langle b_k^\dagger b_j^\dagger \rangle_B = 0 \end{cases}$$

$$(12.2.22)$$

和

$$\begin{cases} C_{12}(\tau) = \mathrm{tr}_B[B_1(\tau)B_2\rho_B(0)] = \hbar^2 \sum_{k,j} g_k g_j^* \mathrm{e}^{-\mathrm{i}\omega_k\tau} \mathrm{tr}_B[b_k b_j^\dagger \rho_B(0)] \\ \qquad\quad = \sum_{k,j} g_k g_j^* \mathrm{e}^{-\mathrm{i}\omega_k\tau} \langle b_k b_j^\dagger \rangle_B \\ \qquad\quad = \hbar^2 \sum_k |g_k|^2 \mathrm{e}^{-\mathrm{i}\omega_k\tau} (\bar{n}_k + 1) = \hbar^2 \int_0^\infty \mathrm{d}\omega J(\omega) \mathrm{e}^{-\mathrm{i}\omega\tau}[\bar{n}(\omega) + 1] \\ C_{21}(\tau) = \mathrm{tr}_B[B_2(\tau)B_1\rho_B(0)] = \hbar^2 \sum_{k,j} g_k^* g_j \mathrm{e}^{\mathrm{i}\omega_k\tau} \mathrm{tr}_B[b_k^\dagger b_j \rho_B(0)] \\ \qquad\quad = \sum_{k,j} g_k^* g_j \mathrm{e}^{\mathrm{i}\omega_k\tau} \langle b_k^\dagger b_j \rangle_B \\ \qquad\quad = \hbar^2 \sum_k |g_k|^2 \mathrm{e}^{\mathrm{i}\omega_k\tau} \bar{n}_k = \hbar^2 \int_0^\infty \mathrm{d}\omega J(\omega) \mathrm{e}^{\mathrm{i}\omega\tau} \bar{n}(\omega) \end{cases}$$

$$(12.2.23)$$

上面推导中做了连续谱极限处理: $\sum_k |g_k|^2 e^{-i\omega_k \tau} \to \int_0^\infty d\omega J(\omega) e^{-i\omega\tau}$, 其中 $J(\omega)$ 为谱密度。并且还利用了库的平衡态性质: $\rho_B(0) = e^{-\hat{H}_B/k_B T}/Z$, 其中配分函数

$$Z = \mathrm{tr}(e^{-H_B/k_B T}) = \sum_{n_l} \langle n_l | e^{-\sum_k \hbar\omega_k b_k^\dagger b_k/k_B T} | n_l \rangle = \sum_{n_k} e^{-n_k x}$$

$$= \frac{1}{1 - e^{-\hbar\omega_k/k_B T}} = \frac{1}{1 - e^{-x}}, \quad x = \hbar\omega_k/k_B T \quad (12.2.24)$$

所以

$$\mathrm{tr}_B[b_k^\dagger b_j \rho_B(0)] = \frac{1}{Z} \sum_{n_l} \langle n_l | b_k^\dagger b_j e^{-\sum_k \hbar\omega_k b_k^\dagger b_k/k_B T} | n_l \rangle$$

$$= \frac{1}{Z} \sum_{n_k} n_k e^{-n_k x} = -\frac{1}{Z} \frac{\partial}{\partial x} \sum_{n_k} e^{-n_k x}$$

$$= -\frac{1}{Z} \frac{\partial Z}{\partial x} = -\frac{\partial}{\partial x} \ln(Z) = \frac{\partial}{\partial x} \ln(1 - e^{-x}) = \frac{e^{-x}}{1 - e^{-x}} = \frac{1}{e^{-x} - 1}$$

$$= \frac{1}{e^{-\hbar\omega_k/k_B T} - 1} = \bar{n}_k \quad (12.2.25)$$

2. Bose 噪声环境中的单比特量子退相干

现在我们可以具体来讨论两能级原子系统, 即单个量子比特, 在 Bose 噪声环境中的耗散问题了。

对两能级原子, 我们有 $H_S = \hbar\omega_0 \sigma_z/2, A_\alpha = \{\sigma^\dagger = A_1, \sigma_- = A_2\}, \sigma^+ = |e\rangle\langle g|, \sigma^+|g\rangle = |e\rangle; \sigma_- = |g\rangle\langle e|, \sigma_-|e\rangle = |g\rangle;$ 从而 $A_1(t) = \sigma^\dagger e^{i\omega_0 t}, A_2(t) = \sigma_- e^{-i\omega_0 t}$。代入方程 (12.2.20), 再利用方程 (12.2.22)(12.2.23), 得

$$\frac{d\hat{\rho}}{dt} = \frac{1}{i\hbar} \left[\frac{\hbar\omega_0}{2} \sigma_z, \hat{\rho} \right] - \int_0^\infty d\tau \left\{ [\sigma^\dagger, \sigma_- e^{i\omega_0\tau} \hat{\rho}] \int_0^\infty d\omega J(\omega) e^{-i\omega\tau} [\bar{n}(\omega) + 1] \right.$$

$$+ [\sigma_-, \sigma^\dagger e^{-i\omega_0\tau} \hat{\rho}] \int_0^\infty d\omega J(\omega) e^{i\omega\tau} \bar{n}(\omega)$$

$$- [\sigma^\dagger, \hat{\rho}\sigma_- e^{i\omega_0\tau}] \int_0^\infty d\omega J(\omega) e^{-i\omega\tau} \bar{n}(\omega)$$

$$\left. - [\sigma_-, \hat{\rho}\sigma^\dagger e^{-i\omega_0\tau}] \int_0^\infty d\omega J(\omega) e^{i\omega\tau} (\bar{n}(\omega) + 1) \right\}$$

$$= \frac{1}{i\hbar} \left[\frac{\hbar\omega_0}{2} \sigma_z, \hat{\rho} \right] - \left\{ [\sigma^\dagger, \sigma_-\hat{\rho}] \int_0^\infty d\omega J(\omega) [\bar{n}(\omega) + 1] \int_0^\infty d\tau e^{-i(\omega-\omega_0)\tau} \right.$$

$$+ [\sigma_-, \sigma^\dagger \hat{\rho}] \int_0^\infty d\omega J(\omega) \bar{n}(\omega) \int_0^\infty d\tau e^{i(\omega-\omega_0)\tau}$$

$$- [\sigma^\dagger, \hat{\rho}\sigma_-] \int_0^\infty d\omega J(\omega) \bar{n}(\omega) \int_0^\infty d\tau e^{-i(\omega-\omega_0)\tau}$$

$$-\left[\sigma_-, \hat{\rho}\sigma^\dagger\right]\int_0^\infty \mathrm{d}\omega J(\omega)\left[\bar{n}(\omega)+1\right]\int_0^\infty \mathrm{d}\tau e^{\mathrm{i}(\omega-\omega_0)\tau}\Bigg\} \tag{12.2.26}$$

利用复变函数主值积分公式

$$\int_0^\infty \mathrm{d}x e^{\pm\mathrm{i}\epsilon x}=\pi\delta(\epsilon)\pm\mathrm{i}\frac{P}{\epsilon}$$

忽略其虚部 (这里表示原子跃迁频率的修正-Lamb 移位, 在存在强驱动时可能表现为某种非线性效应, 如 Kerr 效应等), 得

$$\begin{aligned}
\frac{\mathrm{d}\hat{\rho}}{\mathrm{d}t}=&\frac{1}{\mathrm{i}\hbar}\left[\frac{\hbar\omega_0}{2}\sigma_z,\hat{\rho}\right]-\Bigg\{\left[\sigma^\dagger,\sigma_-\hat{\rho}\right]\int_0^\infty \mathrm{d}\omega J(\omega)\left[\bar{n}(\omega)+1\right]\pi\delta(\omega-\omega_0)\\
&+\left[\sigma_-,\sigma^\dagger\hat{\rho}\right]\int_0^\infty \mathrm{d}\omega J(\omega)\bar{n}(\omega)\pi\delta(\omega-\omega_0)\\
&-\left[\sigma^\dagger,\hat{\rho}\sigma_-\right]\int_0^\infty \mathrm{d}\omega J(\omega)\bar{n}(\omega)\pi\delta(\omega-\omega_0)\\
&-\left[\sigma_-,\hat{\rho}\sigma^\dagger\right]\int_0^\infty \mathrm{d}\omega J(\omega)[\bar{n}(\omega)+1]\pi\delta(\omega-\omega_0)\Bigg\}\\
=&\frac{1}{\mathrm{i}\hbar}\left[\frac{\hbar\omega_0}{2}\sigma_z,\hat{\rho}\right]-\{[\sigma^\dagger,\sigma_-\hat{\rho}]\pi J(\omega_0)(\bar{n}(\omega_0)+1)+[\sigma_-,\sigma^\dagger\hat{\rho}]\pi J(\omega_0)\bar{n}(\omega_0)\\
&-[\sigma^\dagger,\hat{\rho}\sigma_-]\pi J(\omega_0)\bar{n}(\omega)-[\sigma_-,\hat{\rho}\sigma^\dagger]\pi J(\omega_0)[\bar{n}(\omega_0)+1]\}\\
=&\frac{1}{\mathrm{i}\hbar}\left[\frac{\hbar\omega_0}{2}\sigma_z,\hat{\rho}\right]-\gamma(\omega_0)\{[\bar{n}(\omega_0)+1]([\sigma^\dagger,\sigma_-\hat{\rho}]-[\sigma_-,\hat{\rho}\sigma^\dagger])\\
&+\bar{n}(\omega_0)([\sigma_-,\sigma^\dagger\hat{\rho}]-[\sigma^\dagger,\hat{\rho}\sigma_-])\}
\end{aligned} \tag{12.2.27}$$

这里, $\gamma(\omega_0)=\pi J(\omega_0)$ 为原子衰减系数; $\bar{n}(\omega_0)=1/(e^{\hbar\omega_0/k_B T}-1)$ 为与原子跃迁频率对应的 Bose 场非零温下的平衡态平均光子数. 在零温极限下, $\bar{n}(\omega_0)\to 0$, 我们有如下简化形式:

$$\frac{\mathrm{d}\hat{\rho}}{\mathrm{d}t}=\frac{1}{\mathrm{i}\hbar}\left[\frac{\hbar\omega_0}{2}\sigma_z,\hat{\rho}\right]-\gamma(\omega_0)\{[\sigma^\dagger,\sigma_-\hat{\rho}]-[\sigma_-,\hat{\rho}\sigma^\dagger]\} \tag{12.2.28}$$

式中, 第一项为相干过程, 之后则描述原子的耗散. 为了消除自由项以简化计算, 我们变换到相互作用绘景, 即 $\hat{\rho}_I(t)=e^{\mathrm{i}tH_S/\hbar}\hat{\rho}(t)e^{-\mathrm{i}tH_S/\hbar}$, 从而得到零温极限下相互作用绘景中的主方程:

$$\frac{\mathrm{d}\rho_I}{\mathrm{d}t}=-\gamma(\omega_0)\{\sigma^\dagger\sigma_-\hat{\rho}_I-2\sigma_-\hat{\rho}_I\sigma^\dagger+\hat{\rho}_I\sigma^\dagger\sigma_-\} \tag{12.2.29}$$

类似地, 在有限温度下相互作用绘景中的主方程可写为

$$\begin{aligned}
\frac{\mathrm{d}\hat{\rho}_I}{\mathrm{d}t}=&-\gamma(\omega_0)\{[\bar{n}(\omega_0)+1]([\sigma^\dagger,\sigma_-\hat{\rho}_I]-[\sigma_-,\hat{\rho}_I\sigma^\dagger])\\
&+\bar{n}(\omega_0)([\sigma_-,\sigma^\dagger\hat{\rho}_I]-[\sigma^\dagger,\hat{\rho}_I\sigma_-])\}
\end{aligned} \tag{12.2.30}$$

3. 退相干系数

下面我们在两态原子的 Hilbert 空间 $\{|g\rangle, |e\rangle\}$ 中求解上面的主方程。

先将约化密度算符写成矩阵形式

$$\rho_I = \begin{pmatrix} \rho_{ee} & \rho_{eg} \\ \rho_{ge} & \rho_{gg} \end{pmatrix}, \quad \rho_{eg} = \langle e|\rho|g\rangle, \cdots \tag{12.2.31}$$

显然

$$
\begin{aligned}
\frac{\mathrm{d}\rho_{ee}}{\mathrm{d}t} &= \left\langle e\left|\frac{\mathrm{d}\rho_I}{\mathrm{d}t}\right|e\right\rangle \\
&= -\gamma\{(\bar{n}+1)(\langle e|[\sigma^\dagger, \sigma_-\hat{\rho}_I]|e\rangle - \langle e|[\sigma_-, \hat{\rho}_I\sigma^\dagger]|e\rangle) \\
&\quad + \bar{n}(\langle e|[\sigma_-, \sigma^\dagger\hat{\rho}_I]|e\rangle - \langle e|[\sigma^\dagger, \hat{\rho}_I\sigma_-]|e\rangle)\} \\
&= -2\gamma[(\bar{n}+1)\rho_{ee} - \bar{n}\rho_{gg}]
\end{aligned} \tag{12.2.32}
$$

同理可得

$$
\begin{cases}
\dfrac{\mathrm{d}\rho_{gg}}{\mathrm{d}t} = -2\gamma[\bar{n}\rho_{gg} - (\bar{n}+1)\rho_{ee}] \\[2mm]
\dfrac{\mathrm{d}\rho_{eg}}{\mathrm{d}t} = -\gamma(2\bar{n}+1)\rho_{eg} \\[2mm]
\dfrac{\mathrm{d}\rho_{ge}}{\mathrm{d}t} = -\gamma(2\bar{n}+1)\rho_{ge}
\end{cases} \tag{12.2.33}
$$

有如下可见。

(1) 布居数的衰减系数为 2γ, 即如果原子初始时刻处于激发态 $\rho(0) = |e\rangle\langle e|$, $\rho_{ee}(0) = 1$, 那么原子仍处于该激发态的概率随时间是指数衰减的: $T_1 = 1/2\gamma$。

(2) 如果原子开始时处于相干叠加态 (即基态和激发态的叠加态) $\rho_{eg}(0) = 1$, 那么 $\rho_{eg}(t)$ 也是指数衰减函数, 衰减系数为 γ, $T_2 = 1/\gamma$, 因此, 退相干时间 T_2 为能量耗散时间 T_1 的两倍, 即 $T_1 = T_2/2$。

(3) 对方程 (12.2.32)(12.2.33) 求稳态解, 解得

$$\frac{\rho_{ee}^s(T)}{\rho_{ee}^s(T)} = \frac{\bar{n}}{\bar{n}+1} = \frac{1/\left(\mathrm{e}^{\hbar\omega_0/k_\mathrm{B}T} - 1\right)}{1/\left(\mathrm{e}^{\hbar\omega_0/k_\mathrm{B}T} - 1\right) + 1} = \frac{1}{\mathrm{e}^{\hbar\omega_0/k_\mathrm{B}T}} = \frac{\mathrm{e}^{-E_e/k_\mathrm{B}T}}{\mathrm{e}^{-E_g/k_\mathrm{B}T}}$$

这正是能量按能级占据的 Boltzmann 统计分布规律: 能量越高, 占据的概率越小 (能级的寿命越短)。

(4) 由主方程可以求出耗散量子系统任一力学量 (比如 $\sigma_z, \sigma_-, \sigma^+$ 等) 期望值的动力学演化, 比如, 在零温极限下, 由 $\langle\sigma^+(t)\rangle$ 所满足的方程:

$$\frac{\mathrm{d}\langle\sigma^+\rangle}{\mathrm{d}t} = \mathrm{tr}\left(\sigma^+\frac{\mathrm{d}\rho_I}{\mathrm{d}t}\right)$$

$$\begin{aligned}
&= \mathrm{tr}(-\sigma^+\gamma\{\sigma^\dagger\sigma_-\hat\rho_I - 2\sigma_-\hat\rho_I\sigma^\dagger + \hat\rho_I\sigma^\dagger\sigma_-\})\\
&= -\gamma\mathrm{tr}(\sigma^+(-2\sigma_-\hat\rho_I\sigma^\dagger + \hat\rho_I\sigma^\dagger\sigma_-))\\
&= -\gamma\mathrm{tr}(\sigma^+\hat\rho_I\sigma^\dagger\sigma_-) = -\gamma\mathrm{tr}(\sigma^+\hat\rho_I)\\
&= -\gamma\langle\sigma^+\rangle
\end{aligned}$$

(12.2.34)

同样可以证明, 如果系统初始时刻处于 σ^+ 的本征态 (即 $(|e\rangle+|g\rangle)/\sqrt{2}$), 那么它仍处于该态的概率是指数衰减的, 衰减系数就是退相干系数 γ。

12.3 电容耦合超导电荷量子比特最大纠缠 EPR 态的集体退相干

作为超导量子比特电路系统退相干研究的一个特例, 本节介绍我们关于在电容耦合的两 Josephson 电荷量子比特中制备 Einstein-Podolsky-Rosen (EPR) 纠缠对, 以及在两量子比特集体退相干模式下该 EPR 对的抗噪声特性方面的工作。结果表明, 该电路中的 EPR 对相干特性理论上是非常鲁棒的, 从而可以应用于对非定域 Bell 不等式违背的检验。

12.3.1 在超导量子电路中制备 EPR 纠缠态

在过去几十年中, 对 Bell 不等式的实验检验大多数用的都是纠缠光子对。然而, 光子运动非常快, 而且一旦被探测后就都湮灭了, 所以检验 Bell 不等式所用的实际上并不是一对纠缠光子, 而是很多对; 此外, 光子探测器的探测效率仍然还达不到 100%, 因而总存在漏记事件 (即存在探测漏洞)。因此, 利用静止质量不为零, 且可多次重复测量的实物粒子来进行 Bell 不等式的检验, 就十分必要。如果要利用超导电路来检验 Bell 不等式, 那么就需要首先制备两个超导量子比特的 EPR 纠缠态。本小节讨论如何在图 12.3.1 所示的、实验上已经实现的超导量子比特耦合电路 (见第 10 章章后文献 [12]) 中制备这样的 EPR 纠缠态:

$$|\psi_\pm\rangle = \frac{1}{\sqrt{2}}(|00\rangle \pm |11\rangle), \quad |\phi_\pm\rangle = \frac{1}{\sqrt{2}}(|01\rangle \pm |10\rangle) \tag{12.3.1}$$

这里, $|0\rangle, |1\rangle$ 分别表示超导单电荷量子比特的两个能量本征态。

1. 电容耦合超导电荷量子比特电路的基本量子操作

我们考虑图 12.3.1 中描绘的双量子比特超导电路: 具有可控 Josephson 能量的两个超导量子干涉仪 (SQUID) 定义了两个 Cooper 对岛 (每个生成一个超导电

荷量子比特), 它们之间通过电容 C_m 耦合。电路的 Hamilton 量可写为

$$\hat{H} = \sum_{j=1,2} [E_{C_j}(\hat{n}_j - n_{g_j})^2 - E_J^{(j)} \cos \hat{\theta}_j] + E_m \prod_{j=1}^{2}(\hat{n}_j - n_{g_j}) \tag{12.3.2}$$

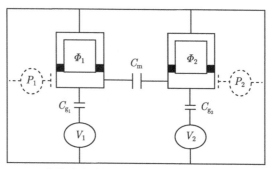

图 12.3.1　两个基于电容耦合 SQUID 型超导电荷量子比特电路

通过控制施加的栅极电压 V_1, V_2 和外部磁通量 Φ_1, Φ_2 来操纵两个 Cooper 对盒子的量子态, 即量子比特, 从而对 SQUID 环路进行线程化处理; P_1 和 P_2 虚线部分读出最终的量子位状态

这里, 我们采用电荷数为好量子数的基矢, 第 j 个 Cooper 对岛中多余的 Cooper 对数目算符 $\hat{n}_j$ 和相位算符 $\hat{\theta}_j$ 是一对共轭变量:$[\hat{n}_j, \hat{\theta}_j] = i\delta_{jk}$。$E_{C_j} = 4e^2 C_{\Sigma_k}/C_{\Sigma}(j \neq k = 1, 2)$ 和 $E_J^{(j)} = 2\varepsilon_{J_j}/\cos(\pi\Phi_j/\Phi_0)$ 分别是第 j 个 Cooper 对岛上的电荷和 Josephson 能量, Φ_j 为穿过第 j 个 SQUID 环路的磁通量; $E_m = 4e^2 C_m/C_{\Sigma}$ 为两个 Cooper 对岛之间的耦合能量, 其中, ε_{J_j} 和 C_{Σ_j} 分别是单个结的 Josephson 能量和连接到第 j 个盒子的所有电容之和。并且, $C_{\Sigma} = C_{\Sigma_1} C_{\Sigma_2} - C_m^2$ 和 $n_{gj} = C_{gj}V_j/(2e)$。e 是电子电荷,Φ_0 是通量量子。假定电路在极低的温度:$k_B T \ll \varepsilon_{J_j} \ll E_{C_j} \ll \Delta$ 下工作, 从而准粒子隧穿和激发都能被有效地抑制。这里, k_B, T, Δ 和 $2\varepsilon_{J_j}$ 分别是 Boltzmann 常量、温度、超导能隙和第 j 个 Cooper 对岛的最大 Josephson 能量。

　　假定两个 Cooper 对岛都被偏置在简并点的电压附近, 即 $n_{g1} = n_{g2} \sim 1/2$, 从而两个 Cooper 对岛的量子态演化可以有效地被限制在仅由四个最低电荷态所组成的子空间:$|00\rangle, |10\rangle, |01\rangle$ 和 $|11\rangle$ 内。这样, 上面 Hamilton 量就可以用 Pauli 算符简化为

$$\hat{H} = \sum_{j=1,2} \frac{1}{2}[E_C^{(j)}\sigma_z^j - E_J^{(j)}\sigma_x^j] + E_{12}\sigma_z^1\sigma_z^2 \tag{12.3.3}$$

其中 $E_{12} = E_m/4$, $E_C^{(j)} = E_{C_j}(n_{g_j} - 1/2) + E_m(n_{g_k}/2 - 1/4)(j \neq k = 1, 2)$。这里, 赝自旋算符定义为:$\sigma_z^{(j)} = |0_j\rangle\langle 0_j| - |1_j\rangle\langle 1_j|$, $\sigma_x^{(j)} = |0_j\rangle\langle 1_j| - |1_j\rangle\langle 0_j|$, j 或 k 分别标记第 j 或第 k 电荷量子比特的状态, 例如, $|0_j\rangle$ 表示的是第 j 个超导电荷量子比特的逻辑态 $|0\rangle$)。显然, 两个超导电荷量子比特的耦合能量 $E_{12} = E_m/4$

完全由耦合电容 C_m 确定，并且不可控制。当然，通过调节施加的偏置电压 V_j 和通量 Φ_j 可以分别调节 $E_C^{(j)}$ 和 $E_J^{(j)}$。

这个双量子比特系统显然是可以精确求解的，因此任何初态的演化都可以确定。由此我们可以定义几种典型的量子操作 (演化)。

(1) 无外部操作的演化。

如果电路参数的设置使得 $E_C^{(j)} = E_J^{(j)} = 0$，那么电路将在固有的耦合 Hamilton 量 $\hat{H}_{int} = E_{12}\sigma_z^{(1)}\sigma_z^{(2)}$ 驱动下演化：

$$\hat{U}_0 = \begin{pmatrix} e^{-i\alpha_0} & 0 & 0 & 0 \\ 0 & e^{-i\alpha_0} & 0 & 0 \\ 0 & 0 & e^{-i\alpha_0} & 0 \\ 0 & 0 & 0 & e^{-i\alpha_0} \end{pmatrix}, \quad \alpha_0 = \frac{E_{12}}{\hbar}\tau \tag{12.3.4}$$

显然，在这个操作下 EPR 态保持不变。

(2) 两个超导电荷量子比特的同步演化。

由于耦合恒定，容易实现两个量子比特的同步演化。例如，如果 $n_{g_1} = n_{g_2} = 1/2$，$E_J^{(1)} = E_J^{(2)} = 0$，那么在 Hamilton 量 $\hat{H}_{co} = -E_J(\sigma_x^{(1)}+\sigma_x^{(2)})/2 + E_{12}\sigma_z^{(1)}\sigma_z^{(2)}$ 的驱动下，可以实现如下的时间演化：

$$\hat{U}_{co} = \frac{1}{2}\begin{pmatrix} a & b & b & c \\ b & a^* & c^* & b \\ b & c^* & a^* & b \\ c & b & b & a \end{pmatrix} \tag{12.3.5}$$

其中

$$\begin{cases} a = \cos(t\Omega/\hbar) - iE_{12}\sin((t\Omega/\hbar)/\Omega + \exp(-itE_{12}/\hbar) \\ b = iE_J\sin(t\Omega/\hbar)/\Omega, \quad \Omega = (E_J^2 + E_{12}^2)^{1/2} \\ c = \cos(t\Omega/\hbar) - iE_{12}\sin((t\Omega/\hbar)/\Omega - \exp(-itE_{12}/\hbar) \end{cases}$$

可见，如果将演化时间设置为：$\cos(t\Omega/\hbar) = -\cos(tE_{12}/\hbar) = 1$，那么两个量子比特的逻辑态就会同时反转，即 $|00\rangle \rightleftarrows |11\rangle$ 和 $|01\rangle \rightleftarrows |10\rangle$。同理，演化

$$\hat{U}_{co} = \frac{1}{2}\begin{pmatrix} 1-i & 0 & 0 & 1+i \\ 0 & 1+i & 1-i & 0 \\ 0 & 1-i & 1+i & 0 \\ 1+i & 0 & 0 & 1-i \end{pmatrix} \tag{12.3.6}$$

也可以通过设定演化时间：$\cos(t\Omega/\hbar) = -\sin(tE_{12}/\hbar) = 1$ 来实现。

(3) 条件性单比特操作。

当然，在耦合固定的电路中，不可能实现单量子比特操作 (不管另一个量子比特处于什么状态)。但是，保持一个量子比特处于某个已知的量子态而演化另一个量子比特的操作，仍然是可以实现的。当然这种操作更准确地说应该是条件性单比特操作。例如，设置 $E_{\mathrm{C}}^{(k)} = E_{\mathrm{J}}^{(k)} = 0$，则可通过 $\hat{H}_{\mathrm{CJ}}^{(j)} = E_{\mathrm{C}}^{(j)}\sigma_z^j/2 - E_{\mathrm{J}}^{(j)}\sigma_x^{(j)}/2 + E_{12}\sigma_z^{(1)}\sigma_z^{(2)}$ 实现仅旋转第 j 个量子比特的操作：

$$\bar{U}_{\mathrm{CJ}}^{(j)} = \hat{A}_+^{(j)} \otimes |0_k\rangle\langle 0_k| + \hat{A}_-^{(j)} \otimes |1_k\rangle\langle 1_k| \tag{12.3.7}$$

其中，$\hat{A}_\pm^{(j)} = \mu_\pm^{(j)}|0_j\rangle\langle 0_j| + \mu_\pm^{(j)*}|1_j\rangle\langle 1_j| + \nu_\pm^{(j)}\sigma_-^{(j)}$，式中，$\mu_\pm^{(j)} = \cos(t\lambda_\pm^j/\hbar) - \mathrm{i}\cos\alpha_\pm^j\sin(t\lambda_\pm^j/\hbar), \nu_\pm^j = \mathrm{i}\sin\alpha_\pm^j\sin(t\lambda_\pm^j/\hbar)$，这里 $\sin\alpha_\pm^j = E_{\mathrm{J}}^{(j)}/(2\lambda_\pm^j), \lambda_\pm^j = \sqrt{[E_{\mathrm{C}}^{(j)}/2 \pm E_{12}]^2 + [E_{\mathrm{J}}^{(j)}/2]^2}$。也就是说，如果第 k 个量子比特处于 $|0_k\rangle(|1_k\rangle)$ 状态，则第 j 个量子比特将经历演化：$\hat{A}_+^{(j)}(\hat{A}_-^{(j)})$。在此操作期间，第 k 个量子比特保持在其初始状态。显然，如果事先设定 $E_{\mathrm{C}}^{(j)} = 2E_{12}$，则 $\cos\alpha_-^{(j)} = 0$，并且演化时间设置为满足条件：$\cos(t\lambda_j/\hbar) = 1, \lambda_j = [(2E_{12})^2 + (E_{\mathrm{J}}^{(j)}/2)]^{1/2}$，那么操作

$$\hat{U}_+^{(j)}(\theta_j) = \hat{I}_j \otimes |0_k\rangle\langle 0_k| + \left[\hat{I}_j\cos\theta_j + \mathrm{i}\sigma_x^{(j)}\sin\theta_j\right]|1_k\rangle\langle 1_k| \tag{12.3.8}$$

可以实现。其中，$\theta_j = tE_{\mathrm{J}}^{(j)}/(2\hbar)$，$\hat{I}_j$ 是与第 j 个量子比特有关的单位算符。当然，如果持续时间设置为同时满足条件：$\sin\theta_j = 1$ 和 $\cos(t\lambda_j/\hbar) = 1$，那么除了一个相位因子之外，上面的两量子比特操作等价于熟知的受控非 (CNOT) 门。

类似地，如果预先设置 $E_{\mathrm{C}}^{(j)} = -2E_{12}$，那么所实现的演化就是

$$\hat{U}_-^{(j)}(\theta_j) = \hat{I}_j \otimes |1_k\rangle\langle 1_k| + [\hat{I}_j\cos\theta_j + \mathrm{i}\sigma_x^{(j)}\sin\theta_j]|0_k\rangle\langle 0_k| \tag{12.3.9}$$

进一步地，如果预先设置 $E_{\mathrm{C}}^{(1)} = E_{\mathrm{C}}^{(2)} = E_{\mathrm{J}}^{(k)} = 0$，则实现演化

$$\bar{U}_{\mathrm{J}}^{(j)} = \hat{B}_j \otimes |0_k\rangle\langle 0_k| + \hat{B}_j^* \otimes |1_k\rangle\langle 1_k| + \xi_j\sigma_x^{(j)} \otimes \hat{I}_k \tag{12.3.10}$$

其中，$\hat{B}_j = \zeta|0_j\rangle\langle 0_j| + \zeta_j^*|1_j\rangle\langle 1_j|$，且 $\zeta_j = \cos(t\lambda_j/\hbar) - \mathrm{i}\cos\alpha_j\sin(t\lambda_j/\hbar), \zeta_j = \mathrm{i}\sin\alpha_j\sin(t\lambda_j/\hbar), \cos\alpha_j = E_{12}/\lambda_j, \lambda_j = \sqrt{(E_{12})^2 + (E_{\mathrm{J}}^{(j)}/2)^2}$。这个操作可以进一步表示为

$$\hat{U}_{\mathrm{J}}^{(j)} = \frac{\mathrm{i}}{\sqrt{2}}[-\sigma_z^{(j)}\sigma_z^{(k)} + \sigma_x^{(j)} \otimes \hat{I}_k] \tag{12.3.11}$$

当 $E_{\mathrm{C}}^{(j)} = 2E_{12}$ 和 $\sin(t\gamma_j/\hbar) = 1$ 时，它就是对第 j 个量子比特的等效 Hadamard 门操作。

值得注意的是，由于存在恒定的电容耦合 E_{12}，第 j 个超导量子比特的电荷能 E_{C_j} 的取值不仅仅与第 j 个 Cooper 对岛的电压偏置有关，而且也与第 k 个 Cooper 对岛的电压偏置有关。比如，如果要设定：$E_{\mathrm{C}}^{(2)} = 0$，那么就要求两个 Cooper 对岛的偏置电压应设置为满足条件：$(n_{\mathrm{g}_2} - 1/2)/(n_{\mathrm{g}_1} - 1/2) = -2E_{12}/E_{\mathrm{C}_2}$。

2. 制备两个超导电荷量子比特的 EPR 纠缠态

现在，我们来讨论如何制备上面电路中电容耦合的两个 Josephson 量子比特之间的 EPR 纠缠态。

当然，我们假定在制备之前，两量子比特电路被初始化于最低能态 $|0 = 00\rangle$，即电路的量子的基态，这可以通过设置偏置电压使其远离简并工作点来实现。

首先，我们制备某个量子比特 (比如第一个) 的两个逻辑态的叠加态，这可以通过简单地施行持续时间为 t_1 操作 (12.3.9) 来实现：

$$|\psi(0)\rangle = |00\rangle \xrightarrow{\hat{U}_-^{(1)}(\theta_1)} |\Psi_\pm\rangle = \frac{1}{\sqrt{2}}(|00\rangle \pm \mathrm{i}\,|10\rangle) \qquad (12.3.12)$$

这里，持续时间 t_1 设置为同时满足条件：$\cos(t_1\lambda/\hbar) = 1$ 和 $\sin\theta_1 = \pm 1/\sqrt{2}$。加号对应的持续时间 $\theta_1 = \pi/4$ 和 $3\pi/4$，减号对应 $\theta_1 = 5\pi/4$ 和 $7\pi/4$。

其次，我们对第二个量子比特施行条件性的单比特操作 (即操作依赖于第一个比特的状态)：条件性地反转第二个量子比特的逻辑态而保持第一个量子比特逻辑态不变。这一操作可以简单地表示为 $|00\rangle \to |01\rangle$，保持 $|10\rangle$ 不变；$|10\rangle \to |11\rangle$，保持 $|00\rangle$ 不变。这样就确定性地制备了两个超导电荷量子比特的 EPR 纠缠态

$$|\Psi_\pm\rangle \xrightarrow{\hat{U}_-^{(2)}(\theta_2)} |\phi_\pm\rangle = \frac{1}{\sqrt{2}}(|01\rangle \pm |10\rangle) \qquad (12.3.13)$$

和

$$|\Psi_\pm\rangle \xrightarrow{\hat{U}_+^{(2)}(\theta_2)} |\psi_\pm\rangle = \frac{1}{\sqrt{2}}(|00\rangle \pm |11\rangle) \qquad (12.3.14)$$

这里，脉冲的持续时间 t_2 由条件：$\cos(\lambda_2 t_2/\hbar) = \sin\theta_2 = 1$ 确定。

3. 态制备的确认

所制备的量子态需要从实验上得到证实，常用的方法就是利用所谓的量子态 "断层摄影" (层析) 技术，即重构其密度矩阵。这里，为了完整标定所制备的两比特 EPR 纠缠态，需要重构 4×4 个密度矩阵 $\rho = (\rho_{ij,kl})$ $(i\,j\,k\,l = 0, 1)$ 的每个矩阵元。由于态的密度矩阵的迹总是等于 1 的，所以只需要确定 15 个独立矩阵元：这可以通过对足够数量的相同制备态样品进行一系列测量来实现。这些测量是通过将单电子晶体管 (SET) 电容耦合待测量 Cooper 对岛 (量子比特)，读出从岛上隧穿出来的量子比特电荷状态相关的电流来实现的：投影测量 $\hat{P}_j = |1_j\rangle\langle 1_j|$ 就是测量第 j 个量子位的第 j 个 SET 的电流，即 $I_c^{(j)} \propto \mathrm{tr}(\rho\hat{P}_j)$。这种投影测量相当于 $\sigma_z^{(j)}$ 的测量，因为 $\sigma_z^{(j)} = (\hat{I} - \hat{P}_j)/2$。

对于本电路系统，理论上可以实现三种投影测量：

(1) 单比特投影测量 $\hat{P}_1$, 用于测量第一量子比特的电荷态, 与第二个量子比特的电荷态无关;

(2) 单比特投影测量 $\hat{P}_2$, 用于测量第二个量子比特的电荷态, 与第一个量子比特的电荷态无关;

(3) 两比特同时投影测量 $\hat{P}_{12} = \hat{P}_1 \otimes \hat{P}_2$, 同时测量两个量子比特的电荷态。

密度矩阵的所有对角元都可以通过在系统上执行这三种投影测量来直接确定。实际上 $\rho_{11,11}$ 可以通过 P_{12} 测量确定为

$$I_c^{(12)} \propto \rho_{11,11} = \mathrm{tr}(\rho \hat{P}_1 \otimes \hat{P}_2) \tag{12.3.15}$$

接下来, 可以通过 P_1 测量确定 $\rho_{10,10}$

$$I_c^{(1)} \propto \rho_{10,10} + \rho_{11,11} = \mathrm{tr}(\rho \hat{P}_1) \tag{12.3.16}$$

也可以通过 P_2 测量确定 $\rho_{01,01}$

$$I_c^{(2)} \propto \rho_{01,01} + \rho_{11,11} = \mathrm{tr}(\rho \hat{P}_2) \tag{12.3.17}$$

剩余元素 $\rho_{00,00}$ 可以通过归一化条件 $\mathrm{tr}\rho = 1$ 来确定。通过在原始密度矩阵 ρ 上执行适当的量子运算 $\hat{W}$, 可将剩下的 12 个非对角元素变换为新密度矩阵 $\rho' = \hat{W}\rho\hat{W}^\dagger$ 的对角线位置。例如, 在量子操作 $\hat{U}_J^{(1)}$ 系统演化为 $\bar{\rho} = \hat{U}_J^{(1)}\rho\hat{U}_J^{(1)\dagger}$, 这样, 我们可以进行 P_{12} 测量来获得

$$\bar{I}_c^{(12)} \propto \mathrm{tr}[\bar{\rho}\hat{P}_1 \otimes \hat{P}_2] = \frac{1}{2}[\rho_{01,01} + \rho_{11,11} - 2\mathrm{Re}(\rho_{01,11})] \tag{12.3.18}$$

确定 $\mathrm{Re}(\rho_{01,00})$, 并执行 P_1 测量以获得

$$\bar{I}_c^{(2)} \propto \mathrm{tr}[\bar{\rho}\hat{P}_1] = \frac{1}{2}[1 + 2\mathrm{Re}(\rho_{00,10} - \rho_{01,11})] \tag{12.3.19}$$

确定 $\mathrm{Re}(\rho_{00,10})$。可以类似地确定 ρ 所有剩余的 10 个非对角线元素。

表 12.3.1 总结了这种固定耦合双量子比特系统中测量双量子比特状态的每个密度矩阵元所需要的操作。表 12.3.1 中的第一列为所需要的量子操作, 第二列则是所需要做的投影测量, 第三列则是可以由此所确定的密度矩阵元。利用上述的重构密度矩阵 ρ 与理想 EPR 态的密度矩阵

$$\rho|\psi_\pm\rangle = \begin{pmatrix} 1 & 0 & 0 & \pm 1 \\ 0 & 0 & 0 & 0 \\ 0 & 0 & 0 & 0 \\ \pm 1 & 0 & 0 & 1 \end{pmatrix}, \quad \rho|\phi_\pm\rangle = \begin{pmatrix} 0 & 0 & 0 & 0 \\ 0 & 1 & \pm 1 & 0 \\ 0 & \pm 1 & 1 & 0 \\ 0 & 0 & 0 & 0 \end{pmatrix}$$

进行比较, 就可以得到所制备 EPR 态的保真度: $F_{|\psi_\pm\rangle} = \mathrm{tr}(\rho\rho_{|\psi_\pm\rangle})$ 和 $F_{|\phi_\pm\rangle} = \mathrm{tr}(\rho\rho_{|\phi_\pm\rangle})$。

表 12.3.1 在电容耦合的 Josephson 电路中，重构两比特量子态 $\rho = (\rho_{ij,kl})$ 所需要的操作及测量

操作	测量	所确定的密度矩阵元
No	P_{12}	$\rho_{11,11}$
No	P_1	$\rho_{10,10}$
No	P_2	$\rho_{01,01}$
$\hat{U}_J^{(1)}$	P_{12}	$\mathrm{Re}(\rho_{01,11})$
$\hat{U}_J^{(1)}$	P_1	$\mathrm{Re}(\rho_{00,10})$
$\hat{U}_J^{(2)}$	P_{12}	$\mathrm{Re}(\rho_{10,11})$
$\hat{U}_J^{(2)}$	P_2	$\mathrm{Re}(\rho_{01,01})$
$\hat{U}_-^{(1)}\left(\dfrac{\pi}{4}\right)\hat{U}_+^{(2)}\left(\dfrac{\pi}{2}\right)$	P_1	$\mathrm{Re}(\rho_{00,11})$
$\hat{U}_+^{(1)}\left(\dfrac{\pi}{4}\right)\hat{U}_+^{(2)}\left(\dfrac{\pi}{2}\right)$	P_{12}	$\mathrm{Re}(\rho_{01,10})$
$\hat{U}_-^{(1)}\left(\dfrac{\pi}{4}\right)$	P_2	$\mathrm{Im}(\rho_{00,10})$
$\hat{U}_+^{(1)}\left(\dfrac{\pi}{4}\right)$	P_2	$\mathrm{Im}(\rho_{01,11})$
$\hat{U}_-^{(2)}\left(\dfrac{\pi}{4}\right)$	P_2	$\mathrm{Im}(\rho_{00,01})$
$\hat{U}_+^{(2)}\left(\dfrac{\pi}{4}\right)$	P_2	$\mathrm{Im}(\rho_{10,11})$
$\hat{U}_{\mathrm{co}}$	P_{12}	$\mathrm{Im}(\rho_{00,11})$
$\hat{U}_{\mathrm{co}}$	P_2	$\mathrm{Im}(\rho_{01,10})$

注：$i,j,k,l = 0,1$；该表的每一行都需要在相同初始状态 ρ 下进行操作 [6]

12.3.2 两个超导电荷量子比特 EPR 纠缠态的集体退相干

容易验证，前面制备的 EPR 纠缠态是电路无任何操作，即 $E_{\mathrm{C}}^{(j)} = E_{\mathrm{J}}^{(j)} = 0$ 时，Hamilton 量 $\hat{H}_{\mathrm{int}} = E_{12}\sigma_z^{(1)}\sigma_z^{(2)}$ 的本征态，因此在制备完成后的空闲电路中 EPR 纠缠态至少在理论上是长寿命的。然而，由于存在各种噪声干扰，这些纯量子态最终还是会退相干衰变到相应的混合态。当然，如果它们退相干得足够地慢，那么仍然可以对其施行各种量子相干操作。

1. 两量子比特系统在 Bose 噪声环境中退相干的主方程

Josephson 电路中主要噪声是由电磁环境的随机涨落引起的，例如杂质电荷的存在，电流、电压的随机涨落等。为简便起见，我们假定两个量子比特受到同一个噪声环境的影响，并且噪声是 Bose 噪声 (具有多个自由度的量子谐振子系统)。

Bose 噪声环境中，图 12.3.1 所示的两量子比特超导电路的 Hamilton 量一般可以写成

$$\tilde{H} = \hat{H}_S + \hat{H}_B + \hat{V} \tag{12.3.20}$$

其中，$\hat{H}_S$ 就是方程 (12.3.3) 所描写的无噪声电路 Hamilton 量；

$$\hat{H}_B = \sum_{j=1,2} \sum_{\omega_j} \left(\alpha_{\omega_j}^\dagger \alpha_{\omega_j} + \frac{1}{2} \right) \hbar \omega_j \tag{12.3.21}$$

描述噪声库；

$$\hat{V} = \sigma_z^{(1)}(X_1 + \beta X_2) + \sigma_z^{(2)}(X_2 + \gamma X_1) \tag{12.3.22}$$

表示电路和噪声的相互作用。这里

$$X_j = \frac{E_{C_j} C_{g_j}}{4e} \sum_{\omega_j} (g_{\omega_j}^* \hat{a}_{\omega_j}^\dagger + g_{\omega_j} \hat{a}_{\omega_j}) \tag{12.3.23}$$

其中，$\hat{a}_{\omega_j}, \hat{a}_{\omega_j}^\dagger$ 是第 j 个噪声模式的 Bose 算子；g_{ω_j} 是频率为 ω_j 的噪声模与电路之间的耦合强度。系数 $\beta = E_m/2E_{C_2}$ 和 $\gamma = E_m/2E_{C_1}$ 表示由两个超导电荷量子比特存在耦合所导致的量子比特噪声效应之间的串扰。对比典型电路的实验参数 [12,13]，我们发现 $\beta = \gamma \sim 1/10$。这些噪声效应可以通过功率谱密度

$$J_f(\omega) = \pi \sum_{\omega_j} \left| g_{\omega_j} \right|^2 \delta(\omega - \omega_j) \sim \frac{\eta \hbar \omega \omega_c^2}{\omega_c^2 + \omega^2} \tag{12.3.24}$$

表示。这里，为计算方便引入了远高于系统涉及频率的截止频率 $\omega_c = 10^4 \text{GHz}$，无量纲常数 η 表征了噪声影响的强度。引入阻抗，$Z_t(\omega) = 1/(\mathrm{i}\omega C_t + Z^{-1})$，从而噪声频谱函数可以通过环境阻抗表示为：$J_f(\omega) = \omega \mathrm{Re}[Z_t(\omega)]$。这里，$Z(\omega) \sim R_V$ 是欧姆电阻，而 C_t 是连接到 Cooper 对岛的总电容。

根据标准 Markov 近似下的主方程理论，可以在 H_S 本征函数空间中写出电路的主方程如下：

$$\dot{\rho}_{nm} = -\mathrm{i}\omega_{nm}\rho_{nm} - \sum_{kl} R_{nmkl}\rho_{kl} \tag{12.3.25}$$

其中

$$R_{nmkl} = \delta_{lm} \sum_r \Gamma_{nrrk}^+ + \delta_{nk} \Gamma_{lrrm}^- - \Gamma_{lmnk}^- - \Gamma_{lmnk}^+ \tag{12.3.26}$$

而衰减率 $\Gamma^\pm$ 则由黄金法则给出

$$\Gamma_{lmnk}^+ = \hbar^{-2} \int_0^\infty \mathrm{d}t e^{-\mathrm{i}\omega_{nk}t} \langle V_{I,lm}(t) V_{I,nk}(0) \rangle$$

$$\Gamma_{lmnk}^- = \hbar^{-2} \int_0^\infty \mathrm{d}t e^{-\mathrm{i}\omega_{lm}t} \langle V_{I,lm}(0) V_{I,nk}(t) \rangle$$

这里，$V_{I,lm}(t)$ 是系统和噪声库相互作用的矩阵元；$\langle \cdots \rangle$ 表示的是热平均。再次强调，耗散效应的强度可由无量纲参数 η 来表征。根据实验测量的电荷量子比特

系统噪声特性，欧姆噪声的强度取为

$$\eta = \frac{4e^2 R}{\hbar \pi} \approx 1.8 \times 10^{-3}, \quad R \approx 6\Omega \tag{12.3.27}$$

对我们所关心的两个超导电荷量子比特的 EPR 纠缠态衰减问题而言，我们只需要计算其纠缠度 (比如 concurrence)

$$C = \max\left\{0, \sqrt{\varrho_1} - \sqrt{\varrho_2} - \sqrt{\varrho_3} - \sqrt{\varrho_4}\right\} \tag{12.3.28}$$

的时间变化就可以了。这里，$\varrho_i(i = 1, 2, 3, 4)$ 是 $\rho\tilde{\rho}$ 的本征值，$\tilde{\rho} = (\sigma_y^1 \otimes \sigma_y^2)\rho^*(\sigma_y^1 \otimes \sigma_y^2)$。显然，对不退相干的 EPR 态而言，纠缠度 (concurrence) 的值为 1；而对完全可分离的两量子比特态，纠缠度就为 0。

2. 数值结果

对矩阵形式的主方程 (12.3.25) 进行数值求解，便可以给出在噪声影响下理想 EPR 纠缠态的纠缠度如何随时间而变化的动力学行为。这里，温度取为实验温度 $T = 10\mathrm{mK}$。图 12.3.2 给出了我们数值计算的结果: (a) 和 (b) 分别表示在无单比特操作 (即仅有固定的比特耦合项 E_m) 和有单比特演化 (即 $E_{\mathrm{C}_j}, E_{\mathrm{J}_j} \neq 0$) 两种情况下，不同 EPR 纠缠态的纠缠度衰变情况。从图中看出如下。

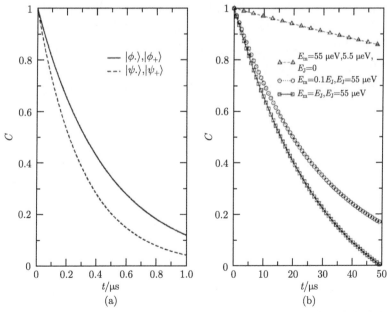

图 12.3.2　噪声环境下电容耦合超导电荷量子比特宏观 EPR 态的纠缠度衰减行为 [6]

这里，噪声的温度和强度分别设置为 $T = 10\mathrm{mK}$ 和 $\eta = 10^{-3}$; (a) 无量子操作的自由衰减; (b) 存在量子操作演化时的衰减

(1) 对无单比特演化情形, EPR 纠缠态的纠缠度可拟合为函数: $C(t) \sim \exp(-At)$, 从而寿命 $\tau = 1/A$ 为微秒的量级, 因而允许施行多次持续时间为 $\sim 100\text{ps}$ 的量子操作; 这里, 对于 $|\phi_\pm\rangle$, 我们有 $A \simeq 2.13 \times 10^6 \text{Hz}$; 而对于 $|\psi_\pm\rangle$, 则 $A \simeq 3.18 \times 10^6 \text{Hz}$. 在这种情况下, 因为 $\hat{H} = \hat{H}_{\text{int}} = E_{12}\sigma_z^{(1)}\sigma_z^{(2)}$ 和 $[\hat{H}, \hat{V}] = 0$, 所以只存在纯的相位退相干 (即非对角元衰减), 因而衰减较慢, 并且与耦合项 E_{m} 几乎无关.

(2) 对存在单比特演化的情形, EPR 纠缠态的寿命急剧下降到纳秒的量级, 允许施行的量子操作次数大为减少. 尤其是, 对 $E_{J_j} \neq 0$ 的情况下, 除了 E_{C_j} 项中的杂质电荷噪声外, 外部的其他电磁噪声影响也很大. 这时, 相对而言 E_{m} 越大则纠缠度衰减得越快.

(3) 相对而言, 两个 EPR 态 ($|\phi_\pm\rangle$) 比另两个 EPR 态 ($|\psi_\pm\rangle$) 衰减得慢些. 这是因为, $|\phi_\pm\rangle$ 是两个量子比特具有相同能量的态的叠加, 而 $|\psi_\pm\rangle$ 对应于更高的能级, 因而对噪声扰动更敏感.

12.4　电流偏置大 Josephson 结作为数据总线的超导计算电路

量子计算的运行需要实现量子比特间的可控耦合, 执行所需要的比特间的逻辑运算. 一般来说, 量子比特之间的耦合方式有两种, 一种是利用它们之间的直接相互作用 (一般是短程的) 实现近邻或次近邻的相互作用; 另一种是以某种数据总线 (即信息公交) 作为中间媒介来实现远距 (没有直接相互作用) 比特之间的耦合. 不同于量子化腔场模, 这里我们建议利用电流偏置的大 Josephson 结 (CBJJ) 作为数据总线, 传递任选两个即使远距的超导电荷量子比特之间的相互作用, 实现量子计算. 进而, 基于 Markov 近似下的主方程理论, 对这一可扩展的超导量子电路的退相干特性进行分析.

12.4.1　可扩展的超导电荷量子计算电路

考虑如图 12.4.1 所示的超导电路: N 个电压偏置 SQUID 构型超导电荷量子比特共同连接到一个 CBJJ. 这里, 第 k 个 ($k = 1, 2, \cdots, N$) 超导电荷量子比特通过门电容 C_{g_k} 对 SQUID 型 Cooper 对岛进行电压 V_k 调节, 两个小型 Josephson 结 (电容为 $C_{\text{J}_k}^0$、Josephson 能量为 $E_{\text{J}_k}^0$) 组成一个 dc-SQUID 环. 假设这些 dc-SQUID 环的电感都非常小从而可以忽略不计. 并且 $k_\text{B}T \ll E_\text{J} \ll E_\text{C} \ll \Delta$(其中 k_B, Δ, E_C, T 和 E_J 分别是 Boltzmann 常量、超导能隙、充电能量、温度和 Josephson 耦合能量), 因而准粒子隧穿或激发可以得到有效抑制.

1. 电路的 Hamilton 量

容易写出图 12.4.1 所示超导量子电路的 Hamilton 量

$$\hat{H} = \Sigma_{k=1}^{N} \left[\frac{2e^2}{C_k} (\hat{n}_k - n_{g_k})^2 - E_{J_k} \cos\left(\hat{\theta}_k - \frac{C_{g_k}}{C_k} \hat{\theta}_b \right) \right] + \hat{H}_r \qquad (12.4.1)$$

其中

$$\hat{H}_r = \frac{(2\pi \hat{p}_b / \Phi_0)^2}{2\tilde{C}_b} - E_b \cos\hat{\theta}_b - \frac{\Phi_0 I_b}{2\pi} \hat{\theta}_b \qquad (12.4.2)$$

这里, $n_{g_k} = C_{g_k} V_k / (2e)$, $C_k = C_{g_k} + C_{J_k}$, $C_{J_k} = 2C_{J_k}^0$, $\tilde{C}_b = C_b + \sum\limits_{k=1}^{N} C_{J_k} C_{g_k} / C_k$, $E_{J_k} = 2E_{J_k}^0 \cos(\pi \Phi_k / \Phi_0) \theta_k = (\theta_{k_1} + \theta_{k_2}) / 2$. 其中, θ_{k_1} 和 θ_{k_2} 分别是第 k 个量子比特中两个小 Josephson 结的相位差。此外, C_{g_k}, Φ_0, Φ_k 和 V_k 分别是施加到第 k 量子位的门电容、磁通量子、外部磁通通量和偏置电压; 相应地, C_b, θ_b, E_b 和 I_b 分别是 CBJJ 的电容、相位差、Josephson 能量和偏置电流等。

图 12.4.1 基于 SQUID 的电荷量子比特通过大型 CBJJ 耦合 [7]

上面的电路 Hamilton 量中, 有两对共轭变量: 一对是第 k 个 Cooper 对岛中的 Cooper 对数量算符 $\hat{n}_k$ 及其相位运算符 $\hat{\theta}_k$, 它们满足正则对易关系

$$[\hat{\theta}_k, \hat{n}_k] = i \qquad (12.4.3)$$

另一对是 CBJJ 上的 "广义坐标" 算符 $\hat{\theta}_b$ 和 "广义动量" 算符 $\hat{p}_b$, 它们满足对易关系

$$[\hat{\theta}_b, \hat{p}_b] = i\hbar \qquad (12.4.4)$$

显然, $2\pi p_b / \Phi_0 = 2n_b e$ 代表 CBJJ 两个电容极板上的感应电荷。

2. CBJJ 作为频率可调的 Bose 型数据总线

对 CBJJ 而言, 我们假定 $E_{C_b} = e^2 / (2\tilde{C}_b) \ll E_b$, 因而 Hamilton 量 $\hat{H}_r$ 可以看成是质量为 $m = \tilde{C}_b (\Phi_0 / 2\pi)^2$ 的粒子在势场 $U(\theta_b) = -E_b (\cos\theta_b + I_b \theta_b / I_r)$ 中的运动, 这里 $I_r = 2\pi E_b / \Phi_0$。显然, 在偏置电流满足条件: $I_b < I_r$ 的情况下, 存在 $U(\theta_b)$ 的一系列极小值, 即 $\partial U(\theta_b) / \partial \theta_b = 0, \partial^2 U(\theta_b) / \partial \theta_b^2 > 0$。在这些点 $\theta_0 = \arcsin(I_b / I_r)$ 附近, $U(\theta_b)$ 可近似地表示成本征频率为

$$\omega_{\mathrm{b}} = \sqrt{\frac{2\pi I_r}{\tilde{C}_{\mathrm{b}}\varPhi_0}} \left[1 - \left(\frac{I_{\mathrm{b}}}{I_r} \right)^2 \right]^{1/4} \tag{12.4.5}$$

的谐振子势形式。这样，Hamilton 量 $\hat{H}_r$ 可改写为

$$\hat{H}_{\mathrm{b}} = \left(\hat{a}^{\dagger}\hat{a} + \frac{1}{2} \right) \hbar\omega_{\mathrm{b}} \tag{12.4.6}$$

其中

$$\begin{cases} \hat{a} = \dfrac{1}{\sqrt{2}} \left[\left(\dfrac{\varPhi_0}{2\pi} \right) \sqrt{\dfrac{\tilde{C}_{\mathrm{b}}\omega_{\mathrm{b}}}{\hbar}}\hat{\theta}_{\mathrm{b}} + \mathrm{i} \left(\dfrac{2\pi}{\varPhi_0} \right) \dfrac{\hat{p}_{\mathrm{b}}}{\sqrt{\hbar\omega_{\mathrm{b}}\tilde{C}_{\mathrm{b}}}} \right] \\[4mm] \hat{a}^{\dagger} = \dfrac{1}{\sqrt{2}} \left[\left(\dfrac{\varPhi_0}{2\pi} \right) \sqrt{\dfrac{\tilde{C}_{\mathrm{b}}\omega_{\mathrm{b}}}{\hbar}}\hat{\theta}_{\mathrm{b}} - \mathrm{i} \left(\dfrac{2\pi}{\varPhi_0} \right) \dfrac{\hat{p}_{\mathrm{b}}}{\sqrt{\hbar\omega_{\mathrm{b}}\tilde{C}_{\mathrm{b}}}} \right] \end{cases} \tag{12.4.7}$$

容易验证，势阱中允许存在的稳态和亚稳态束缚态数量是

$$N_s = \frac{2^{3/4}\sqrt{E_{\mathrm{b}}/E_{C_{\mathrm{b}}}}}{3}(1 - I_{\mathrm{b}}/I_r)^{5/4} \gg 1 \tag{12.4.8}$$

值得指出的是，CBJJ 作为一种本征频率可调的谐振子，其能量标度是 $\omega_{\mathrm{b}}/(2\pi) \lesssim 10\mathrm{GHz}$，与超导电荷量子比特的跃迁频率接近，因此极易激发，故而很容易通过它作为媒介在无直接相互作用的超导电荷量子比特之间传递量子信息。比如，第 k 个量子比特激发 CBJJ，将信息传递给 CBJJ；然后 CBJJ 激发第 l 个量子比特，将信息传递给第 l 个量子比特。所以，即使第 k 个量子比特和第 l 个量子比特之间没有直接的相互作用，也可以实现它们之间的信息传递。可见，CBJJ 作为量子比特之间信息传递的数据总线，有以下两个明显的优点：

(1) 由于其较大的结电容，所以可以在足够长的距离上实现与超导电荷量子比特的耦合；

(2) 本征频率可以通过改变偏置电流来调节，所以容易实现对超导电荷量子比特的选择型耦合，即比特寻址。

3. 基本量子操作

利用上面的 CBJJ 的 Bose 算符表示，可以将电路的 Hamilton 量改写为

$$\hat{H}_{kb} = \hat{H}_k + \hat{H}_{\mathrm{b}} + \lambda_k(\hat{a}^{\dagger} + \hat{a})\sigma_y^{(k)} \tag{12.4.9}$$

其中

$$\hat{H}_k = \frac{\delta E_{C_k}}{2}\sigma_z^{(k)} - \frac{E_{J_k}}{2}\sigma_x^{(k)} \tag{12.4.10}$$

是第 k 个超导电荷量子比特的 Hamilton 量, 这里, $\delta E_{C_k} = 2e^2(1-2n_{g_k})/C_k$, $\lambda_k = E_{J_k} C_{g_k}(2\pi/\Phi_0)\sqrt{\hbar/(2\tilde{C}_b\omega_b)}/(2C_k)$, 相应的 Pauli 算符定义为

$$\begin{cases} \sigma_x^{(k)} = |\uparrow_k\rangle\langle\downarrow_k| + |\downarrow_k\rangle\langle\uparrow_k| \\ \sigma_y^{(k)} = -\mathrm{i}|\uparrow_k\rangle\langle\downarrow_k| + \mathrm{i}|\downarrow_k\rangle\langle\uparrow_k| \\ \sigma_z^{(k)} = |\uparrow_k\rangle\langle\uparrow_k| - |\downarrow_k\rangle\langle\downarrow_k| \end{cases} \tag{12.4.11}$$

值得说明的是, 在展开 Hamilton 量 (12.4.1) 时, 我们只取了 θ_b 的一阶项而忽略了更高次非线性项。这时因为, 对于仅涉及 CBJJ 较低的激发态时, 我们有 $C_{g_k}\sqrt{\langle\theta_b^2\rangle}/C_k \leqslant 10^{-2}$, $C_b \sim 1\mathrm{pF}$, $\omega_0/2\pi \sim 10\mathrm{GHz}$ 和 $C_{g_k}/C_{J_k} \sim 10^{-2}$。而且, 量子比特和总线之间的耦合强度 λ_k 可通过控制施加到所选量子比特的磁通通量 Φ_k 或数据总线的偏置电流 I_b 来调节。例如, 通过将磁通通量 Φ_k 设置为 $\Phi_0/2$, 可以简单地关闭这种耦合。所以, 量子比特和 CBJJ 数据总线之间的耦合可方便调控。

在新的计算基矢 $|0_k\rangle$, $|1_k\rangle$ 空间中

$$|0_k\rangle = \frac{|\downarrow_k\rangle + |\uparrow_k\rangle}{\sqrt{2}}, \quad |1_k\rangle = \frac{|\downarrow_k\rangle - |\uparrow_k\rangle}{\sqrt{2}} \tag{12.4.12}$$

Pauli 算符可改写为

$$\begin{cases} \tilde{\sigma}_x^{(k)} = |1_k\rangle\langle0_k| + |0_k\rangle\langle1_k| \\ \tilde{\sigma}_y^{(k)} = -\mathrm{i}|1_k\rangle\langle0_k| + \mathrm{i}|0_k\rangle\langle1_k| \\ \tilde{\sigma}_z^{(k)} = |1_k\rangle\langle1_k| - |0_k\rangle\langle0_k| \end{cases} \tag{12.4.13}$$

且 $\tilde{\sigma}_\pm^{(k)} = \tilde{\sigma}_x^{(k)} \pm \mathrm{i}\tilde{\sigma}_y^{(k)}$。这里, 逻辑态 $|0_k\rangle$ 和 $|1_k\rangle$ 分别对应于第 k 个 SQUID 环路中的顺时针和逆时针持续循环电流。这样, 在通常的旋转波近似下上述 Hamilton 量可以重写为

$$\hat{H}_{kb} = \left[\frac{E_{J_k}}{2}\tilde{\sigma}_z^{(k)} - \frac{\delta E_{C_k}}{2}\tilde{\sigma}_x^{(k)}\right] + \hbar\omega_b(\hat{a}^\dagger\hat{a} + \frac{1}{2}) + \mathrm{i}\lambda_k[\hat{a}\tilde{\sigma}_+^{(k)} - \hat{a}^\dagger\tilde{\sigma}_-^{(k)}] \tag{12.4.14}$$

这一 Hamilton 量可作为我们下面讨论基本量子逻辑门运算的基础。根据电路参数的不同设置, 可以实现不同的基本量子操作。在不失一般性的情况下, 我们假设一旦事先设置, 施加到 CBJJ 的偏置电流 I_b 保持不变, 可调的参数是施加到量子比特上的磁通通量和门偏置电压; 而且为简单起见, 我们假定 CBJJ 最多同时耦合一个超导量子比特。由此, 可以实现下面几种基本量子操作。

(1) 数据总线的单独演化。

在 $\Phi_k = \Phi_0/2$ 和 $V_k = e/C_{g_k}$ ($k = 1, 2, \cdots, N$) 参数条件下的任何操作延迟 τ 期间, 第 k 个量子比特的 Hamilton 量为零 (因为 $E_{J_k} = 0$, $n_{g_k} = 0$), 数据总线经历的时间演变化是

$$\hat{U}_0(t) = \mathrm{e}^{-\mathrm{i}tH_b/\hbar} \tag{12.4.15}$$

这种演化对于控制量子比特的动力学相位，精确地实现某些量子比特的运算是有用的。

(2) 第 k 个量子比特和 CBJJ 各自单独演化。

对于 $\Phi_k = \Phi_0/2$ 和 $V_k \neq e/C_{g_k}$ 的情况，第 k 个量子比特和总线分别由 Hamilton 量 $\hat{H}_1^{(k)} = -\delta E_{C_k} \tilde{\sigma}_x^{(k)}/2$ 和 $\hat{H}_b$ 演化，系统总的演化是

$$\hat{U}_1^{(k)}(t) = e^{-it\hat{H}_1^{(k)}/\hbar} \otimes e^{-it\hat{H}_b/\hbar} \tag{12.4.16}$$

(3) 第 k 个量子比特和 CBJJ 联合演化。这分以下两种情况。

第一种情况，第 k 个量子比特工作在其简并点并耦合到 CBJJ 总线，即 $V_k = e/C_{g_k}$ 和 $\Phi_k \neq \Phi_0/2$。这时，系统的 Hamilton 量为

$$\tilde{\hat{H}}_{kb} = E_{J_k} \tilde{\sigma}_z^{(k)}/2 + \hat{H}_b + i\lambda_k [\hat{a}\tilde{\sigma}_+^{(k)} - \hat{a}^\dagger \tilde{\sigma}_-^{(k)}] \tag{12.4.17}$$

由此导致的动力学演化是

$$\begin{cases}
|0_b\rangle|0_k\rangle \xrightarrow{\tilde{U}_{kb}} e^{i\Delta_k t/2}|0_b\rangle|0_k\rangle, \quad \tilde{U}_{kb} = \exp(-i\tilde{\hat{H}}_{kb}t), \quad \Delta_k = E_{J_k}/\hbar - \omega_b, \\[2mm]
|0_b\rangle|1_k\rangle \xrightarrow{\tilde{U}_{kb}} e^{i\omega_b t}\left\{\left[\cos\left(\frac{\Omega_k}{2}t\right) - i\frac{\Delta_k}{\Omega_k}\sin\left(\frac{\Omega_k}{2}t\right)\right]|0_b\rangle|1_k\rangle\right. \\[2mm]
\qquad\qquad\qquad \left. -\frac{2\lambda_k}{\hbar\Omega_k}\sin\left(\frac{\Omega_k}{2}t\right)|1_b\rangle|0_k\rangle\right\} \\[2mm]
|1_b\rangle|0_k\rangle \xrightarrow{\tilde{U}_{kb}} e^{i\omega_b t}\left\{\left[\cos\left(\frac{\Omega_k}{2}t\right) + i\frac{\Delta_k}{\Omega_k}\sin\left(\frac{\Omega_k}{2}t\right)\right]|1_b\rangle|0_k\rangle\right. \\[2mm]
\qquad\qquad\qquad \left. -\frac{2\lambda_k}{\hbar\Omega_k}\sin\left(\frac{\Omega_k}{2}t\right)|0_b\rangle|1_k\rangle\right\}
\end{cases} \tag{12.4.18}$$

其中，$\Omega_k = \sqrt{\Delta_k^2 + (2\lambda_k/\hbar)^2}$。

具体来说，我们有时间演化算符

$$\hat{U}_2^{(k)}(t) = \hat{A}(t)\begin{pmatrix}
\cos\left(\frac{\lambda_k t}{\hbar}\sqrt{\hat{n}+1}\right) & -\frac{1}{\sqrt{\hat{n}+1}}\sin\left(\frac{\lambda_k t}{\hbar}\sqrt{\hat{n}+1}\right)\hat{a} \\[3mm]
\frac{1}{\sqrt{\hat{n}+1}}\sin\left(\frac{\lambda_k t}{\hbar}\sqrt{\hat{n}+1}\right)\hat{a}^\dagger & \cos\left(\frac{\lambda_k t}{\hbar}\sqrt{\hat{n}}\right)
\end{pmatrix}$$

$$\hat{A}(t) = \exp\left[-it\left(\frac{\hat{H}_b}{\hbar} + \frac{E_{J_k}\tilde{\sigma}_z^{(k)}}{2\hbar}\right)\right] \tag{12.4.19}$$

在共振情况 $\Delta_k = 0$，时间演变简化为

$$\begin{cases}
|0_b\rangle|0_k\rangle \xrightarrow{\hat{U}_2^{(k)}(t)} |0_b\rangle|0_k\rangle \\[2mm]
|0_b\rangle|1_k\rangle \xrightarrow{\hat{U}_2^{(k)}(t)} e^{i\omega_b t}\left[\cos\left(\frac{\lambda_k t}{\hbar}\right)|0_b\rangle|1_k\rangle - \sin\left(\frac{\lambda_k t}{\hbar}\right)|1_b\rangle|0_k\rangle\right] \\[2mm]
|1_b\rangle|0_k\rangle \xrightarrow{\hat{U}_2^{(k)}(t)} e^{i\omega_b t}\left[\cos\left(\frac{\lambda_k t}{\hbar}\right)|1_b\rangle|0_k\rangle + \sin\left(\frac{\lambda_k t}{\hbar}\right)|0_b\rangle|1_k\rangle\right]
\end{cases} \tag{12.4.20}$$

在大失谐耦合的情况下：$2\lambda_k/\hbar|\Delta_k| \ll 1$，时间演化算子变为

$$\hat{U}_2^{(k)}(t) = \hat{A}(t)\exp\left(-\mathrm{i}\frac{\tilde{\hat{H}}_{\mathrm{kb}}' t}{\hbar}\right), \quad \tilde{\hat{H}}_{\mathrm{kb}}' = \lambda_k^2(|1_k\rangle\langle 1_k|\hat{a}\hat{a}^\dagger - |0_k\rangle\langle 0_k|\hat{a}^\dagger\hat{a})/(\hbar/\Delta_k)$$

(12.4.21)

故

$$\begin{cases} |0_{\mathrm{b}}\rangle|0_k\rangle \xrightarrow{\tilde{U}_2^{(k)}(t)} \mathrm{e}^{\mathrm{i}t\frac{\Delta_k}{2}}|0_{\mathrm{b}}\rangle|0_i\rangle \\[2mm] |0_{\mathrm{b}}\rangle|1_k\rangle \xrightarrow{\tilde{U}_2^{(k)}(t)} \mathrm{e}^{-\mathrm{i}t\left(\omega_{\mathrm{b}}+\frac{\Delta_k}{2}+\frac{\lambda_k^2}{\hbar^2\Delta_k}\right)}|0_{\mathrm{b}}\rangle|1_k\rangle \\[2mm] |1_{\mathrm{b}}\rangle|0_k\rangle \xrightarrow{\tilde{U}_2^{(k)}(t)} \mathrm{e}^{-\mathrm{i}t\left(\omega_{\mathrm{b}}-\frac{\Delta_k}{2}-\frac{\lambda_k^2}{\hbar^2\Delta_k}\right)}|1_{\mathrm{b}}\rangle|0_k\rangle \\[2mm] |1_{\mathrm{b}}\rangle|1_k\rangle \xrightarrow{\tilde{U}_2^{(k)}(t)} \mathrm{e}^{-\mathrm{i}t\left(2\omega_{\mathrm{b}}-\frac{\Delta_k}{2}-\frac{\lambda_k^2}{\hbar^2\Delta_k}\right)}|1_{\mathrm{b}}\rangle|1_k\rangle \end{cases}$$

(12.4.22)

第二种情况，即 $\Phi_k \neq \Phi_0/2$ 和 $V_{g_k} \neq e/C_{g_k}$，Hamilton 量 (12.4.17) 可以重写为

$$\tilde{H}_{\mathrm{kb}} = E_{\mathrm{J}_k}\bar{\sigma}_z^{(k)}/2 + \hat{H}_{\mathrm{b}} + \mathrm{i}\lambda_k\left[\hat{a}\bar{\sigma}_+^{(k)} - \hat{a}^\dagger\bar{\sigma}_-^{(k)}\right]$$

(12.4.23)

注意，这里，$\bar{\sigma}_x^{(k)} = -\sin\eta_k\tilde{\sigma}_z^{(k)} - \cos\eta_k\tilde{\sigma}_x^{(k)}$, $\bar{\sigma}_y^{(k)} = -\tilde{\sigma}_x^{(k)}$, $\bar{\sigma}_z^{(k)} = \cos\eta_k\tilde{\sigma}_z^{(k)} - \sin\eta_k\tilde{\sigma}_x^{(k)}$，其中，$\bar{\sigma}_\pm^{(k)} = \left[\bar{\sigma}_x^{(k)} \pm \mathrm{i}\bar{\sigma}_y^{(k)}\right]$, $\cos\eta_k = E_{\mathrm{J}_k}/E_k$ 和 $E_k = \sqrt{(\delta E_{\mathrm{C}_k})^2 + E_{\mathrm{J}_k}^2}$。如果偏置电流 I_{b} 和磁通 Φ_k 预先设置为满足条件：$E_{\mathrm{J}_k} \sim \hbar\omega_{\mathrm{b}} \ll \delta E_{\mathrm{C}_k}$，那么与耦合强度 $\lambda_k \leqslant 10^{-1}E_{\mathrm{J}_k}$ 相比，失谐 $\hbar\bar{\Delta}_k = E_k - \hbar\omega_{\mathrm{b}}$ 非常大。因此，系统的演化算子可以近似为

$$\tilde{U}_3^{(k)}(t) = \hat{B}(t)\mathrm{e}^{-\mathrm{i}\frac{\lambda_k^2 t}{\hbar^2\bar{\Delta}_k}[\bar{\sigma}_z^{(k)}(\hat{a}^\dagger\hat{a}+\frac{1}{2})+\frac{1}{2}]}, \quad \hat{B}(t) = \mathrm{e}^{-\mathrm{i}t\left(\frac{\hat{H}_{\mathrm{b}}}{\hbar}+\frac{E_k\bar{\sigma}_z^{(k)}}{2\hbar}\right)}$$

(12.4.24)

这意味着以下的演化

$$\begin{cases} |0_{\mathrm{b}}\rangle|0_k\rangle \xrightarrow{\tilde{U}_3^{(k)}(t)} \mathrm{e}^{-\mathrm{i}\xi_k t}\{[\cos(\xi_k t) + \mathrm{i}\cos\eta_k\sin(\xi_k t)]|0_{\mathrm{b}}\rangle|0_k\rangle \\ \qquad\qquad +\mathrm{i}\sin\eta_k\sin(\xi_k t)|0_{\mathrm{b}}\rangle|1_k\rangle\} \\[2mm] |0_{\mathrm{b}}\rangle|1_k\rangle \xrightarrow{\tilde{U}_3^{(k)}(t)} \mathrm{e}^{-\mathrm{i}\xi_k t}\{[\cos(\xi_k t) - \mathrm{i}\cos\eta_k\sin(\xi_k t)]|0_{\mathrm{b}}\rangle|1_k\rangle \\ \qquad\qquad +\mathrm{i}\sin\eta_k\sin(\xi_k t)|0_{\mathrm{b}}\rangle|0_k\rangle\} \\[2mm] |1_{\mathrm{b}}\rangle|0_k\rangle \xrightarrow{\tilde{U}_3^{(k)}(t)} \mathrm{e}^{-\mathrm{i}(\xi_k+\omega_{\mathrm{b}})t}\{[\cos(\xi_k t) + \mathrm{i}\cos\eta_k\sin(\xi_k t)]|1_{\mathrm{b}}\rangle|1_k\rangle \\ \qquad\qquad +\mathrm{i}\sin\eta_k\sin(\xi_k t)|1_{\mathrm{b}}\rangle|1_k\rangle\} \\[2mm] |1_{\mathrm{b}}\rangle|1_k\rangle \xrightarrow{\tilde{U}_3^{(k)}(t)} \mathrm{e}^{-\mathrm{i}(\xi_k+\omega_{\mathrm{b}})t}\{[\cos(\xi_k t) - \mathrm{i}\cos\eta_k\sin(\xi_k t)]|1_{\mathrm{b}}\rangle|1_k\rangle \\ \qquad\qquad +\mathrm{i}\sin\eta_k\sin(\xi_k t)|1_{\mathrm{b}}\rangle|1_k\rangle\} \end{cases}$$

(12.4.25)

其中，$\xi_k = \omega_{\mathrm{b}}/2 + \lambda_k^2/(2\hbar^3\bar{\Delta}_k)$; $\eta_k = E_k/(2\hbar) + \lambda_k^2/(2\hbar^2\bar{\Delta}_k)$; $\xi_k' = \xi_k + \lambda_k^2/(2\hbar^2\bar{\Delta}_k)$。

4. 基本量子逻辑门运算

下面, 我们利用上述的基本量子操作: $\hat{U}_0(t)$, $\hat{U}_1^{(k)}(t)$, $\hat{U}_2^{(k)}(t)$, $\bar{U}_2^{(k)}(t)$, $\bar{U}_3^{(k)}(t)$, 来构造量子计算的基本逻辑门运算。

1) 单比特逻辑门运算

通过简单地打开/关闭相关的实验可控参数, 例如, 如果 $n_{g_k} \neq 1/2$ 和 $E_{J_k} = 0$ 持续时间跨度 t, 则实现方程 (12.4.16) 所表示的时间演化 $\hat{U}_1^{(k)}(t)$。它实际上就是如下的单量子比特操作:

$$\hat{R}_z^{(k)}(\varphi_k) = \begin{pmatrix} \cos \dfrac{\varphi_k}{2} & i\sin \dfrac{\varphi_k}{2} \\ i\sin \dfrac{\varphi_k}{2} & \cos \dfrac{\varphi_k}{2} \end{pmatrix}, \quad \varphi_k = \delta E_{C_k} t/\hbar \tag{12.4.26}$$

当 $\varphi_k = \pi$ 和 $\varphi_k = \pi/2$ 时分别就是比特翻转 (即单比特非门操作) 和逻辑态的等概率叠加。围绕 z 轴的旋转可以通过使用演化 (12.4.19) 来实现。当然此操作与数据总线的状态有关: 如果总线处于基态 $|0_b\rangle$, 则

$$\hat{R}_z^{(k)}(\phi_k) = e^{-i\varrho_k t} \begin{pmatrix} e^{-i\phi_k} & 0 \\ 0 & e^{-i\phi_k} \end{pmatrix}$$

$$\varrho_k = \omega_b/2 + \lambda_k^2/(2\hbar^2 \Delta_k) \tag{12.4.27}$$

$$\phi_k = E_{J_k} t/(2\hbar) + \lambda_k^2/(2\hbar^2 \Delta_k)$$

利用上述的 x 和 z 旋转操作, 可以实现对单个量子位进行的任意旋转。比如, 应用于第 k 个量子比特的 Hadamard 门可以通过三步操作实现:

$$\hat{R}_z^{(k)}\left(\frac{\pi}{4}\right) \otimes \hat{R}_x^{(k)}\left(-\frac{\pi}{2}\right) \otimes \hat{R}_z^{(k)}\left(\frac{\pi}{4}\right) = \hat{H}_g^{(k)} = \hat{H}_g^{(k)} = \frac{1}{\sqrt{2}} \begin{pmatrix} 1 & 1 \\ 1 & -1 \end{pmatrix}$$

这里, 三步操作的脉冲时间 t_1, t_2, t_3 需要满足条件

$$\cos\left(\frac{\delta E_{C_k} t_2}{\hbar}\right) = -\sin\left(\frac{\delta E_{C_k} t_2}{\hbar}\right) = \sin\left[\frac{E_{J_k} t_1}{2\hbar} + \frac{(\lambda_k/\hbar)^2 t_1}{2\Delta_k}\right]$$

$$= \sin\left[\frac{E_{J_k} t_3}{2\hbar} + \frac{(\lambda_k/\hbar)^2 t_3}{2\Delta_k}\right] = \frac{1}{\sqrt{2}} \tag{12.4.28}$$

2) 两比特逻辑门运算

下面我们讨论, 如何利用 CBJJ 数据总线实现第 k 量子比特 (控制位) 和第 j 个量子比特 (目标位) 之间的两比特逻辑操作 (尽管这两个比特之间可能并没有直接的相互作用)。在操作之前, 我们假定数据总线和所有的量子比特都是不耦合的。

考虑以下三步操作:

(1) 将控制位量子比特耦合到总线，即实现 $\hat{U}_2^{(k)}(t_1)$ 操作，这里持续时间 t_1 设置为

$$\sin\left(\frac{\lambda_k t_1}{\hbar}\right) = -1 \tag{12.4.29}$$

然后，将 Φ_k 返回到其初始值，即 $\Phi_k = \Phi_0/2$，从而将第 k 个量子比特与总线去耦。在下一步骤操作之前，可能存在一个操作延迟 τ_1。在此延迟期间，量子比特的状态不会变化，但数据总线仍然经历一个时间演化：$\hat{U}_0(\tau_1)$。

(2) 将目标位耦合到数据总线，实现时间演化 $\hat{U}_3^{(k)}(t_2)$。这可以通过让所选择的量子比特工作于其简并点 $(n_{gj} \neq 1/2)$ 附近，并且演化时间 t_2 设定为

$$\cos(\xi_j t_2) = -\sin(\xi_j' t_2) = 1 \tag{12.4.30}$$

然后再调节门电压 V_j 使 $n_{gj} = 1/2$，使第 j 个量子比特与数据总线解耦。在下一步操作之前可能也存在一个操作延迟 t_2，数据总线因此多经历了一个自由演化：$\hat{U}_0(\tau_2)$。

(3) 重复第一步，实现演化 $\hat{U}_2^{(k)}(t_3)$，其持续时间设置为

$$\sin\left(\frac{\lambda_k t_3}{\hbar}\right) = 1 \tag{12.4.31}$$

上面含两个操作延迟的三步操作过程后，对不同的两比特输入态，可以得到如下的系列演化

$$\begin{cases}
|0_b 0_k 0_j\rangle \xrightarrow{\hat{U}_0(\tau_1)\hat{U}_2^{(k)}(t_1)} e^{-i\omega_b\tau_1/2}|0_b 0_k 0_j\rangle \xrightarrow{\hat{U}_0(\tau_2)\bar{U}_3^{(j)}(t_2)} e^{-i\chi}|0_b 0_k 0_j\rangle \\
\qquad\xrightarrow{\hat{U}_2^{(k)}(t_3)} \quad \Gamma e^{-i\chi}|0_b 0_k 0_j\rangle \\
|0_b 0_k 1_j\rangle \xrightarrow{\hat{U}_0(\tau_1)\hat{U}_2^{(k)}(t_1)} e^{-i\omega_b\tau_1/2}|0_b 0_k 1_j\rangle \xrightarrow{\hat{U}_0(\tau_2)\bar{U}_3^{(j)}(t_2)} e^{-i\chi}|0_b 0_k 1_j\rangle \\
\qquad\xrightarrow{\hat{U}_2^{(k)}(t_3)} \quad \Gamma^* e^{-i\chi}|0_b 0_k 1_j\rangle \\
|0_b 1_k 0_j\rangle \xrightarrow{\hat{U}_0(\tau_1)\hat{U}_2^{(k)}(t_1)} e^{-i\omega_b(t_1+3\tau_1/2)}|1_b 0_k 0_j\rangle \\
\qquad\xrightarrow{\hat{U}_0(\tau_2)\bar{U}_3^{(j)}(t_2)} ie^{-i\chi-i\omega_b(t_1+t_2+\tau_1+\tau_2)}(\cos\eta_j|1_b 0_k 0_j\rangle + \sin\eta_j|1_b 0_k 1_j\rangle) \\
\qquad\xrightarrow{\hat{U}_2^{(k)}(t_3)} \quad ie^{-i\chi-i\omega_b T}(\cos\eta_j|0_b 1_k 0_j\rangle + \sin\eta_j|0_b 1_k 1_j\rangle) \\
|0_b 1_k 1_j\rangle \xrightarrow{\hat{U}_0(\tau_1)\hat{U}_2^{(k)}(t_1)} e^{-i\omega_b(t_1+3\tau_1/2)}|1_b 0_k 1_j\rangle \\
\qquad\xrightarrow{\hat{U}_0(\tau_2)\bar{U}_3^{(j)}(t_2)} ie^{-i\chi-i\omega_b(t_1+t_2+\tau_1+\tau_2)}(\sin\eta_j|1_b 0_k 0_j\rangle + \cos\eta_j|1_b 0_k 1_j\rangle) \\
\qquad\xrightarrow{\hat{U}_2^{(k)}(t_3)} \quad ie^{-i\chi-i\omega_b T}(\sin\eta_j|0_b 1_k 0_j\rangle + \cos\eta_j|0_b 1_k 1_j\rangle)
\end{cases} \tag{12.4.32}$$

其中，$T = t_1 + t_2 + t_3 + \tau_1 + \tau_2$ 为整个过程的持续时间，以及 $\chi = \zeta_j t_2 + \omega_{\rm b}(\tau_1 + \tau_2)/2$。显然，数据总线在操作之后仍然处于基态 $|0_{\rm b}\rangle$。如果总持续时间 T 满足

$$\sin(\omega_{\rm b} T) = 1 \tag{12.4.33}$$

那么上述演化实际上就是一个双量子比特位相逻辑门操作：

$$\overline{\hat{U}_1^{(kj)}}(\eta_j) = \begin{pmatrix} 1 & 0 & 0 & 0 \\ 0 & 1 & 0 & 0 \\ 0 & 0 & \cos\eta_j & \sin\eta_j \\ 0 & 0 & \sin\eta_j & -\cos\eta_j \end{pmatrix} \tag{12.4.34}$$

显然，如果系统工作在大门电压偏置区，使得：$E_{{\rm J}_j}/(\delta E_{{\rm C}_j})$ 和 $\cos\eta_j \sim 0, \sin\eta_j \sim 0$，那么式 (12.4.34) 中的两量子比特门 $\hat{U}_1^{(kj)}(n_j)$ 就近似地等价于众所周知的受控非 (CNOT) 门操作：

$$\hat{U}_{\rm CNOT}^{(kj)} = \begin{pmatrix} 1 & 0 & 0 & 0 \\ 0 & 1 & 0 & 0 \\ 0 & 0 & 0 & 1 \\ 0 & 0 & 1 & 0 \end{pmatrix} \tag{12.4.35}$$

12.4.2　由偏置电压和偏置电流噪声引起的量子退相干

下面考虑由外部电路参数的涨落所引起的欧姆耗散对电路量子退相干的影响。由于每步量子操作最多涉及一个量子比特和数据总线的耦合，因此只需要讨论图 12.4.2 所示简化电路中偏置电压源和偏置电流源噪声的影响。显然，图 12.4.2 所示的电路可用 Hamilton 量表示，其中

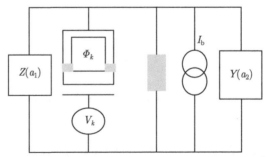

图 12.4.2　数据总线耦合一个量子比特的噪声模型 [7]

这里量子比特中的电压噪声用阻抗 $Z(\omega_1)$ 表示，CBJJ 数据总线的电流噪声用导纳 $Y(\omega_2)$ 表示

$$\hat{H} = \overline{\hat{H}_{kb}} + \hat{H}_B + \hat{V}$$

$$H_B = \sum_{j=1,2} \sum_{\omega_j} \left(\frac{p_{\omega_j}^2}{2m_{\omega_j}} + \frac{m_{\omega_j} \omega_j^2 x_{\omega_j}^2}{2} \right)$$

$$= \sum_{j=1,2} \sum_{\omega_j} \left(\hat{a}_{\omega_j}^\dagger \hat{a}_{\omega_j} + \frac{1}{2} \right) \hbar \omega_j \tag{12.4.36}$$

代表电压和电流噪声的 Bose 库；

$$\hat{V} = - \left[\sin \alpha_k \bar{\sigma}_z^{(k)} + \cos \alpha_k \bar{\sigma}_x^{(k)} \right] (\hat{R}_1 + \hat{R}_1^\dagger) - (\hat{a}_\dagger R_2 + \hat{a} R_2^\dagger)$$

$$\hat{R}_1 = \frac{eC_{gk}}{C_k} \sum_{\omega_1} g_{\omega_1} \hat{a}_{\omega_1}, \quad R_2 = \sqrt{\frac{\hbar}{2\hat{C}_b \omega_b}} \sum_{\omega_2} g_{\omega_2} \hat{a}_{\omega_2} \tag{12.4.37}$$

是库和量子比特及数据总线的相互作用。以上，$\hat{a}_{\omega_j}$, $\hat{a}_{\omega_j}^\dagger$ 是第 j 个库的 Bose 算符，并且 g_{ω_j} 是频率为 ω_j 的振荡器与非耗散系统之间的耦合强度。这些噪声的影响可以通过它们的功率谱来表征，而功率谱又取决于相应的"阻抗""电感"和相关电路的温度。例如，引入阻抗 $Z_t(\omega) = 1/[i\omega C_t + Z^{-1}(\omega)]$, $Z(\omega) = R_V$ 为欧姆电阻，阻抗 $Z_t(\omega)$ 端子之间的相应电压可表示为 $\delta V = \sum_{\omega_1} \lambda_{\omega_1} \chi_{\omega_1}$。因此，电压源为 Ohm 耗散，其频谱密度可以表示为

$$G(\omega) = \pi \sum_{\omega_1} \frac{\lambda_{\omega_1}^2}{2m\omega_1} \delta(\omega - \omega_1)$$

$$= \pi \sum_{\omega_1} |g\omega_1|^2 \delta(\omega - \omega_1) \sim R_V \omega \tag{12.4.38}$$

类似地，偏置电流源的谱密度可以近似为

$$F(\omega) = \pi \sum_{\omega_2} |g\omega_2|^2 \delta(\omega - \omega_2) \sim Y_I(\omega) \tag{12.4.39}$$

$Y_I(\omega)$ 是电流源的耗散部分。

根据主方程理论，我们可以在量子比特和数据总线所构成系统的本征空间：$|g\rangle$, $|\mu_n\rangle$, $|\nu_n\rangle (n = 1, 2, \cdots)$，即无耗散 Hamilton 量 $\overline{\hat{H}_{kb}}$ 的本征态空间中，将主方程写为下面的矩阵元形式：

$$\frac{d\sigma_{\alpha\beta}}{dt} = -i\omega_{\alpha\beta}\sigma_{\alpha\beta} + \sum_{\mu,\nu} (R_{\alpha\beta\mu\nu} + S_{\alpha\beta\mu\nu})\sigma_{\mu\nu} \tag{12.4.40}$$

其中

$$
\begin{cases}
\begin{aligned}
R_{\alpha\beta\mu\nu} = & -\frac{1}{\hbar^2}\int_\infty^0 \mathrm{d}\tau \\
& \times\Bigg[g_1(\tau)\bigg(\delta_{\beta\nu}\sum_\kappa A_{\alpha\kappa}A_{\kappa\mu}\mathrm{e}^{\mathrm{i}\omega_{\mu\kappa}\tau}\bigg) - A_{\alpha\mu}A_{\nu\beta}\mathrm{e}^{\mathrm{i}\omega_{\mu\alpha}\tau} \\
& + g_1(-\tau)\bigg(\delta_{\alpha\mu}\sum_\kappa A_{\nu\kappa}A_{\kappa\beta}\mathrm{e}^{\mathrm{i}\omega_{\kappa\nu}\tau}\bigg) - A_{\alpha\mu}^\dagger B_{\nu\beta}\mathrm{e}^{\mathrm{i}\omega_{\beta\nu}\tau}\Bigg]
\end{aligned}\\[2ex]
\begin{aligned}
S_{\alpha\beta\mu\nu} = & -\frac{1}{\hbar^2}\int_\infty^0 \mathrm{d}\tau \\
& \times\Bigg[g_2^\dagger(\tau)\bigg(\delta_{\beta\nu}\sum_\kappa B_{\alpha\kappa}^\dagger B_{\kappa\mu}\mathrm{e}^{\mathrm{i}\omega_{\mu\kappa}\tau} - B_{\alpha\mu}B_{\nu\beta}^\dagger\mathrm{e}^{\mathrm{i}\omega_{\mu\alpha}\tau}\bigg) \\
& + g_2^\dagger(-\tau)\bigg(\delta_{\alpha\mu}\sum_\kappa B_{\nu\kappa}^\dagger B_{\kappa\beta}\mathrm{e}^{\mathrm{i}\omega_{\kappa\nu}\tau} - B_{\alpha\mu}B_{\nu\beta}^\dagger\mathrm{e}^{\mathrm{i}\omega_{\beta\nu}\tau}\bigg) \\
& + g_2^-(\tau)\bigg(\delta_{\beta\nu}\sum_\kappa B_{\alpha\kappa}B_{\kappa\mu}^\dagger\mathrm{e}^{\mathrm{i}\omega_{\mu\kappa}\tau} - B_{\alpha\mu}^\dagger B_{\nu\beta}\mathrm{e}^{\mathrm{i}\omega_{\mu\alpha}\tau}\bigg) \\
& + g_2^-(-\tau)\bigg(\delta_{\alpha\mu}\sum_\kappa B_{\nu\kappa}B_{\kappa\beta}^\dagger\mathrm{e}^{\mathrm{i}\omega_{\beta\kappa}\tau} - B_{\alpha\mu}^\dagger B_{\nu\beta}\mathrm{e}^{\mathrm{i}\omega_{\beta\nu}\tau}\bigg)\Bigg]
\end{aligned}
\end{cases}
\tag{12.4.41}
$$

以及

$$
\begin{cases}
g_1(\pm\tau) = \left(\dfrac{eC_{\mathrm{gk}}}{C_k}^2\right)^2 \sum_{\omega_1} |g_{\omega_1}|^2 \left[\langle n(\omega_1)+1\rangle\mathrm{e}^{\mp\mathrm{i}\omega_1\tau} + \langle n(\omega_1)\rangle\mathrm{e}^{\mp\mathrm{i}\omega_1\tau}\right] \\[2ex]
g_2^\dagger(\pm\tau) = \left(\dfrac{\hbar}{2\hat{C}_{\mathrm{b}}\omega_{\mathrm{b}}}\right) \sum_{\omega_2} |g_{\omega_2}|^2 \langle n(\omega_2)+1\rangle\mathrm{e}^{\mp\mathrm{i}\omega_2\tau} \\[2ex]
g_2^-(\pm\tau) = \left(\dfrac{\hbar}{2\hat{C}_{\mathrm{b}}\omega_{\mathrm{b}}}\right) \sum_{\omega_2} |g_{\omega_2}|^2 \langle n(\omega_2)\rangle\mathrm{e}^{\mp\mathrm{i}\omega_2\tau}
\end{cases}
\tag{12.4.42}
$$

这里，$\langle n(\omega_j)\rangle = 1/[\exp(\hbar\omega_j/k_{\mathrm{B}}T) - 1]$ 是频率为 ω_j 模的平均热光子数，符号 $\chi_{ab} = \langle\alpha|\hat{\chi}|\beta\rangle$ 表示算符 $\hat{x}$ 的矩阵元，比如

$$
A_{\alpha\beta} = \left\langle\alpha\left|\hat{A}_k\right|\beta\right\rangle, \quad \hat{A}_k = \bar{\sigma}_z^{(k)}\sin\alpha_k + \bar{\sigma}_x^{(k)}\cos\alpha_k = \sigma_z^{(k)}
\tag{12.4.43}
$$

和

$$
B_{\alpha\beta} = \langle\alpha|\hat{a}|\beta\rangle, \quad B_{\alpha\beta}^\dagger = \langle\alpha|\hat{a}^\dagger|\beta\rangle
\tag{12.4.44}
$$

还有，$\omega_{\alpha\beta} = (E_\alpha - E_\beta)/\hbar$，其中 $E_\alpha(E_\beta)$ 为无耗散 Hamilton 量：$\overline{\hat{H}}_{\mathrm{kb}}$ 对应于本征态 $|\alpha\rangle|\beta\rangle$ 的本征值。$\overline{\hat{H}}_{\mathrm{kb}}$ 基态 $|g\rangle = |-_k, 0\rangle$ 所对应的能量为：$E_g = -\hbar\bar{\Delta}_k/2$。在修饰表象中，本征态

$$
|u_n\rangle = \cos\theta_n|+_k, n\rangle - \mathrm{i}\sin\theta_n|-_k, n+1\rangle, \quad |v_n\rangle = -\mathrm{i}\sin\theta_n|+_k, n\rangle + \cos\theta_n|-_k, n+1\rangle
\tag{12.4.45}
$$

所对应的特征值是

$$E_{u_n} = \hbar\omega_b(n+1) - \frac{\rho_n}{2}, \quad E_{v_n} = \hbar\omega_b(n+1) + \frac{\rho_n}{2} \tag{12.4.46}$$

其中，$\cos\theta_n = \rho_n - \hbar\bar{\Delta}_k / \sqrt{(\rho_n - \hbar\bar{\Delta}_k)^2 + 4\lambda_k^2(n+1)}$ 以及 $\rho_n = \sqrt{(\hbar\bar{\Delta}_k)^2 + 4\lambda_k^2(n+1)}$。这里，$|\pm_k\rangle$ 和 $|n\rangle$ 是算符 $\bar{\sigma}_z^{(k)}$ 和 $\hat{H}_b$ 分别对应于特征值 ± 1 和 $\hbar\omega_b(n+1/2)$ 的本征态。在久期近似下，约化密度矩阵 σ 的非对角元素 $\sigma_{\alpha\beta}$ 的演化由方程

$$\frac{\mathrm{d}}{\mathrm{d}t}\sigma_{\alpha\beta} + \{\mathrm{i}[\omega_{\alpha\beta} + \mathrm{Im}(R_{\alpha\beta\alpha\beta}) + \mathrm{Im}(S_{\alpha\beta\alpha\beta})] + [\mathrm{Re}(R_{\alpha\beta\alpha\beta}) + \mathrm{Re}(S_{\alpha\beta\alpha\beta})]\}\,\sigma_{\alpha\beta} = 0 \tag{12.4.47}$$

描述。这里，$S_{\alpha\beta\alpha\beta}$ 和 $R_{\alpha\beta\alpha\beta}$ 分别通过令 $\mu = \alpha$，$\nu = \beta$ 来计算；$\mathrm{Re}(x)$ 和 $\mathrm{Im}(x)$ 表示复数 x 的实部和虚部。显然微分方程 (12.4.40) 的形式解可以表示为

$$\sigma_{\alpha\beta}(t) = \sigma_{\alpha\beta}(0)\exp(-t/T_{\alpha\beta})\exp(-\mathrm{i}\Theta_{\alpha\beta}t) \tag{12.4.48}$$

其中，$\Theta_{\alpha\beta} = \omega_{\alpha\beta} + \mathrm{Im}(S_{\alpha\beta\alpha\beta}) + \mathrm{Im}(R_{\alpha\beta\alpha\beta})$ 为有效振荡频率 (原始的 Bohr 频率加上 Lamb 位移)，且有

$$T_{\alpha\beta}^{-1} = -[\mathrm{Re}(R_{\alpha\beta\alpha\beta}) + \mathrm{Re}(S_{\alpha\beta\alpha\beta})] \tag{12.4.49}$$

描述了态 $|\alpha\rangle$ 和 $|\beta\rangle$ 之间的退相干率。对于工作于共振点 $E_k \sim \hbar\omega_b$ 附近的量子比特和数据总线系统中，与最低三个能量本征态相关的退相干，即 $|g\rangle$，$|\mu_0\rangle = |\mu\rangle$ 和 $|\nu_0\rangle = |\nu\rangle$，尤为重要。经过繁杂但很直接的推导，我们得到了在操作态子空间中感兴趣的退相干率

$$
\begin{aligned}
T_{gu}^{-1} = \alpha_V &\left\{ 4(\sin\alpha_k\cos^2\theta_0)^2\frac{2k_{\mathrm{B}}T}{\hbar} + 2(\cos\alpha_k\cos\theta_0)^2\coth\left(\frac{\hbar\omega_{vg}}{2k_{\mathrm{B}}T}\right)\omega_{vg} \right. \\
&+ (\cos\alpha\cos\theta_0)^2\left[\coth\left(\frac{\hbar\omega_{ug}}{2k_{\mathrm{B}}T}\right)+1\right]\omega_{ug} \\
&\left. + (\sin\alpha\sin 2\theta_0)^2\left[\coth\left(\frac{\hbar\omega_{vu}}{2k_{\mathrm{B}}T}\right)+1\right]\omega_{vu} \right\} \\
&+ \alpha_I\left\{\cos^2\theta_0\coth\left(\frac{\hbar\omega_{vg}}{2k_{\mathrm{B}}T}\right)+1\right\}\omega_{vu}
\end{aligned} \tag{12.4.50}
$$

$$
\begin{aligned}
T_{gu}^{-1} = \alpha_V &\left\{ 4(\sin\alpha_k\sin^2\theta_0)^2\frac{2k_{\mathrm{B}}T}{\hbar} + 2(\cos\alpha\sin\theta_0)^2\coth\left(\frac{\hbar\omega_{ug}}{2k_{\mathrm{B}}T}\right)\omega_{ug} \right. \\
&+ (\cos\alpha_k\sin\theta_0)^2\left[\coth\left(\frac{\hbar\omega_{vg}}{2k_{\mathrm{B}}T}\right)+1\right]\omega_{vg} \\
&\left. + (\sin\alpha_k\sin 2\theta_0)^2\left[\coth\left(\frac{\hbar\omega_{vu}}{2k_{\mathrm{B}}T}\right)+1\right]\omega_{vu} \right\}
\end{aligned}
$$

$$+ \alpha_I \left\{ \sin^2 \theta_0 \coth\left(\frac{\hbar\omega_{ug}}{2k_{\mathrm{B}}T}\right) + 1 \right\} \omega_{ug} \tag{12.4.51}$$

和

$$
\begin{aligned}
T_{uv}^{-1} = \alpha_V &\left\{ 4(\sin\alpha\cos 2\theta_0)^2 \frac{2k_{\mathrm{B}}T}{\hbar} + 2(\sin\alpha\sin 2\theta_0)^2 \coth\left(\frac{\hbar\omega_{vu}}{2k_{\mathrm{B}}T}\right)\omega_{vu} \right. \\
&+ (\cos\alpha\cos 2\theta_0)\left[\coth\left(\frac{\hbar\omega_{ug}}{2k_{\mathrm{B}}T}\right) + 1\right]\omega_{ug} \\
&+ \left. (\cos\alpha\sin 2\theta_0)\left[\coth\left(\frac{\hbar\omega_{vg}}{2k_{\mathrm{B}}T}\right) + 1\right]\omega_{vg} \right\} \\
&+ \alpha_I \left\{ \sin^2\theta_0 \left[\coth\left(\frac{\hbar\omega_{ug}}{2k_{\mathrm{B}}T}\right) + 1\right]\omega_{ug} + \cos^2\theta_0 \left[\coth\left(\frac{\hbar\omega_{vg}}{2k_{\mathrm{B}}T}\right) + 1\right]\omega_{vg} \right\}
\end{aligned}
\tag{12.4.52}
$$

其中，$\omega_{ug} = \omega_{\mathrm{b}}/2 + E_k/(2\hbar) - \sqrt{(\hbar\omega_{\mathrm{b}} - E_k^2) + 4\lambda_k^2}/(2\hbar)$; $\omega_{vg} = \omega_{\mathrm{b}}/2 + E_k/(2\hbar) - \sqrt{(\hbar\omega_{\mathrm{b}} - E_k^2) + 4\lambda_k^2}/(2\hbar)$; $\omega_{vu} = \sqrt{(\hbar\omega_{\mathrm{b}}) - E_k)^2 + 4\lambda_k^2}/(2\hbar)$。两个无量纲参数 $\alpha_V = \pi R_V C_{gk}^2/(R_K C_k^2)$ (其中 $R_K = h/e^2 \approx 25.8\mathrm{k}\Omega$) 和 $\alpha_I = Y_I(\tilde{C}_{\mathrm{b}}\omega_{\mathrm{b}})$ 描述环境和系统之间的耦合强度。

特别是，如果系统远离共振点 $\lambda_k \sim 0$，量子比特和数据总线独立退相干，从而 $\Gamma_{g\mu}^{-1}$ 退化为

$$T_{\downarrow\uparrow}^{-1} = 8\alpha_V k_{\mathrm{B}}T/\hbar \tag{12.4.53}$$

它描述了具有零 Josephson 能量超导电荷量子比特两个电荷状态 $|\downarrow\rangle$ 和 $|\uparrow\rangle$ 之间的消相干性。类似地，$\Gamma_{g\mu}^{-1}$ 退化到

$$T_{01}^{-1} = \alpha_I[\coth(\hbar\omega_{\mathrm{b}}/2k_{\mathrm{B}}T) + 1]\omega_{\mathrm{b}} \tag{12.4.54}$$

它描述的是数据总线基态和第一激发态之间的退相干。

对于最强耦合的情况，即系统工作共振点时，我们得到：$E_k = E_{\mathrm{J}_k} = \hbar\omega_{\mathrm{b}}$; $\cos\alpha_k = 1$; $\cos\theta_0 = \sin\theta_0 = 1/\sqrt{2}$，对于典型的实验参数：$\lambda_k \simeq 0.1 E_{\mathrm{J}_k}$; $E_{\mathrm{J}_k} = \hbar\omega_{\mathrm{b}} \simeq 50\mu\mathrm{eV} \gg k_{\mathrm{B}}T \simeq 3\mu\mathrm{eV}$,可以估算得：$\coth[\hbar\omega_{\mu g}/(2k_{\mathrm{B}}T)] - 1 \simeq \coth[\hbar\omega_{\nu g}/(2k_{\mathrm{B}}T)] - 1 \sim 0 \ (< 10^{-7})$。因此，最小的退相干率为

$$\hat{T}_{gu}^{-1} = (\alpha_V + \alpha_I)\omega_{ug}, \quad \hat{T}_{gv}^{-1} = (\alpha_V + \alpha_I)\omega_{vg}, \quad \hat{T}_{uv}^{-1} = \hat{T}_{gv}^{-1} + \hat{T}_{gv}^{-1} \tag{12.4.55}$$

如果量子比特的耗散足够弱，比如，$\alpha_V \sim 10^{-6}$, $R_V = 50\mathrm{V}$ 时，$C_{\mathrm{J}k}/C_{gk} \sim 10^{-2}$，允许 10^6 个相干单量子比特操作；对于典型的实验参数，CBJJ 的无量纲参数 α_I 可达 10^{-3}, $1/Y_I \sim 100\mathrm{k}\Omega$, $C_{\mathrm{b}} \sim 6\mathrm{pF}$, $\omega_{\mathrm{b}}/2\pi \sim 10\mathrm{GHz}$,这意味着量子比特–数据总线复合系统的量子相干性主要受偏置电流噪声的限制。幸运的是，上述 CBJJ

的阻抗可以设计为 $1/Y_I \sim 100\mathrm{k}\Omega$，使得 α_I 达到 10^{-5}，从而允许对系统进行约 10^5 次相干操作。

本章作业：计算 Bose 噪声库中三能级原子的各种耗散参数。

参 考 文 献

[1] Hinken J H. Superconductor Electronics: Fundamentals and Microwave Application. Berlin, Heidelberg: Springer-Verlag, 1989.

[2] Josephson B D. Possible new effects in superconductive tunnelling. Physics Letters, 1962, 1: 251.

[3] http://qulab.eng.yale.edu/documents/talks/Devoret-APS-Tutorial-090316s.

[4] Weiss U. Quantum Dissipative Systems. 2nd edition. Singapore: World Scientific, 1999.

[5] Scully M O, Zubairy M S. Quantum Optics. Cambridge: Cambridge University Press, 1997.

[6] Wei L F, Liu Y X, Markus J, et al. Macroscopic Einstein-Podolsky-Rosen pairs in superconducting circuits. Phys. Rev. A, 2006, 73: 052307.

[7] Wei L F, Liu Y X, Nori F. Quantum computation with Josephson qubits using a current-biased information bus. Phys. Rev. B, 2005, 71: 104506.

第 13 章 囚禁冷离子的量子操纵和量子逻辑门运算

电磁阱可以将离子囚禁在三维空间中很小的区域内，并且可以利用激光束对其外部运动自由度 (振动) 和内部自由度 (离子能级) 进行操纵以实现量子信息处理 [1,2]。与其他几种典型的人工量子系统，如腔量子电动力学、超导 Josephson 电路，以及介观耦合量子点 [5] 等相比，囚禁离子系统的相干时间很长 (可达到秒的量级)，因而易于实验上实现规模化集成。目前，实验上已经实现了多个囚禁离子的相干操纵，但大多数的都工作于离子内、外态之间为弱耦合的 Lamb-Dicke (LD) 极限区。

本章主要介绍我们关于囚禁离子内、外自由度强耦合 (即超越 LD 极限) 情况下，实现囚禁离子系统量子态操纵和量子逻辑门运算方面的工作，主要内容取材于论文 PRA, 65: 062316(2000), PRA, 70: 063801 (2004) 及 PRA, 83: 064301(2011)。

13.1 激光驱动下囚禁离子内、外态耦合的 LD 极限和非 LD 近似

电磁阱提供一个人工三维势阱，可用于囚禁离子使其运动局限于阱区。在阱中心位置 $(x, y, z = 0)$ 附近其势函数可简单地表示为 [3]

$$U(x, y, z) \approx \frac{1}{2}(\alpha x^2 + \beta y^2 + \gamma z^2) \tag{13.1.1}$$

其中，α，β 及 γ 为实验可调参数。囚禁于势阱中的离子有两个运动自由度：围绕势阱中心的力学振动，以及离子内部原子能级。通过激光冷却，阱中的离子振动可用量子化的谐振子来描述。为简单起见，我们仅考虑一维阱 (图 13.1.1)。

图 13.1.1 一维 (x 轴) 势阱中囚禁冷离子的激光驱动操纵

图中，大黑圆点表示离子的原子核，小黑圆点表示核外的电子；曲线表示电场 $E(x, t)$ 的分布

假设阱中各方向上离子振动的频率满足条件 $\nu_x = \nu \ll \nu_y, \nu_z$，因此只需要考

虑沿着 x 轴 (势阱的主轴) 方向的量子化振动, 其他两个方向的振动可以认为一直保持在基态从而忽略不计。而且, 囚禁离子的内部自由度也只考虑两种能量状态, 分别为基态 $|g\rangle$ 与激发态 $|e\rangle$。在激光驱动之前, 以上两个运动自由度都是独立的, 由 Hamilton 量

$$\hat{H}_0 = \frac{\hbar}{2}\omega_0\hat{\sigma}_z + \hbar\nu\left(\hat{a}^\dagger\hat{a} + \frac{1}{2}\right) \tag{13.1.2}$$

描述。其中, $\hbar = h/(2\pi)$, h 为普朗克常量; $\hat{a}^\dagger$ 与 $\hat{a}$ 是描述频率为 ν 的冷离子外部简谐振动的 Bose 产生与湮没算符; $\hat{\sigma}_z = |e\rangle\langle e| - |g\rangle\langle g|$ 是离子内态的 Pauli 算符; $\omega_0 = (E_e - E_g)/\hbar$ 为离子两个内态之间的跃迁频率 (即离子内态本征频率), E_g 与 E_e 分别是离子内部自由度的基态与激发态的本征能量。

囚禁离子的这两个自由度可以通过施加一束经典行波激光场 (传播方向沿 x 轴) 来实现耦合 (图 13.1.1)[2]。照射到离子上的行波激光场的电矢量可一般地表示为: $E(x,t) = A\cos(k_l\hat{x} - \omega_l t - \phi_l)$ (其中, A 为振幅; k_l 为波矢; ω_l 为激光频率; ϕ_l 为其初始相位)。在此激光场驱动下, 离子的外部振动和内部能态实现电偶极耦合:

$$V = e\hat{x}E(\hat{x},t) \tag{13.1.3}$$

在 Bose 表象中, $\hat{x} = \sqrt{\hbar/2m\nu}(\hat{a} + \hat{a}^\dagger)$; 在离子内态表象中, $\hat{x} = \langle g|x|e\rangle(|g\rangle\langle e| + |e\rangle\langle g|)$。将其代入照射的激光场表达式, 则激光–离子相互作用可进一步写成

$$\hat{H}_{\mathrm{int}} = \frac{\hbar\Omega}{2}\hat{\sigma}_x\left[\mathrm{e}^{\mathrm{i}\eta(\hat{a}+\hat{a}^\dagger)-\mathrm{i}\omega_l t-\mathrm{i}\phi_l} + \mathrm{e}^{-\mathrm{i}\eta(\hat{a}+\hat{a}^\dagger)+\mathrm{i}\omega_l t+\mathrm{i}\phi_l}\right] \tag{13.1.4}$$

其中, $\hat{\sigma}_x = \hat{\sigma}_- + \hat{\sigma}_+$, $\hat{\sigma}_- = |g\rangle\langle e|$ 与 $\hat{\sigma}_+ = |e\rangle\langle g|$ 分别为 Pauli 上升与下降算符。$\Omega = eA\langle g|\hat{x}|e\rangle/\hbar$ 为描述激光场与囚禁离子耦合强度的经典 Rabi 频率, 而

$$\eta = k_l\sqrt{\hbar/2m\nu}$$

就是描述离子内、外态之间的耦合强度, 即所谓 Lamb-Dicke (LD) 参数。

13.1.1 LD 弱耦合极限

在离子内–外态弱耦合极限情况下, LD 参数很小: $\eta \ll 1$, 从而可作以下近似:

$$\mathrm{e}^{\pm\mathrm{i}\eta(\hat{a}+\hat{a}^\dagger)} \approx 1 \pm \mathrm{i}\eta(\hat{a} + \hat{a}^\dagger) \tag{13.1.5}$$

在这种近似条件下, 激光驱动下的囚禁冷离子可用下面的 Hamilton 量

$$\hat{H}_{\mathrm{LDA}} = \hat{H}_0 + \frac{\hbar\Omega}{2}\hat{\sigma}_x[\mathrm{e}^{-\mathrm{i}\omega_l t-\mathrm{i}\phi_l} + \mathrm{e}^{\mathrm{i}\omega_l t+\mathrm{i}\phi_l} + \mathrm{i}\eta\mathrm{e}^{-\mathrm{i}\omega_l t-\mathrm{i}\phi_l}(\hat{a}+\hat{a}^\dagger) - \mathrm{i}\eta\mathrm{e}^{\mathrm{i}\omega_l t+\mathrm{i}\phi_l}(\hat{a}+\hat{a}^\dagger)]$$

$$\tag{13.1.6}$$

描述。在相互作用表象下，我们有

$$
\begin{aligned}
\hat{H}'_{\mathrm{LDA}} = & \frac{\hbar\Omega}{2}(\mathrm{e}^{-\mathrm{i}\omega_0 t}\hat{\sigma}_- + \hat{\sigma}_+\mathrm{e}^{\mathrm{i}\omega_0 t}) \\
& \times [\mathrm{e}^{-\mathrm{i}\omega_l t - \mathrm{i}\phi_l} + \mathrm{e}^{\mathrm{i}\omega_l t + \mathrm{i}\phi_l} + \mathrm{i}\eta\mathrm{e}^{-\mathrm{i}\omega_l t - \mathrm{i}\phi_l}(\mathrm{e}^{-\mathrm{i}\nu t}\hat{a} + \mathrm{e}^{\mathrm{i}\nu t}\hat{a}^\dagger) \\
& - \mathrm{i}\eta\mathrm{e}^{\mathrm{i}\omega_l t + \mathrm{i}\phi_l}(\mathrm{e}^{-\mathrm{i}\nu t}\hat{a} + \mathrm{e}^{\mathrm{i}\nu t}\hat{a}^\dagger)]
\end{aligned}
\tag{13.1.7}
$$

假设激光场的频率设置为 $\omega_l = \omega_0 + K\nu$，那么对应于不同的驱动激光频率 (即不同的边带)，可以实现离子内–外态不同的相互作用形式：

$$
\hat{H}^0_{\mathrm{LDA}} = \frac{\hbar\Omega}{2}(\mathrm{e}^{\mathrm{i}\phi_l}\hat{\sigma}_- + \mathrm{e}^{-\mathrm{i}\phi_l}\hat{\sigma}_+), \quad K = 0
\tag{13.1.8}
$$

$$
\hat{H}^r_{\mathrm{LDA}} = \frac{\hbar\Omega}{2}\mathrm{i}\eta(\mathrm{e}^{-\mathrm{i}\phi_l}\hat{\sigma}_+\hat{a} - \mathrm{e}^{\mathrm{i}\phi_l}\hat{\sigma}_-\hat{a}^\dagger), \quad K = -1
\tag{13.1.9}
$$

$$
\hat{H}^b_{\mathrm{LDA}} = \frac{\hbar\Omega}{2}\mathrm{i}\eta(\mathrm{e}^{-\mathrm{i}\phi_l}\hat{\sigma}_+\hat{a}^\dagger - \mathrm{e}^{\mathrm{i}\phi_l}\hat{\sigma}_-\hat{a}), \quad K = 1
\tag{13.1.10}
$$

其中，$K = 0$ 时称为共振激发；$K = 1$ 为第一蓝边带激发；$K = -1$ 为第一红边带激发。上面的推导中作了旋转波近似 (即忽略各种快速振荡项)，并且利用了如下的算符公式：

$$
\begin{cases}
\mathrm{e}^{-\mathrm{i}\alpha\hat{\sigma}_z}\hat{\sigma}_z\mathrm{e}^{\mathrm{i}\alpha\hat{\sigma}_z} = \hat{\sigma}_z \\
\mathrm{e}^{-\mathrm{i}\alpha\hat{\sigma}_z}\hat{\sigma}_+\mathrm{e}^{\mathrm{i}\alpha\hat{\sigma}_z} = \mathrm{e}^{\mathrm{i}2\alpha}\hat{\sigma}_+ \\
\mathrm{e}^{-\mathrm{i}\alpha\hat{\sigma}_z}\hat{\sigma}_-\mathrm{e}^{\mathrm{i}\alpha\hat{\sigma}_z} = \mathrm{e}^{-\mathrm{i}2\alpha}\hat{\sigma}_- \\
\mathrm{e}^{-\mathrm{i}\alpha\hat{a}^\dagger\hat{a}}f(\hat{a}^\dagger, \hat{a})\mathrm{e}^{\mathrm{i}\alpha\hat{a}^\dagger\hat{a}} = f(\mathrm{e}^{\mathrm{i}\alpha}\hat{a}^\dagger, \mathrm{e}^{-\mathrm{i}\alpha}\hat{a})
\end{cases}
\tag{13.1.11}
$$

式中，α 是任意常数；$f(\hat{a}^\dagger, \hat{a})$ 是 Bose 产生与湮没算符的任意函数。显然，$\hat{H}^0_{\mathrm{LDA}}$ 描述对应离子内态的共振激发，第一红边带激发 $\hat{H}^r_{\mathrm{LDA}}$ 与第一蓝边带 $\hat{H}^b_{\mathrm{LDA}}$ 分别对应于著名的 Jaynes-Cummings(JC) 模型与反 JC 模型。

13.1.2 非 LD 极限下囚禁离子内、外态的强耦合 [4]

就囚禁单离子实际的实验而言，需要操纵的自由度并不多，因而弱耦合 LD 极限并不是必须的。而且，较强的离子内、外态耦合对降低离子阱噪声，提高振动自由度的冷却效率反而更为有利 [5]。所以，在非 LD 近似条件下实现囚禁单个离子的相干操作有重要的现实意义。

在不限定 LD 参数远小于 1 的情况下，方程 (13.1.5) 可以改写为关于 LD 参数任意阶的一般展开式：

$$
\mathrm{e}^{\pm\mathrm{i}\eta(\hat{a}+\hat{a}^\dagger)} = e^{-\eta^2/2}\mathrm{e}^{\pm\mathrm{i}\eta\hat{a}^\dagger}\mathrm{e}^{\pm\mathrm{i}\eta\hat{a}} = e^{-\eta^2/2}\sum_{n,m=0}^{\infty}\frac{(\pm\mathrm{i}\eta\hat{a}^\dagger)^n(\pm\mathrm{i}\eta\hat{a})^m}{n!m!}
\tag{13.1.12}
$$

由此，可类似地写出旋转波近似下各种频率激光激发下的离子内、外态相互作用的 Hamilton 量：

$$\hat{H}'_{\mathrm{NLDA}} = \frac{\hbar\Omega}{2}\hat{\sigma}_+ \left[\mathrm{e}^{\mathrm{i}(\omega_0+\omega_l)t}\mathrm{e}^{\mathrm{i}\phi_l}\mathrm{e}^{-\eta^2/2} \sum_{n,m=0}^{\infty} \frac{(-\mathrm{i}\eta\hat{a}^\dagger\mathrm{e}^{\mathrm{i}\nu t})^n(-\mathrm{i}\eta\hat{a}\mathrm{e}^{-\mathrm{i}\nu t})^m}{n!m!} \right.$$
$$\left. + \mathrm{e}^{\mathrm{i}(\omega_0-\omega_l)t}\mathrm{e}^{-\mathrm{i}\phi_l}\mathrm{e}^{-\eta^2/2} \sum_{n,m=0}^{\infty} \frac{(\mathrm{i}\eta\hat{a}^\dagger\mathrm{e}^{\mathrm{i}\nu t})^n(\mathrm{i}\eta\hat{a}\mathrm{e}^{-\mathrm{i}\nu t})^m}{n!m!} \right] + \mathrm{h.c.} \quad (13.1.13)$$

假设驱动激光的频率可以选择为 $\omega_l = \omega_0 + K\nu$，其中 K 为任意整数，则得

$$\hat{H}^r_{\mathrm{NLDA}} = \frac{\hbar\Omega}{2}\mathrm{e}^{-\eta^2/2} \left[\mathrm{e}^{-\mathrm{i}\phi_l}(\mathrm{i}\eta)^k\hat{\sigma}_+ \sum_{j=0}^{\infty} \frac{(\mathrm{i}\eta)^{2j}(\hat{a}^\dagger)^j\hat{a}^{j+k}}{j!(j+k)!} + \mathrm{h.c.} \right], \quad K \leqslant 0 \quad (13.1.14)$$

和

$$\hat{H}^b_{\mathrm{NLDA}} = \frac{\hbar\Omega}{2}\mathrm{e}^{-\eta^2/2} \left[\mathrm{e}^{-\mathrm{i}\phi_l}(\mathrm{i}\eta)^k\hat{\sigma}_+ \sum_{j=0}^{\infty} \frac{(\mathrm{i}\eta)^{2j}(\hat{a}^\dagger)^{j+k}\hat{a}^j}{j!(j+k)!} + \mathrm{h.c.} \right], \quad K > 0 \quad (13.1.15)$$

可见，$K=0$ 对应于共振激发；$K>0$ 为第 $k(=K)$ 蓝边带激发；$K<0$ 时，为第 $k(=-K=|K|)$ 红边带激发。与方程 (13.1.8) $\sim$ 方程 (13.1.10) 所描述的 LD 近似条件下离子内、外态相互作用的形式对比，这里的非 LD 近似 Hamilton 量可以描述离子振动外态的多声子跃迁过程。这些不同形式 Hamilton 量驱动离子内外态按不同的方式进行演化。比如，对于初态 $|\varphi(0)\rangle$，在演化算符作用下任意 t 时刻的量子态为

$$|\varphi(t)\rangle = \hat{U}|\varphi(0)\rangle = \sum_{n=0}^{\infty} \frac{1}{n!}\left(\frac{-\mathrm{i}t}{\hbar}\right)^n \hat{H}^n|\varphi(0)\rangle \quad (13.1.16)$$

典型地，如果初始时刻离子外部振动态为 Fock 态 $|m\rangle$，而内态为基态 $|g\rangle$ 或激发态 $|e\rangle$ 时，不同形式的动力学演化可总结如下。

(1) 共振激发或红边带激发 ($K \leqslant 0$)：

$$|m\rangle|g\rangle \longrightarrow |m\rangle|g\rangle, \quad m < k$$
$$|m\rangle|g\rangle \longrightarrow \cos(\Omega_{m-k,k}t)|m\rangle|g\rangle + \mathrm{i}^{k-1}\mathrm{e}^{-\mathrm{i}\phi_l}\sin(\Omega_{m-k,k}t)|m-k\rangle|e\rangle, \quad m \geqslant k$$
$$|m\rangle|e\rangle \longrightarrow \cos(\Omega_{m,k}t)|m\rangle|e\rangle - (-\mathrm{i})^{k-1}\mathrm{e}^{\mathrm{i}\phi_l}\sin(\Omega_{m,k}t)|m+k\rangle|g\rangle$$

(2) 共振激发或蓝边带激发 ($K \geqslant 0$)：

$$|m\rangle|g\rangle \longrightarrow \cos(\Omega_{m,k}t)|m\rangle|g\rangle + \mathrm{i}^{k-1}\mathrm{e}^{-\mathrm{i}\phi_l}\sin(\Omega_{m,k}t)|m+k\rangle|e\rangle$$

$$|m\rangle|e\rangle \longrightarrow |m\rangle|e\rangle, \quad m < k \tag{13.1.17}$$

$$|m\rangle|e\rangle \longrightarrow \cos(\Omega_{m-k,k}t)|m\rangle|e\rangle - (-\mathrm{i})^{k-1}\mathrm{e}^{\mathrm{i}\phi_l}\sin(\Omega_{m-k,k}t)|m-k\rangle|g\rangle, \quad m \geqslant k$$

其中

$$\Omega_{m,k} = \begin{cases} \Omega^{\mathrm{L}}_{m,k} = \dfrac{\Omega}{2}\eta^k\sqrt{\dfrac{(m+k)!}{m!}}, & k = 0,1 \\[3mm] \Omega^{\mathrm{N}}_{m,k} = \dfrac{\Omega}{2}\eta^k\mathrm{e}^{-\eta^2/2}\sqrt{\dfrac{(m+k)!}{m!}}\displaystyle\sum_{j=0}^{m}\dfrac{(\mathrm{i}\eta)^{2j}m!}{(j+k)!j!(m-j)!}, & k = 0,1,2,3,\cdots \end{cases}$$

$$\tag{13.1.18}$$

为有效 Rabi 频率。可以证明，同一初态情况下 LD 近似与非 LD 近似条件下的动力学演化方程形式相同，不同的只是有效 Rabi 频率 $\Omega^{\mathrm{L}}_{m,k}$ 与 $\Omega^{\mathrm{N}}_{m,k}$ 之间的区别。事实上，当 LD 参数非常小时，即 $\eta \ll 1$，两种情况下的有效 Rabi 频率比值接近于 1：

$$\gamma = \frac{\Omega^{\mathrm{L}}_{m,k}}{\Omega^{\mathrm{N}}_{m,k}} = \frac{\mathrm{e}^{\eta^2/2}}{\displaystyle\sum_{j=0}^{m}\dfrac{(\mathrm{i}\eta)^{2j}m!}{(j+k)!j!(m-j)!}} \sim 1 \tag{13.1.19}$$

以上的讨论是针对单个囚禁离子进行的。实际上也适用于阱中囚禁有多个离子的情形，只不过对多个离子而言，其外部振动有多个模式，如果只考虑最简单的质心振动模式 (其他高阶模通常作为微扰处理)，那么只需要将单离子的振动自由度换为多离子的质心振动模式就可以了。

13.2　非 LD 近似下的囚禁离子内、外态量子操纵 [6]

在 LD 极限下对囚禁单个冷离子内外态进行操纵，制备离子振动模式的各种量子态，以及离子内、外态之间的量子逻辑门操作等都已经实现。我们的工作是将这些工作推广到强耦合情况，即研究非 LD 极限下如何实现囚禁单离子的量子操纵。

13.2.1　非 LD 极限条件下囚禁单离子外部振动典型量子态的制备

特定量子态的制备，尤其是相干叠加态的制备是实验检验量子物理基本原理、高精度量子测量和量子信息处理的基本要求。由于相对较长的相干时间，激光驱动囚禁离子系统非常适合于演示各种相干叠加量子态的制备及其性质的研究。确实，基于 LD 近似条件下的囚禁离子振动热态、Fock 态、相干态、压缩态等的实验制备都在实验上得到了实现。

下面我们以压缩相干态为例，讨论在非 LD 近似下如何制备单个囚禁离子典型振动量子态。当然，这一方法可以推广到制备任意的离子振动量子态。

我们知道，相干态 $|\alpha\rangle$ 是由位移算符作用于真空态而得到的。在数态表象中，相干态可表示为

$$|\alpha\rangle = D(\alpha)|0\rangle = \mathrm{e}^{-|\alpha|^2/2} \sum_{n=0}^{\infty} \frac{\alpha^n}{\sqrt{n!}} |n\rangle \tag{13.2.1}$$

式中，$D(\alpha) = \exp(\alpha \hat{a}^\dagger - \alpha^* \hat{a})$ 为位移算符 (其中，α 用于描述位移量)。压缩态 $|\psi_s\rangle$ 则是由压缩算符 $\hat{S} = \exp(\xi^* \hat{a}^2/2 - \xi \hat{a}^{\dagger 2}/2)$ 作用于态 $|\psi\rangle$ 而得到

$$|\psi_s\rangle = \hat{S}(\xi)|\psi\rangle \tag{13.2.2}$$

式中，ξ 用于描述压缩强度。由此，我们可以定义压缩相干态

$$|\alpha_s\rangle = \hat{S}(\xi)|\alpha\rangle = \sum_{n=0}^{\infty} G_n(\alpha, \xi)|n\rangle \tag{13.2.3}$$

式中，$\xi = r \exp(\mathrm{i}\theta)$，而

$$
\begin{aligned}
G_n(\alpha, \xi) = & \frac{1}{\sqrt{\cosh(r)n!}} \left(\frac{\mathrm{e}^{\mathrm{i}\theta} \sinh(r)}{2\cosh(r)} \right)^{n/2} \\
& \times \exp\left[\frac{\mathrm{e}^{-\mathrm{i}\theta} \sinh(r)\alpha^2}{2\cosh(r)} - \frac{|\alpha|^2}{2} \right] H_n \left(\frac{\alpha}{\sqrt{2\mathrm{e}^{\mathrm{i}\theta} \sinh(r)\cosh(r)}} \right)
\end{aligned}
$$

则为数态叠加系数，$H_n(x)$ 为厄米多项式。当 $\alpha = 0$ 时即为压缩真空态：$|0_s\rangle = \hat{S}(\xi)|\alpha = 0\rangle = \sum_{n=0}^{\infty} G_n(0, \xi)|n\rangle$。这些典型的离子振动外态，可以基于上述非 LD 近似囚禁离子的动力学规律，通过设置合适的激光脉冲驱动来进行制备。

假定开始时，囚禁离子处于初态 $|0\rangle|g\rangle$，通过设置合适参数的系列激光脉冲来驱动离子，就可以产生所需要的量子态。比如，

(1) 以频率 $\omega_l = \omega_0$、初相位为 ϕ_1 的激光脉冲驱动，通过作用时间 t_1 后系统的量子演化过程为

$$|0\rangle|g\rangle \longrightarrow |\psi_1\rangle = \cos(\Omega_{0,0}t_1)|0\rangle|g\rangle + \mathrm{i}^{-1}\mathrm{e}^{-\mathrm{i}\phi_1} \sin(\Omega_{0,0}t_1)|0\rangle|e\rangle \tag{13.2.4}$$

(2) 以频率 $\omega_l = \omega_0 - \nu$、初相位为 ϕ_2 的激光脉冲继续驱动，时间 t_2 后系统演化为

$$|\psi_1\rangle \longrightarrow |\psi_2\rangle = \cos(\Omega_{0,0}t_1)|0\rangle|g\rangle + \mathrm{i}\mathrm{e}^{\mathrm{i}(\phi_2-\phi_1)} \sin(\Omega_{0,0}t_1) \sin(\Omega_{0,1}t_2)|1\rangle|g\rangle$$

$$+ \, \mathrm{i}^{-1}\mathrm{e}^{-\mathrm{i}\phi_1}\sin(\varOmega_{0,0}t_1)\cos(\varOmega_{0,1}t_2)|0\rangle|e\rangle \tag{13.2.5}$$

(3) 以频率 $\omega_l = \omega_0 - 2\nu$、初相位为 ϕ_3 的激光脉冲再次驱动时间 t_3，得到量子演化

$$
\begin{aligned}
|\psi_2\rangle \longrightarrow |\psi_3\rangle = {} & \cos(\varOmega_{0,0}t_1)|0\rangle|g\rangle + \mathrm{i}\mathrm{e}^{\mathrm{i}(\phi_2-\phi_1)}\sin(\varOmega_{0,0}t_1)\sin(\varOmega_{0,1}t_2)|1\rangle|g\rangle \\
& + \mathrm{e}^{\mathrm{i}(\phi_3-\phi_1)}\sin(\varOmega_{0,0}t_1)\cos(\varOmega_{0,1}t_2)\sin(\varOmega_{0,2}t_3)|2\rangle|g\rangle \\
& + \mathrm{i}^{-1}\mathrm{e}^{-\mathrm{i}\phi_1}\sin(\varOmega_{0,0}t_1)\cos(\varOmega_{0,1}t_2)\cos(\varOmega_{0,2}t_3)|0\rangle|e\rangle
\end{aligned} \tag{13.2.6}
$$

(4) 不断继续，直到在时间为 t_N 的第 N 步操作 (以频率 $\omega_l = \omega_0 - (N-1)\nu$、初相位为 ϕ_N 的激光脉冲驱动囚禁离子) 之后，得到的离子态为

$$|\psi_{N-1}\rangle \longrightarrow |\psi_N\rangle = \sum_{n=0}^{N-1} C_n|n\rangle|g\rangle + B_N|0\rangle|e\rangle \tag{13.2.7}$$

式中

$$
C_n = \begin{cases}
\cos(\varOmega_{0,0}t_1), & n = 0 \\[2mm]
\mathrm{i}\mathrm{e}^{\mathrm{i}(\phi_2-\phi_1)}\sin(\varOmega_{0,0}t_1)\sin(\varOmega_{0,1}t_2), & n = 1 \\[2mm]
(-1)^{n-1}\mathrm{i}^n\mathrm{e}^{\mathrm{i}(\phi_{n+1}-\phi_1)}\sin(\varOmega_{0,0}t_1)\sin(\varOmega_{0,n}t_{n+1})\displaystyle\prod_{j=2}^{n}\cos(\varOmega_{0,j-1}t_j), & n > 1
\end{cases}
\tag{13.2.8}
$$

以及

$$
B_N = \begin{cases}
\mathrm{i}^{-1}\mathrm{e}^{-\mathrm{i}\phi_1}\sin(\varOmega_{0,0}t_1), & N = 1 \\[2mm]
\mathrm{i}^{-1}\mathrm{e}^{-\mathrm{i}\phi_1}\sin(\varOmega_{0,0}t_1)\displaystyle\prod_{j=2}^{N}\cos(\varOmega_{0,j-1}t_j), & N > 1
\end{cases}
\tag{13.2.9}
$$

显然，为实现离子终态的内、外态分离，第 $N(N > 1)$ 个激光脉冲的作用时间 t_N 应满足条件：$\cos(\varOmega_{0,N-1}t_N) = 0$，从而使 $B_N = 0$。也就是说，使囚禁离子的内态返回基态 $|g\rangle$，而其外部振动态则被制备在相干叠加态

$$|\psi_N^{ex}\rangle = \sum_{n=0}^{N-1} C_n|n\rangle \tag{13.2.10}$$

上了。每步激光脉冲的作用时间 t_j 与初相位 ϕ_j 都是实验参数可控制的，因而可得

$$|\psi_N^G\rangle = \sum_{n=0}^{N-2} G_n(\alpha,\xi)|n\rangle + C_{N-1}^G|n-1\rangle, \quad |C_{N-1}^G|^2 = 1 - \sum_{n=0}^{N-2}|G_n(\alpha,\xi)|^2 \tag{13.2.11}$$

若激光脉冲的次数足够多，式 (13.2.10) 就可以以足够高的保真度逼近所需要制备的压缩相干态了。表 13.2.1 为制备压缩相干态的部分实验参数，其中参数设定为：$\alpha = 2$ 以及 $\xi = 0.5$。

表 13.2.1 在 LD 参数为 $\eta = 0.25$ 时制备压缩相干态所需要设置的典型脉冲参数及所制备的量子态保真度

α	ξ	N	$\Omega t_1(\vartheta_1)$	$\Omega t_2(\vartheta_2)$	$\Omega t_3(\vartheta_3)$	$\Omega t_4(\vartheta_4)$	$\Omega t_5(\vartheta_5)$	$\Omega t_6(\vartheta_6)$	F
0	0.5	5	0.7080(0)	0(0)	53.9174(π)	0(0)	4065.1(π)		0.9983
0	0.8	5	1.0859(0)	0(0)	43.9507(π)	0(0)	4065.1(π)		0.9816
1	0.0	5	1.8966(0)	7.1614($3\pi/2$)	46.0741(0)	343.5682($\pi/2$)	4065.1(0)		0.9981
2	0.5	5	2.5666(0)	5.3267($3\pi/2$)	43.7265(0)	371.8479($\pi/2$)	4065.1(π)		0.9882
2	0.5	6	2.5666(0)	5.3267($3\pi/2$)	43.7265(0)	371.8479($\pi/2$)	1826.3(π)	3635.9(0)	0.9910
2	0.8	6	2.2975(0)	6.8280($3\pi/2$)	43.9627(0)	59.8973($\pi/2$)	1877.7(π)	3635.9(0)	0.9821

数值结果可见，仅需 6 次激光脉冲，即可制备高保真度的压缩相干态。这里，保真度 F 定义为实验制备的量子态 $|\psi_N^{ex}\rangle$ (即 $|\psi_N^G\rangle$) 与目标量子态 $|\alpha_S\rangle$ 的内积。在现有的实验技术条件下，原子激发态存在时间可达到秒的量级、振动基态 $|0\rangle$ 与振动第一激发态 $|1\rangle$ 的相干叠加时间也可高达毫秒量级；对合适的激光功率，Rabi 频率可达 $\Omega = 10^5$Hz，因而制备压缩量子态，比如压缩真空态总的脉冲作用时间 $t = t_1 + t_2 + t_3 \approx 0.04$ms，远小于离子振动模式的退相干时间。所以，虽然实际情况下囚禁离子的振动模式，甚至离子内部的原子能级都会存在衰减，从而会影响目标量子叠加态的制备精度 (保真度)，但正如表 13.2.1 所示，通过精确设定驱动激光脉冲的频率、相位和功率，制备高保真度的离子外部振动量子态原则上总是可行的。

13.2.2 利用离子内外态之间的耦合实现量子逻辑门运算 [6]

我们知道，任何通用的计算都可以分解成基本逻辑门运算。同样，任意量子计算也可以由一系列的单比特操作与两比特操作 (如受控非门 CNOT) 运算组成 [7]。囚禁冷离子系统被认为是最有希望用于实现量子计算的物理系统之一，Monroe 等在 1995 年就实验演示了如何通过使用三束激光脉冲，在第三个离子内态的辅助下，实现捕获冷离子的内外自由度之间的等效双量子位受控非门逻辑运算 [8]，即

$$
\begin{array}{ccc}
\text{输入态} & & \text{输出态} \\
|0\rangle|g\rangle & \longrightarrow & |0\rangle|g\rangle \\
|0\rangle|e\rangle & \longrightarrow & |0\rangle|e\rangle \\
|1\rangle|g\rangle & \longrightarrow & |1\rangle|e\rangle \\
|1\rangle|e\rangle & \longrightarrow & |1\rangle|g\rangle
\end{array}
\qquad (13.2.12)
$$

其中，囚禁离子外部振动能量最低的两个量子态 (即 $|0\rangle$ 与 $|1\rangle$) 编码成控制比特，而离子内部的两个能级 (即 $|g\rangle$ 与 $|e\rangle$) 则用于编码目标比特。由式 (13.2.12) 可知，

受控非门的涵义是，当控制比特为 $|0\rangle$ 时，目标比特不改变；当控制比特为 $|1\rangle$ 时，目标比特反转：$|g\rangle \rightleftarrows |e\rangle$。不过，该实验是基于 LD 近似条件下进行的，这种弱耦合条件意味着系统必须有足够长的相干时间，这对涉及大比特数运算时是一个严峻的挑战。为克服这一问题，我们讨论是否在非 LD 近似的强耦合极限下，也能实现量子逻辑门操作。

在上面所讨论的非 LD 近似下任意离子振动外态制备过程中，我们看到，实现离子外态自由度的单独操作，以及利用共振激发射线离子内态的单独操作都是可行的。不同的是，在 LD 极限下离子内态的共振激发与外态无关，而在非 LD 近似下，离子内态的激发与外态有关。这意味着将 LD 近似条件下所实现的囚禁单离子两比特量子受控非门操作的工作推广到非 LD 近似情况应该也是可行的。

1. 三步脉冲法实现

方程 (13.2.12) 所定义的两比特受控非门关联演化，在非 LD 近似条件下可通过如下的三步激光脉冲驱动来完成。

(1) 首先，对囚禁离子施加频率为 $\omega_l = \omega_0$、初相位为 ϕ_1 的共振激光脉冲驱动，演化时间 (脉冲时间)t_1 后，离子的内外态完成以下的演化：

$$\begin{cases} |0\rangle|g\rangle \longrightarrow |\psi_a^{(1)}\rangle = \alpha_{11}^{(1)}|0\rangle|g\rangle + \alpha_{12}^{(1)}|0\rangle|e\rangle \\ |0\rangle|e\rangle \longrightarrow |\psi_b^{(1)}\rangle = \alpha_{21}^{(1)}|0\rangle|e\rangle + \alpha_{22}^{(1)}|0\rangle|g\rangle \\ |1\rangle|g\rangle \longrightarrow |\psi_c^{(1)}\rangle = \alpha_{31}^{(1)}|1\rangle|g\rangle + \alpha_{32}^{(1)}|1\rangle|e\rangle \\ |1\rangle|e\rangle \longrightarrow |\psi_d^{(1)}\rangle = \alpha_{41}^{(1)}|1\rangle|e\rangle + \alpha_{42}^{(1)}|1\rangle|g\rangle \end{cases} \tag{13.2.13}$$

式中

$$\begin{aligned} \alpha_{11}^{(1)} &= \cos(\Omega_{0,0}t_1), & \alpha_{12}^{(1)} &= \mathrm{i}^{-1}\mathrm{e}^{-\mathrm{i}\phi_1}\sin(\Omega_{0,0}t_1) \\ \alpha_{21}^{(1)} &= \cos(\Omega_{0,0}t_1), & \alpha_{22}^{(1)} &= \mathrm{i}^{-1}\mathrm{e}^{\mathrm{i}\phi_1}\sin(\Omega_{0,0}t_1) \\ \alpha_{31}^{(1)} &= \cos(\Omega_{1,0}t_1), & \alpha_{32}^{(1)} &= \mathrm{i}^{-1}\mathrm{e}^{-\mathrm{i}\phi_1}\sin(\Omega_{1,0}t_1) \\ \alpha_{41}^{(1)} &= \cos(\Omega_{1,0}t_1), & \alpha_{42}^{(1)} &= \mathrm{i}^{-1}\mathrm{e}^{\mathrm{i}\phi_1}\sin(\Omega_{1,0}t_1) \end{aligned}$$

(2) 然后，对囚禁离子施加频率为 $\omega_l = \omega_0 - \nu$、初相位为 ϕ_2 的红边带激光脉冲，在作用时间 t_2 后得到演化：

$$\begin{cases} |\psi_a^{(1)}\rangle \longrightarrow |\psi_a^{(2)}\rangle = \alpha_{11}^{(2)}|0\rangle|g\rangle + \alpha_{12}^{(2)}|0\rangle|e\rangle + \alpha_{13}^{(2)}|0\rangle|g\rangle \\ |\psi_b^{(1)}\rangle \longrightarrow |\psi_b^{(2)}\rangle = \alpha_{21}^{(2)}|0\rangle|g\rangle + \alpha_{22}^{(2)}|0\rangle|e\rangle + \alpha_{23}^{(2)}|1\rangle|g\rangle \\ |\psi_c^{(1)}\rangle \longrightarrow |\psi_c^{(2)}\rangle = \alpha_{31}^{(2)}|0\rangle|e\rangle + \alpha_{32}^{(2)}|1\rangle|g\rangle + \alpha_{33}^{(2)}|1\rangle|e\rangle + \alpha_{34}^{(2)}|2\rangle|g\rangle \\ |\psi_d^{(1)}\rangle \longrightarrow |\psi_d^{(2)}\rangle = \alpha_{41}^{(2)}|0\rangle|e\rangle + \alpha_{42}^{(2)}|1\rangle|g\rangle + \alpha_{43}^{(2)}|1\rangle|e\rangle + \alpha_{44}^{(2)}|2\rangle|g\rangle \end{cases} \tag{13.2.14}$$

式中

$$\alpha_{11}^{(2)} = \cos(\Omega_{0,0}t_1),$$
$$\alpha_{12}^{(2)} = i^{-1}e^{-i\phi_1}\sin(\Omega_{0,0}t_1)\cos(\Omega_{0,1}t_2)$$
$$\alpha_{13}^{(2)} = -i^{-1}e^{i(\phi_2-\phi_1)}\sin(\Omega_{0,0}t_1)\sin(\Omega_{0,1}t_2),$$
$$\alpha_{21}^{(2)} = i^{-1}e^{i\phi_1}\sin(\Omega_{0,0}t_1)$$
$$\alpha_{22}^{(2)} = \cos(\Omega_{0,0}t_1)\cos(\Omega_{0,1}t_2),$$
$$\alpha_{23}^{(2)} = -e^{-i\phi_2}\cos(\Omega_{0,0}t_1)\sin(\Omega_{0,1}t_2)$$
$$\alpha_{31}^{(2)} = e^{-i\phi_2}\cos(\Omega_{1,0}t_1)\sin(\Omega_{0,1}t_2),$$
$$\alpha_{32}^{(2)} = \cos(\Omega_{1,0}t_1)\cos(\Omega_{0,1}t_2)$$
$$\alpha_{33}^{(2)} = i^{-1}e^{-i\phi_1}\sin(\Omega_{1,0}t_1)\cos(\Omega_{1,1}t_2),$$
$$\alpha_{34}^{(2)} = -i^{-1}e^{i(\phi_2-\phi_1)}\sin(\Omega_{1,0}t_1)\sin(\Omega_{1,1}t_2)$$
$$\alpha_{41}^{(2)} = i^{-1}e^{i(\phi_1-\phi_2)}\sin(\Omega_{1,0}t_1)\sin(\Omega_{0,1}t_2),$$
$$\alpha_{42}^{(2)} = i^{-1}e^{i\phi_1}\sin(\Omega_{1,0}t_1)\cos(\Omega_{0,1}t_2)$$
$$\alpha_{43}^{(2)} = \cos(\Omega_{1,0}t_1)\cos(\Omega_{1,1}t_2),$$
$$\alpha_{44}^{(2)} = -e^{i\phi_2}\cos(\Omega_{1,0}t_1)\sin(\Omega_{1,1}t_2)$$

(3) 最后，再对囚禁离子施加频率为 $\omega_l = \omega_0$、初相位为 $\phi_3 = -\pi/2$ 的共振激光脉冲，在作用时间 $t_3 = \pi/(4\Omega_{0,0})$ 后，得到量子演化：

$$\begin{cases} |\psi_a^{(2)}\rangle \longrightarrow |\psi_a^{(3)}\rangle = \alpha_{11}^{(3)}|0\rangle|g\rangle + \alpha_{12}^{(3)}|0\rangle|e\rangle + \alpha_{13}^{(3)}|1\rangle|g\rangle + \alpha_{14}^{(3)}|1\rangle|e\rangle \\ |\psi_b^{(2)}\rangle \longrightarrow |\psi_b^{(3)}\rangle = \alpha_{21}^{(3)}|0\rangle|g\rangle + \alpha_{22}^{(3)}|0\rangle|e\rangle + \alpha_{23}^{(3)}|1\rangle|g\rangle + \alpha_{24}^{(3)}|1\rangle|e\rangle \\ |\psi_c^{(2)}\rangle \longrightarrow |\psi_c^{(3)}\rangle = \alpha_{31}^{(3)}|0\rangle|g\rangle + \alpha_{32}^{(3)}|0\rangle|e\rangle + \alpha_{33}^{(3)}|1\rangle|g\rangle + \alpha_{34}^{(3)}|1\rangle|e\rangle \\ \qquad\qquad\qquad +\alpha_{35}^{(3)}|2\rangle|g\rangle + \alpha_{36}^{(3)}|2\rangle|e\rangle \\ |\psi_d^{(2)}\rangle \longrightarrow |\psi_d^{(3)}\rangle = \alpha_{41}^{(3)}|0\rangle|g\rangle + \alpha_{42}^{(3)}|0\rangle|e\rangle + \alpha_{43}^{(3)}|1\rangle|g\rangle + \alpha_{44}^{(3)}|1\rangle|e\rangle \\ \qquad\qquad\qquad +\alpha_{45}^{(3)}|2\rangle|g\rangle + \alpha_{46}^{(3)}|2\rangle|e\rangle \end{cases} \quad (13.2.15)$$

式中

$$\alpha_{11}^{(3)} = \cos(\Omega_{0,0}t_1)\cos(\Omega_{0,0}t_3) - e^{i(\phi_3-\phi_1)}\sin(\Omega_{0,0}t_1)\cos(\Omega_{0,1}t_2)\sin(\Omega_{0,0}t_3)$$

$$\alpha_{12}^{(3)} = -ie^{-i\phi_3}\cos(\Omega_{0,0}t_1)\sin(\Omega_{0,0}t_3) - ie^{-i\phi_1}\sin(\Omega_{0,0}t_1)\cos(\Omega_{0,1}t_2)\cos(\Omega_{0,0}t_3)$$

$$\alpha_{13}^{(3)} = ie^{i(\phi_2-\phi_1)}\sin(\Omega_{0,0}t_1)\sin(\Omega_{0,1}t_2)\cos(\Omega_{0,1}t_3)$$

$$\alpha_{14}^{(3)} = ie^{i(\phi_2-\phi_1-\phi_3)}\sin(\Omega_{0,0}t_1)\sin(\Omega_{0,1}t_2)\sin(\Omega_{0,1}t_3)$$

$$\alpha_{21}^{(3)} = -ie^{i\phi_1}\sin(\Omega_{0,0}t_1)\cos(\Omega_{0,0}t_3) - ie^{i\phi_3}\cos(\Omega_{0,0}t_1)\cos(\Omega_{0,1}t_2)\sin(\Omega_{0,0}t_3)$$

$$\alpha_{22}^{(3)} = -e^{i(\phi_1-\phi_3)}\sin(\Omega_{0,0}t_1)\sin(\Omega_{0,0}t_3) + \cos(\Omega_{0,0}t_1)\cos(\Omega_{0,1}t_2)\cos(\Omega_{0,0}t_3)$$

$$\alpha_{23}^{(3)} = -e^{i\phi_2}\cos(\Omega_{0,0}t_1)\sin(\Omega_{0,1}t_2)\cos(\Omega_{1,0}t_3)$$

$$\alpha_{24}^{(3)} = -e^{i(\phi_2-\phi_3)}\cos(\Omega_{0,0}t_1)\sin(\Omega_{0,1}t_2)\sin(\Omega_{1,0}t_3)$$

$$\alpha_{31}^{(3)} = -ie^{i(\phi_3-\phi_2)}\cos(\Omega_{1,0}t_1)\sin(\Omega_{0,1}t_2)\sin(\Omega_{0,0}t_3)$$

$$\alpha_{32}^{(3)} = e^{-i\phi_2}\cos(\Omega_{1,0}t_1)\sin(\Omega_{0,1}t_2)\cos(\Omega_{0,0}t_3)$$

$$\alpha_{33}^{(3)} = \cos(\Omega_{1,0}t_1)\cos(\Omega_{0,1}t_2)\cos(\Omega_{1,0}t_3)$$
$$\qquad\quad - e^{i(\phi_3-\phi_1)}\sin(\Omega_{1,0}t_1)\cos(\Omega_{1,1}t_2)\sin(\Omega_{1,0}t_3)$$

$$\alpha_{34}^{(3)} = -ie^{-i\phi_3}\cos(\Omega_{1,0}t_1)\cos(\Omega_{0,1}t_2)\sin(\Omega_{1,0}t_3)$$

$$- \mathrm{i} e^{-\mathrm{i}\phi_1} \sin(\Omega_{1,0}t_1) \cos(\Omega_{1,1}t_2) \cos(\Omega_{1,0}t_3)$$

$$\alpha_{35}^{(3)} = \mathrm{i} e^{\mathrm{i}(\phi_2-\phi_1)} \sin(\Omega_{1,0}t_1) \sin(\Omega_{1,1}t_2) \cos(\Omega_{2,0}t_3)$$

$$\alpha_{36}^{(3)} = e^{\mathrm{i}(\phi_2-\phi_1-\phi_3)} \sin(\Omega_{1,0}t_1) \sin(\Omega_{1,1}t_2) \sin(\Omega_{2,0}t_3)$$

和

$$\alpha_{41}^{(3)} = -e^{\mathrm{i}(\phi_1-\phi_2+\phi_3)} \sin(\Omega_{1,0}t_1) \sin(\Omega_{0,1}t_2) \sin(\Omega_{0,0}t_3)$$

$$\alpha_{42}^{(3)} = -\mathrm{i} e^{\mathrm{i}(\phi_1-\phi_2)} \sin(\Omega_{1,0}t_1) \sin(\Omega_{0,1}t_2) \cos(\Omega_{0,0}t_3)$$

$$\alpha_{43}^{(3)} = -\mathrm{i} e^{\mathrm{i}\phi_3} \cos(\Omega_{1,0}t_1) \cos(\Omega_{1,1}t_2) \sin(\Omega_{1,0}t_3)$$
$$- \mathrm{i} e^{\mathrm{i}\phi_1} \sin(\Omega_{1,0}t_1) \cos(\Omega_{0,1}t_2) \cos(\Omega_{1,0}t_3)$$

$$\alpha_{44}^{(3)} = \cos(\Omega_{1,0}t_1) \cos(\Omega_{1,1}t_2) \cos(\Omega_{1,0}t_3)$$
$$- e^{\mathrm{i}(\phi_1-\phi_3)} \sin(\Omega_{1,0}t_1) \cos(\Omega_{0,1}t_2) \sin(\Omega_{1,0}t_3)$$

$$\alpha_{45}^{(3)} = -\mathrm{i} e^{\mathrm{i}\phi_2} \cos(\Omega_{1,0}t_1) \sin(\Omega_{1,1}t_2) \cos(\Omega_{2,0}t_3)$$

$$\alpha_{46}^{(3)} = \mathrm{i} e^{\mathrm{i}(\phi_2-\phi_3)} \cos(\Omega_{1,0}t_1) \sin(\Omega_{1,1}t_2) \sin(\Omega_{2,0}t_3)$$

显然，要实现可控非门 (13.2.12) 式的操作，上面的系数应满足条件

$$\alpha_{11}^{(3)} = \alpha_{22}^{(3)} = \alpha_{34}^{(3)} = \alpha_{43}^{(3)} = 1 \tag{13.2.16}$$

即

$$\begin{cases} 1 = \cos(\Omega_{0,0}t_1) \cos(\Omega_{0,0}t_3) - e^{\mathrm{i}(\phi_3-\phi_1)} \sin(\Omega_{0,0}t_1) \cos(\Omega_{0,1}t_2) \sin(\Omega_{0,0}t_3) \\ 1 = -e^{\mathrm{i}(\phi_1-\phi_3)} \sin(\Omega_{0,0}t_1) \sin(\Omega_{0,0}t_3) + \cos(\Omega_{0,0}t_1) \cos(\Omega_{0,1}t_2) \cos(\Omega_{0,0}t_3) \\ 1 = -\mathrm{i} e^{-\mathrm{i}\phi_3} \cos(\Omega_{1,0}t_1) \cos(\Omega_{0,1}t_2) \sin(\Omega_{1,0}t_3) \\ \quad - \mathrm{i} e^{-\mathrm{i}\phi_1} \sin(\Omega_{1,0}t_1) \cos(\Omega_{1,1}t_2) \cos(\Omega_{1,0}t_3) \\ 1 = -\mathrm{i} e^{\mathrm{i}\phi_3} \cos(\Omega_{1,0}t_1) \cos(\Omega_{1,1}t_2) \sin(\Omega_{1,0}t_3) \\ \quad - \mathrm{i} e^{\mathrm{i}\phi_1} \sin(\Omega_{1,0}t_1) \cos(\Omega_{0,1}t_2) \cos(\Omega_{1,0}t_3) \end{cases} \tag{13.2.17}$$

求解这一方程组，就可以得到要实现受控非门运算 (13.2.12) 所需要的每步脉冲参数：驱动时间和功率 (直接影响有效 Rabi 频率的大小) 的设定。然而，对于给定的非 LD 近似下的 LD 参数，这一方程组的解并不唯一；而且考虑到退相干效应和实际上操作精度影响，实现理想受控非门操作所需要的参数很难严格设定。因此，我们可以将概率振幅 $\alpha_{11}^{(3)}$，$\alpha_{22}^{(3)}$，$\alpha_{34}^{(3)}$ 及 $\alpha_{43}^{(3)}$ 的最小值

$$F = \min\{\alpha_{11}^{(3)}, \alpha_{22}^{(3)}, \alpha_{34}^{(3)}, \alpha_{43}^{(3)}\} \tag{13.2.18}$$

定义为所实现的受控非门逻辑门运算的保真度。表 13.2.2 给出了一些可能的参数设定及其所实现的受控非门逻辑运算的保真度值。其中,LD 参数取值从 0.17 直到 0.95。这说明,几乎对任意的 LD 参数值,高保真度的受控非门逻辑运算都可以实现。

表 13.2.2 典型 LD 参数下实现单离子内、外态两量子位受控非门逻辑运算 (13.2.12) 所需要设置三步脉冲参数及其对应所实现逻辑运算的保真度

η	$\Omega t_1 = \Omega t_3$	Ωt_2	F
0.17	192.0100	673.500	0.9935
0.18	292.0300	637.850	0.9984
0.20	1.6690	255.070	0.9935
0.25	1.7287	207.940	0.9986
0.30	9.0200	438.000	0.9998
0.31	31.0000	552.890	1.0000
0.35	177.000	1107.000	1.0000
0.40	2.0260	170.070	0.9999
0.50	97.3040	57.310	0.9975
0.60	61.7100	75.480	1.0000
0.70	66.9000	160.850	0.9969
0.75	175.9900	665.980	0.9998
0.85	73.1100	105.910	0.9985
0.90	12.4000	460.430	0.9992
0.95	25.3000	415.210	0.9973

注:$\phi_1 = -\phi_3 = \pi/2$, $t_1 = t_3$

2. 两步脉冲法实现

值得指出的是,利用离子内外态之间的强耦合,上面与 LD 极限情况下类似的三步激光脉冲法实现受控非门逻辑运算,可以进一步简化为两步激光脉冲实现。事实上,在非 LD 近似极限下,如果参数选择得合适,就能得到

$$\alpha_{11}^{(2)} = \alpha_{22}^{(2)} = \alpha_{33}^{(2)} = \alpha_{42}^{(2)} = 1 \tag{13.2.19}$$

即

$$\begin{cases} 1 = \cos(\Omega_{0,0}t_1) \\ 1 = \cos(\Omega_{0,0}t_1)\cos(\Omega_{0,1}t_2) \\ 1 = \mathrm{i}^{-1}\mathrm{e}^{-\mathrm{i}\phi_1}\sin(\Omega_{1,0}t_1)\cos(\Omega_{1,1}t_2) \\ 1 = \mathrm{i}^{-1}\mathrm{e}^{\mathrm{i}\phi_1}\sin(\Omega_{1,0}t_1)\cos(\Omega_{0,1}t_2) \end{cases} \tag{13.2.20}$$

从而 $|\psi_a^{(2)}\rangle = |0\rangle|g\rangle$, $|\psi_b^{(2)}\rangle = |0\rangle|e\rangle$, $|\psi_c^{(2)}\rangle = |1\rangle|e\rangle$ 及 $|\psi_d^{(2)}\rangle = |1\rangle|g\rangle$。显然,这可以通过合理设置相关参数 t_1, t_2, ϕ_1 及 η,使之满足条件

$$t_1 = \frac{2p\pi}{\Omega_{0,0}}, \quad t_2 = \frac{2m\pi}{\Omega_{0,1}}, \quad \phi_1 = (-1)^{q+1}\frac{\pi}{2} \tag{13.2.21}$$

得到。式中，$p, q, m = 1, 2, 3, \cdots$，以及

$$\eta^2 = 1 - \frac{q - 0.5}{2p} = 2 - \frac{\sqrt{2}(n - 0.5)}{m} \tag{13.2.22}$$

这里，$n = 1, 2, 3, \cdots$。也就是说，两步激光脉冲就能实现演化受控非门操作 (13.2.12)。表 13.2.3 给出了两步脉冲法设定的某些实验参数实现受控非门运算 (13.2.12) 及其对应的保真度。我们看到，即使对于 LD 近似条件满足的实验参数 $\Omega/(2\pi) \approx 500\text{kHz}$，$\eta = 0.2$，两步脉冲法实现受控非门运算的所需要的总运算时间 (驱动时间)$t = t_1 + t_2 \approx 0.9\text{ms}$，仍远小于系统的退相干时间。通过增大驱动激光脉冲的功率，Rabi 频率 Ω 可以更大，从而所需要的驱动时间会更短。

表 13.2.3　典型 LD 参数下实现单离子内、外态两量子位受控非门逻辑运算 (13.2.12) 所需要设置两步脉冲参数及其对应所实现逻辑运算的保真度

η	$t_1\Omega$	$t_2\Omega$	$\theta_1 = \pm\frac{\pi}{2}$	F
0.18	689.6666	993.3470	+	0.9907
0.20	1525.6000	1410.2000	+	0.9958
0.22	1261.7000	1463.0000	+	0.9984
0.25	1504.0000	1192.8000	−	0.9978
0.28	457.4064	326.7189	+	0.9967
0.30	328.6193	438.1591	−	0.9993
0.38	351.1877	284.3625	+	0.9994
0.40	490.0675	170.1623	+	0.9975
0.44	304.5596	283.1649	−	0.9980
0.53	347.0706	190.9979	+	0.9970
0.57	443.4884	492.7649	+	0.9993
0.64	385.5613	481.9516	−	0.9967
0.68	316.7005	395.8756	−	0.9950
0.73	377.2728	292.1111	−	0.9953
0.80	276.8880	281.2143	−	0.9980
0.86	436.5392	486.4535	+	0.9999
0.90	471.0198	460.5527	−	0.9971
0.96	318.7519	394.2894	+	0.9969

3. 一步脉冲法实现

更有意思的是，在强耦合情况下，所期望的受控两比特逻辑门运算 (除准确的相因子之外) 甚至可以通过单步驱动激光脉冲来实现。比如，如果设定 $\phi_1 = \pi/2$，

以及

$$\cos(\Omega_{0,0}t_1) = \sin(\Omega_{1,0}t_1) = 1 \qquad (13.2.23)$$

从而

$$t_1 = \frac{2n\pi}{\Omega_{0,0}}, \quad \eta^2 = 1 - \frac{m - \dfrac{3}{4}}{n}, \quad n, m = 1, 2, 3, \cdots \qquad (13.2.24)$$

其中, n 与 m 可取任意整数。那么单步脉冲就能实现如下的两比特操作:

$$
\begin{array}{ccc}
\text{Input} \quad \text{state} & & \text{Output} \quad \text{state} \\
|0\rangle|g\rangle & \longrightarrow & |0\rangle|g\rangle \\
|0\rangle|e\rangle & \longrightarrow & |0\rangle|e\rangle \\
|1\rangle|g\rangle & \longrightarrow & -|1\rangle|e\rangle \\
|1\rangle|e\rangle & \longrightarrow & |1\rangle|g\rangle
\end{array} \qquad (13.2.25)
$$

这是一个与标准的受控非门逻辑运算 (13.2.12) 等价 (仅相差一个相因子) 的两量子位受控操作。表 13.2.4 给出了在任意选择 LD 参数 (即从 0.18 到 0.60) 情况下, 通过合理设置实验参数 Ωt_1 (当 Rabi 频率 $\Omega/(2\pi) \approx 500\text{kHz}$ 时, 约小于 0.1ms), 所得到的两比特受控操作结果。由表可见, 概率振幅 $\alpha_{11}^{(1)} = \alpha_{21}^{(1)}$ 以及 $\alpha_{32}^{(1)} = \alpha_{42}^{(1)}$ 都较大, 其中部分达到 0.99; 而不需要的概率振幅 $\alpha_{12}^{(1)} = \alpha_{22}^{(1)}$ 以及 $\alpha_{31}^{(1)} = \alpha_{41}^{(1)}$ 都很小 (小于 0.32)。因此, 保真度 $F = \min\{\alpha_{11}^{(1)}, \alpha_{21}^{(1)}, \alpha_{32}^{(1)}, \alpha_{42}^{(1)}\}$ 仍大于 95%。实验上, 通过进一步提升退相干时间, 或者增大 Rabi 频率 Ω(通过增加激光脉冲功率) 减少操作时间, 这些近似结果都将会得到优化。实际上, 由于飞秒技术发展, 有更短的激光脉冲可以利用。同时, 数值计算结果显示, 驱动时间波动所造成的影响非常小, 例如, 当 Rabi 频率 $\Omega/(2\pi) \approx 500\text{kHz}$, 作用时间波动 $\delta_t \approx 0.1\mu\text{s}$ 时, 概率振幅 $\alpha_{11}^{(1)}$ 及 $\alpha_{32}^{(1)}$ 大约仅减少 5%。所以, 即使考虑脉冲驱动时间的误差, 保真度仍可达到 95% 以上。这说明, 在非 LD 近似极限下, 囚禁单离子的量子调控有更好的抗干扰性。

当然, 如果引进一个辅助的离子内态 $|a\rangle$, 多余的相因子可以通过引入非共振激光脉冲来方便地消除。比如, 利用第一蓝边带激光脉冲 (频率为 $\omega_l = \omega_{ea} + \nu$、初相位为 ϕ_2) 可以实现如下演化:

$$|1\rangle|e\rangle \longrightarrow \cos(\Omega_{0,1}t_2)|1\rangle|e\rangle \longrightarrow \mathrm{e}^{\mathrm{i}\phi_2}\sin(\Omega_{0,1}t_2)|0\rangle|a\rangle \qquad (13.2.26)$$

这时, $|0\rangle|e\rangle$, $|0\rangle|g\rangle$ 及 $|1\rangle|g\rangle$ 都不发生演化。式中, ω_{ea} 为辅助能级与激发态 $|e\rangle$ 之间的跃迁频率。因此, 由 $\Omega_{0,1}t_2$ 可以实现一个 π 脉冲, 产生可控 σ_z 逻辑操作

$$
\begin{array}{ccc}
\text{Input \quad state} & & \text{Output \quad state} \\
|0\rangle|g\rangle & \longrightarrow & |0\rangle|g\rangle \\
|0\rangle|e\rangle & \longrightarrow & |0\rangle|e\rangle \\
|1\rangle|g\rangle & \longrightarrow & |1\rangle|g\rangle \\
|1\rangle|e\rangle & \longrightarrow & -|1\rangle|e\rangle
\end{array}
\tag{13.2.27}
$$

当 LD 参数取值从 0.18 到 0.98, Rabi 频率 $\Omega/(2\pi) \approx 500\text{kHz}$ 时, 上述作用时间估计值为 $3.3 \times 10^{-3} \sim 1.2 \times 10^{-2}\text{ms}$。

表 13.2.4　典型 LD 参数下实现单离子内、外态两量子位受控非门逻辑运算 (13.2.12) 所需要设置两步脉冲参数及其对应所实现逻辑运算的保真度

η	$t_1\Omega$	$\alpha_{11}^{(1)}=\alpha_{21}^{(1)}$	$\alpha_{12}^{(1)}=\alpha_{22}^{(1)}$	$\alpha_{31}^{(1)}=\alpha_{41}^{(1)}$	$\alpha_{32}^{(1)}=\alpha_{42}^{(1)}$
0.18	267.75	0.97520	−0.22135	−0.21954	0.97560
0.20	243.65	0.99948	0.03218	0.03193	0.99949
0.22	179.76	0.97284	−0.23146	−0.23053	0.97306
0.24	168.13	1.00000	0.00000	0.00000	1.00000
0.26	129.49	0.97165	−0.23640	−0.24006	0.97076
0.28	130.92	0.99376	0.11153	0.11041	0.99389
0.30	104.95	0.99505	−0.09935	−0.09778	0.99521
0.32	92.35	0.99374	−0.11172	−0.10790	0.99416
0.34	79.49	0.98271	−0.18517	−0.18852	0.98207
0.36	80.64	0.99586	0.09088	0.09407	0.99557
0.38	67.33	0.99541	−0.09572	−0.09377	0.99559
0.40	68.44	0.98505	0.17225	0.16794	0.98580
0.42	54.57	0.98859	−0.15063	−0.15383	0.98810
0.44	55.56	0.99646	0.08411	0.08530	0.99636
0.46	111.30	0.97957	−0.20111	−0.19843	0.98012
0.48	41.83	0.97796	−0.20881	−0.20607	0.97854
0.50	42.72	1.00000	0.00000	0.00000	1.00000
0.52	43.67	0.97497	0.22234	0.21915	0.97570
0.54	87.23	1.00000	0.00000	0.00000	1.00000
0.56	132.93	0.96361	0.26731	0.26592	0.96400
0.58	118.42	0.97544	−0.22027	−0.22025	0.97544
0.60	29.81	0.99320	−0.11640	−0.11358	0.99353

小结一下, 通过数值计算的办法, 我们证明了在离子内外态强耦合 (即非 LD 近似条件) 情况下, 只要合适地设置驱动激光的作用时间和 Rabi 频率, 对任意的 LD 参数都可以实现各种振动量子态的制备, 以及高保真度地实现离子内、外态之间的受控量子逻辑操作。

13.3 非 LD 近似下的囚禁冷离子内态之间的关联量子操纵

囚禁离子系统实现可规模化的量子计算，要求实现不同离子内态之间的受控量子相干操作。要达到这一目的，通常有两个办法：一是在一个势阱中囚禁多个离子，这当然要求它们之间的间隔要足够远以至于每个离子的内态都能够单独地施加激光脉冲 (即所谓的独立寻址) 来实现操纵，而不同离子内态之间则通过共享外部集体振动模式来建立联系；第二种方法是利用多阱阵列，每个阱中只囚禁一个离子，阱与阱之间通过离子的外部自由度进行耦合。目前大多数的囚禁冷离子系统都采用结构相对简单的第一种方案，而且所实现的离子–离子之间量子操纵基本上是在 LD 近似下实现的，例如，著名的 Cirac-Zoller 模型[2]。这里，LD 近似指的是量子比特 (由离子的两个内态编码而成) 与最低阶数据总线 (离子串的质心振动模式) 的耦合很弱，因此往往还需要离子其他内态作为辅助才能实现不同离子内态之间的量子逻辑操作。

下面我们讨论如何在非 Lamb-Dicke 极限下实现单阱和多阱中不同离子之间的内态关联量子相干操纵。

13.3.1 同一个势阱中不同冷却离子内态之间的量子逻辑门运算[9]

考虑如图 13.3.1 所示装置：一个线性电磁势阱中囚禁 N 个相互作用的冷离子。这一系统首先是由 Cirac 和 Zoller 提出的。

图 13.3.1 单势阱中囚禁多个离子及它们的独立激光驱动 (激光寻址)[2]

图中每个黑点表示囚禁的离子

Cirac 和 Zoller 所提出的离子阱量子计算原始方案中，有两个条件要满足：离子必须有三个内态；激光驱动的离子内、外态之间耦合必须足够弱以至于满足 LD 极限条件。而且，实现两个不同冷离子内态之间的受控非门逻辑操作需要不同极化的五步激光脉冲来实现。虽然 Cirac-Zoller 方案的修改版本很多，但基本上仍然基于 LD 近似，这要求离子的集体振动基态的空间维度要远小于激光的有效波长。事实上，激光驱动的囚禁离子内、外态耦合并不一定局限于 LD 弱耦合极限。研究表明，利用超越 LD 极限的激光–离子相互作用有助于降低阱内噪声，提高冷却速率。因此，研究超越 LD 极限近似下的单阱中两个冷离子内态之间的相干操纵具有现实意义。在这一操作过程中，每个量子位由一个离子的两个内部能级构成，并且离子之间充分地分离从而可由不同的激光束进行驱动 (即每个离子都可以单独照明)。离子集体振动的质心模式 (更高阶的离子集体振动不考虑) 作为连接离子–离子内态的数据总线：量子位元之间的通信和运算通过连续使用激光脉冲来激发或抑制共享的质心振动模式来完成的 (即共享声子模式)，在操作前后都应该处于其运动基态。

在由么正算符 $\hat{U}_0^N(t) = \exp[-\mathrm{i}\omega t(\hat{a}^\dagger \hat{a} + 1/2)]\Pi_{j=1}^N \exp(-\mathrm{i}t\delta_j \hat{\sigma}_{j,z/2})$ 所定义的相互作用表象中，阱中 N 个激光单独照明的冷离子 (本征频率为 ω_j) 系统由如下的 Hamilton 量描述：

$$\hat{H} = \frac{\hbar}{2} \sum_{j=1}^N \Omega_j \hat{\sigma}_{j,+} \mathrm{e}^{\mathrm{i}\eta_j(\hat{a}+\hat{a}^\dagger)} + H.c., \quad \delta_j = \omega_j - \omega_L \tag{13.3.1}$$

这里仅考虑一个操作只施加一束脉冲驱动相应的单个离子。为简单起见，我们假定：$\Omega_j \equiv \Omega, \eta_j \equiv \eta, \omega_j = \omega_0$。在非 Lamb-Dicke 极限下，继续利用展开式 (13.1.12)，可实现不同激光照明下的各离子内态操纵，及其通过共享能量最低质心模式激发而实现的不同离子内态的关联演化。

1. 不同离子内态之间的受控相位门操作的三步脉冲实现

首先考虑如何实现单个势阱中第 i 个离子和第 j 个离子之间的受控相位 (controlled-Z) 逻辑运算：

$$\hat{C}_{ij}^z = |g_i, g_j\rangle\langle g_i, g_j| + |g_i, e_j\rangle\langle g_i, e_j|$$
$$+ |e_i, g_j\rangle\langle e_i, g_j| - |e_i, e_j\rangle\langle e_i, e_j| \tag{13.3.2}$$

这是一个最为典型的受控相位门操作，它要求第 i 个离子 (作为控制量子位) 处于状态 $|g_i\rangle$ 时，第 j 个离子量子位不变；而如果控制量子位处于状态 $|e_i\rangle$，则第 j 个量子位的状态实现了 $\hat{\sigma}_z$ 旋转。

为实现两个离子内态之间的这一关联操作，我们考虑如下的三步激光脉冲过程：利用频率为 $\omega_L = \omega_0 - \omega$ 红边带脉冲，依次作用于第 i 个、第 j 个，再到第 i 个离子，得到如下不同初态的量子演化：

$$\begin{cases} |0\rangle|g_i\rangle|g_j\rangle \to |0\rangle|g_i\rangle|g_j\rangle \\ |0\rangle|g_i\rangle|g_j\rangle \to B_1|0\rangle|g_i\rangle|e_j\rangle + B_2|0\rangle|e_i\rangle|g_j\rangle + B_3|1\rangle|g_i\rangle|g_j\rangle \\ |0\rangle|e_i\rangle|g_j\rangle \to C_1|0\rangle|g_i\rangle|e_j\rangle + C_2|0\rangle|e_i\rangle|g_j\rangle + C_3|1\rangle|g_i\rangle|g_j\rangle \\ |0\rangle|e_i\rangle|e_j\rangle \to D_1|1\rangle|g_i\rangle|e_j\rangle + D_2|0\rangle|e_i\rangle|g_j\rangle + D_3|1\rangle|g_i\rangle|g_j\rangle + D_4|0\rangle|e_i\rangle|e_j\rangle \end{cases} \tag{13.3.3}$$

其中

$$
\left\{
\begin{aligned}
&B_1 = \cos(\Omega_{0,1} t_2'), \quad B_2 = -\mathrm{e}^{\mathrm{i}(\phi_2' - \phi_3')} \sin(\Omega_{0,1} t_2') \sin(\Omega_{0,1} t_3') \\
&B_3 = -\mathrm{e}^{\mathrm{i}\phi_2'} \sin(\Omega_{0,1} t_2') \cos(\Omega_{0,1} t_3'), \quad C_1 = -\mathrm{e}^{\mathrm{i}(\phi_1' - \phi_2')} \sin(\Omega_{0,1} t_1') \sin(\Omega_{0,1} t_2') \\
&C_2 = \cos(\Omega_{0,1} t_1') \cos(\Omega_{0,1} t_3') - \mathrm{e}^{\mathrm{i}(\phi_1' - \phi_3')} \sin(\Omega_{0,1} t_1') \cos(\Omega_{0,1} t_2') \sin(\Omega_{0,1} t_3') \\
&C_3 = -\mathrm{e}^{\mathrm{i}(\phi_1')} \sin(\Omega_{0,1} t_1') \cos(\Omega_{0,1} t_2') \cos(\Omega_{0,1} t_3') - \mathrm{e}^{\mathrm{i}(\phi_3')} \sin(\Omega_{0,1} t_1') \cos(\Omega_{0,1} t_3') \\
&D_1 = -[\mathrm{e}^{\mathrm{i}(\phi_1')} \sin(\Omega_{0,1} t_1') \cos(\Omega_{1,2} t_2') \cos(\Omega_{0,1} t_3') \\
&\qquad\quad + \mathrm{e}^{\mathrm{i}(\phi_3')} \cos(\Omega_{0,1} t_1') \cos(\Omega_{0,1} t_2') \sin(\Omega_{0,1} t_3')] \\
&D_2 = -\mathrm{e}^{\mathrm{i}(\phi_2')} [\cos(\Omega_{0,1} t_1') \sin(\Omega_{0,1} t_2') \cos(\Omega_{1,2} t_3') \\
&\qquad\quad + \mathrm{e}^{\mathrm{i}(\phi_1' - \phi_3')} \sin(\Omega_{0,1} t_1') \sin(\Omega_{1,2} t_2') \sin(\Omega_{1,2} t_3')] \\
&D_3 = \mathrm{e}^{\mathrm{i}(\phi_2')} [\mathrm{e}^{\mathrm{i}(\phi_1')} \sin(\Omega_{0,1} t_1') \sin(\Omega_{1,2} t_2') \cos(\Omega_{1,2} t_3') \\
&\qquad\quad + \mathrm{e}^{\mathrm{i}(\phi_3')} \cos(\Omega_{0,1} t_1') \sin(\Omega_{0,1} t_2') \sin(\Omega_{1,2} t_3')] \\
&D_4 = \cos(\Omega_{0,1} t_1') \cos(\Omega_{0,1} t_2') \cos(\Omega_{0,0} t_3') \\
&\qquad\quad - \mathrm{e}^{\mathrm{i}(\phi_1' - \phi_3')} \sin(\Omega_{0,1} t_1') \cos(\Omega_{1,2} t_2') \sin(\Omega_{0,1} t_3')
\end{aligned}
\right.
$$

这里, ϕ_i' 和 t_i' ($i=1,2,3$) 是第一, 第二和第三步非共振激光脉冲的初相位和驱动时间. 可见, 只要合理地设置这些实验参数, 满足

$$
B_1 = 1, \quad B_2 = B_3 = 0; \quad C_1 = C_3 = 0, \quad C_2 = 1; \quad D_1 = D_2 = D_3 = 0, \quad D_4 = -1
$$

那么, 演化 (13.3.2) 是所需要的 $\hat{C}_{ij}^Z$ 受控逻辑门运算. 显然, 这要求 ϕ_1' 和 ϕ_3' 满足条件

$$
\cos[\Omega_{0,1}(t_1' + t_3')] = 1, \quad \cos[\Omega_{0,1}(t_1' - t_3')] = -1, \quad \phi_1' = \phi_3' \pm 2k\pi, \quad k = 0, 1, 2, \cdots \tag{13.3.4}
$$

从而

$$
\Omega_{0,1} t_1' = (k + kp')\pi - \frac{\pi}{2}, \quad \Omega_{0,1} t_3' = (k - k')\pi + \frac{\pi}{2}, \quad k, k' = 1, 2, 3, \cdots \tag{13.3.5}
$$

这表明, 通过依次地施加相位、持续时间可调的三步红边带激光脉冲于第 i、第 j, 再第 i 个离子, 利用离子之间共享的质心振动模式传递不同离子的内态关联, 所期望的 i, j 离子之间的受控逻辑运算 C^Z 是可以实现的. 具体操作过程可概括如下:

(1) 将 $\Omega_{0,1} t_1' = 3\pi/2$ 的红边带脉冲施加到第 i 个离子;

(2) 将 $\Omega_{0,1} t_2' = 2\pi$ 的红边带脉冲施加到第 j 个离子;

(3) 将 $\Omega_{0,1} t_3' = \pi/2$ 的红边带脉冲再次施加到第 i 个离子上.

与熟知的 LD 近似下 Cirac-Zoller 量子计算方案相比, 我们这里实现不同离子内态之间的 C_{ij}^Z 逻辑运算所需要的激光脉冲步数相同, 但一个明显优点是: 这里不需要任何辅助离子内态, 所以无须施加不同偏振特性的激光脉冲.

2. 离子内态之间的受控非门逻辑运算

囚禁离子量子计算的另一个通用两量子比特门是两离子 (例如第 i 和第 j 个离子) 内态之间的受控非门 C_{ij}^N 逻辑运算:

$$\hat{C}_{ij}^N = |g_i, g_j\rangle\langle g_i, g_j| + |g_i, e_j\rangle\langle g_i, e_j| + |e_i, g_j\rangle\langle e_i, e_j| + |e_i, e_j\rangle\langle e_i, g_j| \qquad (13.3.6)$$

它指的是，如果第一量子比特 (控制量子位) 处于状态 $|g_i\rangle$，则第二个量子比特 (目标量子位) 不变；而如果控制量子位处于状态 $|e_i\rangle$，则目标量子位的逻辑状态反转。这一两量子位的受控操作可以由运算 $\hat{C}_{c_i c_j}^Z$ 和与离子外态有关的单离子内态旋转运算 $\hat{r}_j(m, \phi, t)$ 来实现。

当数据总线处于状态 $|0\rangle$ 时，对第 j 个离子施加一个共振脉冲激光，演化时间 t 后就实现了单个离子内态的旋转：

$$\hat{r}_j(0, \phi, t) = \cos(\Omega_{0,0}t)|g_j\rangle\langle g_j| - \mathrm{i}e^{\mathrm{i}\phi}\sin(\Omega_{0,0}t)|g_j\rangle\langle e_j|$$
$$- \mathrm{i}e^{\mathrm{i}\phi}\sin(\Omega_{0,0}t)|e_j\rangle\langle g_j| + \cos(\Omega_{0,0}t)|e_j\rangle\langle e_j| \qquad (13.3.7)$$

显然，在此操作期间，数据总线的状态不改变。

在 $\hat{C}_{ij}^Z$ 逻辑门操作前后，我们分别施加单离子内态的旋转操作：$\hat{c}_j(0, \phi_1'', t_1'')$ 和 $\hat{r}_j(0, \phi_3'', t_3'')$，就可以得到

$$\hat{r}_j(0, \phi_3'', t_3'')\hat{C}_{ij}^Z\hat{r}_j(0, \phi_1'', t_1'') = B_0|g_i, g_j\rangle\langle g_i, g_j| + B_1|g_i, g_j\rangle\langle g_i, e_j| + B_2|g_i, e_j\rangle\langle g_i, g_j|$$
$$+ B_3|g_i, e_j\rangle\langle g_i, e_j| + B_4|e_i, g_j\rangle\langle e_i, g_j|$$
$$+ B_5|e_i, g_j\rangle\langle e_i, e_j| + B_6|e_i, e_j\rangle\langle e_i, g_j|$$
$$+ B_7|e_i, e_j\rangle\langle e_i, e_j| \qquad (13.3.8)$$

其中

$$\begin{cases} B_0 = \cos(\Omega_{0,0}t_3'')\cos(\Omega_{0,0}t_1'') - e^{\mathrm{i}(\phi_3'' - \phi_1'')}\sin(\Omega_{0,0}t_3'')\sin(\Omega_{0,0}t_1'') \\[2mm] B_1 = -\mathrm{i}[e^{\mathrm{i}\phi_1''}\cos(\Omega_{0,0}t_3'')\sin(\Omega_{0,0}t_1'') + e^{\mathrm{i}\phi_3''}\sin(\Omega_{0,0}t_3'')\cos(\Omega_{0,0}t_1'')] \\[2mm] B_2 = -\mathrm{i}[e^{\mathrm{i}\phi_3''}\sin(\Omega_{0,0}t_3'')\sin(\Omega_{0,0}t_1'') + e^{-\mathrm{i}(\phi_1'')}\cos(\Omega_{0,0}t_3'')\sin(\Omega_{0,0}t_1'')] \\[2mm] B_3 = \cos(\Omega_{0,0}t_3'')\cos(\Omega_{0,0}t_1'') - e^{\mathrm{i}(\phi_3'' - \phi_1'')}\sin(\Omega_{0,0}t_3'')\sin(\Omega_{0,0}t_1'') \\[2mm] B_4 = \cos(\Omega_{0,0}t_3'')\cos(\Omega_{0,0}t_1'') + e^{\mathrm{i}(\phi_3'' - \phi_1'')}\sin(\Omega_{0,0}t_3'')\sin(\Omega_{0,0}t_1'') \\[2mm] B_5 = -\mathrm{i}[e^{\mathrm{i}\phi_1''}\cos(\Omega_{0,0}t_3'')\sin(\Omega_{0,0}t_1'') - e^{\mathrm{i}\phi_3''}\sin(\Omega_{0,0}t_3'')\cos(\Omega_{0,0}t_1'')] \\[2mm] B_6 = -\mathrm{i}[e^{\mathrm{i}\phi_3''}\sin(\Omega_{0,0}t_3'')\cos(\Omega_{0,0}t_1'') - e^{\mathrm{i}(\phi_1'')}\cos(\Omega_{0,0}t_3'')\cos(\Omega_{0,0}t_1'')] \\[2mm] B_7 = -\cos(\Omega_{0,0}t_3'')\cos(\Omega_{0,0}t_1'') - e^{\mathrm{i}(\phi_3'' - \phi_1'')}\sin(\Omega_{0,0}t_3'')\sin(\Omega_{0,0}t_1'') \end{cases}$$

这里，ϕ_1'', t_1'' 和 ϕ_3'', t_3'' 是用于实现目标量子位 (即第 j 个离子的内态) 旋转所施加共振脉冲的相位和持续时间。容易证明，如果 ϕ_1'', ϕ_3'' 和 t_1'', t_3'' 满足条件：$\phi_3'' = \phi_1'' \pm 2k\pi(k = 0, 1, 2, \cdots)$，并且

(a) 如果 $\phi_1'' = \pi/2 \pm 2k\pi$,

$$\Omega_{0,0}t_1'' = \left(p+p'-\frac{3}{4}\right)\pi, \quad \Omega_{0,0}t_3'' = \left(p-p'+\frac{3}{4}\right)\pi, \quad p,p'=1,2,3,\cdots \quad (13.3.9)$$

或者

(b) 如果 $\phi_1'' = 3\pi/2 \pm 2k\pi$,

$$\Omega_{0,0}t_1'' = \left(p+p'-\frac{1}{4}\right)\pi, \quad \Omega_{0,0}t_3'' = \left(p-p'+\frac{1}{4}\right)\pi \quad (13.3.10)$$

那么方程 (13.3.8) 中的系数就变为

$$B_0 = B_3 = B_5 = B_6 = 1, \quad B_1 = B_2 = B_4 = B_7 = 0$$

这意味着

$$\hat{r}_j(0,\phi_3'',t_3'')\hat{C}_{ij}^Z\hat{r}_j(0,\phi_1'',t_1'') = \hat{C}_{ij}^N \quad (13.3.11)$$

简单总结一下实现逻辑运算 $\hat{C}_{ij}^N$ 的过程:

(1) 将具有初始相位 $\pi/2(3\pi/2)$ 和 $\Omega_{0,0}t_1'' = 5\pi/4(7\pi/4)$ 的谐振脉冲应用于目标量子位 (即第 j 个离子的内态);

(2) 依次使用三步红边带脉冲来实现第 i 和第 j 个离子之间的 C_{ij}^Z 门 (13.3.2);

(3) 对目标量子位 (即第 j 个离子的内态) 再次施加初始相位为 $\pi/2(3\pi/2)$, 脉冲长度由 $\Omega_{0,0}t_3'' = 3\pi/4$ 决定的另一个共振脉冲。

与通常的 LD 极限条件下的离子阱量子计算实现方案相比, 我们所提出的方法有两个不同之处: 第一, 离子内外态的耦合不需要局限于弱耦合情况下的 LD 极限, 因而有利于提升量子操纵的完成速度; 第二, 不需要离子其他的任何内态来辅助, 因此降低了对驱动离子演化的激光脉冲的调制要求。

13.3.2 单阱中多离子内态关联量子操作的一步双脉冲实现 [10]

阱中不同离子内态之间关联量子操纵, 大多数方法都是通过依次驱动单个离子 (激光寻址), 利用数据总线 (即不同离子共享它们的外部振动态) 传递相互作用来实现的, 因此一般都需要多次脉冲的依次寻址操作。实际上, 更为简捷的方法是, 利用多个脉冲同时对不同的离子进行操作, 这时数据总线不会被激发, 从而将会省略多个操作步骤 (比如使数据总线回复到基态以便开始下一个操作)。

对于单个电磁势阱囚禁 N 个二能级离子的系统, 我们下面讨论如何同时对实现任意两个离子进行激光脉冲寻址操作, 从而实现它们内态之间的关联操作。这时, 系统的 Hamilton 量为

$$\hat{H}(t) = \hbar\omega_0 \sum_{j=1,2} \frac{\sigma_j^z}{2} + \sum_{l=0}^{N-1} \hbar\nu_l\left(\hat{a}_l^\dagger\hat{a}_l + \frac{1}{2}\right)$$

$$+\frac{\hbar}{2}\sum_{j=1,2}\left\{\Omega_j\sum_j^\dagger\exp\left[\sum_{l=0}^{N-1}\mathrm{i}\eta_{j,l}(\hat{b}_l^\dagger+\hat{b}_l)-\mathrm{i}\omega_j t-\mathrm{i}\phi_j\right]+\mathrm{h.c.}\right\} \quad (13.3.12)$$

这里，$\nu_l(l=0,1,2,\cdots,N-1)$ 为离子集体外部振动第 l 个模式的振动频率，用 Bose 算符 $\hat{b}_l^\dagger$, $\hat{b}_l$ 描述；$\sum_j^z,\sum_j^\dagger$ 为第 j 个两能级离子的 Pauli 算符，ω_0 为离子内态的本征频率；$\eta_{j,l}$ 为激光 (频率为 ω_j，初位相为 ϕ_j) 驱动第 j 个离子导致的离子内态与第 l 个模式外态之间的耦合系数 (即 LD 参数)，Ω_j 为对应的 Rabi 频率 (其大小与驱动激光的功率有关)。将指数函数展开为 Bose 算符的级数形式，并在相互作用表象中将上面的 Hamilton 量改写为

$$\hat{H}_{in}(t)=\frac{\hbar}{2}\sum_{j=1,2}\left\{\Omega_j\sum_j^\dagger\Pi_{l=0}^{N-1}\mathrm{e}^{-\eta_{j,l}^2/2}\right.$$
$$\left.\times\sum_{m,n=0}^\infty\frac{(\mathrm{i}\eta_{j,l})^{m+n}}{m!n!}\hat{b}_l^{\dagger m}\hat{b}_l^n\exp[-\mathrm{i}(m-n)\nu_l t+\mathrm{i}(\delta_j-\phi_j)]+\mathrm{h.c.}\right\} \quad (13.3.13)$$

其中，$\delta_j=\omega_j-\omega_0$ 为驱动激光频率和离子内态本征频率之差。我们假定离子振动高阶模式的激发可以忽略不计，因而仅考虑最低阶频率为 $\nu=\nu_0$ 的质心振动。不失一般性，我们考虑这个模式的红边带激发，即驱动激光的频率设定为 $\omega_j=\omega_0-k_j\nu(k_j=0,1,2,3,\cdots)$。这样，在通常旋转波近似下，忽略快速振荡项，相互作用表象下的 Hamilton 量可进一步改写为下面的不含时形式：

$$\hat{H}=\frac{\hbar}{2}\sum_{j=1,2}\left\{\Omega_j\sum_j^\dagger\Pi_{l=0}^{N-1}\exp[-\eta_{j,l}^2/2-\mathrm{i}\phi_j]\sum_{n=0}^\infty\frac{(\mathrm{i}\eta_{j,l})^{2n+k_j}}{n!(n+k_j)!}\hat{a}^{\dagger n}\hat{a}^{n+k_j}+\mathrm{h.c.}\right\}$$
$$(13.3.14)$$

这里，$\hat{a}=\hat{b}_0;\hat{a}^\dagger=\hat{b}_0^\dagger;\eta_j=\eta_{j,0}$。如果质心振动模式被制备在量子纯态 $|m\rangle$，而同时驱动两个离子的激光场频率分别设置为：$k_2=0,k_1>m$，那么可以验证 Hamilton 量 (13.3.12) 存在两个不变子空间，分别为：$R_1=\{|m,g_1,g_2\rangle,|m,g_1,e_2\rangle$ 和 $R_2=\{|m,e_1,g_2\rangle,|m,e_1,e_2\rangle,|m+k_1,g_1,g_2\rangle,|m+k_1,g_1,e_2\rangle\}$。因此，对应的量子动力学演化是可以精确求解的，例如

$$\begin{cases}|m,g_1,g_2\rangle\to\cos(\tilde{\alpha}_2 t)|m,g_1,g_2\rangle-\mathrm{i}\mathrm{e}^{-\mathrm{i}\phi_2}\sin(\tilde{\alpha}_2 t)|m,g_1,g_2\rangle\\|m,g_1,e_2\rangle\to\cos(\tilde{\alpha}_2 t)|m,g_1,e_2\rangle-\mathrm{i}\mathrm{e}^{\mathrm{i}\phi_2}\sin(\tilde{\alpha}_2 t)|m,g_1,g_2\rangle\\|m,e_1,g_2\rangle\to E_1(t)|m+k_1,g_1,g_2\rangle\\\qquad+E_2(t)|m+k_1,g_1,e_2\rangle+E_3(t)|m,e_1,g_2\rangle+E_4(t)|m,e_1,e_2\rangle\\|m,e_1,e_2\rangle\to F_1(t)|m+k_1,g_1,g_2\rangle\\\qquad+F_2(t)|m+k_1,g_1,e_2\rangle+F_3(t)|m,e_1,g_2\rangle+F_4(t)|m,e_1,e_2\rangle\end{cases} \quad (13.3.15)$$

其中

$$E_1(t) = (-\mathrm{i})^{k_1+1}\frac{\mathrm{e}^{\mathrm{i}\phi_1}}{\Delta}[\sin(\lambda_+ t) - \sin(\lambda_- t)]$$

$$E_2(t) = (-\mathrm{i})^{k_1}\rho\frac{\mathrm{e}^{\mathrm{i}(\phi_1-\phi_2)}}{\lambda_+\xi_+\Delta}(\alpha_1\rho + \tilde{\gamma}_2\xi_+)[\cos(\lambda_+ t) - \cos(\lambda_- t)]$$

$$E_3(t) = \frac{\rho^2}{\Delta}\left[\frac{\cos(\lambda_+ t)}{\xi_+} - \frac{\cos(\lambda_- t)}{\xi_-}\right], \quad E_4(t) = -\mathrm{i}\frac{\rho^2\mathrm{e}^{-\mathrm{i}\phi_2}}{\Delta}\left[\frac{\sin(\lambda_+ t)}{\xi_+} - \frac{\sin(\lambda_- t)}{\xi_-}\right]$$

$$F_1(t) = (-\mathrm{i})^{k_1}\frac{\rho\mathrm{e}^{\mathrm{i}(\phi_1+\phi_2)}}{\Delta}[\cos(\lambda_+ t) - \cos(\lambda_- t)]$$

$$F_2(t) = (-\mathrm{i})^{k_1+1}\rho\frac{\mathrm{e}^{\mathrm{i}\phi_1}}{\lambda_+\xi_+\Delta}(\alpha_1\rho + \tilde{\gamma}_2\xi_+)[\sin(\lambda_+ t) - \sin(\lambda_- t)]$$

$$F_3(t) = -\mathrm{i}\frac{\rho^2\mathrm{e}^{\mathrm{i}\phi_1}}{\Delta}\left[\frac{\sin(\lambda_+ t)}{\xi_+} - \frac{\sin(\lambda_- t)}{\xi_-}\right], \quad F_4(t) = \frac{\rho^2}{\Delta}\left[\frac{\cos(\lambda_+ t)}{\xi_+} - \frac{\cos(\lambda_- t)}{\xi_-}\right]$$

这里, $\alpha_j = \Omega_{m,k_j}$, $\tilde{\alpha}_j = \Omega_{m,0}$, $\tilde{\gamma}_j = \Omega_{m+k_l,0}(k \neq l)$; $\rho = \alpha_1(\tilde{\alpha}_2 + \tilde{\gamma}_2)$, $\lambda_\pm = \sqrt{(\Lambda \pm \Delta)/2}$, $\Lambda = \tilde{\alpha}_2^2 + \tilde{\gamma}_2^2 + 2\alpha_1$, $\Delta = \Lambda^2 - 4(\tilde{\alpha}_2\tilde{\gamma}_2 - \alpha_1^2)^2$; 并且

$$\Omega_{m,k_j} = \frac{\Omega_j}{2}\sqrt{\frac{(m+k_j)!}{m!}}\eta_j^{k_j}\mathrm{e}^{-\eta_j^2}\sum_{n=0}^{m}\frac{(-\mathrm{i}\eta_j)^{2n}}{(n+k_j)!}\begin{pmatrix} n \\ m \end{pmatrix}$$

显然, 如果这一对同时施加的脉冲, 其脉冲持续时间 τ 满足以下条件:

$$\cos(\tilde{\alpha}_2\tau) = \sin\lambda_+\tau = \sin(\lambda_-\tau) = 1 \tag{13.3.16}$$

那么方程 (13.3.15) 就相当于实现了两离子内态之间的关联量子操作:

$$\tilde{C}_{1,2}^X = |g_1, g_2\rangle\langle g_1, g_2| + |g_1, e_2\rangle\langle g_1, e_2| - \mathrm{i}\mathrm{e}^{-\mathrm{i}\phi_2}|e_1, g_2\rangle\langle e_1, e_2| - \mathrm{i}\mathrm{e}^{\mathrm{i}\phi_2}|e_1, e_2\rangle\langle e_1, g_2|$$
$$\tag{13.3.17}$$

除了一个局域的位相因子外, 此操作与通常的两离子内态之间的受控非门操作等价。可见, 利用一对寻址激光脉冲, 一步操作就能实现同一个势阱中一对冷却离子内态之间的关联量子操作。操作过程中不需要离子的其他内态作为辅助能级, 并且数据总线也没有被激发。尤其是, 这一操作对 LD 参数的大小没有要求, 因此可以在任何离子内、外态耦合强度情况下实现。

13.3.3 不同阱中离子内态之间的量子相干操纵 [11]

在之前的囚禁离子量子计算方案中, 我们假定一个阱中囚禁有多个离子, 离子离子之间通过库仑相互作用连接。因而, 这些离子内态 (编码量子位) 之间的联系是通过共享外部振动模式 (最低阶就是质心振动) 来实现的。这里, 外部振动实际上就是传递量子位相互作用信息的 "数据总线 (data bus)", 在量子计算过程

中，数据总线可能会被激发，但计算完成后它应回归到基态。对于另一个囚禁离子量子计算实现方案中，我们假定每个离子囚禁于不同的势阱中，也就是说这时候要构造的是多个势阱阵列 [12]。与前述的单阱囚禁多离子不同，这里每个阱中只需要囚禁一个离子。当然，每个阱中的离子都是可以利用激光单独冷却并且独立进行量子相干操纵的，离子–离子间的 Coulomb 相互作用导致最近邻离子之间的外部振动态耦合。

不失一般性，考虑图 13.3.2 所示的两个一维势阱，每个阱中各囚禁一个二能级离子 (质量分别是 M_1 和 M_2)，电荷分别是 q_1, q_2，两个势阱中心的距离为 d。根据前面所述，在不考虑离子–离子耦合时第 j 个离子的激光驱动下单阱中单个离子的量子动力学由相互作用绘景下的 Hamilton 量

$$H_0^r = \frac{\hbar}{2} \sum_{j=1,2} \left\{ \Omega_j e^{-\eta_j^2/2 - i\theta_j^l} (i\eta_j)^k \sum_{j}^{+} \sum_{n=0}^{\infty} \frac{(i\eta_j)^{2n} (\hat{a}_j^\dagger)^n \hat{a}_j^{n+k}}{n!(n+k)!} + \text{h.c.} \right\} \quad (13.3.18)$$

描述。这里假定激光激发的是离子的第 k 个红边带。同理，可得蓝边带激发的有效 Hamilton 量

$$\hat{H}_0^b = \frac{\hbar}{2} \sum_{j=1,2} \left\{ \Omega_j e^{-\eta_j^2/2 - i\phi_j^l} (i\eta_j)^k \hat{\sigma}_j^+ \sum_{n=0}^{\infty} \frac{(i\eta_j)^{2n} (\hat{a}_j^\dagger)^{n+k} \hat{a}_j^n}{n!(n+k)!} + \text{h.c.} \right\} \quad (13.3.19)$$

它们所导致的离子内外态联合动力学演化参见方程 (13.1.17)(13.1.18)。

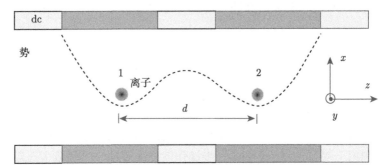

图 13.3.2　两个分别囚禁于不同势阱中的离子，通过外部振动态的耦合传递它们内态相互作用
这里，黑点表示两个阱中的离子，它们之间的距离为 d

下面讨论离子–离子 Coulomb 作用导致的相互作用。两个势阱中心 (即离子平衡位置) 的距离为 d，第一个离子偏离平衡位置的位移为 z_1，第二个离子偏离平衡位置的位移为 z_2。由于 $d \gg (z_1 - z_2)$，所以离子–离子 Coulomb 相互作用能则表示为

$$V(z_1, z_2) = -\frac{q_1 q_2}{4\pi\epsilon_0 (d - z_1 + z_2)} = -\frac{q_1 q_2}{4\pi\epsilon_0 d} \left(1 - \frac{z_1 - z_2}{d} + \frac{(z_1 - z_2)^2}{d^2} + \cdots \right)$$
$$(13.3.20)$$

将离子外部振动的算符形式

$$\hat{z}_j = \xi_j(\hat{a}_j^\dagger + \hat{a}_j), \quad \xi_j = \sqrt{\frac{\hbar}{2M_j\nu_j}}, \quad j = 1, 2$$

代入, 得

$$\hat{V}(\hat{z}_1, \hat{z}_2) = \hbar g(\hat{a}_1^\dagger \hat{a}_2 + \text{h.c.}), \quad \hbar g = \frac{q_1 q_2}{2\pi\epsilon_0 d^3}\xi_1\xi_2 \tag{13.3.21}$$

上面我们已经作了通常的旋转波近似, 并且忽略掉了所有很小的 Stark 效应修正。这个相互作用 Hamilton 量将驱动两个离子的外态做如下的动力学演化:

$$\begin{cases} |0_1 0_2\rangle \to |0_1 0_2\rangle \\ |0_1 1_2\rangle \to \cos(gt)|0_1 0_2\rangle + \mathrm{i}\sin(gt)|1_1 0_2\rangle \\ |1_1 0_2\rangle \to \cos(gt)|1_1 0_2\rangle + \mathrm{i}\sin(gt)|0_1 1_2\rangle \end{cases} \tag{13.3.22}$$

利用这种离子–离子之间的外态耦合, 以及单独激光驱动下的每个离子内、外态之间的联合量子操作, 可以按如下的方式实现不同势阱中囚禁的离子之间的内态联合量子逻辑操作 (假定每个离子的外态开始时都处于基态)。

(1) 对第一个离子施加一个脉冲 (初位相是 ϕ_1) 长度为 $t_1 = \pi/2\Omega_{0,1}$ 的红边带脉冲, 实现如下演化:

$$\begin{cases} |0, g\rangle_1 \to |0, g\rangle_1 \\ |0, e\rangle_1 \to \mathrm{e}^{\mathrm{i}(\phi_1 + \pi)}|1, g\rangle_1 \end{cases} \tag{13.3.23}$$

(2) 绝热地改变其中一个势阱的囚禁势, 使之与另一个囚禁势发生共振相互作用。在作用时间 $t_2 = \pi/2g$ 后, 再绝热地撤除相互作用。这样, 两个势阱量子态发生如下演化:

$$\begin{cases} |1\rangle_1 |0\rangle_2 \to \mathrm{e}^{\mathrm{i}\pi/2}|0\rangle_1 |1\rangle_2 \\ |0\rangle_1 |0\rangle_2 \to |0\rangle_1 |0\rangle_2 \end{cases} \tag{13.3.24}$$

(3) 对第二个阱中的离子施加一个共振激光脉冲驱动, 实现离子内、外态之间的受控非门操作:

$$\begin{cases} |0\rangle_2 |g\rangle_2 \to |0\rangle_2 |g\rangle_2, \quad |0\rangle_2 |e\rangle_2 \to |0\rangle_2 |e\rangle_2 \\ |1\rangle_2 |g\rangle_2 \to |1\rangle_2 |e\rangle_2, \quad |1\rangle_2 |e\rangle_2 \to |1\rangle_2 |g\rangle_2 \end{cases} \tag{13.3.25}$$

(4) 重复步骤 (2);

(5) 重复步骤 (1) 对第一个阱中的离子施加红边带脉冲驱动, 脉冲时间长度为 $t_5 = \pi/2\Omega_{0,1}$, 位相为 ϕ_5。

上述五步脉冲驱动后，实现如下的演化：

$$
\begin{cases}
|0_1, 0_2, g_1, g_2\rangle \to |0_1, 0_2, g_1, g_2\rangle, \quad |0_1, 0_2, g_1, e_2\rangle \to |0_1, 0_2, g_1, e_2\rangle \\
|0_1, 0_2, e_1, g_2\rangle \to \mathrm{e}^{\mathrm{i}(\phi_1 - \phi_3 - \phi_5 + 3\pi/2)} |0_1, 0_2, e_1, e_2\rangle \\
|0_1, 0_2, e_1, e_2\rangle \to \mathrm{e}^{\mathrm{i}(\phi_1 + \phi_3 - \phi_5 + 3\pi/2)} |0_1, 0_2, e_1, g_2\rangle
\end{cases}
\tag{13.3.26}
$$

显然，如果各步脉冲初位相设置为满足条件

$$
\phi_1 - \phi_3 - \phi_5 = \phi_1 + \phi_3 - \phi_5 = -3\pi/2
\tag{13.3.27}
$$

那么就可以实现所期望的两个势阱中两离子内态之间的受控非门逻辑操作 (13.3.6)。

本方案的核心技术是绝热地调控两个势阱振动模之间的相互作用，即第 (2) 和第 (4) 步操作。这可以通过绝热地调节其中一个阱振动的频率来实现。比如，我们固定第二个阱的振动频率不变，而线性地调节第一个阱的振动频率为 $\nu_1(\tau) = \beta\tau + \nu_2$ (其中，β 为调制速率；τ 为调节时间)。这意味着，分别因禁于两个势阱中的两个离子，它们之间的外态振动频率失谐量：$\Delta = \nu_1(\tau) - \nu_2$ 是线性变化的。因此，两个离子振动外态及其耦合可表示为

$$
H_{ex}(\tau) = -\frac{\hbar^2}{2m_1}\frac{\partial^2}{\partial z_1^2} + \frac{1}{2}m_1\nu_1^2(\tau)z_1^2 - \frac{\hbar^2}{2m_2}\frac{\partial^2}{\partial z_2^2} + \frac{1}{2}m_2\nu_2^2 z_2^2 + V(z_1, z_2)
\tag{13.3.28}
$$

量子绝热定理要求，绝热演化意味着在演化过程中量子态的布居数应当保持不变。由此可得，这里要求的绝热开关两个离子振动外态耦合的条件是

$$
\gamma_{n_1, m_1} = \left| \frac{\langle n_1 | \partial \hat{H}_{ex}(\tau) | m_1 \rangle}{\hbar \nu_1^2(\tau)(n_1 - m_2)^2} \right|^2 \ll 1, \quad n_1 \neq m_1
\tag{13.3.29}
$$

其中，n_1, m_1 为第一个离子振动外态的布居数。利用已有的实验结果，我们发现这一条件是可以满足的。实验中两个振动频率分别为 $\nu_1 \sim \nu_2 = 2\pi \times 4.04\mathrm{MHz}$ 的阱中心，其中心距离为 $d \approx 40\mu\mathrm{m}$，因而有效耦合强度可达：$g \approx 2\pi \times 1.5\mathrm{kHz}$。因此，只要调节参数设置得合适，就可以实现两个离子振动外态的解耦或共振耦合。比如，如果初始时刻 $\Delta(0) = 100$(这时，$\Delta(0) \ll g$，因此两个离子的外态可以认为完全没有相互作用)，然后线性地调节第一个阱的振动频率，使之线性变化时间 $\tau \sim 9\mu\mathrm{s}$ 后，就可以达到 $\Delta = 0$ 的共振耦合。这个绝热演化时间显然仍然远小于共振作用情况下一个演化周期的时间：$2\pi/g \approx 0.67\mathrm{ms}$。在这一似乎微观上很快的线性调节过程中，$\gamma_{0,1} \sim 3.1 \times 10^{-6}$, $\gamma_{1,0} \sim 5.3 \times 10^{-6}$，上面的绝热条件仍然很好地满足。所以，离子外态的演化宏观上仍然是很慢的，从而确实是绝热的：在这一调节过程中，离子的外态布居数保持不变。

这一实现因禁于不同势阱中的离子内态之间的关联量子操作，原则上是可以扩展的。我们期望由此可建构一个因禁单离子量子计算阵列：通过离子外态的操作，实现编码于不同势阱中离子内态之间的可级联、可网络化的量子信息处理。

参 考 文 献

[1]　Paul W. Rev. Mod. Phys., 199, 62: 531.

[2]　Cirac J I, Zoller P. Phys. Rev. Lett., 1995, 74: 4091.

[3]　Steane A. Appl. Phys. B: Lasers Opt., 1997, 64: 623; James D F V. Appl. Phys. B: Lasers Opt., 1998, 66: 181.

[4]　Wei L F, Liu Y X, Nori F. Phys. Rev. A, 2004, 70: 063801.

[5]　Rodríguez-Lara B M, Moya-Cessa H, Klimov A B. Phys. Rev. A, 2005, 71: 023811.

[6]　Wei L F, Liu S Y, Lei X L. Phys. Rev. A, 2000, 65: 062316.

[7]　Barenco A, et al. Phys. Rev. A, 1995, 52r: 3457.

[8]　Monroe C, Meekhof D M, King B E, et al. Phys. Rev. Lett., 1995, 75: 4714.

[9]　Wei L F, Zhang M, Jia H Y, et al. Phys. Rev. A, 2008, 78: 014306.

[10]　Wei L F, Nori F. Europhys. Lett., 2004, 65(1): 1-6.

[11]　Zhang M, Wei L F. Phys. Rev. A, 2011, 83: 064301.

[12]　Cirac J I, Zoller P. Nature (London), 2000, 404: 579.

第 14 章 囚禁电子体系中的量子相干调控

第 13 章介绍了我们关于如何利用电磁阱中囚禁的冷离子来实现超越 Lamb-Dicke 弱耦合近似下的量子计算。本章将这一思想应用于实现囚禁电子系统中的量子相干调控，内容主要取材于我们已经发表的研究论文：*PRA*, 80, 055801 (2009); 84, 062310 (2011); 83, 064301 (2011); *PRB*, 86, 205408 (2012); *OL*, 35, 1686 (2010); *Sci. China-Phys. Mech. Astron.*, 57, 1718 (2014)。实际上，基于硅基半导体量子点体系实现固态量子计算是一个很受关注的固态量子信息研究领域，本章仅关注于利用囚禁液氦上的电子和表面声波驱动二维电子气中的运动量子点中的电子态的量子相干操纵，来实现量子计算，对实现基于半导体量子点实现固态量子计算的研究具有一定的借鉴意义。

14.1 液氦上的类氢原子及其量子调控

1934 年，Wigner 第一次预言了一种电子的晶体相，即在均匀、惰性、中性背景上的电子气，如果其电子密度小于一个临界值，使得电子间的 Coulomb 势能大于动能，那么电子的空间排布就可呈现出势能取极小值的某种周期性结构，这就是 Wigner 晶格 [1]。Wigner 晶体中电子不是自由流动的独立单元，而是彼此相互作用并形成有序晶格的特殊物态。在三维空间和二维空间的 Wigner 中，电子势能取极小值的分布分别是体心立方和三角平面结构；而对一维 Wigner 而言，电子则均匀互相分隔。当然，由于实际存在着的量子涨落影响，会对晶格的形成和稳定性造成影响，所以要在实验上"制造"出电子 Wigner 晶体并非易事，与半导体二维电子不同，悬浮于液氦上表面上的电子系统是一种更"洁净"的电子气体，特别是电子的运动可以通过在液氦底部通过微电极施加电场来实现调控，所以液氦上的电子体系是一个实现电子 Wigner 晶体的理想实验平台，基于液氦上电子的调控，摘取凝聚态物理中电子 Wigner 晶体这一"圣杯"大有可为。自 20 世纪 70 年代以来，悬浮于液氦表面上的二维电子气一直被作为人们研究二维电子气体输运性质的"理想"物理系统。不过，由于实验制备这一电子系统需要极为苛刻的实验条件，如极低温的实验环境和单电子灵敏度的微弱信号测量，使得这一系统的深入研究显得略微"寂寞"。1999 年 Platzman 和 Dykman 指出，利用这一纯净电子系统来实现量子信息处理是有可能的 [2]。由此，又引起了学术界对这一领域研究的关注。基于这一载流子特别友好的单电子体系，研发单电子量子芯片有望成为未来量子技术产业开发的又一个热点。

14.1.1 人工类氢原子

氢原子是一种典型的大自然中存在的原子, 但是要实现单个氢原子量子态的调控需要分离出一个个单原子, 这实际上也还需要新的技术。相比之下, 单个电子就可以通过放电得到, 并且可以将电子 "洒落" 到电中性的固体或者液体上, 在镜像吸引势的作用下形成人工原子。理论计算并经实验测量表明, 由于 Pauli 不相容原理液氦极化可等效地产生一个大约 1eV 的势垒, 这个势垒是相当大的足以阻止电子进入液氦而只能悬浮于液氦表面上 (因此在实际处理中可将这个势垒高度视为无穷大), 形成如图 14.1.1 所示的表面态电子。在平行于液氦表面的方向上, 电子的运动不受任何约束从而可看作是自由运动; 但在垂直于液氦表面的方向上, 电子的运动可以看作是一个在垂直液氦表面方向的一维囚禁电子体系, 其囚禁势可表示为

$$V(z) = \begin{cases} -\dfrac{\Lambda e^2}{z}, & z > 0 \\ +\infty, & z \leqslant 0 \end{cases} \tag{14.1.1}$$

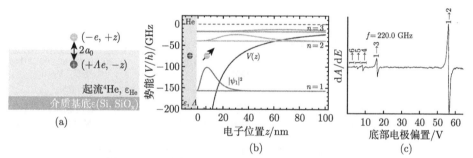

图 14.1.1　液氦上悬浮的电子 (彩图见封底二维码)

(a) 悬浮于液氦表面上的电子; (b) 垂直液氦表面的单电子囚禁势及单电子能量定态和波函数;
(c) 单电子吸收谱测量实验结果 [3]

可见, 垂直于液氦表面方向的电子运动可看作是一个类氢原子。这里, e 是电子电量, m_e 为电子质量, z 是电子所处位置离液氦表面的高度, $\Lambda = (\varepsilon - 1)/4(\varepsilon + 1) \simeq 0.0069$, 其中氦的介电常数 $\varepsilon \simeq 1.057$。很容易写出这一类氢原子的能级:

$$E_n = -\frac{\Lambda^2 e^4 m_e}{8\pi\varepsilon_0 n^2 \hbar^2} \approx -\frac{0.65}{n^2}\,\mathrm{meV} \tag{14.1.2}$$

及所对应的能量定态波函数:

$$\psi_n(z) = 2n^{-5/2} r_{\mathrm{B}}^{-3/2} z e^{-z/(r_B)} L_{n-1}^{(1)}\left(\frac{2z}{nr_B}\right) \tag{14.1.3}$$

其中 $\varepsilon_0 = 8.854 \times 10^{-12} \mathrm{F/m}$ 是真空介电常数，$L_n^{(\alpha)}(x) = (n!)^{-1} \mathrm{e}^x \mathrm{e}^{-\alpha} d^n [\mathrm{e}^{-x} x^{n+\alpha}]$ $/ \mathrm{d}x^n$ 为 Laguerre 多项式。可以简单估算这一类氢原子的玻尔半径为 $r_B = \hbar^2 /$ $(m_e e^2) \approx 76 \mathrm{Å}$，比自然界中的氢原子第一玻尔半径要大近 100 倍，因而更容易被外电场所操纵。

实验上已经观察到了此类氢原子的光谱[3]，其莱曼系的第一条谱线 (图 14.1.1 (c) 中的最右边吸收光子峰) 在 120GHz 附近，处于微波频段中的毫米波波段。因此，与自然界中的氢原子处于可见光波段不同，这种类氢原子的原子线状光谱处于毫米波波段，有可能应用于构建毫米波波段的单光子源和单光子探测器。为了实现对液氦上电子进行量子调控，从而实现基于类氢原子量子比特的编码、操纵和信息读取，可以通过在液氦底部设置的微电极来引入外电场进行调控，如图 14.1.2 所示。这样，利用可人为调控的偏置电场脉冲就可以实现对液氦上表面类氢原子量子态的操纵，而类氢原子的量子态则可以通过施加反向电场，利用电子的势阱隧穿效应来实现态的读取。

图 14.1.2　通过液氦底部电极施加偏置电场实现单电子态调控 (彩图见封底二维码)
(a) 系统示意图，(b) 不同电场偏置情况下电子囚禁势，(c) 类氢原子两个最低能级间隔随外加电场的变化

假设液氦底部电极的充电电量为 Q，那么液氦上表面所悬浮的电子，除受纵向镜像势束缚外，还受到一个外加电极电磁的电势所束缚，因而其总的 Hamilton 量可写为

$$H = \frac{\boldsymbol{p}^2}{2m_e} - \Lambda \frac{e^2}{z} + \frac{1}{4\pi\varepsilon} \frac{(+Q)(-e)}{r}, \quad r = \sqrt{x^2 + y^2 + (h+z)^2} \qquad (14.1.4)$$

其中，h 为液氦底部的电极深度。假设，$z, y, z \ll h$，则在 $x = y = 0$ 处将 r 按小量：$z' = z/h, x' = (x/h)^2, y' = (y/h)^2$ 做级数展开，得

$$r^{-1} = \frac{1}{\sqrt{x^2 + y^2 + (h+z)^2}} = \frac{1}{h}[(1+z')^2 + (x'+y')]^{-1/2}$$
$$= \frac{1}{h}\left(1 - \frac{z}{h} - \frac{1}{2h^2}x^2 + \frac{3}{8h^4}x^4 - \frac{1}{2h^2}y^2 + \frac{3}{8h^4}y^4\right)$$

因而, 在液氦底部电极电场的作用下, 单个囚禁电子的 Hamilton 量可近似为

$$H_e = \frac{\boldsymbol{p}^2}{2m_e} - \Lambda \frac{e^2}{z} - \frac{1}{4\pi\varepsilon}\frac{Qe}{r} = H_z + H_x + H_y \tag{14.1.5}$$

其中, $H_\alpha, \alpha = x, y, z$ 分别描述电子在垂直液氦表面 (z) 方向和平行液氦表面 $((x, y)$ 平面) 上运动自由度的 Hamilton 量:

$$H_z = \frac{p_z^2}{2m_e} - \Lambda \frac{e^2}{z} - \frac{Qe}{4\pi\varepsilon}\left(-\frac{z}{h^2}\right) = \frac{p_z^2}{2m_e} - \Lambda \frac{e^2}{z} + eEz \tag{14.1.6}$$

和

$$H_x = \frac{p_x^2}{2m_e} - \frac{eQ}{4\pi\varepsilon}\left(-\frac{1}{2h^3}x^2 + \frac{3}{8h^5}x^4\right) = \frac{p_y^2}{2m_e} + eE\left(\frac{1}{2h}x^2 - \frac{3}{8h^3}x^4\right)$$

及

$$H_y = \frac{p_y^2}{2m_e} - \frac{eQ}{4\pi\varepsilon}\left(-\frac{1}{2h^3}y^2 + \frac{3}{8h^5}y^4\right) = \frac{p_y^2}{2m_e} + eE\left(\frac{1}{2h}y^2 - \frac{3}{8h^3}y^4\right)$$

上面, $E = Qh^{-2}/(4\pi\varepsilon)$ 为液氦底部充电电极在液氦表面上所产生的电场强度大小。可见, 在垂直液氦表面方向上, 电子的运动可看作是一个含 Stark 修正项的类氢原子 (相对于强的类氢势而言, 电极电场的二阶效应很小, 可忽略); 而在平行于液氦表面上的运动则是两个含位移四次方修正项的非线性谐振子 (无电极电场时是自由运动, 所以有必要考虑二阶效应项)。本章中我们仅讨论如何实现电子在垂直液氦表面上运动的量子调控, 在后续的工作中再讨论如何实现平行于液氦表面的囚禁电子运动量子态的操纵。

14.1.2 类氢原子量子比特调控[4]

理论上, 除非被强激光照射电离, 液氦表面上的囚禁电子是不会逃逸成为自由电子的。但是, 我们可以通过液氦底部的电极施加一个反向电场偏置, 使电子在垂直方向上所受到的囚禁减弱, 那么就可以使其高能态有机会通过量子隧穿脱离势阱的束缚, 成为可探测的电子。当然, 这就需要施加交变脉冲信号使势阱中的电子从低能态跃迁到高能态, 实现液氦表面上囚禁单电子体系的量子相干操纵。

如图 14.1.1(b) 所示, 液氦上的类氢原子能级间隔是不均匀的, 因而从实现量子信息处理的角度上说, 类氢原子的两个最低能量束缚态 $|j\rangle\,(j = 0, 1)$ 可以用于编码一个量子比特, 其跃迁频率是处于频率为 120GHz 左右的毫米波波段。这意味着可以通过液氦底部的微电极施加毫米波脉冲来实现量子比特态的演化操纵, 从而实现毫米波波段的量子信息处理。

1. 类氢原子单量子比特操作

通用量子计算可由一个两比特操作和任意单比特操纵组合而成，因此首先需要讨论如何实现单比特逻辑操作。目前已知的单比特操作实现方式主要有三种：基于 Rabi 振荡技术、相干布居转移技术和子空间多参数直接操控，最后一种技术虽然精确但需要解决潜在的 "比特" 泄露问题，在此暂不讨论。

1) 基于 π 脉冲的 Rabi 振荡技术

通常，量子计算的一般逻辑门是通过精确调控的谐振脉冲，比如 Rabi 脉冲，来实现的。这里考虑如何通过底部电极施加一个 π 脉冲来实现类氢原子量子比特 (不考虑平行液氦表面的运动自由度) 操作。

假设底部电极施加一个交流毫米波脉冲 $E(t) = \xi \cos(\omega t)$，驱动电子的量子态按如下受驱动的 Hamilton 量：

$$\hat{H}_1(t) = \hat{H}_0 + eE(t)z = \frac{\hbar\omega_0}{2}\sigma_z + e\xi\cos(\omega t)\sum_{i,j=0,1,2} z_{ij}|i\rangle\langle j| \tag{14.1.7}$$

其中 $z_{ij} = \langle i|z|j \rangle$，$z_{ij} = z_{ji}$，$(i,j=0,1)$ 为类氢原子量子态之间的微扰矩阵元，ω 是类氢原子量子比特的本征频率，ξ 为比特驱动有效强度 (与电极脉冲电压强度成正比)，$\sigma_z = |1\rangle\langle 1| - |0\rangle\langle 0|$。忽略微扰矩阵元的对角元 (它仅对类氢原子本征频率产生一个很小的 Stark 移动)，则受控类氢原子量子比特的 Hamilton 量就可写改为

$$H_1(t) = \frac{\hbar\omega_0}{2}\sigma_z + \frac{e\xi z_{01}}{2}(\mathrm{e}^{\mathrm{i}\omega t} + \mathrm{e}^{-\mathrm{i}\omega t})\sigma_x, \quad \sigma_x = |1\rangle\langle 0| + |0\rangle\langle 1| \tag{14.1.8}$$

这就是典型的 Rabi 模型，在旋转波近似 (驱动场频率与比特本征频率接近，故而可以忽略高频振荡的非旋波项，从而可解析求解其对应的量子动力学) 下，我们有

$$H_1 \approx \frac{\hbar\omega_0}{2}\sigma_z + \frac{\hbar\Omega}{2}(\mathrm{e}^{\mathrm{i}\omega t}\sigma_- + \mathrm{e}^{-\mathrm{i}\omega t}\sigma_+) \tag{14.1.9}$$

其中，$\Omega_R = e\xi z_{01}/\hbar$。当驱动脉冲频率与量子比特存在一个失谐量，$\delta = \omega_0 - \omega \neq 0$ 时，相互作用绘景中的驱动量子比特演化由 Hamilton 量：

$$H_I = \frac{1}{2}\hbar\Omega_R(\sigma^+\mathrm{e}^{-\mathrm{i}\delta t} + \sigma^-\mathrm{e}^{\mathrm{i}\delta t}) \tag{14.1.10}$$

描述。

设系统的一般波函数为

$$|\psi(t)\rangle = c_1(t)|1\rangle + c_0(t)|0\rangle = \begin{pmatrix} c_1(t) \\ c_0(t) \end{pmatrix} = \hat{U}(t)\begin{pmatrix} c_1(0) \\ c_0(0) \end{pmatrix} = \hat{U}(t)|\psi(0)\rangle$$

$$\tag{14.1.11}$$

代入 Schrödinger 方程，得

$$
\hat{U}(t) = \begin{pmatrix} \mathrm{e}^{\mathrm{i}\frac{\delta t}{2}}\left[\cos\left(\frac{\Omega}{2}t\right) - \mathrm{i}\frac{\delta}{\Omega}\sin\left(\frac{\Omega}{2}t\right)\right] & -\mathrm{i}\mathrm{e}^{\mathrm{i}\frac{\delta t}{2}}\frac{\Omega_R}{\Omega}\sin\left(\frac{\Omega}{2}t\right) \\ -\mathrm{i}\mathrm{e}^{-\mathrm{i}\frac{\delta}{2}t}\frac{\Omega_R}{\Omega}\sin\left(\frac{\Omega}{2}t\right) & \mathrm{e}^{-\mathrm{i}\frac{\delta}{2}t}\left[\cos\left(\frac{\Omega}{2}t\right) + \mathrm{i}\frac{\delta}{\Omega}\sin\left(\frac{\Omega}{2}t\right)\right] \end{pmatrix}
$$

$$(14.1.12)$$

就是驱动量子比特的时间演化算符，其中 $\Omega = \sqrt{\delta^2 + \Omega_R^2}$。简单地，在共振驱动情况下：$\delta = 0$，时间演化算符可简化为

$$
\hat{U}(t) = \begin{pmatrix} \cos\left(\frac{\Omega_R}{2}t\right) & -\mathrm{i}\sin\left(\frac{\Omega_R}{2}t\right) \\ -\mathrm{i}\sin\left(\frac{\Omega_R}{2}t\right) & \cos\left(\frac{\Omega_R}{2}t\right) \end{pmatrix} \tag{14.1.13}
$$

显然，通过设置合适的演化时间就可以得到不同的演化，这就是单量子比特量子操作。比如，如果驱动时间 t 被精确地设定为 $\Omega_R t = \pi$ 时 (即所谓的 π 脉冲驱动)，

$$
\hat{U}\left(t = \frac{\pi}{\Omega_R}\right) = \begin{pmatrix} 0 & -\mathrm{i} \\ -\mathrm{i} & 0 \end{pmatrix} = -\mathrm{i}\begin{pmatrix} 0 & 1 \\ 1 & 0 \end{pmatrix} \tag{14.1.14}
$$

这就是单比特的 σ_X 操作 (通常称为单比特 "非门" 操作)；同理，如果驱动时间 t 被精确地设定为 $\Omega_R t = \pi/2$ (即所谓的 $\pi/2$ 脉冲驱动)，则

$$
\hat{U}\left(t = \frac{\pi}{2\Omega_R}\right) = \begin{pmatrix} \dfrac{\sqrt{2}}{2} & -\mathrm{i}\dfrac{\sqrt{2}}{2} \\ -\mathrm{i}\dfrac{\sqrt{2}}{2} & \dfrac{\sqrt{2}}{2} \end{pmatrix} = \frac{1}{\sqrt{2}}\begin{pmatrix} 1 & -\mathrm{i} \\ -\mathrm{i} & 1 \end{pmatrix} \tag{14.1.15}
$$

它等价于一个单比特的 Hadamard 门操作。

显然，这种通过精确设定演化时间来设计单比特量子操作的方法，存在如下两个明显的缺陷。

(1) 只有在共振驱动的情况下，通过精确设定脉冲长度 (驱动时间) 才可以实现理想的非门和 Hadamard 门操作；而精确设定脉冲长度在实验上是比较困难的。

(2) 在非共振驱动的情况下，无论怎样设置脉冲长度 (驱动时间) 都不可能实现理想的非门和 Hadamard 门操作。

所以，需要发展对脉冲时间长度不敏感的方法来实现单比特量子逻辑门操作，这就是相干布居操纵技术。

2) 绝热相干布居转移技术

在第 11 章 11.5 节中, 我们介绍了如何利用绝热相干布居转移技术来实现量子计算。这里, 我们讨论如何利用所谓的 Stark 啁啾快速绝热布居 (Stark chirped rapid-adiabatic-passage, SCRAP) 技术, 来实现类氢原子单量子比特操纵。

一般地, 在 Stark 啁啾 $\Delta(t)$ 和 Rabi 脉冲 $\Omega(t)$ 的驱动下, 二能级系统随时间变化的 Hamilton 量可表示为

$$\hat{H}(t) = \frac{\Delta(t)}{2}\sigma_z + \frac{\Omega(t)}{2}\sigma_x = \frac{1}{2}\begin{pmatrix} 0 & \Omega(t) \\ \Omega(t) & 2\Delta(t) \end{pmatrix} \tag{14.1.16}$$

其瞬时本征向量 (绝热本征态) 为 $|+\rangle = \sin\theta(t)|0\rangle + \cos\theta(t)|1\rangle$, $|-\rangle = \cos\theta(t)|0\rangle - \sin\theta(t)|1\rangle$ (其中 $\theta(t) = \arctan[\Omega(t)/\Delta(t)]/2$)。可见, 调节绝热本征态 $|-\rangle$ 与 $|+\rangle$ 的叠加系数就可以实现非绝热态 (即比特量子态) $|0\rangle$ 和 $|1\rangle$ 的布居操纵。为了避免非绝热态布居数的振荡, 我们假设系统的 Hamilton 量中参量的变化缓慢, 以致于系统的量子演化是绝热的, 即满足绝热条件:

$$\eta = |\frac{\langle 0|\partial H(t)/\partial t|1\rangle}{E_1 - E_0}|^2 = \frac{\Omega(t)\mathrm{d}\Delta(t)/\mathrm{d}t - \Delta(t)\mathrm{d}\Omega(t)/\mathrm{d}t}{2[\Delta^2(t) + \Omega^2(t)]^{3/2}} \ll 1 \tag{14.1.17}$$

其中, η 称为绝热参数。所以, 合适施加 Stark 啁啾和 Rabi 脉冲以满足这一绝热条件时, 体系的两瞬时本征态 (绝热态) $|-\rangle$ 和 $|+\rangle$ 之间的量子跃迁可以忽略。因而, 在这一绝热演化过程中, 系统会一直处于初始时刻的绝热本征态上。这样, 通过预先设置脉冲序列, 就可以调节演化过程中的绝热态中量子比特态的叠加系数来调控比特态的占据概率, 实现单比特操作。

下面讨论如何利用这种 SCRAP 技术来实现类氢原子单量子比特操作。这里, 所需要的 Stark 啁啾脉冲 (绝热改变量子比特本征频率) 和 Rabi 脉冲 (驱动量子比特态绝热演化) 都可以通过液氦底部电子囚禁电极来施加, 由此实现对脉冲时间长度不敏感的类氢原子单量子比特操作。显然, 驱动类氢原子的 Hamilton 量可写为

$$\hat{H}_1(t) = \hat{H}_z + [eE_{dc}(t) + e\xi(t)\cos\omega_0 t] \sum_{i,j=0,1,2} z_{ij}|i\rangle\langle j| \tag{14.1.18}$$

其中, $z_{ij} = \langle i|z|j\rangle$, $z_{ij} = z_{ji}$, $|i,j\rangle$ 为无驱动类氢原子的能级波函数; Rabi 脉冲 (频率为 $\omega_0 = E_1 - E_0/\hbar$) 电压为 $V_{pump}(t) = \xi(t)\cos\omega_0 t$ (与类氢原子量子比特本征频率共振), $\xi(t)$ 是 Rabi 脉冲度; $E_{dc}(t)$ 低频 Stark 脉冲, 用于实现类氢原子本征能级动力学 Stark 移动啁啾振荡。需要说明的是, 与外加脉冲的频率 (125 GHz) 相比, 平行于液氦表面方向上的电子简谐振动频率很低 (在 GHz 量级) 很多, 所以液氦底部电极的感应电场对平行液氦表面方向上电子运动的影响可以

忽略不计。为展示这种 SCRAP 技术可有效避免比特"泄露"问题，即对量子比特的操纵可以有效地控制系统在量子比特态组成的子空间内演化，而不会导致比特态之外的其他量子态的演化，我们具体讨论这种操作是否会导致类氢原子的第二激发态 $|2\rangle$ 的演化。为此，我们在扩展子空间 $\{|i\rangle\}$, $i = 0, 1, 2$ 中，将驱动类氢原子的 Hamilton 量写为如下的矩阵形式：

$$\hat{H}_1(t) = \begin{pmatrix} E_0 + ez_{00}E_d(t) & e\xi(t)z_{01}\cos(\omega_0 t) & e\xi(t)z_{02}\cos(\omega_0 t) \\ e\xi(t)z_{10}\cos(\omega_0 t) & E_1 + ez_{11}E_d(t) & e\xi(t)z_{12}\cos(\omega_0 t) \\ ez_{20}E_d(t) & e\xi(t)z_{21}\cos(\omega_0 t) & E_2 + ez_{22}E_d(t) \end{pmatrix} \quad (14.1.19)$$

在绝热条件： $\eta_{i\neq j} = |(\langle i|\partial H_1(t)/\partial t|j\rangle)/(E_j - E_i)|^2$, $i, j = 0, 1, 2$ 下，可以求解三态空间的含时 Schrödinger 方程，得到各能态 $|i\rangle$ 的布居数随时间的变化规律。

图 14.1.3 具体给出了利用 SCRAP 技术所实现的单个类氢原子量子比特操纵的数值模拟。可以看到，前面所述通过 π 脉冲技术实现的 σ_X 门（非门）和 Hadamard 单量子比特门操作，都可以绝热地实现，其中绝热参数 $\eta \approx 0.07$。也就是说，当液氦底部电极加如图 14.1.3(a) 所示的脉冲组合时，类氢原子量子比特将从一开始的 $|1\rangle$ 态沿绝热路径完全演化为 $|0\rangle$ 态, 如图 (b) 所示；反之，如果最初类氢原子量子比特处于基态 $|1\rangle$ 态，那么在所加组合脉冲的驱动下，它将沿另一条绝热路径完全转移到态 $|1\rangle$）。这里，绝热路径就是驱动 Hamilton 量的瞬时本征态所定义的演化路径。类似地，如果所施加的 Gaussian 脉冲组合是一对如图 (c) 所示的 Gaussian 脉冲：首先是加一个 Stark 脉冲，然后再施加一个 Rabi 脉冲，那么就可以将类氢原子量子比特的初始状态 $|0\rangle$ 绝热地演化为叠加态 $(|0\rangle + |1\rangle)/\sqrt{2}$，如图 (d) 所示；当然，如果类氢原子量子比特的初始为 $(|0\rangle - |1\rangle)/\sqrt{2}$，那么在组合脉冲的驱动下，它将沿另一个绝热路径演变成 $|1\rangle$ 态。这就实现了单个类氢原子量子比

图 14.1.3 基于 SCRAP 的类氢原子最低三个能级的布居变化 (彩图见封底二维码)

$E_\perp = 100$ V/m 。利用 (a) 所示脉冲序列： $E_{dc}(t) = 1 \times 10^9 t$ v/m 和 $\xi(t) = 70$ V/m，-35 ns $\leqslant t \leqslant 40$ ns，可以实现图 (b) 所示的单比特非门操作。图中可见，$|2\rangle$ 态布居很小，可以忽略不计；利用图 (c) 所示的脉冲序列： $E_{dc}(t) = 50\exp[-(t + 1 \times 10^{-8})^2/(1.5 \times 10^{-8})^2]$ V/m 和 $\xi(t) = 70\exp[-(t - 1 \times 10^{-8})^2/(1.55 \times 10^{-8})^2]$ V/m，可以实现图 (d) 所示的从初始状态 $|0\rangle$ 制备比特最大叠加态 $(|0\rangle + |1\rangle)/\sqrt{2}$ 操作。同样，在此过程中，$|2\rangle$ 态的布居数非常小从而可以忽略不计

特的 Hadamard 门操作。注意到，实现这些操作的方式是正确地设计所组合脉冲的施加顺序，但不是脉冲持续时间。只要脉冲序列施加得合适，类氢原子量子比特跃迁到更高能量态，如 $|2\rangle$ 态的概率是非常低的，如图 (b) 和 (d) 中所示的绿色线，所以比特"泄露"问题可以避免。此外，我们的数值模拟结果还证明了，虽然驱动类氢原子的演化要求是满足绝热条件，但所需的比特态布居转移完成的时间仍然是足够快的：可在时间长度为 0.1μs 之内完成，仍比类氢原子量子比特的实际退相干时间 ($\sim$ 0.1 ms) 短很多。所以，绝热布居转移技术可以应用于实现高保真度的类氢原子量子比特逻辑运算。

3) 非绝热布居转移技术

在上述 SCRAP 实现单比特量子操作的过程中，初态是各种沿 Hamilton 量瞬时本征态所定义的路径绝热演化达到未态的，这要求受驱动量子系统的演化必须满足相应的绝热条件 (即在演化过程中不会发生 Hamilton 量瞬时本征态之间的量子跃迁)。一般而言，绝热演化要求系统的演化足够慢才能实现，而这要受到量子比特有限退相干时间的限制的。因此，放宽在上述 SCRAP 技术所需的绝热条件，对于实现快速的量子门操作来说是非常重要的。为了实现不受绝热条件限制的快速量子计算，原则上需要驱动系统沿非绝热路径进行快速地演化。确实，这也是可能的。

一般形式的含时二能级系统可以用如下的 Hamilton 量：

$$\hat{H}(t) = \left[A(t) - \frac{1}{2}\hbar\dot{\omega}(t) \right] \hat{\sigma}_z + B(t)\hat{\sigma}_x \tag{14.1.20}$$

表示。其中 $A(t), B(t)$ 和 $\omega(t)$ 是实验可设置的实参数。假设系统的初态为 $|\Psi(t_0)\rangle = |0\rangle$，经过时间 t 的演化后，变为 $|\Psi(t)\rangle = \hat{U}(t)|\Psi(t_0)\rangle$，其中时间演化算符为

$$\hat{U}(t) = \begin{pmatrix} \cos[\alpha(t)] & \mathrm{i}\sin[\alpha(t)] \\ \mathrm{i}\sin[\alpha(t)] & \cos[\alpha(t)] \end{pmatrix} \times \begin{pmatrix} \mathrm{e}^{\mathrm{i}\gamma(t)} & 0 \\ 0 & \mathrm{e}^{-\mathrm{i}\gamma(t)} \end{pmatrix} \times \begin{pmatrix} \cos[\beta(t)] & \sin[\beta(t)] \\ -\sin[\beta(t)] & \cos[\beta(t)] \end{pmatrix}$$

这里，初始条件 $\hat{U}(0) = 1$ 意味着 $\alpha(0) = \beta(0) = \gamma(0) = 0$，参数 $\alpha(t), \beta(t), \gamma(t)$ 由下列微分方程确定：

$$\begin{cases} \dot{\alpha} = -\left[A(t) - \frac{1}{2}\dot{\omega}(t) \right] \cos[2\alpha(t)] \tan[2\beta(t)] - B(t) \\ \dot{\beta} = \left[A(t) - \frac{1}{2}\dot{\omega}(t) \right] \sin[2\alpha(t)] \\ \dot{\gamma} = -\left[A(t) - \frac{1}{2}\dot{\omega}(t) \right] \dfrac{\cos[2\alpha(t)]}{\cos[2\beta(t)]} \end{cases} \tag{14.1.21}$$

一旦方程 (14.1.21) 得解，那么系统在任何时刻的演化波函数便可得到。利用龙格–库塔法，我们可以数值求解这些参数方程，从而精确地确定时间演化算子 $\hat{U}(t)$。

这样，如果量子比特初始时刻处于基态 $|0\rangle$，那么过了时间 t 之后，演化到激发态 $|1\rangle$ 的概率可计算为 $P_1(t) = 1 - |\langle 0|\hat{U}(t)|0\rangle|^2$。

图 14.1.4 模拟了在两个 Gaussian 脉冲驱动下，非绝热地实现单量子比特 σ_X 门的过程中，类氢原子量子比特态的布居非绝热快速变化过程。显然，系统在这两个 Gaussian 脉冲驱动下的演化不满足绝热条件，绝热参数是 $\eta = 0.6$（并不远小于 1）。也就是说，这里实现 σ_X 单比特门的布居转移过程是非绝热，因而更快。

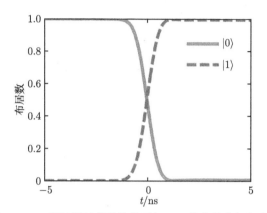

图 14.1.4　类氢原子单比特量子门 σ_X 的非绝热操纵实现

这里，所用的两个 Gaussian 脉冲分别为 $E_c(t) = 10 \exp[-t^2/(1 \times 10^{-10})^2]$ V/m 和
$E_{ac}(t) = 270 \exp[-t^2/(1 \times 10^{-9})^2]$ V/m

2. 类氢原子量子比特与水平方向运动自由度的耦合 [5]

一般情况下，囚禁电子的纵向 z 方向运动和横向 x, y 方向上的运动是不耦合的。假定电极位于液氦表面下方 h 处（一般地，$z, x, y \ll h$），从而电子受到的总囚禁势可有效地表示成

$$U(z, x) \approx -\frac{\Lambda e^2}{z} + eE_\perp z + \frac{1}{2}m_e\nu^2(x^2 + y^2) \tag{14.1.22}$$

其中，$E_\perp \approx Q/h^2$，$\nu \approx \sqrt{eQ/(m_eh^3)} = \sqrt{eE_\perp/(m_eh)}$，并且忽略了 x, y 方向上的非谐势。这说明，液氦底部的电极电场囚禁下液氦表面上的电子运动可以分解 z 方向上的一维类氢原子（相比于无囚禁电极只是发生了类氢原子能级的 Stark 位移）和 x, y 方向上的简谐振动，因而囚禁单电子的 Hamilton 量可表示为

$$\hat{H}_0 = \sum_i E_i|i\rangle\langle i| + \sum_{k=x,y} \hbar\nu_k\left(\hat{a}_k^\dagger \hat{a}_k + \frac{1}{2}\right) \tag{14.1.23}$$

这里，$|i\rangle$ 是类氢原子第 i 个束缚态，Bose 算符 $\hat{a}_k^\dagger$ 和 $\hat{a}_k$ 描述囚禁电子沿着 $k = x, y$ 方向简谐振动。对于垂直方向上的一维类氢原子，只考虑其两个最低的能级（即

基态 $|0\rangle$ 和第一激发态 $|1\rangle$)，则

$$\hat{H}_0 = \frac{\hbar\omega_0}{2}\hat{\sigma}_z + \hbar \sum_{k=x,y} \nu_k \left(\hat{a}_k^\dagger \hat{a}_k + \frac{1}{2}\right) \tag{14.1.24}$$

这里，E_0 和 E_1 是一维类氢原子的两个最低能量束缚态，$\omega_0 = (E_1 - E_0)/\hbar$ 是类氢原子量子比特的本征频率。

下面讨论如何利用外部激光来实现液氦上电子不同轨道态 (z 方向上的类氢原子量子比特和 x-y 方向上的简谐振动) 之间的耦合。

为了实现液氦上囚禁电子垂直和水平运动自由度的耦合，我们沿 x 方向施加一束 (如图 14.1.5 所示) 电场为 z 方向极化的经典激光 $\varepsilon(x,t) = E_z \cos(k_l x - \omega_l t + \phi_l)$，其中，激光束的波矢为 k_l，振幅为 E_z，频率和初相位分别为 ω_l 和 ϕ_l。这样，激光驱动的液氦上表面电子的量子运动就由如下的 Hamilton 量：

$$\hat{H} = \hat{H}_0 + ez\varepsilon(x,t) \tag{14.1.25}$$

图 14.1.5　液氦底部电极 (带电量为 Q) 囚禁下，沿 x 方向引入经典激光场实现电子的垂直和平行液氦表面 x 方向运动自由度的耦合

描述。将囚禁电子沿 x 方向简谐振动量子化位移表达式 $x = \sqrt{\hbar/2m_e\nu}(\hat{a} + \hat{a}^\dagger)$ 代入上式，Hamilton 量可被进一步写成

$$\hat{H} = \hat{H}_0 + [\hbar\tilde{\Omega}\sigma_z + \hbar\Omega(\sigma_- + \sigma_+)](e^{i\eta(\hat{a}+\hat{a}^\dagger)-i\omega_l t+i\phi_l} + e^{-i\eta(\hat{a}+\hat{a}^\dagger)+i\omega_l t-i\phi_l}),$$
$$\tag{14.1.26}$$

其中，$\Omega = \langle 0|z|1\rangle eE_z/(2\hbar)$ 是激光场导致的类氢原子量子比特和 x 方向上简谐振子有效相互作用强度，$\tilde{\Omega} = (\langle 1|z|1\rangle - \langle 0|z|0\rangle)eE_z/(4\hbar) \neq 0$ 是由于激光场导致的宇称对称破坏类氢原子量子比特本征频率的修正，$\sigma_- = |0\rangle\langle 1|$ 和 $\sigma_+ = |1\rangle\langle 0|$。此外，$\eta = k_l\sqrt{\hbar/2m_e\nu}$ 是描述类氢原子量子比特和电子在 x 方向振动耦合强度的 Lamb-Dicke (LD) 参数。假设驱动激光场的频率是可调的，比如 $\omega = \omega_0 + K\nu$，其中

$K = 0, \pm 1$，那么分别对 x 方向振动的谐振子施加 ($K = 0$)、第一蓝色 ($K = 1$) 和第一红色 ($K = -1$) 边带的激发，这时 LD 参数为 $\eta_K = (\omega_0 + K\nu)\sqrt{\hbar/(2m_e\nu)}/c$ (这里 c 是真空中光速)。进而通过调整激光场的场强大小 $E_\perp$ 和 h 的值，使得 LD 参数可以调成很小的值 (即 $\eta \ll 1$)，从而可以使弱耦合极限下的 LD 近似成立。这样，在旋转波近似下系统的 Hamilton 量可改写为

$$\begin{cases} \hat{H}_{eff}^0 = \hbar\Omega e^{i\phi_l}\hat{\sigma}_+ + \text{h.c.}, & K = 0 \\ \hat{H}_{eff}^r = i\eta\hbar\Omega e^{i\phi_l}\hat{\sigma}_+\hat{a} + \text{h.c.}, & K = -1 \\ \hat{H}_{eff}^b = i\eta\hbar\Omega e^{i\phi_l}\hat{\sigma}_+\hat{a}^\dagger + \text{h.c.}, & K = 1 \end{cases}$$

显然，Hamilton 量 $\hat{H}_{eff}^r$ 和 $\hat{H}_{eff}^b$ 分别对应于 J-C 模型和反 J-C 模型。

上述 LD 近似下的 Hamilton 量所对应的动力演化过程是精确可解的。例如，如果 x 方向上的谐振荡初始状态为福克态 $|m\rangle$, $m \geqslant 0$，那么，

(1) 当 $K \leqslant 0$ 时，

$$\begin{cases} |m\rangle|g\rangle \to |m\rangle|g\rangle, & m < k \\ |m\rangle|g\rangle \to \cos(\Omega_{m-k,k}t)|m\rangle|g\rangle + i^{k-1}e^{i\phi_l}\sin(\Omega_{m-k,k}t)|m-k\rangle|e\rangle, & m \geqslant k \\ |m\rangle|e\rangle \to \cos(\Omega_{m,k}t)|m\rangle|e\rangle - (-i)^{k-1}e^{-i\phi_l}\sin(\Omega_{m,k}t)|m+k\rangle|g\rangle, & m \geqslant k \end{cases}$$
$$(14.1.27)$$

(2) 当 $K \geqslant 0$ 时，

$$\begin{cases} |m\rangle|g\rangle \to \cos(\Omega_{m,k}t)|m\rangle|g\rangle + i^{k-1}e^{i\phi_l}\sin(\Omega_{m,k}t)|m+k\rangle|e\rangle, & m < k \\ |m\rangle|e\rangle \to |m\rangle|e\rangle, & m < k \\ |m\rangle|e\rangle \to \cos(\Omega_{m-k,k}t)|m\rangle|e\rangle - (-i)^{k-1}e^{-i\phi_l}\sin(\Omega_{m-k,k}t)|m-k\rangle|g\rangle, & m \geqslant k \end{cases}$$
$$(14.1.28)$$

其中，$\Omega_{m,k} = \Omega\eta^k\sqrt{(m+k)!/m!}$ 是有效 Rabi 频率，且 $k = |K|$。值得强调的是，这里所构造的 JC 模型或反 JC 模型在实验上是完全可以实现的。首先，由于液氦上表面电子态系统中退相干的主要来源，即液氦表面的不平整性所对应的涟波子效应很弱，因而极低温环境下类氢原子量子比特的相干时间很长 (可估算为 10^{-4} s，大概为几个 GHz)；其次，对于典型的实验参数，$E_\perp = 10^4$ V/m 和 $h = 5\times10^{-7}$ m，z 方向的一维氢原子跃迁频率和 x 方向电子振动的频率分别为 $\omega_0/(2\pi) \approx 180$ GHz 和 $\nu/(2\pi) \approx 9.4$ GHz，因而 LD 参数可估算为 $\eta \approx 1.2 \times 10^{-4} \ll 1$，所以 LD 近似可以成立。当然，由于因禁离子的量子比特的本征频率 $\omega_0/(2\pi)$ 远大于类氢原子量子比特的本征频率，且因禁离子的振动频率 $\nu/(2\pi)(\sim 10^{-4}$ GHz) 又是远小于液氦上表面电子振动的频率，所以液氦上因禁电子系统的 LD 参数远小于因禁离子系统 (那里为 $\eta \sim 0.2$)，因而 LD 近似更容易成立。不过，尽管这一系统

的 LD 参数相对较小，但由于类氢原子量子比特的相干时间足够长 ($\sim 10^{-4}$ s)，所以基于上述 J-C 模型相互作用来设计各种量子操作仍然是可行的。例如，如果 π 脉冲的持续时间设置为 $t = \pi/\Omega_{m,k} < 10^{-4}s$，只需要激光场振幅设为典型值 $E_z = 10^2$ V/m 即可，这是 LD 参数为 $\eta = 1.2 \times 10^{-4}$，因而 $\pi/\Omega_{m,0} \approx 9.1 \times 10^{-9}s$，$\pi/\Omega_{m,l} < 7.6 \times 10^{-5}s$。当然，可以通过增加激光场振幅 E_z (也就是提高有效 Rabi 频率 Ω) 来进一步缩短上述的操作的持续时间，从而可以允许实施更多次的脉冲操作。比如，如果振幅 E_z 增加 10 倍，脉冲的持续时间会缩短为原来十分之一。

基于以上的 J-C 模型和反 J-C 模型相互作用，可以设计各种量子操作来调控液氦上囚禁电子量子态。例如，实现非经典振动量子态的制备、类氢原子量子比特的逻辑门操作、构造可实现相关物理量精密测量的自旋 (类氢原子量子比特–Bose (x-y 平面上的谐振子) 混合量子干涉仪等。作为具体的例子，下面讨论如何对类氢原子量子比特进行边带冷却。显然，热场态是囚禁电子振动的自然状态，在热平衡时振动态的密度矩阵为

$$\rho_{th} = \sum_{m=0}^{\infty} \frac{\langle m \rangle^m}{[1 + \langle m \rangle]^{m+1}} |m\rangle\langle m| \tag{14.1.29}$$

式中，$\langle m \rangle = 1/(\mathrm{e}^{\hbar\nu/(k_B T)} - 1)$ 为振动的平均声子数，k_B 和 T 分别是玻尔兹曼常数和环境的温度。电子冷却的目的是确定温度下降低振动的声子数，从而使其外部振动减弱。这里我们假设液氦上囚禁电子沿 z 方向上的运动，即类氢原子是稳定的，因而可以用于实现类氢原子量子比特，而需要冷却的是其沿 x 方向上的振动。假设类氢原子量子比特的初态为 $\rho_0 = |g\rangle \times \rho_{th}$，那么利用上述的 J-C 型相互作用可以设计以下一系列的量子相干操作来降低振动声子数。

(1) 施加一个持续时间为 $t = \pi/2\Omega_{m-1,1}$ 的 $\pi/2$ 红边带激光脉冲，使囚禁电子 x 方向上的振动态发生跃迁：$|m\rangle|0\rangle \rightarrow |m-1\rangle|1\rangle$；同时，类氢原子量子比特跃迁到了激发态 $|1\rangle$。

(2) 辅助能级 $|a\rangle$(可选为类氢原子的第三能级) 依次施加两个辅助共振脉冲作用，使得类氢原子量子比特 $|1\rangle$ 发生两步态跃迁：$|1\rangle \rightarrow |a\rangle \rightarrow |g\rangle$，同时阻止跃迁 $|0\rangle \rightarrow |1\rangle$ 发生。这里，$\omega_{1a}/\omega_{ge} \approx 0.18$ 是类氢原子能级 $|1\rangle$ 和 $|a\rangle$ 间的跃迁频率，ω_{10} 是类原子量子比特的本征频率。经过这两步操作后，囚禁电子 x 方向上的振动能量减少了一个声子的能量 $\hbar\nu$，而类氢原子量子比特态则回到基态：

$$|m\rangle|0\rangle \rightarrow |m-1\rangle|1\rangle \rightarrow |m-1\rangle|a\rangle \rightarrow |m-1\rangle|0\rangle \tag{14.1.30}$$

重复以上两步操作 (当 $E_z = 10^3$ V/m 时，持续时间通常小于 $4 \times 10^{-6}s$)，直到振动态从 $|m\rangle$ 降为 $|0\rangle$)，达到 x 方向振动冷却到基态的目的。

14.1.3 类氢原子量子比特和毫米波驻波场的相互作用[6]

上面我们讨论了通过施加行波激光场驱动，实现液氦上囚禁电子在垂直液氦表面上类氢人工原子和平行于液氦表面振动的 J-C 型耦合。下面我们讨论液氦上囚禁电子类氢量子比特与毫米波谐振腔中量子化驻波场的相互作用。

正如前述，液氦上垂直液氦表面方向上的类氢原子量子比特，其跃迁频率处于毫米波波段 (频率为 120GHz 左右)，因而操纵这种量子比特的量子跃迁可以应用于获得毫米波电磁辐射。考虑如图 14.1.5 所示的液氦上囚禁电子与毫米波谐振腔相互作用系统。图 14.1.6 中，两个相距毫米量级距离的理想金属平板构成毫米波电磁腔，腔中真空涨落的电磁驻波沿平行液氦表面方向传播，其电矢量为 z 方向可与囚禁电子垂直液氦表面上的运动自由度耦合。

图 14.1.6　液氦上囚禁电子与毫米波谐振器中的驻波场相互作用

首先，按照腔电磁场量子化的标准做法，我们先将腔中的毫米波电磁场进行量子化。假定腔长为 L，z 方向的电场强度为 $\boldsymbol{E}(\boldsymbol{z},t) = \boldsymbol{e}_z \boldsymbol{E}_z(x,t)$，满足波动方程 $\partial^2 E_z(x,t)/\partial x^2 - \dfrac{1}{c^2}\partial^2 E_z(x,t)/(c^2 \partial t^2) = 0$。考虑到在腔两端的边界条件 $E_z(x = -L/2,t) = E_z(x = L/2,t) = 0$，则腔中驻波场的电矢量可分解为一系列的驻波模的叠加：

$$E_z(x,t) = \sum_n A\cos(k_n x)q_n(t) = \sum_n \sqrt{\frac{2\omega_n^2}{\epsilon_0 V}}Q_n(t)\cos(k_n x) \qquad (14.1.31)$$

其中，$Q_n(t) = \sqrt{\epsilon_0 V/(2\omega_n^2)}\,q_n(t)$ 为广义坐标变量，其运动方程是 $\mathrm{d}^2 q_n/\mathrm{d}t^2 + k_n^2 c^2 q_n^2$，$k_n = n\pi/L$；$c$ 为真空中光速，ϵ_0 是真空介电常数，V 是腔模的归一化体积。式中，电磁场能量等价于简正坐标 $\{Q_n, P_n\}$ 表示下的谐振子能量，所以直接引用简谐振子的正则量子化方法，$P_n \to \hat{P}_n$，$Q_n \to \hat{Q}_n$，$[\hat{Q}_n, \hat{P}_n] = \mathrm{i}\hbar$，并定义第 n 个模式毫米波驻波光子的产生、湮灭算符：

$$\hat{b}_n^\dagger = \frac{1}{\sqrt{2\hbar\omega_n}}(\omega_n \hat{Q}_n - \mathrm{i}\hat{P}_n), \quad \hat{b}_n = \frac{1}{\sqrt{2\hbar\omega_n}}(\omega_n \hat{Q}_n + \mathrm{i}\hat{P}_n) \qquad (14.1.32)$$

并反解出

$$\hat{P}_n = \frac{\sqrt{2\hbar\omega_n}}{2i}(b_n - \hat{b}_n^\dagger), \quad \hat{Q}_n = \frac{\sqrt{2\hbar\omega_n}}{2\omega_n}(\hat{b}_n^\dagger + \hat{b}_n) \tag{14.1.33}$$

将量子化后的简正坐标表达式代入上面的驻波电场的模式中，便可得到毫米波中驻波形式的量子化电场 $\hat{E}_z(x,t) = \sum_n \sqrt{\hbar\omega_n/(\epsilon_0 V)} \cos(k_n x)(\hat{b}_n^\dagger + \hat{b}_n)$。为了简单，我们仅考虑沿 x 方向传播的单模驻波场，其电场强度分布为

$$E_z(x) = \sqrt{\frac{\hbar\omega_c}{2\epsilon_0 V}}(\hat{b}^\dagger + \hat{b}) \cos(k_c x) \tag{14.1.34}$$

式中，ω_c 是腔模的频率，E_z 表示该电场的极化方向为 z 方向，k_c 为该模式电磁波的波数，x 为囚禁电子振动位移。这样，腔中量子化驻波场与液氦上囚禁电子 z 方向运动的相互作用，就可由 Hamilton 量 $\hat{H} = \hat{H}_0 + ezE_z(x)$ 表示。其中，$\hat{H}_0 = \hat{H}_e + \hbar\omega_c\hat{b}^\dagger\hat{b}$ 为未耦合的类氢原子量子比特和腔 Hamilton 量。由于电子是被限制在一个比腔模波长小得多的区域，所以 $k_c x \approx 0$，从而，偶极近似下上述 Hamilton 量可表示为

$$\hat{H} = \hat{H}_0 + \hbar\Omega_c\left(\hat{b}^\dagger + \hat{b}\right)\sigma_x + \hbar\tilde{\Omega}_c\left(\hat{b}^\dagger + \hat{b}\right)\sigma_z \tag{14.1.35}$$

其中，Rabi 频率 $\Omega_c = e\langle 1|z|0\rangle\sqrt{\omega_c/(2\hbar\epsilon_0 V)}$ 描述类氢原子量子比特与量子化腔场模的耦合强度，$\tilde{\Omega}_c = e(\langle 1|z|1\rangle - \langle 0|z|0\rangle)\sqrt{\omega_c/(8\hbar\epsilon_0 V)} \neq 0$ 是由于液氦上电子的对称性破缺 (即 $\langle 1|z|1\rangle \neq \langle 0|z|0\rangle \neq 0$) 所致类氢原子量子比特本征频率的 Stark 修正，$\sigma_x = \sigma_+ + \sigma_-$。

假设腔与类氢原子量子比特共振，即 $\omega_c = \omega_0$，那么旋转波近似下的相互作用绘景中 Hamilton 量就可以简化为

$$\hat{H}_{\text{J-C}} = \hbar\Omega_c(\hat{b}^\dagger\sigma_- + \hat{b}\sigma_+) \tag{14.1.36}$$

这是一个精确可解模型。比如，可以严格写出初态 $|m\rangle|0\rangle$ 的任意时刻时间演化态：$|m\rangle|0\rangle \rightarrow \cos(\Omega_{m-1}t)|m\rangle|0\rangle - i\sin(\Omega_{m-1}t)|m-1\rangle|1\rangle$，或 $|m\rangle|1\rangle$ 的演化：$|m\rangle|1\rangle \rightarrow \cos(\Omega_m t)|m\rangle|1\rangle - i\sin(\Omega_m t)|m+1\rangle|0\rangle$。其中，当 $m \geqslant 0$ 时，有效 Rabi 频率:$\Omega_m = \Omega_c\sqrt{m+1}$；当 $m < 0$ 时，$\Omega_m = 0$，取决于腔中电磁场模态的初始占据数 m。所以，利用这种 J-C 模型相互作用，可以实现基于液氦上类氢原子量子比特操纵的各种毫米波量子信息处理。

作为上述模型的一个可能应用，我们讨论如何制备毫米波波段的一种宏观量子态–Schrödinger 猫态。为此，我们用一束经典光 $E_l(x,t) = E_z\cos(k_l x - \omega_l t - \phi_l)$ 来驱动腔中囚禁电子，这里 $E_z, \varepsilon_z, k_l, \omega_l$ 和 ϕ_l 分别为经典光的幅值，沿 z 方向的

单位极化矢量、波矢、频率和初始相位等。在偶极近似下，这一驱动量子系统的 Hamilton 量可表示为

$$\hat{H}_{\mathrm{D}} = \hat{H} + \hbar\Omega_l\hat{\sigma}_x\left(\mathrm{e}^{-\mathrm{i}\omega_l t - \mathrm{i}\phi_l} + \mathrm{e}^{\mathrm{i}\omega_l t + \mathrm{i}\phi_l}\right) + \hbar\tilde{\Omega}_l\hat{\sigma}_z\left(\mathrm{e}^{-\mathrm{i}\omega_l t - \mathrm{i}\phi_l} + \mathrm{e}^{\mathrm{i}\omega_l t + \mathrm{i}\phi_l}\right) \quad (14.1.37)$$

这里，$\Omega_l = e\langle 1|z|0\rangle E_z/(2\hbar)$ 是电子与经典光的耦合强度，$\tilde{\Omega}_l = e(\langle 1|z|1\rangle - \langle 0|z|0\rangle)$ $E_z/(4\hbar) \neq 0$。在共振条件情形下，即 $\omega_0 = \omega_c = \omega_l$，系统的量子演化可由如下的旋转波近似 Hamilton 量：

$$\hat{H}_{\mathrm{DJ\text{-}C}} = \hbar\Omega_c\left(\hat{b}^\dagger\sigma_- + \hat{b}\sigma_+\right) + \hbar\Omega_l\left(\mathrm{e}^{\mathrm{i}\phi_l}\sigma_- + \mathrm{e}^{-\mathrm{i}\phi_l}\sigma_+\right) \quad (14.1.38)$$

表示。这里，第一项表示的是类氢原子和量子化驻波场的相互作用，第二项描述经典光驱动效应。同样，这个模型也是可解的，其时间演化算子可表示为

$$\hat{U}(t) = \mathrm{e}^{-(\mathrm{i}t/\hbar)D^\dagger(r)\hat{H}_{\mathrm{J\text{-}C}}D(r)} = D(-r)\mathrm{e}^{-(\mathrm{i}t/\hbar)\hat{H}_{\mathrm{J\text{-}C}}}D(r) \quad (14.1.39)$$

式中，$D(r) = \exp\left(r\hat{b}^\dagger - r^*\hat{b}\right)$ 是位移算符，$r = \mathrm{e}^{-\mathrm{i}\phi_l}\Omega_l/\Omega_c$。利用类氢原子量子比特的基矢转换关系 $|\pm\rangle = (|0\rangle \pm |1\rangle)/\sqrt{2}$，可将上述驱动系统的 Hamilton 量改写为

$$\hat{H}'_{\mathrm{DJ\text{-}C}} = \frac{\hbar\Omega_c}{2}\left[\hat{b}^\dagger\left(\hat{\tau}_z - \hat{\tau}_+ + \hat{\tau}_-\right) + \hat{b}\left(\hat{\tau}_z + \hat{\tau}_+ - \hat{\tau}_-\right)\right] + \hbar\Omega_l\hat{\tau}_z \quad (14.1.40)$$

其中，$\hat{\tau}_z = \sigma_x$，$\hat{\tau}_+ = (\sigma_+ - \sigma_- - \sigma_z)/2$ 和 $\hat{\tau}_- = (\sigma_- - \sigma_+ - \sigma_z)/2$。由于驱动经典光的振幅 E_z 是实验可控的，Ω_l 可以随着 E_z 的增强而增大，因而在强驱动情况下，$\Omega_l \gg \Omega_c$，可以实现 J-C 和反 J-C 型相互作用的组合。在 $\hat{V}' = \exp(-\mathrm{i}\Omega_l t\hat{\tau}_z)$ 定义的旋转坐标系中，上面 Hamilton 量可进一步表示为

$$\hat{H}_{\mathrm{eff}} = \frac{\hbar\Omega_c}{2}\left(\hat{b}^\dagger + \hat{b}\right)\hat{\tau}_z = \frac{\hbar\Omega_c}{2}\left(\hat{b}^\dagger\hat{\sigma}_- + \hat{b}\hat{\sigma}_+\right) + \frac{\hbar\Omega_c}{2}\left(\hat{b}^\dagger\hat{\sigma}_+ + \hat{b}\hat{\sigma}_-\right) \quad (14.1.41)$$

可见，如果系统的初态为 $|0\rangle|+\rangle$，那么其量子演化就输出一个毫米波相干态 $|\alpha\rangle = \exp(-|\alpha|^2/2)\sum_{m=0}^{\infty}(\alpha^m/\sqrt{m!})|m\rangle$，$\alpha = -\mathrm{i}t\Omega_c/2$；如果系统的初态是 $|0\rangle(|+\rangle + |-\rangle)$ $/\sqrt{2}$，那么时间演化后将输出一个毫米波 Schrödinger 猫态：

$$|\varphi\rangle = \frac{1}{\sqrt{2}}(|\alpha\rangle|+\rangle + |-\alpha\rangle|-\rangle) \quad (14.1.42)$$

进一步地，对类氢原子量子比特进行投影测量，如果测到其处于 $|0\rangle$ 态，那么腔场就会坍缩到偶相干态；反之，如果测到其处于 $|1\rangle$ 态，那么腔场就会坍缩到奇相干态。

14.1.4　两个类氢原子量子比特的联合操纵[4]

下面讨论如何利用 Coulomb 相互作用实现两近邻类氢原子量子比特的逻辑操作。假设液氦上的两电子，分别被液氦底部的微电极电场囚禁在两个势阱中，他们在垂直液氦表面的 z 方向上都形成了类氢原子，并且每个类氢原子量子比特的本征频率都可以通过调节底部电极所施加的囚禁电场来调节。为了保证两个量子比特之间的可开关耦合，我们假设初始时刻两个类氢原子量子比特的本征频率相差得足够大 (即足够的大失谐)，以至于它们之间的 Coulomb 相互作用不足以导致两个量子比特态的关联演化。这样通过对其中的一个量子比特进行操纵 (包括改变其本征频率)，就可以利用这种 Coulomb 相互作用实现可选址的两比特量子逻辑运算。

假设第一类氢原子不变，但对第二类氢原子施加一个 Stark 脉冲，从而得到驱动的两 Coulomb 相互作用耦合的类氢原子系统: $\hat{H}_{\text{total}} = \sum\limits_{i=1,2} \hat{H}_0^{(i)}(z_i) + \hat{H}_{int}(z_1, z_2) + \hat{H}_{\text{stark}}^{(2)}(t)$, 其中,

$$\hat{H}_{int} = \frac{e^2}{4\pi\epsilon_0} \times \frac{z_1^2 + z_2^2 - 2z_1 z_2}{2d^3} \tag{14.1.43}$$

描述两个类氢原子之间的 Coulomb 相互作用, z_i, $i = 1, 2$ 是第 i 个类氢原子在 z 方向上的位移。$\hat{H}_0^{(i)}(z_i) = p_z^{(i)2}/2m - \Lambda e^2/z_i + eE_\perp z_i$, 为第 i 个类氢原子的自由 Hamilton 量,

$$\hat{H}_{\text{stark}}^{(2)}(t) = \left(eE_{dc}^{(2)}(t)z_2 + \frac{eE_{dc}^{(2)}(t)z_1}{\sqrt{8}} \right) \tag{14.1.44}$$

为施加到第二个类氢原子上的驱动项, $E_{dc}^{(2)}(t)$ 为可变振幅的本征频率啁啾电场。由于基态与第一激发态之间的能量大于第一激发态和第二激发态之间的能量, 所以进行量子比特操作时类氢原子能量定态 $|1\rangle$ 和 $|2\rangle$ 之间的非共振跃迁可以忽略。在两比特基矢所组成的完备态空间 $\{|00\rangle, |01\rangle, |10\rangle, |11\rangle\}$ 中, 旋转波近似下系统 Hamilton 量可写成如下的矩阵形式:

$$H_{int}(t) = \begin{pmatrix} \Delta_1 & 0 & 0 & 0 \\ 0 & \Delta_2 & -2\alpha z_1^{01} z_2^{10} \mathrm{e}^{-\mathrm{i}\omega t} & 0 \\ 0 & -2\alpha z_1^{01} z_2^{10} \mathrm{e}^{\mathrm{i}\omega t} & \Delta_3 & 0 \\ 0 & 0 & 0 & \Delta_4 \end{pmatrix} \tag{14.1.45}$$

式中, $\alpha = e^2/(2d^3 \times 4\pi\epsilon_0)$, $\omega = \omega_1^0 - \omega_2^0$, $\omega_i^0 = (E_1^{(i)} - E_0^{(i)})/\hbar$, $z_i^{ij} = \langle i|z_i|j\rangle$, $z_i^{ij} = z_i^{ji}$; 并且 $\Delta_1 = \alpha[(z_1^{00})^2 + (z_2^{00})^2 + z_1^{01} z_1^{10} + z_2^{01} z_2^{10} - 2z_1^{00} z_2^{00}] + eE_{dc}^{(2)} z_2^{00} + ez_1^{00} E_{dc}^{(2)}/\sqrt{8}, \Delta_2 = \alpha[(z_1^{00})^2 + (z_2^{11})^2 + z_1^{01} z_1^{10} + z_2^{01} z_2^{10} - 2z_1^{00} z_2^{11}] + eE_{dc}^{(2)} z_2^{11} + ez_1^{00} E_{dc}^{(2)}/\sqrt{8}$, 以及 $\Delta_3 = \alpha[(z_1^{11})^2 + (z_2^{00})^2 + z_1^{01} z_1^{10} + z_2^{01} z_2^{10} - 2z_1^{11} z_2^{00}] + eE_{dc}^{(2)} z_2^{00} +$

$ez_1^{11}E_{dc}^{(2)}/\sqrt{8}, \Delta_4 = \alpha[(z_1^{11})^2 + (z_2^{11})^2 + z_1^{01}z_1^{10} + z_2^{01}z_2^{10} - 2z_1^{11}z_2^{11}] + eE_{dc}^{(2)}z_2^{11} + ez_1^{11}E_{dc}^{(2)}/\sqrt{8}$。容易看到，两个类氢原子量子比特组合系统的态 $|00\rangle$(或 $|11\rangle$) 单独构成一个不变的子空间，也就是说，如果两量子比特一开始就制备在态 $|00\rangle$ (或 $|11\rangle$) 上，那么在操作过程中这个态是不演化的；但是，在另一个由 $|01\rangle$ 和 $|10\rangle$ 构成的不变子空间中，Hamilton 量可简写为

$$\hat{H}_{\text{sub}}(t) = \begin{pmatrix} 0 & -2\alpha z_1^{01}z_2^{10}e^{-i\omega t} \\ -2\alpha z_1^{10}z_2^{01}e^{i\omega t} & \Delta_3 - \Delta_2 \end{pmatrix} \tag{14.1.46}$$

它可以导致两个量子比特态的关联演化。通过求解 (14.1.46) 所描述系统的量子演化动力学，基于 Coulomb 相互作用实现两个类氢原子量子比特可开关的量子逻辑门运算是可能的。

在绝热条件下，解 $\hat{H}_{\text{sub}}(t)$ 的瞬时本征方程，得到图 14.1.7(a) 所示的态演化绝热路径；因而系统初态 $|01\rangle$ 就可以沿着图 14.1.7(a) 红线所示的绝热路径演化到态 $|10\rangle$，它们的布居数变化过程如图 (b) 所示，最终实现两量子比特态的交换。这里，数值模拟中所使用的参数为 $z_1^{00} = 0.01139\ \mu m$，$z_1^{11} = 0.04176\ \mu m$，$z_1^{01} = z_1^{10} = -0.00452\ \mu m$，$z_2^{00} = 0.01142\ \mu m$，$z_2^{11} = 0.04244\ \mu m$，$z_2^{01} = z_2^{10} = -0.00449\ \mu m$，$\omega = 9.31\ GHz$。所使用的脉冲是 $E_{dc}^{(2)}(t) = \gamma(t + 3 \times 10^{-7})$，$E_{ac}(t) = 270e^{-t^2/10^{-18}}\ V/m$。图 14.1.7(b) 清楚表明，从 $|01\rangle$ 到 $|10\rangle$ 的布居转移可在 400ns 内完成的。如果系统初态为 $|10\rangle$，则该态布居沿着图 14.1.7(a) 中的蓝线路径转移到态 $|10\rangle$ 上。在非绝热情况下，可以数值求解相应的含时 Schrödinger 方程来确定系统量子态的快速演化。比如施加更强的线性变化脉冲 $E_{dc}(t) = 6 \times 10^9 t\ V/m$，便可实现图 14.1.8(a) 所示的两个类氢原子量子态的非绝热快速交换。这过程中的

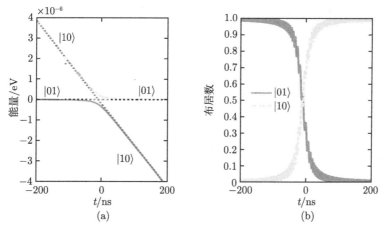

图 14.1.7　类氢原子两量子比特逻辑运算的绝热实现 (彩图见封底二维码)

(a) 绝热通道，(b) 态 $|01\rangle$ 到态 $|10\rangle$ 的布居转移过程，这里绝热参数 $\eta = 0.08$

绝热参数是 $\eta = 0.53$，所实现该门操作的时间间隔缩短至 $\tau_{\mathrm{na}} > 100$ ns；类似地，使用脉冲 $E_{dc}(t) = 28 \times 10^9 t$ V/m，则可实现图 14.1.8(b) 所示的两个类氢原子态 $|01\rangle$ 和 $|10\rangle$ 的等概率叠加态，这过程的绝热参数为 $\eta = 2.15$。此外，图 14.1.8(c) 还证明了，在非绝热布居快速转移过程中，系统的量子相干性是可以一直保持的，即子空间 $|01\rangle$ 和 $|10\rangle$ 中的状态演化一般表达式：$\psi_{sub}(t) = C_1(t)|01\rangle + C_2(t)|10\rangle$ 中密度矩阵非对角元 $C_1^* t C_2(t)$ 和 $C_2^* t C_1(t)$ 的实部都保持为非零。

图 14.1.8　类氢原子量子比特量子门的非绝热实现及贝尔态的非绝热制备
(彩图见封底二维码)

(a) 基于线性脉冲：$E_{dc}^{(2)}(t) = 7 \times 10^9 (t + 5 \times 10^{-8})$ V/m 实现的两类氢原子量子比特态交换；(b) 利用线性脉冲 $E_{dc}^{(2)}(t) = 37.5 \times 10^9 t$ V/m 实现 $|01\rangle$ 和 $10\rangle$ 的等概率叠加；(c) 快速布居转移过程中，两类氢原子的相干性保持

　　可见，基于相干布居转移技术既可以绝热也可以非绝热地实现类氢原子两量子比特的逻辑运算，与通常精确设计脉冲持续时间来实现量子逻辑运算的方法不同，基于绝热或非绝热操纵布居转移技术所实现的量子逻辑运算对所施加脉冲的持续时间长度并不敏感。

14.2　液氦上囚禁电子的自旋调控 [7]

　　电子作为一个自旋量子数为 $1/2$ 的费米子，自然具有大小为 $\mu_B = 9.3 \times 10^{-24}$ J/T 磁矩 (是否具有天然的电偶极矩涉及电子电荷分布是否是球对称问题，仍是一个有待实验检验的重大科学问题!)，也就为利用外加磁场实现电子自旋调控提供了可能，这就是所谓的自旋电子学核心问题。与半导体自旋电子系统不同，下面我们讨论如何基于液氦上的电子系统这一电子自旋调控的实验平台，通过施加外部磁场来实现单电子自旋操纵；利用近邻电子之间的磁偶极相互作用实现两自旋耦合操纵；以及利用囚禁电子水平方向的振动自由度作为媒介实现远距两个电子的自旋调控。

14.2.1 液氦上局域电子的自旋—轨道耦合

正如前述，囚禁于液氦表面上的单电子系统的势能可以写为

$$U(x,y,z) \approx -\frac{\Lambda e^2}{z} + eE_\perp z + \frac{m_e}{2}(\nu_x^2 x^2 + \nu_y^2 y^2) \qquad (14.2.1)$$

其中，$x,y,z \ll h$，$E_\perp = eQ/h^2$，Q 是微电极有效带电量；$\nu_x = \nu_y = \sqrt{eQ/(m_e H^3)}$ 为电子沿 x,y 方向上做简谐振动的振动角频率。显然，液氦表面上囚禁单电子的运动可被描述成一个沿着 z 方向的一维修正类氢原子和在与液氦表面平行的平面内的二维简谐振子，其 Hamilton 量为

$$\hat{H}_0 = \sum_n E_n |n_a\rangle\langle n_a| + \sum_{k=x,y} \hbar\nu_k \left(\hat{a}_k^\dagger \hat{a}_k + \frac{1}{2}\right) \qquad (14.2.2)$$

表示。这里，$|n_i\rangle$ 是类氢原子第 i 个束缚态，$\hat{a}_k^\dagger$ 和 $\hat{a}_k$ 是描述液氦表面平面沿着 $k = x,y$ 方向上电子振动的 Bose 算符。

为了实现自旋自由度和轨道自由度的耦合，如图 14.2.1 所示我们在液氦底部通以一个电流 I，产生磁场：$\boldsymbol{B} = (B_x, 0, B_z)$，其中 $B_x \approx \mu_0 I(1 - z/h)/(2\pi h)$ 和 $B_z \approx \mu_0 Ix/(2\pi h^2)$。这里，$\mu_0$ 是真空磁导率，g 因子为 2。磁场和自旋间的相互作用可以表示为 $\hat{H}_{sb} = g\mu_B(B_z\hat{\sigma}_z + B_x'\hat{\sigma}_x)/2$，其中 $B_x' = B_s + B_x$，$\hat{\sigma}_z = \hat{\sigma}_- + \hat{\sigma}_+$；$|\downarrow\rangle$ 和 $|\uparrow\rangle$ 是两个自旋本征态：$\hat{\sigma}_- = |\downarrow\rangle\langle\uparrow|$ 和 $\hat{\sigma}_+ = |\uparrow\rangle\langle\downarrow|$。这样，处于外加磁场中的囚禁单电子，其运动可由 Hamilton 量：

$$\hat{H} = \frac{\hbar\nu_s}{2}\hat{\sigma}_x + \hat{H}_0 + \hat{H}_{sx} \qquad (14.2.3)$$

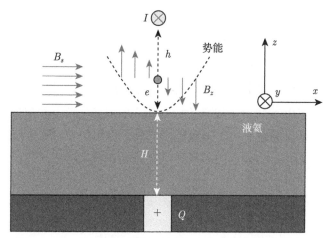

图 14.2.1　基于外加磁场实现液氦上电子的自旋–轨道耦合

这里，外加磁场为均匀磁场 B_s，可通过液氦底部微电极通以电流 I 来产生

描述，式中右端的第一和第二项分别描述囚禁电子的自由 Hamilton 量，$\nu_s = (g\mu_B/\hbar)[B_s + (\mu_0 I/2\pi h)]$ 是其两个自旋态间的跃迁频率，第三项

$$\hat{H}_{sx} = \frac{g\mu_B\mu_0 I}{4\pi h^2}\sqrt{\frac{\hbar}{m_e\nu_x}}(\hat{a}_x + \hat{a}_x^\dagger)\hat{\sigma}_z \tag{14.2.4}$$

则描述自旋与沿着 x 方向轨道运动的耦合。由于较大的频率失谐量，囚禁电子自旋自由读其 z 方向轨道运动间的耦合可忽略。类似地，磁场 B_s（如 0.06 T）虽然会轻微地改变电子在 y-z 平面内的运动，但并不会影响相互作用它与自旋间的相互作用强度。在相互作用绘景中，电子自旋–轨道相互作用的 Hamilton 量可写为

$$\hat{H}_e = \hbar\Omega(\mathrm{e}^{\mathrm{i}\delta t}\hat{\sigma}_+\hat{a} + \mathrm{e}^{-\mathrm{i}\delta t}\hat{\sigma}_-\hat{a}^\dagger) \tag{14.2.5}$$

这里，$\delta = \nu_s - \nu_x$ 是失谐量。$\Omega = g\mu_B\mu_0 I/(4\pi h^2\sqrt{2\hbar m_e\nu_x})$ 是耦合强度，$\hat{a} = \hat{a}_x$，并且 $\hat{a}^\dagger = \hat{a}_x^\dagger$。注意磁场也可以通过频率为 $\omega = \nu_x - \nu_s + \delta$ 的交流电 $I(t) = I\cos(\omega t)$ 来产生。当 $\delta = 0$ 时，单电子的自旋–轨道相互作用就可以用 J-C 模型描述。对于典型参数 $I = 1$ mA，$h = 0.5$ μm 和 $\nu_s = 10$ GHz，可以得到 $\Omega = 5.2$ MHz，远远大于单电子振动态的退相干速率（一般情况下为 10 KHz）。

利用自旋–轨道的 J-C 模型相互作用，并将系统的状态演化限制在不变子空间 $\{|\downarrow, 0\rangle\}$ 和 $\{|\downarrow, 1\rangle\}$ 中进行，这里 $|0\rangle$ 和 $|1\rangle$ 分别是谐振子的基态和第一激发态，从而自旋–轨道相位门

$$\hat{P}_{sx} = |0,\downarrow\rangle\langle0,\downarrow| + |0,\uparrow\rangle\langle0,\uparrow| + |1,\downarrow\rangle\langle1,\downarrow| - |1,\uparrow\rangle\langle1,\uparrow| \tag{14.2.6}$$

就可以通过在电极 $\boldsymbol{I}$ 上施加一个电流脉冲来实现。如果脉冲时间 t 满足条件：$\sin(\Omega t) \approx 0$ 和 $\cos(\sqrt{2}\Omega t) \approx -1$，例如，数值上 $\Omega t \approx 37.7$)，那么单电子的自旋–轨道之间的受控非门：$\hat{S} = \hat{R}(\pi/2, -\pi/2)\hat{P}\hat{R}(\pi/2, \pi/2)$ 便可实现。式中，$\hat{R}(\alpha, \beta) = (|\uparrow\rangle\langle\uparrow| + |\downarrow\rangle\langle\downarrow|)\cos(\alpha) - \mathrm{i}[\exp(\mathrm{i}\beta)|\uparrow\rangle\langle\downarrow| + \exp(-\mathrm{i}\beta)|\uparrow\rangle\langle\downarrow|]\sin(\alpha)$ 是一个电子自旋的任意位相旋转操作。

14.2.2　利用轨道运动自由度实现囚禁电子的自旋–自旋相互作用

本节讨论利用电子–电子间较强的 Coulomb 相互作用，实现远距离两个囚禁电子之间的自旋耦合和基于电子自旋编码的量子信息处理。考虑如图 14.2.2 所示的两个电子（记为 e_1 和 e_2)，分别被囚禁在液氦表面上的两个势阱中，两个势阱间的中心距离 d 足够大（如 $d = 10$ μm）以至于导致两个自旋间的直接磁相互作用可被忽略。因此，两个电子间的相互作用就只剩下 Coulomb 作用，沿着 x 方向这种相互作用可近似表示成

$$V(x) \approx \frac{e^2}{2\pi\epsilon_0 d^3}x_1 x_2 \tag{14.2.7}$$

其中，x_j 为电子 e_j 的位移。通过控制电极 Q_1 和 Q_2 上的电压，两个囚禁电子的振动频率被设置为大失谐，所以初始时两个电子时处于无耦合的解耦状态。下面讨论如何通过施加磁场来实现外场调控的电子间自旋–自旋相互作用。

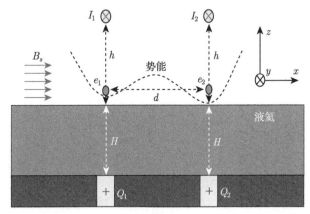

图 14.2.2

两个电子 (被标记为 e_1 和 e_2) 被分别限囚禁在液氦表面的两个势阱中，两者之间的距离 d 足够大 (例如，$d = 10~\mu m$) 以至于电子自旋间的磁偶极–磁偶极耦合极小而忽略不计，但两个电子的轨道运动可以相互耦合

1. 远距电子间自旋–轨道 J-C 耦合

为了耦合最初解耦的两个电子，我们给电极 I_1 通以一个电流 I。正如前述，这个电流会引起电子 e_1 的自旋–轨道的耦合，从而两个电子系统动力学可由相互作用绘景中的 Hamilton 量：

$$\hat{H}_{ee} = \hat{H}_e + \hbar\tilde{\Omega}(\mathrm{e}^{\mathrm{i}\Delta t}\hat{a}\hat{b}^\dagger + \mathrm{e}^{-\mathrm{i}\Delta t}\hat{a}^\dagger\hat{b}) \tag{14.2.8}$$

式中，H_e 为方程 (14.2.5) 所表示的局域电子自旋–轨道相互作用，$\hat{b}$ 和 $\hat{b}^\dagger$ 是电子 e_2 沿着 x 方向振动运动的 Bose 子算符，$\Delta = \nu_{2x} - \nu_{1x}$ 是两个囚禁电子沿 x 方向振动频率的失谐量，$\tilde{\Omega} = \dfrac{e^2}{4\pi\epsilon_0 m_e d^3\sqrt{\nu_{1x}\nu_{2x}}}$ 是耦合强度。数值上，对于 $d = 10~\mu m$ 和 $\nu_{jx} = 10~\text{GHz}$，我们可以得到 $\tilde{\Omega} \approx 25~\text{MHz}$。容易写出以上 Hamilton 量所对应的动力演化算符：

$$
\begin{aligned}
\hat{U}(t) =& 1 + \left(\frac{-\mathrm{i}}{\hbar}\right)\int_0^t \hat{H}_{ee}(t_1)\mathrm{d}t_1 + \left(\frac{-\mathrm{i}}{\hbar}\right)^2\int_0^t \hat{H}_{ee}(t_1)\int_0^{t_1}\hat{H}_{ee}(t_2)\mathrm{d}t_2\mathrm{d}t_1 + \cdots \\
\approx& \exp\left(-\frac{\mathrm{i}t}{\hbar}\hat{H}_{eff}\right)
\end{aligned}
\tag{14.2.9}
$$

其中，

$$\hat{H}_{eff} = \frac{\hbar\Omega^2}{\Delta}[\hat{a}^\dagger\hat{a}(\hat{\sigma}_+\hat{\sigma}_- - \hat{\sigma}_-\hat{\sigma}_+) + \hat{\sigma}_+\hat{\sigma}_-] + \frac{\hbar\tilde{\Omega}^2}{\delta}(\hat{b}^\dagger\hat{b} - \hat{a}^\dagger\hat{a}) + \frac{\hbar\Omega\tilde{\Omega}}{\delta}(\hat{\sigma}_+\hat{b} + \hat{\sigma}_-\hat{b}^\dagger) \tag{14.2.10}$$

为有效 Hamilton 量。因为 $\Omega, \tilde{\Omega} \ll \Delta$, 所以我们忽略了 Ω/Δ 和 $\tilde{\Omega}/\Delta$ 高次项效应。进一步地, 在极低实验温度下 (例如, 20 mK), 电子可认为被很好地冷冻其振动基态上, 从而将 (14.2.10) 改写为

$$\hat{H}_{eff} = \frac{\hbar\Omega^2}{\Delta}\hat{\sigma}_+\hat{\sigma}_- + \frac{\hbar\tilde{\Omega}^2}{\delta}\hat{b}^\dagger\hat{b} + \frac{\hbar\tilde{\Omega}\Omega}{\delta}(\hat{\sigma}_+\hat{b} + \sigma_-\hat{b}^\dagger) \tag{14.2.11}$$

当 $\Omega = \tilde{\Omega}$, 我们得到如下的 J-C 型 Hamilton 量:

$$\hat{H}_{\text{J-C}} = \frac{\hbar\Omega^2}{\delta}(\hat{\sigma}_+\hat{b} + \sigma_-\hat{b}^\dagger) \tag{14.2.12}$$

它描述了电子 e_1 的自旋和电子 e_2 的轨道运动间的 J-C 型相互作用。实验上, $d = 10~\mu\text{m}$, $\nu_{1x} = 10~\text{GHz}$ 和 $\Delta = 250~\text{MHz}$, 所以有效耦合强度可以达到 $\Omega' = \Omega^2/\Delta \approx 2.5~\text{MHz}$。在这些参数条件下, 图 14.2.3 给出了 $|\uparrow_1, 0_1, 0_2\rangle$ 和 $|\downarrow_1, 0_1, 1_2\rangle$ 态的布居数变化情况, 这里 $|\downarrow_j\rangle$ 和 $|\uparrow_j\rangle$ 是电子 e_j, $j = 1, 2$ 两种自旋状态, 而 $|0_j\rangle$ 和 $|1_j\rangle$ 则是电子两个能量较低的类氢原子态。可见, 一个囚禁电子的自旋可以和另一个囚禁电子的轨道振动态进行耦合。具体地, 如果施加持续时间为 $t = \pi/(2\Omega')$ 的电流脉冲 I_1 到囚禁第一个电子的液氦底部电极上, 便可以实现第一个电子的自旋态和第二个电子的轨道态联合操作: $\hat{V}_{1,2}(\pi/2) = |\downarrow_1, 0_2\rangle\langle\downarrow_1, 0_2| - \text{i}|\downarrow_1, 1_2\rangle\langle\uparrow_1, 0_2|$。之后, 通过操作序列 $\hat{C} = \hat{V}_{1,2}(\pi/2)\hat{S}_2\hat{V}_{1,2}(\pi/2)$ 便可实现两个电子自旋态的受控制非门操作。这里, $\hat{S}_2$ 是操作在电子 e_2 上的单电子控制非门; 完成这个控制非门操作后, 该囚禁电子的振动态又回复到初态。

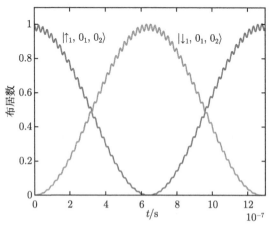

图 14.2.3　基于远距电子自旋–轨道耦合作用的量子态 $|\uparrow_1, 0_1, 0_2\rangle$ (蓝线) 和 $|\downarrow_1, 0_1, 1_2\rangle$ (红线) 的布居数演化 (彩图见封底二维码)

这里,　$\tilde{\Omega} = \Omega = 25~\text{MHz}$ 和 $\delta = \Delta = 250~\text{MHz}$

2. 以轨道自由度为媒介实现远距电子间的自旋–自旋耦合

利用上述实现远距自旋–轨道耦合的机制，下面讨论怎样利用轨道态为传导媒介，实现一个囚禁电子与另一个囚禁电子之间的有效自旋–自旋耦合。显然，同时给两个电子囚禁电极通以电流，即可分别驱动单个囚禁电子的局域自旋–轨道耦合：

$$\hat{H}'_{ee} = \hbar\Omega(\mathrm{e}^{\mathrm{i}\delta t}\hat{\sigma}_{+}\hat{a} + \mathrm{e}^{-\mathrm{i}\delta t}\hat{\sigma}_{-}\hat{a}^{\dagger}) + \hbar\tilde{\Omega}(\mathrm{e}^{\mathrm{i}\delta t}\hat{a}\hat{b}^{\dagger} + \mathrm{e}^{-\mathrm{i}\delta t}\hat{a}^{\dagger}\hat{b}) + \hbar G(\mathrm{e}^{\mathrm{i}\eta t}\hat{\tau}_{+}\hat{b} + \mathrm{e}^{-\mathrm{i}\eta t}\hat{\tau}_{-}\hat{b}^{\dagger})$$
$$(14.2.13)$$

这里，第一项和第三项分别描述两个电子 e_1 和 e_2 各自的自旋–轨道耦合，强度分别是 $\hbar\Omega$ 和 $\hbar G$，第二项则是电子间的 Coulomb 相互作用，有效强度是 $\hbar\tilde{\Omega}$；δ 和 η 分别是电子自旋–轨道运动和电子振动之间的频率失谐量，$\hat{\tau}_{-} = |\downarrow_2\rangle\langle\uparrow_2|$ 和 $\hat{\tau}_{+} = |\uparrow_2\rangle\langle\downarrow_2|$ 是电子 e_2 相应的自旋算符。上面的自旋–轨道耦合，也就是 Hamilton 量中的第一和第三项，是分别通过交流偏置 $I_1(t) = I_1\cos(\omega_1 t)$ 和 $I_2(t) = I_2\cos(\omega_2 t)$ 来实现的。这里，假定交流偏置的频率分别是 $\omega_1 = \nu_{1x} - \nu_s + \delta$ 和 $\omega_2 = \nu_{2x} - \nu_s + \eta$。在近似条件 $\Omega, \tilde{\Omega} \ll \Delta$，上式可有效简化成

$$\hat{H}'_{ee} = \frac{\hbar\Omega\tilde{\Omega}}{\delta}(\mathrm{e}^{\mathrm{i}\gamma t}\hat{\sigma}_{+}\hat{b} + \mathrm{e}^{-\mathrm{i}t\gamma}\hat{\sigma}_{-}\hat{b}^{\dagger}) + \hbar G(\mathrm{e}^{\mathrm{i}(\eta - \tilde{\Omega}^2/\delta)t}\hat{\tau}_{+}\hat{b} + \mathrm{e}^{-\mathrm{i}(\eta - \tilde{\Omega}^2/\delta)t}\hat{\tau}_{-}\hat{b}^{\dagger})$$
$$(14.2.14)$$

其中，$\gamma = (\Omega^2 - \tilde{\Omega}^2)/\delta$。为简便起见，选择 $G = \Omega\tilde{\Omega}/\delta$ 和 $\eta = \Omega^2/\delta$，从而

$$\hat{H}'_{ee} = \hbar G(\mathrm{e}^{\mathrm{i}\gamma t}\hat{\sigma}_{+}\hat{b} + \mathrm{e}^{-\mathrm{i}t\gamma}\hat{\sigma}_{-}\hat{b}^{\dagger}) + \hbar G(\mathrm{e}^{\mathrm{i}\gamma t}\hat{\tau}_{+}\hat{b} + \mathrm{e}^{-\mathrm{i}t\gamma}\hat{\tau}_{-}\hat{b}^{\dagger})$$
$$(14.2.15)$$

再次假定 $G/\gamma \ll 1$，并忽略 G/γ 的高次项效应，从而可绝热地消除与 $\hat{b}^{\dagger}\hat{b}$ 有关的项，便可得到远距两个囚禁电子的自旋–自旋有效耦合：

$$\hat{H}'_{eff} = \hbar\Omega'(\hat{\sigma}_{+}\hat{\tau}_{-} + \hat{\sigma}_{-}\hat{\tau}_{+})$$
$$(14.2.16)$$

式中，$\Omega' = G^2/\gamma$ 为有效耦合强度。显然，物理上这是一个通过虚激发轨道运动来实现远距两个电子自旋间的有效相互作用过程。对于典型的实验参数 $\tilde{\Omega} \approx 25$ MHz，$\Omega \approx 2.6$ MHz 和 $\delta \approx 250$ MHz，可以估算得到 $|\gamma| \approx 2.5$ MHz，$G \approx 0.26$ MHz，从而 $\Omega' \approx 27$ kHz。虽然这种通过虚激发轨道运动来有效地实现远距电子间自旋–自旋耦合，其强度明显弱于一个电子自旋和另一个电子轨道之间的耦合强度，但仍明显强于该距离上两个电子自旋间的直接磁偶极–偶极耦合强度 (约为 $\sim 10^{-3}$ Hz)，所以这种远距电子之间的有效自旋–自旋相互作用，可以应用于实现基于电子自旋编码的量子信息处理。图 14.2.4 给出了在上述有效自旋–自旋相互作用下，态 $|\downarrow_1, 0_1, 0_2, \uparrow_2\rangle$ 和 $|\uparrow_1, 0_1, 0_2, \downarrow_2\rangle$ 的布居数时间演化行为。它表

明,可以在不改变囚禁电子轨道态的情况下,实现两个远距囚禁电子的自旋–自旋关联演化。

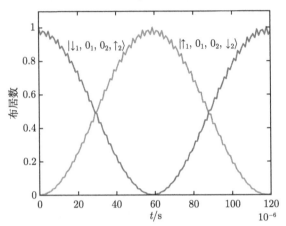

图 14.2.4　虚激发囚禁电子轨道态实现两个远距囚禁电子自旋–自旋态的关联演化
(彩图见封底二维码)

例如,$|\downarrow_1, 0_1, 0_2, \uparrow_2\rangle$ (蓝线) 和 $|\uparrow_1, 0_1, 0_2, \downarrow_2\rangle$ (红线) 的布居数变化。这里,$\Omega' = 25\text{KHz}$

14.3　运动量子点中单电子系统的相干调控 [8]

大多数片上集成半导体量子点之间的相互作用都是近邻的,基于这种空间固定量子点的量子比特阵列的操纵,难免会出现比特间的交叉感染。不同于被一系列位于二维电气 (2DEG) 上的微电极所限制的静态量子点,本节讨论如何利用表面声波驱动的运动量子点 [9] 来实现量子计算。这里,量子点由半导体中的二位电子气通过表面微电极电场实现电子囚禁来实现,其中囚禁电子的两个最低能级用于编码量子比特,通过表面栅极施加适当设置的微波脉冲可实现量子点量子比特的操纵;通过表面声波可以驱动电子随着囚禁势的周期性变化而沿准一维通道移动形成运动量子点 (MQD),从而实现两个 MQDs 间基于 Coulomb 相互作用的可控制两比特操作,这就是基于飞行量子比特的量子计。

14.3.1　表面声波驱动运动量子点中的电子能级

表面声波驱动单电子输运形成量子化的电流,是实现电流计量量子基准的重要方式之一。实验上,金属表面分裂栅下方的 GaAs / AlGaAs 异质介面结构中可形成二维电子气,电子密度和迁移率很高。特别是,利用表面栅极的电场调制可形成一个将电子完全排除的准一维沟道,从而可在沟道两端设置叉指换能器产生沿沟道传播的表面声波 (SAW),使得电子可以被囚禁在量子点中周期性地沿沟道通过,形成运动量子点产生可测量的量子化电流。为了简化,如图 14.3.1 左图所示, 我们假设只有一个电子被俘获到量子点内, 然后在表面声波驱动下该量子点沿着窄的准一维沟道传播形成 MQD, 其中电子所受的囚禁势可以表示为

$$v_{eff}(z,t) = V_{SAW}(z,t) + V_{gate}(z) \tag{14.3.1}$$

式中, $V_{SAW}(z,t)$ 和 $V_{gate}(z)$ 分别是电子在沟道 z 方向所受到的随 SAW 频率振荡的压电囚禁势和由表面分裂栅极所形成的静电势。这里, 假定运动量子点沿着沟通垂直方向, 即 y 和 x 方向的空间尺度大小都可以忽略, 因而静电势可以被简单地建模为严格的一维电势

$$V_{gate}(z) = \frac{V_0}{\cosh^2(z/a)} \tag{14.3.2}$$

图 14.3.1 表面声波驱动一维沟道中运动的量子点运动 (彩图见封底二维码)

左边, 结构示意图, 其中表面声波由叉指还能器产生; 右边 (a)~(f) 表示不同时刻运动量子点的囚禁势形状及其所囚禁单电子的能级分布: 基态 (相对低的红线), 第一激发态 (上方紫线), 第二激发态 (蓝虚线) 和另一个激发态 (点黑线)

参数 V_0 是电子囚禁势势垒的有效高度, 在不存在 SAW 的情况下, V_0 设置为远大于 2DEG 中的电子费米能, 以保证沟道中不存在电子; 准一维沟道的有效长度为 $l_{eff} = 2a$, 与 SAW 的波长 $\lambda(= 1~\mu m)$ 相当。表面声波诱导的压电势 V_{SAW} 可表示为

$$V_{SAW} = V_s \cos(kz - \omega_S t) \tag{14.3.3}$$

这里, V_s, ω, k 分别是 SAW 的振幅、频率、波数。运动量子点中囚禁电子的量子动力学可由如下的时间相关 Hamilton 量:

$$\hat{H}_0(t) = -\frac{\hbar^2}{2m^*}\frac{d^2}{dz^2} + \frac{V_0}{\cosh^2(z/a)} + V_s \cos(kz - \omega_S t) \tag{14.3.4}$$

描述。这里, $m^* = 0.067~m_e$ 是电子的有效电子质量, $V_0 = \hbar/(2m^* l_0^2)$, $l_0 = 4 \times 10^{-2} a$ 是准一维沟道的有效宽度, $V_S = \gamma V_0$, $\gamma = 0.5$ 是 SAW 导致的电势振幅与准一维沟道中静电感应势垒高度比。这里, SAW 的速度取为 $v = 2981 \mathrm{m/s}$。

任意时刻运动量子点中的瞬时能级和波函数可数值求解时间相关 Hamilton 量的本征值问题:

$$\hat{H}_0(t)|E_n(t)\rangle = E_n(t)|\psi_n(t)\rangle \tag{14.3.5}$$

得到。图 14.3.1 右边 (a)~(f) 给出了不同时刻运动量子点囚禁势形状及量子点中电子的瞬时束缚态能级分布。虽然电势形状或者说量子点的大小是会随着其量子点的运动而改变的，但势阱中仍能束缚电子使其存在几个分立的、随时间变化的能级。假设 MQD 仅囚禁有一个电子，而且在任意时刻阱中的电子束缚态能级至少两个:基态和第一激发态，它们分别用于编码飞行量子比特。

下面我们通过数值计算证明，尽管运动量子点的电势形状随着量子点沿着沟道移动是变化的，但这种变化不足以导致飞行量子比特两个码态之间的量子跃迁，也就是说，运动量子点中电子态的演化实际是一种满足如下的绝热条件:

$$\beta = \left| \frac{\hbar\langle m|\dfrac{\partial H_0(t)}{\partial t}|n\rangle}{[E_m(t) - E_n(t)]^2} \right| \ll 1 \tag{14.3.6}$$

的绝热演化。式中，$E_m(t) - E_n(t)$ 是电子瞬时束缚态 $|m\rangle$ 和 $|n\rangle$ 之间的能量差。数值计算表明，在典型的实验参数条件下，绝热参数 $\beta = 0.0847$ 确实是远小于 1 的。所以，运动量子点中电子的两个最低能态是绝热变化的，因而飞行量子比特可以作为一个码态稳定的量子信息单元。

14.3.2　飞行量子点量子比特的相干操纵

为了实现基于飞行量子比特的量子计算，需要首先实现单个量子比特的相干操纵。这对飞行量子比特而言可以简单地通过施加 Rabi 电压脉冲 $V_e \cos(\omega t - \phi)/\cosh^2(z/a)$ 来操纵比特两个绝热码态 $|0\rangle$ 和 $|1\rangle$ 上的布居数变化来实现。这里 ω 和 ϕ 分别是 Rabi 脉冲的频率和初始相位。在这一附加脉冲的作用下，飞行量子比特的动力学由以下时间相关的 Schrödinger 方程:

$$\mathrm{i}\hbar\frac{\partial|\Psi(t)\rangle}{\partial t} = [\hat{H}_0 + \hat{H}'(t,\phi)]|\psi(t)\rangle \tag{14.3.7}$$

描述。其中，$\hat{H}'(t,\phi) = \dfrac{V_e \cos(\omega t - \phi)}{\cosh(z/a)}$ 就是为实现飞行量子比特的单比特操纵而施加的驱动脉冲，V_e 是所施加脉冲电场的功率，可以简单取为 $V_e = 0.3V_S$。因而，Rabi 脉冲作用下，飞行量子比特的一般波函数可写为

$$|\psi(t)\rangle = C_0(t)|0\rangle + C_1(t)|1\rangle, \quad |C_0(t)|^2 + |C_1(t)|^2 = 1 \tag{14.3.8}$$

其中，$C_0(t)$ 和 $C_1(t)$ 分别是 t 时刻飞行量子比特处于态 $|0\rangle$ 和 $|1\rangle$ 下的概率幅。显然，这些系数可由方程

$$\frac{\partial C_0(t)}{\partial t} = -\mathrm{i}\omega_0 C_0(t) - \mathrm{i}C_0(t)D_{00}\cos(\omega t - \phi) - \mathrm{i}C_1(t)D_{01}\cos(\omega t - \phi)$$

和

$$\frac{\partial C_1(t)}{\partial t} = -\mathrm{i}\omega_1 C_1(t) - \mathrm{i}C_1(t)D_{11}\cos(\omega t - \phi) - \mathrm{i}C_0(t)D_{10}\cos(\omega t - \phi)$$

联立解出。这里，$D_{ij} = V_e/[\hbar\langle i|\cosh^2(z/a)|j\rangle]$，$i, j = 0, 1$。可见，任意时刻飞行量子比特所处的状态可以通过精确设定 Rabi 脉冲的强度来实现精确地操纵。作为具体的例子，图 14.3.2 给出了初态 $|\psi(0)\rangle = |0\rangle$ 下，脉冲驱动下飞行量子比特处于码态 $|1\rangle$ 的概率 $|C_1(t)|^2$ 随时间的变化情况。显然，码态 $|1\rangle$ 布居数振荡的周期 $\tau \sim 0.31$ ns 与飞行量子点跨越准一维沟道的时间 ~ 0.34 ns 相当，所以，基于 Rabi 振荡实现单个飞行量子比特的相干操纵是可行的。

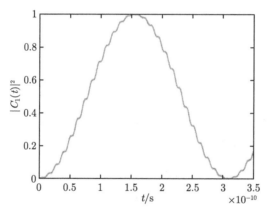

图 14.3.2 Rabi 脉冲驱动下，飞行量子比特两个码态的布居变化

可见，如果电子原本处于基态，它可以跃迁到激发态 $|1\rangle$，然后再演化回到初始状态 $|0\rangle$，这个振荡周期大约为 0.31 ns，小于 QMD 在沟道中运动的时间长度 (0.5ns)

14.3.3 两个飞行量子比特间的量子相干操纵

下面讨论如何利用两个运动量子点中的电子–电子 Coulomb 相互作用，来实现两个飞行量子比特之间的量子相干操纵。考虑图图 14.3.3 左边所示的微结构，即每个 SAW 驱动的 MQD 沿设定的准一维沟道运动，但两个沟道在某点附近足够靠近以使得两个飞行量子比特可以通过电子–电子之间的 Coulomb 相互作用实现耦合。这里，这两个 MQD 中的电子之间 Coulomb 力可以表示为

$$F_{int}(z_u, z_l) = \frac{e^2}{4\pi\varepsilon_0} \frac{(z_l - z_u)}{[d^2 + (z_l - z_u)^2]^{3/2}} \tag{14.3.9}$$

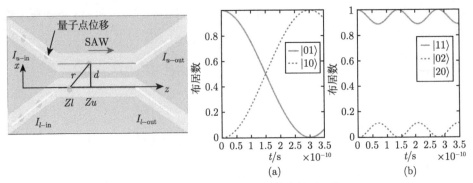

图 14.3.3　两个飞行量子比特的量子调控

左图：两个 MQD 沿着上、下准一维沟道运动并在临近点通过电子间 Coulomb 相互作用实现耦合，这里 z 轴电子运动方向，r 为沿上、下两个沟道运动电子的距离。右图：(a) 两个飞行量子比特的量子态交换；(b) 在实现 (a) 图所示的比特态交换过程中，态 $11\rangle$ 的布居 "泄露" 到态 $20\rangle$ 和态 $02\rangle$ 态的概率变化。这里，两个准一维沟道的距离取为 $d = 1.1$ um

其中，z_u 和 z_l 是上、下准一维沟道中量子点沿传播方向的位移，u 和 l 分别指上沟道和下沟道，d 是两个沟道之间的距离。两个飞行量子点的电子–电子相互作用势可表示为

$$V_{int}(z) = \frac{1}{4\pi\varepsilon_0} \int_0^z \frac{e^2 z \mathrm{d}z}{(d^2 + z^2)^{3/2}} = -\frac{1}{4\pi\varepsilon_0} \frac{e^2}{d} \left\{ \frac{1}{[1 + (z/d)^2]^{1/2}} - 1 \right\} \quad (14.3.10)$$

式中，$z = z_u - z_l$。由于 $d \gg z$，所以忽略泰勒级数展开式的高阶效应，可以把这一 Coulomb 势近似写为

$$V_{int}(z) = \frac{e^2}{8\pi\varepsilon_0 d^3} z^2 = \frac{e^2}{8\pi\varepsilon_0 d^3} (z_u^2 + z_l^2 - 2z_u z_l) \quad (14.3.11)$$

所以，描述 Coulomb 相互作用耦合下两个飞行量子比特系统的哈密尔顿量可写为 $\hat{H}_h = \hat{H}_t + V_{int}(z)$，其中，

$$\hat{H}_t = \sum_{j=u,l} \left[-\frac{\hbar^2}{2m_j^*} \frac{\mathrm{d}^2}{\mathrm{d}z_j^2} + \frac{V_0^j}{\cosh^2(z_j/a)} + V_S^j \cos(kz_j - \omega_S t) \right] = \sum_{j=u,l} \frac{\hbar\omega_j}{2} \hat{\sigma}_j^z \quad (14.3.12)$$

描述第 j 个飞行量子点的运动，$\hat{\sigma}_j^z = |1_j\rangle\langle 1_j| - |0_j\rangle\langle 0_j|$，为由运动量子点中两个电子最低绝热能态所定义的飞行量子比特的赝自旋算符，$\omega_j = (E_1^j - E_0^j)/\hbar$ 为该飞行量子比特的本征频率。在飞行量子比特的态空间中，位移算符可表示为

$$\hat{z}_j = \frac{1}{2}(z_j^{11} - z_j^{00})\hat{\sigma}_j^z + z_j^{01}\hat{\sigma}_j^x, \quad \hat{z}_j^2 = \frac{1}{2}(z_j^{11} + z_j^{00})(z_j^{11} - z_j^{00})\hat{\sigma}_j^z + (z_j^{00} + z_j^{11})z_j^{01}\hat{\sigma}_j^x$$

和

$$\hat{z}_j \hat{z}_k = \frac{1}{4}(z_k^{11} + z_k^{00})(z_j^{11} - z_j^{00})\hat{\sigma}_j^z + z_j^{01} z_k^{01} \hat{\sigma}_j^x \hat{\sigma}_k^x$$
$$+ \frac{1}{4}(z_j^{11} + z_j^{00})(z_j^{11} - z_j^{00})\hat{\sigma}_k^z + \frac{1}{2}(z_k^{00} + z_k^{11})z_j^{01}\hat{\sigma}_j^x$$
$$+ \frac{1}{2}(z_j^{00} + z_j^{11})z_k^{01}\hat{\sigma}_k^x + \frac{1}{4}(z_j^{11} - z_j^{00})(z_k^{11} - z_k^{00})\hat{\sigma}_j^z \hat{\sigma}_k^z$$
$$+ \frac{1}{2}(z_j^{11} - z_j^{00})z_k^{01}\hat{\sigma}_j^z \hat{\sigma}_k^x + \frac{1}{2}(z_k^{11} - z_k^{00})z_j^{01}\hat{\sigma}_j^x \hat{\sigma}_k^z$$

其中 $j, k = u, l$ 且 $j \neq k$，$\hat{\sigma}_j^x = \hat{\sigma}_j^+ + \hat{\sigma}_j^-$，$\hat{\sigma}_j^+ = |1_j\rangle\langle 0_j|$ 和 $\hat{\sigma}_j^- = |0_j\rangle\langle 1_j|$；$z_j^{11}$，$z_j^{00}$ 和 z_j^{01} 分别是矩阵元 $\langle 1_j|z_j|1_j\rangle$，$\langle 0_j|z_j|0_j\rangle$ 和 $\langle 1_j|z_j|0_j\rangle$。因而，飞行量子比特间的 Coulomb 势 $V_{int}(z)$ 可重写为

$$\hat{V}_{int} = C_u^z \hat{\sigma}_u^z + C_l^z \hat{\sigma}_l^z + C_u^x \hat{\sigma}_u^x + C_l^x \hat{\sigma}_l^x + C_{ul}^{zz} \hat{\sigma}_u^z \hat{\sigma}_l^z$$
$$+ C_{ul}^{xx} \hat{\sigma}_u^x \hat{\sigma}_l^x + C_{ul}^{zx} \hat{\sigma}_u^z \hat{\sigma}_l^x + C_{ul}^{xz} \hat{\sigma}_u^x \hat{\sigma}_l^z \tag{14.3.13}$$

其中，$C_u^z = \frac{e^2}{16\pi\varepsilon_0 d^3}(z_u^{00} + z_u^{11} - z_l^{00} - z_l^{11})(z_u^{11} - z_u^{00})$，$C_l^z = \frac{e^2}{16\pi\varepsilon_0 d^3}(z_l^{00} + z_l^{11} - z_u^{00} - z_u^{11})(z_l^{11} - z_l^{00})$，$C_u^x = \frac{e^2}{8\pi\varepsilon_0 d^3}(z_u^{00} + z_u^{11} - z_l^{00} - z_u^{11})z_u^{01}$，$C_l^x = \frac{e^2}{8\pi\varepsilon_0 d^3}(z_l^{00} + z_l^{11} - z_u^{00} - z_u^{11})z_l^{01}$，以及 $C_{ul}^{zz} = \frac{-e^2}{16\pi\varepsilon_0 d^3}(z_u^{11} - z_u^{00})(z_l^{11} - z_l^{00})$，$C_{ul}^{xx} = \frac{-e^2}{4\pi\varepsilon_0 d^3}z_u^{01} z_l^{01}$，$C_{ul}^{zx} = \frac{-e^2}{8\pi\varepsilon_0 d^3}(z_u^{11} - z_u^{00})z_l^{01}$，$C_{ul}^{xz} = \frac{-e^2}{8\pi\varepsilon_0 d^3}(z_l^{11} - z_l^{00})z_u^{01}$。所以，在相互作用绘景中，旋转波近似下两个耦合飞行量子比特系统的 Hamilton 量可表示为

$$\overline{H}_I = C_{ul}^{xx}(\hat{\sigma}_u^+ \hat{\sigma}_l^- + \hat{\sigma}_u^- \hat{\sigma}_l^+) \tag{14.3.14}$$

在上面的推导中，我们省略 $C_{ul}^{zz}/C_{ul}^{xx} \ll 1$ 的高阶小量，并进一步假设 $\lambda_u/\lambda_l < 1$。在两量子比特态空间 $\{|11\rangle, |10\rangle, |01\rangle, |01\rangle\}$ 中，系统演化算符可表示为

$$\hat{U} = e^{-i\hat{H}_I t/\hbar} = \begin{pmatrix} 1 & 0 & 0 & 0 \\ 0 & \cos\xi & -i\sin\xi & 0 \\ 0 & -i\sin\xi & \cos\xi & 0 \\ 0 & 0 & 0 & 1 \end{pmatrix}, \quad \xi = tC_{ul}^{xx}/\hbar \tag{14.3.15}$$

显然，这就是两个飞行量子比特的态交换逻辑门。由这一两比特量子逻辑门及单量子比特的任意旋转操作，可以构建基于飞行量子比特操作的任何量子计算网络。

下面进一步验证，两个运动量子点中的电子–电子 Coulomb 作用导致的"比特"泄露效应，即导致电子跃迁到飞行量子比特空间之外量子态上的效应，是非常

微弱从而可以忽略不计的。为此，我们把运动量子点中电子的第三束缚态 $|2\rangle$ 也考虑进来，在一个由 9 个基矢组成的更大态空间 $\Xi = \{|00\rangle, |01\rangle, |10\rangle, |11\rangle, |02\rangle, |20\rangle, |12\rangle, |21\rangle, |22\rangle\}$ 中，研究库仑相互作用下两个运动量子点的动力学。类似地，容易看到旋转波近似下，这个更大的态空间可以分解为三个不变子空间：$\mathrm{Im}_1 = \{|00\rangle\}$，$\mathrm{Im}_2 = \{|01\rangle, |10\rangle\}$，和 $\mathrm{Im}_3 = \{|02\rangle, |11\rangle, |20\rangle\}$ $|20\rangle$。可见，可能的 "比特泄露" 只会来自第三不变子空间中的系统量子演化。在这一个不变的子空间中，系统 Hamilton 量可以写为

$$
\hat{H}_3 = \begin{pmatrix}
A_1 & -2z_l^{01}z_u^{21}\mathrm{e}^{-\mathrm{i}t(w_l^{10}-w_u^{21})} & -2z_l^{02}z_u^{20}\mathrm{e}^{-\mathrm{i}t(w_l^{20}-w_u^{20})} \\
-2z_u^{10}z_l^{12}\mathrm{e}^{\mathrm{i}t(w_l^{10}-w_u^{21})} & A_2 & -2z_l^{12}z_u^{10}\mathrm{e}^{-\mathrm{i}t(w_l^{21}-w_u^{10})} \\
-2z_u^{20}z_l^{02}\mathrm{e}^{\mathrm{i}t(w_l^{20}-w_u^{20})} & -2z_l^{21}z_u^{01}\mathrm{e}^{\mathrm{i}t(w_l^{21}-w_u^{10})} & A_3
\end{pmatrix}
$$
$$(14.3.16)$$

其中，$\omega_k^{mn} = (E_m^k - E_n^k)/\hbar, m, n = 0, 1, 2; k = u, l$ 且 $A_1 = (z_l^{00})^2 + z_l^{01}z_l^{10} + z_l^{02}z_l^{20} + (z_u^{22})^2 + z_u^{20}z_u^{02} + z_u^{21}z_u^{12} - 2z_l^{00}z_u^{22}$，$A_2 = (z_l^{11})^2 + z_l^{10}z_l^{01} + z_l^{12}z_l^{21} + (z_u^{11})^2 + z_u^{10}z_u^{01} + z_u^{12}z_u^{21} - 2z_l^{11}z_u^{11}$，$A_3 = (z_l^{22})^2 + z_l^{20}z_l^{02} + z_l^{21}z_l^{12} + (z_u^{00})^2 + z_u^{01}z_u^{10} + z_u^{02}z_u^{20} - 2z_l^{22}z_u^{00}$。在典型参数：$z_u^{22} = -5.548 \times 10^{-1}$ μm，$z_u^{02} = z_u^{20} = 1.9787 \times 10^{-3}$ μm，$z_u^{21} = z_u^{12} = 8.1606 \times 10^{-2}$ μm；$z_l^{22} = -4.287 \times 10^{-1}$ μm，$z_l^{02} = z_l^{20} = -2.4678 \times 10^{-4}$ μm，$z_l^{21} = z_l^{12} = -3.6634 \times 10^{-3}$ μm；以及 $\omega_l^{10} - \omega_u^{21} = 3.9519 \times 10^{10}$ rad/s，$\omega_l^{21} - \omega_u^{10} = 6.9369 \times 10^{13}$ rad/s，$\omega_l^{20} - \omega_u^{20} = 7.3321 \times 10^{11}$ rad/s 条件下，可以数值求解此子空间中的量子动力学。图 14.3.3(a)~(b) 给出了所涉及运动量子点瞬时本征态布居数变化的动力学变化行为。图 (a) 表明，通过合理地设置电子–电子之间 Coulomb 相互作用的持续时间，可以实现两个飞行量子系统态 $|01\rangle$ 和态 $|10\rangle$ 之间的有效布居转移；图 (b) 说明，在这两个飞行量子比特量子态互换的过程中，从态 $|11\rangle$ 的跃迁到态 $|02\rangle$ 的概率小于 10%，跃迁到态 $|20\rangle$ 的概率可以忽略。这说明，"比特泄露" 效应很弱，从而可以保证所实现的两个飞行量子比特之间受控量子逻辑运算操作的保真度。当然，恰当利用这种 "比特泄露" 效应，可以实现飞行量子比特的量子隧穿 (即量子点中的电子脱离囚禁势的束缚，为沟道中运动的自由电子) 信息读取。实际上，用于编码飞行量子比特的运动量子点中电子两个能量最低束缚态仍然有一定的概率，通过量子隧穿 "逃逸" 出量子点，形成可探测的电流；物理上，处于态 $|0\rangle$ 或是 $|1\rangle$ 的电子 "逃逸" 出量子点的束缚概率是可以单独区分的，所以基于飞行量子比特不同码态的隧道效应，利用读取脉冲就可以实现飞行量子比特信息的读取。

总之，不同于囚禁于液氦表面上的 "不动" 类氢原子，利用表面声波驱动的运动量子点中的单电子态编码飞行量子比特，也可以实现基于单电子态的量子信息处理。原则上来说，通过集成 N 个准一维沟道阵列，这种利用表面声波驱动实现基于飞行量子比特的量子计算也具有很好的可扩展性。

参 考 文 献

[1] Wigner E. On the interaction of electrons in metals. Phys. Rev., 1934, 46: 1002.

[2] Platzman P M, Dykman M I. Quantum computing with electrons floating on liquid helium. Science, 1999, 284: 1967.

[3] Grimes C C, Brown T R, Michael L Burns, et al. Spectroscopy of electrons in image-potential-induced surface states outside liquid helium. Phys. Rev. B, 1976, 13: 140.

[4] Shi X, Wei L F, Oh C H. Quantum computation with surface-state electrons by rapid population passages. Sci China-Phys Mech Astron, 2014, 57, 1718.

[5] Miao Zhang, Jia H Y, Wei L F. Jaynes-Cummings models with trapped electrons on liquid helium. Phys. Rev. A, 2009, 80: 055801.

[6] Zhang M, Jia H Y, Huang J S. Strong couplings between artificial atoms and terahertz cavities. Opt. Lett., 2010, 35: 1686.

[7] Zhang M, Wei L F. Spin-orbit couplings between distant electrons trapped individually on liquid helium. Phys. Rev. B, 2012, 86: 205408.

[8] Shi X, Zhang M, Wei L F. Quantum computation with moving quantum dots generated by surface acoustic waves. Phys. Rev. A, 2011, 84: 062310.

[9] Kataoka M, et al. Coherent time evolution of a single-electron wave function. Phys. Rev. Lett., 2009, 102: 156801.

第 15 章　波导量子网络中的光量子路由

　　自由空间中传输的一定频率光波, 通过不均匀介质时一部分会受到诸如:
Rayleigh 散射 (当散射微粒的线度小于光波长时), 散射光的频率不变但强度与
光频率的四次方成正比; Mie 散射 (散射体的直径与光波长相当时), 散射强度与
频率的二次方成正比, 且向前的方向比向后的方向强度更强; 和频率发生改变的
非弹性 Raman 散射、布里渊散射和 Compton 散射等; 这些光散射现象是研究光
刻、气象雷达, 以及分子和晶体结构提供了重要手段。在强激光作用下产生的受
激 Raman 散射, 可获得高强度的多个新频率的相干辐射。近年来, 随着以光纤
为代表的光波导技术的发展, 构建以波导集成光子器件为核心的光网络、实现基
于光子信号可控传输的光量子信息处理已经成为现实需求。本章的内容主要取材
于我们已经发表在 *PRA, OE, JAP* 等期刊上的系列论文, 主要涉及在实空间光子
散射理论框架内, 研究如何实现波导网络结构中利用原子、光学微腔或原子–腔耦
合系统作为路由节点, 实现波导量子网络中光量子可控传输, 为设计研发片上集
成功能光子芯片器件提供理论借鉴。

15.1　基于原子透镜的光量子路由

　　光学透镜是一种对入射光即可透射也可反射的光学器件, 在单光子水平上, 这
种光学器件表现为对入射的单光子 (指具有最小能量单元 $h\nu$ 的光子脉冲, 这里 ν
表示光脉冲的频率) 一定的概率反射或透射。不过, 在多个原子透镜组合而成的
光网络中, 可以利用反射波和入射波的量子干涉效应, 实现网络中光子传输的调
控, 所以可以实现多个原子透镜构成波导网络中光量子的路由传输; 通过这些原
子透镜的周期性组合, 甚至可以构建带隙可调的原子型光子晶体。

15.1.1　光量子原子透镜[1]

　　与动量空间中研究光散射不同, 实空间中的光子散射理论可以直观地描述现
实光量子网络中的路径传输。当然, 在一维长波导中自由光子传输一般用 k 空间
的 Hamilton 量算符:

$$H_l = \sum_{k=-\infty}^{+\infty} \hbar\omega_k c_k^\dagger c_k \tag{15.1.1}$$

表示。式中, $k, \omega_k, \hat{c}_k, \hat{c}_k^\dagger$ 分别表示光子的模式 (波矢), 对应的频率及其该模式的 Bose 湮灭和产生算符。一般地, 一维波导中的光色散关系 (频率与波矢的关系)$\omega(k)$ 都简单地认为是线性的, 即 $\omega(k)$ 可展开为中心波矢 k_0(频率 $\omega_0 = v_g k_0$, v_g 为群速度) 的线性函数 $\omega(k) = \omega_0 + \frac{\partial \omega}{\partial k}|_{k=k_0}(k - k_0) = \omega_0 + v_g(k - k_0)$, 并约定向右传播的光子波矢为正, 即 $k = k_R > 0$, 因而其角频率可表示为 $\omega_{k \simeq k_0} \simeq \omega_0 + v_g(k_R - k_0) \equiv v_g k_R \equiv \omega_{k_R}$; 而对左行光子, 约定波矢为 $k = -k_L$, $k_L > 0$, 从而角频率为 $\omega_{k \simeq -k_0} \simeq \omega_0 - v_g(k - (-k_0)) \equiv -v_g k_L \equiv \omega_{k_L}$。所以, 一维波导中自由光子的 Hamilton 量 (15.1.1) 可拆分为两项, 即 $\sum_k \omega_k c_k^\dagger c_k \simeq \sum_{k_R} \omega_{k_R} c_{k_R}^\dagger c_{k_R} + \sum_{k_L} \omega_{k_L} c_{k_L}^\dagger c_{k_L}$。

为方便讨论实空间中光子的散射现象 [2], 下面我们将自由光子 Hamilton 量 (15.1.1) 写为实空间中的形式。物理上, 将 k 空间中的变量表示为实空间变量实际上就是做一个傅里叶变换。比如, k 空间中波矢为 k 的右行波光子产生 (湮灭) 算符 $c_{k_R}^\dagger (c_{k_R})$ 和实空间中 x 处湮灭 (产生) 一个右行光子的算符 $c_R^\dagger(x)(c_R(x))$ 的关系就是

$$c_{k_R} \equiv \int_{-\infty}^{\infty} \mathrm{d}x c_R(x) \mathrm{e}^{-\mathrm{i}k_R x}, \quad c_{k_R}^\dagger \equiv \int_{-\infty}^{\infty} \mathrm{d}x c_R^\dagger(x) \mathrm{e}^{\mathrm{i}k_R x} \tag{15.1.2}$$

将对 k_R 的求和化为积分 $\sum_{k_R} \rightarrow \int_{-\infty}^{\infty} \mathrm{d}k_R/(2\pi)$, 并利用 $\delta(x)$ 函数的定义: $\delta(x - x') = \int_{-\infty}^{\infty} \frac{\mathrm{d}k_R}{2\pi} \mathrm{e}^{\mathrm{i}k_R(x-x')}$ 及一些性质, 如 $\delta(-x) = \delta(x)$, $\frac{\partial}{\partial x}\delta(-x) = -\frac{\partial}{\partial x}\delta(-x)$, $\frac{\partial}{\partial x}\delta(x-x') = -\frac{\partial}{\partial x}\delta(-x+x') = -\frac{\partial}{\partial x}\delta(x'-x) = -\frac{\partial}{\partial x'}\delta(x-x')$, 和 $c_R(x')\frac{\partial}{\partial x'}\delta(x-x') = -\frac{\partial c_R(x')}{\partial x'}\delta(x-x')$, 可得

$$\sum_{k_R} \omega_{k_R} c_{k_R}^\dagger c_{k_R} = \int \mathrm{d}x c_R^\dagger(x)\left(-\mathrm{i}v_g \frac{\partial}{\partial x}\right)c_R(x)$$

类似地, 对向左传播的波矢为 k 的光子, 我们有

$$\sum_{k_L} \omega_{k_L} c_{k_L}^\dagger c_{k_L} = \sum_{k_L} (-v_g k_L) c_{k_L}^\dagger c_{k_L} = \int \mathrm{d}x c_L^\dagger(x)\left(\mathrm{i}v_g \frac{\partial}{\partial x}\right)c_L(x)$$

因而, 传输到 x 处的右/左行单光子态可表示为

$$c_{R/L}^\dagger(x)|0\rangle = |1_{R/L}(x)\rangle \tag{15.1.3}$$

所以, 一维波导中传输的行波光子, 其自由 Hamilton 量算符在实空间中可表示为

$$\hat{H}_l = \int \mathrm{d}x \left[c_R^\dagger(x)(-\mathrm{i}v_g)\frac{\partial}{\partial x}c_R(x) + c_L^\dagger(x)(\mathrm{i}v_g)\frac{\partial}{\partial x}c_L(x) \right], \quad \hbar = 1 \qquad (15.1.4)$$

我们假设, 构成光子网络的波导都是线性波导 (即色散关系是线性的), 所以在下面的讨论中我们总是约定行波光子在传输过程中其波包是不扩散的。

考虑一个图 15.1.1 所示的最简单模型, 即行波光子在传输过程中受到一个两能级原子的弹性散射。这一系统可由如下的 Hamilton 量:

$$\hat{H} = H_A + H_l + H_I \qquad (15.1.5)$$

图 15.1.1　两能级原子作为原子透镜对行波光子的弹性散射

描述, 其中 $H_A = \omega_0|e\rangle\langle e|$ 和 $H_l = \sum_k \omega_k c_k^\dagger c_k$ 分别是能量空间中两能级原子 (基态为 $|g\rangle$, 激发态为 $|e\rangle$) 和 k 空间中行波光子的自由 Hamilton 量, 而

$$H_I = \sum_k V_k(\sigma^\dagger c_k + \mathrm{h.c.}) \qquad (15.1.6)$$

则为 k 空间中相互作用 (强度为 V_k)。利用 (15.1.2) 及 δ 函数的定义式, 可写出 (15.1.6) 的实空间表示形式:

$$H_I = \int \mathrm{d}x \left\{ V_L\delta(x)[\sigma^\dagger c_L(x) + \mathrm{h.c.}] + V_R\delta(x)[\sigma^\dagger c_R(x) + \mathrm{h.c.}] \right\} \qquad (15.1.7)$$

它表示行波光子在 $x = 0$ 处被两能级原子所散射。如果散射原子和左、右行光子的相互作用是相同的 (即非手征性的), 那么, $V_L = V_R = V$, 上式便可简写为

$$H_I = \int \mathrm{d}x V\delta(x) \left\{ [\sigma^\dagger c_L(x) + \mathrm{h.c.}] + [\sigma^\dagger c_R(x) + \mathrm{h.c.}] \right\} \qquad (15.1.8)$$

这样, 实空间中某个位置的两能级原子对行波光子散射的所有信息 (例如光子的透射和反射概率), 便可以求解相应的含时 Schrödinger 方程:

$$\mathrm{i}\frac{\partial|\psi(t)\rangle}{\partial t} = \hat{H}|\psi(t)\rangle \qquad (15.1.9)$$

得到。由于 Hamilton 量算符不显含时间，故可令 $|\psi(x,t)\rangle = \mathrm{e}^{-\mathrm{i}\omega t}|\psi(x)\rangle$，从而将上面解含时 Schrödinger 方程的问题转化为求解如下的定态 Schrödinger 方程

$$\hat{H}|\psi(x)\rangle = \omega|\psi(x)\rangle \tag{15.1.10}$$

问题。这里，ω 可理解为系统的总能量，对弹性散射而言也就于入射光子的能量。所以，系统的一般波函数可表示为相对于基态 (即能量为零的空态 $|\phi\rangle = |0_k, g\rangle$) 激发数为 1 的所有可能状态 $\{c_L^\dagger(x)|\phi\rangle, c_R^\dagger(x)|\phi\rangle, \sigma^\dagger|\phi\rangle\}$ 的线性叠加，即

$$|\psi(x)\rangle = \int \mathrm{d}x[\phi_L(x)c_L^\dagger(x)|\phi\rangle + \phi_R(x)c_R^\dagger(x)|\phi\rangle] + A_e\sigma^\dagger|\phi\rangle \tag{15.1.11}$$

式中，$\phi_{L/R}(x)$ 为左/行光子波的概率幅，A_e 为原子的激发概率幅。将这一般形式的波函数代入 (15.1.10) 中，利用 $\sigma_z|\phi\rangle = -|\phi\rangle$, $\sigma_z\sigma^\dagger|\phi\rangle = \sigma^\dagger|\phi\rangle$, $\sigma_-|\phi\rangle = 0$, $\sigma^\dagger\sigma^\dagger|\phi\rangle = 0$; $H_A|\psi(x)\rangle = \omega_0 A_e\sigma^\dagger|\phi\rangle\}$; $c_{L/R}(x)|\phi\rangle = 0$ $[c_L(x), c_L^\dagger(x')] = \delta(x - x')$, $[c_R(x), c_R^\dagger(x')] = \delta(x - x')$, $\int \mathrm{d}x\delta(x) = 1$; 以及 $H_l|\psi(x)\rangle = V[\phi_L(0) + \phi_R(0)]\sigma^\dagger|\phi\rangle + VA_e\int \mathrm{d}x\delta(x)c_L^\dagger(x)|\varnothing\rangle] + VA_e\int\delta(x)\mathrm{d}xc_R^\dagger(x)|\phi\rangle]$，并考虑到 $\omega|\psi(x)\rangle = \omega\int \mathrm{d}x[\phi_L(x)c_L^\dagger(x)|\phi\rangle + \phi_R(x)c_R^\dagger(x)|\phi\rangle] + \omega A_e\sigma^\dagger|\phi\rangle$，便可得到一般波函数 (15.1.11) 中各叠加系数所满足的代数方程：

$$\omega_0 A_e + V[\phi_L(0) + \phi_R(0)] = \omega A_e$$
$$(\mathrm{i}v_g)\frac{\partial\phi_L(x)}{\partial x} + VA_e\delta(x) = \omega\phi_L(x) \tag{15.1.12}$$
$$(-\mathrm{i}v_g)\frac{\partial\phi_R(x)}{\partial x} + VA_e\delta(x) = \omega\phi_R(x)$$

假定光子从 $x = 0$ 的左侧入射，则右行波和左行波的光子激发系数 $\phi_L(x)$, $\phi_R(x)$ 在该点附近做分解：$\phi_R(x) = \mathrm{e}^{\mathrm{i}kx}[\theta(-x)+t\theta(x)]$, $\phi_L(x) = r\mathrm{e}^{-\mathrm{i}kx}\theta(-x)$; $k = \dfrac{\omega}{v_g}$。其中，t 和 r 分别表示该点光子的透射概率幅和反射概率幅。引入该点的阶跃函数：$\theta(x) = 0$, 对 $x < 0$; $\theta(x) = 1$, 对 $x > 0$，并取 $\theta(0) = 1/2$。再利用阶跃函数的导数是 δ 函数的性质 $\dfrac{\partial\theta(x)}{\delta x} = \delta(x)$, $\dfrac{\partial\theta(-x)}{\delta x} = \dfrac{\partial\theta(-x)}{\delta(-x)}\dfrac{\partial(-x)}{\partial x} = -\delta(-x) = -\delta(x)$，便可得到 $x = 0$ 处的各系数连接条件 $\phi_R(0) = \dfrac{1}{2} + \dfrac{t}{2}$, $\phi_L(0) = \dfrac{1+t}{2}$, 和 $\dfrac{\partial\phi_L(x)}{\partial x}|_{x=0} = (-\mathrm{i}k)r\theta(0) - r\delta(x)|_{x=0} = (-\mathrm{i}k)\dfrac{r}{2} - r\delta(x)|_{x=0}$, $\dfrac{\partial\phi_R(x)}{\partial x}|_{x=0} =$

$(\mathrm{i}k)\dfrac{r}{2} + [-\delta(x) + t\delta(x)]_{x=0}$。因而可将方程 (15.1.12) 化简为

$$
\begin{aligned}
\frac{V(1+t+r)}{2} &= (\omega - \omega_0)A_e = \Delta A_e \\
-\mathrm{i}v_g r + V A_e &= 0 \\
-\mathrm{i}v_g(t-1) + V A_e &= 0
\end{aligned}
\tag{15.1.13}
$$

其中，$\Delta = \omega - \omega_a$。解析求解上面的方程，得

$$
t = \frac{\Delta}{\Delta + \mathrm{i}V^2/v_g}, \quad r = \frac{-\mathrm{i}V^2/v_g}{\Delta + \mathrm{i}V^2/v_g}, \quad A_e = \frac{V}{\Delta + \mathrm{i}V^2/v_g}
\tag{15.1.14}
$$

这样，行波光子受两能级原子弹性散射的透射概率 $T = |t|^2$，反射概率 $R = |r|^2$，及原子的激发概率 $A = |A_e|^2$ 等都可精确计算。图 15.1.2 给出了两能级原子对左入射行波光子散射的反射谱和透射谱。容易验证 $T+R=1$。这说明，虽然原子激发的概率 $|A_e|^2 \neq 0$，但它并不影响散射过程中的概率流守恒，所以原子的激发是非常短暂的；而且，在忽略了原子耗散的情况下，入射波、反射波和透射波的光子将抑制保持其量子相干性。特别是，图 15.1.2 表明，当入射光的频率和两能级原子本征频率相同时，即 $\Delta = 0$，入射光子被完全反射 (无透射)$t=0, T=0$, $r=-1$, $R=1$，这时两能级原子可看作是频率为 $\omega = \omega_0$ 光子的全反射镜；对应地，如果 $\Delta \gg 0$，则入射光子全部透射，这时两能级原子就可看作一个光子的全透射镜。当然，对频率处于 ω_0 附近的入射光子而言，两能级原子就是对单光子具有的透射/反射功能的一般透镜，其反射/透射的概率取决于入射光和原子跃迁频率的失谐量。下面我们将看到，利用这种原子透镜，可以实现波导量子网络中的光子传输的按需路由控制。

图 15.1.2　两能级原子对行波光子弹性散射的透射谱 (蓝线) 和反射谱 (红线)
(彩图见封底二维码)

15.1.2 基于原子透镜的光量子路由[3]

下面我们讨论如何利用单原子透镜来量子网络中的量子路由。考虑如图 15.1.3 所示的一个简单量子网络：单光子从入射波导 a 的左端输入，然后被两波导间位于 x_1 处的两能级原子透射散射。为了实现光子在两个波导间传输的控制，在上波导 x_2 处设置了另一个原子透镜。

图 15.1.3 两波导量子网络中的光量子路由

入射单光子从入射波导 a 的左端输入，通过 x_1 处的二能级原子透镜 (另一个 x_2 处的原子透镜作为辅助) 散射可能被路由到波导 b

这一光量子网络系统可由 Hamilton 量 $H = H_0 + H_{int}$ 来描述[4]，其中 ($\hbar = 1$)，

$$H_0 = \sum_{j=a,b} (-\mathrm{i}v_{gj}) \int \mathrm{d}x \left[c_{Rj}^\dagger(x) \frac{\partial}{\partial x} c_{Rj}(x) - c_{Lj}^\dagger(x) \frac{\partial}{\partial x} c_{Lj}(x) \right]$$
$$+ \sum_{n=1,2} \left(\omega_n - \mathrm{i}\frac{\Gamma_n}{2} \right) \sigma_n^+ \sigma_n^- \tag{15.1.15}$$

为自由行波光子和原子透镜的 Hamilton 量，v_{gj} 为行波光子的群速度，$c_{Rj}^\dagger(x)(c_{Rj})$ 和 $c_{Lj}^\dagger(x)(c_{Lj})$ 为 a,b 波导中右行和左行光子的产生和湮灭算符，σ_n^+, σ_n^- 为耗散率为 Γ_n 第 1,2 个二能级原子透镜的升降算符。

$$H_{int} = \sum_{j=a,b} \int \mathrm{d}x V_{1j} \delta(x - x_1) \left[c_{Rj}^\dagger(x) \sigma_1^- + c_{Lj}^\dagger(x) \sigma_1^- + \text{h.c.} \right]$$
$$+ \int \mathrm{d}x V_{2a} \delta(x - x_2) \left[c_{Ra}^\dagger(x) \sigma_2^- + c_{La}^\dagger(x) \sigma_2^- + \text{h.c.} \right] \tag{15.1.16}$$

则是描述行波光子与原子透镜间的相互作用。物理上，入射光子的路由为表现为 4 种形式：①光子反射回 a 波导的左边，②光子被散射后从 a 波导的右边出射，③光子被路由到波导 b，以及④光子激发原子透镜后耗散掉。所以，系统的一般

波函数可表示为

$$|\Psi\rangle = \mathrm{e}^{-i\epsilon t}\left[\sum_{j=a,b}\int \mathrm{d}x\left(\phi_{Rj}(x)c_{Rj}^{\dagger}(x)+\phi_{Lj}(x)c_{Lj}^{\dagger}(x)\right)+\sum_{n=1,2}e_n\sigma_n^{+}\right]|\phi\rangle$$

$$(15.1.17)$$

这里, ϵ 为入射光子能量。式中, 各叠加系数可以分解为

$$\phi_{Ra}(x)=\mathrm{e}^{iqx}[\theta(x_1-x)+2t_1\theta(x-x_1)(x_2-x)+t\theta(x-x_2)]$$
$$\phi_{La}(x)=\mathrm{e}^{-iqx}[r\theta(x_1-x)+2r_1\theta(x-x_1)(x_2-x)]$$
$$\phi_{Rb}(x)=\mathrm{e}^{ikx}t_R\theta(x-x_1)$$
$$\phi_{Lb}(x)=\mathrm{e}^{-ikx}t_L\theta(x_1-x)$$

$$(15.1.18)$$

这里, $t_1(r_1)$ 和 t (r) 是光子经第一、二个原子散射后的透射 (反射) 概率幅; t_R 和 t_L 表示光子被路由到波导 b 中路沿左、右方向传播的概率幅。q 和 k 分别是光子在波导 a 和 b 中传播的波矢: $q\cdot v_g=k\cdot v_gb=\epsilon$。将 (15.1.17) 式代入 Schrödinger 方程 $i\partial_t|\Psi\rangle=H|\Psi\rangle$, 并利用 (15.1.18) 可得如下的代数方程:

$$\epsilon\phi_{Ra}(x)=-iv_{ga}\frac{\partial}{\partial x}\phi_{Ra}(x)+V_{1a}\delta(x-x_1)e_1+V_{2a}\delta(x-x_2)e_2$$

$$\epsilon\phi_{La}(x)=iv_{ga}\frac{\partial}{\partial x}\phi_{La}(x)+V_{1a}\delta(x-x_1)e_1+V_{2a}\delta(x-x_2)e_2$$

$$\epsilon\phi_{Rb}(x)=-iv_{gb}\frac{\partial}{\partial x}\phi_{Rb}(x)+V_{1b}\delta(x-x_1)e_1$$

$$\epsilon\phi_{Lb}(x)=iv_{gb}\frac{\partial}{\partial x}\phi_{Lb}(x)+V_{1b}\delta(x-x_1)e_1$$

$$\epsilon e_1=V_{1a}[\phi_{Ra}(x_1)+\phi_{La}(x_1)]+V_{1b}[\phi_{Rb}(x_1)+\phi_{Lb}(x_1)]+\left(\omega_1-i\frac{\Gamma_1}{2}\right)e_1$$

$$\epsilon e_2=V_{2a}[\phi_{Ra}(x_2)+\phi_{La}(x_2)]+\omega_2 e_2$$

$$(15.1.19)$$

不是一般性, 令 $x_1=0$, 解上式便可得到

$$t=\frac{i\Delta_2\left(i\Delta_1-\frac{\Gamma_1}{2}-\gamma_{1b}\right)}{\left(i\Delta_1-\frac{\Gamma_1}{2}-\gamma_{1a}-\gamma_{1b}\right)(i\Delta_2-\gamma_{2a})-\gamma_{1a}\gamma_{2a}\mathrm{e}^{i2\theta}}$$

$$r=\frac{\gamma_{2a}\left(i\Delta_1-\frac{\Gamma_1}{2}-\gamma_{1b}+\gamma_{1a}\right)\mathrm{e}^{i2\theta}+(i\Delta_2-\gamma_{2a})\gamma_{1a}}{\left(i\Delta_1-\frac{\Gamma_1}{2}-\gamma_{1a}-\gamma_{1b}\right)(i\Delta_2-\gamma_{2a})-\gamma_{1a}\gamma_{2a}\mathrm{e}^{i2\theta}}$$

$$t_L = t_R = \frac{V_{1b}v_{ga}}{V_{1a}v_{gb}} \times \frac{(\mathrm{i}\Delta_2 - \gamma_{2a})\gamma_{1a} + \gamma_{1a}\gamma_{2a}\mathrm{e}^{\mathrm{i}2\theta}}{\left(\mathrm{i}\Delta_1 - \dfrac{\Gamma_1}{2} - \gamma_{1a} - \gamma_{1b}\right)(\mathrm{i}\Delta_2 - \gamma_{2a}) - \gamma_{1a}\gamma_{2a}\mathrm{e}^{\mathrm{i}2\theta}} \quad (15.1.20)$$

式中, $\Delta_n = \epsilon - \omega_n$ 和 $\gamma_{nj} = V_{nj}^2/v_{gj}$ 分别为是波导 j 中第 n 个原子与光子的失谐量和有效耦合强度, $\theta = q(x_2 - x_1)$ 是光子在两个原子透镜间传播的相移。可见, 从波导 a 中的入射的右行光子是可以被理由到波导 b 中的, 其路由概率可通过调节相关物理参数来进行调控。

对于 $\Gamma_1 = 0$ 的无损路由, 且 $\gamma_{1a} = \gamma_{1b} = \gamma_{2a} = \gamma$, $V_{1b}v_{ga} = V_{1a}v_{gb}$, 则式 (15.1.28) 可简化为

$$t = \frac{\mathrm{i}\Delta_2(\mathrm{i}\Delta_1 - \gamma)}{(\mathrm{i}\Delta_1 - 2\gamma)(\mathrm{i}\Delta_2 - \gamma) - \gamma^2\mathrm{e}^{\mathrm{i}2\theta}}$$

$$r = \frac{\mathrm{i}\Delta_1\gamma\mathrm{e}^{\mathrm{i}2\theta} + (\mathrm{i}\Delta_2 - \gamma)\gamma}{(\mathrm{i}\Delta_1 - 2\gamma)(\mathrm{i}\Delta_2 - \gamma) - \gamma^2\mathrm{e}^{\mathrm{i}2\theta}} \quad (15.1.21)$$

$$t_L = t_R = \frac{(\mathrm{i}\Delta_2 - \gamma)\gamma + \gamma^2\mathrm{e}^{\mathrm{i}2\theta}}{(\mathrm{i}\Delta_1 - 2\gamma)(\mathrm{i}\Delta_2 - \gamma) - \gamma^2\mathrm{e}^{\mathrm{i}2\theta}}$$

容易验证: $T + R + T_b = 1$, 这里, $T = |t|^2$, $R = |r|^2$, 且 $T_b = |t_L|^2 + |t_R|^2$。在图 15.1.4 中, 我们给出了在给确定相移 $\theta = \pi/4$ 和有效耦合强度 $\gamma/\Omega = 0.09$, 以及 $\omega_1 = \Omega$ 的情况下, 光子从波导 a 路由到波导 b 的概率 T_b 如何随失谐量 Δ_1 和 Δ_2 的改变而变化的情况。显然, 如果原子透镜与入射光子发生共振 (即 $\Delta_2 = 0$), 且满足条件 $\Delta_1 = -\gamma$, 那么 T_b 可达其最大值 1, 这对应于光子在波导 a 中即不反射 (即 $R = 0$) 也不透射 (即 $T = 0$), 而确定性地被路由到了 b 波导中, 即

$$T_L = T_R = \frac{1}{2} \quad (15.1.22)$$

图 15.1.4 (彩图见封底二维码)

(a) 对确定相移 $\theta = \pi/4$ 和耦合强度 $\gamma/\Omega = 0.09$ 时, 光子从波导 a 路由到波导 b 的概率与失谐量 Δ_1 和 Δ_2 的关系; (b) 当 $\Delta_2 = 0$ 和 $\gamma/\Omega = 0.09$ 时, 光子反射和路由概率与 Δ_1/Ω 的关系

并左行和右行概率相同。这在图 15.1.4 也可看到，当 $T_b = 1$ 和 $T = R = 0$ 时，$T_L = T_R = 1/2$。

下面我们讨论路由概率如何随相移的不同而变化。图 15.1.5 给出了在 $\Delta_2 = 0$ 时，路由概率 T_b 随失谐量 Δ_1 和相移 θ 的变化关系。显然，路由概率是相移 θ 的周期为 π 的周期函数。当失谐量 $|\Delta_1|$ 等于有效耦合强度 γ 时，路由概率最大；如果失谐设置为 $\Delta_1 = -\gamma \sin 2\theta$ 和 $\Delta_2 = \gamma \cos 2\theta / \sin 2\theta$，则波导 a 中的入射光子不会被路由器反射，即 $R = 0$。此时

$$t = \frac{\mathrm{i}\gamma \dfrac{\cos 2\theta}{\sin 2\theta} \left(-\mathrm{i}\dfrac{\gamma}{\sin 2\theta} - \gamma\right)}{\left(-\mathrm{i}\dfrac{\gamma}{\sin 2\theta} - 2\gamma\right)\left(\mathrm{i}\gamma \dfrac{\cos 2\theta}{\sin 2\theta} - \gamma\right) - \gamma^2 \mathrm{e}^{\mathrm{i}2\theta}}$$

$$t_L = t_R = \frac{\left(\mathrm{i}\gamma \dfrac{\cos 2\theta}{\sin 2\theta} - \gamma\right)\gamma + \gamma^2 \mathrm{e}^{\mathrm{i}2\theta}}{\left(-\mathrm{i}\dfrac{\gamma}{\sin 2\theta} - 2\gamma\right)\left(\mathrm{i}\gamma \dfrac{\cos 2\theta}{\sin 2\theta} - \gamma\right) - \gamma^2 \mathrm{e}^{\mathrm{i}2\theta}} \tag{15.1.23}$$

显然，如果将有效耦合强度设为 $\gamma/\Omega = 0.09$，那么光子的传输概率将只受相位角的调控。在图 15.1.5 中，蓝色实线表示单光子在 a 波导中通过原子透镜的透射概率 T，红色粗虚线表示单光子从 a 波导被路由到 b 波导中向左传播的概率 T_L，黑色点划线表示单光子从 a 波导被路由到 b 波导中的总概率 T_b，它们都是周期为 $\pi/2$ 的相移函数。在图中红色虚线和红色虚线的交叉点处，可以看到

$$T_L = T_R = T = \frac{1}{3} \tag{15.1.24}$$

这表明，光子以 $1/3$ 的等概率平均地路由到三个通道。

图 15.1.5　（彩图见封底二维码）

(a) 当 $\Delta_2 = 0$ 时光子路由概率随相移 θ 和 Δ_1 的变化关系；(b) 无反射情况下，路由概率与相移 θ 之间的关系。这里耦合强度取为 $\gamma/\Omega = 0.09$

上述的路由系统中，在原子透镜的辅助下波导中 a 的入射的光子可以被路由到另一个波导 b 中。如果参数条件合适，光子可以等概率地路由为波导 b 中的左行和右行光子或等概率地 (都是 1/3) 路由到波导网络中的三个输出端。下面我们讨论，如何确定性地 (定向地) 将光子路由到某一个输出端。为此，我们考虑图 15.1.6 所示的光子路由系统：在上一个路由系统的基础上，在波导 b 旁边的 x_3 位置处放置另一个原子透镜。我们研究，在什么条件下可以将波导 a 入射右行光子确定性地路由到波导 b 的左端，即

$$T_L = 1, \quad T_R = T = R = 0 \tag{15.1.25}$$

图 15.1.6 用三个原子镜将入射光子从波导 a 转移到波导 b 的左行端口出射

这里，处于 x_1 的原子透镜起到路由器的作用，另两个原子透镜分别位于波导 a 的 x_2 处和波导 b 的 x_3 处

描述这个量子路由系统的 Hamilton 量 H_2 可以写为自由光子和自由原子，

$$H_{02} = \sum_{j=a,b} (-\mathrm{i}v_{gj}) \int \mathrm{d}x \left[c_{Rj}^\dagger(x)\frac{\partial}{\partial x}c_{Rj}(x) - c_{Lj}^\dagger(x)\frac{\partial}{\partial x}c_{Lj}(x) \right]$$
$$+ \sum_{n=1,2,3} \left(\omega_n - \mathrm{i}\frac{\Gamma_n}{2} \right) \sigma_n^+ \sigma_n^- \tag{15.1.26}$$

及光子–原子透镜相互作用：

$$H_{int2} = \sum_{j=a,b} \int \mathrm{d}x V_{1j}\delta(x-x_1)[c_{Rj}^\dagger(x)\sigma_1^- + c_{Lj}^\dagger(x)\sigma_1^- + \mathrm{h.c.}]$$
$$+ \int \mathrm{d}x V_{2a}\delta(x-x_2)[c_{Ra}^\dagger(x)\sigma_2^- + c_{La}^\dagger(x)\sigma_2^- + \mathrm{h.c.}]$$
$$+ \int \mathrm{d}x V_{3b}\delta(x-x_3)[c_{Rb}^\dagger(x)\sigma_3^- + c_{Lb}^\dagger(x)\sigma_3^- + \mathrm{h.c.}] \tag{15.1.27}$$

之和。系统的一般波函数可类似地表示为

$$|\Psi\rangle_2 = \mathrm{e}^{-\mathrm{i}\epsilon t}\left[\sum_{j=a,b}\int \mathrm{d}x(\phi_{Rj}(x)c_{Rj}^\dagger(x) + \phi_{Lj}(x)c_{Lj}^\dagger(x)) + \sum_{n=1,2,3}e_n\sigma_n^+\right]|\phi\rangle$$

$$(15.1.28)$$

其中，e_3 是位于 x_3 处的原子反射镜的激发概率幅，各叠加系数可以表示为

$$\phi_{Ra2}(x) = \mathrm{e}^{\mathrm{i}qx}[\theta(x_1-x) + t_{12a}\theta(x-x_1)(x_2-x) + t_2\theta(x-x_2)]$$

$$\phi_{La2}(x) = \mathrm{e}^{-\mathrm{i}qx}[r_2\theta(x_1-x) + r_{12a}\theta(x-x_1)(x_2-x)]$$

$$\phi_{Rb2}(x) = \mathrm{e}^{\mathrm{i}kx}[t_{13}\theta(x-x_1)\theta(x_3-x) + t_{R2}\theta(x-x_3)]$$

$$\phi_{Lb2}(x) = \mathrm{e}^{-\mathrm{i}kx}[t_{L2}\theta(x_1-x) + r_{13}\theta(x-x_1)\theta(x_3-x)]$$

$$(15.1.29)$$

这里，$t_{12a}(r_{12a})$ 和 $t_2(r_2)$ 分别是波导 a 中区间 $(x_1,x_2)((x_1,x_2))$ 和 $x>x_2(x<x_1)$ 中的透射 (反射) 概率幅；$t_{13}(r_{13})$ 和 $t_{R2}(t_{L2})$ 是路由到波导 b 中区间 (x_1,x_3) $((x_1,x_3))$ 和 $x>x_3(x<x_1)$ 中的概率幅。

同样，通过求解 Schrödinger 方程 $\mathrm{i}\partial|\Psi\rangle_2/\partial t = H_2|\Psi\rangle_2$，可得

$$t_2 = \frac{(-\mathrm{i}\Delta_1+\gamma)(\mathrm{i}\Delta_2)(\mathrm{i}\Delta_3-\gamma) + \gamma^2(\mathrm{i}\Delta_2)}{(2\gamma-\mathrm{i}\Delta_1)(\mathrm{i}\Delta_2-\gamma)(\mathrm{i}\Delta_3-\gamma) + \gamma^2(\mathrm{i}\Delta_3-\gamma)\mathrm{e}^{\mathrm{i}2\theta_1} + \gamma^2(\mathrm{i}\Delta_2-\gamma)\mathrm{e}^{\mathrm{i}2\theta_2}}$$

$$r_2 = \frac{-\mathrm{i}\Delta_1\gamma(\mathrm{i}\Delta_3-\gamma)\mathrm{e}^{\mathrm{i}2\theta_1} + \gamma^3\mathrm{e}^{\mathrm{i}2(\theta_1+\theta_2)} - \gamma(\mathrm{i}\Delta_2-\gamma)(\mathrm{i}\Delta_3-\gamma)}{(2\gamma-\mathrm{i}\Delta_1)(\mathrm{i}\Delta_2-\gamma)(\mathrm{i}\Delta_3-\gamma) + \gamma^2(\mathrm{i}\Delta_3-\gamma)\mathrm{e}^{\mathrm{i}2\theta_1} + \gamma^2(\mathrm{i}\Delta_2-\gamma)\mathrm{e}^{\mathrm{i}2\theta_2}}$$

$$t_{R2} = \frac{-\gamma(\mathrm{i}\Delta_2-\gamma)(\mathrm{i}\Delta_3) - \gamma^2(\mathrm{i}\Delta_3)\mathrm{e}^{\mathrm{i}2\theta_1}}{(2\gamma-\mathrm{i}\Delta_1)(\mathrm{i}\Delta_2-\gamma)(\mathrm{i}\Delta_3-\gamma) + \gamma^2(\mathrm{i}\Delta_3-\gamma)\mathrm{e}^{\mathrm{i}2\theta_1} + \gamma^2(\mathrm{i}\Delta_2-\gamma)\mathrm{e}^{\mathrm{i}2\theta_2}}$$

$$t_{L2} = \frac{-(\mathrm{e}^{\mathrm{i}2\theta}\gamma+\mathrm{i}\Delta_3-\gamma)\gamma(\mathrm{i}\Delta_2-\gamma) - \gamma^2(\mathrm{e}^{\mathrm{i}2\theta}\gamma+\mathrm{i}\Delta_3-\gamma)\mathrm{e}^{\mathrm{i}2\theta_1}}{(2\gamma-\mathrm{i}\Delta_1)(\mathrm{i}\Delta_2-\gamma)(\mathrm{i}\Delta_3-\gamma) + \gamma^2(\mathrm{i}\Delta_3-\gamma)\mathrm{e}^{\mathrm{i}2\theta_1} + \gamma^2(\mathrm{i}\Delta_2-\gamma)\mathrm{e}^{\mathrm{i}2\theta_2}}$$

$$(15.1.30)$$

式 (15.1.26) 和 (15.1.27) 中，为了方便表示我们设 $\Gamma_n=0$, $v_{gj}=v(j=a,b)$, $k=q$, $V_{nj}=V$, 且 $\omega_1=\Omega$, $\Delta_n=\epsilon-\omega_n$, $\gamma=V^2/v$, $x_1=0$, $\theta_n=q(x_{n+1}-x_1)$。可见，如果要将光子路由到另一个选定的波导 b 中，则需要 $T_{L2}=|t_{L2}|^2\neq 0$, 且 $t_2=t_{R2}=0$, 这可以通过设置 $\Delta_2=0$ 和 $\Delta_3=0$ 来实现，此时入射光子是零反射，即 $r_2=0$。为简便起见，我们设 $\theta_1=\theta_2=\theta$, 从而，

$$r_2 = \frac{\mathrm{i}\Delta_1\mathrm{e}^{\mathrm{i}2\theta} + \gamma\mathrm{e}^{\mathrm{i}4\theta} - \gamma}{(2\gamma-\mathrm{i}\Delta_1) - 2\gamma\mathrm{e}^{\mathrm{i}2\theta}}$$

$$t_{L2} = \frac{(\mathrm{e}^{\mathrm{i}2\theta}-1)\gamma - \gamma(\mathrm{e}^{\mathrm{i}2\theta}-1)\mathrm{e}^{\mathrm{i}2\theta}}{(2\gamma-\mathrm{i}\Delta_1) - 2\gamma\mathrm{e}^{\mathrm{i}2\theta}}$$

$$(15.1.31)$$

在这种情况下，我们可以得到 $R_2=|r_2|^2$, $T_{b2}=T_{L2}=|t_{L2}|^2$。图 15.1.7(a) 给出了路由概率 T_{L2} 是如何随失谐 Δ_1 和相移 θ 的变化而变化的。可见，对于选定的

失谐 Δ_1, 路由概率 T_{L2} 是相移 θ 的周期函数 (周期为 π); 有趣的是, 当光子从 a 波导中完全定向路由到 b 波导并向左传播时, 在 a 波导便不再有反射即 $r_2 = 0$, 此时失谐量 Δ_1 与相位角 θ 满足关系:

$$\frac{\Delta_1}{\gamma} = -2\sin 2\theta \tag{15.1.32}$$

实际上在这种量子路由系统中, 通过适当设置失谐和相位之间的关系, 波导 a 中的光子可以以任意概率路由到波导 b, 如图 15.1.7(b) 所示。例如, 如果 $\Delta_1 = -\gamma\sin 2\theta_1$, $\Delta_2 = 0$, $\Delta_3 = \gamma\tan 2\theta_1$ 和 $\theta_1 + \theta_2 = m\pi(m = 1, \pm1, \pm2, \pm3, \cdots)$, 则通过调整相位 θ_1, 波导 a 中的入射光子可以以任意概率路由到波导 b 中的两个端口中, 使得即 $T = R = 0$。

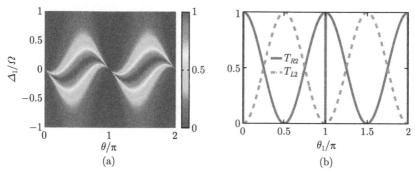

图 15.1.7 (彩图见封底二维码)

(a) 当耦合强度 $\gamma/\Omega = 0.09$ 时, 路由概率 T_{L2} 与失谐量 Δ_1 和相移 θ 之间的关系; (b) 当 $T = R = 0$ 时, 路由概率 T_{R2} 和 T_{L2} 与相移 θ_1 之间的关系

15.1.3 原子型光子晶体 [5]

本节讨论如何利用原子透镜阵列来实现光子晶体。考虑如图 15.1.8 所示周期性排列的 N 个二级原子透镜阵列对一维波导中传输光子的散射。在 15.1.1 节给出了光子受单个二能级原子散射的透射系数和反射系数, 因而用一个散射 $\boldsymbol{S}$ 矩阵:

$$\begin{pmatrix} t_1 \\ 0 \end{pmatrix} = \boldsymbol{S}\begin{pmatrix} 1 \\ r_1 \end{pmatrix}, \quad \begin{pmatrix} r_1 \\ 1 \end{pmatrix} = \boldsymbol{S}\begin{pmatrix} 0 \\ t_1 \end{pmatrix} \tag{15.1.33}$$

来表示单个两能级原子对光子的散射参数。将 (15.1.14) 式中的透射系数和反射系数代入, 可得

$$\boldsymbol{S} = \begin{pmatrix} \dfrac{t_1^2 - r_1^2}{t_1} & \dfrac{r_1}{t_1} \\ -\dfrac{r_1}{t_1} & \dfrac{1}{t_1} \end{pmatrix} = \begin{pmatrix} \dfrac{\Delta - \mathrm{i}\gamma}{\Delta} & \dfrac{-\mathrm{i}\gamma}{\Delta} \\ \dfrac{\mathrm{i}\gamma}{\Delta} & \dfrac{\Delta + \mathrm{i}\gamma}{\mathrm{i}\Delta} \end{pmatrix} \tag{15.1.34}$$

这就是单个原子透镜对光子散射的散射矩阵。由于最近邻两个二能级原子透镜之间，光子是自由传输的 (仅获得一个相移)，所以光子自由传播距离 D 的行为可用一个相移矩阵

$$\boldsymbol{P} = \begin{pmatrix} \mathrm{e}^{\mathrm{i}\phi} & 0 \\ 0 & \mathrm{e}^{-\mathrm{i}\phi} \end{pmatrix}, \quad \phi = knD \tag{15.1.35}$$

图 15.1.8　基于周期性排列二级原子透镜阵列构造的一维光子晶体

这里 $x_0, x_1, x_2, \cdots, x_N$ 分别是 N 原子透镜的位置，g 为是原子–光子的耦合强度。

来描述。其中，D 是光子自由传输距离，k 为光子波矢，n 为波导介质折射率，λ 是入射光子的波长。显然，经 N 个两能级原子透镜依次散射后，光子的反射和透射概率幅可表示为

$$\begin{pmatrix} t_N \\ 0 \end{pmatrix} = \begin{pmatrix} \mathrm{e}^{-\mathrm{i}N\phi} & 0 \\ 0 & 1 \end{pmatrix} \boldsymbol{M}^N \begin{pmatrix} 1 \\ r_N \end{pmatrix} \tag{15.1.36}$$

这里

$$\boldsymbol{M} = \boldsymbol{P} \cdot \boldsymbol{S} = \frac{1}{\beta} \begin{pmatrix} \mathrm{e}^{\mathrm{i}\phi}(\beta - 1) & -\mathrm{e}^{\mathrm{i}\phi} \\ \mathrm{e}^{-\mathrm{i}\phi} & \mathrm{e}^{-\mathrm{i}\phi}(\beta + 1) \end{pmatrix}, \quad \beta = -\mathrm{i}\frac{\Delta}{\gamma} \tag{15.1.37}$$

完全描述了二级原子透镜阵列对波导光子的弹性散射特性。

具体地，如果 $N = 2$ 则

$$t_2 = \frac{\beta^2}{(1+\beta)^2 \mathrm{e}^{\mathrm{i}\phi} - \mathrm{e}^{3\mathrm{i}\phi}} \tag{15.1.38}$$

对于 $N = 3$，则

$$t_3 = \frac{\beta^3}{(1+\beta)^3 \mathrm{e}^{\mathrm{i}\phi} - 2(1+\beta)\mathrm{e}^{3\mathrm{i}\phi} - (-1+\beta)\mathrm{e}^{5\mathrm{i}\phi}} \tag{15.1.39}$$

不失一般性，我们假设 $D = \lambda_0/4$，$n = 1$，因而 $\lambda_0 = 2\pi c/\omega_0$。图 15.1.9 分别给出了 1, 2 和三个原子透镜散射的光子透射谱 (分别为红线、绿线和蓝线)。可以看

到，与单个原子透镜的禁止导通 (即无透射) 频率点 $\omega = \omega_0$ 相比，绿色实线表示两个原子透镜的依次散射，会出现一个以 ω_0 为中心的宽度为 $\Omega_2 \approx 0.014\omega_0$ 的禁带；蓝色线则表示，三个原子透镜的散射导致的更宽的禁带宽度 $\Omega_3 \approx 0.034\omega_0$。物理上，光子传输禁带的产生是来自于右行光子和左行光子间的量子干涉 [7]。

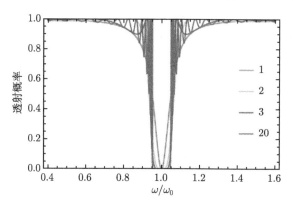

图 15.1.9　$N = 1, 2, 3, 20$ 个二能级原子对行波光子散射的透射谱 (彩图见封底二维码)

其他参数设置为 $D = \lambda_0/4, \gamma = 0.05\omega_0$

实际上，可以通过求解方程 $|t_N|^2 = 0$，来得到 N 个原子透镜散射导致的波导光子传输禁带及其宽度，因而可构造任意多原子透镜散射的波导光子晶体。例如，周期性结构排列的原子透镜，假设原子的位置分别为 $x_0, x_1, x_2, \cdots, x_N$，这里 $D = x_{i+1} - x_i$。由于 (15.1.37) 式中矩阵 $\boldsymbol{M}$ 的特征值为 ζ 满足方程:

$$\zeta^2 - 2\zeta\left(\cos kD + \frac{1}{\mathrm{i}\beta}\sin kD\right) + 1 = 0 \tag{15.1.40}$$

所以，根据 Cayley-Hamilton 定理 [6]，可得

$$\boldsymbol{M}^2 - 2\boldsymbol{M}\left(\cos kD + \frac{1}{\mathrm{i}\beta}\sin kD\right) + \boldsymbol{I} = 0 \tag{15.1.41}$$

其中 $\boldsymbol{I}$ 是单位矩阵。引入由 $\cos(\alpha D) = \cos(kD) + \sin(kD)/\mathrm{i}\beta$ 所定义的参数 α，并使用数学归纳法，可证

$$\boldsymbol{M}^N = \boldsymbol{M}\frac{\sin(N\alpha D)}{\sin(\alpha D)} - \boldsymbol{I}\frac{\sin[(N-1)\alpha D]}{\sin(\alpha D)} \tag{15.1.42}$$

所以,N 个二能级原子透镜阵列散射情况下,光子的透射概率幅可以解析地表示为

$$t_N = \frac{\mathrm{e}^{-\mathrm{i}NkD}}{\beta\sin(\alpha D)}\Big\{\mathrm{e}^{\mathrm{i}kD}(\beta - 1)\sin(N\alpha D) - \beta\sin[(N-1)\alpha D]$$
$$- \frac{[\mathrm{e}^{-\mathrm{i}kD}\sin(N\alpha D)]^2}{\mathrm{e}^{-\mathrm{i}kD}(\beta + 1)\sin(N\alpha D) - \beta\sin[(N-1)\alpha D]}\Big\} \tag{15.1.43}$$

这样，通过求解禁带产生条件 $|t_N|^2 = 0$，便可得到 N 个两能级原子透镜阵列所构建的光子晶体的中心频率和带宽。对于 $N = 1, 2, 3$，$D = \lambda_0/4$ 数值结果证明了红线、绿线和蓝线所示的光子透射谱；进一步地，可以看到对 $N = 20$，光子晶体的禁带宽度达到一个稳定值。

15.2　边臂量子腔作为透镜的光量子路由

15.1 节讨论了利用两能级原子作为光量子透镜，实现波导网络中的光子路由传输。本节讨论如何利用另一种称为边臂量子腔的光量子透镜来实现波导光子的量子理由。与光学波段的微腔系统相比，微波波段的谐振器结构更易于制作和更便于实现电磁调控。

15.2.1　量子化微波谐腔作为微波光子的量子透镜[8,9]

为简单起见，我们考虑图 15.2.1 所示的四分之一波长谐振器对馈线中传输的微波信号的散射。这里，四分之一波长谐振器是长度为 L，一端通过电容 C_m 耦合到馈线另一端直接接地的金属导体。

图 15.2.1　四分之一波长量子化谐振腔对波导光子的散射

图中谐振腔的中心导体一端经电容与馈线波导耦合，另一端则直接与零电位导体连接

根据经典电磁理论，四分之一波长谐振器的基模谐振频率是

$$\omega_r = \frac{c}{4l}\sqrt{\frac{2}{\epsilon+1}} \tag{15.2.1}$$

其中，ε 为金属导体介电常数，l 为谐振器的长度，c 为真空中的光速。利用耦合端电压最大、接地端电压为零的边界条件，四分之一波长谐振器的 Hamilton 量可表示为 [8]

$$\hat{H}_r = \hbar\omega_r \left(\hat{a}^\dagger\hat{a} + \frac{1}{2}\right) \tag{15.2.2}$$

为量子化谐振腔的自由 Hamilton 量，$\hat{a}$ 和 $\hat{a}^\dagger$ 分别为谐振腔中量子化驻波电磁场的光子湮灭算符和产生算符。这一量子系统的动力学可用一个总 Hamilton 量算

符 $\hat{H} = \hat{H}_r + \hat{H}_1 + \hat{H}_{int}$ 来描述，其中，在耦合端点处量子化驻波场的电压算符为

$$\hat{V} = V_0(\hat{a}^\dagger - \hat{a}), \quad V_0 = \sqrt{\hbar\pi / \left(2L^2c\sqrt{lc}\right)} \tag{15.2.3}$$

在未受激发的情况下，谐振器处于真空态 $|0_r\rangle$，电压算符的平均值为零，但真空涨落 $\Delta V = \sqrt{\langle 0|\hat{V}^2|0\rangle - (\langle 0|\hat{V}|0\rangle)^2} \neq 0$。所以，谐振器可与外部电场耦合，从而对馈线中传输的电磁信号进行调制。馈线波导中传输的平面电磁波可用 k 空间中的 Hamilton 量 $\hat{H}_1 = \sum_k \hbar\omega_k \hat{a}_k^\dagger \hat{a}_k$ 描述，其中 $k = 1, 2, 3, \cdots$ 为传输模式。在实空间中，馈线波导中传输的微波场，其 Hamilton 量可写为 (15.1.4) 式的形式，而谐振器和馈线波导的耦合则可写为如下的实空间形式：

$$\hat{H}_{int} = V_L \int_{-\infty}^{+\infty} \delta(x)[\hat{c}_L^\dagger(x)\hat{a} + \hat{a}^\dagger \hat{c}_L(x)]\mathrm{d}x + V_R \int_{-\infty}^{+\infty} \delta(x)[\hat{c}_R^\dagger(x)\hat{a} + \hat{a}^\dagger \hat{c}_R(x)]\mathrm{d}x \tag{15.2.4}$$

其中，V_R 和 V_L 分别表示在 x 处右行光子和左行光子与四分之一波长谐振器的耦合系数，$\delta(x)$ 为 Dirac 冲激函数。这里，由于谐振器耦合端的尺度通常为数百个微米，远小于馈线中传输微波的波长，所以耦合可看作是由 δ 函数描述的点状耦合。

显然，对于入射到馈线波导中的光子在谐振腔散射前后频率不变的弹性散射情况，系统所有的量子动力学行为都可通过求解 (15.1.18) 形式的定态 Schrödinger 方程得到。不过，这里的一般定态波函数 $|\phi(x)\rangle$ 应设为如下形式：

$$|\phi(x)\rangle = \int \mathrm{d}x \left[\psi_R(x)\hat{c}_R^\dagger(x) + \psi_L(x)\hat{c}_L^\dagger(x)\right]|\phi\rangle + A\hat{a}^\dagger|\phi\rangle \tag{15.2.5}$$

其中，$R = \{\hat{c}_R^\dagger(x)|\phi\rangle, \hat{c}_L^\dagger(x)|\phi\rangle, \hat{a}^\dagger|\phi\rangle\}$ 为系统的动力学不变子空间，$|\phi\rangle = |0_R, 0_L, 0_r\rangle$ 是系统的基态:馈线中无传输光子且谐振器处在电磁真空态。将方程 (15.2.5) 代入定态 Schrödinger 方程，便可得到谐振器散射后馈线中右行和左行光子的概率幅：$\psi_R(x)$ 和 $\psi_L(x)$，以及谐振器的激发概率幅度 A 所满足的代数方程：

$$\begin{aligned} &-\mathrm{i}v_g \frac{\partial \psi_R(x)}{\partial x} + AV_R\delta(x) = \omega\psi_R(x) \\ &\mathrm{i}v_g \frac{\partial \psi_L(x)}{\partial x} + AV_L\delta(x) = \omega\psi_L(x) \\ &A\omega_r + V_R\psi_R(x) + V_L\psi_L(x) = A\omega \end{aligned} \tag{15.2.6}$$

假设馈线波导中的光子从左向右传播，那么采用推导 (15.1.12) 式同样的方法，可

以建立光子透射概率幅 t 和反射概率幅 r 所满足的方程:

$$-\mathrm{i}v_g\left(\mathrm{i}k\frac{1+t}{2}+t-1\right)+AV_R=\frac{1+t}{2}\omega$$

$$\mathrm{i}v_g r\frac{-\mathrm{i}k-1}{2}+AV_L=\frac{\omega_r}{2} \tag{15.2.7}$$

$$A\omega_r+V_R\frac{1+t}{2}+V_L\frac{1}{2}r=A\omega$$

解这个方程, 便可求得馈线中不同频率光子入射的透射概率 (透射谱):

$$T(\omega)=|t|^2(\omega)=\frac{[(\omega-\omega_r)]^2+\left(\frac{1}{2}\gamma_1-\frac{1}{2}\gamma_2\right)^2}{[(\omega-\omega_r)]^2+\left(\frac{1}{2}\gamma_1+\frac{1}{2}\gamma_2\right)^2} \tag{15.2.8}$$

其中 $\gamma_1=V_R^2/v_g$ 和 $\gamma_2=V_L^2/v_g$ 分别表示右行光子和左行光子与四分之一波长谐振器的有效耦合系数。

　　作为具体的例子, 图 15.2.2 给出了馈线中传输的微波光子受本征频率为 $\omega_r=4.0\mathrm{GHz}$ 的四分之一波长谐振器散射情况下的透射谱。这里, 右行光子与谐振器的有效耦合系数取为 $\gamma_1=0.001\mathrm{GHz}$, 左行光子与谐振器的有效耦合系数分别取为 $\gamma_2=\gamma_1,2\gamma_1,4\gamma_1$。由图可见, 如果波导光子与谐振器的耦合具有手征性 (即谐振器与左、右行光子的耦合强度不同)[22,23], 共振光子仍有一定的概率可以透射, 即 $T(\omega_r)\neq 0$; 但是, $\gamma_1=\gamma_2=\gamma$ 时, 即整个器件结构没有手征性时, 共振微波光子不能透射过谐振器而被完全反射。这类似于光学介质对入射光子的共振吸收。特别是, 对应于最大反射概率一半的两个入射微波频率 $\omega_1=\omega_r+\gamma$ 和 $\omega_2=\omega_r-\gamma$ 之间的差值 $\omega_2-\omega_1=2\gamma$, 正好等于波导光子与谐振器有效耦合系数的 γ 的两倍。所以, 测量微波光子的透射谱可以用于测定馈线和谐振器之间的有效耦合强度: 透射谱的半高宽等于馈线中传输的行波光子与谐振器中驻波光子之间的有效耦合强度! 当然, 以上的讨论中我们完全忽略了谐振器本身的损耗, 这对极低温超导微波传输线系统而言是可以的。因为在毫开级低温环境下, 热噪声几乎可以忽略, 从而谐振器的品质因素主要由其与外界耦合所导致的能量损耗来决定。与两能级原子对波导光子的散射情况非常类似, 这里我们看到对于无手征性的波导而言, 量子化边腔可以作为波导光子的透镜来使用: 当入射光子与腔频率相同时, 光子被全部反射, 表现为一个全反射镜; 当入射光子频率足够大于腔频率时, 入射光子全部透射, 表现为一个光子的全透射镜; 当入射光子与腔频接近时, 表现为部分反射部分透射的透镜。

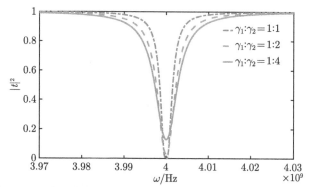

图 15.2.2　　左、右行光子与谐振器有效耦合强度不同比值情况下，
馈线中传输微波光子的透射谱

　　下面讨论如何利用两个量子化腔的耦合来调节光子的散射谱。考虑图 15.2.3
所示的两个耦合四分之一波长谐振器对馈线中微波传输信号的散射问题。这里，
两个四分之一波长谐振器都是一端接地，另一端则通过电容分别在 $x = l_1, x = l_2$
处耦合到馈线，$L = l_2 - l_1$ 为两个谐振器之间的距离。描述这一光子输运系统的
Hamilton 量为 $\hat{H}' = \hat{H}_r + \hat{H}_s + \hat{H}_{sr} + \hat{H}_1 + \hat{H}_2 + \hat{H}_3$。其中，$\hat{H}_1$ 为上节中馈线
传输的行波光子自由 Hamilton 量；$\hat{H}_r = \hbar\omega_r \hat{a}^\dagger \hat{a}$，$\hat{H}_s = \hbar\omega_s \hat{b}^\dagger \hat{b}$ 描述的是本征频
率分别为 ω_r 和 ω_s 的两个四分之一波长谐振器的 Hamilton 量 ($\hat{a}^\dagger$, $\hat{b}^\dagger$ 和 $\hat{a}$, $\hat{b}$ 分
别为它们的产生算符和湮灭算符)；$\hat{H}_{sr} = \hbar g \left(\hat{a}^\dagger \hat{b} + \hat{b}^\dagger \hat{a} \right)$ 是两个谐振器的相互作
用项，g 为耦合强度。

图 15.2.3　　两个四分之一波长共面波导谐振腔耦合模型

其中两个谐振腔的中心导体一端经耦合电容与波导的中心馈线相连，另一端都通过短路形式直接与接地导体连
接，两个谐振腔插指实现耦合

$$\hat{H}_2 = V_1 \int_{-\infty}^{+\infty} \delta(x - l_1) \left(\hat{c}_R^\dagger(x)\hat{a} + \hat{a}^\dagger \hat{c}_R(x) + \hat{c}_L^\dagger(x)\hat{a} + \hat{a}^\dagger \mathrm{d}x \hat{c}_L(x) \right) \quad (15.2.9)$$

和

$$\hat{H}_3 = V_2 \int_{-\infty}^{+\infty} \delta(x - l_2) \left(\hat{c}_R^\dagger(x)\hat{b} + \hat{b}^\dagger \hat{c}_R(x) + \hat{c}_L^\dagger(x)\hat{b} + \hat{b}^\dagger \mathrm{d}x \hat{c}_L(x) \right) \quad (15.2.10)$$

分别描述谐振器中驻波光子和馈线中行波光子的相互作用, V_1 和 V_2 是耦合强度。容易证明, 对应于上面的总 Hamilton 量算符 $\hat{H}'$, 系统存在一个不变的动力学子空间 $R_2 = \{\hat{c}_R^\dagger(x)|\phi\rangle, \hat{c}_L^\dagger(x)|\phi\rangle, \hat{a}^\dagger|\phi\rangle, \hat{b}^\dagger|\phi\rangle\}$, 其中 $|\phi\rangle = |0_R, 0_L, 0_a, 0_b\rangle$, 因而系统一般定态可用波函数:

$$|\phi_2\rangle = \int \mathrm{d}x \left[\psi_{R2}(x)\hat{c}_R^\dagger(x) + \psi_{L2}(x)\hat{c}_L^\dagger(x) \right] |\phi\rangle + A_2\hat{a}^\dagger|\phi\rangle + B_2\hat{b}^\dagger|\phi\rangle \quad (15.2.11)$$

来表示。其中, $\psi_{R2}(x)$ 和 $\psi_{L2}(x)$ 为右行、左行光子的概率幅, A_2 和 B_2 表示为谐振器的激发概率。代入相应的定态 Schrödinger 方程, 可以证明一般波函数中的系数由如下方程:

$$\begin{aligned}
\omega\psi_{R2}(x) &= -\mathrm{i}v_g \frac{\partial \psi_{R2}(x)}{\partial x} + A_2 V_1 \delta(x - l_1) + B_2 V_2 \delta(x - l_2) \\
\omega\psi_{L2}(x) &= \mathrm{i}v_g \frac{\partial \psi_{L2}(x)}{\partial x} + A_2 V_1 \delta(x - l_1) + B_2 V_2 \delta(x - l_2) \\
A_2\omega &= A_2\omega_r + V_1[\psi_{R2}(l_1) + \psi_{L2}(l_1)] + gB_2 \\
B_2\omega &= B_2\omega_s + V_2[\psi_{R2}(l_2) + \psi_{L2}(l_2)] + gA_2
\end{aligned} \quad (15.2.12)$$

确定。与单点散射情形类似, 馈线波导中传播的光子先后被位于同一侧的两个谐振器散射, 因此光子向右传播概率幅 $\psi_{R2}(x)$ 和向左传播概率幅 $\psi_{L2}(x)$ 可以分解为

$$\begin{aligned}
\psi_{R2}(x) &= \frac{\mathrm{e}^{\mathrm{i}kx}}{\sqrt{2\pi}}[\theta(x - l_1) + t_{12}\theta(x - l_1)\theta(x - l_2) + t_2\theta(x - l_2)] \\
\psi_{L2}(x) &= \frac{\mathrm{e}^{-\mathrm{i}kx}}{\sqrt{2\pi}}[r_2\theta(x - l_1) + r_{12}\theta(x - l_1)\theta(x - l_2)]
\end{aligned} \quad (15.2.13)$$

其中, r_2 和 t_2 分别表示光子总的透射概率幅和总的反射概率幅, t_{12} 表示光子在传播区间 (l_1, l_2) 内向右透射的振幅, r_{12} 在传播区间 (l_1, l_2) 内向左反射的振幅, $1/\sqrt{2\pi}$ 是归一化因子; $\theta(x - l_i)$ 为散射点 $x = l_i(i = 1, 2)$ 处的阶跃函数。这里, 因为散射点的尺度 (一般为微米量级) 远小于馈线中传输的微波光子的波长 (厘米量级), 所以谐振器对馈线中微波光子的散射仍可处理为点散射。

不失一般性, 令 $l_1 = 0$, $l_2 = L$, 及 $V_1 = V_2 = V$, 则馈线中传输的波导光子经耦合谐振器系统散射后的总透射系数为

$$t_2 = \frac{(\omega - \omega_r)(\omega - \omega_s) + \mathrm{i}g\gamma\mathrm{e}^{\mathrm{i}\theta} - \mathrm{i}g\gamma\mathrm{e}^{-\mathrm{i}\theta} - g^2}{(\omega - \omega_r + \mathrm{i}\gamma)(\omega - \omega_s + \mathrm{i}\gamma) - (\mathrm{i}\gamma\mathrm{e}^{2\mathrm{i}\theta} - g\mathrm{e}^{\mathrm{i}\theta})(\mathrm{i}\gamma - g\mathrm{e}^{-\mathrm{i}\theta})} \quad (15.2.14)$$

式中，$\gamma = V^2/v_g$ 是波导光子与谐振腔之间的有效耦合强度，且 $\theta = kL$。图 15.2.4 给出了两个频率不同谐振器耦合时馈线中波导光子的透射谱。这里，波导光子与两谐振器的有效耦合强度取为 $\gamma = 10^5$ Hz，两个四分之一波长谐振器的谐振频率取为 $\omega_r = 4.0$ GHz, $\omega_s = 4.05$ GHz，耦合点之间距离为 $L = 3$ mm，改变两个谐振器之间的耦合系数 g，可以得到该结构的传输透射曲线变化图。可见，当它们没有耦合时，理论计算的两个全反射峰的位置会出现在 4.0 GHz 和 4.05 GHz 处；但是，当逐渐增大两个谐振器之间的耦合强度时，两全反射峰之间的间隔 (即全透明的窗口) 逐渐变宽，这一现象也可以理解为一种类 EIT 效应。

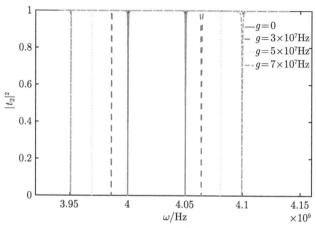

图 15.2.4　两个不同本征频率的耦合谐振器透射谱图 (彩图见封底二维码)
蓝色实线表示没有耦合时候的透射谱，增加耦合强度时，两峰之间的间隔逐渐增大

我们在一块样品上设计并制作了两个插指耦合的四分之一波长谐振器，如图 15.2.5(a) 所示。两个谐振器基模谐振频率分别设计为 4.0 GHz 和 4.05 GHz，他们的插指深度为 370um。极低温下耦合谐振器的微波透射谱测量结果如图 15.2.5(b) 所示。所测到的两个透射峰的频点，相对于单个谐振器的基模频率 $\omega_1 = 4.0$ GHz 和 $\omega_2 = 4.05$ GHz 都发生了偏移。其中，一个频点向左偏移了 0.05 GHz，变为 3.927 GHz；另一个向右偏移了 0.02 GHz，在 4.075 GHz 处。这说明，两个四分之一波长谐振器确实存在耦合，从而导致它们的基模频率重整，使得原反射极大的频点变为透明。这一初步实验测量结果证实了引入一个谐振器的耦合，可以使原单个谐振器的全反射频率透射过去，这就是类 EIT 效应的一种表现。根据实验测量结果，我们可以推算两个谐振器的耦合强度。事实上，对无驱动场作用下两个耦合谐振器的 Hamilton 量 $\hat{H}_{ab} = \hat{H}_r + \hat{H}_s + \hat{H}_{sr}$，做如下么正变换：

$$\begin{pmatrix} \hat{a} \\ \hat{b} \end{pmatrix} = \begin{pmatrix} \cos\varphi & -\sin\varphi \\ \sin\varphi & \cos\varphi \end{pmatrix} \begin{pmatrix} \hat{a}_1 \\ \hat{b}_1 \end{pmatrix}$$

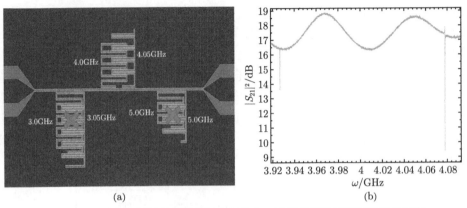

图 15.2.5　两个共振频率不同的耦合四分之一波长共面波导谐振的光子透射

(a) 实验样品, 图中打红叉的谐振器已经短接; (b) 实验测量的微波光子透射谱

可将 Hamilton 量改写为如下的模式重整形式:

$$\hat{H}_{ab} = \omega_a \hat{a}_1^\dagger \hat{a}_1 + \omega_b \hat{b}_1^\dagger \hat{b}_1 + \left(\frac{1}{2}\sin 2\varphi(\omega_s - \omega_r) + g\cos 2\varphi\right)(\hat{a}_1^\dagger \hat{b}_1 + \hat{b}_1^\dagger \hat{a}_1) \quad (15.2.15)$$

其中, ω_a 和 ω_b 表示重整后耦合谐振器系统的两个模式频率, $\hat{a}_1^\dagger$, $\hat{b}_1^\dagger$ 和 $\hat{a}_1$, $\hat{b}_1$ 分别为新模式的产生算符和湮灭算符。令 $\sin 2\varphi(\omega_s - \omega_r) + 2g\cos 2\varphi = 0$, 则两个谐振器的模式完全解耦, 形成两个重整后的频率:

$$\begin{aligned}
\omega_a &= \omega_r \cos^2\varphi + \omega_s \sin^2\varphi + g\sin 2\varphi \\
\omega_b &= \omega_s \cos^2\varphi + \omega_r \sin^2\varphi - g\sin 2\varphi
\end{aligned} \quad (15.2.16)$$

对比图 15.2.6(b) 所示的实验结果, 可得 $\omega_a = 3.927\text{GHz}$ 和 $\omega_b = 4.075\text{GHz}$。根据我们初始设计的频率 $\omega_r = 4.0\text{GHz}$ 和 $\omega_s = 4.05\text{GHz}$, 可以推算出样品中两个谐振器之间的耦合强度为 $g = 7.01 \times 10^7\text{Hz}$, 这与我们图 15.2.4 的理论结果也是基本符合的。此外, 在两个反射窗口之间, 观测到了振荡的背景噪声, 这是线路噪声本身引起的振荡。相比于实验测到的两个反射峰的良好显示度, 这种振荡可以处理为系统噪声, 不影响实验观测的理解和解释。

15.2.2　多腔耦合实现波导光子的开关传输[10]

下面讨论如何通过控制光子边腔的散射, 实现光子开关。考虑如图 15.2.6 所示的系统: 一个黑盒子作为一个量子开关或过滤器, 它由三个串联的空腔组成, 其中只有中央的空腔 (即空腔 C) 被耦合到一维光子波导。该系统的 Hamilton 量可为

$$H_{CC} = \int dx \left[C_f^\dagger(x)\left(-\mathrm{i}V_g \frac{\partial}{\partial x}\right)C_f(x) + C_b^\dagger(x)\mathrm{i}V_g \frac{\partial}{\partial x}C_b(x) \right] + \sum_{i=L,C,R} w_i M_i^\dagger M_i$$

$$+ \sum_{i=b,f} \int \mathrm{d}x \delta(x) V[C_i^\dagger(x) M_C + M_C^\dagger C_i(x)] + \sum_{i=L,R} V_{Ci}[M_C^\dagger M_i + M_i^\dagger M_C]$$

$$(15.2.17)$$

图 15.2.6　基于边腔散射的波导光子开关

这里, 表示光子开关的黑盒子包含三个串联的频率为 $\omega_{L,C,M}$ 的空腔, 中央空腔侧向耦合到波导上

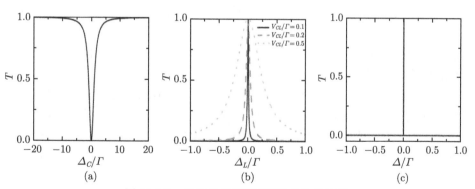

图 15.2.7　波导光子随调谐变化的传输光谱

(a) 两个旁侧的腔体与中心腔体解耦 (即 $V_{CL} = V_{CR} = 0$), 此时 $\Delta_C = w - w_C$。很明显, 谐振光子 (即 $\Delta_C = 0$) 是完全反射的, 而将谐振光子从完全透射转换到完全反射所需的频移显然大于 Γ; (b) 一个旁置空腔与中心谐振腔 ($w = w_C$) 耦合, 如 $V_{CL} \neq 0, V_{CR} = 0$ 和 $\Delta_L = w_L - w_C$, 作为光子开关所需的频移可以窄于, 但传输光谱从 0% 到 100% 不等, 取决于空腔和空腔波导的耦合强度的比例; (c) 两个靠边的谐振腔以 A 和 B 耦合到中心腔, 研究表明, 可以实现理想的光子开关或滤波器, 其共振光子 (即 $w = w_C$) 的窗口宽度为零

其中, v_g 是波导光子的群速度, $C_{f/b}^\dagger[C_{f/b}(x)]$ 是位置 x 处向前或向后传输光子的产生 (湮灭) 算符, $\omega_i(i = L, C, R)$ 是第 i 个空腔 Bose 产生 (湮灭) 算符为 $M_i^\dagger(M_i)$ 的谐振频率。中心腔和波导之间的相互作用只发生在 $x = 0$ 处, V 是中心腔和波导之间的耦合强度, $V_{CL}(V_{CR})$ 是中心腔和左 (右) 辅助腔之间的耦合强度。对于

单光子传输问题，H 的一般定态可表示为

$$|\Psi\rangle_{CC} = \int \mathrm{d}x[\phi_f(x)C_f^\dagger(x)|0\rangle] + \sum_{i=L,C,R} e_i M_i^\dagger|0\rangle \tag{15.2.18}$$

式中，$\phi_f(x)[\phi_b(x)]$ 为向前 (向后) 运动光子的概率幅，e_i 为第 i 个单模腔的激发振幅，$|0\rangle$ 是波导和腔体中都没有任何光子的真空态。类似地，光子的向前和向后传播波函数可表示为

$$\phi_f(x) = \mathrm{e}^{\mathrm{i}kx}[\theta(-x) + t\theta(x)]$$
$$\phi_b(x) = \mathrm{e}^{-\mathrm{i}kx}r\theta(-x) \tag{15.2.19}$$

$k = \omega/v_g$ 为光子波矢。对此弹性散射系统，解定态 Schrödinger 方程 $H_{CC}|\Psi\rangle_{CC} = w|\Psi\rangle_{CC}$，可得

$$t = \frac{S}{D}, \quad r = -\mathrm{i}\frac{VK}{v_g D} \tag{15.2.20}$$

其中，$S = (\omega-\omega_C)(\omega-\omega_L)(\omega-\omega_R) - V_{CL}^2(\omega-\omega_R) - V_{CR}^2(\omega-\omega_L)$，$D = (\omega-\omega_C + \mathrm{i}V^2/v_g)(\omega-\omega_L)(\omega-\omega_R) - V_{CL}^2(\omega-\omega_R) - V_{CR}^2(\omega-\omega_L)$ 和 $K = V(\omega-\omega_L)(\omega-\omega_R)$。显然，如果仅有中心空腔散射，即 $V_{CL} = V_{CR} = 0$，那么波导光子的通过黑盒子的透射系数简化为 $t_0 = (\omega - \omega_C)/(\omega - \omega_C + \mathrm{i}\Gamma)$，$\Gamma = V^2/v_g$。此时光子的透射为 $T(\Delta_C) = |t_0(\Delta_C)|^2 = (\Delta_C^2)/(\Gamma^2 + \Delta_C^2)$，这里 $\Delta_C = w - w_C$。所以，共振光子 (即 $\omega = \omega_C$) 被完全反射，即只 "关" 不 "开"。这预示着，要实现共振光子的 "开"，需要对中央空腔的频率进行有效地调制，因而必须引入旁路耦合腔来实现中央腔的模式重整。

首先，假定引入一个旁置空腔来耦合中心空腔，比如，$V_{CL} \neq 0$ 但 $V_{CR} = 0$，这时波导光子的透射系数变为 $t_1 = [(\omega-\omega_C)(\omega-\omega_L) - V_{CL}^2]/[(\omega-\omega_C + \mathrm{i}\Gamma)(\omega-\omega_L) - V_{CL}^2]$，因而光子的透射与两个腔体之间的失谐 $\Delta_L(=\omega_C - \omega_L)$ 有关，即 $T(\Delta_L) = V_{CL}^4/\Gamma^2\Delta_L^2 + V_{CL}^4$。如图 15.2.7(b) 所示，原来被中心腔完全反射的共振光子现在可以通过透过中央腔而传输了 (即使它并没有与 L 空腔直接耦合)，对于确定的空腔–空腔耦合强度，例如 $V_{CL} = 0.1\Gamma$，在失谐窗口 $\Delta_L = 0.31\Gamma$ 共振光子的传输概率在零和 1 之间变化。进一步地，如果中心空腔与频率分别为 ω_L 和 ω_R 两个旁侧空腔，不妨假设 $\omega_L = \omega_C - \Delta, \omega_R = \omega_C + \Delta$ 和 $V_{CL} = V_{CR} = V_C$，那么光子的透射概率幅就变为 $t_2 = [(\omega-\omega_C)^3 - (\omega-\omega_C)\Delta^2 - 2V_{CL}^2(\omega-\omega_C)]/[(\omega-\omega_C)^3 - (\omega-\omega_C)\Delta^2 + \mathrm{i}\Gamma(\omega-\omega_C)^2 - \mathrm{i}\Gamma\Delta^2 - 2V_{CL}^2(\omega-\omega_C)]$。图 15.2.7(c) 给出了共振光子随耦合腔失谐量变化的关系，可见：①如果三个腔是谐振的 ($\Delta = 0$)，那么共振光子完全透射，即全 "开"；②一旦三个腔体具有非零失谐，即 $\Delta \neq 0$，那么共振光子就完全被全反射，即全 "关"。这就实现了三腔结构黑盒子对与中央腔共振光子可调的 "开" (全共振) 或 "关" (只要有失谐)。

以上讨论的是共振光子传输的开关控制，下面研究对非共振 (即入射光子的频率不等于中央腔的频率) 光子的传输行为。图 15.2.8 显示了光子透射过黑盒子的概率与入射光子频率的相关性。可以看到，对于只有中央腔散射的情形 (如图 15.2.7(a) 中只有一个完全反射频点)，三腔谐振系统 (即 $\Delta = 0$) 的光子透射谱出现两个 "谷"，即存在两个全反射频点。这是因为，空腔–空腔耦合的结果使得中心空腔的特征频率从单模 ω_C 分裂称为双模 $\omega_{1,2} = \omega_C \pm \sqrt{2V_C^2}$，所以频率为 $\omega_{1,2}$ 的入射光子都会被完全反射。还有，如果腔体间频率存在失谐，即 $\Delta \neq 0$，那么光子透射谱就会出现三个全反射点，分别对应于中央腔的三个频率分别为 $\omega_{1,2} = \omega_C \pm \sqrt{2V_C^2 + \Delta^2}$ 和 $\omega_3 = \omega_C$ 的重整模。当然，实现光子传输的开关调控方法是很多的，这里所提出的只是其中一种可能最为简便的实现方案，可调的参数只是腔–腔之间的耦合强度。实际上，如果在腔中嵌入原子，则可调参数就会更多，因而实现光子开关的方法也就有可能更为灵活。

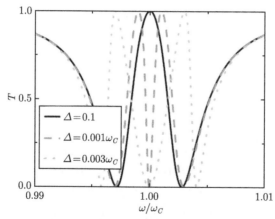

图 15.2.8　　耦合腔导致的波导光子透射谱分裂

$\Gamma = 0.0036\omega_C$, $V_C = 0.002\omega_C$

15.3　手征波导中的光量子输运

在之前的光量子输运实空间调控处理中，我们约定波导中传输光子与散射体 (即原子透镜和量子化腔透镜) 的相互作用都是没有手征性的，即他们之间的相互作用强度与光子沿波导的传输方向无关，本节讨论利用手征性如何实现波导光子的高效调控，这就是现在手征量子光学 [11] 领域研究的主要问题。

15.3.1　手征波导中共振光子的透射[12]

与图 15.3.1 所示的简单两能级原子散射模型稍微不同，我们假定一维波导传输的光子被二能级原子散射，但原子与光子的耦合是不对称的，即 $V_1 \neq V_2$ (对称

耦合情况已在 15.2.1 节讨论过)。系统的 Hamilton 量采用以下形式 ($\hbar = 1$):

$$
\begin{aligned}
H = \int \mathrm{d}x \bigg\{ &-\mathrm{i}V_g C_R^\dagger(x)\frac{\partial}{\partial x}C_R(x) + \mathrm{i}V_g C_L^\dagger(x)\frac{\partial}{\partial x}C_L(x) \\
&+ V_1[\delta(x)C_L^\dagger(x)a_g^\dagger a_e + C_L^\dagger(x)a_e^\dagger a_g] \\
&+ V_2[\delta(x)C_R^\dagger(x)a_g^\dagger a_e + C_R^\dagger(x)a_e^\dagger a_g] \bigg\} + \omega_e a_e^\dagger a_e + \omega_g a_g^\dagger a_g
\end{aligned} \tag{15.3.1}
$$

其中, V_g 是光子的群速度, $C_{L(R)}^\dagger$ 和 $C_{L(R)}$ 分别表示左 (右) 行光子的产生和湮灭算符, V_1 和 V_2 别是两能级原子和左、右行波光子之间的耦合强度。这里, 原子–光子耦合 $V_{1(2)} = [2\pi h/\omega_{1(2)}]^{1/2}\Omega D\cdot E_{1(2)}$ 取决于可控参数): 原子的偶极矩 D、左行 (右行) 光子的频率 $\omega_{1(2)}$ 和光子的极化 $E_{1(2)}$, $a_e^\dagger a_e(a_g^\dagger a_g)$ 表示原子在态 $|e\rangle$(态 $|g\rangle$) 的激发数。此外, $\omega_e - \omega_g = \Omega$ 是两能级原子的跃迁频率。

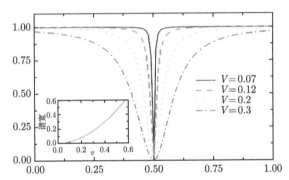

图 15.3.1　手征波导中传输光子受两能级原子散射的透射谱

$\Omega = 0.5$, 光子频率 ω、原子跃迁频率 Ω 和光子–原子耦合强度都以 v_g 为单位

假设原子最初是制备在基态的, 波导光子从原子左侧入射, 受原子散射后可能被原子吸收或被散射到原子的左 (右) 边。所以, 系统波函数的一般表达式可写为

$$
|\Psi\rangle = \int \mathrm{d}x\{\phi_R(x)C_R^\dagger(x) + \phi_L(x)C_L^\dagger(x)\}|0,g\rangle + c_e a_g^\dagger a_g |0,g\rangle \tag{15.3.2}
$$

其中, $|0\rangle$ 表示光子真空态, c_e 是原子被激发的概率幅, 光子透射波或反射波 (即散射后右行和左行光子的波函数) 可以表示为

$$
\phi_R(x) = t\mathrm{e}^{\mathrm{i}kx}\theta(x) + \mathrm{e}^{\mathrm{i}kx}\theta(-x), \quad \phi_L(x) = r\mathrm{e}^{-\mathrm{i}kx}\theta(-x) \tag{15.3.3}
$$

其中 $t(r)$ 是透射 (反射) 概率幅, $\theta(x)$ 是阶跃函数。根据 15.1.1 节中的计算, 光子透射系数可表示为

$$
T = |t|^2 = \cos^2\left[\arctan\left(\frac{2V_1 V_2}{\sqrt{(V_1^2 - V_2^2)^2 + 4V_g^2(\omega - \Omega)^2}}\right)\right] \tag{15.3.4}
$$

图 15.3.1 再次表明, 如果入射光子与两能级原子共振, 并且 $V_1 = V_2 = V$ (即光子–原子相互作用是非手征的), 那么光子透射谱的宽度随耦合强度 V 的增大而变宽, 但对共振光子, 即当 $\omega = \Omega$ 时, 光子的透射概率总是零 (即被原子完全反射)。所以, 无论如何调节光子–原子相互作用的强度, 共振光子都被全反射。为了控制共振波导光子的传输, 我们简单地考虑 $V_1 \neq V_2$ 时的手征情形。不失一般性, 选择固定单向耦合, 例如右行光子与原子的耦合固定为 $V_1 = 0.2$, 但左行光子与原子的耦合强度 (即 V_2) 可调。从图 15.3.2(a) 我们看到, 传输光子的透射谱形状不但与其入射频率有关, 也与可调耦合 V_2 的强度有关, 因而共振光子的透射可以通过调节光子–原子相互作用的手征性来进行调控; 图 15.3.2(b) 清晰地展示了共振光子的透射概率与这种手征性的关系: ①如果 $V_1/V_2 \ll 1$ 或 $V_1/V_2 \gg 1$, 那么共振光子可以完全透射过原子; ②在弱手征情况下, 即 V_1/V_2 略有不同时, 共振光子仍有一定的概率透射。所以, 基于这种光子–原子耦合的手征性, 可以设计具有某些特异功能的共振光子器件, 如全光衰减器和定向路由器等。

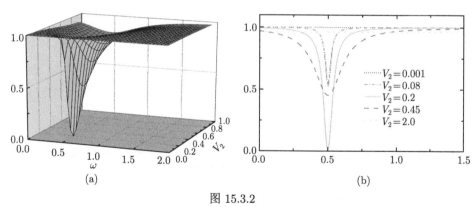

图 15.3.2

(a) 光子透射概率与入射频率和光子–原子相互作用手征性 (V_2 可调) 的关系, 这里, 假定 $V_1 = 0.2$ 和 $\Omega = 0.5$; (b) 共振光子, 即 $\omega = \Omega = 0.5$, 透射概率随 V_2 强度的变化, 这里仍取 $V_1 = 0.2$

与之前讨论的对称耦合 (即非手征性) 情况不同, 这里的计算表明, 利用光子–原子相互作用的手征性, 可以实现共振光子透射概率在 0%~100% 之间调节。尤其是, 如果散射原子是空间尺度较大的人工原子, 与入射电磁波的波长可比拟, 那么就有可能导致光子动量空间对称性的破坏, 从而实现光子与原子间的不对称手征耦合。

15.3.2　利用手征性理由器实现定向光子路由[13]

下面讨论如何利用手征性的光子–原子间相互作用, 构建单光子路由器以实现光子的确定性地定向路由。考虑如图 15.3.3 所示的光子网络, 其中三能级原子可看作是控制光子在两波导之间传输的路由器。系统的 Hamilton 量 ($\hbar = 1$) 可

表示为

$$
\begin{aligned}
H = {}& \omega_g a_g^\dagger a_g + \sum_{n=1,2} \omega_{e_n} e_n^\dagger e_n + \int \mathrm{d}x \sum_{n=1,2} \\
& \Big[-\mathrm{i}V_g C_{nR}^\dagger(x)\frac{\partial}{\partial x}C_{nR}(x) + \mathrm{i}V_g C_{nL}^\dagger(x)\frac{\partial}{\partial x}C_{nL}(x) \\
& + V_{nR}\delta(x)[C_{nR}^\dagger(x)a_g^\dagger e_n + C_{nR}(x)e_n^\dagger a_g] + V_{nL}\delta(x)[C_{nL}^\dagger(x)a_g^\dagger e_n + C_{nL}(x)e_n^\dagger a_g] \Big] \\
& + \Omega(e_1^\dagger e_2 + e_2^\dagger e_1)
\end{aligned}
\tag{15.3.5}
$$

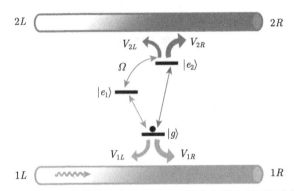

图 15.3.3　双波导结构中的光子确定性定向路由原理示意图

这里, 利用与波导光子手征耦合的三能级原子作用: $V_{nR} \neq V_{nL}(n=1,2)$, 作为一个光子路由器, 将波导 1 左端入射的光子确定性地透射到指定出射端口; Rabi 频率为 Ω 的控制用于实现原子态 $|e_1\rangle$ 和 $|e_2\rangle$ 的有效耦合, 原子初始时刻处于基态 $|g\rangle$

这里, $\omega_{g(e_n)}$ 是原子能级的能量 ($\hbar=1$), 其相应的产生算符为 $a_g^\dagger(e_n^\dagger)$, $C_{nR(L)}^\dagger(x)$ 是右行 (左行) 光子传播到波导 n 位置 x 处的产生算符, 沿不同波导传播光子的群速度都是 v_g, $V_{nR(L)}$ 是右 (左) 行光子与原子的手征相互作用 $V_{nR} \neq V_{nL}(n=1,2)$, $\Gamma_{nR(L)} = V_{nR(L)}^2/v_g$。不失一般性, 我们假设入射光子的频率与原子跃迁频率非常接近, 因而可以假定 $V_{nR(L)}$ 与入射光子频率无关, Γ 是用于耦合原子态 $|e_1\rangle$ 和 $|e_2\rangle$ 的控制场 Rabi 频率。我们的目的是, 利用光子–原子相互作用的手性性, 将一个固定频率的光子确定性地 (而不是概率性地) 从第一根波导路由到第二根波导。

　　Hamilton 量的本征状态的形式为

$$
|\Psi\rangle = \sum_{m=1,2}\sum_{n=R,L} \int \mathrm{d}x \phi_{mn} C_{mn}^\dagger(x)|0,g\rangle + d_{e_1}|0,e_1\rangle + d_{e_2}|0,e_2\rangle
\tag{15.3.6}
$$

其中, $\varPhi_{mn}(x)$ 是右移或左移光子的概率幅, $d_{e1(2)}$ 是原子激发态的概率幅, $|0,g\rangle$ 表示波导中没有光子、原子处于基态 $|g\rangle$。(15.3.6) 式中空间变量相关的叠加概率

幅可以表示为

$$\phi_{1R}(x) = e^{ik_1 x}[\theta(-x) + t_1\theta(x)]$$

$$\phi_{1L}(x) = e^{-ik_1 x}r_1\theta(-x)$$

$$\phi_{2R}(x) = e^{ik_2 x}t_2\theta(x)$$

$$\phi_{2L}(x) = e^{-ik_2 x}r_2\theta(-x) \tag{15.3.7}$$

其中 $k_1 = \omega_1/V_g, k_2 = \omega_2/V_g$。物理上，$T_1 = |t_1|^2$，$(R_1 = |r_1|^2)$，$T_2 = |t_2|^2$ $(R_2 = |r_2|^2)$ 分别表示入射光子沿波导的不同方向的透射 (反射) 的概率。如果一个频率为 ω_1 的光子进入端口 $1L$，在与原子相互作用后，该光子可能被原子弹性散射 (频率不变)，或者被原子非弹性散射而转换为另一个频率为 $\omega_2 = \Delta + \omega_{e_2g}$ 的光子，其中 $\Delta = \omega_1 - \omega_{e_1g}$，$\omega_{e_ng} = \omega_{e_n} - \omega_g$。求解方程 $H|\Psi_k\rangle = E|\Psi_k\rangle$，得

$$t_1 = \frac{(\Delta + i\tilde{\Gamma}_2)(\Delta + i\tilde{\Gamma}'_1) - \Omega^2}{(\Delta + i\tilde{\Gamma}_2)(\Delta + i\tilde{\Gamma}_1) - \Omega^2}, \quad r_1 = \frac{-i\sqrt{\Gamma_{1L}\Gamma_{1R}}(\Delta + i\tilde{\Gamma}_2)}{(\Delta + i\tilde{\Gamma}_2)(\Delta + i\tilde{\Gamma}_1) - \Omega^2}$$

$$t_2 = \frac{-i\sqrt{\Gamma_{2R}\Gamma_{1R}}\Omega}{(\Delta + i\tilde{\Gamma}_2)(\Delta + i\tilde{\Gamma}_1) - \Omega^2}, \quad r_2 = \frac{-i\sqrt{\Gamma_{2L}\Gamma_{1R}}\Omega}{(\Delta + i\tilde{\Gamma}_2)(\Delta + i\tilde{\Gamma}_1) - \Omega^2} \tag{15.3.8}$$

式中，$\tilde{\Gamma}_n = (\Gamma_{nL} + \Gamma_{nR})/2$，$\tilde{\Gamma}'_n = (\Gamma_{nL} - \Gamma_{nR})/2$。因此，通过调节散射系数就可以实现光子定向地传输到指定的输出端口。

首先考虑原子对称地耦合到两个波导的情形，即光子–原子相互作用不是手性的而是对称的，那么，$\Gamma_{1R} = \Gamma_{1L} = \Gamma_1$，$\Gamma_{2R} = \Gamma_{2L} = \Gamma_2$。简单地，如果 $\Gamma_1 = \Gamma_2 = \Gamma$，那么方程 (15.3.8) 就可以简化为

$$t_2 = r_2 = -i\frac{\Gamma\Omega}{M}, \quad t_1 = \frac{(\Delta + i\Gamma)\Delta - \Omega^2}{M}r_1 = -i\frac{\Gamma(\Delta + i\Gamma)}{M} \tag{15.3.9}$$

其中，$M = (\Delta + i\Gamma)(\Delta + i\Gamma) - \Omega^2$。在没有驱动场 (即 $\Omega = 0$) 的情况下，三能级原子退化为一个两能级系统，并存在 $|e_1\rangle \leftrightarrow |g\rangle$ 的跃迁。这种情况下，入射的共振光子被完全反射回到 $1L$ 端口，即 $T_1 = 0$ $R_1 = 1$。当施加一个 Rabi 频率为 Ω 的驱动场，激发态 $|e_1\rangle$ 可以跃迁到 $|e_2\rangle$ 态。当 $\Omega \geqslant \Gamma$ 时，三能级原子可被等效为一个特征频率为 $\Omega_{TLA} = \omega_{e_1g} \pm \sqrt{\Omega^2 - \Gamma^2}$ 的两能级系统，因而光子的透射谱中可以观察到 $\Delta = \pm\sqrt{\Omega^2 - \Gamma^2}$ 两个全反射频点。例如，频率为 $\omega_1 = \omega_{e_1g} \pm \sqrt{\Omega^2 - \Gamma^2}$ 的光子可以以相同的概率被路由到任何一根波导上，并且路由到两个波导中的任何一个的概率相同，也就是 $T_n = R_n = 0.25$。所以，在对称的光子–原子耦合下，不可能实现将光子确定地路由到网络任意一个指定的端口。

现在，我们讨论如何利用光子–原子之间的手征性相互作用将光子从入射端口 $1L$ 确定地路由到某个端口，如 $2R$。不失一般性，手性的光子–原子耦合可以

简单设为 $\Gamma_{1R} = \Gamma_{2R} = \Gamma, \Gamma_{1L} = \Gamma_{2L} = 0$，从而将 (15.3.8) 式简化为

$$t_1 = \frac{[(\Delta + \mathrm{i}\Gamma/2)(\Delta - \mathrm{i}\Gamma/2) - \Omega^2]}{\Lambda}, \quad t_2 = -\mathrm{i}\frac{\Gamma\Omega}{\Lambda} \tag{15.3.10}$$

式中，$\Lambda = (\Delta + \mathrm{i}\Gamma/2)(\Delta + \mathrm{i}\Gamma/2) - \Omega^2$。图 15.3.4 对入射光子被路由到各输出端口的概率进行了对比。(a)~(b) 表明，这种定向路由的概率有效 Rabi 频率 Ω/Γ 和有效失谐 Δ/Γ 有关。从图 (c) 可以看出，如果 $\Omega = 0$，处于激发态 $|e_1\rangle$ 的原子由于与光子的手性相互作用，将只向第一根波导的右侧方向发射出光子，所以入射光子能被确定地传输到端口 $1R$。在没有光子漏出波导的情况下，手性耦合到第二根波导、再发射光子的概率是直接透射的两倍。需要说明的是，这里重新发射的光子和直接传输的光子具有相同的频率，但有一个 π 相位的差异，所导致的量子干涉使得原子共振吸收入射光子然后确定性地沿着第一波导的右侧方向重新发射，即 $T_1 = 1$。当驱动场 $\Omega > 0$ 时，如图 15.3.4(d) 所示，入射光子可以沿着右边的方向转移到第二波导，$T_2 > 0$。这是因为驱动场可以将原子从状态 $|e_1\rangle$ 跃迁到状态 $|e_2\rangle$。因此，该原子有一个额外的渠道衰减到第二波导。与光子被重新发

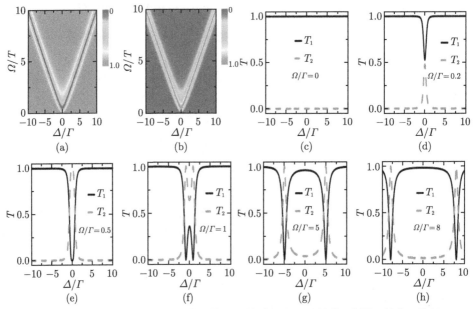

图 15.3.4　手性光子–原子相互作用情况下的波导光子透射谱 (彩图见封底二维码)

这里，$\Gamma_{1R} = \Gamma_{2R} = \Gamma, \Gamma_{1L} = \Gamma_{2L} = 0$，其中，有效 Rabi 频率 Ω/Γ 和失谐量 Δ/Γ。(a)T_1, (b)T_2, (c)~(h) 分别表示不同 $\Omega/\Gamma(0, 0.2, 0.5, 1, 5, 8)$ 值的 T_1 和 T_2。在图 (e) 中可以看出，实现了所需的目标单光子路由，即从端口 $1L$ 入射的谐振单光子被确定地路由到端口 $2R$。显然，对于不同的失谐参数，其他的确定性定向光子路由也是可以实现的，如 (f)~(h) 所示

射回第一波导的情况相比，第二波导可以被认为是收集衰变光子的环境。这种泄漏抑制了重新发射到第五个波导的光子的振幅，使得 $T_1 < 1, T_2 > 0$。

当驱动场的 Rabi 频率取为 $\Omega = \Gamma/2$ 时，那么来自端口 $1L$ 的入射光子可以确定地进入端口 $2R$，如图 15.3.4(e) 所示。在这个条件下，$\Omega = \Gamma/2$，受激原子以相同的概率将光子重新发射到两个波导中，也就是说，在第一个波导中向右发射的光子的振幅与直接传输的光子的振幅相同。因此，由于这些路径之间存在完美的破坏性干扰，没有光子被路由到端口 $1R$(即 $T_1 = 0$)。同时，手性光子-原子相互作用导致了第二波导左右方向的再发射光子之间的不平衡，这就产生了光子到端口 $2R$ 的完美传输，即 $T_2 = 1$。当驱动场足够大，使 $\Omega > \Gamma/2$，如图 15.3.4(f)~(h) 所示，光子的传输光谱分裂为 $w_{1\pm} = w_{e_{1g}} \pm \sqrt{\Omega^2 - \Gamma^2/4}$，系统可以有效地描述为双波导的奇异耦合的两级系统。在这种情况下，受激原子沿两个波导重新发射的光子的概率振幅是相等的。这导致沿端口 $1R$ 的完美破坏性干扰，导致 $T_1 = 0$。这也可以从公式 (15.3.10) 中看出，当 $\Delta = \Delta_\pm = \pm\sqrt{\Omega^2 - \Gamma^2/4}$ 时，光子被路由到 $2R$ 端口的概率，由以下公式给出

$$T_2(\Delta_\pm) = \frac{\Gamma^2\Omega^2}{\left[\Delta^2 - \left(\frac{\Gamma^2}{4} + \Omega^2\right)\right]^2 + \Delta^2\Gamma^2} \equiv 1 \qquad (15.3.11)$$

这表明，对于具有非共振频率的入射光子，只要满足条件 $\Omega > \Gamma/2$，就可以确定性地实现目标光子的路由。因此，这个路由器可以克服以前的路由器的局限性，即它们只能路由与原子、空腔和镜子相同频率的光子。上述的确定性单光子路由器可以通过手性量子光学系统实现。具体来说，我们用芯片上的光子晶体耦合到半导体量子点 (QD) 讨论其可行性，如图 15.3.5 所示。首先，为了得到图 15.3.5(b) 所示的驱动三能级原子，我们使用具有圆极化激发态的四能级量子点 (其中两个偶极转换发射 $\sigma_\pm$ 极化光子)，在两个 Rabi 频率为 Ω_1 和 Ω_2 的外场作用下在状态 $|e_1\rangle$ 和 $|e_2\rangle$ 之间产生有效 Rabi 频率为 Ω_E 的受激 Raman 跃迁。如图 15.3.5(b) 所示，通过将光子晶体波导的一侧偏移一半的晶格常数，可以在芯片上制造出两个手性波导。在这种情况下，通过原子跃迁 $\sigma_\pm$ 发射的光子只分别耦合到具有左/右圆偏振模式的波导 [如图 15.3.5(c)]。

具体来说，如果 $\Omega_1 = \Omega_2 = \Omega_d$，被传送到本光子晶体波导的端口 $1R$ 和 $2R$ 的光子的振幅为

$$t_1 = \frac{4\Delta_h^2\Delta^2 - 8\Omega_d^2\Delta_h\Delta + \Gamma^2\Delta_h^2}{\Upsilon}, \quad t_2 = \frac{-\mathrm{i}4\Gamma\Delta_h\Omega_d^2}{\Upsilon} \qquad (15.3.12)$$

其中，$\Upsilon = 4\Delta_h^2\Delta - 8\Omega_d^2\Delta - \Gamma\Delta_h(\Delta\Delta_h - \Omega_d)$，而且设定 $\Delta_h \geqslant \Omega_d$ 以尽量减少激发态 $|h\rangle$ 布居的影响。图 15.3.5(d) 清楚地表明，第一根波导输入的不仅共振光子

($\Delta = 0$), 而且非共振光子 [$\Delta = \Omega_d^2/\Delta_h \pm \sqrt{\Omega_d^4 - \Gamma^2\Delta_h^2/4}/\Delta_h \neq 0$] 都可以被确定性地路由到第二根波导, 即 $T_2 = 1$. 所以预期的光子确定性定向路由得以实现.

图 15.3.5　确定性光子定向路由的实验可行性 (彩图见封底二维码)

(a) 两个具有大失谐 Δ_h 的场 (Ω_1 和 Ω_2) 驱动一个四能级量子点 (QD), 以绝热消除上能级 $|h\rangle$ 实现 $|e_1\rangle \leftrightarrow |e_2\rangle$ 耦合, 成为三能级原子; (b) 三能级 (红色的球) 与两个光子晶体波导的手征耦合; (c) 偶极跃迁所发射的偏振为 $\sigma\pm$ 的光子只与左手 (右手) 圆偏振模式的波导光子耦合; (d) 由两个驱动场调控的光子透射到端口 $2R$(即 T_2) 的透射谱, $\Omega_1 = \Omega_2 = \Omega_d$, $\Gamma_{1R} = \Gamma_{2R} = \Gamma$, $\Delta_h = 1000\Gamma$

图 15.3.6　将光子确定性定向路由到多输出端口的级联式量子路由网络示意图
(彩图见封底二维码)

(a) 不同端口连接到不同的光子接收器, 即 $C_1, C_2, \cdots, C_k$, 红 (蓝) 球分别表示量子路由器分别被初始化在自旋向上 (向下) 方向; (b) 利用级联路由器来构建的光量子网络

　　显然, 上述的光子确定性定向路由方法可以很容易地扩展到拥有多个路由节点的多端口量子网络. 例如, 对图 15.3.6(a) 所示的网络, 入射光子可以通过驱动两个原子路由器 A_1 和 B_1, 依次确定性地被路由端口 C_2; 在图 15.3.6(b) 所示的网络中, 光子总可以确定性地从其中的一个端口输出. 我们期望, 这种基于光

子–原子手征相互作用的确定性光子定向路由方案，可为构建高效可扩展实用光
量子通信网络提供理论依据。

参 考 文 献

[1] Li X M, Xie L Y, Wei L F. Atomic lenses and ideal single-photon detections. Phys.
     Rev. A, 2015, 92: 063840.

[2] Shen J T, Fan S. Coherent photon transport from spontaneous emission in one-
     dimensional waveguides. Opt. Lett., 2005, 30: 2001.

[3] Li X, Wei L F. Designable single-photon quantum routings with atomic mirrors. Phys.
     Rev. A, 2015, 92: 063836.

[4] Shen J T, Fan S. Theory of single-photon transport in a single-mode waveguide. I.
     Coupling to a cavity containing a two-level atom. Phys. Rev. A, 2009, 79: 023837.

[5] He S, He Q, Wei L F. Atomic-type photonic crystals with adjustable band gaps. Opt.
     Exp., 2021, 29: 43148.

[6] Bendickson J M, Dowling J P, Scalora M. Analytic expressions for the electromagnetic
     mode density in finite, one-dimensional, photonic band-gap structures. Phys. Rev. E,
     1996, 53: 4107.

[7] Tsoi T S, Law C K. Quantum interference effects of a single photon interacting with
     an atomic chain inside a one-dimensional waveguide. Phys. Rev. A, 2008, 78: 063832.

[8] Gao H, Zhai D H, Gao J S, et al. Testing the quantization of electromagnetic field in
     a quarter-wavelength transmission line resonator by traveling-wave scattering mea-
     surements. J. App. Phys., 2020, 128: 214302.

[9] 高海燕, 杨欣达, 周波, 等. 耦合诱导的四分之一波长超导谐振器微波传输透明. 物理学
     报, 2022, 71(6): 064202.

[10] Cong-Hua Yan, Wei L F. Photonic switches with ideal switching contrasts for waveg-
     uide photons. Phys. Rev. A, 2016, 94: 053816.

[11] Lodahl P, Mahmoodian S, Stobbe S, et al. Chiral quantum optics. Nature, 2017, 541:
     473-480.

[12] Cong-Hua Yan, Lian-Fu Wei, Wen-Zhi Jia, et al. Controlling single-photon transport
     with three-level quantum dots in photonic crystals. Phys. Rev. A, 2011, 84: 045801.

[13] Cong-Hua Yan, Yong Li, Haidong Yuan, et al. Targeted photonic routers with chiral
     photon-atom interactions. Phys. Rev. A, 2018, 97: 023821.

《现代物理基础丛书》已出版书目

(按出版时间排序)